教育中国·院士精品系列

名师
名著

国家级一流本科课程建设成果教材

"十二五"普通高等教育本科国家级规划教材

PRINCIPLES AND TECHNOLOGY OF FERMENTATION ENGINEERING

发酵工程原理与技术

第二版

陈 坚　堵国成　主编

化学工业出版社

·北京·

U0687915

内容简介

本书是"十二五"普通高等教育本科国家级规划教材,曾获首届"全国优秀教材奖二等奖"。修订版教材共分为八章,第一章主要介绍了发酵工程的类型、特点、关键技术、现状以及发展趋势。第二章主要阐述了诱变育种技术、微生物生理学、基因工程与代谢工程以及系统生物学与合成生物学在工业微生物菌种选育方面的应用。第三、四章分别介绍了发酵培养基的制备原理与技术以及无菌空气的制备工艺及设备。第五章介绍了培养条件对发酵过程的影响、发酵动力学以及发酵罐设备。第六章介绍了常见的发酵过程优化技术,包括微生物培养环境优化、基于动力学模型的优化、分阶段优化技术、基因工程菌的优化等,并在此基础上介绍了发酵过程的一般放大原理和方法。第七章阐明了发酵过程监测与控制、发酵染菌及其防治技术以及发酵过程计算机接口技术在发酵工程中的应用。第八章主要阐述了发酵下游加工过程中发酵液预处理及发酵产物提取与精制的原理和技术。

本书可作为综合性大学和理工类院校生物工程专业及相关专业的本科生和研究生的教材,可供从事发酵工程、生物化工等相关领域的科研人员和教学工作者参考。

图书在版编目(CIP)数据

发酵工程原理与技术 / 陈坚,堵国成主编. -- 2版.
北京 : 化学工业出版社, 2025. 5. --("十二五"普通
高等教育本科国家级规划教材). -- ISBN 978-7-122
-47818-4

Ⅰ. TQ92

中国国家版本馆 CIP 数据核字第 2025G0E192 号

责任编辑:赵玉清
责任校对:杜杏然
装帧设计:张　辉

出版发行:化学工业出版社
　　　　　(北京市东城区青年湖南街 13 号　邮政编码 100011)
印　　装:河北鑫兆源印刷有限公司
880mm×1230mm　1/16　印张 21　字数 626 千字
2025 年 5 月北京第 2 版第 1 次印刷

购书咨询:010-64518888
售后服务:010-64518899
网　　址:http://www.cip.com.cn

凡购买本书,如有缺损质量问题,本社销售中心负责调换。

定　　价:59.80 元

发酵工程是一个主要以生物学和化学工程为基础的、技术性和应用性很强的学科。作为现代生物技术产业化的关键，发酵工程目前已经与系统生物学、合成生物学、生物信息学和人工智能等多个前沿学科进行了交叉与融合，研究领域和应用对象不断扩展，逐步成为解决人类面临的能源、资源、环境和健康等持续性发展问题的关键技术体系之一。

发酵工业量大面广，在我国国民经济中占有较高的比重，直接关系着国计民生。我国是全球发酵工业体系最为完整的国家，几乎具有国际上工业发酵产业中的所有主要细分领域，并且，就规模而言，一些分支产业，如谷氨酸、柠檬酸、维生素 C 等，在世界上具有领先地位。但是，我国的发酵工程技术水平，与一些发达国家相比，要全面实现从跟跑到并跑进而领跑，真正成为发酵强国，还需要在自主知识产权的生产菌种、智能控制的精准发酵工艺与装备、高效低耗的提取精制方法和技术、废物无害化资源化高值化的体系建设等方面，加快变革性技术的突破，加强生产要素的创新性配置，加速产业的深度转型升级，从而实现我国发酵工程和发酵工业的高水平自立自强。这些是作者撰写此书的内在原动力。

作者撰写此书，一方面得益于作者所工作的学科为我国第一个发酵工程重点学科点，从 1952 年开始积累的教学和科研成果，是作者从学生时代到留校工作一直能够生存和生长的学术土壤。在前辈的支持和帮助下，作者承担的本科生课程"发酵工程原理与技术" 2008 年获批为国家级精品课程，所负责的团队获国内第一个"发酵工程课程国家级教学团队"称号，领导或参与的相关教学成果也先后三次获得国家级教学成果奖二等奖。另一方面，作者受助于所在研究室许多年轻的博士和硕士，他们参与并完成了作者团队负责的许多国家级和省部级科研项目，包括国家"十五"到"十四五"研发项目、 863 重点项目、国家杰出青年基金项目、国家自然科学基金重点项目等。这些科研工作和成果为本书提供了技术发展和应用的依据。

本教材的内容紧紧围绕发酵工程上、中、下游技术展开，包括微生物菌种的选育、发酵原料的高效预处理和无菌空气的先进制备、发酵过程动力学模型构建和分析、发酵过程优化与控制、发酵过程的放大原理与技术、发酵产物的提取与精制等，具有较好的系统性。与国内外同类教材相比，本书特别突出了微生物发酵工程研究和实践案例的介绍与分析，针对案例的背景和存在的问题，从问题的解决思路、目标的全面实现等方面进行论述，力图通过启发式、案例式、引导式的方法，帮助学生和读者全面而灵活地掌握发酵工程的重要基础理论和先进工程技术。作为国家级精品课程教材，本书配套出版发酵工程实验课程教材，同时，理论课程的课件也可以免费提供给使用本教材的单位。总之，本书不仅具有较强的理论指导意义，同时亦具有很强的实践参考价值。

　　本书编写分工如下：第一章，张东旭、陈坚、刘松；第二章，周景文、吴敬、曾伟主；第三、四章，张梁、石贵阳、李由然；第五章，张娟、堵国成、彭政；第六章，刘龙、陈坚、吕雪琴；第七章，刘龙、史仲平、武耀康；第八章，张建华、毛忠贵、张国强。作者特别感谢中国工程院院士、江南大学生物工程学院伦世仪教授多年的鼓励和指导，感谢所在研究室的博士、硕士研究生给予的帮助，感谢发酵工程领域相关企业的协助，感谢化学工业出版社的大力支持。

　　本书是一本适合生物工程专业本科生使用的教材，也适用于发酵工程、生物化工和合成生物学等相关专业的研究生和科研人员参考。作者在本书中注重理论性和实践性，突出系统性和科学性，体现前沿性和创新性，但限于作者的学术功底、研究经验和写作能力，书中存有的疏漏和不妥之处，承蒙赐教，不胜感激！

编者

于江南大学未来科学中心

2025 年 1 月

目录

第一章　绪论

○○ ━━━━ ○○ ○ ○○

第一节　发酵工程概述

一、发酵工程的定义

发酵一词英文为"fermentation"，是从拉丁文"fevere"一词演变而来，原意为"翻腾"，描述的是酵母作用于果汁或麦芽浸出液出现气泡的现象，这种现象是由果汁或麦芽汁中含有的糖经酵母厌氧发酵产生的二氧化碳所引起。近代微生物学的奠基人之一、法国科学家路易·巴斯德（Louis Pasteur，1822—1895）在考察酒精发酵的意义后指出：所谓发酵是指酵母在无氧状态下的呼吸，是生物获取能量的一种方式。但后来发现，醋酸、柠檬酸等有机酸发酵都需要供给氧气，因此原来发酵的定义便不再适用，而发酵此时被统一理解为："微生物细胞为获取生长和生存所需能量而进行的氧化还原反应。"此后，发酵形式不断多样化，新的发酵产品也不断涌现，如氨基酸、抗生素、核苷酸、酶制剂、单细胞蛋白等发酵产品。其中，很多发酵产品与微生物的能量代谢没有直接关系，因此，发酵的定义扩展为："在合适的条件下，利用生物细胞（含动物、植物和微生物细胞）内特定的代谢途径转变外界底物，生成人类所需目标产物或菌体的过程。"20世纪70年代后，随着基因工程和细胞融合等生物技术的发展，发酵过程除利用天然菌株或变异菌株外，还可利用经人工改造获得的基因工程菌株以及细胞融合菌株等。同时，反应器设计和放大技术、计算机控制技术、新材料技术等各种新的工程技术也不断运用到发酵生产中。现代对发酵工程的定义为：采用现代工程技术手段，利用天然生物体或人工改造的生物体对原料进行加工，为人类生产有用的产品，或直接把生物体应用于工业生产的过程。

二、发酵工程发展史及相关学科

发酵工程是一个由多学科交叉、融合而形成的技术性和应用性较强的开放性学科。发酵工业发展的过程可表示为5个阶段，如表1-1所示。

1. 自然发酵时期

在20世纪以前发酵工业的发展被认为是第一个阶段，当时的产品局限在饮用酒精和醋上。虽然啤酒是古代埃及人首先酿造的，但真正的第一次大规模酿酒是从18世纪早期开始的，当时有1500只有生产能力的木制酿酒用大桶开始投入使用。据报道，1757年温度计在酿造工业上开始使用，1801年原始的热交换器有了发展，这些都表明在这些早期的酿造中已有人开始尝试一些过程控制技术。到了 19 世纪中期，酵母在酒精发酵工业中的作用分别被 Cagniard-Latour、Schwann 和 Kutzing 所论证，但是最终是 Pasteur 使科学界信服了这些微生物在发酵过程中所发挥的必要作用。在 19 世纪后期，Hansen 在 Carlsberg 酿造厂开始了开创性工作，发展了分离和繁殖单个酵母细胞以产生纯培养物的方法，并发展了复杂的生产种子培养物质的技术。

醋最早是用酒曲生产的，它是在浅盘或部分装满的桶中，由天然微生物菌群缓慢氧化而生成。对于这个过程中空气的重要性的认识最终导致了"发生器"的产生，即由一只充满惰性物质（如煤、木炭和不同种类木屑）的容器构成，在该容器的下方，酒或啤酒滴落下来。这种发生器被认为是第一代"有氧"发酵罐。19 世纪后期到 20 世纪早期，培养基首先用巴斯德法灭菌，然后接种 10% 的优质醋。由于培养基呈酸性，这样不仅可以防止杂菌污染，而且提供了一个良好的接种剂。到了 20 世纪初，发酵过程控制的概念在酿造行业和醋工业中慢慢地建立起来。

表 1-1　发酵工业发展阶段的过程

发展阶段	主要产品	反应器	发酵过程控制特点	菌种选育
第一个阶段 （史前～1900 年）	酒精、醋	生产能力达 1500 桶的木制容器	采用分批培养方式；使用温度计、比重计和热交换器；发酵过程无实质控制；无中试过程	由自然接种到使用纯培养物（Hansen），用优质醋接种发酵
第二个阶段 （1900～1940 年）	面包酵母、甘油、柠檬酸和丙酮-丁醇	生产丙酮-丁醇能力达 2×10^5 L 的铁制容器。用于面包酵母生产的空气喷雾器	采用分批和补料系统进行培养；利用 pH 电极以及温度计贯线控制；利用机械搅拌；发酵过程无实质控制；无中试过程	利用筛选的野生型纯菌发酵；采用了无菌操作技术（Weizmann）以及纯培养技术（Robert Koch）
第三个阶段 （1940～1960 年）	青霉素、链霉素、赤霉素、氨基酸、核苷酸以及酶	机械通气容器、无菌操作、真正的发酵罐	采用分批和补料分批以及连续培养系统；采用灭菌的 pH 电极和溶氧电极以及计算机化的循环控制在线监测发酵过程；普遍采用中试过程	利用人工诱变野生型菌株；采用有效的程序筛选正向突变菌株
第四个阶段 （1960～1979 年）	用烃和其他储存物生产单细胞蛋白质（SCP）	在第三个阶段的基础上，开发出压力循环和压力喷射容器以克服气和热交换问题	采用连续培养＋培养基再循环系统；使用计算机联用控制循环系统监测控制发酵过程；普遍采用中试过程	通过遗传工程技术调节微生物代谢途径，获得发酵工程菌株
第五个阶段 （1979 年至今）	通常微生物不产生的异质化合物，如胰岛素和干扰素	在第三个阶段和第四个阶段开发出来的大规模的生物反应器	采用分批、补料分批或连续补料方式；在第三个阶段和第四个阶段发展其他的控制手段和感应器；普遍采用中试过程	利用基因工程技术，在系统生物学以及合成生物学的指导下，定向改造微生物，获得优良的发酵工程菌株

2. 发酵工程的诞生

1900～1940 年期间是发酵工业的第二个发展阶段，主要的新产品是酵母细胞、甘油、柠檬酸、乳酸和丙酮-丁醇。其中，面包酵母和有机溶剂的发酵是这个时期最重要的进展。面包酵母的生产是一个好氧过程，人们很快认识到酵母细胞在富含麦芽汁培养基中的快速生长使得培养基中溶氧被迅速消耗，而溶氧的不足诱导了乙醇的产生以及减缓了菌体生长，最终导致面包酵母的减产。后来，人们逐渐认识到通过控制碳源而不是氧气，即限制初始麦芽汁浓度来控制细胞的生长就可以解决这一问题。此后人们在培养过程中通过向培养液中不断添加少量麦芽汁来控制随后培养物的生长过程，而这就是所谓的补料分批培养技术。目前，该技术已广泛应用于发酵工业，以避免氧气限制情况的发生。此外，人们还通过使用蒸汽灭菌的管路向培养物中通入空气，以改善早期酵母培养物的供氧状况。

丙酮-丁醇发酵技术是由 Weizmann 在第一次世界大战期间建立起来的第一个真正意义上的单菌发酵。厌氧丙酮-丁醇发酵在早期容易被好氧细菌污染，而在发酵过程的后期即使在厌氧条件下也往往被产酸厌氧菌所污染。Weizmann 等人通过改进接种材料以及接菌条件，大大降低了丙酮-丁醇发酵的染菌概率。至今，其所用的过程仍然能够很好地重现。为了降低染菌概率，丙酮-丁醇发酵生产所用的发酵罐均采用垂直圆柱体形，采用低碳钢造的半圆形盖子和底部，各部分之间连接得很严密，使其能在一定压力下进行蒸汽灭菌。随着丙酮-丁醇发酵体积的增大，针对如何在 $200m^3$ 的发酵罐上进行接种操作时保持无菌状态的问题，无菌接种技术的发展被提上了议事日程。而通过发酵生产这些有机溶剂发展起来的无菌操作技术是发酵技术的一个主要进步，它为在 20 世纪 40 年代成功引进无菌好氧培养过程铺平了道路。

发酵工程学科的诞生是以微生物纯培养技术的出现为标志。此时的发酵工程是将传统自然发酵同微生物学、生物化学及化学和化学工程相联系的，以实现发酵产品的优质高效的工业化生产为目的的学科。

3. 通气搅拌液体深层发酵的建立

发酵工业发展的第三个阶段是在第二次世界大战时应运而生的。1939 年因第二次世界大战的全面爆发，战场上急需能替代磺胺类的药物，能更加安全有效地治疗外伤炎症及其继发性传染病。这使得青霉素成为首选药物，其需求量剧增。传统的青霉素生产采用表面培养法，即利用湿麦麸作为培养基，以大量的扁瓶作为发酵容器进行青霉素的生物合成。通过此法生产的青霉素产量低、耗时耗力，因此急需新的发酵生产线来生产青霉素。随后，工程技术人员将化学工业上的机械搅拌技术引入到带无菌通气装置的发酵罐中，并且引入了当时新型的逆流离心萃取机作为发酵液滤液主要提取的手段，以减少青霉素在 pH 剧变时的破坏。这是近代发酵工程技术上的一个巨大飞跃，该技术使得好氧菌的发酵生产走上了大规模工业化生产途径。在青霉素实现了大规模工业化生产的同时，上游研究人员则从发霉的甜瓜中筛选到了一株适用于液体培养的产黄青霉（*Penicillium chrysogenum*）菌株，使得青霉素的效价提高了几百倍。同时研究人员还发现以玉米浆（生产玉米淀粉的副产品）和乳糖（生产干酪时的副产品）为主的培养基可以使青霉素的发酵效价再提高约 10 倍。不久，辉瑞药厂就建立起了一座具有 14 个约 $26m^3$（7000gal）的发酵罐的车间生产青霉素，并获得了成功。通气搅拌液体深层发酵技术一直沿用至今，是发酵工程的第二个历史转折点。

微生物大量纯培养的过程中引入了先进的工程技术，使得继青霉素之后的许多其他抗生素（如链霉素、短杆菌肽、金霉素、新霉素等）也迅速出现。同时，生化工程技术的发展对其他发酵工业产品的问世起到了极大的促进作用，其中包括维生素、赤霉素、氨基酸、酶和类固醇等的生产。

4. 大规模连续发酵以及代谢调控发酵技术的建立

发酵工业进程中的第四个阶段开始的标志是在 20 世纪 60 年代早期，一些跨国企业开始研究生产微生物细胞作为饲料蛋白。当时，最大的机械搅拌发酵罐的体积只有 $80\sim150m^3$。由于微生物蛋白价格低廉，为了降低发酵成本，除了考虑利用廉价的碳氢化合物作为潜在的碳源外，其产量要比其他高附加值的发酵产品大得多。同时，发酵过程中要求大量的氧气，这些需求促进了压力喷射和压力循环发酵罐的发展，相反减少了对机械搅拌的要求。从经济角度考虑，这个极具潜力的发酵过程的另一个特点是连续培养。当时，发展最成熟的是英国帝国化学公司（ICI），它使用 $3000m^3$ 的压力循环发酵罐进行连续生产。大容量的连续发酵罐能在超过 100 天的时间里进行连续生产。而无菌操作技术的要求促进了高质量的发酵罐制造技术和流加培养基的连续灭菌技术的开发。同时，使用计算机控制灭菌和循环操作，降低了人为造成差错的可能性。这种连续化、自动化大规模发酵技术的建立成为发酵工程学科建立的重要的标志之一。

此外，科学家以遗传学和生物化学为基础，通过研究代谢产物的生物合成途径和代谢调节机制，通过选择适宜的技术路线，实现了人为地控制目的代谢产物的大量合成，扩展了产品类别。

5. 现代发酵工程时期

发酵工业发展进程的第五个阶段起始于微生物的体外遗传操作技术，通常称为基因工程（或者

DNA 重组技术）。基因工程不仅实现了不同种属微生物之间的基因转移，而且通过基因工程，人类可以非常精确地改造微生物基因组，从而赋予微生物细胞生产通常只有高等生物细胞才能合成的有关化合物的能力，而这些具备合成全新化合物能力的微生物细胞的获得为新的发酵工艺打下了基础，比如胰岛素和干扰素的生产。基因工程在微生物细胞改造中的应用不仅扩大了具有商业化潜力的微生物产品的范围，而且提高了新产品以及传统微生物产品的产量。基因工程的发展及广泛应用引起了发酵工业的重大变革，许多新的发酵产品的发酵过程得以形成。然而，不能忽略的是这些新的遗传操作技术的应用归结底依赖于从酵母、溶剂发酵以及抗生素发酵等过程中演变而来的大规模的细胞连续培养技术。通过DNA 重组技术的改造，工程菌的发酵生产能力和发酵产品的范围（如干扰素、白介素、促红细胞生成素、集落刺激因子等）不断扩大，这使得人类获得更多的治疗疑难杂症的药物，同时也为发酵工业的发展提供了新的经济增长点。在基因工程促使发酵工程进入新的历史转折期的同时，反应器、反应动力学以及发酵过程控制等也随之获得了巨大的发展。

现代发酵工程是以基因工程的诞生为标志，以微生物工程为核心内容，通过研究并改善微生物的生理生化特性及代谢特征以服务于人类，更好地保持生态平衡及可持续发展为目的，更加紧密地同数学、生物化学、分子生物学、基因工程、代谢工程、生化工程学、物理化学、反应动力学以及计算机科学等前沿及工具学科相结合的系统科学体系。

第二节　发酵工程类型与发酵过程特点

一、发酵工程类型

根据发酵工程产品的生产方式和规模的不同可以对发酵工程进行分类。根据对通气（氧气）的需求不同可分为好氧发酵和厌氧发酵；根据培养介质的性状不同可分为固态发酵和液态发酵；根据发酵菌种的不同可分为纯菌发酵和混菌发酵；根据发酵规模的不同可分为研究规模发酵、中试规模发酵以及生产规模发酵。根据发酵工艺流程来分可分为分批发酵、连续发酵和补料分批培养。

1. 好氧/厌氧

好氧发酵：也叫通风发酵，指需要通风提供氧气的发酵过程。
厌氧发酵：指不需要通风提供氧气的发酵过程，一般厌氧发酵过程需要密闭容器。

2. 固体/液体

固态发酵：指微生物接种于固态培养介质的发酵过程。
液态发酵：指微生物接种于液态培养介质的发酵过程。

3. 纯菌/混菌

纯菌发酵：指接种纯种微生物进行培养的发酵过程，大多数发酵过程采用纯种培养。
混菌发酵：指接种多种微生物进行培养的发酵过程，少数发酵过程采用混菌发酵，如白酒酿造和维生素 C 发酵等。

4. 研究/中试/生产

研究规模发酵：指在实验室小试规模上进行的发酵过程，一般反应器容积在 10～100L。
中试规模发酵：指介于实验室小试和工业规模生产之间的中试规模上进行的发酵过程，一般反应器容积在 100～3000L。
生产规模发酵：指在工业生产的规模上进行的发酵过程，一般反应器容积在 3000L 以上。

5. 分批发酵/连续发酵/补料分批培养

分批发酵：分批发酵是指在一个密闭系统内投入有限数量的营养物质后，接入少量的微生物菌种进行培养。

连续发酵：以一定的速度向发酵罐内连续输入新鲜培养基料液，同时以相同速度流出含有产品的发酵液，从而使发酵罐内的液量维持恒定的发酵过程。

补料分批培养是指分批培养过程中，间歇或连续地补加新鲜培养基料液的培养方法。

二、发酵过程特点

1. 发酵过程的反应条件温和

与化学工业生产相比，发酵过程一般来说都是在常温常压下进行的生物化学反应，反应安全，要求条件也比较简单。

2. 发酵过程的周期短，不受气候、场地制约

与动、植物提取相比较，发酵过程周期短且不受场地面积和气候条件的制约。发酵时间一般几天或几周，远远低于动物、植物的生长周期。发酵过程在反应器中可人为地控制规模和环境条件，而动物和植物的培养过程往往受场地面积和气候条件等外界因素的制约。

3. 发酵过程多是利用生物质为原料

发酵生产所用的原料主要以农副产品及其加工产品为主，这些生物质原料具有可再生的优点。发酵所用的原料通常包括淀粉、糖蜜、玉米浆、酵母膏以及牛肉膏等。

4. 发酵过程的生物特性

发酵过程是自发的生物过程，只要提供合适的营养和环境条件，微生物接种后，发酵过程就可以自发进行。发酵过程中的反应以生命体的自动调节方式进行，通过生物代谢网络生产化学合成过程难以合成的结构复杂的物质。发酵过程中细胞始终处于动态变化中，其变化受环境影响也对环境产生影响。从接种开始，发酵罐中细胞的数量、营养物质浓度、溶氧及 pH 等始终处于变化中，各个阶段环境条件微小的差异都可能导致发酵过程的变化。

第三节　发酵工艺过程和关键技术

一、发酵工艺过程

对于任何发酵类型（除一些转化过程外），一个确定的发酵过程由 6 个部分组成：①菌种以及确定的种子培养基和发酵培养基的组成；②培养基、发酵罐和辅助设备的灭菌；③大规模的有活性、纯种的种子培养物的生产；④发酵罐中微生物最优的生长条件下产物的大规模生产；⑤产物的提取、纯化；⑥发酵废液的处理。它们的相互关系如图 1-1 所示。因此，有必要不断进行研究以逐步提高整个发酵过

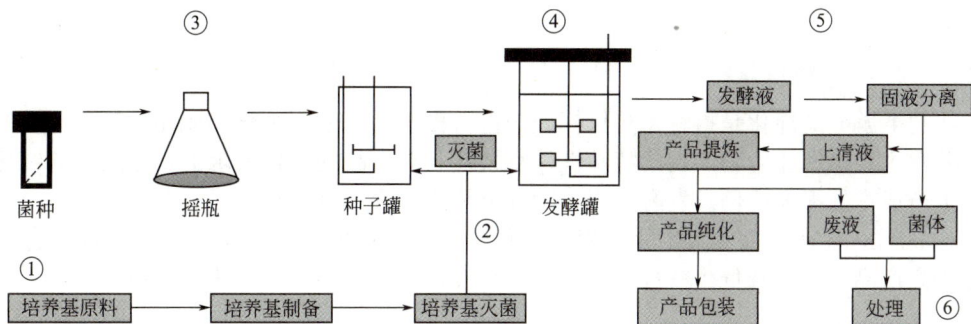

图 1-1 典型发酵过程的示意图

程的效率。如在一个发酵过程建立之前，生产菌株必须分离出来，通过改造使其合成目标产物，并且其产量应具有经济价值；应确定微生物在培养上的需求，并设计相应的设备；同时必须确定产品的分离提取方法。此外，整个研究计划也应包括在发酵过程中不断地优化微生物菌种、培养基和提取方法。

二、发酵工程关键技术

1. 菌种选育技术

菌种选育是按照生产的要求，以微生物遗传变异理论为依据，采用人工方法使菌种发生变异，再用各种筛选方法筛选出符合要求的目的菌种。菌种选育的目的包括改善菌种的基本特性，以提高产量、改进质量、降低成本、改革工艺、方便管理及综合利用。选育菌种的基本方法包括自然选育、抗噬菌体选育、诱变选育、代谢工程育种、基因定向育种、基因组改组等一系列方法。

在发酵工程建立初期和近代发酵工程阶段，发酵工程主要以野生的微生物为发酵主体。在现代发酵工程阶段，优良的菌种选育方法依然是发酵工程上游工程中的重要环节，其一是利用新型的筛选机制和筛选鉴定指标，继续从自然界中获得优良的出发菌株；其二是利用基因工程、细胞工程技术，结合分子生物学手段，采用代谢工程、代谢调控学、组学、系统生物学等原理，重新构建所需的基因工程菌或对已有的出发菌株进行基因改造，来获得能够生产所需发酵产品的优良菌株。

2. 纯种培养技术（灭菌技术）

发酵工业一般是采用特定微生物菌株进行纯种培养，从而达到生产所需产品的目的。因此，发酵过程要在没有杂菌污染的条件下进行。微生物无菌培养直接关系到生产过程的成败。无菌问题解决不好，轻则导致所需要产品数量的减少、质量下降以及后处理困难；重则会使全部培养液变质，导致成吨的培养基报废，造成经济上的严重损失，这一点对大规模的生产过程更为突出。为了保证培养过程的正常进行，防止染菌的发生，对大部分微生物的培养，包括实验室操作和工业生产，均需要进行严格的灭菌。发酵过程的灭菌范围包括：培养基、发酵设备和发酵过程提供的空气。

3. 发酵过程优化技术

发酵过程优化包括从微生物细胞层面到宏观微生物生化反应层面的优化，使细胞的生理调节、细胞环境、反应器特性、工艺操作条件与反应器控制之间复杂的相互作用尽可能简化，并对这些条件和相互关系进行优化，使之最适于特定发酵过程进行的系统优化方法。这种优化主要涉及四个方面的研究内容，第一是细胞生长过程的研究；第二是微生物反应的化学计量；第三是生物反应动力学；第四是生物反应器工程。

4. 发酵过程放大技术

为达到将实验室成果向工业规模推广和过渡的目的，一般都要经过中试规模的工艺优化研究。为了克服这些困难，特别对一些规模比较大的发酵产品，要采取逐级放大的方法。发酵过程放大的方法包括：发酵罐几何相似放大、供氧能力相似放大、菌体代谢相似放大、培养条件相似放大、数学模型模拟与预测放大等。

5. 发酵工程下游分离纯化技术

发酵产物的下游分离纯化是指将发酵目标产物进行提取、浓缩、纯化和成品化等过程。发酵产物分离纯化的重要性主要体现在生物产物的特殊性、复杂性和对产品的严格要求上，导致分离纯化成本占整个发酵产物生产成本的很大比例。发酵工程下游分离纯化过程，其费用通常占生产成本的50%～70%，有的甚至高达90%，往往成为实施生化过程替代化学过程生产的制约因素。因此，设计合理的提取与精制过程来提高产品质量和降低生产成本才能够真正实现发酵产品的商业化大规模生产。

6. 发酵过程自动监测、控制技术

某种意义上说，发酵过程的成败完全取决于能否维持一个生长受控的和对生产良好的环境。达到此

目的最有效的方法是通过直接测量各种参数变化和对生物过程进行调节。将数学、化工原理、电子计算机技术和自动控制装置等应用到发酵过程,进行生物技术参数的测量、生物过程的建模和控制,可对工业发酵过程进行高效的控制管理并提高生产效率。

7. 数据与智能化技术

通过数据采集、分析和预测模型可以优化发酵过程的效率和稳定性。在发酵过程中,传感器可以实时采集温度、pH、溶氧浓度、细胞密度、产物浓度等多维数据,形成完整的过程数据集。通过数据挖掘技术,可从复杂的数据中提取关键参数关联和模式,用于优化培养条件、动态调控发酵阶段,提高产量和产品质量的一致性。智能控制系统还可通过自学习功能,根据生产需求动态调整工艺参数,适应不同规模或不同目标产物的发酵需求。通过数据与智能化技术的深度应用,发酵工程从传统的经验驱动向数据驱动和智能控制转变,使得工艺开发和工业化生产更高效、更精准、更绿色。

第四节　发酵工业产品和现状

一、发酵工业产品

发酵工业产品涉及食品、化工、医药等诸多行业,与人类日常生活密切相关。酒类、奶酪、酱油和食醋等传统食品,是古老的发酵工业产品。现代发酵产品中,最早实现工业化生产的是 20 世纪 20 年代的酒精、甘油和丙酮等厌氧发酵产品。20 世纪 20 年代末,随着青霉素的发现,抗生素发酵工业逐渐兴起。由于成功地引进了通气搅拌和一整套无菌操作技术,深层通气发酵技术得以建立。它大大促进了发酵工业的发展,使有机酸、维生素、激素等产品都可以用发酵法大规模生产。1957 年,日本利用微生物生产谷氨酸获得成功。科学家在深入研究微生物代谢途径的基础上,通过对微生物进行人工诱变,先得到适合于生产某种产品的突变类型,再在人工控制的条件下培养,最终实现大量生产人们所需要的物质。后来,代谢控制发酵技术促进了核苷酸、有机酸和部分抗生素产品的工业化生产。

进入 21 世纪,随着生物技术的进步和发展,越来越多的产品可以通过生物发酵来进行生产。现代发酵工业产品向各个领域扩散,已涵盖食品、化工、能源、酶制剂、医药、材料等很多领域。例如,传统的酒、调味品酿造如今已实现工业规模的生产;各种新的能源(如燃料乙醇等)、药品(如抗体、抗生素等)、材料(如聚乳酸等)通过工业发酵可以实现大规模的生产,以满足人类生产、生活的需要。

二、发酵工业现状

发酵工程是工业生物技术的主要部分。由于国家需求和社会发展,主要目标已从生活资料的生产转向资源、能源和环境问题的解决。发酵工程的技术内涵,已经从主要的工业应用技术,发展为紧密依靠生物学、工程学基础研究的工程技术。发酵工业与其他学科的交叉,已经从产品生产过程拓展到关键的技术、方法学。

经济合作与发展组织(OECD)提出:微生物制造是最具竞争力的可持续发展产业之一,预期到2030 年,世界上 35% 的化工产品将被微生物制造产品所取代,微生物制造产业将逐步形成可再生资源持续发展的经济形态。2020 年,已经有 134 个现代微生物制造的工业化案例,其主要发酵产品产值 140多亿美元,年增长率约为 4.7%。OECD 预测,微生物制造产业占整个生物经济中的比重将达 40% 左右,远超生物农业(36%)和生物医药(25%)。2020 年,美国提出利用微生物制造技术降低化工产业30% 的能源消耗和污染排放,到 2030 年替代 25% 的有机化学品和 20% 的石油燃料的宏远目标,建立生物工业制造和设计生态系统(Bio MADE),推动美国生物制造产业的发展。欧盟在 2019 年制定的《面向生物经济的欧洲化学工业路线图》中指出，生物制品到 2030 年的年利用量将达到 $1.2×10^9$～$1.5×10^9$t，实现大规模微生物制造的生产与转型。美国、欧盟、日本、俄罗斯等国家和地区高度重视工业微生物技术的发展与应用，将其纳入国家生物经济专属战略或生物经济相关战略计划，并加大其科研投入比重，快速推进产业化进程。

发酵工业是生物技术产品实现大规模生产的基础和必要条件，发达国家发酵工业发展较早，工业规模和技术水平较高。全球生物技术产品市场份额以美国为主，欧盟、日本紧随其后。

据统计，到 2024 年末，美国生物技术公司已有 2432 家，生物技术产业的雇员人数达 32 万人。美国是全球生物技术的领导者，拥有世界上约一半的生物技术公司和一半的生物技术专利。2024 年美国的生物技术产业市场为 583.8 亿美元。占全球市场份额约 40%～50%，是现代发酵工程技术发展较早的国家，生物技术产业已具有一定的规模，无论是在研究水平和投资强度、还是在产业规模和市场份额上，美国均领先于世界。

欧盟是美国发酵工程产业发展的主要竞争对手。英、德、法、瑞典及荷兰 5 大生物技术国家的生物技术产业的规模及财力趋于增强，生物技术公司日趋成熟和稳定。2024 年全欧洲生物技术公司超过 2000 家，研发经费从 2001 年的 55 亿美元不断增长，员工数接近 10 万人，销售额 480.2 亿美元。近年来，日本政府在生物技术领域采取了一系列重要措施，旨在加强国内生物技术生态系统，并促进创新。加强药物发现和创业生态系统项目于 2022 年启动，预算高达 3000 亿日元，主要支持早期阶段的生物技术公司，特别是那些处于临床开发阶段的公司。政府为这些公司提供补贴，鼓励风险投资参与，从而加速生物技术公司的成长。同时还制定了生物经济战略，旨在推动生物制造、生物制药等领域的增长，并且为这些领域分配了巨额预算，以加强日本在全球生物技术产业中的竞争力，经过多年的努力，日本的生物技术及产业发展居于全球前列。据安永公司统计，2024 年日本生物技术产业的科技文献和专利申请量分别居全球前 10% 和第 5 位，显示日本在生物技术领域的科学基础已经居于较为领先的地位。日本的生物产业市场呈逐年增长态势。2024 年，日本生物技术市场为 3.6 万亿日元，计划到 2030 年将这一市场规模扩大至 92 万亿日元，旨在使日本成为全球最先进的生物经济社会。

经过多年努力，中国发酵工业产品不断增长，不仅丰富了人民的生活，而且使我国的发酵工业在国际上具有了举足轻重的地位。中国已经成为发酵工业大国，并创造了多个"世界第一"（表 1-2）。

表 1-2　我国位居世界第一的发酵产品

产品	年产量(万吨)	世界排名	产品	年产量(万吨)	世界排名
酱油(2024)	897.2	一	味精(2022)	1943.8	一
啤酒(2024)	3800	一	维生素 C(2023)	43.4	一
食用菌(2023)	5629.9	一	柠檬酸(2024)	120	一
淀粉糖(2023)	1915	一	赖氨酸(2023)	443	一

2024 年全国发酵产业产品总量 1740 吨左右，产值 6000 多亿元，主要产品出口额约 170 亿美元。"十二五"时期，我国生物发酵产业通过增强自主创新能力、加快产业结构优化升级，使得产业规模持续扩大，提高国际竞争力并形成了一些优势品牌。我国生物发酵产业规模继续扩大，总体保持平稳发展态势，主要生物发酵产品产量从 2010 年的 1800 万吨增加到 2016 年的 2629 万吨，年总产值从 2000 亿元增至 3000 多亿元。我国发酵产业已经形成了具有科学研究、生产设计、设备制造等完整的工业体系。"十二五"期间，行业的技术水平不断提高，原材料消耗大幅降低，技术装备日益先进，先进的管理理念和管理方法已在行业中广泛应用，与国际接轨的各种认证已经普遍采用。近年来，发酵产业在节能减排等方面做了大量工作，"十二五"期间，各行业积极开展资源综合利用，高新技术和传统工艺相结合，将各种组分充分回收和利用，做到物尽其用，在提高附加值的同时，减轻和消除对环境的污染。

我国已是发酵工业大国，但不是发酵强国。与发达国家相比，我国的发酵产业技术水平仍存在一定差距，具体表现在以下几个方面。

① 工业生产菌种的技术水平仍然较差。2023 年我国的发酵酒精总产量已超过 1098 万吨，产值 7563 亿元。但我国在耐高温酿酒高活性干酵母及系列酶制剂的应用和发展方面明显落后于国际水平。大宗发酵产品如谷氨酸以及赖氨酸等生产菌株的转化率与国外相比仍然存在较大差距。

② 发酵工艺相对落后。例如在青霉素的发酵中，发达国家通过计算机智能化控制发酵过程，青霉素活力已超过 100000U/mL；而我国，由于发酵工艺相对落后，青霉素活力仍低于 80000U/mL。我国是世界第一的酱油生产大国，2024 年产量达 897.2 万吨，占世界一半以上。但由于仍然采用落后的发酵工艺，原料利用率低，使我国酱油生产呈现成本高、档次低的现状，难以适应激烈的国际竞争。

③ 产品科技含量低，产品浓度低、能耗高、污染大。我国是酶制剂使用大国，但酶制剂的销售额却只占全世界的 10%，产品的科技含量与国际水平相比较低。我国酶制剂工业至少还有 1 倍以上的提升空间，带动相关工业产值达上千亿元。在发酵提取产品过程中，产品浓度每提高 1%，所产生的废水量将降低 1%～5%，而能耗同时下降 10%～30%。例如在赖氨酸的发酵生产中，由于产品浓度较低，导致下游提取的能耗为国外的 2 倍以上。

④ 装备水平落后。国外已普遍采用智能化的大型生物反应器（800～1200m³）。而我国发酵罐普遍较小（最大发酵罐380m³），智能化水平低。生物反应器的规模越大，生产成本就越低。与国内相比，国外由于大型生物反应器的使用，每吨产品耗电减少了 35%。

第五节 发酵工程发展趋势

视频
现代发酵工程：
机遇与挑战

生物学和工程学是发酵工程发展的基础，而生物学和工程学相关领域的蓬勃发展，为现代发酵工程的发展进步奠定了基础。图 1-2 描绘了生物学科相关领域的发展与发

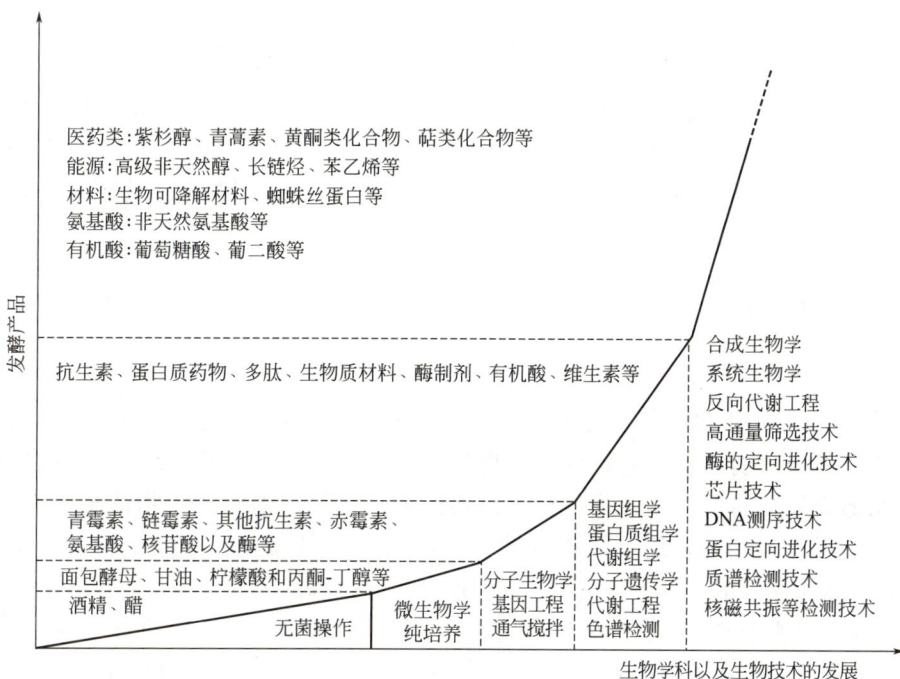

图 1-2 生物学科以及生物技术的发展与发酵产品的发展趋势

酵产品的发展趋势。未来的生物学领域，基于各种组学和实验生物科学的进步，对细胞功能的认识将进一步深入，对细胞功能进行优化的方法将不断丰富，效果将不断提高，同时发酵产品以及相关发酵工艺将大大拓展。图1-3描绘了工程学知识和技术发展的趋势。未来工程学领域的研究，基于对细胞群体效应的解析，将向着过程的系统与集成优化方向发展。通过优化模块单元与系统组装来优化发酵过程，最终提高目标产品的产量。未来，系统生物学和合成生物学技术、发酵过程的细胞群体效应解析技术、发酵过程的复杂多相体系放大技术、基于多产物联产目标的全局调控技术、发酵过程集成和系统优化技术等将成为未来发酵工程发展的主要技术平台。

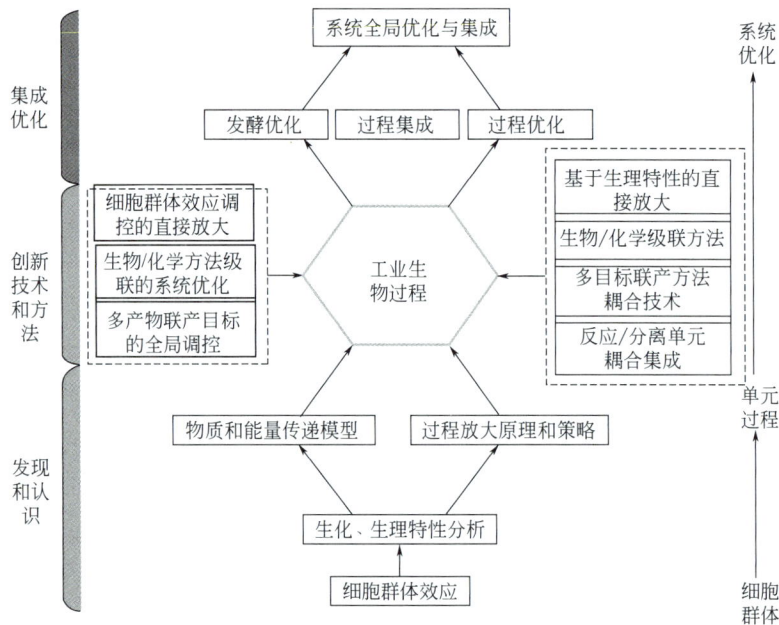

图1-3　工程学知识和技术发展的趋势

产业方面，未来10～20年的时间，中国将逐步从发酵工业大国转变为发酵工业强国。发酵工业产品将更加集中于国内已形成较大规模、对国民经济产生重大影响的产品；已形成出口能力，能参与国际竞争的产品；受知识产权限制，长期依赖进口，急需技术突破的产品。技术发展方向将集中于原料拓展、菌株改造、工艺优化、综合利用。中国发酵工业的发展目标是提升发酵工业整体技术水平，提高产品经济技术指标，增强国际竞争力，创造重大的社会和经济效益。

一、技术领域的扩展趋势

1. 系统生物学、合成生物学与细胞工厂

系统生物学又被称为21世纪的生物学。如果说传统的实验生物学研究注重于对生命系统中的个别基因或蛋白质等组分分别加以研究，系统生物学则是采用综合的手段研究这些各自独立的组成元件如何相互作用形成复杂的系统。系统生物学是在细胞、组织、器官和生物体整体水平研究结构和功能各异的各种分子及其相互作用，并通过计算生物学来定量描述和预测生物功能、表型和行为。系统生物学将在基因组序列的基础上完成由生命密码到生命过程的研究，这是一个逐步整合的过程，由生物体内各种分子的鉴别及其相互作用的研究到途径、网络、模块，最终完成整个生命活动的路线图。系统生物技术在基因组的基础上对发酵工程目标产品进行过程化设计，设计和重构自然界的发酵产物生产线。

合成生物学与系统生物学彼此协调，密不可分。合成生物学的研究内容可以概括为两方面：设计和构建新的生物元件与系统，以及对已存在的生物系统进行重新设计以满足新的需要。合成生物学将生物学实验研究与工程学的设计理念有机地结合在一起。从启动子、核糖体结合位点、转录终止子等基本元件到生物开关、基因簇、脉冲发生器、延时环路、生物振荡器、三维空间图案结构及逻辑公式等生物模块的构建，合成生物学在很短的时间内取得了令人瞩目的进展。系统生物学与合成生物学的飞速发展，将为发酵工程中最为核心的细胞工厂的改造与优化提供有力的理论基础与技术支持。

2. 发酵过程的细胞群体效应解析

细胞间的群体感应系统是一种密度依赖型基因调节系统，最早于 20 世纪 70 年代在海底的一种生物发光细菌——费氏弧菌（*Vibrio fischeri*）中被发现。当一个特定环境中细胞的数量急剧增加时，由细胞所分泌的能够进行信号传导的化学分子的浓度也会相应升高，并逐渐达到一个阈值水平，这时细胞与细胞之间就会通过传递信息来调整它们的共同行为，对较高的细胞密度做出共同的响应，使整个细胞群体展现出新的特征。细胞的群体效应可以使细胞在生长的特定环境中调节其生命活动。当周围的物理、化学和生物环境条件发生改变时，细胞就通过群体效应系统对所处的环境做出快速的响应，包括适应剪切力的变化及营养物的供给、防御其他微生物的入侵、避免对其有害的有毒化合物等。掌握细胞群体效应的基本规律，能够使之为人们所用，如促进细胞群协同生长、促进目标产物产量显著提高、生产新的功能产物等。发酵过程所追求的高密度和高黏度培养实际上与细胞群体效应息息相关。研究细胞间的群体效应现象对高密度、高黏度大规模培养的实现以及工业生物过程整体效率的提高具有重要意义。高密度培养过程中整个细胞群的行为会受到逐渐提高的底物、溶氧和能量抑制、代谢溢出和代谢物阻遏的影响，受到压力响应因子表达及转录水平改变的影响，以及受到细胞死亡、裂解及分裂特性改变的影响等。

3. 发酵过程的复杂多相体系放大

与传统的化学化工过程不同，发酵过程中的细胞具有生理活性，整个反应体系具有鲜明的时间和空间动态特性。细胞培养通常在气-液-固三相体系中进行，细胞的生长代谢特性、发酵液的氧传递特性以及经常出现的高密度和高黏度特性使得生物转化过程的数学描述具有高度的复杂性。因此，工业发酵过程一直停留在经验或半经验的研究阶段。目前大型生物反应器的放大问题仍然没有得到很好的解决，如 $100m^3$ 以上的反应器的放大还是依靠 $1m^3$、$20m^3$、$50m^3$ 罐的逐级放大。国外 20 世纪 80 年代陆续开始应用计算流体力学（CFD），即用数值方法通过计算机求解描述流体运动的数学方程，揭示流体运动的物理规律。从局部、瞬态的观点出发来定量模拟多相反应器内的流动、传递和反应行为已成为发酵过程多相流反应器模型化放大发展的一个新趋势。许多发酵过程的生物反应体系都是高密度和高黏度发酵体系，实现其中的物质和能量快速传递是一个十分关键的问题。在当前生物技术快速发展和生物资源作为解决人类可持续发展的重要原料的条件下，提高工业生物过程的效率和降低能耗成为一个十分重要和迫切需要解决的课题。未来的发酵工业将通过设计高性能搅拌反应器和发展非搅拌式新型高效反应器来提高工业发酵过程的效率。

4. 基于多产物联产目标的全局调控

传统的发酵过程一方面能耗和物耗较高，各单元之间的物质和能量利用往往不能达到高效匹配；另一方面，微生物细胞自身的代谢和生理需求又导致生物转化体系副产物多、原料利用率低及环境污染相对严重。随着微生物基因组学、细胞生理学、现代仪器分析技术和过程工程科学的快速发展及多学科交叉与融合，对整个工业生物过程进行全局设计与调控成为可能。未来的研究重点之一将是对生产菌株的生产能力和环境耐受性进行调控，对高附加值的副产物进行多目标强化联产，对各个反应/分离以及分离/分离单元进行单元内和单元间的设计、集成与全局优化，从细胞群、操作单元和生产过程水平上对发酵工程技术进行全面突破与创新，实现发酵过程的环境污染最小化、资源利用最大化和生产效益最大化。

5. 发酵过程集成和系统优化

发酵过程的结果不但取决于各单元的效率，还取决于系统内各单元的相互作用，因此过程集成和优化是非常关键的技术。采用过程集成将多步过程集成在一步中进行，可大大降低能耗，提高收率。如美国 Genencor 公司在燃料用玉米淀粉生产乙醇的工艺中，采用酶技术和同步糖化发酵工艺（SSF 工艺），将传统的两步法淀粉糖化工艺集成在一步中，降低能耗 30% 以上，大大提高了发酵生产的效率。

发酵过程除了发酵单元操作外，还涉及不同原料的利用效率、过程工艺优化改进、物料流和能量流在生物过程中的合理分配、副产物和目标产物的优化调控、废渣和废水的过程利用等，因而要充分考虑"原料-反应-分离-废物排放一体化"。如美国"ADM"公司对玉米的综合利用进行了系统优化，除生产玉米淀粉外，还生产玉米油、胚芽蛋白和饲料，基本做到了"吃干榨尽"。为了降低发酵成本，在发酵过程一般都采用粗原料直接发酵，却往往带来诸多问题，如转化率低、后处理过滤速度慢、纯化工业复杂、废渣和废水量大等，导致产品成本高，而且废物排放量大，如酒精的发酵产生大量的废酒糟（生产 1t 酒精可产生 15t 废酒糟）。国际著名的生物化学品公司"DSM"对原料的生物转化和分离及废物排放进行了系统优化，发现采用清液发酵生产大宗化学品最为合适。因为清液原料糖转化率高，而且后处理工艺简单，可以使能耗降低 30% 以上，废物产生量降低 50% 以上。

二、应用领域的扩展趋势

进入 21 世纪，伴随着技术进步和行业发展，发酵工程的应用领域将进一步拓展和延伸，发酵工程技术将帮助人们解决人类社会面临的环境、能源、健康、安全等诸多难题和挑战。

1. 发酵工程应用促进"绿色制造"

食品工业中将使用新型添加剂、保鲜剂，发展功能食品，加速第四代食品的形成。饲料生物技术产品将逐步替代传统添加剂，加速我国饲料工业与发达国家饲料标准的接轨。化学工业中使用生物催化剂进一步提高效益，大幅减少废物产出量，提高产品纯度。塑料工业中利用玉米和大豆等生产"绿色塑料"，减少石油用量。纺织工业中采用生物技术，减少纺织品在染色和修整过程中毒性副产物的产生。造纸工业中采用生物工艺降低制备纸浆过程中毒性副产物的排出量。使用现代生物技术使传统发酵过程能耗更低、污染更少，使糖、酱油等传统产品的生产成本降低 50% 左右。

2. 发酵工程应用促进生物能源制造

燃料酒精在发酵工程技术的促进下，将进入实用阶段，形成大规模生产能力。发酵工程技术进步将促进生物柴油生产工艺取得重大突破，生产成本大幅下降，逐步成为新的可替代能源。生物制氢、沼气技术将进一步发展，为世界提供清洁能源。微生物采油、采矿技术将提高石油、采矿工业的经济效益。

3. 发酵工程应用促进食品、药品资源的深度开发

发酵工程技术将促进微生物肥料、微生物农药新产品逐步替代化肥、化学农药，促进绿色农业的发展。同时，发酵工程可大规模地筛选和发酵生产微生物活性物质，将研制大批的抗肿瘤药物、抗真菌药物、抗病毒药物、酶抑制剂，开发新型人用、畜用和农用抗生素等微生物药物。发酵工程技术将促使生物医药研发和产业化能力大幅提高，使生物制药成为新兴产业。

4. 发酵工程应用增进绿色环保

发酵工程被广泛应用于有机废物的处理，尤其是在垃圾填埋场、农业废弃物和城市污水处理中的应用。通过厌氧发酵过程，微生物将有机废弃物转化为生物气体，主要是甲烷，这些气体可以作为能源使

用，替代传统的化石燃料，降低温室气体排放。在污水处理过程中，发酵技术被用来分解有机污染物，并通过微生物代谢转化为无害物质。特别是在处理含氮、磷等污染物的废水时，发酵过程能够显著降低环境污染，回收其中的有价值成分。发酵技术还能够有效回收和利用工业废弃物中的有用物质。例如，通过发酵过程提取食品工业废弃物中的营养成分（如氨基酸、酶等），不仅减少了废物的堆积，还能转化为有价值的副产品，支持循环经济发展。

第二章　微生物菌种制备原理与技术

○○ ──── ○○ ○ ○○

第一节　发酵工业微生物菌种

科普导读

一、概述

现代生物技术的迅猛发展，使越来越多的产品可以通过生物技术来生产。工业微生物是生物技术产品生产的关键，而菌种又是工业微生物的核心。只有具备了良好的菌种，才有可能通过改进发酵工艺和设备得到理想的发酵产品。工业上应用的优良菌种绝大多数都是从自然界中分离，经过筛选而得到的。在得到了一株优良菌株后，只有采取合适的方法进行保藏，才能保持原始菌株的优良性状。但是，微生物菌种在传代繁殖的过程中将不断受环境条件的影响，多数情况下会出现退化现象，从而对工业生产产生不利影响。因此，对已发生退化的菌种采用恰当方法进行复壮，恢复其原有性状也是微生物发酵过程中需要解决的问题。本节将从工业生产实际出发，重点介绍发酵工业中常用微生物的种类、特点及菌种制备、保藏和适应性进化等基础知识。

二、发酵工业常用微生物种类

发酵工业上常用的微生物主要有细菌、放线菌、酵母和霉菌。

1. 细菌

细菌是一类体形微小、结构简单、细胞壁坚韧、以二分裂方式繁殖和水生性较强的单细胞原核微生物。细菌在自然界中分布最广、数量最多，是工业微生物主要研究和应用对象之一，在工业上大量用于生产氨基酸、核苷酸、酶、多糖和有机酸。

细菌有4种基本形态：球状、杆状、螺旋状和丝状，分别称为球菌、杆菌、螺旋菌和丝状菌。几乎所有细菌都具有细胞壁、细胞膜、细胞质和细胞核等基本结构。部分细菌还有特殊结构，如芽孢、鞭毛和荚膜等。鉴于不同细菌的细胞壁在厚度、组成成分等方面的差异，经革兰染色可把细菌分为革兰阳性菌（Gram positive，G^+）和革兰阴性菌（Gram negative，G^-）两大类。细菌一般进行无性繁殖，且繁殖速率很快。除无性繁殖外，某些细菌还存在频率很低的有性接合生殖方式。细菌在固体培养基上会形成菌落，不同细菌的菌落特征具有显著差异，具体包括：表面形状、隆起形状、边缘情况、表面状况、表面光泽、质地以及菌落的大小、颜色、透明度等。

工业上常用的细菌有枯草芽孢杆菌（*Bacillus subtilis*）、大肠杆菌（*Escherichia coli*）（图 2-1）、乳酸乳杆菌（*Lactobacillus lactis*）和谷氨酸棒状杆菌（*Corynebacterium glutamicum*）等。

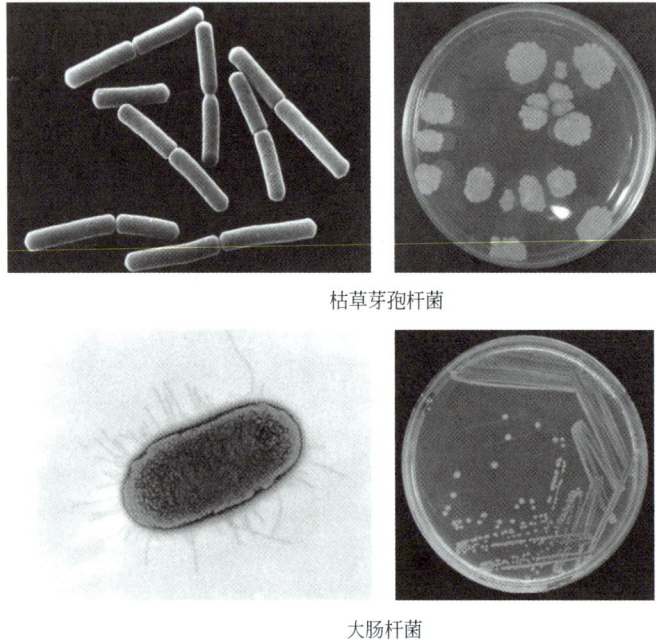

枯草芽孢杆菌

大肠杆菌

图 2-1 典型的细菌显微图像和菌落

2. 放线菌

放线菌是具有菌丝、以孢子进行繁殖、革兰染色阳性的一类原核微生物。它在自然界中分布极广，主要分布于含水量较低、有机质丰富和呈碱性的土壤中。放线菌能产生大量的、种类繁多的抗生素。某些放线菌能积累特定的酶。

大多数放线菌菌体由分枝发达的菌丝组成。根据菌丝形态和功能的不同，可分为营养菌丝、气生菌丝和孢子丝三种。放线菌主要以无性孢子的方式进行繁殖，也可通过菌丝片段和形成孢子囊进行繁殖。放线菌的孢子常带有颜色，如白、灰、黄、橙黄、红、蓝等。孢子的颜色是鉴定此类菌种的重要依据之一。放线菌的菌落由菌丝体组成，一般呈圆形或有许多褶皱。由于放线菌的气生菌丝较细，生长缓慢，分枝多而且相互缠绕，故形成的菌落质地致密，表面呈紧密的绒状或坚实、干燥、多皱、菌落小而不蔓延。

工业上常用的放线菌有变铅链霉菌（*Streptomyces lividans*）、天蓝色链霉菌（*Streptomyces coelicolor*）（图 2-2）、吸水链霉菌（*Streptomyces hygroscopicus*）、棘孢小单孢菌（*Micromonospora echinospora*）和铁锈游动放线菌（*Actinoplanes ferrugineus*）等。

3. 酵母

酵母是一类腐生型真核微生物，在自然界中主要分布于含糖丰富而偏酸性的环境中。酵母多用于生产酒精、有机酸和单细胞蛋白。

大多数酵母为单细胞，多呈卵圆形、圆形或圆柱形。酵母属于真核生物，细胞质中有细胞核、线粒体、中心体、核糖体、内质网膜、液泡等细胞器。酵母的繁殖有无性繁殖和有性繁殖两类。无性繁殖主要有芽殖、裂殖和芽裂殖，有性繁殖产生的有性孢子主要有卵孢子、接合孢子和子囊孢子。在固体培养基上生长的酵母可形成菌落。酵母菌落在外形上与细菌菌落较为相似，其特征为表面湿润黏稠，与培养基结合不紧密，但生长一段时间后普遍比细菌菌落大而厚，颜色较单调，多数呈乳白色，极少数呈黄色、红色或黑色。

工业上常见的酵母（图 2-3）有酿酒酵母（*Saccharomyces cerevisiae*）、巴斯德毕赤酵母（*Pichia pastoris*)、光滑假丝酵母（*Candida glabrata*）、热带假丝酵母（*Candida tropicals*）、红法夫酵母（*Phaffia rhodozyma*）以及解脂亚洛酵母（*Yarrowia lipolytica*）等。

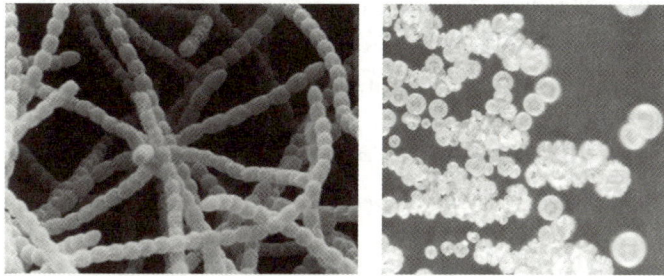

变铅链霉菌

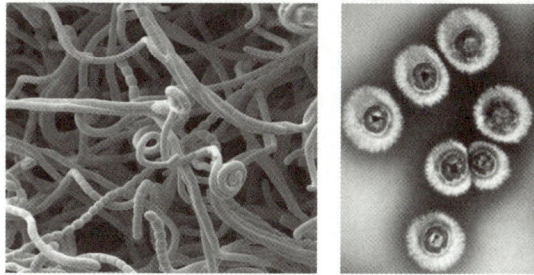

天蓝色链霉菌

图 2-2　典型的放线菌显微图像和菌落

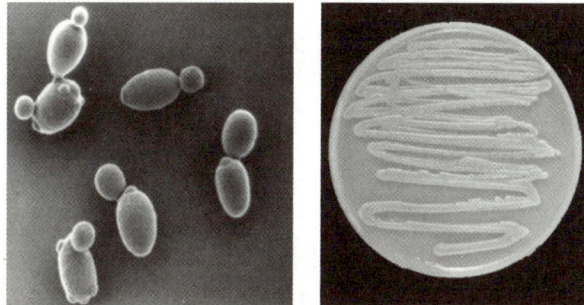

酿酒酵母

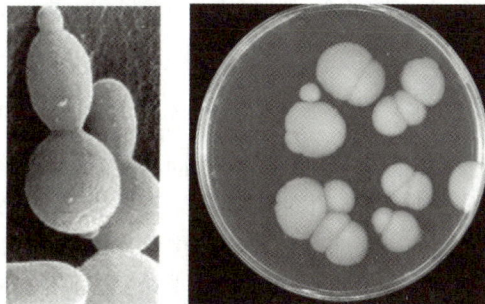

球拟假丝酵母

图 2-3　典型的酵母显微图像和菌落

4. 霉菌

霉菌广泛分布于土壤、水域、空气及动植物体内外，与人类的生活和生产有着密切的关系。霉菌在工业上主要用于生产抗生素、有机酸、酶和色素等。很多霉菌，如米曲霉、黑曲霉等，在传统发酵食品的生产中有重要作用。

霉菌的营养体由分枝或不分枝的菌丝构成，许多菌丝相互交织形成菌丝体。其菌丝根据构成和功能的不同可分为营养菌丝、无隔菌丝和有隔菌丝。霉菌菌丝细胞的结构与酵母相似，不同之处只是细胞壁成分中多数含有几丁质，少数含有纤维素。霉菌的繁殖能力很强，在自然界中霉菌主要靠形成各种无性孢子和有性孢子进行繁殖。霉菌的菌丝较粗且长，形成的菌落较疏松，常呈绒毛状、絮状或蜘蛛网状，一般比细菌和放线菌的菌落大几倍到几十倍。

工业上常用的霉菌（图 2-4）有黑曲霉（*Aspergillus niger*）、米曲霉（*Aspergillus oryzae*）、米根霉（*Rhizopus oryzae*）和产黄青霉（*Penicillium chrysogenum*）等。

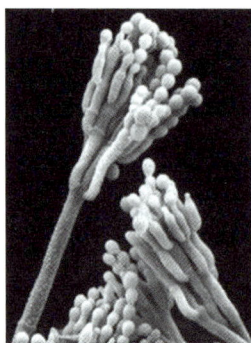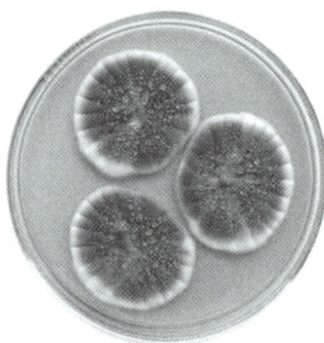

产黄青霉

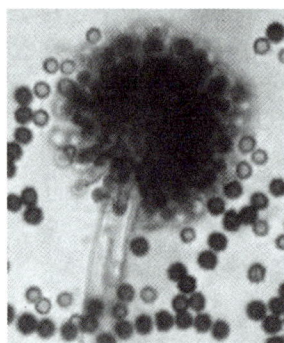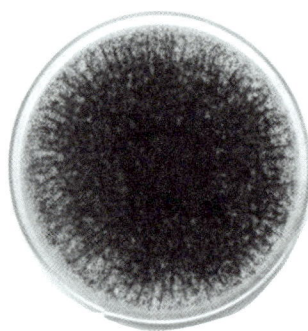

黑曲霉

图 2-4　典型的霉菌显微图像和菌落

三、发酵工业微生物的基本要求

众所周知，微生物在自然界的分布极其广泛，不同环境条件下生长的微生物也相应有着不同的代谢类型和独特的生理特性。并不是所有的微生物都能用于工业生产。能够用于工业生产的微生物菌种，要具有以下特性：①在遗传上必须是稳定的；②易于产生营养细胞、孢子或其他繁殖体；③必须是纯种或明确的少数几种菌组成的简单混菌系统，不应带有其他杂菌及噬菌体；④种子的生长必须旺盛、迅速；⑤产生所需产物时间短；⑥容易分离提纯；⑦有自身保护机制，抵抗杂菌和噬菌体污染能力强；⑧能保持较长的良好经济性能；⑨菌株对诱变剂处理较敏感，从而可能选育出高产菌株；⑩在规定的时间内，菌株必须产生预期数量的目的产物，并保持相对的稳定。

具备以上条件的菌株，才能保证发酵产品的产量和质量，这是发酵工业的最大目的和最低要求。对于某些发酵过程，还需要菌株具有一些其他的特性，包括对极端环境的耐受能力强、安全无毒、环境污染少等。

四、菌种的制备原理与方法

一般来说，工业微生物可以从以下几个途径获得：①向菌种保藏机构索取有关的菌株，从中筛选所需菌株；②由自然界采集样品，从中进行分离筛选；③从一些发酵制品中分离目的菌株。以下将着重介绍从自然界中分离筛选出目的菌株的一般步骤和方法。

1. 含微生物样品的采集

土壤由于具备了微生物所需的营养、空气和水分，是微生物最集中的地方。从土壤中几乎可以分离到任何所需的菌株，空气和水中的微生物也都来源于土壤，所以土壤样品往往是首选的采集目标。各种微生物由于生理特性不同，在土壤中的分布也随着地理条件、养分、水分、土质、季节而有很大的变化。因此，在分离菌株前要根据分离筛选的目的，到相应的环境和地区去采集样品。具体可参考的指标有：土壤有机质含量和通气状况、土壤酸碱度和植被状况、地理条件、季节条件等。另外，还可根据微生物的营养类型和生理特征来采样。例如要筛选高温酶生产菌时，通常可以到温度较高的南方或温泉、火山爆发处采集样品。

2. 含微生物样品的富集培养

富集培养是在目的微生物含量较少时，根据微生物的生理特点，设计一种选择性培养基，创造有利的生长条件，使目的微生物在最适的环境下迅速地生长繁殖，由原来自然条件下的劣势种变成人工环境下的优势种，以利于分离到所需的菌种。一般可从以下几个方面加以考虑。

（1）控制培养基营养成分　微生物的代谢类型十分丰富，其分布状态随环境条件的不同而异。如果环境中含有较多某种物质，则其中能分解利用该物质的微生物也较多。因此，在分离该类菌株之前，可在增殖培养基中人为加入相应的底物作为唯一碳源或氮源，那些能分解利用这些底物的菌株因得到充足的营养而迅速繁殖，其他微生物则由于不能分解这些物质，生长会受到抑制。

（2）控制培养条件　在筛选某些微生物时，可以通过它们对 pH、温度和通气量等条件的特殊要求来控制培养，达到有效的分离目的。如细菌、放线菌的生长繁殖一般要求偏碱（pH7.0～7.5）的环境，而霉菌和酵母要求偏酸（pH4.5～6.0）的环境。

（3）抑制不需要的菌类　在分离筛选的过程中，可通过高温、高压、加入抗生素等方法来减少非目的微生物的数量，从而使目的微生物的比例增加。例如，在土壤中分离芽孢杆菌时，由于芽孢具有耐高温特性，100℃很难将其杀死。因此，可先将土样在 80℃中加热 30min 左右，杀死不产芽孢的微生物。在筛选霉菌和酵母时，通常可在培养基中加入氨苄西林或卡纳霉素等细菌敏感的抗生素来抑制细菌的生长。

对于含菌数量较少的样品或分离一些稀有的微生物时，采用富集培养可以提高分离效率和筛选到目的菌株的概率。但是如果按照常规的分离方法，就可在培养基平板上出现足够数量的目的微生物时，就没有必要进行富集培养，直接分离、纯化即可。

3. 微生物的分离

经富集培养后的样品，虽然目的微生物得到了增殖，但是培养液中依然是多种微生物混杂在一起。因此，培养液还需通过分离纯化，把需要的菌株从样品中分离出来。下面将分别对几种常用的分离方法进行介绍。

（1）稀释涂布和划线分离法　稀释涂布分离法是指将土壤样品以 10 倍的级差用无菌水进行稀释，取一定量的某一稀释度的悬乳液，涂布于分离培养基的平板上，经过培养，长出单菌落。

（2）利用平皿中的生化反应进行分离　分离培养基是根据目的微生物特殊的生理特性或利用某些代谢产物的生化反应来设计的，可显著提高菌株分离纯化的效率。具体的方法有如下几种。

① 透明圈法：在平板培养基中加入溶解性较差的底物，使培养基浑浊。能分解底物的微生物便会在菌落周围产生透明圈，圈的大小可初步反应该菌株利用底物的能力。例如，可以利用含有淀粉的培养基筛选具有高淀粉酶活力的微生物。

② 变色圈法：在底物平板中加入指示剂或显色剂，使所需微生物能被快速鉴别出来。例如，可以利用某些对 pH 敏感的染料制备平板，从而快速筛选具有较强积累有机酸能力的微生物。

③ 生长圈法：该法常用于分离筛选氨基酸、核苷酸和维生素的产生菌。将待检菌涂布于含高浓度的工具菌并缺少所需营养物的平板上进行培养，若某菌株能合成平板所需的营养物，在该菌株的周围便会形成一个浑浊的生长圈。其中的工具菌是一些与目的菌株相对应的营养缺陷型菌株。

④ 抑菌圈法：该法常用于抗生素产生菌的分离筛选，工具菌采用抗生素的敏感菌。若被检菌能分泌某些抑制工具菌生长的物质（如抗生素等），便会在该菌落周围形成抑菌圈。

（3）组织分离法　组织分离法是从一些有病组织或特殊组织中分离菌株的方法。如从患恶苗病的水稻组织中分离赤霉菌，从根瘤中分离根瘤菌，以及从各种食用菌的子实体中分离孢子等。

（4）通过控制营养和培养条件进行分离　各种微生物对营养和培养条件的要求是不一样的，在分离筛选时，若在这两个方面加以调节和控制，往往能获得更好的分离效果。其原理和方法与富集培养类似。

4. 野生型目的菌株的筛选

在目的菌株分离的基础上，进一步通过筛选，选择具有目的产物合成能力相对高的菌株。一般可分为初筛和复筛两步。

（1）初筛　初筛是从大量分离到的微生物中将具有合成目的产物的微生物筛选出来的过程。由于菌株多，工作量大，为了提高初筛的效率，通常需要设计一种快速、简便又较为准确的筛选方法。初筛一般分为平板筛选和摇瓶发酵筛选两种。在初筛时，使用平板筛选，将复杂而费时的化学测定改为平皿上肉眼可见的显色或生化反应，能较大幅度地提高筛选效率。由于摇瓶振荡培养法更接近于发酵罐培养的条件，效果比较一致，由此筛选到的菌株易于推广。因此，经过平板定性筛选的菌株还需进行摇瓶培养。一般一个菌株接一个瓶，培养得到的发酵液进行定性或定量测定。初筛可淘汰 85%～90% 不符合要求的微生物。但是由于初筛多采用定性的测定方法，只能得到产物的相对比较。因此，要得到确切的产物水平，必须进行复筛。

（2）复筛　复筛时，一个菌株通常要重复 3～5 个摇瓶，培养后的发酵液采用精确的分析方法来测定。在复筛过程中，要结合各种培养条件，如培养基、温度、pH 和供氧量等进行筛选，也可对同一菌株的各种培养因素加以组合，构成不同的培养条件来进行试验，以便初步掌握野生型菌株适合的培养条件，为以后的育种工作提供依据。一般经复筛后，可保留 2～3 株产量较高的菌株来进行后续生产性能方面的检测。

5. 野生型目的菌株的菌株鉴定

经复筛得到的野生型菌株一般都要进行菌种鉴定，为后续研究奠定基础。菌株鉴定一般分为三个步骤：①获得该微生物的纯种分离物；②测定一系列必要的鉴定指标；③根据权威的鉴定手册（如《伯杰氏细菌鉴定手册》）进行菌种鉴定。常用的鉴定指标有：形态结构、生理生化特征、血清学反应和遗传特征等。

五、适应性进化

在漫长的进化过程中，微生物经自然选择，能适应它的周围环境和同其他物种的竞争，但往往不能很好地满足工业化生产上的要求，存在对工业过程中不良环境的耐受能力差、底物消耗速率低、合成目标产物量少等问题。因此，必须对现有的工业微生物菌种进行改良，使之更好地为人类服务。

适应性进化（adaptive evolution），通常也称为菌种驯化，一般是指通过人工措施使微生物逐步适应某一条件，而定向选育微生物的方法。通过适应性进化可以取得具有较高耐受力及活动能力的菌株。适应性进化作为一种传统的菌种改良手段，在实际生产中有着广泛的应用，特别是在传统发酵、环境保护、金属冶炼等领域。例如，为了提高柠檬酸生产菌对高浓度柠檬酸的耐受能力，可将该菌株在柠檬酸适应性进化培养基中进行耐酸性进化，柠檬酸的浓度从低逐步提高，这样经若干次传代后就能得到可耐高浓度柠檬酸的优良菌株。

六、菌种的保藏

1. 菌种的退化和防止

菌种退化是指生产菌种或选育过程中筛选出来的较优良菌株，由于进行移接传代或保藏之后，群体中某些生理特征和形态特征逐渐减退或完全丧失的现象。主要表现为生长速度变慢和目的代谢产物合成能力下降。菌种发生退化的原因主要有：基因突变、连续传代以及不当的培养和保藏条件。

遗传是相对的，变异是绝对的。因此，要求一个菌种永远不衰退是不可能的，但是积极采取措施，延缓退化是可以做到的。防止菌种退化的方法主要有以下几种：①尽量减少传代；②经常对菌种进行纯化；③创造良好的培养条件；④用单核细胞移植传代；⑤采用有效的菌种保藏方法。

2. 菌种的复壮

在发生退化的菌种中一般仍然有少量尚未衰退的个体存在。因此，人们可以通过人工选择法从中分离筛选出那些具有优良性状的个体，使菌种获得纯化，这就是复壮。菌种复壮的主要方法有如下几种。

① 纯种分离　通过纯种分离，可以把退化菌种的细胞群体中一部分还保持原有典型性状的单细胞分离出来，经过扩大培养，就可以恢复原菌株的典型性状。

② 淘汰法　淘汰已衰退的个体。有人曾对产生放线菌素的 *Streptomyces microflavus* 的分生孢子，采用（−30～−10）℃的低温处理 5～7 天，使死亡率达到 80%。结果发现，在抗低温的存活个体中，留下了未退化的健壮个体，从而达到复壮的目的。

③ 宿主体内复壮法　通过宿主体内生长进行复壮。对于寄生性微生物的退化菌株，可通过接种至相应的动、植物体内的措施来提高它们的活性。

3. 工业微生物菌种的保藏

菌种保藏是指在广泛收集实验室和生产菌种的基础上，将它们妥善保藏，使之达到不死、不衰、不污染，以便于研究、交换和使用的目的。菌种保藏的具体方法很多，原理却大同小异。首先要挑选典型菌种的优良纯种，最好采用它们的休眠体（如分生孢子、芽孢等）；其次，要创造一个适合其长期休眠的环境条件，诸如干燥、低温、缺氧、避光、缺乏营养以及添加保护剂或酸度调节剂等。下面介绍几种常用的菌种保藏方法。

① 斜面保藏方法　斜面保藏方法是一种简单常用的方法，即采用斜面菌种结合定期移接，直接在 4℃下保藏的方法。影响菌种斜面保藏效果的因素有许多，主要是菌种保藏培养基和培养条件。斜面菌种每隔 1～3 个月后需移接一次。移接代数最好不要超过 3～4 代。斜面保藏法简便有效，特别适合于非长期保藏以及不能采用低温干燥方法保藏的菌种。但此方法易使菌株发生自发突变、易引起菌种的退化甚至死亡。

② 液体石蜡油保藏法　石蜡油保藏法由法国科学家 Lumiere 于 1914 年发明，是一种常用的工业微生物菌种保藏方法。石蜡油保藏法其实是斜面保藏的一种方式，该法由于在斜面中加入了石蜡油，保存期间可以防止培养基水分蒸发并隔绝氧气，因此可以进一步降低代谢活动，推迟细胞退化。此法应用广泛，特别适合于一些在固体培养基上不能形成孢子的丝状担子菌。

③ 冷冻干燥保藏法　冷冻干燥法通常是用保护剂制备菌悬液，然后将含菌样快速降至冰冻状态，

减压抽真空，使冰升华成水蒸气排出，从而使含菌样脱水干燥，并在真空状态立即密封瓶口隔绝空气，造成无氧的真空环境，然后置于低温下保存。该法保藏的菌种不易发生变异，保藏时间长，一般可达5～10年。除一些不产孢子的丝状真菌不宜采用冷冻干燥法保藏外，大多数微生物都可以采用此法。

④ 真空干燥法　即菌种不经冷冻，在常温下直接真空干燥的保藏方法。保藏菌种不需传代，不易发生退化，可以达到较好的保藏效果。适用于细菌、放线菌、酵母和噬菌体的保藏，但不适用于霉菌。

⑤ 液氮超低温保藏法　菌种以甘油、二甲基亚砜等作为保护剂，在液氮超低温（-196℃）下保藏的方法。因为一般微生物在-130℃以下新陈代谢活动即完全停止。因此，它比其他保藏方法都要优越，被公认为防止菌种退化最有效的方法。该法适用于各种微生物菌种的保藏，甚至连藻类、原生动物、支原体都能用此法获得有效保藏。

⑥ 工程菌的保藏　目前常用的工程菌宿主主要是大肠杆菌和毕赤酵母，它们构建成基因工程菌之后也需要妥善保藏，否则易造成质粒丢失、非同源重组或其他退化现象。常用的保藏方法是将甘油和菌体或菌悬液摇匀后置于-80℃冰箱保藏，甘油浓度一般为15%。也可在斜面上进行保藏，但保存时一定要在培养基中加入一定浓度的抗生素或其他的选择压力，以保持菌种的稳定性。

📚 案例解说　从自然界中分离 α-酮戊二酸高产菌株

α-酮戊二酸是三羧酸（TCA）循环中重要的中间产物之一，在微生物细胞的代谢中起着重要的作用，是合成多种氨基酸、蛋白质的重要前体物质。α-酮戊二酸在医药、有机合成、营养强化剂等领域都有着重要的应用前景。微生物积累 α-酮戊二酸最重要的条件是硫胺素缺陷型。因此，初步设计了一种以筛选硫胺素营养缺陷型菌株为目标的实验方案。首先将在完全培养基上培养好的菌株分别点种到基本培养基和含有微量硫胺素的补充培养基上，筛选硫胺素缺陷型菌株。另外，由于硫胺素不仅是 α-酮戊二酸脱氢酶的重要辅因子，也是丙酮酸脱氢酶的辅因子，因此硫胺素营养缺陷型菌株在亚适量的硫胺素水平发酵时可以同时积累 α-酮戊二酸和丙酮酸。所以，还需对筛选到的硫胺素营养缺陷型菌株进行进一步的筛选。

从无锡炼油厂附近的土壤中取样，将土样置于含硫胺素的富集培养基中富集培养3次，然后将菌液经适当稀释后涂布于完全培养基上，30℃培养2～3天后分别点种于不含硫胺素的基本培养基和含有硫胺素的补充培养基上，筛选出硫胺素营养缺陷型菌株。随后，通过发酵初筛选取在平板中保留有 α-酮戊二酸显色斑点的菌株再转接于装有发酵培养基的摇瓶中进行发酵复筛。4天后，用 HPLC 法测定发酵液中 α-酮戊二酸的含量。经过对多个土壤样品的大量菌株筛选工作，从分离出来的数十株硫胺素营养缺陷型微生物中筛选得到了产杂酸较少、遗传稳定性好的产 α-酮戊二酸菌株。在获得了产 α-酮戊二酸菌株后，对该菌的生理生化特征和 18S rRNA 进行鉴定。结果表明该菌株属于子囊菌纲假丝酵母属的解脂假丝酵母，并将其命名为解脂亚洛酵母（Yarrowia lipolytica）WSH-Z06，现保藏于中国典型培养物保藏中心。

第二节　发酵微生物生理学

一、概述

系统了解菌种的生理特性是在工业发酵过程中充分发挥菌种优势的前提。发酵微生物生理学以发酵工业涉及的微生物为研究对象，主要研究工业微生物的生理活动方式与活动规律，介绍微生物的生长、繁殖过程、影响其生长繁殖的种种因素，以及发酵产物的生物合成与代谢调控，并以此为理论指导代谢调控育种与代谢控制发酵方案的实施。发酵微生物生理学的研究范围如下。

1. 微生物细胞的结构与功能

包括生物大分子的结构和功能，即核酸、蛋白质、生物合成、信息传递、膜结构与功能等，以及这些生物大分子如何组建新的细胞结构和产生新的生命个体的方式、特点与规律。还包括营养物质及其吸收方式、能量的产生与消耗。

2. 微生物的生长与环境

研究微生物与周围环境的关系，在分子水平上，研究微生物的形态结构和分化方式、病毒的装配过程，以及微生物的进化、分类和鉴定等；在基因水平上揭示微生物的系统发育关系。通过研究可以阐明微生物生长、繁殖、形态发生与细胞分化的特点与规律，从而有效地对微生物进行控制。

3. 微生物的代谢调控

在基因和分子水平上，研究不同生理类型微生物的各种代谢途径和调控方式、能量产生和转换过程。通过筛选、诱变、细胞融合及基因工程和代谢调控等技术，选育和构建优良的工业生产菌种，并进行最优化发酵条件等研究，为工业生产提供依据；同时，利用现代微生物育种技术对现有的工业生产菌种进行改造，进一步提高经济效益和社会效益，进一步开发与利用微生物的有益生理活动，杜绝和控制微生物的有害生理活动，使微生物能最大限度地造福人类。

二、微生物的遗传与繁殖

1. 微生物的生长与繁殖

不同的微生物按各自的营养方式从生存环境中吸收所需要的营养物质，并通过自身的代谢活动来建造自己的细胞并繁衍后代。一般认为生长的基本含义是指细胞体积、内含物、细胞数目不可逆增加的生物学过程；而繁殖是微生物生长到一定阶段，由于细胞内各种细胞结构的复制和重建而产生新的生命个体，引起生命体数量增加的生物学过程。

生长是繁殖的前提，繁殖是生长的结果。在单细胞微生物中，胞内原生质和各种细胞结构协调增加，由于细胞分裂导致菌体数目增加，就是繁殖。对于多细胞微生物，若细胞数目的增加同时并不伴有个体数目的增加，那只能称为生长。微生物个体的生长时间一般很短，很快就进入繁殖阶段，生长和繁殖实际很难分开。

2. 细胞增殖

细胞增殖是生物繁育的基础。如单细胞生物，细胞增殖将直接导致生物个体数量的增加。多细胞生物也是由许多单细胞有机结合在一起而形成的生物体。微生物生长和繁殖有许多方式。细菌是裂殖，除了裂殖酵母外多数酵母行出芽生殖，丝状真菌的生长是以顶端延长的方式进行的。但这些繁殖方式都涉及子细胞的形成及与母细胞的分离，即细胞分裂。

细胞在分裂之前，必须进行各种必要的物质准备，然后才能进行细胞分裂。其中重要的物质准备之一是遗传物质载体 DNA 的复制。DNA 是微生物遗传信息的载体，只有 DNA 能正确、彻底地复制，并均匀分配到子细胞中，才能将全部遗传信息传递到其子代细胞。除此之外，所有其他细胞物质也必须进行积累。这些物质准备不仅包括数量上的积累，也包括它们被及时地装配成需要的结构或被修饰到一定的分子结构和功能状态。

在 DNA 的复制过程中，一个亲本双链 DNA 被复制成两个相同的子链 DNA 分子。DNA 碱基序列的互补结构是理解 DNA 复制的关键，由于两条链是互补的，所以一条链能够用于复制另一条链。在一系列复制酶系的作用下，DNA 分子的两条链上相应的核苷酸之间的氢键键能减弱，此时亲本 DNA 的双螺旋解开，形成局部单链状态。以亲本 DNA 的每一条链作为模板去形成新的碱基配对，随后，氢键又重新在两个新的互补核苷酸之间形成。在每一个最终的子链上，酶催化相邻的两个核苷酸之间形成糖苷键。

分裂前细胞物质的准备和积累，实际就是 DNA 的表达，即 DNA 的转录和翻译。基因是编码功能性产物的一段具有特征结构的 DNA 片段（一些以 RNA 为遗传物质的病毒除外）。在某些基因的调控下，另一些基因片段发生解旋，两条分开的单链中的一条被作为模板，转录出与之互补的储存了相同遗传信息的 RNA 产物，修饰后得到 mRNA。mRNA 语言是以密码子形式存在的，每个密码子由三个核苷酸组成并编码一个特殊的氨基酸。在核糖体的指导下，tRNA 一方面和与之相对应的 mRNA 配对，另一方面将所携带的氨基酸有序地装配起来，经其他修饰最终形成蛋白质。得到的蛋白质或酶再被利用到其他的细胞反应中去。

经过充分的物质准备后，细胞开始分裂。分裂过程也是一个十分复杂而又必须精确的生命过程。如果细胞分裂过程发生紊乱，如染色体包装不正常、染色体运动失常、遗传物质不能平均分配到两个子细胞中等，将导致细胞的死亡。相比遗传物质的平均分配，有些细胞质成分如不能平均分配到细胞中常常不会对细胞造成致命威胁。子细胞形成之后，又将开始新一轮的物质积累，准备下一轮的细胞分裂。如此周而复始，细胞数量不断增加，最终得到细胞的群体。这种细胞物质积累与细胞分裂的循环过程，称为细胞周期。从一次细胞分裂结束开始，经过物质积累过程，直到下一次细胞分裂结束为止，称为一个细胞周期。

工业发酵过程是微生物群体细胞新陈代谢的过程，因此研究群体生长繁殖的规律对于发酵工业生产十分必要。不同培养模式下，如分批培养、补料分批培养、连续培养、高密度细胞培养和双菌或多菌培养，微生物群体的变化规律都有差异。

三、底物的吸收与转运

1. 微生物的营养

微生物同其他生物一样，必须从外界获取各种物质，通过新陈代谢（包括分解代谢和合成代谢），以合成细胞物质并提供生命活动的能量，这些物质称为营养物质。微生物摄取和利用营养物质的过程称为营养。根据营养物质在机体内的具体生理作用不同，营养物质可以分为碳源、氮源、生长因子、无机盐等四类物质。

2. 影响物质运输的因素

（1）微生物的表面结构　荚膜、黏液层、细胞壁及原生质膜都会影响物质的运输。荚膜与黏液层是一层疏松的结构，对物质运输影响较小。同它们相比，细胞壁产生的影响较大。原生质膜是一种半透膜，它的存在一方面避免原生质外流，另一方面对物质进入细胞具有选择作用，在控制物质转运上起着关键作用。

（2）微生物生存的环境　环境中是否存在能诱导某种物质运输系统形成的物质、呼吸抑制剂与解偶联剂、被运输物质的结构类似物等都可以在不同程度上影响物质运输速率。另外，温度也是影响物质转运的一个重要因素，它主要是通过影响物质溶解度、细胞膜的流动性和运输系统的活性来影响物质的运输。

（3）物质本身的特性　质膜对溶质有高度选择性，主要表现在以下几个方面：①小分子比大分子易透过；②极性小的分子比极性大的分子易透过；③在相对分子质量接近的不同分子中，结构对称的分子比不对称的易透过；④脂溶性大的物质比脂溶性小的物质易透过；⑤电解质透过质膜时，弱电解质比强电解质易透过，低价离子比高价离子易透过。

3. 营养物质的跨膜运输

位于细胞膜上的运输体系可识别底物，只允许所需物质通过，并可控制通过的量，同时不断排出无用或多余的物质，以决定和控制细胞（细胞器）内部环境。通过生物膜运送称为跨膜运送。

物质运送有两种类型：一类是大分子和颗粒物质的膜泡运输（吞噬和胞饮作用），主要存在于像变形虫一类的原生动物中；另一类是小分子和离子的跨膜运送。根据运送过程是否需要消耗代谢能、有无载体参与、被运物质是否发生化学变化等特点，跨膜运送可以分为简单扩散、促进扩散、主动运输、基团移位 4 种机制。

（1）简单扩散　也称被动扩散，被输送物质不与细胞膜的成分发生作用，运输是非特异性的。输送方向是顺电化学梯度的，扩散动力来自被运输物质在胞内外的浓度差，所以不消耗代谢能，也不需专一的载体。以这种方式运输的物质主要是一些相对分子质量小与脂溶性的物质，如水、气体、甘油和某些离子等。

（2）促进扩散　也是一种被动输送方式，与被动扩散过程相似，与被动扩散不同的是，促进扩散通过特异载体传送物质。被运输的物质与相应的载体之间存在一种亲和力，这种亲和力在膜内外表面的大小不同，在膜的外表面亲和力大，在膜的内表面亲和力小，亲和力大小与载体分子的构型变化有关。在促进扩散中，载体只影响物质运输的速率，而不影响该物质在膜内外建立动态平衡状态。一种细菌通常由多种载体蛋白来完成氨基酸、糖、维生素、无机盐等不同类型物质的运输。同时同种细菌对同种物质的运输有的也由一种以上的载体蛋白来完成。

（3）主动运输　主动运输可以使底物逆浓度运输，需要能量并依赖特异膜蛋白载体。该载体不改变被转运物质的性质，依靠自身的构型变化来改变与底物的亲和力以结合和释放底物。与促进扩散中载体蛋白构型变化不需要能量不同的是，这种构型变化与能量代谢紧密联结。能量主要来源于：①ATP 或其他高能磷酸化合物；②由跨膜的电位差和 pH 差组成的质子（或其他离子）驱动力。这种转运方式可以使微生物在营养浓度很低的环境中正常生长。

（4）基团移位　基团移位是另一种需要能量的输送方式，与主动运输不同的是底物在转运过程中发生了化学修饰。比如在细菌中普遍存在的磷酸烯醇式丙酮酸转磷酸化酶系统对各种糖类的运输。

综上所述，同一种微生物细胞可有多种运输系统，通过多样性的运输机制同时运输各种不同的营养物质而互不干扰。产能系统与运输的偶联，使营养物的胞内浓度可以比胞外高达 100 倍甚至上千倍，因此微生物细胞即使在营养物质极稀释的环境中，只要能提供细胞可利用的能量，细胞就可从中获得生长足量的营养物。

四、微生物的代谢与调控

生命体系的关键特征就是有能力控制发生在其中的各种化学反应，组织各种分子形成特殊结构，即最终表现为自身的生长和繁殖。人们将发生在活细胞中所有的化学反应总称为新陈代谢，简称代谢，包括分解代谢和合成代谢。微生物在生长过程中，从外部吸收营养物质，经体内的代谢构建细胞自身的组分，并将废物排泄到体外。对细胞而言，要合成自身的组分，生物能、还原力和小分子物质是三大要素，对化能异养型微生物，这三要素基本上都是通过分解代谢过程而获得。因此可以说分解代谢、合成代谢在细胞中不是单独分别进行的，而是相互贯通依赖、密切相关、偶联进行的。根据微生物的能量来源和代谢特征，可以将微生物的营养类型按表 2-1 所示进行分类。

表 2-1　微生物的营养类型

分类标准	营养类型	分类标准	营养类型
能源	光能营养型	合成氨基酸能力	氨基酸自养型
	化能营养型		氨基酸异养型
氢供体	无机营养型	取食方式	渗透营养型
	有机营养型		吞噬营养型
碳源	自养型	有机物的来源	腐生
	异养型		寄生
生长因子	原养型/野生型		
	营养缺陷型		

1. 微生物的能量代谢

微生物通过各种能量转换和形成方式，从环境所提供的能量中获得自身生命活动所需要的能量，并且利用能量进行各种生命活动。微生物体内的这种能量转变过程称为能量代谢，它是通过微生物体内的生物氧化反应来实现的。

（1）生物能的产生　生物氧化反应不同于普通的化学氧化反应，它是一种失去电子或氢的过程，反应包括脱氢、递氢和受氢三阶段，是由一系列酶在温和的条件下按一定的次序催化进行，其能量释放是分段逐级进行的，释放出的能量一部分以光或热的形式释放到环境中，一部分以化学能的形式存储在能量载体内，形成细胞可以直接利用的生物能 ATP。生物能的形成必须借助于磷酸化反应才能最终完成能量的转换，概括起来说微生物通过三种磷酸化反应：底物水平磷酸化、电子传递氧化磷酸化和光合磷酸化将 ADP 磷酸化为 ATP。

大多数微生物都是化能营养类型，从化合物的氧化反应中获取能量。其中，有机物和无机物分别作为异养微生物和自养微生物的最初能源物质。有机能源化合物代谢的基本途径就是葡萄糖降解途径，包括脱氢阶段的 EMP 途径、HMP 途径、TCA 途径、ED 途径、PK 途径、葡萄糖的直接氧化途径；递氢和受氢阶段的发酵过程、无氧呼吸、有氧呼吸。化能无机营养型微生物以无机物为能源，其 ATP 的形成在本质上与化能有机营养型微生物相似，只是原电子供体是无机物而不是有机物，通过无机物的氧化来获得能量。

许多真核和原核微生物以光能为能源，利用光合作用产生 ATP。在光反应阶段将光能转变为化学能，在暗反应阶段利用化学能来还原 CO_2 形成细胞质。

（2）还原力的获得　在物质的合成过程中，细胞只能利用由辅酶 II 所携带的还原力 NADPH，而不是辅酶 I 所携带的还原力 NADH。这一还原力的获得根据氢或电子供体的不同而呈现多样性。以有机化合物作为氢或电子供体时，还原力 NADPH 的获得是通过有机物生物降解形成的。一般微生物可通过 HMP 途径产生大量的还原力 NADPH。对于真核微生物，在有机物脱氢过程中多条途径产生的 NADH 可经转氢作用变为 NADPH。同时，许多还原性的无机化合物可作为氢或电子供体，并且在每种微生物中各不相同。

2. 代谢产物的合成

具备了所需能量及还原力，微生物便可进行所需化合物的合成。细胞中重要的组成部分大分子物质都是由单体经聚合生成的。这些小分子单体物质包括 5 种嘌呤和嘧啶、20 种氨基酸、糖（碳水化合物）、脂肪酸（含有机酸）、维生素及其他辅因子。在由单体经聚合生成大分子物质的过程中涉及一些关键的中间物质。在绝大多数异养微生物中，这些关键中间代谢物是能量代谢的中间产物，细胞进行合成代谢时必然会抽走大量中间代谢物，为了不影响能量代谢，微生物进化中形成了独特的回补代谢途径。异养和自养微生物获得回补代谢中间产物的途径，随着微生物以及碳源条件的不同而多样，总的来说，主要围绕磷酸烯醇式丙酮酸（PEP）和草酰乙酸（OAA）两个关键中间代谢物的生成。异养微生物中最重要的回补途径是乙醛酸循环和甘油酸循环。

3. 代谢调节

代谢调节是指微生物按照需要改变体内代谢活动的速度和方向的一种作用。在发酵微生物生理学中，代谢调节包括微生物代谢的自动调节和人工控制。

（1）微生物代谢的自动调节　微生物在生命活动中，环境条件一直处于动态变化中，细胞要适应环境则要对两方面的情况实现自动调节，一是协调胞内外代谢途径的反应速率和底物分配，二是对环境的变化做出响应。生物体内各个代谢途径的生化反应都离不开酶的催化，因而微生物自动调节机制中最重要的方式就是通过酶来实现，即针对酶合成和活性的调节，实现代谢途径、代谢流量及速率的调控。除此之外，微生物细胞的代谢调节方式还有区域分隔和膜通透性调节。

酶活性调节方式主要有激活和抑制两种，按调节机制可分为变构调节和修饰调节。酶合成调节的方式主要有诱导和阻遏两种，对酶合成的诱导和阻遏现象的解释普遍采用 Monod 和 Jacob 在 1961 年提出的操纵子假说，这一假说很好地解释了对转录起始的调节。

此外，微生物细胞内许多代谢反应受到能量状态的调节。ATP 是通用的能量载体，ADP 是形成 ATP 的磷酸受体。通常产能反应与 ADP 的磷酸化相偶联，需能反应与 ATP 高能磷酸键的水解偶联。因此 ATP 与 ADP 和 Pi 的浓度比值（$[ATP]/[ADP][Pi]$）称为细胞能量状态的一种指标。

（2）微生物代谢的人工控制　微生物代谢的人工控制即人工控制微生物的正常调节机制，引导微生物积累人们需要的有用代谢产物。包括代谢控制发酵和代谢控制育种两个方面。

代谢控制发酵指利用生物化学和遗传学的原理，控制培养条件，如营养物类型和浓度、氧、pH 的调节等，使微生物的代谢朝着人们希望的方向进行。代谢控制育种是通过遗传变异来改变微生物的正常代谢，使某种代谢产物形成和积累，往往是通过特定突变型的选育，人为打破微生物代谢的自动调节，改变代谢流向，减少或切断支路代谢物的形成以提高微生物膜的通透性，使目的代谢物大量积累。

五、底物、中间产物、终产物与其他胁迫条件下的响应和耐受

微生物在充足的营养、最适的温度、pH、溶氧水平以及溶质浓度的供应条件下，会以它所特有的最快生长速率进行生长。上述任何参数的改变都会影响最快生长速率，从而体现为对微生物的一种环境胁迫（environmental stress）。微生物感知环境条件的即时变化并正确做出反应的能力对它们的生存至关重要。

1. 底物、中间产物与终产物反馈调节

同酶催化反应类似，当培养基中底物浓度达到一定程度后，细胞的比生长速率随该底物浓度的升高反而下降，表现出底物抑制作用。分解代谢物阻遏，指细胞内同时有两种底物存在时，利用快的那种底物会阻遏利用慢的底物的有关酶合成的现象。

在合成代谢途径中，当终产物浓度超过某一水平时，即起反馈调节作用（包括反馈阻遏和反馈抑制）。除可用反馈抑制的方式来抑制该途径中关键酶的活性以减少末端产物的生成外，还可通过阻遏作用来阻碍代谢途径中包括关键酶在内的一系列酶的生物合成，从而更彻底地控制合成该终产物。当该终产物被利用使其低于该水平时，则反馈调节被解除，反应重新继续，这说明终产物的反馈调节取决于终产物的浓度，保证代谢过程中原料和能量的供应既无过剩又无短缺，使代谢在经济节约的基础上顺利进行。对直线式反应途径来说，产物作用与代谢途径中的各种酶使之合成受阻；对分支代谢途径来说，情况较为复杂，每种末端产物仅专一地阻遏合成它的那条分支途径的酶。

2. 渗透胁迫

溶质的浓度对微生物的生长起着关键作用。在实验室中，大多数微生物都在渗透压相对较低的培养基中表现为最适生长。对于很多细菌，高渗条件会导致质壁分离，低渗则导致胞质逸出。当水分进入细胞，细胞体积增加，而细胞壁防止细胞的膨胀，这种由质膜施加给细胞壁的压力称为膨压。渗透调节机制或渗透胁迫反应的功能就是使膨压处在细胞能够维持其生长发育的范围内。高渗环境中，最快速的反应是 K^+ 流入量的增加，参与渗透调节的主要阴离子化合物是谷氨酸。有些化合物在环境中存在时，可以促进细胞在高渗环境下的生长速率，这些化合物称为渗透保护剂，它们在本质上是两性离子并且类似于甘氨酸甜菜碱和脯氨酸。低渗环境下，细胞膜的通透性会暂时提高，低渗条件下的生长会诱导产生一些化合物并出现在细胞的周质空间，在革兰阳性细菌的周质空间发现了一种类似称为膜衍生寡聚糖的复

杂糖类化合物。同时高渗、低渗环境会诱导细胞表达一些外膜蛋白以控制物质的进出。

3. 氧胁迫

细胞代谢过程中，通过酶的催化以及自发的化学反应都会产生对 DNA、蛋白质和细胞的脂质组分有毒的各种形式的氧。大多数好氧微生物通过超氧化物歧化酶（SOD）和过氧化氢酶来保护其自身免受超氧化物和过氧化氢的毒性。不进行有氧呼吸的生物体采用一种独特的黄素蛋白-NADH 氧化酶将氧还原为水。一种能够提供保护对抗氧化胁迫的超氧化物还原酶系统存在于厌氧的硫酸还原细菌中。同样，过氧化氢和超氧化物可以诱导细胞产生一些酶用以解除氧胁迫期间产生的毒性。

4. pH 胁迫和耐酸性

微生物能够在广泛范围的氢离子浓度（pH）条件下生长，在人类活动范围内的大多数细菌则喜欢生长在接近中性的 pH 条件下，称作嗜中性菌。虽然嗜中性菌一般不在极端酸性或碱性条件下生长，但是如果它们被允许经历一个 pH 逐渐改变的适应性过渡阶段，它们就能够在不同程度上经受住上述这些条件下的暴露而生存下来。微生物应对 pH 变酸的一种办法是产生能够将酸性代谢物转化为中性代谢物或者将中性代谢物转化成碱性代谢物的酶。现已证明革兰阴性细菌生长过程中控制体内 pH 所采用的典型机制涉及对主要质子泵以及 K^+/Na^+ 和 Na^+/H^+ 运输通道的调节。还采用了其他适应机制在超出生长范围的 pH 条件下生存下来。在有些微生物中，一个重要的耐酸性系统是依赖于 Mg^{2+} 的转运质子的 ATP 水解酶，水解 ATP 将质子从胞内外排。

5. 热胁迫

如同对 pH 一样，微生物对温度也表现为能在一个广泛的范围内生长。大多数细菌比较偏爱生长在 $20\sim40℃$ 比较温和的温度条件下。当温度由 30℃ 升高到 42℃ 时，大肠杆菌和其他细菌会暂时提高一套热休克蛋白的合成速率，许多热休克蛋白（heat shock protein）是细胞在增高的温度条件下得以生长或存活所需要的。这些热休克蛋白的表达水平提高需要相应的调节因子。

6. 饥饿胁迫

营养饥饿对大多数微生物来说经常发生，遭遇某种营养饥饿时所发生的遗传和生理变化称为饥饿胁迫反应。饥饿胁迫反应的作用是使微生物能够在长期饥饿状况下存活下来，并为它们提供对付其他多种环境胁迫的一种普遍性的交叉抗性。在饥饿胁迫反应过程中所发生的一些生理变化包括：从环境中搜集碳源或其他新的或具有较高亲和力的营养用于系统的表达；细胞内 RNA、蛋白质和脂肪酸的降解；核糖体数量的减少；细胞膜脂质成分在数量和类型上的改变；革兰阴性细菌外膜脂多糖数量的相对增加；以及为保护 DNA 免受损伤而发生的染色体 DNA 的凝聚。

微生物对发酵过程中可能存在的应激反应具有高度的多样性和复杂性，通常还会同时存在多种胁迫作用，对胁迫和应答机制的研究对于优化很多重要发酵产品的生产具有重要的实际意义。

第三节   微生物诱变育种

一、概述

一个菌种生物合成的产量和质量由遗传结构和功能所决定，而功能由遗传结构所控制，改变遗传结构，就会影响功能，功能的改变使生物合成产物的化学结构和合成能力也随之改变。微生物诱变育种，是以人工诱变手段诱发微生物基因突变，改变遗传结构和功能，通过筛选，从多种多样的变异体中筛选出产量高、性状优良的突变株，并且找出培养这个菌株的最佳培养基和培养条件，使其在最适的环境条件下合成有效产物。工业微生物育种过程分为两个阶段：菌种基因型改变——筛选菌种，确认并分离出具有目的基因型或表型的变异株；产量评估——全面考察变异株在工业化生产上的性能。

基因突变是微生物变异的主要源泉，而人工诱变是加速基因突变的重要手段。以人工诱发突变为基础的微生物诱变育种，具有速度快、方法简单等优点，是菌种选育的重要途径。诱变育种在发酵工业菌种选育上取得了卓越的成就，迄今为止国内外发酵工业中所使用的生产菌种绝大部分是人工诱变选育出来的。诱变育种在抗生素工业生产中的作用更是无可比拟，几乎所有的抗生素生产菌都离不开诱变育种的方法。时至今日，诱变育种仍是大多数工业微生物育种上最重要而且最有效的技术。

从自然界分离所得的野生菌种，不论在产量上或质量上，均难适合工业化生产的要求。理想的工业用菌种必须具备：遗传性状稳定；纯净无污染；能产生许多繁殖单位；生长迅速；能在短时间内生产所要的产物；可以长期保存；能经诱变，产生变异和遗传；生产能力具有再现性；具有高产量、高收率等特性。在微生物发酵工业中，菌种通过诱变育种不仅可以提高有效产物的产量，改善生物学特性和创造新品种，而且对于研究有效产物代谢途径、遗传图谱绘制等方面都有一定的用途，归纳起来有以下几个方面。

1. 提高目的物产量

对于新分离的野生种，由于发酵水平极低，必须通过多次诱变育种才能不断提高其发酵水平。对生产中已经应用的菌种也要通过人工诱变提高产量，使之适应大规模工业化生产的需要。生产上使用的主要抗生素生产菌，其原始亲株发酵单位很低，经过诱变育种，不断提高发酵水平，产量增加上千倍，甚至上万倍，效果十分显著。

2. 改善菌种特性、提高产品质量

通过诱变育种，除了获得高产突变株之外，还可以选育到一些具有良好性状的突变株，包括改善产品质量、提高有效组分比例、简化工艺、缩短周期以及适合工业化发酵工艺要求的突变株。通过诱变育种带来产品质量提高的典型例子是青霉素。青霉素的原始产生菌产黄青霉 Wis. Q-176 在深层发酵过程中产生的黄色素在提炼过程中很难除去，影响产品质量。后经过诱变育种，获得一株无色突变株 DL3D10，改进了青霉素的产品质量，简化了提炼工艺，显著降低了成本。

通过诱变提高有效组分也是屡见不鲜的。大多数抗生素都是多组分的，而其中除了有效组分外，有不少是无效组分，甚至是有毒组分。通过诱变育种可以消除人们不需要的组分，例如，麦迪霉素产生菌吸水链霉菌（*Streptomyces hygroscopicus*）经过人工诱变 30 代以后，发酵水平由原始菌株 20U/mL 提高到 4500U/mL，此时有效组分 A 仅有 40%，后经连续 10 代的人工诱变，选育出耐缬氨酸的突变株，有效组分提高到 75%。

3. 简化工艺条件

通过诱变改善菌种特性，选育出更适合于工业化发酵要求的突变株。例如，选育孢子生长能力强、孢子丰满的突变株，以减少种子工艺难度；泡沫少的突变株，既可节省消泡剂，也可增加罐投料量，提高罐的利用率；发酵液黏性小的突变株，有利于改善发酵过程溶氧，增强发酵液的过滤性能；抗噬菌体突变株，可以减少噬菌体侵染而倒罐；要求空气量低的突变株，可以减少供氧；无油的突变株；发酵低热突变株等。这些突变株可以简化工艺，降低成本，提高发酵工艺的效率。

4. 开发新品种

通过诱变育种，可以获得各种突变株，其中不难分离到改变产物结构的、去除多余的代谢产物、改变原有代谢途径、合成新的代谢产物的新品种。例如，诱变柔红霉素产生菌，筛选出能产生抗癌的阿霉素突变株；青霉素产生菌经诱变，分离到能显著提高青霉素有效组分的突变株。1974 年，我国四环素

产生菌金色链霉菌，经过诱变，获得能合成去甲基金霉素的突变株。诱变新雷素产生菌费氏链霉菌，分离出脱氧链霉胺的营养缺陷型，进而选出用链霉胺代替脱氧链霉胺，最后获得几种抗生素。

二、诱变技术

诱变育种在工业发酵菌种育种史上创造了辉煌业绩，它具有方法简单、投资少、收获大等优点，但是最大的缺点是缺乏定向性。故在诱变育种工作中应注意出发菌株的选择、诱变剂及剂量的选择、诱变处理方式方法的应用并结合有效的筛选方法来弥补不足，以提高诱变育种的效率。

1. 出发菌株的要求

出发菌株的选择是决定诱变效果的重要环节。长期育种经验证明，诱变处理前选择怎样的出发菌株，以及对出发菌株的生物学特征的全面了解是很重要的。特别对菌种的遗传背景、稳定性、单一性以及形态、生理、生化等特性研究，都有利于提高诱变效果。

（1）对一般出发菌株的要求

① 从自然界样品中分离筛选出来的野生菌株，虽然产量较低，但对诱变因素敏感，变异幅度大，正突变率高。

② 在生产中使用的，具有一定生产能力，并在生产过程中经过自然选育的菌株。

③ 采用具有有利性状的菌株，如生长速度快、营养要求低以及产孢子早而多的菌株。

④ 由于有些菌株在发生某一变异后会提高对其他诱变因素的敏感性，故有时可考虑选择已发生其他变异的菌株作为出发菌株。例如，在金霉素生产菌株中，曾发现以分泌黄色色素的菌株作出发菌株时，只会使产量下降；而以失去色素的变异菌株作出发菌株时，则产量会不断提高。

⑤ 采用一类被称为"增变菌株"的变异菌株，它们对诱变剂的敏感性比原始菌株大为提高，更适宜作为出发菌株。

⑥ 在选择产核苷酸或氨基酸的出发菌株时，应考虑至少能累积少量所需产物或其前体的菌株；而在选择产抗生素的出发菌株时，最好选择已通过几次诱变并发现每次的效价都有一定程度提高的菌株作为出发菌株。

（2）选择具备一定生产能力或某种特性的菌株作为出发菌株　选择出发菌株时，首先从遗传方面考察该菌种是否具有人们所需要的特性。作为出发菌株对目的产物只有一定生产能力，或至少能少量产生这种产物，说明该菌株原来就具有合成该产物的代谢途径，这种菌株进行诱变容易得到较好的效果。如果直接由工厂提供优良菌株而开展此项工作，最好采用生产上使用过的、适应于该厂发酵设备条件的生产菌种作为出发菌株，通过诱变育种手段，进一步提高生产能力，这样选育出来的菌种易于推广到工业生产。

（3）选择纯种作为出发菌株　用于诱变的菌株，具遗传性状应该是纯的，就是指细胞在遗传上应该是同质性的。诱变中要选择单倍体、单核或少核的细胞作为出发菌株。因为诱变剂处理后的变异现象，有时只发生在双倍体中的一条染色体或多核细胞中的一个核，而变异性状同质性的菌株就不会出现这种现象。因此，纯培养和纯种是决定诱变效果的关键问题。纯种可以通过自然分离或显微单细胞分离技术获得。

（4）选择遗传性状稳定的菌株　用作出发菌株除考虑纯种外，还要尽可能挑选生物合成能力较高的、遗传性状比较稳定的菌株，使育种工作在较高的水平线上起步。但应注意避免选用对诱变剂不敏感、产生"饱和"现象的高产菌株，因为这类菌株的突变率远不如野生菌株或产量低的菌株高。主要是高产菌株诱变系谱复杂，潜在突变位点已经不多，因此，从表面上看，它对诱变剂具有抗性、性状稳定化，不再容易诱发突变。

（5）其他因素　要选择具有产孢子较多、不产或少产色素、生活能力强、生长速度快、周期短以及糖氮利用快、耐消泡、黏度小等性状的菌株作为出发菌株，总之，要尽量符合育种所需的生物学和代谢特性。

2. 出发菌株的纯化

确定诱变出发菌株之后，就要进行纯化。因为微生物容易发生变异和染菌。一般丝状菌的野生菌株多数为异核体。生产菌在不断移代过程中，菌丝间接触、吻合后，易产异核体、部分结合子、杂合二倍体及自然突变产生突变株等。这些都会造成细胞内遗传物质的异质化，使遗传性状不稳定。如果一个菌种遗传背景复杂，即不稳定，用诱变剂处理后的突变株中，负变率将增加。特别对诱变史长的菌株，采用强烈诱变剂处理，又不进行纯化分离，诱变效果很难得到保证。因此，微生物菌种选育之前的出发菌株和新变种获得之后，都要进行菌种纯化。通过菌种纯化分离，从单菌落中挑选所需的优良菌株，与具有其他性状的菌株分离开来，从中获得遗传性状基本一致并且稳定的变种。纯种分离方法，常用划线分离法和稀释分离法。

3. 单细胞悬液的制备

在诱变育种中，所处理的细胞必须是单细胞、均匀的悬液状态。一方面分散状态的细胞可以均匀地接触诱变剂，另一方面可避免长出不纯的菌落。菌悬液是直接供诱变处理的，由出发菌株的孢子或菌体细胞与生理盐水或缓冲液制备而成，其质量直接影响诱变效果。

菌种培养、菌悬液的制备是依赖于斜面培养来提供孢子或菌体的，细菌常通过预培养供给年轻的细胞。斜面或预培养的质量对诱变效果有较大的影响。为此，培养基和培养条件都要经过试验确定。培养的菌龄要适中，细菌宜在对数期，孢子应选择成熟并且要求新培养的细胞。

预培养及菌悬液的制备：如果是细菌，最好在诱变处理前进行摇瓶振荡预培养，这不仅使菌体分散，得到单个细胞，还可利用温度和碳源控制其同步生长，取得年轻的、生理活性一致的细胞，这样细胞对诱变剂的敏感性和 DNA 复制都是有利的，易于造成复制错误而增加变异率。在预培养中可补给嘌呤、嘧啶或酵母膏等丰富的碱基物质，为加速 DNA 复制提供营养而增加变异率。

如果是产孢子的菌类进行诱变，处理的材料是孢子，而不是菌丝，因为孢子一般是单核的（如青霉和黑曲霉），菌丝是多核的。孢子是处于休眠不活跃状态的细胞，在试验中应尽量采用成熟而新鲜的孢子，并置于液体培养基中振荡培养到孢子刚刚萌发，即芽长相当于孢子直径 $0.5\sim1$ 倍。离心洗涤，加入生理盐水或缓冲液，振荡打碎孢子团块，以脱脂棉或 G3-G5 玻璃过滤器过滤，用血细胞计数法进行孢子计数，调整菌体浓度，供诱变处理。当然有的真菌孢子对诱变剂比较敏感，不一定都要培养萌芽，可以直接用斜面孢子诱变处理。

4. 诱变剂及诱变剂量

（1）诱变剂种类的选择　一个菌种的产物多少并非由单基因控制，尤其抗生素是次生代谢产物，代谢和调控机制都非常复杂，其产量是由多个基因共同决定，诱变后产量提高是多基因效应的结果。诱变剂进入细胞，与 DNA 作用引起突变，并不一定都形成突变体。原因是菌体为了生存，具有一套自我修复系统。不同菌株修复能力不同，能力弱的菌株，对已形成的突变进行复制而被遗传下去，成为突变体。修复能力强的菌株，由于自身修复而回复到原养型状态，即回复突变，或新的负突变。因此，诱变剂的诱变作用，不仅取决于诱变剂种类的选择，还取决于出发菌株的特性及其诱变史。

选择诱变剂时要注意：诱变剂主要对 DNA 分子上基因的某一位点发生作用。如紫外线的作用是使两个嘧啶之间聚合，形成二聚体；亚硝基胍的作用点主要在嘌呤和嘧啶碱基上；5-氟尿嘧啶、5-溴尿嘧啶的作用主要在复制过程中取代 DNA 分子上相同结构的碱基成分。根据诱变剂作用机制，再结合菌种特性来考虑选择哪种诱变剂进行诱变。

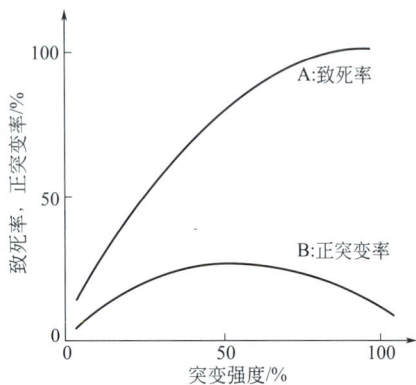

图 2-5　典型诱发突变动力学曲线

除此之外，菌种特性、遗传稳定性以及出发菌株原有的诱变谱系也是选择诱变剂的重要参考依据。

（2）最适诱变剂量的选择　诱变的最适剂量应该使所希望得到的突变株在存活群体中占有最大的比例，这样可以减少后续的筛选工作量。Rowlands 就突变率和剂量作坐标来说明它们之间的关系。如果以单位存活数中突变数为纵坐标作图（如图 2-5），从曲线 B 看出，当群体中残余存活细胞比较高时，其突变率随着剂量的增加而提高；当剂量达到一定阈值后，再继续增高时，突变率开始下降。认为高效价的突变株往往在存活率较高（或剂量较低）的曲线 B 的峰值处。高剂量处理时，单位存活菌数中产生的突变数减少，并且还会增加不良性状的继发性突变概率。

剂量的大小常以致死率和突变率来确定。诱变剂对产量性状的诱变作用大致有如下趋势：处理量大，杀菌率高（90％以上），在单位存活细胞中负突变菌株多，正突变菌株少。但在不多的正突变株中可能筛选到产量提高幅度大的突变株。经长期诱变的高产菌株正突变率的高峰多出现在低剂量区，负突变在高剂量时更高。但对于诱变史短的低产菌株来说情况恰好相反，正突变株的高峰比负突变株高得多。用小剂量进行诱变处理时，杀菌率 50％～80％，在单位存活细胞中正突变株多，然而大幅度提高产量的菌株可能较少。其他一些具有较长诱变史的高产菌株和低产野生菌株与以上趋势大致相似。

诱变剂量的选择是个复杂问题，不单是剂量与变异率之间的关系，而且涉及很多因素，如菌种的遗传特性、诱变史、诱变剂种类及处理的环境条件等。试验中要根据实际情况具体分析。前人的经验认为，经长期诱变后的高产菌株，以采用低剂量处理为妥；对遗传性状不太稳定的菌株，宜用较温和的诱变剂和较低的剂量处理。因为对这样的菌株，仅要求在正常型菌落中能筛选到一些较高单位的菌株，达到发酵单位有所提高就可以了。但是当选育的目的是要求筛选到具有特殊性状的菌株，或较大幅度提高产量的菌株，那么可用强的诱变剂和高的剂量处理，使基因重排后产生较大的变异，容易出现新特性或产量有突破性提高的变异菌株；对诱变史短的野生低产菌株，开始也宜采用较高的剂量，然后逐步使用较温和的诱变剂或较低的剂量进行处理；对多核细胞菌株，采用较高的剂量似乎更为合适，因为在高剂量下，容易获得细胞中一个核突变、其余核可能被致死的纯变异菌株。低剂量处理时，在多个细胞核中可能仅有个别核突变，使之成为异核体，形成一个不纯的菌株，给以后育种工作带来很多麻烦。另外，用高剂量处理菌株，容易引起遗传物质较大幅度的变异，这样的菌株不易回复突变，遗传特性比较稳定。

对一个菌株来说，不仅要选择一个有效的诱变因子，还要确定一个最适的剂量。实际诱变处理中如何控制剂量大小，化学诱变剂和物理诱变剂不太一样。化学诱变剂主要是调节浓度、处理时间和处理条件（温度、pH 值等）。物理诱变剂主要控制照射距离、时间和照射过程中的条件（氧、水等），以达到最佳的诱变效果。

5. 诱变剂的处理方式

诱变剂的处理方式可以分为单因子处理和复合因子处理。

（1）单因子处理　是采用单一诱变剂处理。一般认为单因子不如复合因子处理效果好，这已经被很多事实所证实。但当一种诱变剂对某个菌株确实是有效的诱变因子，那么单因子处理同样能够引起基因突变，效果也不错。例如在选育碱性脂肪酶的扩张青霉（*Penicillum expansum*）野生型菌株 S-596 时，采用紫外线、亚硝基胍单因子分别连续处理，酶的生产能力提高 16 倍多。单一诱变剂处理还可以减少菌种遗传背景复杂化、菌落类型分化过多的弊病，使筛选工作趋向简单化。当然单因子处理一般情况下突变率比复合因子要低，而且突变类别也比较少。

（2）复合因子处理　是指两种以上诱变因子共同诱发菌体突变。各种诱变因子的作用机制不一样，主要是DNA分子上的不同基因位点对各种诱变剂吸收阈值有较大差异，即不同诱变剂对基因作用位点有其一定的专一性，有的甚至具有特异性。因此，多因子复合处理，可以取长补短，动摇DNA分子上多种基因的遗传稳定性，以弥补某种不亲和性或热点饱和现象，容易得到更多突变类型。复合因子适合于遗传性稳定的纯种及生活能力强的菌株处理，能导致较大的突变。

三、诱变育种的筛选策略

不管是传统的诱变育种还是现代的基因工程育种，在通过各种手段改变菌体的遗传性状之后，如何将具有所需特性的菌种从数量庞大的突变体库筛选出来，是育种上至关重要也是最耗时费力的工作。因此育种策略与方法的成功与否，常可视优良菌种选育的时间长短加以评估。一般而言，可由提高突变品质、筛选品质和使用与工业化生产关系密切的筛选条件来克服此瓶颈。

微生物通过诱变因子处理，群体中产生各种类型突变体，其中有正突变型、负突变型和稳定型，需要经过分离筛选逐个挑选出来。对每代筛选出来的好菌株都要结合调整培养基和培养条件，经过连续数代诱变选育，才有可能选育出一个优良的菌种。对抗性突变株或营养缺陷突变株，常常用选择性培养基进行筛选。但对产量突变来说，由于高产菌株和负突变菌株都能在同一个培养基上生长，难以采用选择性培养法进行筛选。经过一次诱变而引起的产量突变的菌株，其菌落形态的表型几乎和出发菌株相同，没有明显指示性。高产突变频率极低，产量提高幅度不大，在5%～15%，然而筛选中的实验误差约有10%以上，常常会掩盖变异株提高的幅度范围。

突变是随机不定向的，但是筛选是定向的。筛选的条件决定选育的方向，因为突变体高产性能总是在一定的培养条件下才能表现出来。在一个适于突变株繁殖的特定条件下可以筛选到具有新性状的菌株，其他原养型菌株则逐步被淘汰。所以，培养基和培养条件是决定菌种某些特性保留或淘汰的"筛子"。为了有效地选出突变株，必须采用使新个体表型得以充分表达的筛选条件。首先要设计一个良好的筛选培养基和确定适合的培养条件。培养基无论从组成的成分、浓度、配比、pH值都要有利于突变株优良性状的表现。同时培养基和培养条件应尽量力求和大生产一致，才能使选育的菌株应用于工业大生产。实际工作中经常有这种现象，同样一个菌株在摇瓶条件下生产性能好，但推广到工业化发酵中未必能充分发挥高产性能。其原因除了空气质量等因素之外，往往由于小试验的筛选是采用实验室的精制原材料和摇瓶进行的，而大生产发酵罐是用较粗放的工业原料和供氧良好的条件下进行的，两者有较大差距。

筛选突变株，首先根据筛选目的进行。由于微生物正突变概率极小，仅0.05%～0.2%，产量提高10%以上突变株也只有1/300，所以挑选的菌落愈多，概率就愈高，但工作量也愈大，特别是产物的测试工作。一个高产菌株的获得要通过连续多代累积诱发才能达到目的。为了加快选育进度，缩短每代的周期，如何提高筛选效率，建立一个简便、快速和准确的检测方法很重要。常规法虽然精确度较高，但相当繁琐，不适应大量菌株的测试任务，是限制筛选量的最大问题，高产菌株出现的概率也因此受到影响。筛选要根据主次，分为初筛和复筛。初筛以多为主，即大量挑选诱变处理后平板分离的菌落，尽量扩大筛选范围。复筛以质和精为主，即把经过初筛获得的少量较优良的菌株进一步筛选。这种复筛要反复进行几次，并结合自然分离，最后才能选育出高产或其他优良菌株。

菌种诱变处理后，分离在琼脂平板上，由一个突变的单细胞或孢子发育为菌落而形成一个变异菌株。突变类型很多，归纳起来有两大类：一类为形态突变株，包括菌落形态、菌丝形态、分生孢子形态；另一类是生化突变株，包括抗性突变、营养缺陷型、条件致死突变型、产量突变型等。以上突变菌株都混合在诱变处理后的微生物群体中，根据筛选目的从群体中分离筛选出来。

高产突变株频率低，实验误差又在所难免，因而筛选工作常采用多级水平筛选，有利于获得优良菌株。多级水平筛选的原则是让诱变后的微生物群体相继通过一系列的筛选，每级只选取一定百分数的变异株，使被筛选的菌株逐步浓缩。由于筛选准确性的提高只正比于试验重复次数的平方根，因此，初期应该从分离平板上挑取大量菌落，可以采用较粗放的平板筛选法进行。平板筛选法实际上是一种初筛的预筛，准确性虽然不太高，但通过预筛可以淘汰大量低产菌株，留下的菌株再经过初筛、复筛、再复筛或小型发酵试验，优良突变株也随之不断地筛选，最后获得高产菌株。

四、代谢控制育种

经典的诱变育种具有一定盲目性，而代谢控制育种将微生物遗传学的理论与育种实践密切结合，先研究目的产物的生物合成途径、遗传控制及代谢调节机制，然后进行定向选育。以 1956 年谷氨酸发酵成功为标志，发酵工业进入第 3 个转折期——代谢控制发酵时期，其核心内容为代谢控制发酵技术，并在其后的年代里该技术得到飞跃的发展和广泛应用。代谢控制育种的兴起标志着微生物育种技术发展到理性育种阶段，实现人为的定向控制育种。该技术广泛的应用，导致了氨基酸、核苷酸以及某些次级代谢产物的高产菌种大批推向生产，大大促进了发酵工业的发展。下面以营养缺陷型在代谢调节育种中的应用为例，简要介绍代谢控制育种在发酵工业中的应用。

营养缺陷型在微生物遗传学上具有特殊的地位，不仅广泛应用于阐明微生物代谢途径，而且在工业微生物代谢控制育种中，利用营养缺陷型协助解除代谢反馈调控机制，已经在氨基酸、核苷酸等初级代谢和抗生素次级代谢发酵中得到有价值的应用。营养缺陷型属代谢障碍突变株，常由结构基因突变引起合成代谢中一个酶失活而直接使某个生化反应发生遗传性障碍，使菌株丧失合成某种物质的能力，导致该菌株在培养基中不添加这种物质就无法生长。但是缺陷型菌株常常会使发生障碍的前一步的中间代谢产物得到累积，这就成为利用营养缺陷型菌株进行工业发酵来累积有用的中间代谢产物的依据。在营养缺陷型菌株中，由于生物合成途径中某一步发生障碍，合成反应不能完成，从而解除了终产物反馈阻抑。外加限量需要的营养物质，克服生长的障碍，使终产物不至于积累到引起反馈调节的浓度，从而有利于中间产物或另一途径的某种终产物的积累。

1. 在初级代谢调节中的应用

氨基酸、核苷酸等是初级代谢中的主要产物，它们的生物合成由反馈抑制和反馈阻遏的调节机制所控制。在工业微生物育种中，可利用营养缺陷型来阻断代谢流或切断支路代谢，使代谢途径朝着有用产物合成方向进行。还可通过营养缺陷型解除协同反馈效应，降低终产物的数量，以累积支路代谢中某一末端产物。在直线式生物合成途径中，营养突变株不能积累终产物，只能积累中间产物。典型的例子是谷氨酸棒状杆菌的精氨酸缺陷型突变株进行鸟氨酸发酵，由于合成途径中氨基酸甲酰转移酶的缺陷，必须供应精氨酸和瓜氨酸，菌株才能生长，但是这种供应要维持在亚适量水平，使菌体达到最高生长，又不引起终产物对酶 2（N-乙酰谷氨酸激酶）的反馈抑制，从而使鸟氨酸得以大量分泌累积。在分支式生物合成途径中，营养缺陷型突变导致协同反馈调节某一分支途径的代谢阻断，使这一分支途径的终产物不能合成。若控制供应适量的这一终产物，满足微生物生长，将使合成代谢流向另一分支途径，有利于另一终产物的大量积累。例如，谷氨酸棒状杆菌生物素缺陷型是以葡萄糖或醋酸作为碳源，经诱变处理后，基因发生突变，不能合成相应的酶，导致乙酰辅酶 A 和生物素之间的合成反应受到阻断，切断了支路代谢，代谢只能向着谷氨酸合成方向进行，因而产量得到提高。

2. 在次级代谢调节育种中的应用

营养缺陷型不仅在氨基酸、核苷酸等初级代谢菌种选育中起着重大作用，在次级代谢的某些抗生素产生菌中也占有一定地位。由于营养缺陷型导致初级或次级代谢途径阻断，所以抗生素产生菌的营养缺陷多数生产能力是下降的。然而在初级代谢产物和次级代谢产物的分支代谢途径中，营养缺陷型切断初级代谢支路有可能使抗生素增产。据报道，四环素、制霉菌素产生菌的脂肪酸缺陷型可增加抗生素产量。其机制是脂肪酸合成途径被切断，使更多的分叉中间体——丙二酰辅酶A用于合成抗生素。又如氯霉素产生菌初级代谢途径中的色氨酸、酪氨酸、苯丙氨酸中的任何一个氨基酸发生营养缺陷突变，都会使氯霉素产量增加。

五、高通量筛选技术

由于在诱变育种实验中要对平板中的正突变菌株进行筛选，而一般情况下的正突变率非常低，因此就要大批量地对诱变后平板中的菌落进行筛选，这无形中增加了正突变菌株筛选的难度以及筛选的工作量，而且很可能导致筛选不出所需要的正突变菌株，导致整个诱变实验失败。鉴于这种情况，建立96孔板筛选法对突变菌株进行筛选。96孔板的每个孔中所需培养基量非常少，且每孔菌株的生长情况和生理生化变化可以通过酶标仪扫描的方法同时进行检测，极大降低实验试剂消耗和劳动强度，因此96孔板的方法可用于大批量菌株的筛选。基于96孔板筛选技术的自动化仪器的出现（图2-6），使得研究人员从机械、繁琐的重复体力劳动中解脱出来，极大地推动了随机性较高的诱变、基因定向进化的研究工作。

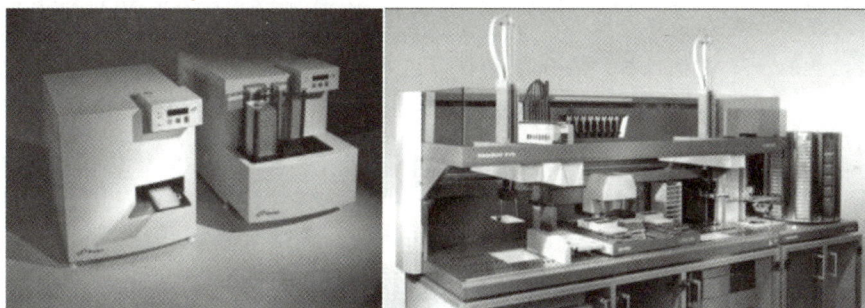

应用案例
高通量筛选强化
酵母高效积累
有机酸

图2-6　基于96孔板的高通量筛选设备

96孔板筛选的方法可快速得到大量关于菌体生长和生成产物的信息。如何从这些初筛的数据中快速寻找出所需菌株需要研究确认。因此在得到了96孔板初筛数据的同时，对相应菌株进行筛选准确度更高的复筛，以期提高96孔板初筛的可靠性。

除了上述96孔板筛选外，流式细胞仪和液滴微流控也是高通量筛选中两种重要的筛选设备，它们以不同的方式实现单细胞或单分子水平的快速分析和筛选。其中，流式细胞仪是一种基于光学检测和流体力学原理的设备。样本细胞悬浮在液体中并通过狭窄通道逐个经过激光束照射。通过检测散射光和荧光信号，可以快速分析单细胞的物理特性（如大小、颗粒度）及分子特性（如蛋白表达、荧光标记）。流式细胞仪可应用于快速测量细胞群体中不同亚群的比例，如免疫细胞表型分析；检测细胞对药物或基因修饰的响应，如荧光标记的代谢产物积累；通过电荷或机械装置分离特定细胞群体，用于后续培养或实验。液滴微流控是一种基于微米级液滴生成和操控的技术，与流式细胞仪不同的是，微流控平台通过在微流控芯片中将样品分散为高度均一的液滴，每个液滴可作为独立反应单元。液滴微流控的核心是利用油/水界面稳定液滴，并结合荧光检测、高速分选等功能实现高通量筛选。其应用主要包括将单细胞封装在液滴中，监测其分泌物（如抗体、酶）或代谢活性；将不同酶或DNA变异体分隔在液滴中，评估其催化效率或基因功能；通过荧光信号识别特定液滴并实现分选，用于高效富集目标分子。

总的来说，流式细胞仪更适合大规模细胞筛选和分选，液滴微流控擅长在超高通量条件下进行复杂的单分子或单细胞反应分析。两者结合有望在合成生物学、药物筛选和精准医学中进一步推动技术创新。

📚 案例解说　青霉素产生菌的诱变育种技术

将出发菌株产黄青霉（*Penicillium chrysogenum*）均匀接种在斜面培养基表面。温度25℃，相对湿度40%～50%，恒温培养7～10天。取一支新鲜培养成熟的菌种斜面，加入10mL无菌水，将孢子刮下制成悬浮液，然后转移到另一支试管中，置25℃、220r/min条件下振荡萌发孢子5h，再用孢子过滤器过滤，即得到单孢子悬浮液。用吸管吸取单孢子悬浮液6mL，移至平皿内（内有磁力转子）盖好。紫外线诱变采用15W紫外线杀菌灯，波长为253.7nm。灯与菌悬液的距离为23cm。由于紫外线照射后有光复活效应，所以在照射时和照射后的处理应在红灯下进行。在紫外诱变箱内照射，将单孢子悬浮液置于距灯源30cm处照射3～5min，在磁力转子的搅拌下，使之均匀，迅速拿出，用红黑布包好（照射之前紫外光灯应先预热20min，以使光波稳定）。

定量吸取经过紫外线照射后的孢子液，分别加入含有不同剂量的前体（苯乙酸胺）的种子培养基试管中，置25℃恒温振荡培养18h左右，然后稀释分离在固体培养基平板上，置25℃恒温培养8天。从耐受不同浓度前体处理后长出的抗性菌落中挑选孢子相对丰富、组织比较致密的菌落进行斜面传代培养，以备摇瓶筛选。将摇瓶机转速由通常的220r/min降至160r/min，在低通气条件下进行摇瓶筛选。后续的高产株特性考察和工艺优化均在此条件下进行。摇瓶筛选考察指标为发酵效价和菌丝生长量。出发菌株经过两次自然选育，然后采用紫外线复合前体动态后处理，挑取177支抗性株，在限氧条件下进行摇瓶筛选。于3.84%前体耐受浓度下获得XY-137♯高产突变株，以出发菌株为对照，其5天和7天摇瓶相对效价分别为107.4%和110.3%，摇瓶效价平均提高了8.8%。

第四节　微生物原生质体育种与基因组改组育种

一、概述

微生物原生质体育种技术是近年来发展起来的一类杂交育种技术。1953年，Weibull等用溶菌酶处理巨大芽孢杆菌得到由细胞质膜包围的原生质部分，即为原生质体。1955年，Macquillen发现巨大芽孢杆菌的再生方法。1976年，人们在动物细胞试验中总结出了原生质体融合技术。随后，这一技术在细菌、酵母菌、霉菌、高等植物等中也得到了应用。与正常细胞相比，由于原生质体失去了细胞壁，因而具有一些新的特征：对诱变剂更敏感、对外界环境变化也更加敏感及对噬菌体失去敏感性等。由于原生质体的这些特性，从而发展出了一系列的育种技术，包括原生质体再生育种、原生质体诱变育种、原生质体转化育种及原生质体融合育种等。

二、微生物原生质体再生育种

原生质体再生育种是指微生物制备成原生质体后直接再生，并从再生的菌落中筛选出优良性状得以提高的菌株。由于原生质体没有细胞壁阻碍外界环境，因此，与一般的诱变育种相比，更易得到正突变菌株。

原生质体再生育种的基本步骤如下：①出发菌株的选择；②菌体活化；③原生质体制备；④原生质体再生；⑤生产菌株分离；⑥复筛；⑦遗传稳定性鉴定及菌种发酵特性研究。

1. 出发菌株的选择

选择具有一定生产性能且有利于进一步研究的菌株。

2. 菌体活化

由于对数生长期的菌体生长速度较快，因此，一般采用对数生长期的菌体作为研究对象，这既有利于细胞壁的去除，也利于原生质体再生。

3. 原生质体制备

具有活性的原生质体的制备是指通过物理、化学的方法将微生物细胞壁破碎释放出原生质体的过程，具体包括原生质体的破壁、分离、收集、纯化、活性鉴定和保存等步骤。

制备有活性的原生质体是微生物原生质体育种的前提，而要制备原生质体就必须去除细胞壁使原生质体从中释放出来，此过程即为原生质体的分离。破壁常用方法有机械法、非酶分离法、酶解法等。其中最有效和最常用的方法是酶解法，其本质是以微生物细胞壁为底物的酶水解反应。前两种方法制备的原生质体效果差、活性低，仅适用于特定的菌株，因此，并未得到推广。影响原生质体制备的因素如下。

① 培养基的组成　酶解法制备原生质体首先要培养细菌或者菌丝体，一般而言，放线菌在加甘氨酸的培养基中培养后较易使酶类渗入细胞壁，进而破坏细胞壁释放出原生质体；黑曲霉在限制性培养基或综合性培养基中分离原生质体的数量会显著地增加。

② 菌体菌龄　微生物的生理状态是影响原生质体形成的主要因素之一，特别是菌龄，明显影响原生质体释放的频率。一般对数生长期的微生物代谢旺盛、细胞壁对酶解作用敏感，易于制备原生质体。但是，产黄青霉原生质体的释放在对数期和稳定期都很高；放线菌制备原生质体时以对数期到稳定期的转换期比较理想，不仅制备量多，而且细胞壁的再生能力也比较强。

③ 酶解前的预处理　用酶类水解细胞壁，首先要使酶溶液渗透到细胞壁中。而每种微生物都有自我保护的一套机制，因此，要酶解细胞壁就必须在酶解前根据不同的细胞壁结构及组成加入特定的物质处理菌体或者菌丝体，以抑制某种细胞壁成分的合成，从而使酶易于渗入细胞壁，提高酶的作用效果。如在霉菌中加入脂肪酶除去细胞壁上的脂肪层；在酵母菌中加入乙二胺四乙酸（EDTA）或者 β-巯基乙醇还原细胞壁蛋白质的二硫键，使分子链切开，酶分子易于渗入；在放线菌中加入甘氨酸错误替代丙氨酸干扰细胞壁网状结构的形成；在细菌培养液中加入亚致死剂量的青霉素抑制细胞壁肽聚糖的合成；对革兰阴性菌而言，由于其细胞壁中还有脂多糖和多糖类，因此，采用 EDTA 预处理后加溶菌酶。

④ 渗透压稳定剂　由于原生质体失去了细胞壁的保护，对外界物质变得非常敏感，因此，原生质体只有处于高渗溶液中才能避免吸水而涨破。而这种高渗溶液即为稳定剂。常用的无机盐稳定剂有 NaCl、KCl、$MgSO_4$、$CaCl_2$ 等，有机物中蔗糖、甘露糖、山梨醇等都是有效的稳定剂。研究表明无机盐对丝状真菌效果较好；而糖和糖醇较适合酵母；细菌多用蔗糖和 NaCl；无机盐中的 Ca^{2+} 主要是对酶的激活作用；$MgSO_4$ 对于丝状真菌而言除了维持渗透压以外，能够使菌丝在酶的作用下释放出很多带有大液泡的原生质体，离心后由于液泡存在而漂浮在上层，极易与其他残存碎片菌丝分离开来。一般而言，易于渗入质膜或易于被原生质体及菌体分解的物质不宜作为稳定剂。

⑤ 酶系和酶浓度　不同的微生物由于细胞壁结构的不同，用于水解细胞壁的酶类也不一样。细菌和放线菌主要由溶菌酶来破壁，霉菌可以用蜗牛酶、纤维素酶破壁，酵母菌可以使用蜗牛酶、β-葡聚糖酶等破壁。而细菌处于不同的生理状态时，要求酶的浓度也不一样，枯草芽孢杆菌处于对数前期酶的浓度要高些，后期则反之，大肠杆菌在对数期溶菌酶的浓度为 0.1g/L，而在饥饿状态下则为 0.25g/L 才能达到理想的效果。

不同微生物对酶浓度的要求也不一样，在一定范围内，原生质体的形成率随酶浓度的增加而加大，但是超过此范围后，酶浓度过高会导致原生质体细胞膜破坏而影响原生质体再生。

此外，原生质体的制备还与菌体培养方式、酶作用的时间、pH、酶解方式、温度及菌体浓度有关。

由于原生质体在低渗的蒸馏水中易吸水涨破且在普通培养基上也难以生长，故常用此方法测定原生质体形成率。

① 细菌和酵母菌原生质体形成率的测定   用血细胞计数板分别计算出加蒸馏水稀释后的细菌数（A）和加高渗溶液稀释后的菌体数（B），则：

$$原生质体形成率 = \frac{A-B}{A} \times 100\% \tag{2-1}$$

② 霉菌和放线菌原生质体形成率的测定   由于这类菌酶解后的原生质体成串成堆，且原菌体又是丝状菌，故不宜用血细胞计数板计数。可采用如下方法：将等量的原生质体化的菌体分别悬浮于蒸馏水和高渗溶液中，然后涂布再生培养基，蒸馏水悬浮的菌体长出的菌落数为 A，高渗溶液悬浮的菌体长出的菌落数为 B，然后采用式(2-1)计算原生质体形成率。

制备好的原生质体最好当时使用，也可以在 5% 的二甲基亚砜（DMSO）或者甘油做保护剂的情况下迅速降温保存在 $-80℃$ 冰箱中，但是其活性会随着保存时间的延长而降低。

原生质体鉴定方法有在低渗溶液中使原生质体吸水膨胀、破裂的低渗爆破法及荧光染色法两种常用方法。

4. 原生质体再生

原生质体再生是指原生质体重新合成细胞壁物质，恢复其完整的细胞形态的过程。原生质体再生大致可分为三个阶段：第一，原生质体体积增大，细胞器成分合成；第二，细胞壁物质合成、组装、恢复成完整细胞；第三，分裂能力恢复并开始分裂繁殖成为正常的细胞形态和菌落。

由于原生质体没有细胞壁作为保护层而易于破碎，因而不能承受较强的机械作用，不宜用玻璃棒直接涂布分离，一般采用制成含琼脂 0.6% 左右的再生培养基混合液迅速涂布至含琼脂 2% 的再生培养基表面，形成双层平板。由于原生质体置于半固体培养基中，有利于再生。

原生质体再生率是指再生的原生质体占总原生质体数的百分率，可由以下公式计算：

$$再生率 = \frac{C-B}{A-B} \times 100\%$$

式中 A——总菌落数，即为未经过酶处理的菌悬液稀释后涂布平板长出的菌落数；

B——未被原生质体化的细胞数，即酶解液经蒸馏水稀释后涂布平板长出的菌落数；

C——再生菌落数，即为酶解液经高渗溶液稀释后涂布平板长出的菌落数。

通过再生率测定，可以检测并进一步找出最佳的原生质体制备和再生条件及再生培养基。

原生质体再生是一个非常复杂的过程，主要与菌种生理状态、本身特性、稳定剂、原生质体密度、制备条件、再生培养基成分、再生条件等有关。有研究表明原生质体制备过程中残存的细胞壁有利于细胞壁的再生，细胞壁消化过度会造成再生率下降。

5. 生产菌株分离

生产菌株的分离，即为定性地根据菌体的生长速度或抑菌圈、透明圈等来选择相对高产的一些菌体。

6. 复筛

根据实验的目的，挑取单菌落转接摇瓶，定量筛选出产量较高的 1～3 株菌株，甘油管保藏。

7. 遗传稳定性鉴定及菌种发酵特性研究

针对特定的菌种，对其培养基成分及发酵条件进行优化，使其更加利于产生人们需要的目的产物。同时，还要测定菌体发酵几代后的产量，即为遗传稳定性。一般在产量相差无几的情况下，选择遗传稳定性高的菌株。

发酵优化完毕后，即可投入生产。

三、微生物原生质体诱变育种

由于原生质体没有细胞壁的保护作用，因此它对外界条件的变化相当敏感，进而可以通过物理、化学诱变因子处理原生质体得到产量提高的生产菌株。将原生质体技术和常规诱变技术相结合选育出高产菌株的方法定义为原生质体诱变育种，即以微生物原生质体为育种材料，采用物理、化学或者生物诱变剂处理后分离到再生培养基上再生后，从再生的菌落中筛选出高产突变菌株的技术。

原生质体诱变育种的大致过程如下：①菌丝体或者菌体的培养和收集；②原生质体制备；③物理或化学等诱变因子诱变处理；④原生质体再生；⑤菌体遗传稳定性鉴定及发酵特性研究；⑥菌种保藏。

①②两步与原生质体再生育种相似。原生质体诱变处理的过程包括诱变剂的选择、诱变剂的用量选择、诱变处理方式的选择、后培养等。

1. 诱变剂选择

诱变剂包括物理诱变剂和化学诱变剂等。物理诱变因素包括引起电离性辐射的 X 射线、快中子、γ射线等及引起非电离性辐射的紫外线、激光、离子束等。化学诱变剂的种类繁多，从最简单的无机物到复杂的有机化合物中很多物质都可以作为诱变剂，而常用的化学诱变剂包括碱基类似物、烷化剂、移码诱变剂、脱氨剂、羟化剂等。任何一种诱变剂都不是万能的，因此，要根据自己的目的选择合适的诱变剂。

2. 诱变剂用量的选择

在开始实验前，要做出特定诱变剂关于作用时间、作用剂量与菌体死亡率的曲线。因而，可以参照此曲线选择合适的诱变剂作用时间和用量。一般而言，微生物在低剂量诱变剂作用下较易得到正突变株。

3. 诱变处理方式的选择

诱变处理可以采用多种方式进行，包括单一诱变剂处理、多种诱变剂复合处理、多种诱变剂交替处理、同一诱变剂连续处理及紫外线和光复活交替处理等。其中，紫外线和光复活交替处理是指应用一次紫外线处理后，光照复活一次，再次增加剂量用紫外线处理，之后又光照复活一次，如此往复多次。有研究表明多次紫外线照射，并在每次照射后光照复活，菌体突变率会有显著提高。

4. 后培养

后培养是指诱变处理后，立即将处理过的细胞转移到营养丰富的培养基上进行培养，使其突变基因稳定、纯合及表达。这样做还有另外一个优点，即能消除表型迟延。所谓表型迟延是指表型的改变落后于基因突变的现象。

后培养之后即可以在原生质体再生培养基上进行原生质体再生，然后筛选出符合要求的菌种，并进行菌种稳定性、遗传性及发酵特性研究。

四、微生物原生质体转化育种

转化是指外源 DNA 进入宿主细胞的过程。原生质体转化育种是指整条染色体 DNA、片段 DNA 或者质粒 DNA 转化原生质体获得转化子的育种技术。

对于正常的微生物细胞而言，影响转化的主要因素即为感受态的出现。而对于原生质体而言，由于细胞壁已经除去，从理论上讲，制约转化的感受态已经不存在。研究表明，酵母、霉菌、细菌等都可以实现原生质体转化，而影响原生质体育种的因素也有很多，包括聚乙二醇（PEG）的聚合度、制备原生质体的菌体菌龄、原生质体再生条件、质粒浓度、再生培养基组分等。

原生质体转化育种一般过程如下：①原生质体制备；②外源 DNA 转化原生质体；③原生质体再生；④目的菌株筛选；⑤菌种稳定性及发酵条件优化；⑥菌种保藏。

外源 DNA 转化原生质体，即在一定的条件下，使外源基因进入原生质体中。常用的转化方法有

PEG 介导转化法、电击穿孔法、脂质体介导转化法、农杆菌共培养转化法（表 2-2）、聚阳离子转化法、显微注射法等。

表 2-2　几种常用原生质体转化方法比较

方　法	优　点	缺　点
PEG 介导转化法	操作简便，成本不高，不受宿主范围的限制，不需特定的仪器，结果稳定，重复性较好	PEG 对原生质体有较大伤害，转化频率较低
电击穿孔法	操作简便，不受宿主的限制，应用范围广，无化学物质的伤害，转化频率较高	需要专门的电击仪
脂质体介导转化法	保护外源 DNA 免受膜内核酸酶降解，保持外源 DNA 活性，可增加包被的 DNA 向原生质体内输送	操作较复杂，脂质体制备不易，转化频率不高，脂质体对原生质体有一定伤害
农杆菌共培养转化法	可靠性强、效率高、操作简便，不需要其他仪器，而且此法介导的外源基因可以较大	受宿主范围的限制

原生质体转化育种与其他的转化相比有很大的优势，但是原生质体转化操作复杂，对设备、技术的要求也较高。因而，对原生质体转化频率影响的因素也较多。对于在细菌、霉菌等原生质体中进行转化的研究相对较为成熟，而对于植物原生质体而言，这一技术还存在很多缺点。

五、微生物原生质体融合育种

原生质体融合育种是 20 世纪 70 年代发展起来的基因重组技术。所谓原生质体融合育种，即用物理、化学或生物学的方法处理两亲株原生质体，促使其融合，经染色体交换、重组而达到杂交的目的，通过筛选获得集两亲株优良性状于一体的稳定融合子的过程。自 1976 年微生物原生质体融合现象得到证实后，原生质体融合育种广泛应用于原核微生物、真核微生物以及动植物和人体的细胞等，并且打破了种属间的亲缘关系，实现了种属间的融合。

原生质体融合育种的本质是二亲本菌株去除细胞壁后的一种体细胞杂交育种方法。主要步骤为：①选择亲株；②原生质体制备；③原生质体融合；④融合体再生及筛选优良性状的融合子。

1. 选择亲株

根据融合目的的不同，选择合适的亲株。一般情况下，原生质体融合的亲本应采用具有较大遗传差异的近亲菌株，重组后的新个体才能具有更大的杂种优势。为了获得高产优质的融合子，首先应该选择遗传性状稳定且具有优势互补的两个亲株。其次是两亲株的亲缘关系要尽可能近一点，这样基因重组的概率较高。再者，两亲株要带有不同的遗传标记，如营养缺陷性或者耐药性等，这可以有利于融合子的检出。但是建立营养缺陷性标记要耗费大量的时间和劳力，而在实际工作中通常采用将其中一个亲株灭活，对另一个亲株建立遗传标记的方法，此法的优点是操作简单，但是融合频率较低。

最近发展的一些新的原生质体融合筛选方法在育种中具有很大的意义，如荧光染色标记就是一种非人工遗传标记，是在双亲原生质体悬浮液中分别加入不同的荧光色素，离心除去多余染料后，将带有不同荧光色素的亲本原生质体融合，然后挑选同时具有双亲染色的两种荧光色素的融合体。

2. 原生质体制备

原生质体制备方法如前所述。

3. 原生质体融合

所谓原生质体融合是指两亲株原生质体混合于高渗透压的稳定剂中，在促融剂的诱导作用下，接触、融合成异核体，经过核融合形成杂合二倍体，再经过染色体交换产生重组体，称融合子。

融合剂包括物理促融剂、化学促融剂和生物促融剂等。

常用的物理促融剂包括电场和激光。所谓电融合是指将原生质体悬浮液置于大小不同的电极之间，在交流非均匀电场作用下，细胞受到电介质电泳力的作用，原生质体向电极的方向泳动，此时，细胞内产生偶极化，促使原生质体相互粘连，沿电场线方向排列成串，然后在瞬时直流强电压作用下，原生质体膜穿孔，之后原生质体膜复原的过程中，相连的原生质体发生融合。而激光融合是指让细胞或原生质体先紧密贴在一起，再用高峰值功率密度激光对接触处进行照射，使脂膜被击穿或产生微米级的微孔，脂膜在恢复过程中由哑铃形变成圆球状，说明细胞已经发生融合。

现在常用的化学促融剂是聚乙二醇（PEG）。早期的原生质体融合试验中，人们曾采用离心力作用使两种细胞的原生质体紧紧挤在一起而促进融合，或者在冷的渗透稳定剂中使原生质体密集凝聚，但是这些方法的效果均不好。后来有人证实 PEG 能有效地促进原生质体融合。但是 PEG 促融的作用机理在学术界还没有达成共识。现在主要有两种观点：①PEG 可以使原生质体的膜电位下降，在 Ca^{2+} 作用下交联促进凝聚；②PEG 的脱水作用打乱了分散在原生质体膜表面的蛋白质和脂质的排列。相对分子质量为 1000～6000 的 PEG 是常用的促融剂，其常用浓度是 30%～50%，但是不同微生物对 PEG 的分子量及浓度的要求不同，这需要具体情况具体考虑。

此外，影响原生质体融合的因素还包括融合温度、亲株的亲和力、原生质体活性、无机离子和细胞密度等。高温会降低 PEG 黏度，增加脂膜流动性，有利于融合。亲和力是指双亲亲缘关系，远源融合染色体交换后重组体不稳定，易分离，影响融合效果。电场融合时，混合液中离子对电场及原生质体偶极化有影响，干扰融合。

4. 融合体再生及筛选优良性状的融合子

融合体的再生与前面所述原生质体再生基本一致。检出和鉴别融合重组体的主要依据是亲本的遗传标记、耐药性等，同时还要结合遗传学和形态学特性加以确定。常用的重组体检出和鉴别方法包括直接法、间接法、钝化选择法等。

直接法是指将融合产物直接分离到基本培养基上或选择性培养基平板上，融合体由于营养互补，经过再生，长出的菌落为融合菌落。同时还涂布完全培养基，以作对照。此法缺点是难以检出表型迟延的融合重组体。

间接法是指将融合产物先分离到完全培养基上，使原生质体再生形成菌落，然后把再生菌落的孢子进一步用影印法分离到选择性培养基上，从长出的菌落中分离重组体。此法的优点是能消除表型迟延，但是需要消耗大量的时间和人力。

钝化选择法是指用灭活原生质体和具活性原生质体融合。由于灭活亲株原生质体和营养缺陷性亲株原生质体在基本培养基上都不能生长，只有融合体才能生长。

两亲株原生质体融合率的计算公式如下。

直接法：
$$融合率 = \frac{基本培养基上再生的菌落数}{完全培养基上再生的菌落数} \times 100\%$$

间接法：
$$融合率 = \frac{重组体后代总数}{所有后代总数} \times 100\%$$

两个具有不同遗传性状的菌株，通过一定的遗传途径实现基因的交换和重组，是产生多种新基因型的一种重要手段。与常规杂交相比，原生质体融合具有多方面的优势。

第一，大幅度提高亲本之间的重组频率。细胞壁是微生物细胞之间物质、能量和信息交流的主要屏障，同时也阻碍了细胞遗传物质交换和重组。原生质体剥离了细胞壁，去除了细胞间物质交换的主要屏障，也避免了修复系统的制约，加上融合过程中促融剂的诱导作用，重组频率显著提高。

第二，扩大重组的亲本范围。原生质体由于完全或者部分去除了细胞壁，因此能实现常规杂交无法实现的种间、属间、门间等远缘杂交。常规杂交育种必须具备感受态，而有些菌株无法制备感受态，因而，不能用常规方法杂交重组。

第三，原生质体融合时亲本整套染色体参与交换，遗传物质转移和重组性状较多，集中双亲本优良性状的机会更大。原生质体融合时除了染色体交换和重组外，还能传递细胞质，产生丰富的形状融合。除双亲融合杂交外，还能进行多亲融合。

随着研究深入和技术进步，利用各种遗传标记显著提高筛选和分离重组体的效率，采用新型电融合技术又能进一步提高融合重组率。

融合子得到后，即可以进行菌种稳定性和发酵特性的研究，并将菌种保藏在−80℃冰箱中。

六、基因组改组育种

微生物育种是在不破坏细胞本身基本生命活动的前提下，采用物理、化学、生物学及工程学方法改变微生物细胞的遗传结构，打破原有的代谢途径，选育出人们需要的、过量生产目的产物的菌株。经典的诱变育种技术操作简单，并在现代微生物工业的建立、发展与繁荣中发挥了重要作用。但是经典诱变育种工作量繁重，且效率较低。因此，如今的产业及学科发展对微生物育种提出了更高的要求，它需要更高效、更理性及具有定向性等。随着代谢工程的提出和发展，学者们结合化学工程、进化工程等提出了 DNA 改组、基因组改组等。

所谓基因组改组育种是指在微生物全基因组改造中快速进行特定群体的基因交换重组，从而增加群体遗传多样性、改良群体中个体性能等的连续遗传改变及表型选择过程。基因组改组育种与传统杂交育种相比，涉及多个亲本之间的重组，加速了定向进化过程，扩大了种群内的遗传多样性。传统的诱变育种是用不同的诱变剂处理微生物细胞，诱发菌株发生遗传变异，并从中选择所需要的突变菌株，连续的随机突变和筛选的无形定向过程。由于变异是随机的，因此，要获得一个满足人们要求的目的菌株需要较长的周期及投入大量的人力。此外菌种在经过多次诱变后自身抗性增强，会出现对诱变剂的"钝化"反应，即所谓"饱和现象"。一些无关的或对菌株生产性能造成负面影响的突变随之积累，会导致诱变效率下降。杂交育种可以消除长期诱变处理造成的菌种活力衰退和产量下降的现象，但不同微生物种之间通常难以形成稳定的重组体。代谢控制育种的前提是充分了解微生物的代谢路线图及其代谢调控机制，对大多数微生物而言，仍不能很好地运用此法来提高代谢产物产量。基因工程育种必须建立在对微生物基因的结构和功能较为详细了解的基础之上，技术难度较大。

基因组改组育种的一般过程如下：首先进行出发菌株的人工诱变，选择目标性状超出出发菌株的正突变株，构建一个由各种变异体组成的突变库；接着把突变体中的正向变异菌株制备成原生质体，等比例混合后，进行多亲株原生质体融合，突变体随机融合后，在全基因组交换重组，从中筛选出性状优化的重组体，构成重组库，这样就完成了一轮基因组改组；如果经一轮基因组改组操作后，性状变异仍不理想，可将重组库中各正突变菌株再制备原生质体，进行多次递推式原生质体融合，最后筛选出具有多重正向进化标记的目标菌体。

基因组改组育种技术诞生的时间很短，但是已经在许多领域显示了诱人的应用前景。其应用范围主要包括：①提高目的代谢产物产量；②优化微生物发酵特性；③改造微生物代谢途径；④为代谢工程、功能基因组学、蛋白质组学和转录组学等学科提供大量的素材和研究方法；⑤用于改进微生物多基因调控表型的进化和对环境的适应性；⑥用于提高微生物菌株的遗传多样性。

基因组改组技术应用面临的难点：一个是正突变基因组文库的筛选，这是进行有效基因组改组的前提；另一个是筛选模型的构建，此项工作艰巨而重要，需要寻求育种目的与相应表型的直接或间接关系，这也是决定基因组改组能否广泛应用的一个重要限制因素。

> **案例解说　泰乐菌素生产菌的基因组重组育种**
>
> 　　泰乐菌素（Tylosin）作为禽畜专用抗生素，不仅是我国禽畜养殖业用于治疗禽畜支原体病的理想药物，而且是广受欢迎的饲料添加剂。一般认为泰乐菌素作用机理与红霉素等大环内酯类抗生素的作用机理基本相同，泰乐菌素主要是抑制病原体蛋白质的合成过程。
>
> 　　田宇等通过泰乐菌素产生菌弗氏链霉菌（*Streptomyces fradinae*）进行紫外线诱变、紫外线加氯化锂复合诱变、硫酸二乙酯诱变及链霉素对弗氏链霉菌的抑制作用筛选出发酵效价比原始菌株高 68% 的诱变菌株。研究者通过将培养好的弗氏链霉菌孢子用无菌水洗下，并通过离心、振荡、过滤、稀释等将孢子悬浮液制备成 10^7 个/mL；然后将制备好的孢子悬浮液在紫外灯下分别照射不同时间，统计其致死率，同时统计其他诱变条件下的致死率及测定链霉素对弗氏链霉菌的最小抑制浓度，然后筛选各个条件下的突变体。通过测量在加入藤黄八叠球菌（*Sarcina lutea*）后的培养基抑菌圈大小进行初筛、摇瓶复筛、遗传稳定性测定，筛选到最终目的菌株。

第五节　发酵微生物的基因工程与代谢工程育种

一、概述

　　回顾微生物育种的历史，发现育种的手段和技术一直在不断发展。最早人们认为微生物可以通过一段时间的适应性进化强化底物利用与环境适应性等生产特性，出现了定向培育技术。随着对遗传变异现象认识的深化，出现了诱变育种技术，通过诱变剂促进诱变频率的提高。但这种方法有很大的盲目性，基因变异的程度也有限，特别是经过长时间的诱变处理，产量上升变得越来越缓慢，甚至无法继续提高。与此同时，由于对微生物有性生殖、准性生殖、转化及转导接合等现象的研究进展，出现了杂交育种技术。因为是在已知不同性状亲本间的杂交，所以方向性和自觉性比诱变育种更进一步。但杂交育种方法较复杂，它要求亲本间应具有能互补的优良性状且亲本间有性的亲和性。1976 年开始，出现了原生质体融合技术，这是杂交育种技术的进一步发展。它可使一些未发现有转化、转导和接合等现象的原核生物之间，以及微生物不同种、属、科甚至更远缘的微生物细胞间进行融合，获得新物种。但原生质体融合的难度也很大，并非每次都能成功。

　　Cohen 和 Boyer 于 1973 年首次成功地完成了 DNA 分子的体外重组实验，宣告基因工程（gene engineering）的诞生，也为微生物育种带来了一场革命。与传统育种方法不同的是，基因工程育种不但可以完全突破物种间的障碍，实现真正意义上的远缘杂交，而且这种远缘既可跨越微生物之间的种属障碍，还可实现动物、植物、微生物之间的杂交。同时，利用基因工程方法，人们可以随心所欲地进行自然演化过程中不可能发生的新的遗传组合，甚至创造全新的物种。这是一种自觉的、能像工程一样事先进行设计和控制的育种技术，是最新、最有前途的育种方法。

二、发酵微生物的基因工程育种

　　基因工程技术是指将重组对象的目的基因插入载体，拼接后转入新的宿主细胞，构建成工程菌（或细胞），实现遗传物质的重新组合，并使目的基因在工程菌内进行复制和表达的技术。基因工程的主要步骤包括目的基因的获得、目的基因与载体的重组、重组基因转移入受体细胞、重组子筛选，从而使目的基因在受体细胞中扩增与表达。

1. 目标 DNA 的获得

制备完整、纯净、高质量的目标 DNA，是基因工程首要和关键环节。微生物基因工程育种中 DNA 的制备包括质粒 DNA 的制备和菌体待克隆 DNA 的制备。目的基因的克隆方法分为两大类：一类是构建感兴趣的生物个体的基因组文库，即将某生物体的全基因组分段克隆，然后建立合适的筛选模型，从基因组文库中挑出含有目的基因的重组克隆；另一类是利用 PCR 扩增技术甚至化学合成法体外直接合成目的基因，然后进行克隆表达。这两大类方法的选择往往取决于对待克隆目的基因背景知识的了解程度、目的基因的用途以及现有的实验手段等因素，只有在目的基因克隆方法确定之后，才能制定基因克隆的各项单元操作方案。

2. 目的基因与载体的重组

载体（vector）是携带目的基因并将其转移至受体细胞内复制和表达的运载工具。载体一般为环状 DNA，能在体外经酶切和连接而与目的基因结合成环（重组 DNA），然后经转化进入受体细胞，并在受体细胞中进行大量复制及表达。被用作 DNA 载体的有质粒、噬菌体和黏粒等。作为载体 DNA 分子，应该具备以下一些基本性质。

① 在宿主细胞中具有自主复制和表达能力，即具有复制起始点，使重组 DNA 能在受体细胞内进行复制，达到无性繁殖的目的。

② 能与外来 DNA 片段结合而又不影响本身的复制能力。

③ 载体本身的分子量要尽可能地小，这样既可在宿主细胞中复制成许多拷贝，又便于与较大的目的基因结合，也不易受到机械剪切。

④ 载体上最好有两个以上容易检测的遗传标记（如耐药性基因或营养缺陷型互补基因），以赋予宿主细胞不同表型，便于检测。

⑤ 载体应具有两个以上限制性内切酶的单一切点。单一酶切位点越多，就越容易从中选出一种酶，使它在目的基因上没有该切点以保持完整性。

将 DNA 片段连接成为人工重组体的方法主要有如下三种。

（1）黏末端法　这种方法是使用限制酶处理目的基因 DNA 片段和载体 DNA 片段，产生相同的单股黏末端。在退火条件下，末端单股碱基配对，在 DNA 连接酶的作用下，共价连接形成一个新的 DNA 分子。

（2）接尾法　有时 DNA 不具备产生黏末端的条件，这就需要采用某种方法在 DNA 片段上制造一个黏末端。例如，在目的基因片段的 $3'$ 端加上一小段单股的 polyA 或 dG，在载体 DNA 的 $3'$ 端加上一段 poly dT 或 dC，这样利用 A-T 或 G-C 碱基配对，可以使两种 DNA 片段连接起来。

（3）人工接头法　使用人工接头的目的也是为两种拟连接的 DNA 片段造成连接的条件。使用较普通的人工接头有三种类型，即接头（linker）、衔接子（adaptor）和克隆盒（cassette cloning）。

3. 将重组基因转入宿主细胞

寄主细胞是指重组体分子在其中繁殖的一类宿主细胞。选择合适的寄主细胞和选择正确的载体一样重要。基因操作要求寄主细胞应该具有以下特点：较高的转化率，可以保持质粒或转入片段的稳定性；此外，还需要具有合适的营养缺陷型或其他标记。微生物的转化方法有很多种，常用的有化学转化法、电转化法、接合转化法、λ 噬菌体转染法和基因枪法。

（1）Ca^{2+} 诱导转化法　Ca^{2+} 诱导转化是最为常用的细菌基因转化方法。1970 年 Mandel 和 Higa 发现用 Ca^{2+} 处理过的大肠杆菌能够吸收 λ 噬菌体 DNA，不久，Cohen 等人用此法实现了质粒 DNA 转化大肠杆菌的感受态细胞。

（2）PEG 介导的原生质体转化法　PEG 介导的原生质体转化也是较为常用的转化方法，通常针对细胞壁较为坚韧的革兰阳性菌和霉菌的转化。在高渗培养基中生长至对数生长期的微生物细胞，用含有适量溶菌酶的等渗缓冲液处理，剥除其细胞壁，形成原生质体，它丧失了一部分定位在膜上的 DNase，有利于双链环状 DNA 分子的吸收。此时，再加入含有待转化的 DNA 样品和聚乙二醇的等渗溶液，均匀混合，通过离心除去聚乙二醇，将菌体涂布在特殊的固体培养基上，再生细胞壁，最终得到转化细胞。这种方法不仅适用于芽孢杆菌和链霉菌等革兰阳性细菌，也对酵母、霉菌甚至植物等真核细胞有效。只是不同种属的生物细胞，其原生质体的制备与再生的方法不同。

（3）电转化法　电转化法，又称为电穿孔法，是一种电场介导的细胞膜可渗透化处理技术。受体细胞在电场脉冲的作用下，细胞壁上形成一些微孔通道，使得 DNA 分子直接与裸露的细胞膜脂双层结构接触，并引发吸收过程。对于几乎所有的细菌均可找到一套与之匹配的电穿孔操作条件。

（4）接合转化法　接合是指通过微生物细胞之间的直接接触导致 DNA 从一个细胞转移至另一个细胞的过程。这个过程是由结合型质粒完成的，它通常具有促进供体细胞与受体细胞有效接触的接合功能以及诱导 DNA 分子传递的转移功能，两者均由接合型质粒上的有关基因编码。

（5）λ噬菌体转染法　以 λ-DNA 为载体的重组 DNA 分子，由于其分子量较大，通常采取转染的方法将之导入受体细胞内。在转染之前必须对重组 DNA 分子进行人工体外包装，使之成为具有感染活力的噬菌体颗粒。用于体外包装的蛋白质可以直接从大肠杆菌的溶源株中制备，现已商品化。

（6）农杆菌转化法　又名农杆菌介导转化法。根癌农杆菌（*Agrobacterium tumefaciens*）和发根农杆菌（*Agrobacterium rhizogenes*）是普遍存在于土壤中的一种革兰阴性细菌，它们能在自然条件下趋化性地感染大多数双子叶植物的受伤部位，并诱导产生冠瘿瘤或发状根。根癌农杆菌和发根农杆菌细胞中分别含有 Ti 质粒和 Ri 质粒，其上有一段 T-DNA，农杆菌通过侵染植物伤口进入细胞后，可将 T-DNA 插入到植物基因组中。基于这一原理，根癌农杆菌被广泛用于普通方法难以转化的霉菌和酵母中，将目的基因插入到经过改造的 T-DNA 区，借助农杆菌的感染可以实现外源基因向真核微生物细胞的转移与整合。

（7）基因枪法　基因枪法又称粒子轰击（particle bombardment），由 John C. Santord 等于 1983 年研究成功，早期主要用于植物转化中。这一方法是依靠一种基因枪来帮助导入外源基因。基因枪根据动力系统可分为火药引爆、高压放电和压缩气体驱动三类。其基本原理是通过动力系统将带有基因的金属颗粒（金粒或钨粒）以一定的速度射进细胞，由于小颗粒穿透力强，故不需除去细胞壁和细胞膜，从而实现稳定转化的目的。它具有应用面广、方法简单、转化时间短、转化频率高、实验费用低等优点。对于普通方法无法转化的宿主，采用该方法可以取得良好的效果。基因枪的转化频率与受体种类、微弹大小、轰击压力、制止盘与金颗粒的距离、受体预处理、受体轰击后培养有直接关系。

4. 重组子的筛选

在 DNA 体外重组实验中，外源 DNA 片段与载体 DNA 的连接反应物一般不经分离直接用于转化，由于重组率和转化率不可能达到 100% 的理想极限，因此必须使用各种筛选与鉴定手段区分转化子。一般情况下，经转化扩增单元操作后的受体细胞总数（包括转化子与非转化子）已达 $10^9 \sim 10^{10}$。从这些细胞中快速准确地选出期望重组子的方法是将转化扩增物稀释一定倍数后，均匀涂布在用于筛选的特定固体培养基上，使之长出肉眼可分辨的菌落或噬菌斑（克隆），然后进行新一轮的筛选与鉴定。重组体克隆的筛选与鉴定方法较多，最常用的是表型直接筛选法和菌落/噬菌斑原位杂交法。

表型直接筛选法是指利用载体的遗传标记、噬菌斑的形成等特点来选择重组子。一般质粒载体上都具有耐药性标记。外源 DNA 插入到载体 DNA 的某一耐药性基因内的酶切位点中，便引起这一耐药性基因的失活。例如，pBR322 的 *Pst* Ⅰ位点插入外源 DNA 会引起抗氨苄西林基因失活；在 *Hind* Ⅲ、*Bam* HⅠ和 *Sal* Ⅰ位点插入，可引起四环素抗性的丧失。人们可以在药物选择平板上根据抗性的消失来选出重组体。

在筛选和鉴定基因文库中某一特定 DNA 重组体克隆时，常用方法是菌落/噬菌斑原位杂交。方法是将菌落/噬菌斑从培养平板转移到硝基纤维膜上；然后用溶菌酶处理膜，使 DNA 释放出来；经过变性和烘干过程，将 DNA 固定在膜上；用 ^{32}P 标记的探针 DNA 与膜上的 DNA 进行杂交；通过放射自显影，确定要选择的菌落。

除了以上介绍的两种方法外，还有免疫化学法、遗传互补法等方法。在筛选出重组体后，还必须对重组 DNA 做进一步的鉴定。一般鉴定方法有：DNA 测序、凝胶电泳分析和电镜观察等。

三、代谢工程育种

1. 代谢工程改造拓展底物利用范围

该领域的工作大多集中于利用代谢工程改造微生物使其可以利用木糖和乳糖等。木糖是半纤维素生物质中的主要五碳糖，乳糖是乳品工业的主要副产品。一般来说，微生物菌种利用碳源能力的扩大可以有效提高发酵过程的经济性。这一点对大宗产品的生产来说尤为重要，其底物费用在总成本中所占的比例较大（乙醇 60％～65％，赖氨酸 40％～45％，抗生素和工业用酶 25％～35％）。由于大多数微生物分享大量共同代谢途径，因此扩大底物范围通常只需添加少数几个酶反应步骤即可。然而，有时这些步骤需要与下游反应协调，而在这种情况下，代谢工程恰恰是非常有效的。

📚 案例解说一　戊糖代谢生产乙醇的代谢工程

自然界中微生物利用木糖的代谢途径可以分为两大类：在酵母菌中，木糖在木糖还原酶（XR）和木糖醇脱氢酶（XDH）作用下转化为木酮糖；在某些细菌中，木糖异构酶（XI）可以直接将木糖转化为木酮糖。木酮糖经过木酮糖激酶（XK）作用生成 5-磷酸木酮糖后进入磷酸戊糖途径，最终以中间产物 6-磷酸葡萄糖和 3-磷酸甘油醛的形式进入糖酵解途径生成乙醇。自然界中产乙醇菌株不能有效利用纤维素或其水解产物中的五碳糖转化为乙醇，且对抑制剂（如纤维素水解产物中的酸、醛等物质）的耐受能力差。利用分子生物学技术改造产乙醇重组工程菌研究的重点包括：①利用基因工程和细胞融合等方法扩大产乙醇菌的底物利用范围，如将木糖代谢基因导入酿酒酵母（Saccharomyces cerevisiae）及运动发酵单胞菌（Zymamonas mobilis）中，使之能够代谢木糖生产乙醇；②通过引入高效产乙醇基因使得底物利用广泛的菌株如克雷伯菌（Klebsiella oxytoca）和大肠杆菌（Escherichia coli）获得产乙醇的能力；③通过遗传工程选育具有高耐受抑制剂的产乙醇菌株。国际上对纤维素生产乙醇的研究已经取得了较大进展，通过对不同菌种功能基因的克隆、转化、加工、重组，获得了大量工程菌株，并优化了相应的发酵工艺。当前研究较多的菌种有：酿酒酵母、木霉（Trichoderma）、运动发酵单胞菌、树干毕赤酵母（Pichia stipitis）、大肠杆菌等。

自 Ingram 等（1987）第一个成功地将运动发酵单胞菌高效产乙醇双酶基因（pdc 和 adhB）转化到 E. coli 菌株，构建出产乙醇重组菌以来，在构建产乙醇重组 E. coli 及其代谢工程改造等方面进行了广泛和深入的研究。Alterthum 和 Ingram 等（1989）用携带 PET 操纵子的 pLO I297 质粒导入大肠杆菌 ATCC11303 和 ATCC15224 菌株中，获得的重组菌株 ATCC11303(PLOI297) 和 ATCC15224(pLOI297) 发酵 12％葡萄糖、12％乳糖、8％木糖的乙醇产率高于一般报道的酿酒酵母的乙醇产率。然而，携带这类 PET 操纵子的质粒在没有抗性压力情况下其遗传稳定性差。Hespell 等（1996）发现 ATCC11303(pLO I297) 在含有抗生素的甘露糖培养基中，12 代后乙醇产率会锐减到理论值的 25.3％。Dien 等（2000）以 E. coli DC1368 及 E. coli NZN111 为出发菌株，将 Km 抗性基因以同源重组的方式插入到 pflB 基因中，在便于筛选重组菌的同时，使 PFL 丧失酶活。携带 pLO I297 的 FBR4、FBR5 重组菌株几乎可以完全利用玉米壳水解物。Zhou 等（2005）以 KO11 为出发菌株，通过基因改造构建了一株高效产生乙醇的重组工程菌株 SZ132，能够利用基本培养基使产率达到理论值的 92%。Yomano 等（2008）重新调整了整个乙醇代谢支路，获得了一株新的乙醇发酵菌株 LY68，解决了 KO11 在整合 *pflB* 基因上的双酶表达不佳、缺乏运动发酵单胞菌中乙醇发酵整套途径以及插入 Cm 抗性等问题。为了找到最佳的染色体整合位点，Yomano 等（2008）通过转座子的方法随机插入到基因组中，并筛选出生长迅速的突变株 LY60；Hong 等（2010）将木糖醇-2-脱氢酶在 *E. coli* 中过量表达，获得了预期的效果；Bi 等（2009）构建的基因工程菌 GDR-1 能高效降解木糖水解产物生成乙醇。

酿酒酵母作为传统的酒精生产菌株，具备良好的工业生产性状，其全序列已得到测定，遗传操作技术也已经成熟。虽然野生型酿酒酵母也能以木糖为唯一碳源生长，但是生长速度很慢，人们曾经尝试利用各种手段改造酿酒酵母中的木糖代谢途径，取得了很大进展（Hahn-Hagerdal 等，2007）。酿酒酵母不利用木糖供自身生长，也不发酵木糖产乙醇，但可以以极低的速度代谢木糖（Vanzyl 等，1989）。在酿酒酵母中，木糖通过一些葡萄糖转运因子的介导进入细胞，但是葡萄糖对木糖的转运和利用有阻遏作用，基于此，Leandro 从中间假丝酵母（*Candida intermedia*）中分离出第一个编码葡萄糖/木糖同向转移因子的基因，并且在酿酒酵母中得到了成功表达，但是结果不太理想，转运葡萄糖的 K_m 值仅是转运木糖的 K_m 值的 1/10（Leandro 等，2006）。Kuyper 等（2004）发现的来自严格厌氧真菌 *Piromyces* sp. E2 中的 XI 是同类型酶中第一个能在酿酒酵母中大量表达的木糖异构酶，随后表达 *xylA* 的菌株 RWB202 经过定向改造后，能够在木糖培养基上厌氧生长，主要产生乙醇、CO_2、甘油以及很少量的木糖醇。Gorsich 等（2005）研究发现，戊糖磷酸途径中一些酶的基因（*ZWF1*、*GND1*、*RPE1* 和 *TLK1*）的敲除对酿酒酵母菌的糠醛耐受性有负面影响，由此推断超表达这些基因可能会增加酵母的糠醛耐受性。

运动发酵单胞菌是一种通过 ED 途径厌氧发酵葡萄糖的兼性厌氧微生物，具有乙醇产率高、发酵速率快、乙醇耐受能力强等优点。但是，该菌的底物利用范围窄，不能利用五碳糖。随着生物技术的发展，利用遗传工程的手段，扩大运动发酵单胞菌底物利用范围是研究的重点之一。Lawford 等（2002）把 *Xanthomonas* 中的 D-木糖代谢相关的两个操纵子导入运动发酵单胞菌，其中一个与同化木糖有关，另一个与磷酸戊糖有关，结果使酒精产率达到理论转化率的 86%。

📚 案例解说二　代谢工程改造微生物利用乳糖和乳清

乳清是乳品工业的一种营养丰富的副产品，它可为生物工艺过程提供廉价的碳源和氮源。乳清中含大量的乳糖（干重的 75%）和蛋白质（12%～14%），还含有少量的有机酸、矿物质和维生素。尽管许多微生物可以利用乳清，但工业上最重要的一些微生物如酿酒酵母、运动发酵单胞菌和真养产碱菌（*Alcaligenes eutrophus*）均无法利用。乳糖的利用需要分解代谢酶 β-半乳糖苷酶（*lacZ* 编码），以便将乳糖水解为葡萄糖和半乳糖。此外，除葡萄糖和半乳糖的分解代谢途径外，要使乳糖得到有效利用，微生物还需要一个高效的乳糖转运系统。将完整的 *E. coli* 乳糖操纵子插入谷氨酸棒杆菌（*C. glutamicum*）R163 中，带有 *lac* 基因的重组谷氨酸棒杆菌在强启动基因的控制下，在以乳糖为唯一碳源的特定培养基中可以迅速生长（Brabetz, et al. 1991）。

2. 代谢工程技术实现高产量、高产率与高生产强度的相对统一

源于生物质的己糖或戊糖为原料生产重要发酵产品的工业发酵，是工业生物技术的核心研究领域之一。制约发酵产品工业化进程最关键的因素是目标产物的产量、目标产物对底物的产率和底物消耗速

度。因为，高产量有利于产物的后提取；高产率则有利于降低原料成本；在保证一定产量和产率的基础上加速底物消耗，可以缩短发酵时间，降低能耗，并提高生产率。如何在认识微生物代谢调控机理的基础上，通过定向改变和优化微生物细胞的生理功能以实现目标代谢产物生产的高产量、高产率和高生产强度的有机统一，对于以发酵工程为核心内容的工业生物技术来说，具有非常重要的意义。

3. 代谢工程技术增加对恶劣环境的耐受性

在应对外界恶劣环境时，微生物常会采取相应的应激保护措施，这不可避免地会造成细胞生理生态发生变化，产生一些其他代谢产物以应对外界不利条件，进而造成目的产物减少等后果。基因工程菌可以从很大程度上解决这一问题，通过代谢工程改造，使得重组菌具备应对外界胁迫的能力，使得目的产物的产率不变，这样也在一定程度上降低了生产成本，因而具有较为积极的意义。

4. 代谢工程改造生产新的代谢产物

异源蛋白的合理表达对于代谢工程来说是一个具有巨大潜力的领域。可以通过扩展宿主生物体中现有的代谢途径，以便大量生产已知的和全新的有吸引力的化学和（或）物理性质的化合物。

（1）抗生素　抗生素是由次级代谢途径产生，次级代谢途径比初级代谢以不太专一的、有时更复杂的方式利用共同代谢物。抗生素的次级代谢物的得率可通过基因技术消除生物合成速率控制步骤的方法得以提高；此外代谢工程技术已被用于修饰已知抗生素以改进它们的性质及合成新的抗生素。通过代谢工程提高得率已在一些系统中得到证明。例如，通过在产黄头孢菌属中过量表达 $cefEF$ 基因，使头孢菌素产量提高了 15%。

（2）聚酮化合物　聚酮化合物是由简单脂肪酸经一条表面上类似合成长链脂肪酸的途径生成的，但所得化合物展现了一系列复杂的结构，该结构远比生物脂肪酸的简单碳氢骨架复杂得多。将聚酮化合物作为代谢工程中一个研究模式的原因如下：①它们的复杂结构产生于以多种方式组合的简单单元；②酶催化剂的模块结构允许酶结构控制，进而聚酮化合物的类型能在基因水平上进行控制。本领域最近的进展已经建立了通过聚酮化合物的基因工程产生新型聚酮化合物结构的基础，同时也为获得阐明聚酮化合物合酶的结构-功能关系的知识奠定了基础。此外，该系统提供了遗传学和化学之间建立桥梁的好机会，而且最重要的是在 DNA 水平上合理设计新分子成为可能。

（3）维生素　基于代谢工程生产维生素 C 具有潜在的经济优势，并已申请了一系列美国专利。对于许多微生物和动物来说，生物素作为一种基本的营养素。目前，主要采用复杂而昂贵的化学合成法生产生物素，但是生物素微生物生产过程的进一步改进使生物转化法比现有技术更具竞争性。另一个应用代谢工程将天然的代谢中间产物转化为所希望的终产物的例子，是维生素 A 前体 β-胡萝卜素的生产。

（4）生物聚合物　由生物体生产聚合物的改进（例如，黄原胶和细菌纤维素）及新的生物聚合物的生产是代谢工程另一个主要应用。例如，在众多可利用的可生物降解塑料中，聚羟基烷酸酯（PHA）日益引起人们的重视。PHA 是一类细胞内用于储存碳和能源的物质，多数细菌在环境条件受限（例如，氧和氮枯竭及硫酸盐或镁缺乏）时积累 PHA。环境条件的变化通常引起中间代谢的巨大变换。这些变换大都由总体调节网络控制，该网络有能力对酶所有组成成分的诱导或阻遏进行协调。最近，这些聚合物因有潜力作为可生物降解热塑性塑料而吸引了相当大的注意力。通过改变发酵过程中碳源和（或）菌种，就有可能生产各种生物材料，它们的性质可从硬塑料、脆塑料到有弹性的聚合物范围内广泛变化。

四、基因工程菌的发酵特性

基因工程的核心技术是 DNA 重组技术，即利用供体生物的遗传物质或人工合成的基因，经过体外或离体的限制酶切割后与适当的载体连接起来形成重组 DNA 分子，然后再将重组 DNA 分子导入到受体细胞或受体生物构建转基因生物，所得到的重组体菌株即是基因工程菌。该种生物就可以按人类设计表现出新的性状。随着基因重组技术的进展，基因工程菌株的培养技术也越来越受到重视。适宜的发酵工程菌株除有高浓度、高产量、高产率外，还应满足下列要求：①能利用易得的廉价原料；②不致病，不产生内毒素；③容易进行代谢调控；④易于进行重组 DNA 技术。基因工程所采用的宿主细胞原核的有大肠杆菌和枯草芽孢杆菌，真核的有酵母、霉菌和哺乳动物细胞等，工业规模生产多以大肠杆菌、枯草芽孢杆菌和毕赤酵母等为主。

采用基因重组技术构建的基因工程菌或细胞，由于含有带外源基因的重组载体，因而对其进行培养和发酵的工艺技术与通常采用的单纯的微生物工艺技术有许多不同之处。由于进行了基因工程改造，工程菌可能有以下几方面的代谢特性变化：①代谢途径的扩展；②拥有新的代谢途径；③发酵的不稳定性。其中工程菌发酵过程的不稳定，尤其需要值得注意。

基因工程菌（细胞）培养与发酵的目的是希望其外源基因能够高水平表达，以便获得大量的外源基因产物。而外源目的基因的高水平表达，不仅涉及宿主、载体和克隆基因三者之间的相互关系，而且与其所处的环境条件密切相关。研究发现，工程菌在保存及发酵生产过程中表现出不稳定性，该问题的解决已成为基因工程的高技术成果能否转变为生产力的关键因素之一。基因工程菌的不稳定包括质粒的不稳定及其表达产物的不稳定两个方面。具体表现为 3 种形式：质粒的丢失、重组质粒发生 DNA 片段脱落、表达产物不稳定。为了提高发酵稳定性一般在发酵过程中采取以下措施。

1. 施加选择压力

防止或降低基因工程菌（细胞）不稳定性的对策有：组建合适载体、选择适当宿主、施加选择压力。从遗传学角度，施加选择压力即是选择某些生长条件使得只有那些具有一定遗传特性的细胞才能生长。在重组 DNA 技术中，选择压力应用很多，如转化后用选择压力确定含有重组质粒的克隆株；在利用克隆菌进行发酵生产时，采取施加选择压力来消除重组质粒的分配性不稳定，以提高菌体纯度和发酵产率。施加选择压力的方法主要有抗生素添加法、抗生素依赖变异法、营养缺陷型法。

2. 控制基因过量表达

提高质粒稳定性的目的是为了提高克隆菌的发酵生产率。但研究发现，外源基因表达水平越高，重组质粒往往越不稳定，如果外源基因的表达受到抑制，则重组质粒有可能丢失，含有重组质粒的克隆细胞与不含重组质粒的宿主细胞的比生长速率可能相同。因此可以采取两阶段培养法，即在发酵前期控制外源基因不过量表达，使重组质粒稳定地遗传，到后期通过提高质粒的拷贝数或转录、转译效率使外源基因高效表达。另外选择可诱导性启动子和温度敏感型质粒。

3. 控制培养条件

工程菌所处的环境条件对其质粒的稳定性和表达效率影响很大，对一个已经组建完成的工程菌来说，选择最适的培养条件是进行工业化生产的关键步骤。环境因素对质粒稳定性的影响机制错综复杂。前述施加选择压力和控制基因过量表达两种方法也是通过培养条件的控制来实现的。工程菌生长繁殖需要的环境条件是：①良好的物理环境，主要有发酵温度、pH 值、溶氧量等；②合适的化学环境，即适宜工程菌生长代谢所需的各种营养物质的浓度，并限制各种阻碍生长代谢的有害物质的浓度。在发酵过程中许多参数对工程菌的生长构成影响，需不断加以调整，所以相关数据要加以分析处理，从而达到优化控制目的。其中培养基的组成、培养温度、菌体的比生长速率 3 个方面尤为重要。

五、基因工程菌的安全性

自基因工程诞生之初，基因工程安全性问题就受到人们极大关注。关于重组 DNA 潜在危险性问题的争论，在基因工程还处于酝酿阶段时就已经开始。争论的焦点是担心基因工程的杂种生物会从实验室逸出，在自然界造成难以控制的危害。1975 年 2 月，美国国家卫生研究院（NIH）在加利福尼亚州 Asilomar 会议中心，举行了一次有 160 名来自美国和 16 个国家有关专家学者参加的国际会议。会上，代表们对重组 DNA 的潜在危险性展开了针锋相对的辩论，尽管在 Asilomar 会议上代表们意见分歧很大，但他们仍在如下三个重要问题上取得了一致的看法：第一，新发展的基因工程技术，为解决一些重要的生物学和医学问题及令人普遍关注的社会问题展现了乐观的前景；第二，新组成的重组 DNA 生物体的意外扩散，可能会出现不同程度的潜在危险，因此，要开展这方面的研究工作，但要采取严格的防范措施，并建议在严格控制的条件下进行必要的 DNA 重组实验，来探讨这种潜在危险性的实际程度；第三，目前进行的某些实验，即使是采取最严格的控制措施，其潜在的危险性仍然极大。将来的研究和实验也许会表明，许多潜在的危险比人们现在所设想的要轻，可能性要小。此外，会议极力主张正式制定一份统一管理重组 DNA 研究的实验准则。并要求尽快发展出不会逃逸出实验室的安全寄主细菌和质粒载体。

1976 年 6 月 23 日，美国国家卫生研究院在 Asilomar 会议讨论的基础上，制定并正式公布了重组 DNA 研究准则。为了避免可能造成的危险性，准则除了规定禁止若干类型的重组 DNA 实验之外，还制定了许多具体的规定条文。例如，在实验安全防护方面，明确规定了物理防护和生物防护两个方面的统一标准。1977 年，世界上第一家专门制造和生产医疗药品的基因工程公司 Genentech 在美国旧金山市诞生，标志着基因工程进入实用阶段。经过一段实验之后，科学工作者发现，早期人们的许多关于重组 DNA 研究工作危险性的担心，从今天的观点来看，并没有当初所想象的那么严重，已经做出的许多涉及真核基因的研究表明，早期的许多恐惧事实上是没有依据的。

以迄今为止尚未发生重组 DNA 危险事故为依据，安全准则在实际使用中便逐渐地趋于缓和。事实上，自从公布以来，NIH 已经对这一准则做了多次修改，放宽了许多限制。就目前的情况而言，只要重组 DNA 的实验规模不大，不向自然界传播，实际上已不再受任何法则限制。当然，这不是说重组 DNA 研究已不具有潜在的危险性，相反，作为负责的科学工作者，对此仍须保持清醒的认识。

第六节　工业微生物的系统生物学与合成生物学

一、概述

系统生物学的目的在于从系统水平来理解生物学系统，即在细胞、组织、器官和生物体整体水平上研究结构和功能各异的生物大分子及其相互作用，并通过计算生物学来定量阐明和预测生物功能、表型和行为。它的技术平台为组学，即基因组学、转录组学、蛋白质组学、代谢组学、相互作用组学和表型组学等。系统生物学既是属于应用的范畴，又是一门科学，它涉及方法学和技术两个领域，是介于生物学、数学、物理学、计算机和化学之间的一门边缘性、综合性、系统性的交叉学科。它运用了这些学科的概念和方法，融合、提炼、组成一套新的体系和方法。

系统生物学的研究内容主要从以下层面展开：①理解系统的结构，如基因调控及生化网络，以及实体构造；②理解系统的行为，定性、定量地分析系统动力学，并具备创建理论或模型的能力，可用来进行预测；③理解如何控制系统，研究系统控制细胞状态的机制；④理解如何设计系统，根据明确了的理论，设计、改进和重建生物系统。

以系统和整体为研究目标的系统生物学表现出如下特点。①从整体水平开展研究。系统生物学将生物系统的所有元素（如基因、mRNA、蛋白质、蛋白质相互作用等）一起研究，研究这些元素之间在响应生物或者基因结构扰动时的关系。这样就可以将不同层次上的信息整合在一起，最终可以在任何给定的条件下描述生物系统的行为。将来人们可以通过生物修饰或者药物设计出具有全新性质的生物系统。②注重对信息方法的利用。系统生物学利用面向信号和系统的方法研究细胞内、细胞与细胞之间的动态过程。③采用建模分析的方法。系统生物学中的"系统"一词指"系统科学""系统和控制理论"，在实际应用过程中的意义通常是数学建模和模拟。

二、组学技术及其在发酵工程中的应用

1. 基因组学

基因组，一般定义是单倍体细胞中的全套染色体为一个基因组，或是单倍体细胞中的全部基因为一

个基因组。而基因编码序列只占整个基因组序列的很小一部分。因此，基因组也可定义为单倍体细胞中包括编码序列和非编码序列在内的全部 DNA 分子。而基因组学是研究生物基因组和如何利用基因的一门学问，并充分地利用基因组信息和相关数据系统。

孟德尔遗传法则的发现以及 DNA 被确立是遗传的物质基础、DNA 结构的确定、遗传代码的阐明、DNA 重组技术的发展以及自动化程度日益提高的 DNA 测序技术的建立，为基因组学的研究奠定了基础。而基因组学出现于 20 世纪 80 年代，90 年代随着几个物种基因组计划的启动，基因组学取得了长足的发展。1980 年，第一个完成对噬菌体 Φ-X174 的完全测序（5368bp）；1995 年，嗜血流杆菌（*Haemophilus influenzae*）测序完成（1.8Mb），是第一个测定的自由生活物种。从这时起，基因组测序工作迅速展开。2001 年，人类基因组计划公布了人类基因组草图，为基因组学研究揭开新的一页。到目前为止，已测序的基因组包括细菌和古细菌的基因组，以及真核生物中的酿酒酵母、线虫、果蝇、小鼠及人类的基因组等。

研究基因组学的主要工具和方法包括：生物信息学、遗传分析、基因表达量测量和基因功能的鉴定，并用连锁、限制酶切割或者 DNA 测序绘制基因组图谱。随着基因组学研究的深入，研究人员正逐步利用基因组学试图解决生物、医学和工业领域中的重大问题。随着高通量测序技术的发展，基因组测序的价格越来越便宜，得到完整基因组所需的周期越来越短，研究机构和生物技术公司对越来越多的工业微生物基因组进行测序。很多重要的工业微生物的基因组序列得到阐明，典型的工业微生物，如大肠杆菌、枯草芽孢杆菌、巨大芽孢杆菌、毕赤酵母、球拟假丝酵母、解脂假丝酵母、吸水链霉菌、天蓝色链霉菌、米曲霉、黑曲霉及一些具有潜在应用前景的古细菌的基因组都已经完成测序，并且开发了大量的分析工具对这些信息进行分析。基因组学的研究已经经过了基因组分析技术发展方向的确定、基因组物理和遗传图谱构建、模式生物体全基因组序列测定以及最终人类基因组序列测定的详细途径，而基因组学面临的巨大挑战便是利用人类基因组去改善人类健康状况并使人类更好地生存。

2. 转录组学

转录组即一个活细胞所能转录出来的所有 mRNA，是研究细胞表型和功能的一个重要手段。而研究生物细胞中转录组的发生和变化规律的科学就称为转录组学，是一门在整体水平上研究细胞中基因转录的情况及转录调控规律的学科，即从 RNA 水平研究基因表达的情况。转录组包含了细胞内某一时刻所具有的全部 mRNA。转录组的组成可以是高度复杂的，包含成百上千种不同的 mRNA，每一个转录组都是基因组整体转录信息的一个不同部分。要描述一个转录组就必要确认该转录组中所包含的 mRNA，最理想的是能够确认这些 mRNA 的相对丰度。

用于转录组数据获得和分析的方法主要有基于杂交技术的芯片技术（包括 cDNA 芯片和寡聚核苷酸芯片）、基于序列分析的基因表达系列分析（serial analysis of gene expression，SAGE）和大规模平行信号测序系统（massively parallel signature sequencing，MPSS）。

1991 年 Affymetrix 公司在 Southern 杂交原理的基础上，开发出世界上第一块寡聚核苷酸基因芯片，从此微阵列技术（基因芯片）得到迅速发展和广泛应用，已成为功能基因组研究中最主要的技术手段。基于基因芯片的发酵过程分析一度成为关键酶活性测定、实时荧光定量 PCR 的升级换代技术，为研究人员从全局阐明代谢网络功能做出了巨大的贡献，迅速拓展了发酵工程研究人员的研究领域。但是，基因芯片无法同时大量地分析微生物细胞内基因组表达的状况，而且由于芯片技术需要准备基因探针，所以可能漏掉那些未知的、表达丰度不高的、可能是很重要的调节基因。由于制备周期长、价格较高等限制了其广泛应用。更为严重的是，许多工业微生物并没有进行基因组测序，无法根据基因组信息设计探针，导致很多发酵过程无法进行基因芯片分析。

SAGE 是以测序为基础的分析特定组织或细胞类型中基因群体表达状态的一项技术。其显著特点是快速高效地、接近完整地获得基因组的表达信息。SAGE 可以定量分析已知基因及未知基因表达情况，在疾病组织、癌细胞等差异表达谱的研究中，SAGE 可以帮助获得完整转录组学图谱，发现新的基因及其功能、作用机制和通路等信息。MPSS 是对 SAGE 的改进，它能在短时间内检测细胞或组织内全部基因的表达情况，是功能基因组研究的有效工具。在医学领域，MPSS 技术对于致病基因的识别、揭示基因在疾病中的作用、分析药物的药效等都非常有价值，该技术的发展将在基因组功能方面及其相关领域研究中发挥巨大的作用。

3. 蛋白质组学

蛋白质组的概念最先由 Marc Wilkins 提出，指由一个基因组（genOME）或一个细胞、组织表达的所有蛋白质（PROTein）。蛋白质组的概念与基因组的概念有许多差别，它随着组织甚至环境状态的不同而改变。在转录时，一个基因可以多种 mRNA 形式剪接，一个蛋白质组不是一个基因组的直接产物，蛋白质组中蛋白质的数目有时可以超过基因组的数目。

用来研究蛋白质组的方法称为蛋白质组学。严格地说，蛋白质组学是一系列不同的可以提供蛋白质组信息的相关技术的集合，这里的信息不仅包括细胞内存在的组成性蛋白的确认，还包括诸如个别蛋白的功能以及它们在细胞内的定位等因素。用来研究一个蛋白质组组成的特定技术称为蛋白谱或表达蛋白质组学。蛋白质组学处于早期"发育"状态，这个领域的专家否认它是单纯的方法学，就像基因组学一样，不是一个封闭的、概念化的稳定的知识体系，而是一个领域。

蛋白质组学集中于动态描述基因调节，对基因表达的蛋白质水平进行定量测定，解释基因表达调控的机制。作为一门科学，蛋白质组研究并非从零开始，它是蛋白质（多肽）谱和基因产物图谱技术的一种延伸。多肽图谱依靠双向电泳（2-DE）和进一步的图像分析；而基因产物图谱依靠多种分离后的分析，如质谱技术、氨基酸组分分析等。

蛋白质组学的研究内容主要有两方面，一是结构蛋白质组学，二是功能蛋白质组学。其研究前沿大致分为三个方面：①针对有关基因组或转录组数据库的生物体或组织细胞，建立其蛋白质组或亚蛋白质组及其蛋白质组连锁群，即组成性蛋白质组学；②以重要生命过程或人类重大疾病为对象，进行重要生理病理体系或过程的局部蛋白质组或比较蛋白质组学；③通过多种先进技术研究蛋白质之间的相互作用，绘制某个体系的蛋白，即相互作用蛋白质组学，又称为"细胞图谱"蛋白质组学。此外，随着蛋白质组学研究的深入，又出现了一些新的研究方向，如亚细胞蛋白质组学、定量蛋白质组学等。蛋白质组学是系统生物学的重要研究方法。

蛋白质组研究之所以重要是因为其扮演了联系基因组与细胞生物化学功能间的核心角色。因而，描述不同细胞的蛋白质组就成为理解基因组是如何执行功能以及功能失常的基因组是如何导致疾病的关键。转录组研究只能部分解答这些问题。检测转录组能够获得在某个细胞中哪些基因是活化状态的确切提示，但是，对于提示细胞中存在哪些蛋白质尚不够准确。这是因为影响蛋白质组成的影响因素不仅包括 mRNA 是否存在，还包括 mRNA 被翻译成蛋白质的速率以及蛋白质降解的速率。此外，作为翻译初级产物的蛋白质可能还没有活性，因为某些蛋白质在具备功能之前必须进行物理的和化学的修饰。因此，确认一个蛋白质的活性形式的数量对于理解细胞或组织的生物化学是关键的。

1995 年，澳大利亚科学家首次在《电泳》（*Electrophoresis*）杂志上发表关于蛋白质组概念的论文。蛋白质组学技术致力于研究某一物种、个体、器官、组织或细胞在特定条件、特定时间所表达的全部蛋白质图谱。蛋白质组与基因组既相互对应又存在显著不同，因为基因组是确定的，组成某个体所有细胞共享有固定的基因组，而各个基因的表达调控及表达程度会根据时间、空间和环境条件发生显著变化，所以，不同器官、组织或细胞内拥有不同的蛋白质组。由于蛋白质分离（改进后的双向电泳技术和高效液相色谱技术）和鉴定技术（现代质谱）的快速更新，由于基因组学和生物信息学的交叉渗透，蛋白质组学研究在近年来获得了长足的发展。

近年来，蛋白质组研究技术已被应用到各种生命科学领域，并将成为寻找疾病分子标记和药物靶标最有效的方法之一。蛋白质组学的研究方法将出现多种技术并存，除发展新方法外，更强调各种方法间的整合和互补，以适应不同蛋白质的不同特征。

4. 代谢组学

代谢组即在某一时刻细胞内所有代谢物的集合，而代谢组学是效仿基因组学和蛋白质组学的研究思想，研究代谢组的一门科学，对生物体内所有代谢物进行定量分析，是系统生物学的重要组成部分。

各种组学技术的深入研究，为代谢组学的研究提供了良好的基础。代谢组学是一门利用高通量定量分析细胞内代谢物的技术。核磁共振（NMR）、气质联用（GC-MS）、液质联用（LC-MS）和气相色谱-飞行时间质谱仪（GC-TOF）的开发大大提高了分析胞内代谢物的能力。代谢组学分析提供的是一个整合的信息，因此很难将代谢物浓度的变化和特定的基因突变联系起来；由于代谢物浓度是直接和代谢途径相关联的，因此它可以指导应该对哪些途径进行改造。Microbia 公司结合转录组和代谢组分析，使土曲霉（*Aspergillus terreus*）生产洛伐他汀（lovastatin，一种降低胆固醇的药物）的能力提高了 50%。

5. 组学信息的挖掘、整合与应用

组学即是基于基因组测序、转录组学、蛋白质组学和代谢组学的各种高通量技术的发展，这些组学数据之间既相互关联又各有侧重，如何综合分析多组学数据，根据组学数据之间的相似性和互补性挖掘生物过程的新观点成为系统生物学领域的重要课题。组学数据整合的含义指对来自不同组学的数据源进行归一化处理、比较分析，建立不同组间数据的关系，综合多组学数据对生物过程进行全面的深入的阐释。组学数据整合的任务可以归纳为 3 个层次的内容：第一，对两个组学数据之间进行比较分析，挖掘数据之间的相关性和差异性；第二，给定 3 个或多个组学数据，挖掘它们之间的内在关系；第三，对于现存的所有组学数据，发展通用的数据整合方法和软件，进行大规模的系统的数据整合。组学的研究使人们能够对完整生命系统的所有组分在性质辨别和浓度测定方面进行全面的分析。系统生物学在这样的情况下诞生了，该学科试图把这些通路和过程连接起来成为描述活细胞和活生物体的所有功能的网络。

利用组学的研究应用于代谢调控，有很多成功的案例。例如，Ikade 研究小组利用比较基因组学技术分析了高产赖氨酸的谷氨酸棒杆菌突变菌的戊糖磷酸途径相关基因，鉴定出 6-磷酸葡萄糖酸脱氢酶的点突变使该酶对胞内代谢物的变构抑制不敏感。通量组分析表明该突变使赖氨酸生产过程中戊糖磷酸途径的通量提高了 8%，从而提高了 NADPH 的供给。

随着系统生物学中数据整合的发展以及实验科学、生物学、数学和计算机科学的全面进步，这样便使实验技术提高产出数据的精度，在生物上提供更多新的理论指导，在数学和计算机领域提出更加强有力的分析方法，最终有效地整合多种组学数据，对生物系统进行全面的解读。

三、系统生物学技术和基于系统生物学的菌种改造

在未考虑整体的细胞代谢系统而对基因进行随机突变或是对基因进行修饰可能会对整个细胞系统产生意想不到的影响。而系统生物学的目标便是在系统生物学的框架下构建代谢工程，在此过程中，整个细胞的代谢网络、发酵以及下游工程构建细胞前都得到了充分的考虑。所以，调控、代谢和其他的细胞网络都作为一种整体的方式。在此，将列举一些利用系统生物学的方法来进行菌株改造，生产生物产品，并探讨一下系统生物学在此领域的发展前景。

现在的一些微生物产品都在用系统生物学的方法，而传统的方法是通过大量的基因随机突变和筛选，这样在细胞中可能导致不想要的结果。代谢工程的出现，有目的地增加和敲除代谢途径都是在考虑到代谢网络的基础上进行的。应用这种方法的系统性暂且不说，这种方法在某种程度上限制了菌株水平的提高，因为从代谢工程的视角上看，细胞是单独的而不是真正的系统性的，往往忽略了其整个的生物加工的工程，包括从菌株的改善到它实际的培养情况。

现在，建议在充分考虑到菌株的系统性的基础上来改善代谢工程，即是所谓的"系统代谢工程"，即是利用系统生物学的方法来提高代谢工程的视角，从而达到菌种改造的目的。利用这种方法不仅用系统的方法解决了细胞的问题，同时也解释了用其他方法容易忽略的问题。系统生物学的分析方法即是利用大量的基因组的分析和大量的计算机软件的工具，能快速地分析在大量的细胞调控下的细胞整体的生理状态。例如，转录调控、翻译调控、反馈抑制以及代谢通量的分布。

通常利用系统生物学来改造菌株的方法如图 2-7 所示。但是利用系统生物学来改造菌株的关键在于大量的大规模的基因组分析和计算机分析，在改造菌株的同时必须考虑到细胞整体的代谢过程。

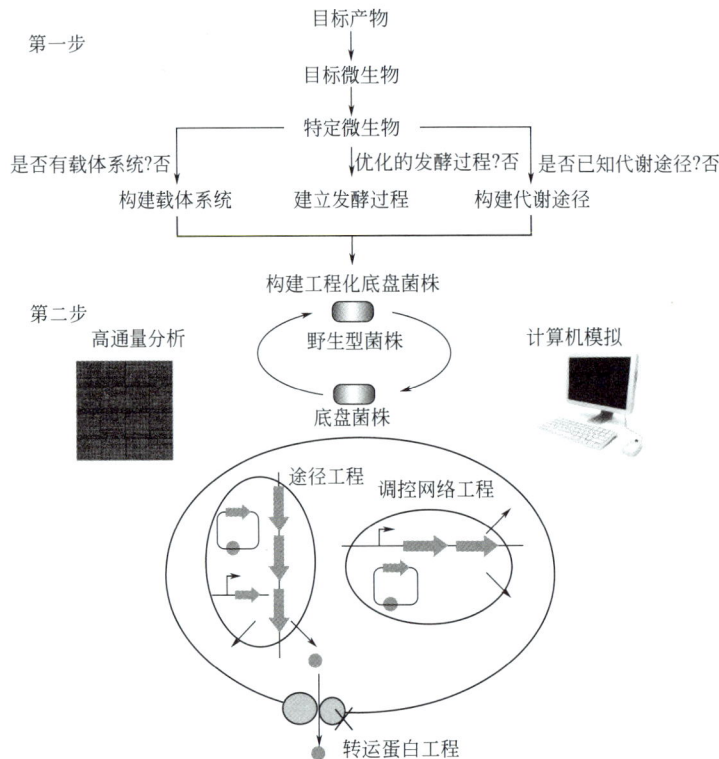

图 2-7 通常利用系统生物学来改造菌株的方法

四、合成生物学及其在发酵工程中的应用

合成生物学是 21 世纪初刚刚兴起的一门交叉学科，其工程化的理念、标准化的生物工具和大胆新颖的设计思路，一经兴起便引起了世界范围的广泛关注。最近几年合成生物学在生物科学知识产生，生物零件、装置及系统的建造，以及药物、能源、酶的生产等研究领域取得了重要的进展，成为生物科学和生物经济学中最前沿的学科。

合成生物学就是把具有某个功能的几个基因（或称为操纵子）作为一个生物零件，把完成某个任务所需要的生物零件组装起来，构建一个新的细胞。合成生物学包括两条路线：①新的生物零件、组件和系统的设计与建造；②对现有的、天然的生物系统的重新设计。这两条路线的目的都是为了造福人类社会。

合成生物学的基本流程可简单概括为：①合成目标设定：明确所需解决的问题和目标功能，例如，生产药物、合成生物燃料或改良作物。②合成路径设计：基于目标功能，利用生物信息学工具设计遗传线路或代谢路径，选择合适的基因元件（如启动子、编码序列、调控元件等），并确定它们的组合方式。③合成途径构建：利用分子生物学技术（如 PCR、基因克隆、CRISPR/Cas9 编辑等）构建设计好的 DNA 序列，将其插入宿主细胞（如细菌、真菌或高等动植物细胞）。④测试与优化：对改造后的生物系统进行表型检测，验证其是否实现预期功能，并通过反复调试基因表达水平、代谢流或其他参数，优化系统性能，另外，也可通过上述高通量选育工程优化细胞系。⑤应用与评估：将优化后的生物系统应用于实际工业化生产，并评估其稳定性、安全性和经济可行性。

合成生物学区别现有生物学其他学科的主要特点，即"工程化"。合成生物学的工程化研究主要有两种策略：自上至下（逆向工程）和自下至上（前/正向工程）。自上至下策略主要用于分析阶段，试图利用抽提和解耦方法降低自然生物系统的复杂性，将其层层凝练成工程化的标准模块。例如，通过敲除基因组中除复制和功能性之外非绝对必需的遗传物质，简化基因组构建，达到可模拟和预测的目的。而自下至上的策略通常是指通过工程化方法，利用标准化模块，由简单到复杂构建具有期望功能的生物系统的方法。

合成生物学与系统生物学之间具有非常亲密的关系。定量的系统生物学以工程系统和信号理论的应用为基础分析生物系统，从数学方程和复杂模型角度"定义"系统。一旦系统或系统的部件用系统生物学的方法描述，合成生物学就可以在此基础上将系统解耦成生物部件，将生物部件的功能及输入/输出以标准形式表述，再将部件存入知识库中。任何系统设计者都能够理解部件的功能特性，利用知识库中的部件组装成装置，最终组装成系统。

合成生物学已经得到了实际的应用，2003 年 Nature Biotechnology 和 2006 年《自然》（*Nature*）的两篇文章振奋了全球医药及生物领域的科研人员——美国加利福尼亚州大学伯克利分校 Keasling 研究小组利用合成生物学方法，分别将相关基因植入大肠杆菌和酿酒酵母中，利用微生物合成青蒿素的前体物质青蒿酸（artemisinic acid）。Amorphadiene 和青蒿酸通过化学方法进行改造，可以很方便地变成活性青蒿素。2006 年在此项工作研究的基础上，研究人员进一步利用工业酿酒酵母中工程化的甲羟戊酸途径、来源于青蒿（*Artemisia annua*）的青蒿酸合成酶和细胞色素 P450 单加氧酶共同作用来生产高浓度青蒿酸。这种微生物"工厂"的生产速度比从植物中提取青蒿素快将近 100 倍。

合成生物学已经在多个方面得到应用，在维护人类健康、在生产生物能源、应用于环境治理等方面都有越来越多的应用。

📚 案例解说　酿酒酵母的系统生物学研究

　　系统生物学是工程的概念，其目标在于大量的分析和预测系统生物学的功能。这个新生概念的发展依赖于现在分析技术的发展（例如 DNA 芯片技术、质谱技术等）来量化如基因表达、蛋白质和代谢工程的数据等并且从这些数据中利用计算的方法获得信息的整合。酿酒酵母（*Saccharomyces cerevisiae*）作为真核生物的模式生物，在以大量的分析方法和计算方法为基础的系统生物学来验证新的假设的发展中扮演着举足轻重的作用。利用系统生物学的方法在酿酒酵母中获得的大量数据，在设计代谢过程于特殊工业中具有巨大的作用，而这一点已经得到了验证。所以，大量的产品越来越多地倾向于应用酿酒酵母进行表达。

　　酿酒酵母作为一种模式生物，研究人体的疾病和抗原，在这种作用的驱动下，酿酒酵母在组学和系统生物学的研究中取得了长足的发展。酿酒酵母作为一个细胞工厂，在传统的工业中已经发挥了巨大的作用，例如用来生产啤酒、白酒、面包，以及用基因工程的方法来表达重组的DNA。基于对酿酒酵母大量的基础研究，作为细胞工厂其所发挥的巨大作用，显然地，利用系统生物学和组学的方法来研究酿酒酵母成为一种必然。正是由于这样的原因，酿酒酵母的基因组注释很早就已经开始进行，酿酒酵母的基因组测序在 1996 年完成，是第一批被测序完成的。基因组序列只能定义在生物体内可以操控的表型空间，相对于时间和环境的变化，基因组序列是相对稳定的，是一个静态的整体。在以基因组序列的基础上发展了许多功能性的基因工具，这些工具包括：转录组学的分析，蛋白质组学的分析，代谢组学分析，通量分析，相互作用分析等。

思维导图

第三章　发酵培养基的制备与灭菌

○○ ────→ ○○ ○ ○○

第一节　发酵工业原料

一、发酵工业原料的种类及其组成

发酵原料的营养成分对微生物的生长、繁殖及代谢的影响极大。微生物生长、繁殖以及代谢的要求不同，其发酵原料成分和含量的要求也存在差异，因此，原料的种类很多。但是，无论哪种原料，都应满足微生物生长、繁殖和代谢方面所需要的各种营养物质。微生物生长所需要的营养物质应该包括所有组成细胞的各种化学元素，以及参与细胞组成、构成酶的活性成分与物质运输系统、提供机体进行各种生理活动所需的能量，同时，也只有提供必需的和充足的养分，才能有效地积累代谢产物。这些营养物质可分为水、碳源、氮源、无机盐、生长因子等五大类。

（一）水

水既是微生物细胞的重要组成成分（占细胞总量 80％～90％），又是细胞进行生物化学反应的介质。微生物细胞对营养物质的吸收和代谢产品的分泌都必须借助水的溶解才能通过细胞膜，同时一定量的水分是维持细胞渗透压的必要条件。由于水的比热容高，因此水又是热的良导体，能够有效地调节细胞温度。

（二）碳源

凡可以构成微生物细胞和代谢产物中碳素来源的营养物质统称为碳源。碳源组成菌体细胞成分（如蛋白质、糖类、脂类、核酸）的碳架，在微生物细胞内含量相当高，可占细胞干物质的 50％左右。另外，碳源物质也是为细胞提供能源的物质，构成了代谢产物的碳架。糖类、脂类、有机酸以及低碳醇等可作为发酵原料的碳源物质。常用的碳源物质有葡萄糖、蔗糖、甘蔗糖蜜、甜菜糖蜜以及纤维素等。主要碳源种类见图 3-1。

1. 纯糖原料

葡萄糖是工业发酵最常用的单糖，它是由淀粉加工制备的，其产品有固体粉状葡萄糖和葡萄糖糖浆（含有少量的双糖）。它们被广泛用于抗生素、氨基酸、有机酸、多糖、黄原胶、藻类转化等发酵生产中。木糖和其他单糖，生产中应用得很少。

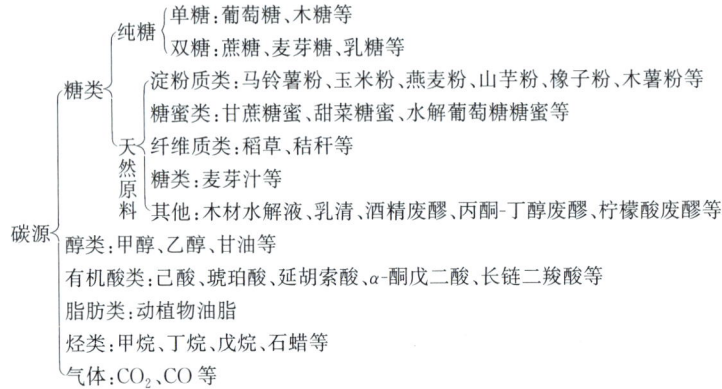

图 3-1　主要碳源种类

工业发酵中使用的蔗糖和乳糖既有纯制产品又有含此两种糖的糖蜜和乳清，麦芽糖多用其糖浆。它们主要用于抗生素、氨基酸、有机酸、酶类的发酵。

2. 淀粉质原料

（1）淀粉的组成　淀粉为白色无定形的结晶粉末，存在于各种植物组织中。在显微镜下观察，可发现淀粉有圆形、椭圆形和多角形三种形状。淀粉的分子单位是葡萄糖，由许多葡萄糖脱水缩聚而成，其分子式可用 $(C_6H_{10}O_5)_n$ 表示。

淀粉一般有直链淀粉和支链淀粉两部分，如图 3-2 所示。直链淀粉由不分支的葡萄糖链构成，葡萄糖分子间以 α-1,4 糖苷键聚合而成，聚合度（指组成淀粉分子链的葡萄糖单位数目）一般为 100～6000。支链淀粉的直链由葡萄糖分子以 α-1,4 糖苷键相连接，而支链与直链葡萄糖分子以 α-1,6 糖苷键相连接，它的分子呈树枝状，形成分支结构。支链淀粉分子较大，聚合度在 1000～3000000，一般在 6000 以上。

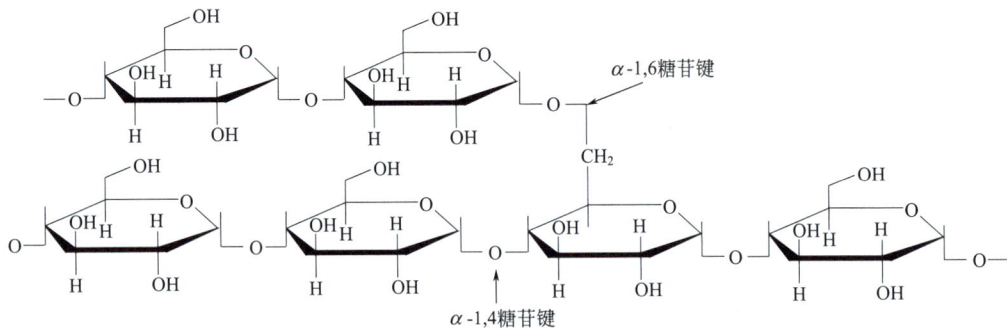

图 3-2　直链淀粉和支链淀粉的结构示意图

（2）淀粉的特性　淀粉没有还原性，也没有甜味，不溶于冷水以及酒精、醚等有机溶剂中。淀粉在热水中能吸收水分而膨胀，致使淀粉颗粒破裂，淀粉分子溶解于水中形成带有黏性的淀粉糊，这个过程称为糊化。糊化过程一般经历三个阶段：①可逆性地吸收水分，淀粉颗粒稍微膨胀，此时将淀粉冷却、干燥，淀粉颗粒可恢复原状；②当温度升至 65℃ 左右，淀粉颗粒不可逆性地吸收大量水分，体积膨胀数十倍至百倍，并扩散到水中，黏度增加很大；③当温度继续升高，大部分的可溶性淀粉浸出，形成半透明的均质胶体，即糊化液。

（3）淀粉质原料种类　淀粉质原料种类见表 3-1。

表 3-1 淀粉质原料种类

种 类	内 容
薯类	甘薯、马铃薯、木薯、山药等
粮谷类	高粱、玉米、大米、谷子、大麦、小麦、燕麦、黍和稷等
野生植物	橡子仁、葛根、土茯苓、蕨根、石蒜、金刚头等
农产品加工副产物	米栖、米糠饼、麸皮、高粱糠、淀粉渣等

① 薯类原料 主要薯类原料的一般成分见表 3-2。

表 3-2 主要薯类原料的一般成分 %

种 类	水 分	粗蛋白	粗脂肪	碳水化合物	粗纤维	粗灰分(无机盐)
甘薯干	12.9	6.1	0.5	76.7	1.4	2.4
马铃薯干	12.0	7.4	0.4	74	2.3	3.9
木薯干	14.71	2.64	0.86	72.1	3.55	2.85

a. 甘薯 甘薯又名甜薯、红薯、白薯或番薯。作为淀粉原料它有以下几个优点：甘薯的淀粉纯度高；甘薯的结构松脆，易于蒸煮糊化，为以后的糖化发酵创造有利条件；甘薯中含脂肪及蛋白质较少，在发酵过程中生酸幅度小，降低了对淀粉酶的破坏作用。甘薯原料也有缺点：甘薯中的树脂妨碍发酵作用；甘薯中果胶含量较其他原料多一些，所以甲醇的生成量稍大；此外，甘薯产量虽大，但鲜甘薯容易腐败，不好保存，这一缺点比任何农作物都显著。

b. 木薯 在薯类原料中，木薯是很强健的多年生植物，呈灌木状，根粗而长，盛产于我国南方的广东、广西、福建、台湾等地。木薯是发酵工业的良好原料，其所含的淀粉品质较纯，而且淀粉颗粒大，加工方便。木薯属于高产作物，容易栽培，在气温平均为 26℃ 的亚热带，产量较高。其适应性很强，能耐肥、耐瘠、耐水、耐旱，而且在任何颜色的土壤中均可以生长栽培。

木薯块根的主要化学成分是碳水化合物，其他成分如蛋白质、脂肪等含量都较少。在新鲜木薯块根内含有 27%～33% 的白色淀粉，还含 4% 左右的蔗糖。木薯块根的外表皮含氢氰酸，但它易于挥发，故木薯汁经过加热、浓缩后，其毒性就可完全去除。

② 谷物原料 谷物原料中用得最广泛的是玉米，又名玉蜀黍、苞米、珍珠米、苞谷等。

玉米的特点是含有丰富的脂肪。脂肪主要集中在胚芽中，胚芽的干物质中含脂肪 30%～40%。玉米淀粉直径 10～20μm。玉米籽实中含有淀粉、糊精、蔗糖、葡萄糖等，故为发酵工业的良好原料。

在谷物原料中除玉米外，还有大米、小米、大麦、小麦、燕麦、黑麦等，它们的化学成分见表 3-3。

表 3-3 谷物原料的化学成分 %

种类	水分	粗蛋白	粗脂肪	碳水化合物	粗纤维	灰分
玉米	10	4.3	8.5	73	1.3	1.7
大米	14.0	7.7	0.4	75.2	2.2	0.5
小米	11.0	9.7	1.7	77.0	0.1	1.4
大麦	11.9	10.5	2.2	66.3	6.5	2.6
小麦	12.8	10.3	2.1	71.8	1.2	1.3
燕麦	9.7	15.6	3.2	66.7	—	1.7
黑麦	13.6	6.4	1.2	77.5	—	0.9

大米、小米（粟）、大麦、小麦、黑麦等，有的因产量少，有的由于食用价值高，故在我国很少用作工业发酵原料。

③ 野生植物原料 我国地大物博，山地面积比重很大，野生植物的资源丰富，分布面积亦广，特别是在山区和林区，遍地都有可以用来作为发酵工业原料的野生植物。

野生植物作为工业方面的原料，具有下述优点：含有大量的淀粉和糖分，用它来代替谷类和薯类原料，可以节约工业用粮；野生植物大多数是自然生长在山野之间，不需要进行栽培和管理，只要利用农闲时采集，可以增加副业收入；在许多野生植物中含有生物碱或其他化学成分，是医药工业和化学工业的原料，所以，除了淀粉成分外，还可以提取其他有效成分，发展综合利用。

④ 辅助原料的要求和化学组成 麸皮是面粉生产过程中的一种副产品。它的淀粉含量少，不能作为发酵工业的主要原料，但是它具有培养霉菌的良好性能。

米糠是淀粉工厂和谷物加工厂的副产物或下脚料，含有一定量的淀粉和氮源，可作为发酵工业的辅助原料。

除上述麸皮和米糠外，还有一些农产品加工的副产物含有淀粉和氮源，可作为发酵生产的辅助原料。

3. 糖蜜原料

糖蜜是很好的发酵原料，用糖蜜原料发酵生产，可降低成本，节约能源，简化操作，从而有利于实现高糖发酵工艺，提高产品得率和转化率。糖蜜原料中，有些成分不适用于发酵，所以在使用糖蜜原料时，可先进行处理，以满足不同发酵产品的需求。

制糖工业上，甘蔗或甜菜的压榨汁经过澄清、蒸发浓缩、结晶、分离等工序，可得结晶砂糖和母液。由于压榨汁的澄清液始终会存在杂质，这些杂质影响结晶过程。虽然分离出来的母液经过反复结晶和分离，但始终有一部分糖分残留在母液中，末次母液的残糖在目前制糖工业技术或经济核算上已不能或不宜用结晶方法加以回收。于是，甘蔗或甜菜糖厂的末次母液就成为一种副产物，这种副产物就是糖蜜，俗称废蜜。糖蜜含有相当数量的可发酵性糖，是发酵工业的良好原料。

糖蜜可分为甘蔗糖蜜和甜菜糖蜜。我国南方各省位于亚热带，盛产甘蔗，甘蔗糖厂较多，甘蔗糖蜜的产量也较大。甘蔗糖蜜的产量为原料甘蔗的 2.5%～3%。我国甜菜的生产主要在东北、西北、华北等地区，甜菜糖蜜来源于这些地区的甜菜糖厂，其产量为甜菜的 3%～4%。

甘蔗糖蜜呈微酸性，pH6.2 左右，转化糖含量较多；甜菜糖蜜则呈微碱性，pH7.4 左右，转化糖含量极少，而蔗糖含量较多；总糖量则两者较接近。甜菜糖蜜中总氮量较甘蔗糖蜜丰富。甘蔗糖蜜与甜菜糖蜜的成分见表 3-4。

表 3-4 甘蔗糖蜜与甜菜糖蜜的成分

项　目	甘 蔗 糖 蜜		甜菜糖蜜	项　目	甘 蔗 糖 蜜		甜菜糖蜜
	亚硫酸法	碳酸法			亚硫酸法	碳酸法	
锤度/°Bx	83.83	82.00	79.6	pH 值	6.0	6.2	7.4
全糖分/%	49.77	54.80	49.4	胶体/%	5.87	7.5	10.00
蔗糖/%	29.77	35.80	49.27	硫酸灰分/%	10.45	11.1	10.00
转化糖/%	20.00	19.00	0.13	总氮量/%	0.465	0.54	2.16
纯度/%	59.38	59.00	62.0	磷酸	0.595	0.12	0.035

从表 3-4 可见，糖蜜中干物质的浓度很大，在 80～90°Bx，含 50% 左右的糖分，5%～10% 的胶体物质，10%～12% 的灰分。如果糖蜜不经过处理直接作为发酵原料，微生物的生长和发酵将难以有效进行。

4. 纤维质原料

木质纤维素的主要来源是农作物秸秆，农作物秸秆是世界上最为丰富的物质之一，是粮食作物和经济作物生产中的副产物。纤维素是一种复杂的、天然的高分子多糖化合物，分子结构与淀粉相似，其最基本的结构单位是纤维二糖。

纤维素分子是一种葡萄糖苷通过 β-1,4 葡萄糖苷键连接起来的链状聚合体。几十个纤维素分子平行排列组成小束，几十个小束则组成小纤维，最后由许多小纤维构成一条植物纤维。纤维素的相对分子质量可达几十万，甚至几百万，水解纤维素可得到葡萄糖。而半纤维素是一大类结构不同的多聚糖的统称。凡是有纤维素的地方，就一定有半纤维素存在。半纤维素水解时可以产生己糖、戊糖或糖醛酸等。主要的己糖有 D-葡萄糖、D-甘露糖和 D-半乳糖。主要的戊糖是 D-木糖、L-阿拉伯糖等。除了纤维素、半纤维素之外，木质纤维素还包括木质素，它是一种高分子芳香族化合物，不能水解成糖，但可用作燃料。

全世界每年秸秆产量约为 29 亿吨，其主要来源见图 3-3，其中玉米、小麦和稻草是主要来源，三者占据了总秸秆量的 75%。但是这些秸秆大部分被还田或者直接烧掉，比例高达 66%，利用率不高。

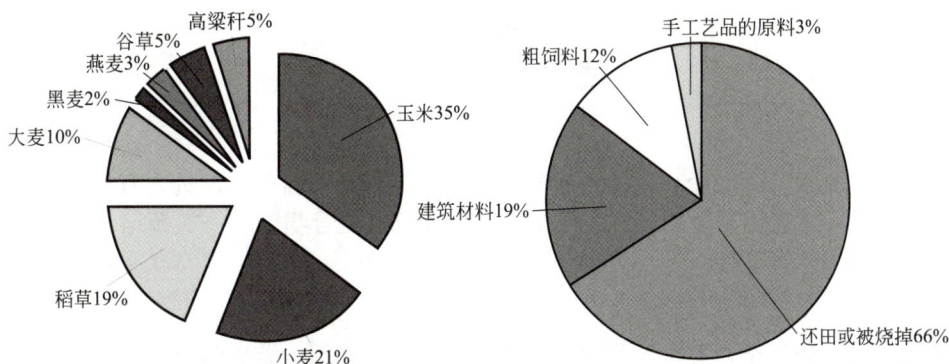

图 3-3　世界农作物秸秆的来源与用途

纤维素的能量来自太阳，是植物通过光合作用固定下来的，是植物细胞壁的主要成分，约占植物干重的 40%。农业上产生的废物（如秸秆、穗秆、稻壳、蔗渣），伐木及木材加工后的残留物（如木屑和锯屑），一些生产中的次品和食品加工中的废物及城市的固体垃圾（如废纸、纸板等）都是廉价且来源广泛的植物纤维素原料。据报道，每年地球上由光合作用生成的能量相当于全球消耗能量的 10 倍以上。另外的数据表明，全世界年产纤维素为 1000 亿吨，平均每人每天可分到 34.2kg。其中，纤维素约占40%。因此，纤维素是资源十分丰富的再生能源。

5. 其他碳源

乙醇、甘露醇和甘油可作为微生物的碳源和能源。除醋酸已用作微生物的培养基外，其他有机酸比糖类较难被微生物吸收，作为碳源其效果不如糖类。脂类物质更难被微生物作为碳源利用，但并不是不能利用，低浓度的高级脂肪酸还可刺激某些细菌的生长。为了综合治理"三废"，人们还有目的地分离到了能利用酚、氰化物等有毒物质的微生物菌种（如诺卡菌）。

少数微生物（指自养型）以 CO_2 或碳酸盐为唯一的或主要的碳源，因为这两者的碳均为碳的最高氧化形式，必先经预还原才能转化为细胞有机物质的碳架，这个过程需要能量。大多数需要有机碳源的微生物（指异养型）也需要 CO_2，因为有些生物合成反应（如丙酮酸的羧化和脂肪酸的合成）需要 CO_2，只是需要量较少而已。虽然这些生物合成反应所需的 CO_2 可以从有机碳源和能源的代谢中获取，但如果完全排除 CO_2，往往会推迟或阻止微生物在有机培养基中的生长。少数细菌和真菌需要环境中含有较多的 CO_2（5%~10%）才能在有机培养基中生长。

（三）氮源

凡是能被微生物利用以构成细胞物质中或代谢产物中氮素来源的营养物质通常称为氮源。由于微生物细胞物质的合成、代谢产物的合成以及能源等方面的需要，氮源物质需求量较大。氮源又可分为有机氮源和无机氮源。发酵工业上常用的有机氮源包括：花生饼粉、黄豆饼粉、棉籽饼粉、麸皮等的水解液，玉米浆、废菌丝体的水解液，以及毛发水解液、糖蜜、尿素、蛋白胨等。常用的无机氮源有氨水、液氨、硫酸铵等。主要氮源分类见图 3-4。

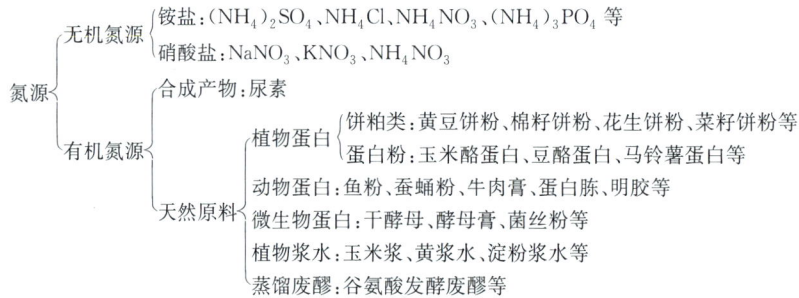

氮源
- 无机氮源
  - 铵盐：$(NH_4)_2SO_4$、NH_4Cl、NH_4NO_3、$(NH_4)_3PO_4$ 等
  - 硝酸盐：$NaNO_3$、KNO_3、NH_4NO_3
- 有机氮源
  - 合成产物：尿素
  - 天然原料
    - 植物蛋白
      - 饼粕类：黄豆饼粉、棉籽饼粉、花生饼粉、菜籽饼粉等
      - 蛋白类：玉米酪蛋白、豆酪蛋白、马铃薯蛋白等
    - 动物蛋白：鱼粉、蚕蛹粉、牛肉膏、蛋白胨、明胶等
    - 微生物蛋白：干酵母、酵母膏、菌丝粉等
    - 植物浆水：玉米浆、黄浆水、淀粉浆水等
    - 蒸馏废醪：谷氨酸发酵废醪等

图 3-4　主要氮源分类

1. 无机氮源

无机氮源主要是氨水、硝酸盐和铵盐，成分单一。因为只有铵离子才能进入有机分子中，硝酸盐必须先还原成 NH_4^+ 后，才能用于生物合成。一般在利用无机氮化合物为唯一氮源培养微生物时，培养基有可能表现生理酸性或生理碱性。

2. 有机氮源

有机氮源的成分比较复杂，有机氮除含有丰富的蛋白质、肽类、游离的氨基酸以外，还含有少量的糖类、脂肪、无机盐和生长因子等。

玉米浆中的氮源物质主要以较易吸收的蛋白质降解产物形式存在，而降解产物特别是氨基酸可以通过转氨作用直接被机体利用，有利于菌体生长，为速效氮源；而黄豆饼粉和花生饼粉等中的氮主要以大分子蛋白质形式存在，需进一步降解成小分子的肽和氨基酸后才被微生物吸收利用，其利用速度缓慢，有利于代谢产物的形成，为迟效氮源。在生产中，通常采用控制速效氮源和迟效氮源的比例，以控制菌体生长期和代谢产物形成期的协调，达到提高产量的目的。

发酵工业所用的有机氮源包括玉米浆、豆饼粉、花生饼粉、棉籽饼粉、鱼粉、酵母浸出液等。除玉米浆外，还有其他的一些原料如豆饼粉等，它们既能作氮源又能作碳源。工业上常用的有机氮源及含氮量见表 3-5。

表 3-5　工业上常用的有机氮源及含氮量（质量分数）

氮　源	含氮量/%	氮　源	含氮量/%
大麦	1.5～2.0	花生粉	8.0
甜菜糖蜜	1.5～2.0	燕麦粉	1.5～2.0
蔗糖糖蜜	1.5～2.0	大豆粉	8.0
玉米浆	4.5	乳清粉	4.5

天然原料中的有机氮源由于产地不同，加工方法不同，其质量不稳定，常引起发酵水平波动，因此，在选择有机氮源时要注意品种、产地、加工方法、储藏条件对发酵的影响。凡能利用无机氮源的微生物，一般也能利用有机氮源，但有些微生物在只含无机氮源的培养基中不能繁殖，因为它们没有转化

无机氮化合物到有机氮化合物的能力。在发酵工业上，常常需要注意氮源与菌体生长和代谢产物生物合成的相关性。

（四）无机盐原料

无机元素是微生物生长和代谢不可缺少的营养物质。无机盐的主要作用是构成细胞的组织成分、作为酶的组成成分或维持酶的活性、调节细胞的渗透压、调节氢离子浓度、调节氧化还原电位等。根据微生物对无机元素的需要量大小，可以分成主要无机元素和微量无机元素。主要无机元素包括磷、硫、钾、钠、镁、铁等，其中磷、钾、镁、硫的需要量较大。在必要的情况下，只要向培养基中加入 KH_2PO_4 和 $MgSO_4$ 两种化合物即可同时满足微生物对磷、硫、钾、镁四种主要无机元素的需要。微量无机元素包括钼、锌、钴、铜、硼、碘、溴、锰等，虽然微生物体内含量极微，但能够强烈刺激微生物的生长发育和代谢。但是，在许多情况下，由于主要用作碳源和氮源的各种天然原料中已含有足量的这类无机元素，故一般就不必专门加入。

（五）主要供给生长因子的原料

从广义来说，凡是微生物生长不可缺少的微量有机物质，如氨基酸、嘌呤、嘧啶、维生素等均称为生长因子。不是所有的生长因子都是每一种微生物必需的，只是对于某些自己不能合成这些成分的微生物才是必不可少的营养物。在作为碳源或氮源的许多天然原料中，都含有数量可观的生长因子，因此常常可考虑兼作生长因子的培养基原料。

1. 生物素

因为维生素只是作为酶的活性基，所以需要量一般很少，其浓度范围为 $1\sim50\mu g/L$，甚至更低。生物素存在于动植物的组织中，多与蛋白质呈结合状态存在，用酸水解可以分开。生产上可作为生物素来源的原料及其生物素含量见表 3-6。

表 3-6　可作为生物素来源的原料及其生物素含量表

项　目	干物质/%	蛋白质/%	灰分/%	生物素/(µg/kg)	维生素 B_1/(µg/kg)
玉米浆	>45	>40	<24	180	2500
麸皮	—	16.4	—	200	1200
甘蔗糖蜜	81	4.4	10	1200	8300
甜菜糖蜜	70	5.5	11.5%	53	1300

2. 氨基酸

微生物生长需要 L-氨基酸，细菌细胞壁的生长也需要加 D-丙氨酸等以合成肽聚糖。因为 L-氨基酸是组成蛋白质和酶结构物质的主要成分，故需要量较大。其浓度范围为 $20\sim50\mu g/mL$，即比维生素的需要量大几千倍。玉米浆中氨基酸的类别及占总含氮量比例见表 3-7。

表 3-7　玉米浆中氨基酸的类别及占总含氮量比例

氨基酸	占总含氮量比例/%	氨基酸	占总含氮量比例/%
丙氨酸	25	苏氨酸	3.5
精氨酸	8	缬氨酸	3.5
谷氨酸	8	苯丙氨酸	2.0
亮氨酸	6	蛋氨酸	1.0
脯氨酸	5	胱氨酸	1.0
异亮氨酸	3.5		

二、发酵工业原料的选择原则

研究生产菌种生长规律、产物合成条件时所使用的培养基不是普通的细菌培养基，而是能使生产菌种的高产基因得以充分表达、显示出产物生物合成最大潜力的培养基。因此对发酵工业生产使用培养基的要求，从工艺的角度着眼，凡任何含有可发酵性糖或可变为可发酵性糖的原料，都可作为工业发酵生产的原料。对于工业上大规模投入生产的原料，除了要提出工艺上的要求外，还要提出生产管理和经济上的要求，因此，在选择工业发酵原料时，应考虑下列诸条件。

① 因地制宜，就地取材，原料产地离工厂要近，便于运输，节省费用。

② 营养物质的组成比较丰富，浓度恰当，能满足菌种发育和生长繁殖成大量有生理功能菌丝体的需要，更重要的是能显示出产物合成的潜力。

③ 原料资源要丰富，容易收集。

④ 原料要容易储藏。应考虑到新鲜原料含水量多，不耐久藏。最好选择经干燥后、含水极少的干原料，易于保藏，不易霉烂。

⑤ 在一定条件下，所采用的各种成分（生产上常称为原材料）彼此之间不能发生化学反应，理化性质相对稳定。

⑥ 生产过程中，既不影响通气与搅拌的效果，又不影响产物的分离精制和废物处理。

⑦ 对身体无损害。影响发酵过程的杂质含量应当极少，或者几乎不含。

⑧ 原料价格低廉，可降低产品成本。

此外，还应考虑到大力节约粮食原料，尽量少用或不用粮食原料，充分利用当地的非粮食原料，广泛利用野生植物原料，同时利用农林副产物和植物纤维原料，以及亚硫酸盐纸浆废液等，对于节约粮食原料有着重要意义。

三、生物合成的前体物质、抑制剂、促进剂

随着原料转换，生产菌种不断更新，为了进一步大幅度提高发酵产率，在某些工业发酵过程中，发酵培养基除了碳源、氮源、无机盐、生长因子和水分等五大成分外，考虑到代谢控制方面，还需要添加某些特殊功用的物质。这些物质加入培养基中有助于调节产物的形成，而不促进微生物的生长。例如某些氨基酸、抗生素、核苷酸和酶制剂的发酵需要添加前体物质、促进剂、抑制剂及中间补料等。添加这些物质往往与菌种特性和生物合成产物的代谢控制有关，目的在于大幅度提高发酵产率、降低成本。

1. 前体物质

某些化合物加到发酵培养基中，能直接被微生物在生物合成过程结合到产物分子中去，而其自身的结构并没有多大变化，但产物的量却因加入某些化合物而有较大的提高，这类化合物称为前体物质。有些氨基酸、核苷酸和抗生素发酵必须添加前体物质才能获得较高的产率。例如丝氨酸、色氨酸、异亮氨酸及苏氨酸发酵时，培养基中分别添加各种氨基酸的前体物质如甘氨酸、吲哚、2-羟基-4-甲基硫代丁酸、α-氨基丁酸及高丝氨酸等，这样可避免氨基酸合成途径的反馈和抑制作用，从而获得较高的产率。

前体分为内源性前体和外源性前体。内源性前体是指菌体自身能合成的物质，如合成青霉素分子的缬氨酸和半胱氨酸。外源性前体是指菌体不能合成或合成量很少，必须在发酵过程中加入的物质，如合成青霉素 G 的苯乙酰、合成青霉素 V 的苯氧乙酸等。这些外源性前体是培养基的组成成分之一。

2. 发酵过程中的促进剂和抑制剂

在氨基酸、抗生素和酶制剂发酵生产过程中，可以在发酵培养基中加入某些对发酵起一定促进作用的物质，称为促进剂或刺激剂。例如在酶制剂发酵过程中，加入某些诱导物、表面活性剂及其他一些产酶促进剂，可以大大增加菌体的产酶量。

添加诱导物，对产诱导酶（如水解酶类）的微生物来说，可使原来很低的产酶量大幅度提高，这在生产酶制剂新品种时尤其明显。一般的诱导物是相应酶的作用底物或者一些底物类似物，这些物质可以"启动"微生物体内的产酶机构，如果没有这些物质，这种机构通常是没有活性的，产酶受阻抑。

凡能使酶催化活性下降而不引起酶蛋白变性的物质统称为酶的抑制剂。抑制剂多与酶活性中心上的必需基团结合，从而抑制酶的催化活性。除去抑制剂后酶活性得以恢复。根据抑制剂和酶的结合紧密程度不同，酶的抑制作用分为不可逆抑制和可逆抑制。可逆抑制剂可以采用透析或超滤方法除去。

四、原料预处理的目的

（一）淀粉质原料预处理的目的

淀粉质原料在正式进入生产过程前，必须进行预处理，以保证生产的正常进行和提高生产效益。预处理包括除杂和粉碎两个工序。

1. 原料除杂

因为含淀粉原料大多是植物的块根和块茎，当从土壤收割起来时，往往混有沙土、杂物，甚至金属等夹杂物，这些杂物特别是铁片、石子等，容易使粉碎机的筛板磨损，使机器发生故障，机械设备的运转部位由于磨损而坏掉。有些杂质会在蒸馏塔中沉积下来，使塔板的溢流管发生堵塞。还有些杂质会使醪泵、研磨机等设备的内部机械零件遭到损坏，严重影响正常生产。有时遇有大量或大块的夹杂物时，甚至会堵塞阀门、管路和泵，影响生产。此外，杂质存在也会对生产中的反应过程产生不良影响。所以在生产前，必须先要经过原料处理，必须先将原料中混杂的小铁钉、杂草、泥块和石头等杂质除去。

对于一些带壳的原料，如高粱、大麦，在粉碎前，则要求先把皮壳破碎，除去皮壳后再行粉碎。如果不把皮壳原料的外层去掉，有如下几个缺点。

① 皮壳本身毫无营养价值，对微生物没有好处，皮壳在醪液中阻碍液体的流动。

② 皮壳在生产过程中不发生变化，而大量皮壳汇集起来会占据一定的有效容积，无形中降低了设备的生产能力。

③ 醪液糖化后进行发酵时，皮壳会聚集在液面上，而引起较厚的醪盖，醪盖的形成会妨碍热量的逸散和 CO_2 的放出，致使液体温度升高，细菌容易繁殖，特别是醋酸菌，出现这些现象，都会对发酵带来不利。

④ 皮壳会使蒸馏塔及冷却器等设备发生阻塞。皮壳渐多，需要停机清理，会给生产带来损失。

2. 原料粉碎

因为谷物或薯类原料的淀粉都是植物体内的储备物质，常以颗粒状态储备于细胞之中，受着植物组织与细胞壁的保护，既不溶于水，也不易和淀粉水解酶接触。为了使植物组织破坏，使淀粉释放，采用机械加工，把原料进行粉碎后成为粉末原料，其目的是增加原料受热面积，有利于淀粉颗粒的吸水膨胀、糊化，提高热处理效率，缩短热处理时间。另外，粉末状原料加水混合后容易流动输送。

（二）糖蜜原料预处理的目的

由于糖蜜干物质浓度很大，糖分高，胶体物质与灰分多，产酸细菌多，不但影响菌体生长和发酵，特别是胶体的存在，致使发酵中产生大量泡沫，而且影响到产品的提炼及产品的纯度，因此，糖蜜在投入发酵之前，要进行适当预处理。

（三）纤维素原料预处理的目的

木质纤维素中的纤维素由木质素和半纤维素包裹着，纤维素与半纤维素或木质素分子间的结合主要依赖于氢键，半纤维素和木质素之间除氢键外还有化学键合，这些结构特点决定了降解木质纤维素所采用的方法和步骤。将木质纤维素转化为葡萄糖，首先要将其中的纤维素、半纤维素水解为五碳糖和六碳糖。半纤维素是无定形组分，含木糖、阿拉伯糖、葡萄糖等多种结构单元，易于水解；木质素对纤维素的包覆作用及结晶纤维素致密结构引起的反应惰性，都使纤维素酶水解严重受限。因此，需要对原料进行预处理以去除部分或全部木质素，或在一定程度上改变原料的物理化学结构，如降低结晶度、减小聚合度、增加孔隙度和表面积等，以促进酶与底物相互接触并反应，提高酶解速率和得糖率，降低成本。

五、原料预处理的方法

（一）淀粉质原料的预处理方法

1. 除杂方法

原料中最常见杂质有泥沙和石块、纤维质杂质及金属杂质三大类。为了清除这些杂质，最常用的除杂方法有筛选、风选和磁力除铁三种。下面介绍气流-筛式分离机和磁力除铁器两种。

（1）气流-筛式分离机　这类分离机主要用于谷物原料除杂用。凡是厚度和宽度或空气动力学性质（悬浮速度）与所用谷物不同的杂质，都可用气流-筛式分离机将其分离。

（2）磁力除铁器　金属杂质通常用磁力除铁器来分离。磁力除铁器分永久性磁力除铁器和电磁除铁器两类。

① 永久性磁力除铁器　永久性磁力除铁器通常安装在原料输送槽的底部，原料顺槽输送，其中的铁质杂质流动到永久性磁铁处被除铁器吸住。定期人工清除被吸住的铁质杂质。

② 电磁除铁器　具有固定不变磁场的电磁除铁器要比永久性磁力除铁器更为完善。这种除铁器由圆柱形鼓和内部的电磁铁组成。圆柱形鼓用非磁性材料制成，内部的电磁铁则产生磁场。圆柱形鼓以一定的速度按顺时针方向旋转。原料落在鼓上，厚度不应超过 5mm。在磁力的作用下，磁性杂质被吸附在转鼓的表面。当鼓转到 180°以后，磁场消失，磁性杂质从鼓表面坠落下来。

2. 粉碎方法

淀粉质原料的粉碎通常有两种：一是干法粉碎，二是湿法粉碎。它们是完全不同的两种工艺，在干法粉碎工艺中，原料是整个被研磨的；而湿法是将原料分成几个组成部分，如玉米粒原料的湿法粉碎工艺，是将玉米粒分成淀粉、麸质、胚芽和纤维。由于干法粉碎生产工艺的投资是湿法工艺的一半，所以应用更广泛。

（1）干法粉碎　在实际应用中，干法粉碎多采用二次粉碎法，淀粉质原料经过除杂后，粗碎机通常采用轴向滚动，在滚筒上装有许多突起的刀片，用电磁吸铁装置除去铁片、铁钉之类的杂物。粗碎之后进行细碎，采用锤式粉碎机，适用于甘薯干块状原料和野生植物原料的粉碎，操作要求低，较易把小块原料粉碎成细粉末，对不同原料的适用性也较强。

（2）湿法粉碎　湿法加工的主产品淀粉的质量纯净，可满足医疗和特殊发酵制品的加工需要，副产品回收率高（玉米蛋白、油脂饲料等）。该工艺消除了传统粉碎过程中粉尘的危害，降低了原料的损耗。原料在粉碎过程中，淀粉开始膨化，这不仅提高了原料的粉碎细度，也提高了原料的蒸煮效果。由于粉碎机是在有水的情况下运转，因而其部件特别是刀片的磨损减少。

（二）糖蜜原料的预处理方法

1. 糖蜜的澄清处理

糖蜜澄清处理通常运用加酸酸化、加热灭菌和静置沉淀等多种手段来完成。

（1）加酸酸化　加酸酸化可使部分蔗糖转化为微生物可直接利用的单糖，并可抑制杂菌的繁殖。如果加入硫酸，可使一些可溶性的灰分变为不溶性的硫酸钙盐沉淀，并吸附部分胶体，达到除去杂质的目的。

（2）加热灭菌　糖蜜中杂菌较多，可通过加热进行灭菌处理。一般采用蒸汽加热至 80～90℃，维持 60min 可达到灭菌的目的。若不采用蒸汽加热灭菌的方式，也可用化学制剂进行化学灭菌处理。不过，化学制剂用量较难把握，残留的灭菌剂往往对生产菌的生长和发酵产生不良影响。

（3）静置沉淀　糖蜜中的胶体物质、灰分以及其他悬浮物质经过加酸、加热处理后，大部分可凝聚或生成不溶性的沉淀，再经过静置沉降若干小时，固液可明显分层，便于分离除去对发酵不利的杂质。此外，还有使用离心机沉降加速澄清的工艺。

2. 糖蜜的脱钙处理

糖蜜中含有较多的钙盐，有可能影响产品的结晶提取，故需进行脱钙处理。作为钙质的沉淀剂，通常有 Na_2SO_4、Na_2CO_3、Na_2SiO_3、Na_3PO_4、草酸和草酸钾等。常用 Na_2CO_3（纯碱）作为钙盐沉淀剂进行处理。用纯碱对糖蜜进行脱钙处理时，可先向糖蜜加纯碱，然后将糖蜜稀释到 40～50°Bx，搅拌并加热到 80～90℃，30min 以后即可过滤，能使糖蜜中的钙盐降至 0.02%～0.06%。

3. 糖蜜的除生物素处理

糖蜜的生物素含量丰富，其生物素含量为 40～2000μg/kg，一般甘蔗糖蜜的生物素含量是甜菜糖蜜的 30～40 倍。对于生物素缺陷型菌株来说，当采用糖蜜作为培养基碳源，将严重影响菌株细胞膜的渗透性，代谢产物不能积累。因此，可以向糖蜜培养基添加一些对生物素产生拮抗作用的化学药剂（例如，表面活性剂）或添加一些能够抑制细胞壁合成的化学药剂（例如，青霉素）来改善细胞膜的渗透性。为了控制方便，通常是在发酵过程实施这种方法，而不需在发酵前进行预处理。

（三）纤维素原料的预处理方法

对木质纤维素原料的预处理方法有物理法、物理化学法、化学法及生物法，这些方法各有优缺点，可同时选用多种方法，即组合法。表 3-8 中详细介绍了各种方法的特点。

单纯应用物理和化学方法，难以达到良好的预处理效果，比较成功的方法是高压蒸汽爆破法，属于物理化学法，不添加化学试剂，用高压蒸汽加热原料到一定温度（150～220℃），反应一段时间（10～30min）后迅速降压终止反应。突然减压时，产生二次蒸汽，使体积猛增，受机械力作用，细胞壁结构被破坏，木质素与纤维素分离，而半纤维素在这个过程中被水解并产生有机酸，酸可进一步催化水解得到可溶性糖。此法可去除大部分的半纤维素和少量的木质素，对纤维素几乎没有影响。经蒸汽爆破后的原料孔隙度增大，酶解率明显提高，但会产生有抑制作用的小分子副产物如醛类和有机酸，因此处理后的原料需水洗及中和。该法处理费用低，酶解效果明显，已成功用于生产，加拿大 Staketech 公司在这方面已取得很大成功。类似的还有氨纤维爆破法（AFEX）、二氧化碳爆破法，都有良好的预处理效果。

表 3-8　各种预处理技术

预处理方法		描　述	特　点
物理法	机械粉碎	包括干法粉碎、湿法粉碎、振动球磨磨以及压缩碾磨等机械手段减小原料粒径，增加生物质的内表面积并破坏纤维素的晶体结构	①工艺要求不高 ②能耗大，效率低 ③不能分离木质素及半纤维素，水解速度、糖化率不高
	液态热水法	置于高压状态的热水中，使物料的 40%～60% 溶解，可除去 4%～22% 的纤维素，35%～60% 的木质素以及所有的半纤维素	①不需对物料进行降低颗粒大小的粉碎处理 ②能耗较少 ③半纤维素的水解率与回收率高
	微波处理法	使纤维素的分子间氢键发生变化，处理后的粉末纤维素类物质没有胀润性，能提高纤维素的可及性和反应活性	①得到较高浓度的糖化液 ②处理时间短，操作简单 ③处理费用较高
	高能辐射	用高能射线如电子射线、γ 射线对纤维素原料进行预处理，可使纤维素聚合度下降，结构松散，吸湿性增加	Saeman 等曾报道，辐射剂量大于 1.06Gy 就能提高纤维物料的水解速度和转化率。最佳辐射剂量 1.08Gy

续表

预处理方法		描述	特点
化学法	酸法	浓酸可以有效地水解纤维素，但具有毒性和腐蚀性，需要特殊的反应设备并设计回收工艺	①产生发酵抑制物 ②酸液会腐蚀金属设备 ③对木质素脱除效果较差 ④能耗大，需增加后续酸处理工艺
	碱法	用稀碱液处理生物质原料，破坏其中木质素的结构，利于后续酶水解的进行	①反应器成本较低、操作安全 ②需废水和残余物的回收处理工序
	氨纤维爆破法	用氨水预浸原料，然后再用蒸汽爆破的处理方法。氨纤维爆破预处理可去除部分半纤维素和木质素，并降低纤维素的结晶性	①可能损失部分半纤维素 ②能耗高，要求特殊设备，有时糖化效果不佳
	有机溶剂	以有机溶剂或有机溶剂的水溶液与无机酸或有机酸催化剂的混合物预处理木质纤维原料，可破坏原料内部的木质素和半纤维素之间的连接键，从而脱除木质素和半纤维素，分离出活性纤维	①酶对处理的纤维底物的可及度高 ②不需要后处理 ③回收的半纤维素和木质素纯度高、活性好，有利于副产品开发 ④有机溶剂易于回收，成本低，对环境无污染
	碱湿氧化	弱碱 Na_2CO_3 溶液加温加压加氧处理 10min 左右	避免产生大量对发酵微生物有抑制作用的降解物
生物法	生物处理	使用白腐菌等真菌降解木质素的微生物，水解产物通常是包含葡萄糖在内的还原糖	简单易行，无次生污染，但周期长（数天至数周）
物理化学法	蒸汽爆破法	用高压饱和蒸汽处理生物质原料，然后突然减压，使原料爆裂降解的方法	①能耗低，可以间歇操作也可以连续操作 ②投资成本较高
	CO_2 爆破法	在汽爆过程中加入 CO_2 可以有效促进酶水解	①水解效率相对低于蒸汽爆破法和氨水处理法 ②成本低 ③没有抑制产物

　　以上各方法可以有效去除半纤维素或者木质素，但是对于木质素的利用还没得到开发，不但没有经济效益还造成环境污染、资源浪费。有必要进一步了解木质素结构及特点，尽可能多地利用这类资源。

　　总之，处理方法各异，视具体情况，可协调利用多种方法（组合法）以获得更好效果。如蒸汽爆破法与碱性过氧化物协同作用、微波处理与碱同时作用、沸水处理与氨溶液处理联用等均取得良好效果。预处理方法的选择、工艺过程的设计及工艺参数的确定需要根据原料种类、预处理目的和要求而定，还需兼顾环境友好和低能耗原则。

第二节　发酵培养基的设计

一、发酵培养基设计的目的

　　不同微生物对培养基的需求是不同的，不同的发酵生产所要求的原料也是不同的。工业规模生产上要确定合适的培养基，必须根据生产菌的营养特性和生产工艺的要求来进行选择。一个合适的培养基，应该能够充分满足生产菌的生长、代谢的需求，能达到高产、高质、低成本的目的，其选择的一般原则如下。

1. 能够满足生产菌的生长、代谢的需要

各种生产菌对营养物质的要求不尽相同，有共性，也有各自的特性。且每种生产菌对营养物质的要

求在生长、繁殖阶段与在产物代谢阶段有可能不同。实际生产中，应根据生产菌的营养特性、生产目的来考虑培养基的组成。

2. 目的代谢产物的产量最高

氨基酸发酵生产上，生产菌的氨基酸代谢量与培养基组成有较大关系。在满足生产菌的生长、代谢需求的前提下，应选择能够大量积累代谢产物的培养基，以达到产量最高的目的。

3. 产物得率最高

产物得率高低与生产菌株的性能、培养基的组成以及发酵条件有关，但对于某一菌株在某种发酵条件下，培养基的选择十分重要。底物能够最大限度地转化为代谢产物，有利于降低培养基成本。

4. 生产菌生长及代谢迅速

保证微生物在所选的培养基上生长、代谢迅速，能够在较短时间内达到发酵工艺要求的菌体浓度，并能在较短时间内大量积累代谢产物，可有效地缩短发酵周期，提高设备的周转率，提高产能。

5. 减少代谢副产物生成

培养基选择适当，有利于减少代谢副产物的生成。代谢副产物生成最小，可最大限度地避免培养基营养成分的浪费，并使发酵液中代谢产物的纯度相对提高，对产物的提取操作和产品的纯度有利，同时可降低发酵成本和提取成本。

6. 价廉并具有稳定的质量

选择价格低廉的培养基原料，有利于降低发酵生产的培养基成本。同时，也应要求培养基原料的质量稳定。因为，工业规模发酵生产中，培养基原料质量的稳定性是影响生产技术指标稳定性的重大因素之一。特别是对于一些营养缺陷型菌株，培养基原料的组分、含量直接影响到菌体的生长，若原料质量经常波动，则发酵条件较难确定。

7. 来源广泛且供应充足

培养基原料一般采用来源广泛的物质，并且根据工厂所在地理位置，选择当地或者附近地域资源丰富的原料，最好是一年四季都有供应的原料。一方面，可保证生产原料的正常供应，另一方面可降低采购、运输成本。

8. 有利于发酵过程的溶氧与搅拌

氨基酸发酵是好氧发酵，主要采用液体深层培养方式，在发酵过程需要不断通气和搅拌，以供给微生物生长、代谢所需的溶氧。培养基的黏度等直接影响到氧在培养基中的传递以及微生物细胞对氧的利用，从而会影响发酵产率，因此，培养基选择还应考虑这方面的因素。

9. 有利于产物的提取和纯化

培养基杂质过多或存在某些对产物提取具有干扰的成分，不利于提取操作，使提取步骤复杂，导致提取率低，提取成本高，产物纯度低等。因此，选择发酵培养基时，也要考虑发酵后是否有利于产物的提取。

10. 废物的综合利用性强且处理容易

提取产物后的废液是否可以综合利用、综合利用程度如何直接影响到环境保护。考虑到环保因素，选择适合的培养基，使提取废液的综合利用容易，不但可以减轻废物处理的负荷，降低废物处理的运行费用，而且副产品可以产生经济效益，对降低整个生产成本十分有益。

二、发酵培养基设计的基本原则

1. 根据生产菌株的营养特性配制培养基

首先要了解生产菌株的生理生化特性和对营养的需求，还要考虑产物的合成途径和产物的化学性质等方面，设计一种既有利于菌体生长又有利于代谢产物生成的培养基。

2. 营养成分的配比恰当

无论对菌体生长还是代谢产物生成，营养物质之间应有适当的比例，其中培养基的碳氮比（C/N）对氨基酸发酵尤其关键。不同菌株、不同代谢产物的营养需求比例不一样，例如，赖氨酸发酵对氮源的需求比谷氨酸发酵要高。即使同一菌株，菌体生长阶段和产物生成阶段的营养需求比例又往往不同，例如，氨基酸生成阶段对氮源的需求比菌体生长阶段要高。因此，应针对不同菌株、不同时期的营养需求对培养基的营养物质进行配比。

3. 渗透压

对生产菌株来说，培养基中任何营养物质都有一个适合的浓度。从提高发酵罐单位容积的产量来说，应尽可能提高底物浓度，但底物浓度太高，会造成培养基的渗透压太大，从而抑制微生物的生长，反而对产物代谢不利。例如，赖氨酸基础发酵培养基中，硫酸铵浓度超过 40g/L 时，对菌体生长产生抑制；在谷氨酸发酵培养基中，葡萄糖浓度超过 200g/L 时，菌体生长明显缓慢。但营养物质浓度太低，有可能不能满足菌体生长、代谢的需求，发酵设备的利用率也不高。为了避免培养基初始渗透压过高，又要获得发酵罐单位容积内的高产量，目前倾向于采用补料发酵工艺，即培养基底物的初始浓度适中，然后在发酵过程通过流加高浓度营养物质进行补充。

4. pH 值

各生产菌株有其生长最适 pH 值和产物生成最适 pH 值范围，为了满足微生物的生长和代谢的需要，培养基配制和发酵过程中应及时调节 pH 值，使之处于最适 pH 值范围。

除了以上几条原则外，还应注意各营养成分的加入次序以及操作步骤。尤其是一些微量营养物质，如生物素、维生素等，更加要注意避免沉淀生成或破坏而造成损失。

三、发酵培养基设计的方法

培养基的组成必须满足菌体细胞生长繁殖和合成代谢产物的元素需求，要提供维持细胞生命活动和合成代谢产物所需要的能量。

已知组成微生物细胞的元素包括 C、H、O、N、S、P、Fe、Mg、K 等，见表 3-9。在设计各种培养基（孢子培养基、种子培养基、发酵培养基）时，要充分考虑细胞的元素组成状况。在试验分析某些细菌细胞的元素组成与培养基中一些元素浓度的相关性时发现，培养基中某些元素如 P、K 等是超量的，某些元素如 Zn、Cu 等接近最大需求量，P 浓度能导致许多培养液缓冲能力的变化。

表 3-9 细菌、酵母和霉菌细胞的元素组成（干重）　　　　　　　　　　　　单位：%

元素	细菌	酵母	霉菌	元素	细菌	酵母	霉菌
C	50~53	45~50	40~43	K	1~4.5	1~4	0.2~2.5
H	7	7	—	Na	0.5~1	0.01~0.1	0.02~0.5
N	12~15	7.5~11	7~10	Ca	0.01~1.10	0.1~0.3	0.1~1.4
P	2~3	0.8~2.6	0.4~4.5	Mg	0.10~0.50	0.10~0.50	0.10~0.50
S	0.2~1.0	0.01~0.24	0.1~0.5	Fe	0.02~0.2	0.01~0.50	0.01~0.20

对于微生物生长后期能合成某种或某些代谢产物的发酵来说，设计的培养基不仅要考虑细胞组成所需求的元素，而且还要认真分析组成代谢产物的元素种类和数量，同时分析各种营养物质与代谢产物合成的内在联系。一般来说，设计的培养基应具备这样的效果：菌体对数生长期开始时，利于有生理功能的菌体的迅速生长繁殖，对数生长期末期能迅速转入代谢产物合成的生产期，并使产物合成速率保持一适宜的线性关系，此种线性关系能维持相当长时间，可获得最大的产物合成量。

确定一种适合于工业生产的孢子培养基、种子培养基、发酵培养基、补料培养基等，仅仅按照上述理论值的条件还不能进行培养基的设计，因为应用的微生物的品系不同，其生理特性差异较大，代谢产物的合成途径比较复杂。所以还必须对微生物种类、生理特性、一般营养要求、产物的组成和生物合成途径、产品的质量要求等进行深入分析。同时，也要考虑所采用的发酵设备和工艺条件、原材料的来源等。上述工作完成后才能进行基础培养基组成的设计。设计的基础培养基组成要经过一定时间的摇瓶实验考察，根据菌种的生长动力学、产物合成动力学以及两者的内在联系及其与环境条件的关系，进一步修改其组成，使之适合菌体生长和产物合成的要求。

培养基的基本组成确认后，还要进一步考察所选用的原材料的配比关系，发酵培养基的各种原材料浓度配比恰当，既利于菌体的生长，又能充分发挥菌种合成代谢产物的潜力。如果各种营养物质配比失调，就要影响发酵水平。其中碳源与氮源的比例影响最为显著，碳氮比偏小，能导致菌体的旺盛生长而造成菌体提前衰老自溶，影响产物的积累；碳氮比过大，菌体繁殖数量少，不利于产物的积累；碳氮比较合适，而碳源、氮源浓度过高，仍能导致菌体的大量繁殖，增大发酵液黏度，影响溶解氧浓度，容易引起菌体的代谢异样，影响产物合成；碳氮比较合适，但碳源、氮源浓度过低，会影响菌体的繁殖，同样不利于产物的积累。因此，发酵培养基中的碳氮比是一个重要的控制指标。另外，生理酸性物质和生理碱性物质的用量也要适当，否则会引起发酵过程中发酵液的 pH 值大幅度波动，影响菌体生长和产物合成。无机盐的浓度不合适亦会影响菌体生长和产物合成。

四、发酵培养基的优化

在筛选培养基中使用的原材料种类和浓度配比时，经常采用的方法有单因子试验法、正交试验设计和均匀试验设计等。单因子试验是传统的有效方法，适用于培养基组成和单一营养成分的选择；在确认培养基基本组成之后，逐个改变某一种营养成分的品种或浓度进行试验，分析比较实验所得的菌种生长情况、碳氮代谢规律、pH 值变化、产物合成速率等结果，从中确定应采用的原材料品种或配比浓度。单因子试验法在考察较少因素影响时经常被采用。此法消耗大量的人力、物力和时间，其试验结果准确性不同。采用正交试验设计和均匀试验设计等数学方法，大大加速了试验的进程。例如，为考察利福霉素发酵培养基中 8 种组分的组成与浓度配比试验，如采用单因子试验法，需做 7111 次实验，假如每个条件只做 2 只摇瓶，需 3 年 4 个月的时间才能完成；而采用正交试验设计法，只用了半年时间就选出最佳的发酵培养基配方，其发酵单位提高了几倍。均匀试验设计法具有试验点均匀分散特点，其试验组数与因素的水平数相同（正交试验设计法的试验组数是因素的水平数的平方整数倍），试验结果的分析是通过计算机对试验数据进行多元回归系统处理，求得回归方程式，通过此方程式来定量预测最优的条件和最优的结果，这是一种很有实用价值的试验法。

第三节　淀粉质原料的加工方法与设备

一、淀粉水解的理论基础

根据原料淀粉的性质及采用的催化剂不同，淀粉制备葡萄糖的方法有酸解法和酶解法两种。但是由于酸解法是在高温、高压以及在一定酸浓度条件下进行的，所生成的副产物多，影响糖液纯度，使淀粉实际收率降低，而且对淀粉原料的颗粒度要求较严格，所以淀粉的水解方法主要采用酶解法。

酶解法是用专一性很强的淀粉酶和糖化酶作为催化剂将淀粉水解成葡萄糖的方法。酶解法制备葡萄糖可分为两步：第一步是液化过程，第二步是糖化过程。淀粉的液化和糖化都在酶的作用下进行，故酶解法又称为双酶法。

1. 淀粉的液化

淀粉的液化过程是利用液化酶将淀粉液化，转化为糊精及低聚糖。液化过程中，淀粉颗粒首先在受热过程中吸水膨胀，体积迅速增大，晶体结构被破坏，颗粒外膜裂开，形成黏稠的液体，称为糊化。糊化的淀粉在酶的作用下，淀粉分子链被切断，相对分子质量变小，黏度迅速降低的过程称为液化。

液化中的关键就是液化酶的应用，液化酶即 α-淀粉酶，学名是 α-1,4-葡萄糖-4-葡聚糖水解酶。α-淀粉酶是淀粉加工行业使用最多也是最主要的一种淀粉水解酶，它是一种内切酶，其作用机制是能够随机水解淀粉链中的 α-1,4 葡萄糖苷键，使淀粉迅速被水解成可溶性糊精、低聚糖和少量葡萄糖，同时淀粉的黏度迅速下降。

淀粉酶来源广泛，可以来自细菌和霉菌，也可以从动植物中提取，由于其来源不同，其性质差别也很大。淀粉酶通常在 pH5～8 比较稳定，所以根据淀粉酶的耐酸性，可以将其分为耐酸型和非耐酸型。淀粉酶的最适温度也相差很大，最适温度在 60～80℃之间的属于中温淀粉酶，而最适温度在 90℃以上的属于高温淀粉酶。

当前 α-淀粉酶主要应用于谷物加工、食品、酿造、纺织、造纸、医药和石油开采等领域，最主要的领域是淀粉制糖、酒精发酵和纺织退浆等行业。除了这些传统的 α-淀粉酶外，还有应用于洗涤剂行业的低温淀粉酶，以及耐酸型可以达到 pH5.0 以下的酸性淀粉酶。

2. 淀粉的糖化

经过液化以后的料液，加入一定量的糖化酶，使溶解状态的淀粉变为可发酵的糖类，这一由淀粉转变为糖的过程，称为糖化。其本质就是利用糖化酶将糊精或低聚糖进一步水解为葡萄糖。其中关键的因素就是糖化酶的应用。糖化酶又称葡萄糖淀粉酶，它能将淀粉从非还原性末端水解 α-1,4 葡萄糖苷键，转化为葡萄糖。糖化酶按剂型分为固体型糖化酶和高转化率糖化酶。糖化酶的最适 pH 范围为 4.0～4.5，温度范围 40～65℃。糖化酶主要应用在酒精工业、啤酒工业、酿造业和其他工业中，诸如味精、抗生素、柠檬酸等工业中。

二、淀粉的液化方法与设备

液化的方法有很多，以水解动力不同分为酸法、酶法及机械液化法；以生产工艺不同分为间歇式、半连续式和连续式；以设备不同分为管式、罐式、喷射式；以加酶方式不同分为一次加酶、二次加酶液化法；以酶制剂耐温不同分为中温酶法、耐高温酶法及中温酶与高温酶混合法等。每一种方法又分为几小类方法，并且各分类方法又存在交叉现象。这些方法虽然不同，但其最终目的都是为了使原料得到最理想的液化效果。

在众多技术和工艺中，流行的很成功的一种就是喷射液化技术，它的出现，逐步取代了以前许多液化技术。在这种技术之前最常用的是间歇液化法，这种方法生产能力低，液化浓度不能太高，否则会出现液化困难的情况。由于间歇液化时使用中温淀粉酶，液化温度较低，淀粉不能完全糊化，液化效果一般。同时，中温淀粉酶与高温淀粉酶相比，其液化速度较快，特别是在液化初期，当达到糊化温度时，葡萄糖当量值（DE 值）上升很快，而温度上升较慢，液化的 DE 值很难得到控制。与喷射液化相比，间歇液化很难做到液化均匀一致，而且在糊化温度下液化，淀粉不能够被充分糊化和液化，液化液的黏度较大，很难达到好的液化标准。

所谓喷射液化工艺，就是采用高压泵，将已经预液化的原料，在一定的温度和流速下，依次通过喷射器，物料在一定的压力下，经内喷嘴加速达 70～80m/s，侧面形成负压，将蒸汽形成膜状加热均匀；在喷射器内产生强烈的挤压作用下，与 α-淀粉酶紧密接触，喷出的物料受压力变化，所产生的剪切力打开淀粉颗粒（细胞）；在通过喷射器后，急速膨化减压，产生出较松散和比表面积增大效果，在较短时间保压后，流入常压的后液化罐内，再次与新添的新鲜 α-淀粉酶作用，使之彻底完成液化工作。

喷射液化有许多分类方法，可以根据喷射液化的次数分为一次喷射液化和二次喷射液化；也可以按照加酶的方式不同分为一次加酶法和二次加酶法。具体流程见图 3-5。

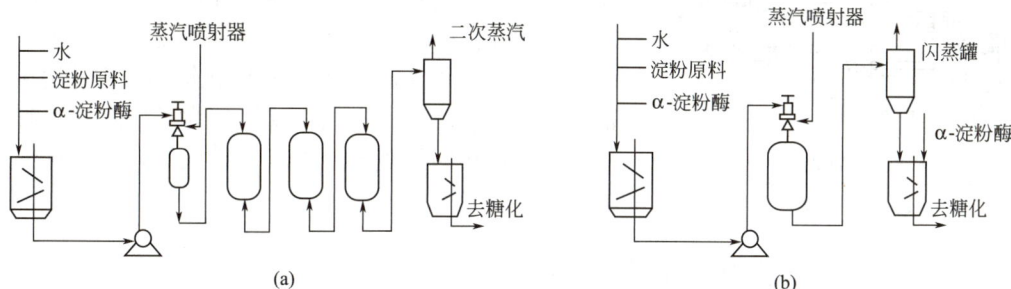

图 3-5　一次加酶喷射液化工艺流程（a）和二次加酶喷射液化工艺流程（b）

一次加酶、一次喷射液化工艺是工厂采用最多的一种液化工艺，它最显著的特点就是工艺简单、操作方便、节约蒸汽、效果稳定。它利用喷射器只进行一次高温喷射，在高温淀粉酶的作用下，通过高温维持、闪蒸和层流罐液化，完成对淀粉的液化。具体方法是：酶制剂一次性添加在配料罐中，搅拌均匀后，通过泵的输送进入喷射器与蒸汽进行气液交换，淀粉乳迅速升温至 105℃，经过 5min 左右的带压位置后，经过闪蒸器的分离，料液温度回到 95～100℃，进入层流罐继续维持液化，经过 90～120min 后，结束液化，进入后道工序。

二次加酶、一次喷射液化工艺与一次加酶、一次喷射液化工艺的区别是将一次加酶分成两次加酶。有时为了液化效果更好，将液化温度控制在 108～110℃，这样的高温对酶的热稳定性有一定影响，可能会影响到整个液化效果。为此，将酶制剂的添加分为两步添加，即在调浆时加入 1/2 或 2/3 的酶，在闪蒸后进入层流罐之前再加入余下部分的酶。这种改进既保证了酶制剂最低程度的失活，又不会影响到整个液化的效果。

三、淀粉的糖化方法与设备

糖化的方法可以分为间歇糖化法和连续糖化法。

间歇糖化法是将液化后的料液一次性放到糖化锅中，温度冷却至 62℃ 左右，调节 pH 值到 4.0～4.5，加入糖化酶，保温搅拌，温度维持在 58～60℃ 之间，糖化一定时间，然后冷却到发酵温度并送到发酵罐中，结束糖化。

连续糖化法，即混合前冷却的连续糖化工艺。所谓混合前冷却，即利用原有的糖化锅，锅内盛有温度 60℃ 左右的糖化醪，约占糖化锅的 2/3，然后从后熟器或蒸汽分离器中将液化料液吹入，开始搅拌，加入定量的糖化酶，按糖化温度进行糖化。醪液从汽液分离器沿切线方向进入真空冷却器后，受离心力作用被甩向四周，沿壁流下后就从底部的排醪管排出。由于器内是真空，醪液进入后，压力骤降，急速蒸发，此种蒸发称为闪急蒸发，所产生的二次蒸汽从顶部抽气管排走。醪液自蒸发产生大量蒸汽，这样便消耗了醪液大量的热能，于是醪液温度在瞬间降低到与器内真空度相对应的沸点温度为止。由于蒸煮醪液的浓度相应增加，为了不使醪液的浓度增加，可在糖化酶中多加一些水。冷却好的醪液从真空管沿卸料管不断进入糖化锅，糖化酶由储槽供给器连续进入糖化锅，糖化锅内装有搅拌器与冷却管，为使糖化温度得到保证，糖化锅内维持温度为 58～60℃，糖化时间为 30min 左右，糖化完的醪液由糖化锅底经泵送至喷淋冷却器，冷却至发酵温度并送往发酵罐。

糖化罐的结构比较简单，由夹套罐体、搅拌器、蛇管冷却器组成。糖化过后的液体经过滤冷却后进

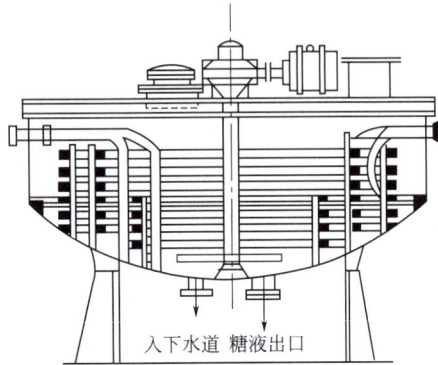

入下水道　糖液出口

图 3-6　糖化锅

入储存罐中储存备用。

　　糖化设备具有搅拌器和冷却器，底呈弧形，是一个矮而粗的圆柱形。糖化锅（图 3-6）中，装有涡轮式、旋浆式或平浆式搅拌器，其旋转方向与冷却水在蛇管中水流的方向相反。为了能使蒸煮醪与糖化酶混合均匀，以及糖化醪能迅速冷却，搅拌器的转速一般要求每分钟旋转 80～100 次，也有的要慢些，约每分钟 50 次。在糖化锅内沿周壁边装有几排用铜管或钢管制成的蛇管式冷却器。为了排除吹醪时所放出的蒸汽，在糖化锅的盖子上安装有排汽筒，利用自然引力，将蒸汽排入空气中。

四、不同发酵产品对淀粉质原料处理的要求

（一）淀粉糖工业

1. 葡萄糖

　　葡萄糖是淀粉糖工业中产量最大、应用最广泛、品种最多的一类产品，包括中转化葡萄糖浆、结晶葡萄糖和全糖粉等。葡萄糖既可以是最终的产品，也可以作为发酵以及其他衍生物的中间体。因此，葡萄糖是淀粉加工行业的基础原料。

　　工业上生产葡萄糖的最主要原料是玉米淀粉或大米，玉米淀粉可直接进行调浆，大米还需要经过浸泡、洗涤、磨浆等工序。葡萄糖生产的方法为双酶法，液化和糖化是酶法生产葡萄糖的两大关键过程。液化工艺常采用一段液化法，此方法工艺简单、适应性强、节省能源、稳定可靠。由于普遍采用喷射液化工艺，与之配套的酶制剂是耐高温淀粉酶。糖化中的主要问题是 DE 值不高，糖化的目的就是要将液化的淀粉尽可能转化为葡萄糖，用最经济的手段、最低的生产成本生产出最多的葡萄糖。

2. 麦芽糊精

　　麦芽糊精又称水溶性糊精、麦芽粉等。它是一种具有广泛用途的淀粉衍生物，利用酶的作用将淀粉进行低度水解，成为一种水溶性的短链淀粉分子，DE 值通常在 20％ 以下。

　　麦芽糊精的生产方法有酸法、酸酶法和全酶法。其中酸法和酸酶法需要使用精制淀粉，而且水解速度快，控制难度大，目前已基本被全酶法所替代。酶法工艺的关键是在液化过程的操作和控制上，喷射液化是首选的液化方法，料液和蒸汽在瞬间混合升温达到液化温度，淀粉的糊化和液化同步进行，所以黏度不会成为液化操作的影响因素。液化温度的大幅提高，使淀粉的液化更加彻底，生淀粉及大分子糊精的数量减少，成品的水溶性提高。

　　麦芽糊精的生产需要进行两次喷射液化，第二次喷射液化的温度通常在 130℃ 以上，一方面是为达到灭酶、终止反应的目的，另一方面可以使还未完全糊化的少部分难溶淀粉分子进一步膨胀断裂，使之成为相对分子质量相对较小的糊精分子，以提高产品的可溶性。麦芽糊精的生产不需要糖化。

　　麦芽糖的生产是在麦芽糊精的基础之上继续糖化，但是与葡萄糖的完全糖化不同，麦芽糖的糖化仅仅是部分糖化。

（二）酒精工业

　　目前酒精是以农作物所含的糖或者淀粉为原料，经过发酵方法生产的。其中农作物主要是玉米和小麦，但是未来酒精生产的发展趋势是非粮农作物，可替代的淀粉质原料如木薯、甜高粱等，从长远来看，在于利用纤维素原料。

淀粉质原料的物理特征也相差很大，对处理的方法和要求也各不相同。淀粉的颗粒形状可以分为圆形、椭圆形和多角形三种。一般含水分高、蛋白质少的植物淀粉颗粒比较大些，形状比较整齐些，大多数呈圆形或卵形，如马铃薯、木薯的淀粉。同一种淀粉的颗粒，大小也不均匀，例如，玉米淀粉颗粒的大小不一致，最小的为 5mm，最大的为 26mm，平均 15mm，形状呈卵圆形。淀粉颗粒具有抵抗外力作用较强的外膜，其化学成分与内部淀粉相同，但由于外层水分损失使其胶粒结构更加紧密，因而其物理性能和内部淀粉不同。甘薯和谷类淀粉的外膜不甚坚固，易受糖化酶作用而分解。马铃薯淀粉颗粒的外膜较坚固，不易受糖化酶的作用。

酒精淀粉质原料的蒸煮方式根据蒸煮温度的不同可以分为：高温蒸煮、中温蒸煮、低温蒸煮和无蒸煮四类。

1. 高温蒸煮

蒸煮温度 110℃以上，蒸煮时间 90min 以上。该工艺是我国传统工艺，但是高温蒸煮的结果是一部分淀粉被水解成不可发酵性糖和其他杂质，这是由于蒸煮过程中的高温高压使原料产生焦糖。焦糖不能被发酵利用，还会阻碍酵母的生长，影响发酵而降低酒精产量。因此，蒸煮时要注意控制适宜的温度和压力。

淀粉质原料甘薯内所含的碳水化合物以淀粉为主，另外还含有少量的糊精和糖类；马铃薯中所含的糖主要是葡萄糖和果糖以及少量的蔗糖；在谷粒中则以葡萄糖为主。在蒸煮时，不同的糖分发生化学变化也不同，容易形成黑色物质和焦糖。随着酶制剂工业和技术水平的不断提高，新的蒸煮技术和低温蒸煮或无蒸煮工艺必将逐步替代传统工艺。

2. 中温蒸煮

蒸煮温度在 90～110℃，蒸煮时间 100min 以上。这是目前酒精厂普遍采用的工艺。可发酵性物质的损失低于高温蒸煮。该技术是酒精工业的一个重大突破，酶制剂的发展为其提供了必要的条件，随即出现了低温蒸煮技术。

3. 低温蒸煮

蒸煮温度 80～90℃，蒸煮时间 90min 以上。该过程中使用中温 α-淀粉酶。这项技术适合中、小型工厂，对原厂设备无须变动，就可以使用。缺点是对原料的粉碎细度要求高，液化不够彻底，导致残余淀粉含量较高，发酵周期较长，酸度偏高，从而使原料出酒率偏低，生产偏低。

4. 无蒸煮

即生料发酵，对原料的粉碎细度有极高的要求，粉碎能耗大，设备磨损大，出酒率不稳定，生产效率低。但是随着酶制剂工业的飞速发展，使其成为可能。该工艺省掉了原料淀粉处理所需的比较高的能量而且能够提供更合算的葡萄糖用来转化成酒精，改革了传统的酒精发酵方法。

酒精淀粉原料的糖化与其他相比，主要的区别是在糖化时间的控制上。糖化时间对于淀粉糖工业来说至关重要，而对于酒精生产来说并不十分重要，因为发酵过程中尚可糖化。一般在酒精生产过程中，糖化时间 30～60min。糖化 30min，糖化率已经达到 47%～56%，醪中所含的糖已经够酵母最初繁殖和发酵的需要，而且随着糖化时间的延长，糖含量增加速度减慢，糖化酶失活增加，造成发酵过程中边糖化边发酵作用的削弱，综合效率降低。糖化时间长还会降低糖化设备的利用率。许多酒精厂实践证明，将糖化时间缩短到 10min 甚至不要糖化时间，并不影响出酒率。

（三）味精工业

我国味精行业发展迅速，全国产量占世界总产量的 70%以上。在国内，发酵法生产味精主要以淀粉水解糖（双酶法生产的葡萄糖）为碳源。国内味精厂普遍采用玉米淀粉、木薯淀粉或大米淀粉质原料生产味精，南方地区主要以大米为主要原料。大米需要经过清洗、浸泡和磨浆，对磨浆后的细度要求较高，以均匀细腻为好。

在生产葡萄糖时，液化 DE 值的控制不要太高，以 12％左右为宜。液化后过滤掉蛋白质，可以进行清液糖化，提高糖化罐的装填系数，同时减少美拉德反应的发生概率，减轻后期提取的压力，所以，在液化后进行过滤对大米制糖非常有好处。但是实际过滤比较困难，可以通过对 pH 值、淀粉酶、干物质浓度等进行调整，提高过滤速度与效果。

味精行业判断糖化终点的方法主要是 DE 值和光密度（OD）值测定以及糊精反应。通常两次 DE 值测定不再上升，OD 值达到规定值，再结合无水酒精的糊精反应可以判断糖化终点。

（四）有机酸工业

1. 柠檬酸

柠檬酸发酵主要以淀粉、糖质为原料，发酵微生物以黑曲霉和酵母为主，尤其是黑曲霉。黑曲霉具有水解淀粉的酶，其中主要是 α-淀粉酶和糖化酶，但是淀粉酶的酶活不高，作用缓慢，因此在原料液化时，需要外加淀粉酶来加快及提高淀粉的液化速度和质量。一般情况下，只要条件控制适当，黑曲霉所分泌的糖化酶酶活力就足够适应产酸的速度，因此在淀粉发酵时，不需要再外加糖化酶来提高初始葡萄糖的浓度。相反，在薯干发酵柠檬酸时，如果初始的葡萄糖浓度过高，则使菌体过量生长，酸的转化率明显降低，产酸能力下降，对生产不利。我国柠檬酸发酵生产原料主要是薯干和玉米，因此可以加入中温淀粉酶或耐高温 α-淀粉酶来液化水解原料，根据不同生产工艺和原料来选择不同的淀粉酶。

2. 乳酸

乳酸生产是传统的发酵——钙盐法，也是我国生产乳酸的主要方法。发酵工艺一般包括原料的预处理、粉碎、蒸煮液化、糖化、发酵以及提取过程。发酵原料一般使用玉米粉或淀粉、大米或木薯粉等。对原料的液化和糖化直接影响到葡萄糖的产量和质量，从而间接影响到发酵生产过程，液化过程中减少副产物，糖化尽可能彻底，提高糖化的 DE 值，延长糖化时间，确保完全糖化。

第四节　纤维质原料的加工方法

纤维素的性质很稳定，只有在催化剂存在下才能显著地水解。常用的催化剂是无机酸和纤维素酶，由此分别形成了酸水解（浓酸水解工艺和稀酸水解工艺）和酶水解工艺。酸水解法虽然比较古老，但也比较成熟；酶水解法则是近代才发展起来的。

一、酸水解

（一）浓酸水解

1. 浓酸水解原理

浓酸水解在 19 世纪即已提出，它的原理是结晶纤维素在较低温度下可完全溶解在硫酸中，转化成含几个葡萄糖单元的低聚糖。把此溶液加水稀释并加热，经一段时间后就可把低聚糖水解为葡萄糖。浓酸水解的优点是糖的回收率高（可达 90％以上），可以处理不同的原料，相对迅速（总共 10～12h），并极少降解，但对设备要求高，而且酸必须回收。

2. 浓酸水解工艺

浓酸水解工艺的代表是 Arkenol 公司，该工艺流程对生物质原料采用两级浓酸水解工艺，水解得到的酸糖混合液经离子排阻法（或色谱分离）分为净化糖液和酸液。糖液中还含少量酸，可用石灰中和，生成的石膏在沉淀槽和离心机中分离。色谱分离得到的稀硫酸经过脱水浓缩后可回到水解工段再利用。图 3-7 为 Arkenol 公司的浓酸水解流程。根据中试装置的实验结果，该水解工艺可得 12%～15% 的糖液，纤维素的转化率稳定在 70%，酸回收率也可达到 97%。

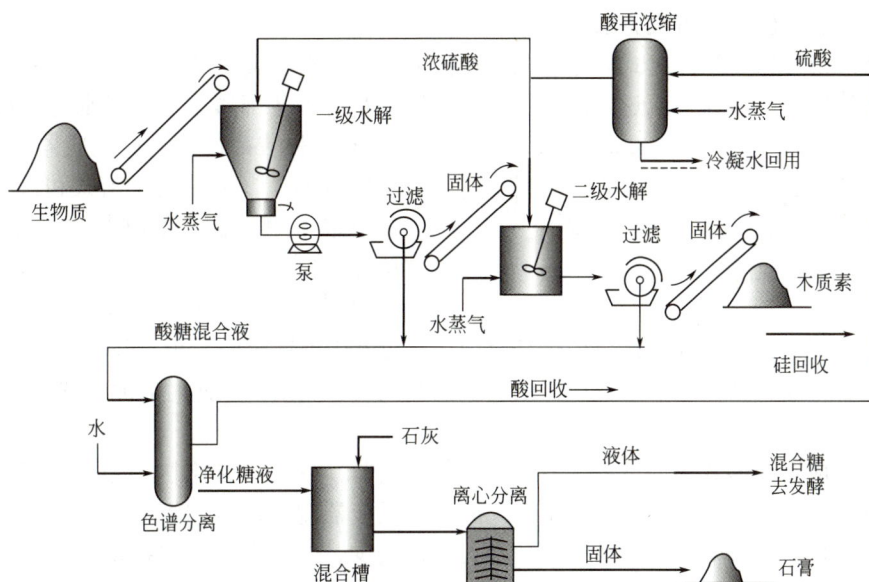

图 3-7　Arkenol 公司的浓酸水解流程

近年来，日本 NEDO 公司采用浓酸水解工艺。其工艺特点在于前处理用浓硫酸加水分解，纤维素、半纤维素选择性变换为葡萄糖和 C_5、C_6 单糖，单糖经微生物发酵利用合成相应的产物。由于发酵时 pH 值必须维持在 7 左右，因此必须开发实用的酸回收工艺。荷兰 TNO 公司也采用浓硫酸，木质纤维素原料能一步完成水解。TNO 公司称，生物酶非常昂贵，而且对于不同的原料需要不同的酶组合。TNO 称他们采用分离膜技术能回收大于 99% 的酸。大约 75% 的酸在发酵前用阴离子选择性分离膜回收。物料中残留的稀酸在中和单元回收，通过废水处理的厌氧过程转化成 H_2S，然后重新转化成酸。

浓酸水解中一个关键问题是酸的回收，如何以经济的方法把酸和糖分离，不但酸可回用，还方便糖液在后续工艺的处理，经济意义很大。由于酸回收技术不是很理想，所以浓酸水解工艺研究较少。

（二）稀酸水解

1. 稀酸水解原理

在纤维素的稀酸水解中，溶液中的氢离子可与纤维素上的氧原子相结合，使其变得不稳定，容易和水反应，纤维素长链在该处断裂，同时又放出氢离子，从而实现纤维素长链的连续解聚，直到分解成为最小的单元葡萄糖。所得葡萄糖还会进一步反应，生成不希望的副产物。

2. 稀酸水解工艺

稀酸水解常分两步进行：第一步用较低温度分解半纤维素，产物以五碳糖为主；第二步用较高温度分解纤维素，产物主要是葡萄糖。稀酸工艺的代表是美国的 Celunol 公司，采用二级稀酸水解工艺（图 3-8）。

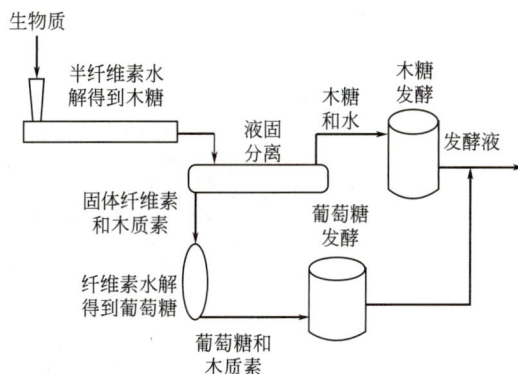

图 3-8　二级稀酸水解工艺

3. 稀酸水解反应器

稀酸水解反应器在高温下工作，其中与酸接触的部件需用特殊材料制作，普通不锈钢不能适用。钛、锆及耐蚀镍基合金（海氏合金）虽然能用，但价格太高，只宜用在必要的部件上。对反应器的主体部分用耐酸砖衬可能是较好的解决方法。

稀酸水解所用反应器分半连续式和连续式两种。传统的酸水解流程采用半连续渗滤式，固体生物质原料装填在反应器中，酸液连续流过。国外新开发的稀酸水解工艺都属于连续式水解，在这类工艺中，固体原料和酸都连续流过反应器。根据液固两相的相对流向，又可分为逆流式和并流式两种。

图 3-9　并流式和逆流式水解反应器

逆流式和并流式水解器的主要区别在液固两相的相对流动方向上，如图 3-9 所示。在逆流式反应器中，大部分糖产生于接近液体出口的区域，因为该区域中纤维素的含量最高，这就使这部分糖在反应器中停留时间很短，降低了其发生二次反应的机会，因此得糖率很高。逆流式水解反应器的构造比并流式更复杂，因此时成泥浆状的生物质原料必须逆着压力的方向运动。

并流式水解反应器的形式类似造纸工业中的纸浆蒸煮器。在该反应器中，成泥浆状的生物质原料在螺旋输送器的推动下前进，可实现连续进出料。原料在反应器内停留时间短（几分钟），可在较高温度和较低液固比下操作，水解效率高，所需场地和人工也较少。但该设备内包括运动部件，构造较复杂，控制要求高，且需另加液固分离设备。

总的来说稀酸水解工艺较简单，原料处理时间短。但糖的产率较低，且会生成对发酵有害的副产品。

二、酶水解

酶水解是生化反应，加入水解反应器的是微生物产生的纤维素酶。纤维素酶属于高度专一的纤维素水解生物催化剂，是降解纤维素原料生成葡萄糖的一组酶的总称，它不是单种酶，而是起协同作用的多组分酶系。自 1906 年 Seilliere 发现纤维素酶以来，人们对纤维素酶的组成、结构和水解作用机制已做过大量研究，其中以纤维素转化成葡萄糖作为主要目标。

酶水解是用由微生物产生的能把纤维素降解成葡萄糖的纤维素酶来进行的。酶水解的特点是具有选择性，降解产物少，葡萄糖得率高，反应温度低于酸水解，能耗较低，不需使用大量的酸，因而避免了对酸进行中和处理和回收的步骤，不要求反应器具有高的耐腐蚀性，被视为最有潜力降低从木质生物资源制取乙醇成本的突破口。纤维素酶水解过程见图 3-10。

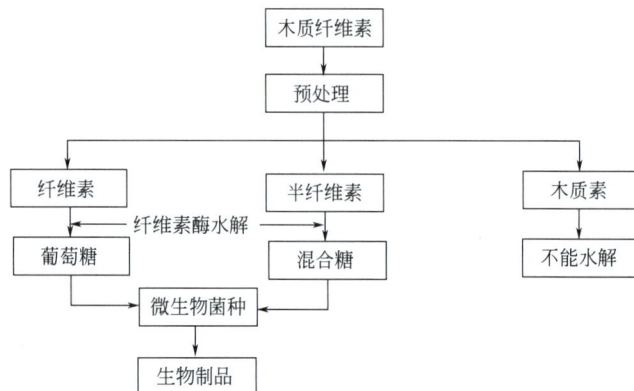

图 3-10　纤维素酶水解过程

木质生物资源的结构（纤维素结晶度、聚合度及表面积）和化学组成（半纤维素及木质素含量）影响纤维素底物对纤维素酶的敏感度，对酶水解造成障碍，致使天然形态的木质生物资源的酶解率小于20％。因此，必须对原料进行预处理，将纤维素、半纤维素和木质素进行分离，打破纤维素的结晶结构，提高纤维素对酶的可及性，使纤维素酶渗透进纤维素，从而有效地酶解纤维素。

一般认为酶水解包括 3 个基本过程：酶在固体原料上的吸附、酶催化水解和酶脱附。大部分纤维素物质存在一个酶水解转化率的上限，它反映了原料中可被酶到达的那部分纤维素在全部纤维素中的比例。随着纤维素转化率的上升，酶水解速率会下降，因此时纤维素中易水解部分被消耗，剩下的大都是难水解的。

酶水解工艺的流程变化比较多，基本上可以分为两类。第一类工艺是分别水解和发酵工艺，简称SHF（图 3-11），纤维素废弃物水解和糖液发酵在不同反应器内进行；第二类工艺是同时糖化和发酵工艺，简称 SSF（图 3-12），纤维素水解和糖液发酵在同一个反应器内进行。

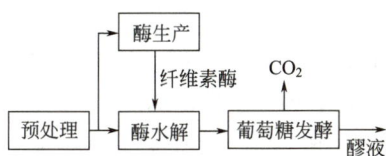

图 3-11　SHF 流程　　　　　　　　　图 3-12　SSF 流程

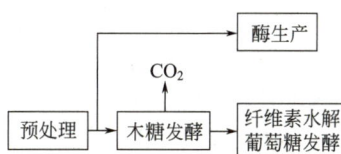

SSF 工艺和 SHF 工艺相比不但简化了流程，而且可消除葡萄糖对水解的抑制作用，由于水解和发酵的最佳条件不容易匹配，目前问题还未能完全解决。

在上述的两个流程中，木糖的发酵和葡萄糖的发酵在不同的反应器内进行，当然也可用不同的发酵微生物。而在图 3-12 所示的 SSF 流程中，预处理中得到的糖液和处理过的纤维素放在同一个反应器中处理，这就进一步简化了流程，当然对用于发酵的微生物的要求也更高。

今后纤维素酶的生产集中于以下两个方面：纤维素酶生产的经济性（每克酶减少的成本）和纤维素酶的性能 [所需纤维素酶减少的质量（g）]。针对这两个方面展开以下研究：发现和克隆从自然界来源的酶；通过分子演化和设计来提高酶的功能性；通过强化的低成本发酵来生产酶制剂；通过基因工程途径构建生产纤维素酶的高效工程菌成为选育研究主流。例如从已知的不同种类的纤维素酶的基因进行表达和纯化；发现新酶的活性，通过基因工程和蛋白质工程识别新的纤维素酶蛋白质；在先进的工艺条件下通过蛋白质工程和直接的转化来提高纤维素酶的性能，使酶获得改进；并寻找使最大量的生物质混合物降解的最优化方案。这些研究成果最终导致发现了几种新型的糖基水解酶。

第五节　培养基及设备的灭菌

一、培养基灭菌的目的、要求和方法

（一）培养基灭菌的目的和要求

灭菌的目的就是杀死一切微生物。在工业微生物培养过程中，只允许生产菌存在和生长繁殖，不允许其他微生物共存，因此所有发酵过程必须进行纯种培养。由于培养基中通常都含有营养比较丰富的物质，并且整个环境中存在大量的各种微生物，因此发酵过程很容易受到杂菌的污染，进而会产生各种不良的后果，具体包括：①由于杂菌的污染，使生物反应中的基质或产物因杂菌的消耗而损失，造成生产能力的下降；②由于杂菌所产生的一些代谢产物，或在染菌后改变了培养液的某些理化性质，加大了产物提取和分离的困难，造成产品收率降低或质量下降；③杂菌的大量繁殖，会改变培养介质的 pH，从而使生物反应发生异常变化；④杂菌可能会分解产物，从而使生产过程失败；⑤发生噬菌体污染，微生物细胞被裂解，而使生产失败等。

特别是在种子移植过程、扩大培养过程以及发酵前期，如果杂菌一旦侵入生产系统，就会在短期内与生产菌争夺养料，严重影响生产菌正常生长和发酵作用，以致造成发酵异常。所以整个发酵过程必须牢固树立无菌观念，强调无菌操作，除了设备应严格按规定保证没有死角、没有构成染菌可能的因素外，还必须对培养基和生产环境进行严格的灭菌和消毒，防止杂菌和噬菌体的污染。

（二）培养基灭菌的方法

灭菌的方法有很多种，可分为物理法和化学法两大类。物理法包括加热灭菌（干热灭菌和湿热灭菌）、过滤除菌、紫外线辐射灭菌等。化学法主要是利用无机或有机化学药剂进行消毒和灭菌。在具体操作中，可以根据微生物的特点、待灭菌物品材料以及工艺要求来选择灭菌的方法。

1. 加热灭菌

加热灭菌主要利用高温使菌体蛋白质变性或凝固、酶失活而达到杀菌的目的。根据加热方式不同，又可分为干热灭菌和湿热灭菌两类。干热灭菌主要指灼烧灭菌法和干热空气灭菌法。湿热灭菌包括高压蒸汽灭菌法、间歇灭菌法、巴斯德消毒法和煮沸消毒法等。湿热灭菌时蒸汽穿透力大，蒸汽与较低温度的物体表面接触凝结为水时可释放潜热，吸收蒸汽水分的菌体蛋白易凝固。菌体蛋白的凝固温度与含水量密切相关，蛋白质含水分多者凝固温度低，如细菌、酵母菌及霉菌的营养细胞，含水量＞50%，50～60℃加热10min即可使蛋白质凝固而达到杀菌目的。蛋内质含水分较少者需较高温度方可使蛋白质凝固变性，如含水较少的放线菌及霉菌孢子，蛋白质凝固温度为80～90℃，故此温度加热30min方可杀死。细菌的芽孢不仅含水量低，且含吡啶二羧酸钙，蛋白质的凝固温度在160～170℃，干热灭菌需140～160℃，维持2～3h方可将芽孢杀死；湿热灭菌需121℃维持20min。因此，一般以能否杀死细菌的芽孢作为彻底灭菌的标准。

（1）干热灭菌

① 灼烧灭菌法　灼烧灭菌是利用火焰直接将微生物烧死，灭菌迅速彻底，但要焚毁物体，使用范围有限。该法的使用范围：金属小用具接种前后的灭菌（如接种环、接种针、接种铲、小刀、镊子等），试管口、锥形瓶口、接种移液管和滴管外部及无用的污染物等的灭菌。

② 干热空气灭菌法　进行干热灭菌时，微生物细胞发生氧化，微生物体内蛋白质变性和电解质浓缩引起中毒等作用，其中氧化作用是导致微生物死亡的主要依据。该法的使用范围：常用于空的玻璃器皿（如培养皿、锥形瓶、试管、离心管、移液管等）、金属用具（如牛津杯、镊子、手术刀等）以及其他耐高温的物品（如陶瓷培养皿盖、菌种保藏采用的沙土管、石蜡油、碳酸钙）等灭菌。其优点是灭菌器皿保持干燥，但带有胶皮和塑料的物品、液体及固体培养基不能用干热灭菌。

（2）湿热灭菌

① 高压蒸汽灭菌　高压蒸汽灭菌是借助于蒸汽释放的热能使微生物细胞中的蛋白质、酶和核酸分子内部的化学键特别是氢键受到破坏，引起不可逆的变性，使微生物死亡。高压蒸汽灭菌是微生物学实验、发酵工业生产以及外科手术器械等方面最常用的一种灭菌方法，一般培养基、玻璃器皿、无菌水、无菌缓冲液、金属用具、接种室的实验服及传染性标本等都可以用此法灭菌。

② 丁达尔灭菌法　丁达尔灭菌法又称间歇灭菌法，是依据芽孢在100℃的温度下较短时间内不会失去生活力而各种微生物的营养体半小时内即杀死的特点，利用芽孢萌发成营养体后耐热特性随即消失，通过反复培养和反复灭菌而达到杀死芽孢的目的。不少物质在100℃以上温度灭菌较长时间会遭到破坏，如明胶、维生素、牛乳等，采用此法灭菌效果比较理想。常压蒸汽灭菌时，用普通蒸笼即可，但手续繁琐、时间长，一般能用高压蒸汽灭菌锅的均不采用丁达尔灭菌法

③ 巴斯德消毒法　此法是以结核杆菌在62℃下15min致死为依据，利用较低温度处理牛乳、酒类

等饮料，杀死其中可能存在的无芽孢的病原菌如结核杆菌、伤寒沙门菌等，而不损害饮料的营养和风味。一般采用 63～66℃、30min 或 71℃、15min 处理牛乳、饮料，然后迅速冷却，即可饮用。

④ 煮沸消毒法　一般煮沸 15～30min，可杀死细菌的营养体，但对其芽孢往往需煮沸 1～2h。如果在水中加入 2% 碳酸钠，可促使芽孢死亡，亦可防止金属器械生锈。

2. 过滤灭菌

过滤器主要有两类：一类是绝对过滤器，过滤介质呈膜状，其滤孔比要除去的颗粒的直径小，理论上可以 100% 除去微生物；另一类是深层过滤器，其空隙的直径比要除去的颗粒的直径大，它们由毡毛、棉花、石棉和玻璃纤维等组成。绝对过滤器去除颗粒的主要机理是拦截作用，可以通过控制孔的大小来保证除去一定大小范围的颗粒。因为其有一定的厚度，所以也可通过惯性撞击、扩散和静电吸引等作用去除比孔径小的颗粒，这些作用在空气过滤时格外重要。绝对过滤器的主要缺点是流动阻力会造成巨大的压力降，采用带许多褶皱的薄膜可以增大表面积，从而减小压力降。深层过滤器主要工作机理是通过惯性撞击、拦截、布朗扩散、重力沉降和静电吸引等作用除菌，从理论上讲，它不可能绝对地去除所有的颗粒。

（1）培养基的过滤除菌　对于含酶、血清、维生素和氨基酸等热敏物质的培养基，无法采用高温灭菌法，但可以通过过滤手段除去菌体。过滤介质有醋酸纤维素、硝酸纤维素、聚醚砜、尼龙、聚丙烯腈、聚丙烯、聚偏氟乙烯等膜材料，也有石棉板、烧结陶瓷和烧结金属等深层过滤材料。

（2）空气过滤除菌　绝大多数工业生产菌是好氧的，因此，在发酵过程中必须通入无菌空气来满足生产菌的生理需求。工业发酵中的空气系统通常采用过滤法去除空气中的菌体、灰尘和水分等。实验室中的超净工作台和超净室也是通过空气过滤系统送入无菌空气。

3. 紫外线灭菌

辐射是能量通过空气或外层空间传播、传递的一种物理现象。借助原子或亚原子离子高速运动传播能量的称微粒辐射，其中对微生物杀菌力强的为 β 射线和 α 射线。借助波动方式传播能量的称为电磁辐射，对微生物杀菌、抑菌力强的有紫外线和 γ 射线。不同微生物对紫外线的抵抗力不同，芽孢以及霉菌孢子对紫外线抵抗能力稍强。一般打开紫外线灯照射 20～30min 即可满足灭菌要求。为了加强灭菌效果，在开紫外线灯前，可在灭菌室内喷洒石炭酸溶液，一方面使空气中附着有微生物的尘埃降落；另一方面也可杀死一部分细菌和芽孢。

4. 化学药物消毒与灭菌

化学药物根据其抑菌或杀死微生物的效应分为杀菌剂、消毒剂、防腐剂三类。凡杀死一切微生物及其孢子的药物称杀菌剂；只杀死感染性病原微生物的药剂称消毒剂；而只能抑制微生物生长和繁殖的药剂称为防腐剂。但三者界限往往很难区分，化学药剂的效应与药剂浓度、处理时间长短和菌的敏感性等均有关系，主要仍取决于药剂浓度，大多数杀菌剂在低浓度下只起抑菌作用或消毒作用。

化学药物适于生产车间环境的灭菌、接种操作前小型器具的灭菌等。化学药物的灭菌使用方法，根据灭菌对象的不同有浸泡、添加、擦拭、喷洒、气态熏蒸等。下面介绍常用的化学灭菌药剂。

（1）高锰酸钾　高锰酸钾溶液的灭菌作用是使蛋白质、氨基酸氧化，使微生物死亡，一般用 0.10%～0.25% 的溶液。

（2）漂白粉　主要成分是次氯酸钙，是强氧化剂，也是廉价易得的灭菌剂。漂白粉含有效氯为 28%～35%。0.5%～1.0% 的漂白粉水溶液在 5min 内可杀死大多数细菌。5% 漂白粉水溶液在 1h 内可杀死细菌的芽孢。

（3）乙醇　乙醇的杀菌机理是它的脱水作用、溶解细胞膜脂和进入蛋白质的肽键空间结构，引起蛋白质变性。乙醇消毒的最佳浓度是 70%～75%。乙醇对营养细胞、病毒、霉菌孢子均有杀死作用，但对细菌的芽孢杀死作用较差，主要用于物体表面和皮肤的消毒。

5. 熏蒸消毒

（1）甲醛熏蒸消毒法　甲醛是强还原剂，其杀菌机理是破坏蛋白质的氢键，并与氨基结合，从而造成蛋白质变性。它的杀菌效果较好，对营养体和孢子都有作用。甲醛灭菌的缺点是穿透力差。工厂和实验室常采用甲醛熏蒸进行空间消毒。熏蒸的要求是空间的甲醛浓度达到 $6g/m^3$，熏 $8\sim12h$。甲醛熏蒸对人的眼、鼻有强烈刺激，在相当时间内不能入室工作，为减弱甲醛对人的刺激作用，甲醛熏蒸后 $12h$，再量取与甲醛等量的氨水，迅速放于室内与之中和。

（2）硫黄熏蒸法　利用硫黄燃烧产生 SO_2，后者遇水或水蒸气产生 H_2SO_3。SO_2 和 H_2SO_3 还原能力强，使菌体脱氧而致死，可用于接种室或培养室空气的熏蒸灭菌。硫黄用量一般为 $2\sim3g/m^3$。为了防止 H_2SO_3 和 H_2SO_4 对金属腐蚀，熏蒸前应将金属制品妥善处理。

二、湿热灭菌的理论基础

（一）微生物的热阻

当环境温度超过微生物生长的最高限度时，微生物细胞中的原生质体和酶的基本成分——蛋白质发生不可逆变化，即凝固变性，使微生物在很短时间内死亡。湿热灭菌就是根据微生物的这种特性进行的。

杀死微生物的极限温度称为致死温度，在致死温度下，杀死全部微生物所需的时间称为致死时间。在致死温度以上，温度愈高，致死时间愈短。由于微生物细胞和微生物孢子对热的抵抗力不同，因此，它们的致死温度和致死时间也有差别。微生物对热的抵抗力常用"热阻"表示，热阻是指微生物在某一特定条件（主要是温度和加热方式）下的致死时间。相对热阻是指某一微生物在某条件下的致死时间与另一微生物在相同条件下的致死时间的比值，表 3-10 是几种微生物对湿热的相对抵抗力（相对热阻）。可见，细菌芽孢比大肠杆菌对湿热的抵抗力约大 3000000 倍。

表 3-10　微生物对湿热的相对抵抗力

微生物名称	大肠杆菌	细菌芽孢	霉菌孢子	病毒
相对抵抗力	1	3000000	$2\sim10$	$1\sim5$

（二）培养基灭菌温度的选择

虽然高温是有效的灭菌手段，但高温也对培养基造成以下一些不利的影响。

① 形成沉淀物：有机物（多肽类沉淀）、无机物（磷酸盐、碳酸盐沉淀）。

② 破坏营养成分：产生氨基糖、焦糖和黑色素。

③ 改变 pH 值：一般会降低 pH 值。

④ 降低培养基浓度：冷凝水的聚集。

高温灭菌过程对培养基的破坏主要有两种情况：造成培养基成分相互作用；造成热稳定性差的化学成分的破坏。前者在降低培养基质量的同时，还会引起培养基变色、沉淀。变色反应一般是由来自还原糖的碳基与氨基酸和蛋白质中的氨基反应而引起的。在加热情况下，培养基中 Ca^{2+}、Fe^{3+} 等成分易与磷酸盐发生沉淀反应。后者使某些维生素、氨基酸、蛋白质和糖等遭到破坏，例如 10% 的葡萄糖溶液 $121℃$ 灭菌 $15min$ 后，会被破坏 24%。

在某些特殊情况下，可采取过滤除菌等方法，但对于大多数发酵过程，以上问题都可以通过选择以下合适的灭菌条件加以解决。

① 分开灭菌　对培养基中糖类等不耐高温的成分与培养基其他成分分开灭菌，冷却后再混合。将培养基中 Ca^{2+}、Fe^{3+} 成分与磷酸盐分别灭菌，可以避免发生沉淀反应。

② 高温瞬时灭菌　生产实践说明，灭菌温度较高而时间较短，要比温度较低而时间较长效果好。如对同样的培养基进行 126～132℃、5～7min 连续灭菌，其所得的培养基的质量要比采用 120℃、30min 的实罐灭菌好，可以得到较高的发酵水平。又如对同一类培养基进行 120℃、20min 的实罐灭菌，其所得培养基的发酵水平高于 120℃、30min 的情况，而同样达到灭菌的要求。不同灭菌条件下培养基营养成分的破坏见表 3-11。因此，可以采用较高的温度、较短的灭菌时间，以减少培养基营养成分的破坏，这就是通常所说的"高温瞬时灭菌法"。

表 3-11　不同灭菌条件下培养基营养成分的破坏

温度/℃	灭菌时间/min	营养成分破坏/%	温度/℃	灭菌时间/min	营养成分破坏/%
100	400	99.3	130	0.5	8
110	30	67	140	0.08	2
115	15	50	150	0.01	<1
120	4	27			

在实际工作中，无论采用哪种灭菌的方法，都不能也没有必要做到理论上的彻底无菌。对发酵工业而言，只要做到残留杂菌的概率在 1% 以下，就可满足发酵的基本要求。过高的灭菌指标往往造成营养物的过度损失、能耗及其他操作成本的增加。

三、培养基灭菌的工程设计

（一）连续灭菌

培养基的连续灭菌（简称连消），就是将配制好的培养基在向发酵罐等培养装置输送的同时进行加热、保温和冷却的灭菌。图 3-13 为连续灭菌过程温度的变化情况。由图 3-13 可以看出，连续灭菌时，培养基可在短时间内加热到保温温度，并且能很快地被冷却，因此可在比间歇灭菌更高的温度下进行灭菌，而由于灭菌温度很高，保温时间就相应地可以很短，极有利于减少培养基中营养物质的破坏。培养基采用连续灭菌时，需在培养基进入发酵罐前，直接用蒸汽进行空罐灭菌（简称空消），用无菌空气保压，待培养基流入罐后，开始冷却。

培养基连续灭菌的基本流程如图 3-14 所示。连续灭菌的基本设备一般包括：①配料罐，将配制好的料液预热到 60～70℃，以避免连续灭菌时由于料液与蒸汽温度相差过大而产生水汽撞击声；②加热塔，其作用主要是使高温蒸汽与料液迅速接触混合，并使料液的温度很快（20～30s）升高到灭菌温度

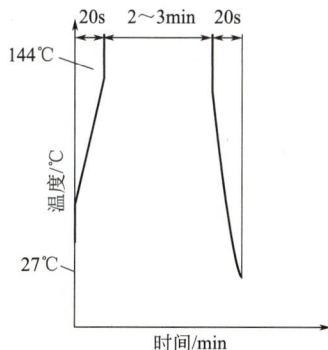

图 3-13　连续灭菌过程温度变化

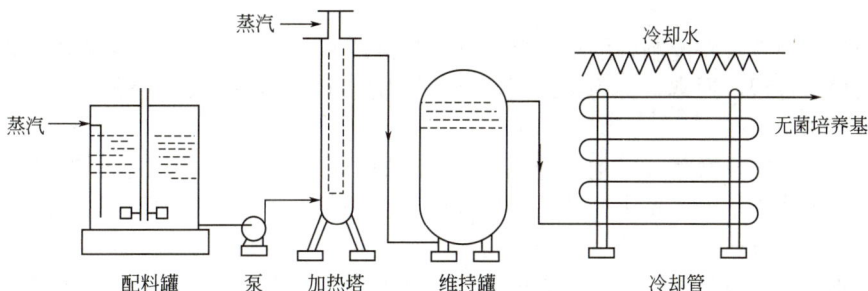

图 3-14　培养基连续灭菌的基本流程

（126～132℃）；③维持罐，连消塔加热的时间很短，光靠这段时间的灭菌是不够的，维持罐的作用是使料液在灭菌温度下保持5～7min，以达到灭菌的目的；④冷却管，从维持罐出来的料液要经过冷却排管进行冷却，生产上一般采用冷水喷淋冷却，冷却到40～50℃后，输送到预先已经灭过菌的罐内。

除了上述的基本灭菌流程之外，实际生产中还有其他两种流程，如图3-15和图3-16所示。

图3-15为喷射加热连续灭菌流程。流程中采用了蒸汽喷射器，它使培养液与高温蒸汽直接接触，从而几乎立即将培养液升温到预定的灭菌温度，然后在该温度下维持一定时间灭菌，灭菌后的培养基通过一膨胀阀进入真空冷却器急速冷却。由于该流程中培养基受热时间短，营养物质的损失也就不很严重。同时该流程保证了培养基物料先进先出，避免了过热或灭菌不彻底等现象。

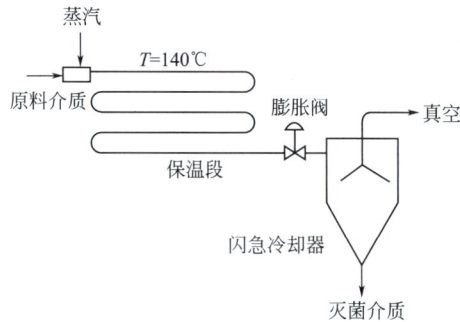

图3-15 喷射加热连续灭菌流程

图3-16为薄板换热器连续灭菌流程。流程中采用了薄板换热器作为培养液的加热和冷却器，蒸汽在薄板换热器的加热段20s内使培养液的温度升高至杀菌温度，经维持管保温一定时间后，培养基在薄板换热器的冷却段20s内冷却到发酵温度，从而使培养基的预热、加热灭菌及冷却过程可在同一设备内完成。该流程的加热和冷却时间比喷射加热连续灭菌流程要长些，但由于在培养基的预热过程同时也起到了灭菌后培养基的冷却，因而节约了蒸汽和冷却水的用量。

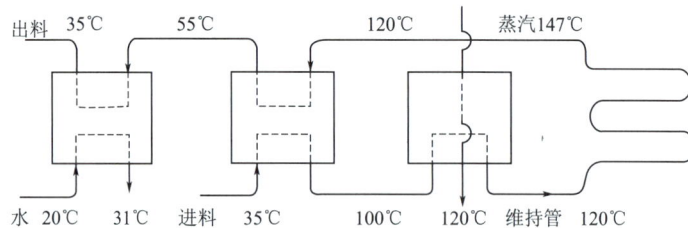

图3-16 薄板换热器连续灭菌流程

（二）间歇灭菌

培养基的间歇灭菌就是将配制好的培养基放在发酵罐或其他装置中，通入蒸汽将培养基和所用设备一起进行加热灭菌的过程，通常也称为实罐灭菌（简称实消）。间歇灭菌过程包括升温、保温和冷却3个阶段，如图3-17所示。

间歇灭菌是在所用的发酵罐或其他培养装置中进行的。它是在配制罐中配好培养基后，将培养基通过专用管道输入发酵罐等培养设备中，然后开始灭菌。在进行培养基的间歇灭菌之前，通常先将发酵罐等培养装置的分过滤器进行灭菌，并且用空气将分过滤器吹干。开始灭菌时，应先放去夹套或蛇管中的冷水，开启排气管阀，通过空气管向发酵罐内的培养基通入蒸汽进行加热，同时也可在夹套内通蒸汽进行间接加热，使罐压和温度保持在一定水平上进行保温（最常用的灭菌条件是121℃、20～30min）。保

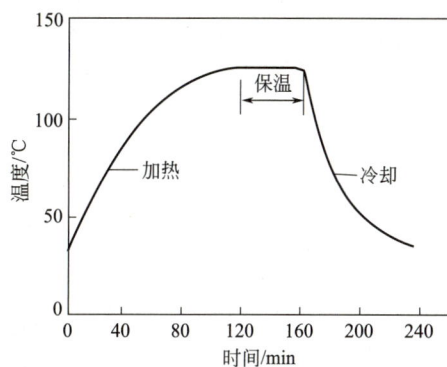

图 3-17　培养基间歇灭菌过程中的温度变化

温结束后，依次关闭各排汽、进汽阀门，待罐内压力低于无菌空气压力后，向罐内通入无菌空气，在夹套或蛇管中通冷水降温，使培养基的温度降到所需的温度，进行下一步的发酵和培养。

由于培养基的间歇灭菌不需要专门的灭菌设备，投资少，对设备要求简单，对蒸汽的要求也比较低，且灭菌效果可靠，因此是中小型生产工厂经常采用的一种培养基灭菌方法。

思维导图

第四章　无菌空气的制备

○○ ──── ○○ ○ ○○ ──────

第一节　无菌空气制备的概述

一、空气和无菌空气

对于好氧微生物和部分兼性厌氧微生物，在生长和代谢过程中，或多或少都需要氧，而氧的来源就是空气。所以，在微生物发酵过程中，尤其是好氧微生物，根据需要提供适量的空气是发酵过程中的重要技术之一。

自然界的空气中存在着大量的微生物，而大多微生物吸附在悬浮灰尘微粒的表面，其中，霉菌和细菌占多数；空气中的微生物大多是具有较强耐受恶劣环境能力的霉菌孢子或细菌芽孢。微生物的大小从零点几微米到几十微米不等，其中，酵母直径为 $2\sim5\mu m$，细菌直径为 $0.3\sim1\mu m$，支原体为 $0.1\sim0.2\mu m$，噬菌体大小约为 $0.04\mu m$。空气中的细菌孢子代表性种类见表 4-1。

表 4-1　空气中的细菌孢子代表性种类

菌种种类	直径/μm	长/μm	菌种种类	直径/μm	长/μm
产气气杆菌	1.0～1.5	1.0～2.5	枯草芽孢杆菌	0.5～1.1	1.6～4.8
蜡状芽孢杆菌	1.3～2.0	8.1～25.8	金黄色小球菌	0.5～1.0	0.5～1.0
地衣芽孢杆菌	0.5～0.7	1.8～3.3	普通变性杆菌(孢子)	0.5～1.0	1.0～3.0
巨大芽孢杆菌	0.9～2.1	2.0～10.0			

微生物的数量随环境的不同往往存在很大差异。与农村相比较，人口密集的市区微生物密度较高；一般潮湿温暖的空气中微生物数量较多，而干燥、寒冷或炎热的空气中微生物数量较少；水面上微生物数量也比陆地上少。由于微粒沉降作用，高空中的微生物要比地面少。一般认为每提高 2.5m，微粒可减少一个数量级。因此，为了减少吸入空气的微粒和微生物数量（包括噬菌体），一般采用高空采风。

通常认为城市空气中的微生物数量为 $10^3\sim10^4$ 个/m³。由于准确测定空气中的微生物量往往比较困难，一般采用沉降培养法、撞击培养法和光学法测定。

沉降法是将带琼脂培养基的培养皿静置于空气中一段时间，然后培养计数。

撞击培养法是将一定体积的空气喷向固体培养基表面或液体培养基以捕获微生物，通过培养、计数，可准确算出每立方米空气的微生物数量。

光学法测定是用粒子计数器通过微粒对光线的散射作用来测量粒子的含量。这种方法只可以测量空气中的微粒浓度，不能反映出空气中真正活菌的数量。

由于空气中存在着大量的微生物，空气进入培养基之前必须进行除菌。在除菌的过程中，同时也将空气中的灰尘微粒去除。空气压缩机压缩空气的过程会使空气随着压力的增大而体积缩小，易出现水分过饱和析出的现象，同时还会带入空压机的润滑油等（即便是目前大多已采用无油空压机）。无菌空气的制备实际上包括除菌、除尘、除油水。所以，进入发酵罐的空气是无菌、无尘、干燥的，湿度一般小于 60%。当然，干燥的无菌空气在发酵时间较长、通风量较大的发酵过程中会带走较多的水分。

无菌空气并不是绝对无菌，而是使除菌后的空气微生物含量达到一个很低的水平。在发酵工业中，由于各种微生物的生长能力、培养条件等不同，对无菌条件的要求有所不同。如有机酸发酵过程中 pH 较低，杂菌不容易生长，而生产酶制剂时因为培养条件较好而容易染菌。发酵后期染菌和发酵前期染菌对生产造成的影响也是不同的。在发酵工程中通常认可的设计要求是因空气染菌的概率为 10^{-3}，即 1000 批次的发酵中允许 1 个微生物漏过过滤器进入发酵罐。

二、空气除菌的方法

空气除菌的方法大多为物理方法，一类是利用加热或辐射等方法，使微生物细胞的蛋白质变性，从而使其失去活性；另一类是采用静电吸附或介质过滤，直接去除微生物。

1. 热灭菌

热灭菌时，微生物活体细胞很容易被杀死。细菌孢子则能耐受较高的温度，但在 160℃ 保持 1~2h 也不能存活。一般而言，空气温度升高到 200℃ 以上保持数十秒即可实现有效除菌。早期的设计是利用空气被压缩时产生的热量使温度升高，主要用于丁醇等不易染菌的发酵生产中。由于空气的传热系数很低，热灭菌的方法无法保证除菌效果。因此，现在的无菌空气制备中通常不再采用该方法。但对于噬菌体等热敏感微生物，热灭菌法对于噬菌体的灭死去除能起到非常好的效果。

2. 辐射灭菌

理论上 γ 射线、紫外线等物理射线都能使蛋白质变性而杀死微生物以达到灭菌的效果。但在实际应用中，^{60}Co 的 γ 射线只是用来对一些固体物品进行辐照灭菌，而且操作方式也无法应用于发酵工业中的无菌空气灭菌。

紫外线灭菌应用较广泛，食品制造场所、医院等公共场所、无菌室等都采用紫外灯照射灭菌。还有一种循环风式动态空气灭菌，即将空气通过设备的高强度紫外线区域进行灭菌，主要用于医院等人员不能回避的场所。紫外线灭菌只能致死少量空气的微生物，要达到发酵工业的无菌程度和无菌空气数量，是很不经济的。

3. 静电吸附

静电吸附是利用空气经过高压区时发生电离，再以正负电极吸附带电粒子，去除空气中的微粒和微生物。静电吸附可以将大小在 1μm 以上微粒基本吸附，而且能耗较少，可作为空气处理中的预处理。但由于设备体积庞大，投资也很大，使用维护成本较高。

4. 介质过滤

介质过滤除菌是发酵工业中广泛应用的无菌空气制备方法。早期的过滤介质多采用棉花，后来发展出玻璃纤维、聚丙烯纤维等，20 世纪 80 年代开始使用烧结金属、陶瓷过滤器，后又被成本相对较低、效果更好的膜过滤器替代。

发酵工业中普遍采用膜过滤器除菌。膜过滤器主要有聚丙烯膜过滤器作为预过滤器，聚四氟乙烯（PTFE）膜和聚偏氟乙烯（PVDF）膜作为终过滤器，膜孔径为 $0.1 \sim 0.22 \mu m$，能对细菌做到绝对过滤。

在发酵工业中，通常用的除菌方式是过滤。早期的技术不够，空气过滤失效导致的染菌是发酵失败的主要原因之一。随着技术进步和成本下降，目前的空气采用绝对过滤器，除菌效率可达到 99.9999%，而且已被广泛应用。

不过，空气过滤尚有两方面的不足值得继续研究。无菌空气的制备和供应是发酵工业中高能耗的工艺之一，高效低能耗的过滤器是发酵工业中梦寐以求的；另外，空气过滤主要是针对细菌，而体积更小的病毒和噬菌体则不作考虑，若能得到既能过滤病毒，经济上又可以接受的过滤器，发酵工业中的噬菌体问题将迎刃而解。

第二节　空气介质过滤除菌的原理

从填充材质上分，发酵和生物制药工厂常用的空气过滤器有棉花纤维过滤器、超细玻璃纤维过滤器、石棉板过滤器、烧结金属板过滤器、尼龙纤维过滤器、陶瓷过滤器以及聚丙烯过滤器等。

一、捕集效率

采用概率论分析捕集效率，基本假设有以下三点。

① 纤维填充的空气过滤器由多层介质组成，设每单位长度过滤介质具有 ξ 层筛网；网格的大小主要由玻璃纤维的直径及其在填充滤垫中所占容积比率决定。

② 微生物经过每一层玻璃纤维时，与玻璃纤维相碰的概率为 p。p 受空气流动状况影响，同时受微生物与纤维直径之间比率影响。

③ 当微生物与纤维碰撞 m 次后，仍能通过过滤器流出而返回空气中。

根据以上三点假设，被过滤器捕集的微生物数为：

$$n = n_0 \left[1 - \sum_{m=0}^{m=m} (C_{\xi L}^m) p^m (1-p)^{\xi L - m} \right] \tag{4-1}$$

式中　n_0——进入过滤器的微生物总数；

　　　n——被过滤器截留的微生物数；

　　　L——滤层厚度；

　　　ξL——沿滤层厚度的介质层数；

　　$C_{\xi L}^m$——组合数。

从式(4-1) 可知，当 $m=0$ 时：

$$n = n_0 \left[1 - (1-p)^{\xi L} \right]$$

$$\ln \left(1 - \frac{n}{n_0} \right) = \xi L \ln(1-p) = \xi L \left(-p - \frac{p^2}{2} - \frac{p^3}{3} \cdots \right) \tag{4-2}$$

如果 p 很小，则式(4-2) 右侧可只取首项，即：

$$n = n_0 (1 - e^{-\xi L p})$$

$$\frac{dn}{dL} = n_0 \xi p e^{-\xi L p} \tag{4-3}$$

式(4-3)即为对数穿透定律（log-penetration law）。

在式(4-1)中，当 $m=1$ 时：

$$\xi L-1=\xi L, \quad p=1$$

$$\frac{\mathrm{d}n}{\mathrm{d}L}=n_0\xi^2 p^2 \mathrm{e}^{-\xi Lp}\left(\frac{L}{1!}\right) \tag{4-4}$$

当 $m=2$，$m=3\cdots$ 时，并假定 $\xi^2 L^2 p \gg 1$，$\xi^3 L^3 p \gg 1$，……，可以得到下列方程式：

$$\frac{\mathrm{d}n}{\mathrm{d}L}=n_0\xi^3 p^3 \mathrm{e}^{-\xi Lp}\left(\frac{L^2}{2!}\right) \tag{4-5}$$

$$\frac{\mathrm{d}n}{\mathrm{d}L}=n_0\xi^4 p^4 \mathrm{e}^{-\xi Lp}\left(\frac{L^3}{3!}\right) \tag{4-6}$$

当 $m=m$ 时：

$$\frac{\mathrm{d}n}{\mathrm{d}L}=n_0'\xi p\,\mathrm{e}^{-\xi Lp}\,\frac{(\xi Lp)^m}{m!} \tag{4-7}$$

取 $k=\xi p$，则上式可以表示为：

$$\frac{\mathrm{d}n}{\mathrm{d}L}=n_0'k\,\mathrm{e}^{-kL}\,\frac{(kL)^m}{m!}$$

可得

$$n_0'\int_0^\infty k\,\mathrm{e}^{-kL}\,\frac{(kL)^m}{m!}\mathrm{d}L=n_0 \tag{4-8}$$

假设每单位时间内流入过滤器的平均微粒数为 $\overline{n_0'}$，过滤器工作时间为 t，式(4-8)经整理后如下：

$$\begin{aligned}
n_0 &= n_0'\int_0^\infty \mathrm{e}^{-kL}\,\frac{(kL)^m}{m!}\mathrm{d}L \\
&= n_0'K\int_0^\infty \frac{k}{K}\mathrm{e}^{-kL}\,\frac{(kL)^m}{m!}\mathrm{d}L \\
&= \overline{n_0'}t\int_0^\infty P(L)\,\mathrm{d}L=\overline{n_0'}t
\end{aligned} \tag{4-9}$$

式中　K——概率化因子；

$P(L)$——以 L 为变量的分布概率函数。

全部被捕集积分后为：

$$\int_0^\infty P(L)\mathrm{d}L=\int_0^\infty \frac{k}{K}\mathrm{e}^{-kL}\,\frac{(kL)^m}{m!}\mathrm{d}L=1$$

在工作时间 t 内，被滤垫厚度为 L 的过滤器所阻截的微粒数为：

$$n=\overline{n_0'}t\int_0^L P(L)\mathrm{d}L \tag{4-10}$$

两个微粒连续从过滤器出口脱出的时间间隔 Δt 为：

$$\Delta t=\frac{1}{\overline{n_0'}\left[1-\int_0^L P(L)\mathrm{d}L\right]} \tag{4-11}$$

与发酵工业中大多数空气灭菌的过程相仿，由于阻留于过滤器中微粒的纵向分布 $\int_0^L P(L)\mathrm{d}L$ 不受时间影响，由式(4-11)，按确定论观点计算的过滤器的总阻截效率 $\overline{\eta}$ 和从概率论出发所得到的微粒在过滤器出口出现的时间间隔之间的关系可用下式表示：

$$\bar{\eta}=\frac{\overline{n}'_0\Delta\bar{t}-1}{\overline{n}'_0\Delta\bar{t}}=\int_0^L P(L)\mathrm{d}L \tag{4-12}$$

式中　$\Delta\bar{t}$——两个微粒连续从过滤器出口脱出的平均时间间隔。

当 L 愈大时，$\Delta\bar{t}$ 也大，捕集效率 η 也愈大；纤维直径 d_f 愈小，捕集效率 η 愈大。

二、空气过滤器除菌机制

过滤介质的除菌效率取决于下述几种机制：直接截留、惯性冲击、布朗运动或扩散拦截、重力沉降、静电吸引。

对于纤维过滤器而言，因为阻截的微粒直径约为 $1\mu m$，故重力沉降机制可以排除不予考虑。Humphrey 曾测定枯草芽孢杆菌孢子中约有 20% 带正电，15% 带负电，其余孢子则呈中性。带有电荷的微生物由于静电吸引的作用比不带电荷的微生物更容易被阻截。但目前尚未有定量数据表明静电吸引机制在纤维过滤器除菌效率中所占的分量。下面对前三种机制进行介绍。

（一）直接截留

如果微粒没有质量，它们就会紧密地随着空气流的流线运动；细菌虽然也有质量，但其质量太小而紧随空气流的流线前进。当空气流线中所挟带的微粒由于和纤维相接触而被捕集时称为直接截留。直接截留的过滤机理是指过滤介质起筛网的作用而机械地截留微粒，当微粒的直径大于介质的孔径时，微粒就被截留。直接截留与表面速度无关。截留效率完全决定于微粒直径、纤维直径和纤维填充密度。

微粒流线与单纤维介质的距离 $S=d_p/2$ 时（d_p 为微粒直径），是空气流中所挟带的微粒通过纤维被阻截的极限条件。当距离 $S>d_p/2$ 时，微粒与纤维不碰撞，被空气流带走，除菌效率很差。当距离 $S<d_p/2$ 时，微粒与纤维碰撞而被截留。

Langmuir 提出，单个纤维由于截留对微粒的阻截效率的数值可由下式计算：

$$\eta'_0=\frac{1}{2(2.00-\ln N_{Re})}\left[2(1+N_R)\ln(1+N_R)-(1+N_R)+\frac{1}{(1+N_R)}\right] \tag{4-13}$$

$$N_R=\frac{d_p}{d_f};N_{Re}=\frac{d_f v\rho}{\mu}$$

式中　N_{Re}——气流雷诺数；

　　　d_f——纤维直径，m；

　　　v——气流速率，m/s；

　　　ρ——空气密度，kg/m^3；

　　　μ——空气黏度，$kg/(s\cdot m)$。

（二）惯性冲击

由于气流中的颗粒有质量，因此具有惯性。当空气以及其中的微粒以一定速度向纤维垂直运动时，空气受阻改变流向，绕过纤维前进；而微粒因惯性作用不能及时改变方向，便冲向纤维表面并滞留下来。在较低流速范围内，冲击过滤效率随气流速度增加而降低，增至临界流速时，效率又随气流速度增加而提高，如果再上升超过某个值，效率又会显著下降。

微粒（直径=d_p，密度=ρ_p）在空气流（速率=v，黏度=μ）中运动的惯性参数为 φ。

$$\varphi = \left(\frac{C\rho_{\mathrm{p}} d_{\mathrm{p}}^2 v}{18\mu d_{\mathrm{f}}} \right) \tag{4-14}$$

式中　C——修正系数。

由于微粒的惯性效应，单个纤维的阻截效率的理论值 η_0'' 可表示如下：

$$\eta_0'' = \frac{d}{d_{\mathrm{f}}}, \text{ 并且 } \eta_0'' = f(\varphi)$$

式中　d——气流宽度，m。

根据 Langmuir 的计算，当惯性参数 φ 为 $\frac{1}{16}$ 时，η_0'' 的值为 0。

相应于 $\varphi = \frac{1}{16}$ 条件的空气临界流速为 v_{c}。

$$v_{\mathrm{c}} = 1.125 \times \frac{\mu d_{\mathrm{f}}}{C\rho_{\mathrm{p}} d_{\mathrm{p}}^2} \tag{4-15}$$

对于某一微粒而言，如果阻截的惯性机制占优势，则 η_0'' 值将随着空气流速率 v 的增大而增加。

（三）布朗运动或扩散拦截

微小的颗粒受空气分子碰撞在空气中呈不规则的直线运动，称为布朗运动，微粒愈小，布朗运动的速度愈大。当颗粒偏离了它们所处的位置中心时就有可能与介质相碰而被捕集称为扩散拦截。当纤维直径 d_{f} 越小，气流运动速度 v 越小，扩散捕集效率越高；反之越低。如果颗粒位置移动为 $2x_0$，则在式（4-13）中以 $2x_0$ 代替 d_{p} 就可计算出由于扩散而导致的微粒阻截效率 η_0'''：

$$\eta_0''' = \frac{1}{2(2.00 - \ln N_{Re})} \left[2\left(1 + \frac{2x_0}{d_{\mathrm{f}}}\right)\ln\left(1 + \frac{2x_0}{d_{\mathrm{f}}}\right) - \left(1 + \frac{2x_0}{d_{\mathrm{f}}}\right) + \frac{1}{1 + \frac{2x_0}{d_{\mathrm{f}}}} \right] \tag{4-16}$$

$$\frac{2x_0}{d_{\mathrm{f}}} = \left[1.12 \times \frac{2(2.00 - \ln N_{Re})D_{\mathrm{BM}}}{vd_{\mathrm{f}}} \right] \tag{4-17}$$

式中　D_{BM}——微粒扩散系数，$D_{\mathrm{BM}} = \dfrac{CkT}{3\pi\mu d_{\mathrm{p}}}$；

　　　　k——Boltzmann 常数，$1.41 \times 10^{-24} \mathrm{kg \cdot m/K}$；

　　　　T——热力学温度，K。

假定三种机制导致的阻截效率 η_0'、η_0''、η_0''' 相互间不发生影响，单个纤维的阻截效率 η_0 可用下式表示：

$$\eta_0 = \eta_0' + \eta_0'' + \eta_0''' \tag{4-18}$$

当 N_{Re} 的数值范围为 $10^{-4} \sim 10^{-1}$ 时，关系式 $\dfrac{1}{2.00 - \ln N_{Re}} \propto N_{Re}^{\frac{1}{6}}$ 基本上符合实际。

为了简化式（4-13）和式（4-16），将两式中 N_{R} 和 $2x_0/d_{\mathrm{f}}$ 这两项展开，并假定这两项都小于 1，其二阶及高级都可以忽略不计。因此，式（4-13）和式（4-16）可简化如下：

$$\eta_0' \propto N_{\mathrm{R}}^2 N_{Re}^{\frac{1}{6}} \tag{4-19}$$

$$\eta_0''' \propto N_{\mathrm{sc}}^{-\frac{2}{3}} N_{Re}^{-\frac{11}{18}} \tag{4-20}$$

其中 $N_{sc}=\mu/(\rho D_{BM})$

由式(4-19)和式(4-20)中可以看出 $N_R=\dfrac{d_p}{d_f}$ 和 D_{BM} 对提高 η_0' 及 η_0''' 均很重要。

采用玻璃纤维填充的滤垫进行空气灭菌时，由于微粒的惯性碰撞而得到的阻截效率 η_0'' 往往可以忽略不计，其中直接截留效率 η_0' 和扩散效率 η_0''' 可能占优势。

因此，合叶修一先生提出的总阻截效率

$$\overline{\eta}=\frac{n}{n_0} \tag{4-21}$$

式中　n_0——空气中原来微生物数；

　　　n——被阻截的微生物数。

在纤维过滤器中容积比率为 α 的单纤维阻截效率 η_α，η_α 如下式所示：

$$\eta_\alpha=\frac{\pi d_f(1-\alpha)}{4L\alpha}\ln\frac{n_0}{n_0-n} \tag{4-22}$$

式中　L——滤层厚度，cm；

　　　α——容积比率（介质实体积/介质视体积）。

由式(4-21)和式(4-22)可得：

$$\eta_\alpha=\frac{\pi d_f(1-\alpha)}{4L\alpha}\ln\frac{1}{1-\overline{\eta}} \tag{4-23}$$

由式(4-23)可知，在 L 之内的任一断面中所阻截的微粒的比率都是不变的常数，即对数穿透定律。式(4-23)在相当薄的滤垫（小于4cm）情况下是适用的。合叶修一先生运用 Chen 提出的下述经验式由 $\overline{\eta}$ 的数据计算出的 η_α 值换算成 η_0：

$$\eta_\alpha=\eta_0(1+4.5\alpha)\quad(0<\alpha<0.10) \tag{4-24}$$

在对数穿透定律适用的范围内，通过计算可以揭示一种在不同的工作条件下（即 $\overline{\eta}$、d_f、d_p、α 的数值不同）确定所需滤垫厚度的方法。

三、对数穿透定律

相对于上述总概率论的分析方程，对数穿透定律被称为确定论分析方法。在一定条件（空气流速、温度、介质种类、填充密度和杂菌种类）下通过单位高度介质层所阻截的微粒的比率是常数。设 N_1 为过滤前空气中的总颗粒数，N_2 为过滤后空气中的颗粒数，则穿透率为：

$$p=\frac{N_2}{N_1} \tag{4-25}$$

则除菌效率为：

$$\eta=\frac{N_1-N_2}{N_1}=1-\frac{N_2}{N_1}=1-p \tag{4-26}$$

假设空气中原有微粒数为 5000 个/m³，则 $N_1=5000\times V_1\times60\theta$

式中　V_1——通风量，m³/min；

　　　θ——分批发酵时间，h。

分批发酵每千罐只允许有一个杂菌通过过滤器，即 $N_2=10^{-3}$，则穿透率为：

$$p=\frac{N_2}{N_1}=\frac{10^{-3}}{5000\times60V\theta_1}=\frac{3.33\times10^{-9}}{V_1\theta}$$

对数穿透定律假定空气过滤时其中的微粒数随通过滤层厚度的增加而均匀递减。取滤层厚度中某一微长度 dL，在此长度中微粒的减少数 dN 可以表示为：

$$-\mathrm{d}N = K'N\mathrm{d}L \tag{4-27}$$

式中　N——空气中的微粒数，个；

　　　　L——滤层厚度，cm；

　　　　K'——除菌常数，m^{-1}。

将式（4-27）积分，可得 $-\int_{N_1}^{N_2} \dfrac{\mathrm{d}N}{N} = K'\int_0^L \mathrm{d}L$

得出对数穿透率为：

$$\ln\frac{N_2}{N_1} = -K'L \text{ 或 } \lg\frac{N_2}{N_1} = -KL \tag{4-28}$$

在一定条件下，K 值的大小是定值，其大小与空气流速、纤维的填充密度和直径、空气中的颗粒大小等因素有关，可以通过计算求得，但一般是通过实验得到。从式（4-28）可知，穿透率随 L 的改变而改变，L 愈厚穿透率愈小。

四、微滤

微滤又称微孔过滤，是以静压差为推动力，利用膜孔的筛分作用进行微粒去除的膜过滤。

微孔过滤的介质为均质多孔结构的滤膜，在静压差的作用下，小于膜孔的微粒通过滤膜，比膜孔大的粒子则被截留在滤膜的表面，且不会因压力差升高而导致大于孔径的微粒穿过滤膜，从而使大小不同的组分得以分离。

微滤的过滤原理有三种：筛分、滤饼层架桥过滤和深层过滤。一般认为微孔过滤的分离机理为筛分，膜的物理结构起决定作用。此外，吸附和电性能等因素对截留率也有影响。其有效分离范围为 $0.1\sim10\mu m$。

第三节　介质过滤制备无菌空气的工艺和过滤器

一、介质过滤制备无菌空气的工艺流程

（一）典型的过滤制备无菌空气流程（图4-1）

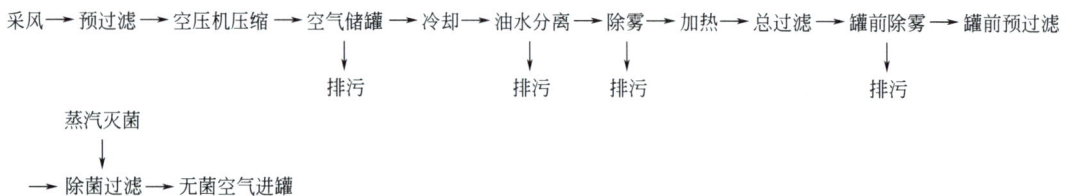

采风 → 预过滤 → 空压机压缩 → 空气储罐 → 冷却 → 油水分离 → 除雾 → 加热 → 总过滤 → 罐前除雾 → 罐前预过滤

（排污）（排污）（排污）（排污）

蒸汽灭菌

→ 除菌过滤 → 无菌空气进罐

图 4-1　典型的过滤制备无菌空气流程

1. 采风

一般采风口设置在远离潮湿、微生物和粉尘较多的位置，尽可能在较高的位置。由于现在的工厂周边一般也是工厂或工地，空气中粉尘较多，所以也不一定露天采风，要根据具体的实际情况来定。

2. 预过滤

吸入的空气往往含有较多的微粒，为保护空压机，减少磨损，常在空压机前安装预过滤器，以除掉 $5\mu m$ 以上的较大微粒。

3. 空气压缩

空气由压缩机压缩，使其具有输送和克服过滤阻力的能力。一般压缩空气压力达到 0.6~0.8MPa，罐前压力保持 0.4MPa 左右。早期大多采用往复式或涡轮式压缩机，随着空压机技术的不断提高，现大多采用无油螺杆式空气压缩机。螺杆式压缩机出气平稳，但因技术难度较大，价格也高。

4. 空气储罐

采用一定体积的空气储罐，可以使系统内的压力得到缓冲而更加稳定，同时空气中的液滴和部分灰尘可以沉降在储罐底部而排出。

5. 冷却

空气经过压缩，其中的水分过饱和，会使过滤器潮湿而导致过滤除菌失败，所以过滤前必须将水分除去。通过列管换热器使空气冷却，能使更多的水分过饱和析出。在空气湿度较大的地区，往往需要采用两级冷却，使水分析出较多。

6. 油水分离

通常采用旋风分离器，利用离心力将空气中的液滴和空压机带来的油滴去除。

7. 除雾

通常采用填料式除雾器，进一步捕集空气中的小液滴。填料通常为不锈钢丝网或塑料网。

8. 加热

经过除水的空气此时相对湿度为 100%，进入过滤器前需要用换热器将空气加热至 50℃左右，使空气的相对湿度低于 60%，保证过滤器干燥。

9. 总过滤

空气经过总过滤器，除去其中的大部分微粒和微生物，再通过管道输送至各发酵罐前。

10. 罐前除雾

空气在进入罐前需要再次除去油水雾滴，防止油水雾滴进入过滤器，以保证除菌过滤的效果。

11. 预过滤

在除菌过滤前再次用较高精度的过滤器除去微粒，使精过滤器的使用寿命延长，压降小。

12. 除菌过滤

在罐前加以精滤，对微生物进行绝对过滤，彻底除去空气中的微生物，得到无菌空气，进入发酵罐的进风管。现在有些工厂已采用的总过滤器的微粒捕集率设计为 80%~90%，罐前预过滤器的微粒捕集率为 99%。

（二）无菌空气制备中的一些其他说明

因目前过滤材料已能保证效果，并且价格已较低，在发酵生产中要更多考虑过滤除菌的动力消耗。在过滤介质中，以前总过滤中棉花的压降是比较大的，而且考虑到并不需要总过滤器将微生物除尽，因而一般仅使用总过滤器除去微粒，而由罐前过滤除菌。这样可以大大减少总过滤器的厚度和压降，节约较大的能耗。事实上可采用捕集灰尘容量较大、阻力小而除菌效果稍差的玻璃纤维材料作为总过滤器的过滤介质，这样既延长了更换周期，又减小了过滤的压降。

现在发酵工厂常采用罐前两级过滤除菌，而且精过滤介质采用疏水材料，前面的预过滤器不一定疏水，而是在罐前过滤前再加一雾滴分离器。对整个空气系统也不要求严格的无菌，灭菌操作时仅需对罐前精滤器进行灭菌即可。这样的空气系统操作简便，各个发酵罐之间完全独立，不再相互影响。

精过滤器常采用微孔过滤，在过滤过程中极易被少量与孔径大小相当的微粒或胶体粒子堵塞，导致压降增加，应引起足够的重视。

鉴于当前国情，我国环境中空气的微粒含量较多，在罐前两级过滤除菌工艺中，往往会因为过多的微粒截留在精过滤器的膜表面，使精过滤器的压降大大增加，既增加了能耗，又缩短了精滤器的使用寿命，精滤器的滤芯常常用不到半年。所以，在设计中应提高总过滤器和预过滤器的微粒捕集率，这样精过滤器的使用状况得到改善，使用寿命可延长至一年以上。

二、介质过滤的空气过滤器

空气通过过滤除菌，通常要有两级或三级过滤，分别为总过滤、预过滤和精过滤。总过滤和预过滤除去大部分的微粒，精过滤器最后对微生物绝对过滤，得到无菌空气，每一级过滤对微粒的去除率分别为 80%～90%、90%～99%、99.9999%。总过滤和预过滤统称为除尘过滤，精过滤称为除菌过滤。

（一）总过滤器

早期发酵工业中的空气过滤器多采用棉花作为过滤介质。20 世纪 50～80 年代末期，我国发酵工厂的无菌空气多使用棉花过滤器两级过滤除菌，后来主要作为总过滤器使用。棉花过滤器的使用原理如图 4-2。

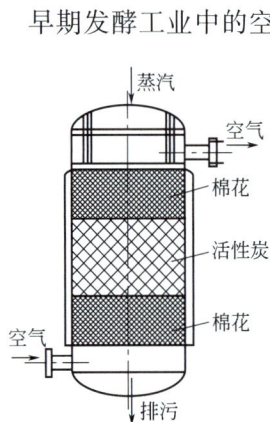

图 4-2　棉花过滤器的使用原理

在过滤器中，上下铺设两层棉花，中间为活性炭，两头有压板把过滤层紧密压实。使用前用直接蒸汽灭菌，灭菌后立即用空气吹干使用。

棉花作为过滤介质为我国发酵工业做出过巨大贡献，但仍有较多不足之处。

① 棉花过滤阻力较大，空气压力损失大，空气在总过滤器上的压降会有 0.03～0.05MPa，如用两级棉花过滤，总压降为 0.07MPa 左右，这大大增加了动力消耗。

② 棉花作为过滤介质，对直径较小的微粒截留率较低，这导致无菌空气的可靠性不够。

③ 对空气除水要求较高，长期使用或空气湿度过高会导致棉花受潮，一旦受潮，棉花纤维的吸附能力和过滤能力下降，过滤效果就会大打折扣。而且受潮后的棉花易长菌而造成大范围的染菌。

随着材料工业的发展，这种过滤器的填料出现了玻璃纤维、聚丙烯纤维甚至不锈钢纤维。与棉花纤维相比，玻璃纤维对微生物的去除能力稍差。但作为总过滤器，主要功能是除去较大的微粒，玻璃纤维体现出如下优势。

① 玻璃纤维的阻力较小，在总过滤器上的压降大大减小。

② 玻璃纤维的灰尘容量较大，过滤介质可以使用更长的时间再更换。

③ 玻璃纤维耐湿性较好，对空气除水要求降低。而且受潮后也不易长霉。

进一步的纤维折叠式生产工艺，把过滤介质做成折叠式滤筒（图 4-3），大大增加了过滤器的空气过滤面积，增大了透风量，还具备风阻低、过滤精度高的特点。而且过滤筒是一种硬挺化结构，在使用中堵塞系数小，过滤阻力小，灰尘容量大大提高。

由于空气过滤筒（图 4-4）采取折褶结构，使过滤器具有结构紧凑、体积小、过滤面积大的特点，占地面积大大减小。作为标准件生产，使用中更换方便。过滤器外壳采用优质的不锈钢材料，外形美观，强度好，在无菌空气系统的设置和布局上有了很大的改善。

现在大多数工厂采用过滤筒作为无菌空气的第一级过滤，除去 5μm 以上微粒。常见的过滤筒直径 100～500mm，长 300～1000mm。也有采用超细玻璃纤维滤纸做总过滤的。

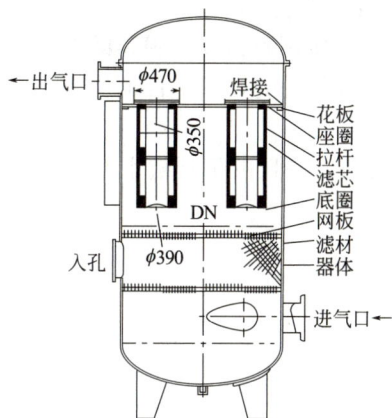

图 4-3　折叠式滤筒过滤器（单位：mm）

图 4-4　空气过滤筒

（二）预过滤器

为使精过滤器使用较长的寿命，在罐前过滤除菌前，常配以预过滤器。预过滤器体积相对总过滤器要小得多，其目的也是除去更多微粒，减少较昂贵的精过滤器负担，增加空气过滤除菌的经济性。

预过滤器的去除颗粒要比总过滤器过滤的小，要求过滤介质孔径 $0.5\mu m$ 到几十微米，所用材料主要有烧结金属、微孔陶瓷、涂覆玻璃纤维和聚丙烯超细玻璃纤维纸。

微孔陶瓷材料空隙率高，过滤阻力小，孔径可控，可清洗再生，作为过滤材料具有较好的特点。但由于其制造工艺复杂，制造成本较高，在无菌空气的制备中不常用。

烧结金属材料是用金属纤维、金属丝网或金属粉末烧结而成。金属过滤器的使用寿命长，可反复使用，压降过大时用空气或水反冲即可将灰尘除去。

涂覆聚四氟乙烯的玻璃纤维折叠滤筒也常作为无菌空气处理的预过滤器，一些小型发酵设备常用这种过滤器两级过滤得到无菌空气。玻璃纤维织物涂覆聚四氟乙烯，是以悬浮聚四氟乙烯乳液为原料浸渍玻璃纤维织物制成，这种过滤器制造成本低，尘容量大，使用一定时间后更换滤芯，经济实用。

聚丙烯超细玻璃纤维材料（也叫 PP 滤纸），是将聚丙烯单丝纤维以热融法制成的新型无纺布过滤材料，大大降低了过滤阻力，增加了容尘能力，具有高效、高强度、低阻的特点，而且耐酸碱、耐腐蚀。聚丙烯材料过滤器现已成为发酵行业内主要的预过滤器，滤芯的壳体和支撑架均采用聚丙烯材料，一般做成折叠形，为白色过滤筒或子弹形过滤筒，过滤精度达到 $0.22\mu m$。

由于聚丙烯材料具有一定的亲水性，过滤器的完整性较难检测，一般视为无法检测，作为无菌空气的除菌过滤存在一定的风险，一般不作为无菌过滤介质。

（三）精过滤器

精过滤也叫除菌过滤，是无菌空气制备的终端过滤，要求对空气中的微生物绝对过滤，并且能用高温蒸汽反复灭菌，一般孔径小于 $0.22\mu m$，微粒过滤效率达到 99.9999%。

精过滤器中，传统的棉花、玻璃纤维等过滤介质已不能满足要求，小型发酵罐上为了节约成本用涂覆聚四氟乙烯的玻璃纤维折叠滤筒，大型发酵罐上大多用聚四氟乙烯（PTFE）、聚偏氟乙烯（PVDF）微孔膜和氟化玻纤膜（FGF），尤以聚四氟乙烯为多。

聚四氟乙烯有天然的疏水性能，强度好，耐污性强，耐高温，耐腐蚀。由美国 Gore 公司发明的机械压延技术得到孔径分布窄、孔隙率高的聚四氟乙烯微孔膜，达到了高效、高通量，非常适合做空气过滤材料。其制造方法为聚四氟乙烯经挤出、压延得厚度为 $250\mu m$ 左右的基带，再在 $220\sim320℃$ 的温度下以不同速率纵向拉伸 $2\sim15$ 倍，并在 $200\sim360℃$ 的温度下热定型处理，得到由亿万条连续不断的互连纤丝非同心交叉排列而成的微孔，孔径小于 $0.2\mu m$，孔隙率最大可达 80%。

现在市场上的除菌过滤膜已制成标准件，装拆更换方便。一般所用膜为复合膜，即在微孔膜的两侧附上纤维无纺布以增加强度和可折叠性。内有坚固的内核，外加保护外壳，膜组件的所有连接都以熔融密封。

聚四氟乙烯材料的除菌过滤器（图 4-5）可经受反复蒸汽灭菌，并且由于其疏水性，灭菌后不需要干燥即可用作无菌空气过滤。

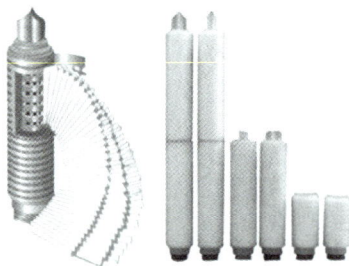

图 4-5 聚四氟乙烯材料的除菌过滤器

早期此类膜技术较好的有 PALL（图 4-6）、MILLIPORE 和 DH 等，现在国内有些公司亦可生产，过滤器的价格也由刚上市时的 10 万元降至最低仅为几百元，已是一个常规使用的除菌过滤器了。

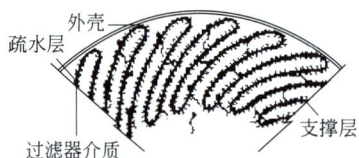

图 4-6 美国 PALL 公司滤芯的折叠结构

（四）膜过滤器的质量评价

1. 过滤性能评价

表征材料过滤性能的主要参数为过滤精度、透过性和纳污容量。

过滤精度为完全滤除的固体颗粒的粒度临界值。过滤精度反映了过滤介质对微粒的滤除能力。过滤不可能 100% 把微粒去除，通常把截留率达到 99.9999% 的过滤称为绝对过滤，而通过过滤介质截留率达到 99.9999% 的最大坚硬球形粒子的直径，就称为绝对过滤精度。

过滤精度取决于过滤材料的最大孔径，但并不等于孔径。对于空气过滤膜，由于其复杂的过滤原理，微粒的布朗运动剧烈，过滤精度往往为平均孔径的 $1/20\sim1/10$。即过滤精度为 $0.01\mu m$ 的过滤膜，孔径可能为 $0.2\mu m$。液体过滤测到的过滤精度往往为气体中的 2 倍，即同样孔径的过滤膜，气体过滤精度为 $0.01\mu m$ 时，液体的过滤精度为 $0.02\mu m$。

透过性表示过滤材料容许气体透过的能力，以单位压差下单位时间内透过单位面积的空气量来表示。

纳污容量表示过滤材料滤除部分微粒后，对透气性影响的大小。

2. 过滤器完整性测试

对于除菌过滤，为保证过滤操作的安全性，过滤器的完整性测试是必要的。一般包括破坏性细菌挑战测试、起泡点测试、扩散流测试和压力衰减测试等。

破坏性细菌挑战测试：配制一定浓度的特定大小的微生物，进行破坏性过滤试验，以证明过滤器符合严格的设计标准。对于 $0.2\mu m$ 孔径的除菌过滤器，标准的检测微生物是缺陷短波单胞菌（*Brevundimonas diminuta*）ATCC 19146，该微生物的直径大小为 $0.3\mu m$。检验时，将微生物悬液雾化过滤，滤过气体作培养。按照标准测试方法，过滤膜上要达 $10^7 cfu/cm^2$ 微生物才能认可。有些公司每批产品都要抽样进行破坏性细菌挑战测试。对于用户来讲，如需要进行破坏性细菌挑战测试，须采用实际过滤的对象进行试验，但一般用户只做非破坏性试验。

起泡点测试：将过滤膜完全润湿后，用空气加压，测出冒出气泡时的空气压力。滤膜的泡点值与孔径相关。一般厂家会提供泡点值与最大孔径的关系表。

扩散流测试：在泡点值的 80% 压力下，会有部分气体溶解到液体中，并扩散到另一侧，称为扩散流。通过检测扩散流气体可检验过滤器的完整性。此方法一般应用于过滤面积较大的过滤器。

压力衰减测试：利用精密压力表测量需要过滤的上游由于扩散流而导致的压力衰减。

一般来讲，除菌过滤器非破坏性的完整性测试都不能真实代表过滤器的除菌效果，所以，其他测试必须结合破坏性细菌挑战测试才能保证过滤器的过滤效果。

另外，对于不同厂家不同工艺生产的过滤膜，用不同的仪器，测定参数会不同。所以，一定要结合生产厂家的产品和固定的测定仪器来对过滤器做完整性测试。

思维导图

第四章

第五章　培养条件、操作方式与发酵罐设计

○○ —— ○○ ○ ○○ ————————

第一节　培养条件对发酵过程的影响

一、培养基

微生物同其他生物一样，其生长繁殖依赖于从外界吸收营养物质，进而通过新陈代谢来获取能量和中间产物以合成新的细胞物质。培养基是人工配制的供微生物（或动植物细胞）生长、繁殖、代谢和合成人们所需目的产物的营养物质和原料。同时，培养基也为微生物等细胞的生长提供了营养以外的所必需的环境。由于微生物种类繁多，所以它们对培养基种类的需求和利用也不尽相同。

微生物培养基大致包括碳源、氮源、无机盐、生长因子和水这几大营养要素，然后根据不同的培养目的配制不同种类的微生物培养基。

1. 培养基的基本成分

（1）碳源　碳源是组成微生物细胞成分的重要来源，同时为微生物的物质运输、代谢合成及细胞运动等各类生命活动提供物质基础，是组成培养基的主要成分之一。常用作为碳源的物质主要是糖类（葡萄糖、果糖、半乳糖、蔗糖、麦芽糖和乳糖等）、脂肪（动植物油脂）以及某些有机酸（乙酸、丙酸、丁酸等）。

（2）氮源　氮源主要用于构成微生物细胞物质和合成含氮的化合物，即蛋白质及氨基酸之类的含氮代谢产物。不同类型的氮源对微生物的生长和代谢有着不同的调控作用。根据来源，常用的氮源可分为两大类：有机氮源和无机氮源。有机氮源主要有黄豆饼粉、花生饼粉、玉米浆、玉米蛋白粉、蛋白胨、酵母粉、鱼粉、蚕蛹粉、发酵菌丝体等；无机氮源包括氨水、硫酸铵、尿素、硝酸钠、硝酸铵和磷酸氢二铵等。

（3）无机盐　无机盐类是微生物生命活动必不可少的物质，其主要功能是构成菌体的细胞组分。无机盐常常作为酶的组成部分或维持酶的活性以及参与调节渗透压、pH 值和氧化还原电位等。微生物在生长发育和代谢产物合成过程中常常需要钙、镁、硫、磷、铁、钾、钠、氯、锌、钴、锰等无机盐微量元素。这些物质一般在低浓度时对微生物的生长和产物合成有促进作用，在高浓度时则常表现出明显的抑制作用。但是不同微生物需要的无机盐种类以及浓度不同，需要根据具体情况而定。

（4）生长因子　生长因子是指一类微生物生长所必需的但微生物自身不能合成或合成量不能满足细胞生长的有机化合物，广义的生长因子除了维生素外，还包括碱基、嘌呤、嘧啶、生物素和烟酸等，有

时还包括氨基酸营养缺陷突变株所需要的氨基酸在内。生长因子的主要生物学功能是作为细胞内酶的辅酶或辅基，催化生物化学反应的进行。

（5）水　水是微生物细胞的主要组成部分，占细胞总量的80%～90%，并且作为细胞进行生物化学反应的主要介质。微生物在吸收营养物质和分泌代谢产品时，都需要水的介入来溶解这些物质，从而使物质能够穿越细胞膜。培养基中的营养物质，如碳源、氮源、无机盐和生长因子，都必须先溶解在水中才能被微生物所吸收和利用。微生物细胞及其生命活动高度依赖水。水参与许多生物化学反应，维持细胞的渗透压和温度，并为微生物提供适宜的生长环境。在适宜的水环境中，微生物能够正常生长和繁殖。因此，为微生物提供恰当的水环境在培养过程中具有至关重要的作用。

2. 培养基的种类

微生物的培养基种类较多，可根据其用途、物理性质和培养基组成物质的化学成分等方面加以区分。依据其在生产中的用途，可将培养基分为斜面培养基、种子培养基、发酵培养基、富集培养基、选择性培养基、鉴别培养基和厌氧菌培养基。

（1）斜面培养基　主要应用于菌种扩大转管及菌种保藏。在发酵工业生产中，针对菌种的生长特性，应用最广泛的斜面培养基为孢子培养基。孢子培养基是制备孢子用的培养基。该培养基可以使孢子迅速发芽和生长，在不引起菌种变异的情况下形成大量优质的孢子。一般来说，孢子培养基中的基质浓度（特别是有机氮）要低些，否则影响孢子的形成。无机盐的浓度要适量，否则影响孢子的数量和质量。孢子培养基的组成因菌种的不同而异。生产中常用的孢子培养基有麸皮培养基、大（小）米培养基以及由葡萄糖（或淀粉）、无机盐、蛋白胨等配制的琼脂斜面培养基等。

（2）种子培养基　种子扩大培养的目的是短时间内获得数量多、质量高的大量菌种，以满足发酵生产的需要。种子培养基必须有较完全和丰富的营养物质，以便于微生物的快速生长，特别要有充足的氮源和必需的生长因子。由于种子培养时间较短，并且不需要积累产物，因此，一般种子培养基中各营养物质的浓度不需要太高。此外，种子培养物直接转入发酵罐中进行发酵，为了缩短发酵阶段的延滞期，种子培养基还应与发酵培养基的主要成分相一致，使细胞在种子培养阶段就已经合成相关的诱导酶系，这样进入发酵阶段后就能够较快地适应发酵培养基。

（3）发酵培养基　发酵培养基是用于菌体生长繁殖和合成大量目的产物的培养基。为了促进菌体的快速生长和目的产物的大量合成，发酵培养基的组分应当丰富完整，营养成分的浓度和黏度要适中。针对以上特点，发酵培养基的设计要根据菌体自身生长规律、产物合成的特点而定。发酵培养基的组成还要考虑菌体在发酵过程中的各种生化代谢的调节，尤其在产物合成期，避免发酵液pH值的大幅度波动。此外，发酵培养基采用的原材料质量应相对稳定，防止影响下游产品的分离精制以及产品的质量。

（4）富集培养基　富集培养基是一种为了分离某类微生物而加入助长该类微生物的营养物质或加入抑制其他微生物生长的抑菌剂的培养基。在这类培养基中，某种微生物将比其他微生物生长繁殖更快，能以明显的生长优势而抑制其他类微生物的生长。因此利用这类培养基可以从杂居多种微生物的样品中较容易地分离出目的微生物，但能在这种培养基上生长的微生物并不是一个纯种，而是营养要求或者抗性类似的类群，所以这种富集和选择性只是相对的。

（5）选择性培养基　选择性培养基是指根据某种（类）微生物特殊的营养要求或对某些特殊化学、物理因素的抗性而设计的，能选择性区分这种（类）微生物的培养基。利用选择性培养基，可使混合菌群中的某种（类）微生物变成优势种群，从而提高该种（类）微生物的筛选效率。

（6）鉴别培养基　在培养基中添加特定的化学物质，使不同种类的微生物在生长时产生不同的代谢产物，从而可以通过这些代谢产物的差异来区分不同的微生物。

（7）厌氧菌培养基　供厌氧菌的分离、培养和鉴别用的培养基，称为厌氧菌培养基。为使厌氧菌能正常生长，为使厌氧菌能正常生长，必须制备营养成分丰富，氧化还原电势较低，具有特殊生长因子的专用厌氧培养基。

3. 碳源种类和浓度对发酵过程的影响及控制

（1）碳源种类对发酵过程的影响及控制　不同微生物的碳源利用能力有很大差别：有些微生物可以广泛利用多种不同类型的碳源物质，而有些微生物可选择利用的碳源物质则比较少。例如，某些假单胞菌物种可利用多达 90 种以上的碳源物质，而一些甲基营养型微生物只能利用甲醇或甲烷等一碳化合物作为碳源物质。微生物可利用的碳源物质主要有糖类、有机酸、醇、脂类、烃、CO_2 及碳酸盐等。碳源的种类对发酵的影响主要取决于碳源自身的性质。按照碳源利用的快慢程度，可分为快速利用的碳源和缓慢利用的碳源。前者（如葡萄糖）能较快地参与微生物的代谢和菌体合成、产生能量并产生分解代谢产物（如丙酮酸），因而有利于微生物的生长，但部分分解代谢产物往往对目的产物的合成起阻遏作用。而缓慢利用的碳源大多为聚合物（如淀粉），该类碳源首先被菌体分泌到胞外的酶降解为小分子物质，然后才被得以利用。因此，菌体利用该类碳源较为缓慢，但往往该类碳源有利于延长代谢产物的合成，特别是延长抗生素的分泌期，上述特点被多种抗生素的发酵所采用。例如，乳糖、蔗糖、麦芽糖、玉米油及半乳糖分别是青霉素、头孢菌素 C、核黄素及生物碱发酵的最适碳源。因此，选择合适的碳源对提高代谢产物的产量非常重要。

在对青霉素发酵的早期研究中，人们已经认识到了碳源的重要性。在快速利用的葡萄糖培养基中，菌体生长良好但合成的青霉素较少；在缓慢利用的乳糖培养基中，菌体生长缓慢但青霉素的产量明显增加，它们的代谢变化如图 5-1 所示，从图中可知糖的缓慢利用是青霉素合成的关键因素。同样的例子还有葡萄糖完全阻遏嗜热脂肪芽孢杆菌产生胞外生物素——同效维生素（其化学构造及生理作用与天然维生素相类似的化合物）的合成。因此，控制使用能产生阻遏效应的碳源对于微生物的生长及产物合成非常重要。基于这个原理，在工业上，为了调节控制菌体的生长和产物的合成，发酵培养基中通常采用一定比例的快速利用碳源和缓慢利用碳源的混合物，或在发酵过程中通过限量流加碳源的方法来满足菌体代谢需求，以避免速效碳源可能引起的分解代谢阻遏效应，从而调节控制发酵过程的菌体生长和促进代谢产物的合成。

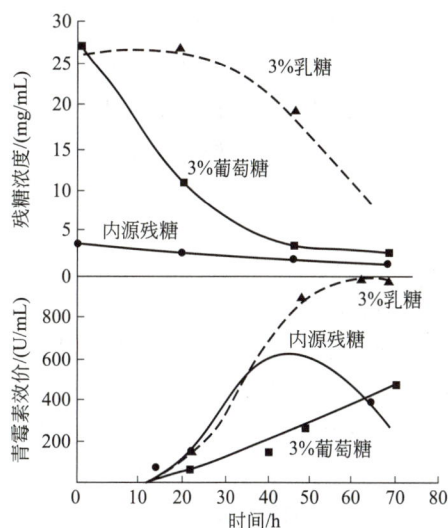

图 5-1　青霉素生产过程中
不同种类碳源的利用

（2）碳源浓度对发酵过程的影响及控制　碳源浓度对微生物的生长和产物合成有明显的影响，如培养基中碳源含量超过 5% 时，细菌的生长速率会因细胞脱水而下降。酵母或霉菌可耐受更高的葡萄糖浓度，达到 20%，这是因为它们对水的依赖性较低的缘故。因此，控制碳源浓度对发酵的进行至关重要。目前，碳源浓度的优化控制可采用经验法和发酵动力学法，即在发酵过程中采用中间补料的方法进行控制。在采用经验法时，可根据不同的代谢类型确定补糖时间、补糖量和补糖方式；而发酵动力学法则要根据菌体的比生长速率、糖比消耗速率及产物的比生成速率等动力学参数来控制碳源的浓度。

酵母的 Crabtree 效应是反映碳源浓度对产物形成影响的典型例子。即酵母生长在高糖浓度下时，即使溶氧充足，细胞仍然会进行厌氧发酵，产生乙醇。为了避免 Crabtree 效应，阻止乙醇的生成，可以采用补料分批或连续培养的策略来控制细胞生长速率和葡萄糖浓度。

4. 氮源种类和浓度对发酵过程的影响及控制

（1）氮源种类对发酵过程的影响及控制　氮源同碳源一样，也有快速利用的氮源（速效氮源）和缓慢利用的氮源（迟效氮源）之分。前者如氨基（或铵）态氮的氨基酸（或硫酸铵等）和玉米浆等；后者如黄豆饼粉、花生饼粉、棉籽饼粉等。速效氮源容易被菌体摄取代谢，因而有利于菌体生长。但是，速效氮源对某些代谢产物的合成，尤其是对某些抗生素的合成产生负调节作用而影响其产量。例如，在链霉菌的竹桃霉素发酵中，采用铵盐速效氮源，能刺激菌丝生长，但抗生素的产量反而下降。铵盐对柱晶白霉素、螺旋霉素等同样产生类似的负调节作用。迟效氮源有利于延长次级代谢产物的分泌期，提高产物的产量。但迟效氮源的一次性投入往往造成菌体的过量生长和营养组分的过早耗尽，导致菌体细胞过早衰老而自溶，从而缩短产物的分泌期。针对上述问题，发酵培养基一般选用速效氮源和迟效氮源的混合物。例如，氨基酸发酵用铵盐（硫酸铵或醋酸铵）和麸皮水解液、玉米浆作为氮源；链霉素发酵采用硫酸铵和黄豆饼粉作为氮源。但也有使用单一铵盐或有机氮源（黄豆饼粉）的培养基组成方式。

速效氮源和迟效氮源除了对发酵过程的影响外，不同种类的氮源还具有一些特殊的作用。如赖氨酸生产中，培养基中甲硫氨酸和苏氨酸的存在可提高赖氨酸的产量。由于纯氨基酸组分价格昂贵，生产中常用黄豆水解液来代替。此外，谷氨酸生产中，尿素分解产生的氨基，以其作为氮源可进一步提高谷氨酸的产量。

（2）氮源浓度对发酵过程的影响及控制　与碳源浓度的选择类似，氮源浓度过低，菌体营养不足，产物的合成受到影响；浓度过高则会导致细胞脱水死亡，且影响传质。不同目的产物的发酵往往需要不同浓度的氮源，如在谷氨酸发酵过程中，氮源的需求呈现出显著的特殊性，与一般发酵过程相比，谷氨酸发酵对氮源的需求量大幅增加。通常情况下，一般发酵产品的发酵培养基碳氮比处于100：（0.2～2.0）的范围，而谷氨酸发酵的碳氮比则高达100：（15～21）。并且，只有当碳氮比达到100：11及以上时，谷氨酸才会开始积累，这充分表明了合适的碳氮比对于谷氨酸发酵的关键作用。此外，氨浓度在谷氨酸发酵中也是一个极为关键的影响因素。在菌体生长阶段，氮源以铵离子（NH_4^+）的形式参与代谢过程。若 NH_4^+ 供应不足，α-酮戊二酸无法顺利进行还原氨基化反应，进而在细胞内积累。由于谷氨酸的合成依赖于 α-酮戊二酸的氨基化，α-酮戊二酸的积累会打破正常的代谢平衡，导致谷氨酸产量受到严重影响。反之，若 NH_4^+ 过量，过多的铵离子会促使谷氨酸发生进一步的转化反应，生成谷氨酰胺。谷氨酰胺的合成会消耗大量原本可用于积累谷氨酸的前体物质和能量，从而使谷氨酸的产量显著降低。因此，在谷氨酸发酵过程中，精准控制氮源的含量和氨浓度，使其处于适宜的范围，对于实现谷氨酸的高效生产、提高发酵产率具有至关重要的意义。

为了调节菌体生长和防止菌体衰老自溶，除了基础培养基中的氮源外，还要通过补加氮源来控制其浓度。生产上常采用以下策略：①根据产生菌的代谢情况，可在发酵过程中添加某些具有调节生长代谢作用的有机氮源，如酵母粉、玉米浆和尿素等，例如，在土霉素发酵中，补加酵母粉可提高发酵单位；②补加无机氮源，补加氨水或硫酸铵是工业上常用的方法，氨水既可作为无机氮源，又可以调节 pH 值。在抗生素发酵工业中，补加氨水是提高发酵产量的有效措施。如果与其他条件相配合，有些抗生素的发酵单位可提高 50％。但当 pH 值偏高而又需补氮时，就可补加生理酸性的硫酸铵，以达到提高氮含量和调节 pH 值的双重目的。因此，应根据发酵控制的需要来选择与补充其他氮源。

5. 磷酸盐浓度的影响及控制

磷是构成蛋白质、核酸和 ATP 的必要元素，是微生物生长繁殖和代谢产物合成所必需的。在发酵过程中，微生物从培养基中摄取的磷元素一般以磷酸盐的形式存在。因此，磷酸盐的浓度对菌体的生长和产物合成有一定的影响。微生物生长良好时所允许的磷酸盐浓度为 0.32～300mmol/L，但次级代谢产物合成所允许的最高平均浓度仅为 1.0mmol/L，提高到 10mmol/L 可显著抑制其合成。相比之下，菌体生长和次级代谢产物合成所需磷酸盐的浓度相差悬殊。因此，控制磷酸盐浓度对微生物次级代谢产物发酵来说是很重要的。磷酸盐浓度对于初级代谢产物合成的影响，往往是通过促进生长而间接产生的。对于次级代谢产物，其影响机制更为复杂。对磷酸盐浓度的控制，通常是在基础培养基中采用适当的浓度给予控制。对抗生素发酵来说，常常是采用生长亚适量（对菌体生长不是最适合但又不影响生长

（的量）的磷酸盐浓度，其最适浓度取决于菌种特性、培养条件、培养基组成和原料来源等因素，并结合具体条件和使用的原材料通过实验来确定。培养基中的磷含量还可能因配制方法和灭菌条件不同而有所变化。在发酵过程中，若发现代谢缓慢、耗糖低的情况，可适量补充磷酸盐。如在四环素发酵中，间歇添加微量 KH_2PO_4，有利于提高四环素的产量。

6. 水对发酵过程的影响与控制

微生物的生命活动离不开水。水不仅是微生物细胞的重要组成成分，参与细胞内水解、缩合、氧化和还原等一系列生化反应，还在物质代谢过程中起着溶剂和运输介质的作用，营养物质及代谢产物均需溶于水中才能通过细胞膜被微生物吸收或排出。水在微生物细胞中的功能主要有：①溶剂与运输介质作用；②参与一系列生化反应；③维持蛋白质、核酸等生物大分子稳定的天然构象；④水的比热容较高，有助于稳定微生物细胞内的温度变化；⑤微生物通过水合作用与脱水作用控制由多亚基组成的结构，如酶、微管、鞭毛等。因此，水对微生物的生长代谢具有重要影响。微生物生长的环境中水的有效性一般用水活度（a_w）值表示，水活度值是指一定的温度和压力条件下，溶液的蒸气压力与同样条件下纯水的蒸气压力之比，即：$a_w = p_w/p_w°$，式中 p 代表溶液的蒸气压力，$p_w°$代表纯水的蒸气压力。纯水的 a_w 为 1.00，溶液中溶质越多，a_w 越小。微生物一般在 a_w 为 0.65～0.99 的条件下生长，a_w 过低时，微生物生长的延滞期延长，比生长速率和总生物量减少。微生物不同，其生长的最适 a_w 不同。一般而言，细菌生长最适 a_w 酵母菌和霉菌高，而嗜盐微生物生长最适 a_w 则较低。因此，在实际发酵过程中，需要根据发酵微生物的种类及特性调节水活度以促进微生物的繁殖代谢。

7. 生长因子对发酵过程的影响

生长因子是一类微生物生长所必需，但其自身不能合成或合成量不足以满足细胞生长需求的有机化合物，主要包括维生素、氨基酸、嘌呤、嘧啶、胺类和短链脂肪酸等。最早发现的生长因子化学本质上是维生素，目前发现的许多维生素都能起到生长因子的作用。虽然一些微生物能自身合成维生素，但大多数微生物仍然需要外界提供维生素才能生长。维生素在机体中所起的作用主要是作为酶的辅基或辅酶参与新陈代谢。而有些微生物自身缺乏合成某些氨基酸的能力，因此必须补充这些氨基酸或含有这些氨基酸的小肽类物质，微生物才能正常生长。例如，肠膜明串珠菌需要 17 种氨基酸才能生长，有些细菌需要 D-丙氨酸用于合成细胞壁。嘌呤和嘧啶作为生长因子的主要作用也是作为酶的辅酶或辅基，以及用来合成核苷、核苷酸和核酸。

生长因子并不是所有微生物都必需的，只是对于某些不能利用简单碳源、氮源合成这些成分的微生物才是必不可少的营养成分，且不同微生物需求的生长因子的种类和数量也是不同的。生长因子的主要生物学功能是作为细胞内酶的辅酶或者辅基，催化生化反应的进行。例如，以糖质原料为碳源生产谷氨酸的生物素缺陷型菌株需以生物素作为其生长因子，且生物素浓度对菌体生长和谷氨酸合成和积累有很大影响，大量合成谷氨酸时所需要的生物素浓度比菌体生长的需要量低，即为菌体生长需要的"亚适量"。如果生物素过量，菌体大量繁殖而不产生或很少产生谷氨酸；若生物素不足，菌体生长不好，谷氨酸的产量也低。通常来说，酵母膏、牛肉浸膏、麦芽汁、玉米浆、动植物组织提取液、微生物培养液等复杂碳源氮源均能提供一定量的生长因子，但也可在培养基中加入成分已知和含量确定的某种生长因子或生长因子复合液作为补充。

二、温度

在影响微生物生长繁殖的各种物理因素中，温度发挥着至关重要的作用。由于微生物的生长繁殖和产物的合成都是在各种酶的催化下完成的，而温度却是保证酶活性的重要条件，因此在发酵过程中必须保证稳定而合适的温度环境。温度对发酵的影响主要体现在微生物细胞的生长和代谢、产物的生成和发酵液的物理性质等方面。

1. 温度对微生物细胞生长的影响

如果有液体水和养分的话，有些微生物能够在90℃以上或0℃以下生长，但大多数微生物的生长局限于20～40℃范围内，嗜冷菌在温度低于20℃下生长速率最大，中温菌在30～35℃生长，嗜热菌在50℃以上生长。每种微生物都有其特征性的最低温度、最适温度和最高温度。在最低和最高温度，生长速率为0，在最适温度生长速率最高。最适温度通常只比最高温度低5～10℃。细菌的最适生长温度大多比霉菌高些。由于不同种类的微生物所具有的酶系和性质不同，同一种微生物的培养条件不同，最适温度也不同。如果所培养的微生物能承受稍高一些的温度进行生长繁殖，这对生产具有很大的好处，因为较高的温度既可以减少染杂菌的机会，又可减少夏季培养所需的降温辅助设备。

温度对微生物的影响，不仅表现为对菌体表面的作用，而且因热平衡的关系，热量传递到菌体内，对菌体内部所有物质与结构均有作用。由于生命活动可看作是相互连续进行的酶反应，而任何化学反应都与温度有关，通常在生物学的范围内温度每升高10℃，生长速度就加快1倍。所以，温度直接影响酶反应，从而影响微生物的生命活动。根据酶促反应动力学原理，在达到最适温度之前，温度升高，反应速率加快，呼吸强度加强，必然导致细胞生长繁殖加快。但随着温度的上升，酶失活的速度也加快，菌体衰老提前，发酵周期缩短，这对发酵生产是极为不利的。同时，高温还会使微生物细胞内的蛋白质发生变性或凝固，从而导致微生物死亡。

此外，温度和微生物的生长存在着密切关系。首先，在其最适温度范围内，生长速度随温度升高而加快，生长周期随着发酵温度的升高而缩短；其次，不同生长阶段的微生物对温度的反应不同，处于延滞期的细菌对温度十分敏感，将其在最适生长温度附近培养，可以缩短其生长的延滞期和孢子的萌发时间。在最适温度范围内提高对数生长期的培养温度，既有利于菌体的生长，又能够避免热作用的破坏。例如，提高枯草杆菌前期的培养温度，可对菌体生长和产酶产生明显的促进作用。但是，如果温度超过40℃，菌体细胞内的酶会因受热而失活，从而抑制细胞的生长。

2. 温度对发酵代谢产物的影响

温度对发酵代谢产物的影响是多方面的，主要体现在影响产物的合成方向、发酵动力学特性、发酵液物理性质、酶系组成及酶的特性等方面。

温度能够改变菌体代谢产物的合成方向。例如，在四环类抗生素发酵中，金色链丝菌能同时产生四环素和金霉素。当温度低于30℃时，细胞合成金霉素的能力较强。随着温度的提高，合成四环素的比例提高。当温度超过35℃时，金霉素的合成几乎停止，只产生四环素。

从发酵动力学上来看，温度的升高可以导致反应速率增大，生长代谢加快，产物生成提前。但是，温度的升高容易导致酶的失活，且温度越高失活越快，菌体越易衰老，从而影响产物的合成。

除上述作用外，温度还能影响酶系组成及酶的特性。例如，凝结芽孢杆菌的 α-淀粉酶热稳定性易受培养温度的影响，在55℃培养后所产生的酶在90℃保持60min后其剩余活性为88%～99%；在35℃培养所产生的酶经上述同样处理后剩余活性仅为6%～10%。此外，发酵液的黏度、基质、氧在发酵液中的溶解度和传递速率以及某些基质的分解和吸收速率等均受温度变化的影响，进而影响发酵动力学特征和产物的生物合成。

根据温度对发酵代谢产物的影响规律，大多数情况下，接种后适当提高培养温度有利于孢子萌发或加快菌体生长、繁殖，此时，发酵温度一般会下降；待发酵液的温度表现为上升时，发酵液温度应控制在菌体的最适生长温度；到主发酵旺盛阶段，温度应控制在代谢产物合成的最适温度。在此过程中，还应注意同一种微生物细胞的生长和产物积累的最适温度有时也不相同。例如，青霉素生产菌的最适生长温度为30℃，而青霉素合成的最适温度为25℃；谷氨酸生产菌的最适生长温度为30～32℃，而代谢产生谷氨酸的最适温度为34～37℃；黑曲霉的最适生长温度为37℃，而产生糖化酶和柠檬酸的最适温度为32～34℃。所以应针对不同发酵类型在生产过程的需要适时调整发酵温度。

3. 发酵热

发酵过程中，随着微生物对营养物质的利用以及机械搅拌的作用，都将产生一定的热能，同时因为发酵罐壁散热、水分蒸发等也会带走一部分热量。发酵热即发酵过程中释放出来的净热量，包括生物热、搅拌热、蒸发热和辐射热等，它是由产热因素和散热因素两方面决定的。

（1）生物热（$Q_{生物}$）　生产菌在生长繁殖过程中产生的热能，叫做生物热。这种热的来源主要是培养基中的碳水化合物、脂肪和蛋白质被微生物分解成 CO_2、水和其他物质时释放出来的，其中部分能量被生产菌利用来合成高能化合物，供微生物代谢活动和合成代谢产物，其余部分则以热的形式散发到周围环境中去，引起温度变化。

菌体的呼吸作用和发酵作用强度不同，所产生的热量不同，具有很强的时间性。在发酵初期，菌体处在适应期，菌体量少，呼吸作用缓慢，产生的热量较少。当菌体处在对数生长期时，呼吸作用强烈，且菌体量也较多，产生的热量多，温度升高较快，生产时必须控制好此时的温度。在发酵后期，菌体已基本上停止繁殖，逐步衰老，主要靠菌体内的酶进行发酵作用，产生的热量不高，温度变化不大。

生物热也随着培养基成分的变化而变化。在相同条件下，培养基成分越丰富，营养物质被利用的速度越快，产生的生物热就越大。

（2）搅拌热（$Q_{搅拌}$）　搅拌热为搅拌器转动引起的液体之间和液体与设备之间的摩擦所产生的热量。搅拌热的大小主要与搅拌器的功率、搅拌速度以及发酵液的黏度等因素有关。一般来说，搅拌速度越快，搅拌器功率越大，产生的搅拌热就越多；发酵液黏度越高，搅拌过程中克服阻力所消耗的能量也越多，搅拌热相应增加。

（3）蒸发热（$Q_{蒸发}$）　空气进入发酵罐并与发酵液广泛接触后，引起发酵液水分蒸发，被空气和蒸发水分带走的热量即为蒸发热。水的蒸发热和废气因温度差异所带走的部分显热一起都散失到外界。

$$Q_{蒸发} = G(I_{出} - I_{进})$$

式中　G——空气的质量流量，kg 干空气/h；

$I_{出}$、$I_{进}$——发酵罐排气、进气的热焓，kJ/kg 干空气。

（4）辐射热（$Q_{辐射}$）　因发酵罐内外的温度不同，发酵液中有部分热能通过罐体向外辐射，这种热能称为辐射热。辐射热的大小取决于罐内外的温度差，受环境变化的影响，冬季影响较夏季大些。

由于产热的因素为生物热和搅拌热，散热的因素为蒸发热和辐射热，所以所得的净热量即为发酵热，其是使得发酵温度变化的主要原因。发酵热随时间变化，要维持一定的发酵温度，必须采取保温措施，如在夹套内通入冷却水控制温度。

$$Q_{发酵} = Q_{生物} + Q_{搅拌} - Q_{蒸发} - Q_{辐射} \quad [J/(m^3 \cdot h)]$$

4. 发酵热的测定和计算

① 通过测量一定时间内冷却水的流量和冷却水进、出口温度，可用下式计算发酵热。

$$Q_{发酵} = Gc(t_2 - t_1)/V$$

式中　G——冷却水流量，L/h；

c——水的比热容，kJ/(kg·℃)；

t_1、t_2——发酵罐进、出口的冷却水温度，℃；

V——发酵液体积，m³。

② 通过发酵罐的温度自动控制装置，先使罐温达到恒定，再关闭自动装置，测量温度随时间上升的速率，按下式计算发酵热。

$$Q_{发酵} = (M_1 c_1 + M_2 c_2)S$$

式中　M_1——发酵液的质量，kg；

M_2——发酵罐的质量，kg；

c_1——发酵液的比热容，kJ/(kg·℃)；

c_2——发酵罐材料的比热容，kJ/(kg·℃)；

S——温度上升速率，℃/h。

③ 根据化合物的燃烧热值计算发酵过程中生物热的近似值。根据 Hess 定律，热效应决定于系统的初态和终态，而与变化的途径无关，反应的热效应等于产物的生成热总和减去作用物生成热总和。可以用燃烧热来计算热效应，如有机化合物的燃烧热可直接测定，反应热效应等于作用物的燃烧热总和减去产物的燃烧热总和。可用下式计算：

$$\Delta H = \sum (\Delta H)_{作用物} - \sum (\Delta H)_{产物}$$

式中　ΔH——反应热效应，kJ/mol；

$(\Delta H)_{作用物}$——作用物的燃烧热，kJ/mol；

$(\Delta H)_{产物}$——产物的燃烧热，kJ/mol。

5. 最适温度的控制

最适发酵温度是指既适合菌体生长，又适合代谢产物合成的温度。但有时最适生长温度不同于最适产物合成温度。选择最适发酵温度应考虑两个方面，即微生物生长的最适温度与产物合成的最适温度。不同的菌种、菌种不同的生长阶段以及不同的培养条件，最适温度均不相同。如在谷氨酸发酵中，生产菌的最适生长温度为 30～34℃，生产谷氨酸的最适温度为 36～37℃，在谷氨酸发酵前期，菌体生长阶段和种子培养阶段应满足菌体生长的最适温度，而在发酵的中后期菌体生长停止，为了大量积累谷氨酸，需要适当提高温度。此外，温度的选择还要根据其他发酵条件灵活掌握。例如，在通气条件较差的情况下，最合适的发酵温度也可能比良好通气条件下低一些。这是由于在较低的温度下，氧的溶解度相应大些，菌的生长速率相应小些，从而弥补了因通气不足而造成的代谢异常。又如，培养基成分和浓度也对改变温度的效果有一定的影响。在使用较稀或较易利用的培养基时，提高培养温度往往使养分过早耗尽，导致菌丝过早自溶，使产物的产量降低。

三、 pH

发酵 pH 是指发酵过程中发酵液的酸碱度。它是发酵过程中的一个关键参数，也是反映微生物在一定环境条件下代谢活动的综合指标，对微生物的生长、代谢和产物合成有着深远的影响。因此必须掌握发酵过程中培养液 pH 的变化规律，采用适当的检测方法，使菌体生长和产物合成处于最佳状态。

1. pH 对发酵过程的影响

不同种类的微生物对 pH 的要求不同，均有最适和耐受范围，大多数细菌的最适 pH 为 6.5～7.5，霉菌一般为 4.0～5.8，酵母为 3.8～6.0，放线菌为 6.5～8.0。对 pH 的适应范围取决于微生物的生态学，如果 pH 范围不合适，则会影响菌体的生长和产物的合成。同时，控制一定的 pH 范围不仅可以保证微生物的生长，还可以抑制其他杂菌的繁殖。

同一种微生物在不同的 pH 条件下对代谢产物的合成也有影响，但对其调节机制尚不十分清楚。代谢产物对于不同 pH 值的响应似乎是微生物的一种合理的适应过程。例如，当产气克雷伯菌（*Klebsiella aerogenes*）在酸性 pH 条件下生长时产生乙醇和 2,3-丁二醇等中性产物；在接近或高于中性 pH 的条件下生长时则主要生成有机酸（pH 值为 7.0 时生成丁二醇、乙醇和乳酸）；pH 值为 8.0 时生成乙酸、丁二醇、甲酸、乳酸和乙醇。

此外，微生物生长阶段和产物合成阶段的最适 pH 往往也存在差异，这与菌种的特性以及产物的化学性质有关，如青霉菌的生长 pH 为 6.5～7.2，生产青霉素的 pH 为 6.2～6.8；链霉素生产菌生长 pH 为 6.3～6.9，合成链霉素的 pH 为 6.7～7.3。

pH对微生物的生长繁殖以及产物合成的影响主要有以下几个方面。①改变微生物细胞原生质膜的电荷。电荷改变的同时，会改变细胞膜的通透性，进而影响微生物对营养物质的吸收和代谢产物的分泌。②影响酶的活性。由于酶的作用均有一个最适的pH值，因此在不适宜的pH值下，微生物细胞中某些酶的活性受到抑制，从而影响微生物的生长繁殖和新陈代谢。③影响培养基中某些重要营养物质和中间代谢产物的解离，进而影响微生物对这些成分的利用。④影响菌体代谢方向。pH不同往往导致菌体代谢过程的差异，从而改变代谢产物的质量与比例。如谷氨酸发酵中，在中性及微碱性条件下积累谷氨酸，而在酸性条件下则易形成谷氨酰胺和N-乙酰谷氨酰胺。

2. 影响pH变化的因素

微生物的生长与代谢会改变培养基的氢离子平衡，从而导致pH的改变。其变化主要取决于微生物的种类、培养基成分和发酵条件。菌体都有调整周围pH的能力，使其朝着最适pH的方向发展。但外界环境发生较大的变化时，这种能力的影响就会变弱，凡是导致酸性物质生成或释放以及碱性物质的消耗都会引起发酵液pH的下降；凡是造成碱性物质的生成或释放以及酸性物质的消耗均会使发酵液的pH值上升。

产物的形成也会导致培养基pH的改变。在简单培养基中，碳水化合物的完全需氧代谢会导致质子和CO_2的排出，使pH值降低，碳水化合物发酵产物通常是中性或酸性的。在柠檬酸、乙酸、葡萄糖酸的工业生产中，酸性产物能使培养基的pH值低于2.5。如在发酵过程中一次加糖过多，氧化不完全也会使有机酸大量堆积。

微生物对营养物质的吸收会导致pH值的改变。例如，$(NH_4)_2SO_4$等生理酸性盐中的NH_4^+被菌体利用后，残留的SO_4^{2-}将会引起培养液pH值下降；培养基中的蛋白质、其他含氮有机物如尿素等被酶水解放出氨，导致发酵起始时pH值迅速上升，后又因氨被菌体利用，pH值则会下降。

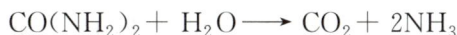

$$CO(NH_2)_2 + H_2O \longrightarrow CO_2 + 2NH_3$$
$$NH_3 + H_2O \longrightarrow NH_4^+ + OH^-$$

缓冲能力的变化也会导致培养基pH的改变。如果培养基中起缓冲作用的物质能作为基质使用，那么随着这些缓冲物质的消耗，培养基缓冲能力也随之削弱，从而导致pH的波动。例如以柠檬酸作为缓冲剂时，其可被利用作为碳源和能源，导致缓冲能力的迅速损耗。为避免类似问题出现，在使用常用的磷酸盐缓冲剂时往往将用量加大到远超过微生物生长所需的范围。

此外，影响pH变化的还有其他一些因素。如培养基中碳氮比不当、消泡剂添加过多、中间补料中的氨水或尿素等碱性物质的量过多等。

3. 发酵过程中pH的调节与控制

由于微生物在发酵过程中不断吸收、同化营养物质并排出代谢产物，因此，培养基的pH值处于不断的变化中，这与培养基的组成成分以及微生物的生长特性有关。为了使微生物能够在合适的pH下进行生长繁殖以及产物的合成，应根据不同微生物的特性，在初始培养基中控制适当的pH值，并在整个发酵过程中跟踪检查pH值的变化，判断发酵是否处于相应的最适pH值范围之内，同时还需选用适当的方法对pH进行调节和控制。

采用不同原料的发酵培养基时，适宜的发酵初始pH会有较大的不同。如利用黑曲霉在合成培养基中发酵时，培养基需要用HCl调节pH值为2.5时产酸效果最好。在发酵生产中利用糖蜜为原料进行发酵时初始pH要求在6.8左右。利用薯干粉为培养基时，由于薯干粉要利用黑曲霉的酶系使培养基中的淀粉进一步转化为可利用的葡萄糖，需要把初始pH值控制在糖化酶的适宜pH范围之内（pH4.0～4.6之间，一般要求为pH4.5左右）。目前柠檬酸的生产多采用玉米糖液发酵，其初始pH值可在糖化过程中利用硫酸或柠檬酸母液调节到4.8～5.2，这样对糖液的过滤和发酵均较为有利。

实际生产中，调节pH值的方法应根据具体情况而定。如调节培养基的原始pH值，或加入缓冲剂

（如磷酸盐）制成缓冲能力强、pH 值改变不大的培养基，若盐类和碳源的配比平衡，则不必加缓冲剂。也可在发酵过程中加弱酸或弱碱调节 pH 值，合理控制发酵条件，尤其是调节通气量来控制 pH 值。发酵过程中调节 pH 的主要方法有以下几种。

（1）添加碳酸钙法　采用生理酸性铵盐作为氮源时，由于 NH_4^+ 被菌体利用后，剩余的酸根引起发酵液 pH 下降，在培养基中加入碳酸钙可以起到调节 pH 的作用。但碳酸钙用量过大时，在操作上容易引起染菌。

（2）氨水流加法　在发酵过程中，根据 pH 值的变化流加氨水调节 pH 值，且作为氮源供给 NH_4^+。氨水价格便宜，来源容易。但氨水作用快，对发酵液的 pH 值波动影响大，应采用少量多次流加，以免造成 pH 值过高、抑制细菌生长，或 pH 值过低、NH_4^+ 不足等现象。具体流加方法应根据菌种特性、菌体生长、耗糖等情况来决定，一般控制 pH 值在 7.0～8.0，最好采用自动控制连续流加的方法。

（3）尿素流加法　以尿素作为氮源进行流加调节 pH 值，pH 值变化具有一定的规律性，且易于操作控制。首先，由于通风、搅拌和菌体脲酶作用使尿素分解放出氨，pH 值上升；氨和培养基成分被菌体利用并形成有机酸等中间代谢产物，pH 值降低，这时就需要及时流加尿素，以调节 pH 值和补充氮源。流加尿素后，尿素被菌体脲酶分解放出氨使 pH 值上升，氨被菌体利用和形成代谢产物又使 pH 值下降，流加反复进行以维持一定的 pH。流加尿素时，除主要根据 pH 的变化外，还应考虑菌体生长、耗糖、发酵的不同阶段来采取少量多次流加，维持 pH 稍低以利于菌体生长。当菌体生长快，耗糖增加时，流加量可适当多些，pH 可略高些，发酵后期有利于发酵产物的形成。

四、供氧对发酵过程的影响

发酵液中的溶氧（dissolved oxygen，DO）浓度对微生物的生长和产物形成具有重要的影响。在好氧发酵过程中，必须不断搅拌以及供给适量的无菌空气，菌体才能繁殖和积累目标代谢产物。不同菌种及不同发酵阶段菌体的需氧量是不同的，发酵液的 DO 值直接影响微生物的酶活性、代谢途径及产物产量。发酵过程中，氧的传质速率主要受发酵液中溶氧浓度和传递阻力影响。研究溶氧对发酵的影响及控制对提高生产效率、改善产品质量等都有重要意义。

溶氧对发酵的影响分为两个方面：一是溶氧浓度影响与呼吸链有关的能量代谢，从而影响微生物生长；二是溶氧直接参与并影响产物的合成。

1. 溶氧对微生物自身生长的影响

根据对氧的需求，微生物可分为兼性好氧微生物、专性厌氧微生物和专性好氧微生物。

兼性好氧微生物的生长不一定需要氧，但如果在培养中供给氧，则菌体生长更好，如酵母菌；典型如乙醇发酵，对 DO 的控制分两个阶段，初始提供高 DO 浓度进行菌体扩大培养，后期严格控制 DO 进行厌氧发酵。兼性好氧微生物能耐受环境中的氧，但它们的生长并不需要氧，这些微生物在发酵生产中应用较少。对于专性厌氧微生物，氧的存在则可对其产生毒性，如产甲烷杆菌、双歧杆菌等，此时能否将 DO 限制在一个较低水平往往成为发酵成败的关键。

而对于专性好氧微生物（如霉菌），则是利用分子态的氧作为呼吸链电子系统末端的最终电子受体，最后与氢离子结合成水，完成生物氧化作用同时释放大量能量，供细胞的维持、生长和代谢使用。由于不同好氧微生物所含的氧化酶体系的种类和数量不同，在不同环境条件下，各种需氧微生物的需氧量或呼吸程度不同。同一种微生物的需氧量也随菌龄及培养条件的不同而不同。一般幼龄菌生长旺盛，其呼吸强度大，但由于种子培养阶段菌体浓度低，总的耗氧量也比较低；在发酵阶段，由于菌体浓度高，耗氧量大；生长后期的菌体的呼吸强度则较弱。

溶氧影响菌体生长的研究报道很多，如在谷氨酸发酵过程中，前期主要为菌体生长阶段，需要一定量的氧参与，如果氧的供应受到限制，则会影响到菌体的生长，进而影响到最终的氨基酸产量。在菌体生长阶段，溶氧水平过低，则抑制谷氨酸合成，生成大量的代谢副产物；若供氧过量，在生物素限量的情况下，菌体生长受到抑制，表现为耗糖慢，pH 值偏高，且不易下降。

2. 溶氧对发酵产物的影响

对于好氧发酵来说，溶氧通常既是营养因素，又是环境因素。特别是对于具有一定氧化还原性质的代谢产物的生产来说，DO 的改变势必会影响到菌株培养体系的氧化还原电位，同时也会对细胞生长和产物形成产生影响。

例如在氨基酸发酵过程中，其需氧量的大小与氨基酸的合成途径密切相关。根据发酵需氧要求不同可分为如下三类：第一类包括谷氨酸、谷氨酰胺、精氨酸和脯氨酸等谷氨酸系氨基酸发酵，它们在菌体呼吸充足的条件下，产量最大。如果供氧不足，氨基酸合成就会受到强烈抑制，大量积累乳酸和琥珀酸；第二类包括异亮氨酸、赖氨酸、苏氨酸和天冬氨酸，即天冬氨酸系氨基酸发酵，供氧充分可达到最高产量，但供氧受限，产量受到的影响并不明显；第三类包括亮氨酸、缬氨酸和苯丙氨酸发酵，仅在供氧受限、细胞呼吸受到抑制时，才能获得最大的氨基酸产量，如果氧气充足，产物形成反而受到抑制。因此，在氨基酸发酵过程中，应根据氨基酸合成的具体需要确定溶氧水平。

上述氨基酸生物合成途径的需氧量差异主要是由于不同代谢途径产生了不同数量的 NAD(P)H。第一类氨基酸是经过乙醛酸循环和磷酸烯醇式丙酮酸羧化系统两个途径形成的，产生的 NADH 最多，因 NADH 氧化反应的需氧量也最多，因此供氧越多，合成氨基酸越顺利；第二类氨基酸的合成途径是产生 NADH 的乙醛酸循环或消耗 NADH 的磷酸烯醇式丙酮酸羧化系统；第三类氨基酸的合成，并不经 TCA 循环，NADH 产量很少，过量的供氧反而起抑制作用。由此可知，供氧大小与产物合成密切相关。

又如，在费氏丙酸杆菌发酵生产维生素 B_{12} 中，维生素 B_{12} 的组成部分咕啉醇酰胺（B 因子）的生物合成前期的两种主要酶会受到氧的阻遏，限制氧的供应才能积累大量的 B 因子，B 因子又在供氧的条件下才能转变为维生素 B_{12}，因而采用厌氧和供氧相结合的方法有利于维生素 B_{12} 的合成。

此外，DO 值的高低还会改变微生物代谢途径，以致改变发酵环境甚至使目标产物发生偏离。研究表明，L-异亮氨酸的代谢流量与溶氧浓度有密切关系，可以通过控制不同时期的溶氧来改变发酵过程中的代谢流分布，从而改变异亮氨酸等氨基酸合成的代谢流量。

在抗生素发酵中，氧的供应则更加重要。许多抗生素发酵，即使在生长期短时间停止通气，就有可能对菌体在生产期的代谢途径和产物积累产生影响。如金霉素发酵，生长期短时间停止通气，使糖代谢由 HMP 途径转向 EMP 途径，金霉素的合成量减少。

3. 发酵过程中溶氧的变化

在正常发酵条件下，每种产物发酵过程中溶氧的变化都有一定的规律性。一般来说，发酵初期，菌体的呼吸强度虽大，但因菌体量少，总体上需氧量不大，此时发酵液的溶氧较高。随着菌体大量繁殖，发酵液的菌体浓度不断上升，需氧量也不断增加，使溶氧浓度明显下降。这也说明菌体正处于对数生长期。

对数生长期后，菌体的呼吸强度有所下降，需氧量有所减少，溶氧经过一段时间的平稳后开始有所回升。对于分批发酵来说，如不进行补料，发酵液的摄氧率变化不大，溶氧变化也不大。当从外界进行补料时，溶氧会发生改变，变化的大小和持续时间的长短，随补料情况而定。

在生产后期，由于菌体衰老，呼吸强度减弱，溶氧也会逐步上升，一旦菌体自溶，溶氧更会明显上升。

根据发酵液溶氧的变化，可以帮忙了解微生物生长代谢是否正常，或进行合理的工艺控制。在供氧条件没有变化的情况下，如果发酵过程中出现溶氧明显降低或明显升高的变化，往往是发酵异常的表现，如污染杂菌、污染噬菌体、菌体代谢发生异常等。

五、代谢产物及其他

1. 代谢产物

微生物细胞通过生物氧化获得代谢能，同时不可避免地生成一些代谢产物。例如兼性厌氧的化能异养型微生物在控制供氧的条件下生存时，生成一些不完全氧化的代谢产物。其中部分产物可直接参与细胞宏观组成（属于初级代谢产物，如氨基酸）；有些产物通常对细胞自身没有明显作用（属于次生代谢产物，如抗生素）；还有一些产物不但不能直接参与细胞的宏观组成，而且如果不及时排出细胞会危及细胞生存（能量代谢的副产物，如醇类和某些有机酸）。

仍以发酵工业中应用较为广泛的兼性厌氧化能异养型微生物为例，在通气（供氧）条件下培养细胞群体进行工业发酵，并把通气量作为工业发酵的一个重要的控制参数。当供氧充足时微生物细胞群体主要以有氧呼吸的方式进行生物氧化，将能源有机物氧化成二氧化碳，氧化过程中释放的化学能被高效地转变成以 ATP 为代表的代谢能，生成的大量 ATP 主要用来支持细胞组成物质（氨基酸、蛋白质、核酸、多糖和脂质等）的生物合成和细胞增殖。当供氧不足时微生物细胞群体主要以生理性发酵的方式进行生物氧化，微生物细胞对能源有机化合物的氧化，通过与内源的（已经经过该细胞代谢的）有机化合物的还原相耦合的方式来实现，主要以底物水平磷酸化的方式获得以 ATP 为代表的代谢能，仅生成少量 ATP，主要用来维持细胞生存。

实验证实，兼性厌氧的化能异养型微生物在缺氧条件下维持生存时，三羧酸（TCA）循环路径运行中断，TCA 环就变成在草酰乙酸（OAA）处发生分叉的 TCA 途径的还原支路和 TCA 途径的氧化支路，即从 OAA 出发的经苹果酸（MLA）、延胡索酸（FMA）到琥珀酸（SCA）的 TCA 途径还原支路和从 OAA 出发的经柠檬酸（CTA）、异柠檬酸（ICA）到 α-酮戊二酸（α-KG）的 TCA 途径氧化支路。在活细胞中，不同的酵解途径以及 TCA 途径氧化支路的脱氢酶催化的反应所形成的还原型辅酶 I（NADH）需再生，以便再用于下一轮的脱氢反应，为底物水平磷酸化提供底物，维持底物水平磷酸化，为维持生存提供 ATP；还原型辅酶再生时将电子交给细胞的内源有机化合物，就可能将它们还原成不同的生理性发酵产物（如醇、醛、酯和某些有机酸）。为了维持生存而不可避免地生成的这一类不能直接参与细胞的宏观组成、在细胞内累积将危及细胞生存而必须及时排出细胞的代谢产物，这就是能量代谢副产物。代谢副产物在一定程度上影响菌体的生长及目的产物的产量。

在耐高渗酵母发酵生产甘油的过程中，除甘油外还将产生许多代谢副产物，如乙醇、简单有机酸、酯类等，这些副产物同样可能对发酵过程产生抑制作用。Kalle、Virkar 和 Bisping 等人发现，耐高渗酵母 S. cerevisiae 发酵生产甘油过程中产生的乙醇对细胞存活能力及甘油发酵能力均有显著抑制作用，当乙醇浓度大于 3％时，发酵能力降低 40％左右。因此，采用真空发酵或通以 CO_2 进行气提发酵除去发酵过程中产生的乙醇能够显著提高甘油发酵水平。

乙酸是大肠杆菌发酵过程中的代谢副产物，对其在什么浓度下产生抑制作用的各种说法不一。一般认为在好氧条件下，5～10g/L 的乙酸浓度就能对滞后期、最大比生长速率、菌体浓度以及最后蛋白收率等都产生可观测到的抑制作用。当乙酸浓度大于 10g/L 或 20g/L 时，细胞将会停止生长；当培养液中乙酸浓度大于 12g/L 后，外源蛋白的表达完全被抑制。因此必须将产生的乙酸浓度控制在一个较低的水平。一般可以通过控制葡萄糖浓度、降低温度、调节酸碱度、控制补料等方法降低比生长速率实现对乙酸浓度的控制。

2. 泡沫

在微生物发酵过程中，为了适应微生物的生理特征，并取得良好的生产效果，要通入大量的无菌空气。同时，为了增加氧气在水中的溶解度，必须加以剧烈搅拌，使气泡分割成无数的小气泡，以增加气液界面。气泡必须在发酵液中有一定的滞留时间，且发酵液中含有蛋白质等发泡性物质，因此，在通气发酵过程中，产生一定数量的泡沫是必然的现象。

　　然而，过多的持久性泡沫则会给发酵造成诸多不利因素，如发酵罐装料系数的减少。装料系数是装液量与容量的比，发酵罐的装料系数一般取 0.7 左右，通常充满余下空间的泡沫约占所需培养基的 10%，且其成分不完全与主体培养基相同。此外，若对产生的泡沫不加以控制，还会造成排气管大量逃液的损失，如泡沫升到灌顶将有可能从轴封渗出，增加染菌的机会。泡沫严重时还会影响同期搅拌的正常进行，阻碍菌体细胞的呼吸，造成代谢异常、终产物产量下降或菌体的过早自溶。其中，后一过程还会促使更多泡沫的生成。此外，泡沫的产生增加了菌群的非均一性，由于泡沫高低的变化和处在不同生长周期的微生物随泡沫漂浮或黏附在罐壁上，使这部分菌体暴露在气相环境中生长，引发菌体分化甚至自溶。为了控制发酵过程中的泡沫，一般通过添加消泡剂的方法。然而，消泡剂的加入常常给下游提取工作带来困难。

3. CO_2

　　CO_2 是微生物生长繁殖过程中产生的代谢产物，同时也是某些合成代谢所需的一种基质，几乎所有的发酵过程都产生 CO_2。实验表明，CO_2 对菌体生长和代谢产物的产生具有刺激或抑制作用，影响碳水化合物的代谢及微生物的呼吸速率。例如，当发酵液中溶解 CO_2 浓度为 1.6×10^{-2} mol/L 时，会严重抑制酵母菌的生长。若微生物生长受到抑制，会阻碍基质的异化作用和 ATP 的生成，从而影响产物的合成。

　　同时，CO_2 也会影响代谢产物的积累，在某些发酵过程中往往需要一定量的 CO_2。如牛链球菌（Streptococcus bovis）发酵产多糖，最重要的条件就是空气中要含有 5% 的 CO_2；在以氨甲酰磷酸为前体之一的精氨酸合成过程中，无机化能营养菌能以 CO_2 作为唯一碳源加以利用。

　　发酵过程中有时会使用增加罐压的方法提高溶氧，但同时也会增加 CO_2 的分压，从而影响产物的产量。如纤维素发酵中，一般采用增加罐压的方法提高溶氧，但 CO_2 的分压也同时增加。高浓度的 CO_2 使菌体的生长或呼吸受到抑制，从而降低了纤维素的产量。

　　研究认为，CO_2 对细胞作用的机制是 CO_2 及其产生的 HCO_3^- 影响细胞膜结构的结果。CO_2 主要作用于细胞膜的脂肪核心部分，而 HCO_3^- 则影响磷脂的亲水头部带电荷表面及细胞膜表面的蛋白质。当细胞膜的脂质相中 CO_2 浓度达到临界值时，膜的流动性及表面电荷密度发生变化，导致膜运输受阻而影响细胞膜的运输效率，使细胞处于"麻醉"状态，细胞生长受到抑制，形态也会随之发生改变。此外，CO_2 还可能使发酵液 pH 下降或与其他物质发生化学反应，或与生长必需的金属离子形成碳酸盐沉淀等间接影响微生物的生长和发酵产物的合成。

> **📚 案例解说　培养条件对透明质酸发酵过程的影响及优化**
>
> 　　透明质酸（HA）是由葡萄糖醛酸和乙酰氨基葡萄糖通过 β-(1→3) 和 β-(1→4) 糖苷键连接而成的黏多糖。HA 发酵属于高黏度发酵，混合性能差和传质效率低是 HA 发酵的一个重要瓶颈，因此优化 HA 发酵体系的混合与传质特性至关重要。
>
> 　　实验以兽疫链球菌（Streptococcus zooepidemicus）H23 为生产菌株，采用小型发酵罐研究培养条件对透明质酸发酵过程的影响。
>
> 　　1. 初糖浓度对透明质酸发酵的影响
>
> 　　（1）初糖浓度对菌体生长的影响　摇瓶研究发现，葡萄糖是 S. zooepidemicus H23 发酵的最适碳源，初糖浓度 40g/L 最有利于摇瓶发酵。在控制 pH 的基础上进一步考察了不同初始葡萄糖浓度下 H23 菌株的发酵过程。如图 5-2 所示，在较低的初糖浓度下，菌体的生长延滞期较短，而当初糖浓度为 93g/L 时则有明显的生长延迟现象。从底物消耗曲线（如图 5-3）看出，菌体进入快速糖耗阶段的时间随初糖浓度升高而延迟。可以认为较高的初糖浓度对菌体生长有抑制作用。

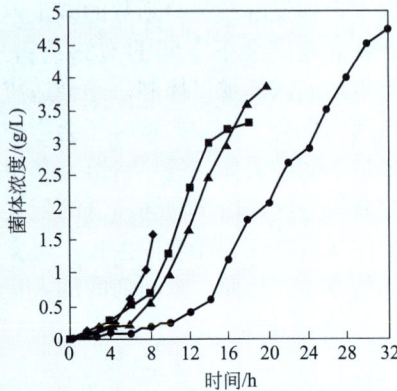

图 5-2　不同初糖浓度下的菌体生长曲线
初糖浓度（g/L）：◆30；■50.5；▲64；●93

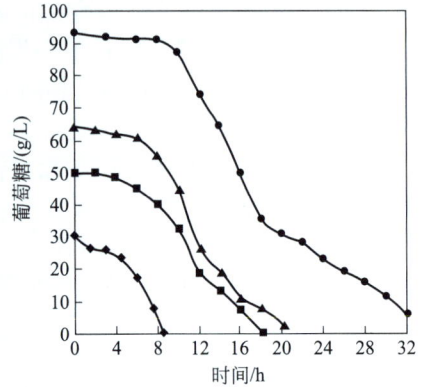

图 5-3　不同初糖浓度下葡萄糖消耗曲线
初糖浓度（g/L）：◆30；■50.5；▲64；●93

（2）初糖浓度对产物生成的影响　图 5-4 为 *S. zooepidemicus* H23 在不同初糖浓度下合成透明质酸的过程曲线，发酵结果的比较列于表 5-1。可见，透明质酸合成与菌体生长偶联，透明质酸合成的延滞期与菌体生长的延滞期一致。结合图 5-2 和图 5-4 可知，初糖浓度越高，细胞量越多，发酵结束时所获得的透明质酸产量也越高，但透明质酸的增加幅度并不与底物浓度的增加成正比。此外，从图 5-4 还可以看出，高初糖浓度时，生长后期透明质酸的合成速率明显下降。结果表明，虽然菌体生长可以继续进行，但透明质酸合成在发酵后期受到强烈的抑制。

对以上实验结果分析，发现初糖浓度对菌种 H23 的生产性能有很大的影响。高初糖浓度对菌体生长和透明质酸形成产生抑制，而发酵过程中产生的乳酸（图 5-5）同样会抑制菌体生长

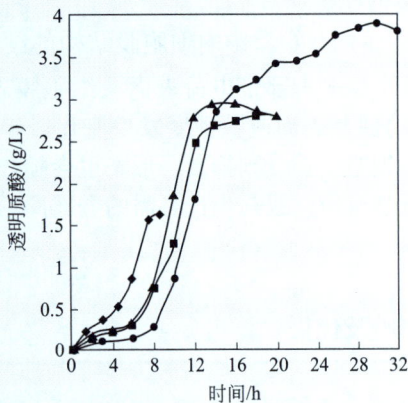

图 5-4　不同初糖浓度下的透明质酸变化曲线
初糖浓度（g/L）：◆30；■50.5；▲64；●93

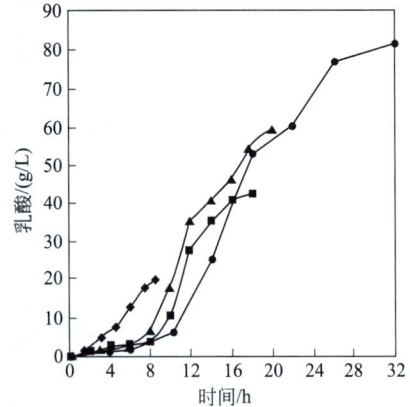

图 5-5　不同初糖浓度下的乳酸变化曲线
初糖浓度（g/L）：◆30；■50.5；▲64；●93

表 5-1　初糖浓度对发酵结果的影响

项目　　　　　　葡萄糖/(g/L)	30	50.5	64	93
透明质酸/(g/L)	1.62	2.71	2.98	3.92
透明质酸产率/(g/g)	0.054	0.054	0.046	0.042
乳酸/(g/L)	19.6	41.0	59.5	81.3
乳酸产率/(g/g)	0.65	0.81	0.92	0.93
$M_\eta / \times 10^6$	1.68	1.71	1.76	1.80

注：M_η 为黏均分子量。

和透明质酸形成。初糖浓度小于 50g/L 时，细胞干重和透明质酸产量都明显偏少；而当初糖浓度较高时，透明质酸产率系数降低，发酵时间延长，生产强度偏低。综合考虑透明质酸的产量、产率系数、生产强度，分批发酵生产透明质酸采用 50g/L 左右的初糖浓度较为适宜。

2. pH 对透明质酸的影响

（1）pH 值对菌体生长的影响　图 5-6 为不同 pH 下的菌体生长曲线。由图 5-6 可以看出，pH7.0 时细胞生长最好，表明 H23 菌株适合在中性条件下生长。摇瓶发酵中如不对 pH 进行控制，pH 将迅速下降到 5.0 左右，对菌体的生长产生明显的抑制。可见要使 H23 菌株进行正常的发酵，须将 pH 控制在 7.0 左右。不同 pH 下葡萄糖消耗曲线见图 5-7。

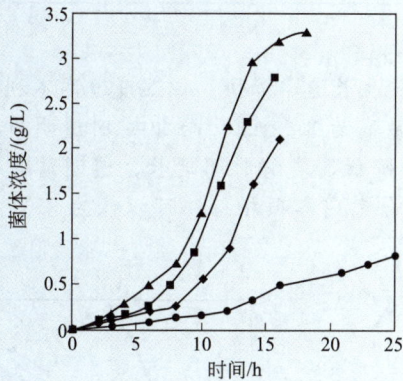

图 5-6　不同 pH 下的菌体生长曲线
pH: ◆6.0; ■6.5; ▲7.0; ●8.0

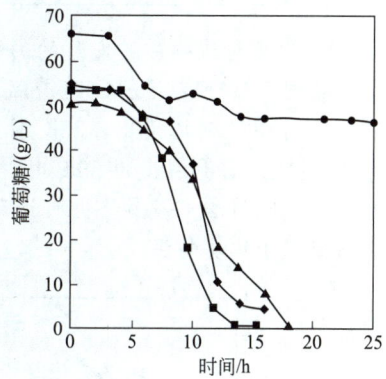

图 5-7　不同 pH 下葡萄糖消耗曲线
pH: ◆6.0; ■6.5; ▲7.0; ●8.0

（2）pH 值对产物合成的影响　图 5-8 和图 5-9 分别为不同 pH 下发酵产物透明质酸和乳酸合成的过程曲线。可以看出 pH 对菌体合成透明质酸和乳酸有不同的影响。pH7.0 时透明质酸产量最高，表明 pH7.0 不仅是细胞的最适生长 pH，也是透明质酸合成的最适 pH。

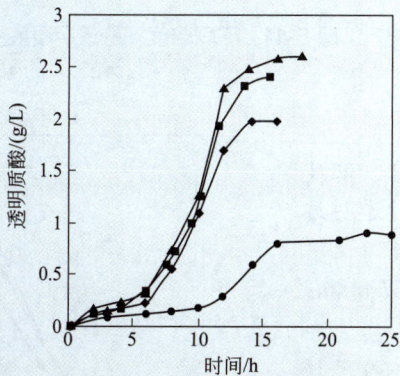

图 5-8　不同 pH 下的透明质酸变化曲线
pH: ◆6.0; ■6.5; ▲7.0; ●8.0

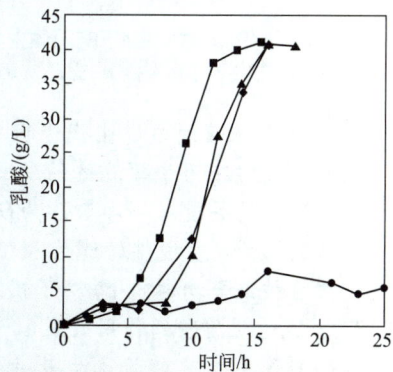

图 5-9　不同 pH 下的乳酸变化曲线
pH: ◆6.0; ■6.5; ▲7.0; ●8.0

不同 pH 下乳酸的最终产量是相同的（pH8.0 除外），但在 pH6.5 时，菌体合成乳酸速率最快（图 5-9）；葡萄糖消耗速度也最快（图 5-7）。pH 值对透明质酸黏均分子量影响不大，只有在 pH6.0 时黏均分子量才明显降低（表 5-2）。

表 5-2　控制不同 pH 对透明质酸分批发酵的影响

项目 \ pH	6.0	6.5	7.0	8.0
初始葡萄糖/(g/L)	53.8	53.3	50.5	66
剩余葡萄糖/(g/L)	6.34	0.8	1.0	46.3
透明质酸/(g/L)	2.1	2.4	2.6	0.90
透明质酸产率/(g/g)	0.039	0.045	0.051	0.048
乳酸/(g/L)	40.7	40	41	5.4
乳酸产率/(g/g)	0.76	0.75	0.81	0.27
$M_\eta/\times10^6$	1.58	1.64	1.71	1.68

3. 温度对透明质酸发酵的影响

从图 5-10 可以看出，随着温度的升高，细胞生长速率加快。但温度过高不利于透明质酸合成。从图 5-11 可以看出，35℃时透明质酸产量最高为 3.9g/L，而 39℃时透明质酸最终浓度仅为 2.1g/L。培养温度为 33℃时，细胞生长速率降低，发酵时间延长，透明质酸合成速率也降低，但透明质酸产量最终也可达到 3.4g/L。综合考虑各项指标，可以认为 35℃是较为合适的透明质酸小罐发酵温度。

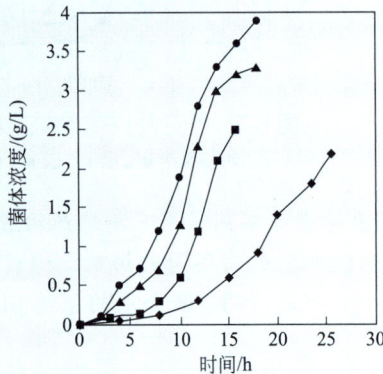

图 5-10　不同温度下的菌体生长曲线
温度（℃）：◆33；■35；▲37；●39

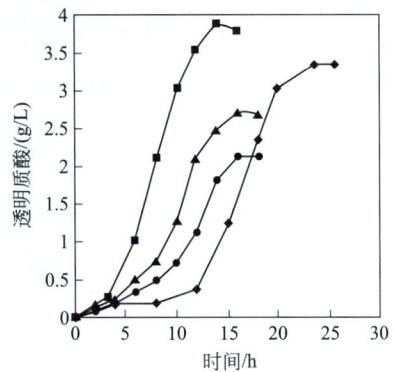

图 5-11　不同温度下的透明质酸变化曲线
温度（℃）：◆33；■35；▲37；●39

4. 溶氧浓度对发酵生产透明质酸的影响

对于发酵液为牛顿流体的发酵过程来说，溶氧浓度是通风发酵的关键控制参数。为研究溶氧浓度对透明质酸发酵的影响，在搅拌转速为 650r/min 的条件下（此时发酵罐可被混合均匀），考察了供氧对 *S. zooepidemicus* H23 合成透明质酸的作用效果。

（1）溶氧浓度对菌体生长的影响　图 5-12 为搅拌转速在 650r/min 时不同 DO 及厌氧发酵对菌体生长的影响。从图 5-12 中可以看出，高的 DO 有利于菌体生长，厌氧培养时菌体虽能生长（H23 菌株为兼性菌），但生物量较低。

（2）溶氧浓度对产物合成的影响　DO 对产物合成同样有较大的影响。表 5-3 列出不同 DO 时发酵终了透明质酸和乳酸的有关数据。从表 5-3 中可以看出，在控

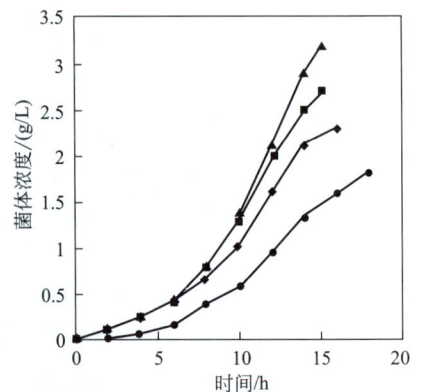

图 5-12　搅拌转速 650r/min 时 DO 对菌体生长的影响
DO（%）：◆1；■5；▲10；●厌氧

表 5-3 供氧状态对 *S. zooepidemicus* H23 产物合成的影响

DO/%	透明质酸			乳酸	
	透明质酸/(g/L)	透明质酸产率/(g/g)	$M_\eta/\times 10^6$	乳酸/(g/L)	乳酸产率/(g/g)
1	4.3	0.084	1.87	43.5	0.86
5	3.6	0.071	1.84	35.1	0.72
10	3.1	0.060	1.76	29.7	0.61
厌氧培养	1.2	0.026	2.06	4.3	0.94

制 DO 发酵时，透明质酸和乳酸终浓度都随 DO 的提高而大幅减小，同时底物对产物的转化率也相应下降。虽然所控制的 DO 都处于临界 DO 或临界 DO 之下，但无论透明质酸产量还是透明质酸产率都相差较大；而当发酵体系处于厌氧状态时，透明质酸的产量则很低，这说明溶氧在透明质酸合成中起着重要的作用。控制 DO 时透明质酸的黏均分子量都在 1.8×10^6 左右，并且与不控制 DO 时的接近，仅厌氧发酵时黏均分子量略高，说明 DO 对透明质酸黏均分子量的影响不大。

5. 代谢产物乳酸对透明质酸发酵的影响

S. zooepidemicus H23 菌株在产透明质酸的同时也会产生大量的乳酸。如图 5-13 所示，当乳酸浓度达 30g/L 以上时，透明质酸合成已基本停止或只有少量的增加。可以认为乳酸浓度为 30g/L 是对透明质酸合成抑制作用的转折点，在此浓度以上对透明质酸合成的抑制作用很强，而在此浓度以下乳酸抑制会大为减弱。

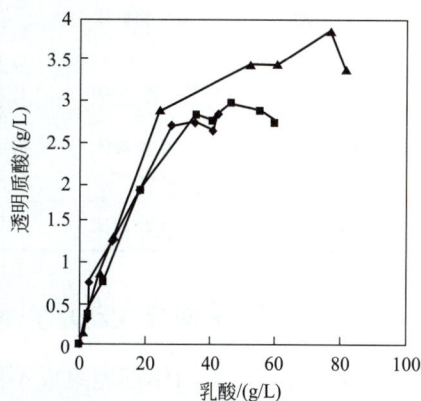

图 5-13 乳酸浓度对透明质酸合成的影响
初糖浓度（g/L）：◆50.5；■64；▲93

第二节　发酵动力学

一、发酵过程动力学分类

在微生物反应中，底物消耗和产物生成受微生物生长状态及代谢途径的影响很大。被摄入到微生物细胞内的底物，一部分转化为代谢产物，还有一部分则转化为新生细胞的组成物质。因此，对微生物反应动力学进行研究，至少要对底物、菌体和产物 3 个状态变量进行数学描述。当然，有些时候只要能表示出 3 个变量中的 2 个，另一个可通过计量关系推导得出。对于仅以培养菌体为目标的微生物反应（如生产面包酵母）和废水的生物处理过程，无须考虑代谢产物的生成速率。

在推导这 3 个状态变量的变化速率方程时，依据普通化学反应的简单质量作用定律很难解决问题，因为微生物反应是很多种物质参与的复杂代谢过程的综合结果。因此，微生物反应的动力学方程只能通过数学模拟得到。进行数学模拟的难点在于细胞的生长、繁殖代谢是一个复杂的生物化学过程，该过程既包括细胞内的生化反应，也包括胞内与胞外的物质交换，还包括胞外的物质传递及反应。该体系具有多相、多组分以及非线性的特点。同时，细胞的培养和代谢还是一个复杂的群体的生命活动，通常每 1mL 培养液中含有 $10^4 \sim 10^8$ 个细胞，每个细胞都经历着生长、成熟直至衰老的过程，同时还伴有退化、变异。要对这样一个复杂的体系进行精确描述几乎是不可能的。为了优化反应过程，首先要进行合理的简化，在简化的基础上建立过程的物理模型，再据此推导得出数学模型。

迄今为止，微生物生理学家和生化工程学家关于微生物反应动力学提出了许多数学模型，其中有些是经验模型，也有些是机理模型。这些模型可分为概率论模型和决定论模型两大类，其中决定论模型又可分为均相模型和生物相分离模型，或结构模型与非结构模型。各模型的说明如表5-4所示。

表5-4 微生物反应动力学模型的说明

模型类型	着眼点	说　　　明
概率论模型	微生物个体	必须考虑每个细胞的差异，以说明某一特定现象；或用以说明平均值附近的波动情况
决定论模型	微生物群体	不考虑每个细胞的差异，而是取菌体性质及数量的平均值进行数学处理
均相模型	微生物群体	是一种人为将菌体均匀分散于培养液中，可作为均相处理的决定论模型
生物相分离模型	微生物群体	是将菌体作为与培养液（连续相）分离的生物相处理所建立的决定论模型。这种模型需要说明培养液与菌体间的物质传递及分配效应。在高菌体浓度时，考虑微生物所占的体积分率，以及解析废水生物处理过程中洒水滤床和旋转圆盘的微生物膜，都是利用生物相分离模型
结构模型	微生物群体	考虑菌体组成的变化，将活菌体和死菌体分别处理从而建立的模型。在单一菌体的结构模型中，将整个菌体分为两种或两种以上成分，并认为代谢过程是各种成分共同作用的结果。均相模型和生物相分离模型都可分别构成结构模型
非结构模型	微生物群体	与结构模型的主要区分在于它不考虑细胞组成的变化

（一）微生物生长的非结构动力学模型

一般情况下，当菌体细胞组成不随时间而变，即达到平衡生长，或在工业规模操作时细胞组成的变化不大时，微生物的生长适合用非结构模型描述反应过程。但在使用非结构模型时必须注意具体的使用条件，不能任意推广。不同情况下生长与底物消耗随着底物浓度增加而变化的函数关系如图5-14所示。

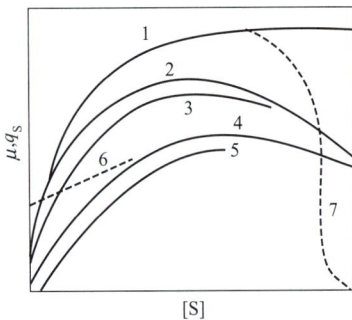

图5-14 比生长速率 μ（或底物比消耗速率 q_S）与限制性底物浓度（[S]）之间的关系

1—Monod动力学；2—带底物抑制的Monod动力学；3—高浓度菌体下带有底物抑制的Monod动力学；4—高浓度菌体下带有底物抑制和产物抑制的Monod动力学；5—高浓度菌体下带有底物抑制、产物抑制和内源代谢的Monod动力学；6—高浓度菌体下带有底物抑制、产物抑制、双底物顺序利用或生物吸附的Monod动力学；7—过渡现象，如延滞期

1. 无抑制作用的细胞生长动力学

温度和pH恒定时，细胞比生长速率（μ）随培养基组分浓度变化而变化。若着眼于某一特定培养基组分的浓度 [S]，并假设其在培养基组分中的浓度不变，Monod方程为：

$$\mu = \mu_{max} \frac{[S]}{K_S + [S]} \qquad (5\text{-}1)$$

式中　μ_{max}——最大比生长速率，h^{-1}；

K_S——半饱和常数，其值等于比生长速率恰为最大比生长速率一半时的限制性底物浓度，g/L；

[S]——限制性底物浓度，g/L。

底物消耗速率方程对应为：

$$q_S = q_{S,max} \frac{[S]}{K_S + [S]} \qquad (5\text{-}2)$$

这两个方程间可以通过产率系数关联起来。

现代微生物生长动力学理论起源于Monod方程，到目前为止，该方程仍在理论上占有重要地位。当微生物生长满足：①菌体生长为均衡型非结构生长；②培养基中只有一种底物是生长限制性底物；③菌体产率系数恒定，使式（5-1）成立的培养系统称为简单Monod型培养系统。Monod方程形式上与酶动力学米氏方程一致，但微生物生长是细胞群体生命活动的综合表现，机理非常复杂，故很难像米氏常数 K_m 一样，明确 Monod 方程中参数 K_S 的确切含义。根据 Monod 方程，比生长速率和限制性底物浓度的关系如图 5-15 所示。

当限制性底物浓度很低时，$[S] \ll K_S$，此时若提高限制性底物浓度，可以明显提高细胞的比生长速率。此时细胞比生长速率与底物浓度为一级动力学关系：

$$\mu = \mu_{max} \frac{[S]}{K_S} \tag{5-3}$$

当 $[S] \gg K_S$ 时，若继续提高底物浓度，细胞比生长速率基本不变。此时细胞比生长速率与底物浓度为零级动力学关系。

Monod 方程比较简单，它不足以完整地说明复杂的生化反应过程，并且已发现 Monod 方程在某些情况下与实验结果不符合，因此研究者又提出了许多改进形式。

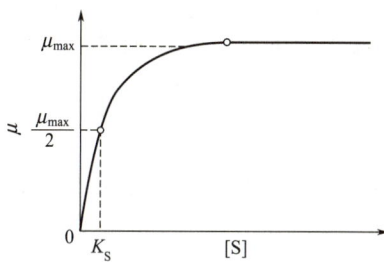

图 5-15　细胞的比生长速率与限制性底物浓度的关系

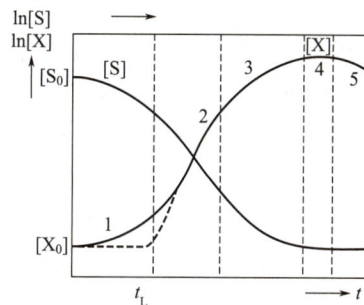

图 5-16　微生物分批培养各个生长时期的浓度-时间图

1—延滞期，t_L= 延迟时间，μ = 0；2—指数期，μ = μ_{max}；3—减速期，μ = f(S)；4—稳定期，μ = $-K_d$；5—死亡期（内源代谢期），$K_d > 0$

2. 细胞生长稳定期和延滞期的 Monod 型动力学

简单的 Monod 型动力学函数只在微生物生长的指数期和减速期适用，经过扩展，可用于延滞期、稳定期和死亡期。图 5-16 中给出了分批培养过程的时间曲线。当生长过程出现异常的延滞期时，简单的生长动力学 μ(S) 就应当扩展为 μ(S，t)。

（1）延滞期动力学模型的建立　微生物生长延滞期可定量表示为：

$$\mu(S,t) = \mu_{max} \frac{[S]}{K_S + [S]} (1 - e^{-t/t_L}) \tag{5-4}$$

式中，μ_{max} 和 t_L 可根据图 5-16 确定得出。

（2）生长稳定期动力学模型的建立　微生物生长的对数或指数定律，即 $r_X = \mu_{max}$ [X]，经改进后即可用于生长的稳定期。改进后的形式为：

$$r_X = \alpha[X]\left(1 - \frac{[X]}{\beta}\right) \tag{5-5}$$

式中　α 和 β——经验常数。

取 $\alpha = \mu_{max}$ 和 $\beta = [X]_{max}$，Motta 已将此逻辑方程应用于连续生长的培养物的定量研究中。尽管这一改进可以成功地拟合生长曲线，但其缺点是比生长速率和底物浓度没有明显的关系。不过，在微生物生长停止时才出现产物形成的情况下，例如抗生素生产过程，方程（5-5）具有较好的适用性。

3. 微生物死亡期和内源代谢

（1）微生物死亡期的动力学模型　在废物（水）生物处理过程中，微生物随着接触废物时间的延长，死亡机会也会增加，而 Monod 方程就需要扩展，方法是在衡算式中引入比死亡速率 $K_d(h^{-1})$。K_d 由下式定义：

$$K_d = -\frac{1}{[X]} \times \frac{d[X]}{dt} \tag{5-6}$$

这样，对应于由底物生成菌体的一级反应速率为：

$$r_X = (\mu - K_d)[X] \tag{5-7}$$

这一模型曾成功地用于描述活性污泥处理废水的过程。

从图 5-17 可以看出忽略 K_d 对线性化作图求解 Monod 方程参数的影响，K_S 甚至出现了负值。显然，已知 K_d 值，只有按式（5-8）作图，方可求出正确的 μ_{max} 和 K_S。

$$\frac{1}{\mu + K_d} = \frac{K_S}{\mu_{max}} \times \frac{1}{[S]} + \frac{1}{\mu_{max}} \tag{5-8}$$

活细胞由于内源代谢逐渐丧失内源物质而变为死细胞，因此需要用结构模型来描述这一现象。Sinclair 和 Topiwala 将活细胞死亡速率和内源代谢速率分别假设为 K_d^0 和 K_e。图 5-18 表示在连续搅拌釜式反应器（CSTR）中，生物量浓度（[X]）与稀释率（D）的关系，其中：

$$K_d = K_d^0 + K_e \tag{5-9}$$

可以看出，真实死亡速率对细胞产率系数的影响仅在稀释率很低时才显著，这表明只有在接种物的活性非常低的分批培养中才会出现明显的延滞期长的现象。

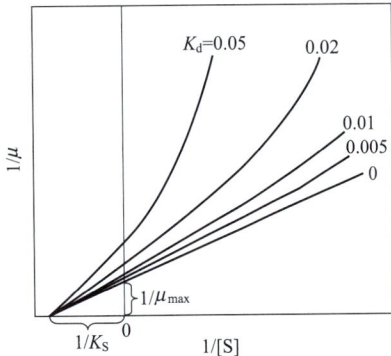

图 5-17　使用双倒数作图法表示的内源代谢对估算微生物生长动力学参数的影响

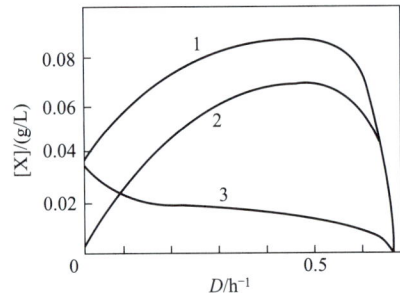

图 5-18　CSTR 中考虑活细胞死亡速率和内源代谢速率时生物量浓度与稀释率的关系
1—总细胞量；2—活细胞量；3—死细胞量

（2）内源代谢的动力学模型　在热力学上远离平衡态为特征的活细胞，为了维持其生命活动，必须获取高能物质并将化学能转变为热能，用于维持渗透压、修复 DNA 和 RNA 及其他大分子。因此，能量不仅用于像细胞生长这样的宏观反应上，也应用于维持细胞的结构。考虑到这一因素，物料平衡方程中就必须引入描述维持概念的 m_S：

$$-r_S = \frac{1}{Y_{X/S}^*} \mu[X] + m_S[X] \tag{5-10}$$

$$\mu[X] = r_X \tag{5-11}$$

式中　$Y_{X/S}^*$——最大细胞产率，是细胞干重与完全消耗于细胞生长的底物的质量之比，它表示在没有维持代谢时的细胞产率，g/g；

　　　m_S——细胞的维持系数，s^{-1}。

式（5-10）两边同除 [X]，得到：

$$q_S = \frac{1}{Y^*_{X/S}}\mu + m_S \tag{5-12}$$

由于 $q_S = \dfrac{\mu}{Y_{X/S}}$，故式（5-12）可以变形为：

$$\frac{1}{Y_{X/S}} = \frac{1}{Y^*_{X/S}} + \frac{m_S}{\mu} \tag{5-13}$$

式中　$Y_{X/S}$——相对底物总消耗而言的细胞产率，g/g；

　　　$Y^*_{X/S}$——相对用于细胞生长所消耗的底物而言的细胞产率，g/g。

以式（5-12）的 q_S 对 μ 或以式（5-13）的 $1/Y_{X/S}$ 对 $1/\mu$ 作图，均可求出 $Y^*_{X/S}$ 和 m_S 值。

4. 底物和产物抑制的动力学模型

在大多数抑制情况下，Monod 型的动力学方程是从简单的酶抑制机制理论引申得出的。这些方程仅仅是人为假设的，因此也可用其他合适形式的模型来代替。

（1）底物抑制动力学　同酶催化反应类似，当培养基中某种底物浓度高到一定程度后，细胞的比生长速率随该底物浓度的升高反而下降，表现出底物抑制作用。最常用的描述底物抑制的模型是 Andrew 根据连续培养中底物的抑制情况提出的普遍化底物抑制模型：

$$\mu = \mu_{\max}\frac{1}{1 + K_S/[S] + [S]/K_{IS}} \tag{5-14}$$

式中　K_{IS}——底物抑制常数，g/L。

式（5-14）的函数曲线如图 5-19 所示。

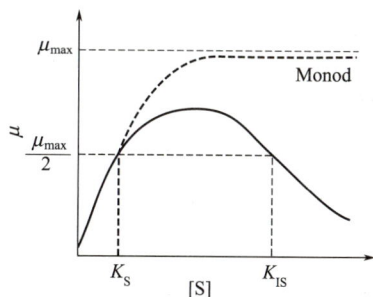

图 5-19　有底物抑制情况的动力学曲线之一

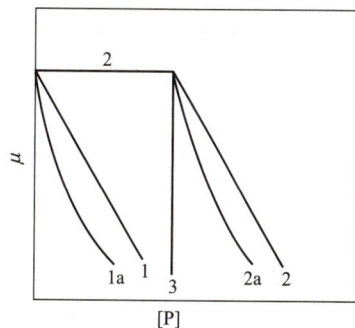

图 5-20　几种产物抑制的模型曲线
1—线性；1a—一级下降；2 和 2a—先不影响后下降；3—突然中止

可根据图 5-19 估计方程中的参数值。当 $[S] \gg K_S$ 时，式（5-14）可以变为：

$$\frac{1}{\mu} = \frac{1}{\mu_{\max}} + \frac{1}{\mu_{\max}K_{IS}}[S] \tag{5-15}$$

由该式可求得 K_{IS} 值。

（2）产物抑制动力学　细胞的一些代谢产物有时会影响细胞的生长，如酵母在厌氧环境下产生的乙醇积累到一定浓度后会抑制酵母的生长，乳酸菌产生的乳酸会抑制乳酸菌的生长等。Hinshelwood 研究了产物浓度对细胞比生长速率的影响，对几种可能的影响形式进行了分类，认为有线性下降式、指数下降式或分段函数式，如图 5-20 所示。

当不存在临界浓度时，一般的线性关系为：

$$\mu = \mu_{\max} \frac{[\text{S}]}{K_\text{S}+[\text{S}]}(1-k[\text{P}]) \tag{5-16}$$

式中 $[\text{P}]$——产物浓度，g/L；

$\quad\quad k$——动力学常数。

式(5-16)也可通过类似于酶动力学的方式进行模拟：

$$\mu = \mu_{\max} \frac{[\text{S}]}{K_\text{S}+[\text{S}]} \times \frac{K_\text{IP}}{K_\text{IP}+[\text{P}]} \tag{5-17}$$

式中 K_IP——产物抑制常数，g/L。

这个模型曾被用于计算机模拟非连续培养中的生长，是最常用的模型方程。

（二）微生物产物形成动力学模型

微生物反应生成的代谢产物非常复杂，涉及范围很广，包括醇类、有机酸、氨基酸、酶、核酸类物质、抗生素、维生素以及生理活性物质等。由于细胞内生物合成的途径十分复杂，其生物合成途径和代谢调节机制也各具特点，因此，至今为止还没有统一的模型可用来描述产物形成动力学。

Gaden 根据产物生成速率和细胞生长速率之间的关系，将产物形成区分为 3 种类型。

类型Ⅰ：也称为生长偶联模型，是指产物的生成与细胞的生长偶联的过程。这类代谢产物通常是主要能源分解代谢的直接结果，因此代谢产物的生成与微生物生长是完全同步的。例如生产醇类、葡萄糖酸、乳酸等产品。其动力学方程可表示为：

$$r_\text{P} = Y_\text{P/X} r_\text{X} = Y_\text{P/X} \mu[\text{X}] \tag{5-18}$$

$$q_\text{P} = Y_\text{P/X} \mu \tag{5-19}$$

式中 $Y_\text{P/X}$——单位质量细胞生成的产物量，g/L。

类型Ⅱ：也称部分生长偶联模型，是指反应产物的生长与底物消耗存在部分偶联的过程。这类代谢产物通常是在能源代谢中间接生成的，代谢途径较为复杂。例如柠檬酸、氨基酸的生产。此类反应中代谢产物的生成速率与底物的消耗速率之间虽然存在一定关系，但比类型Ⅰ要复杂得多。其动力学方程可表示为：

$$r_\text{P} = \alpha r_\text{X} + \beta[\text{X}] \tag{5-20}$$

式中 α、β——常数。

式(5-20)等号右边第一项与细胞生长有关，第二项仅与细胞浓度有关。

$$q_\text{P} = \alpha \mu + \beta \tag{5-21}$$

式(5-21)称为 Luedeking-Piret 方程。服从该方程的微生物反应系统有：葡萄糖转化为乳酸；葡萄糖转化为乙醇；乙醇转化为乙酸；山梨糖醇转化为 D-乳糖；萘转化为水杨酸等。

类型Ⅲ：也称为非生长偶联模型，指产物的生成与细胞的生长没有直接关系。当细胞处于生长阶段时，并没有产物积累；而当细胞生长停止后，产物却大量生成。例如抗生素、酶、维生素、多糖等次级代谢产物的生产。其动力学方程可表示为：

$$r_\text{P} = \beta[\text{X}] \tag{5-22}$$

$$q_\text{P} = \beta \tag{5-23}$$

从图 5-21 和图 5-22 中可以对这 3 种类型的动力学特征有一个比较清楚的认识。

除了上述三种类型外还有两种模型，一种是 q_P 与 μ 负偶联的模型，例如黑曲霉生产黑色素，其 q_P 与 μ 的关系可表示为：

$$q_\text{P} = q_\text{P,max} - Y_\text{P/X} \mu \tag{5-24}$$

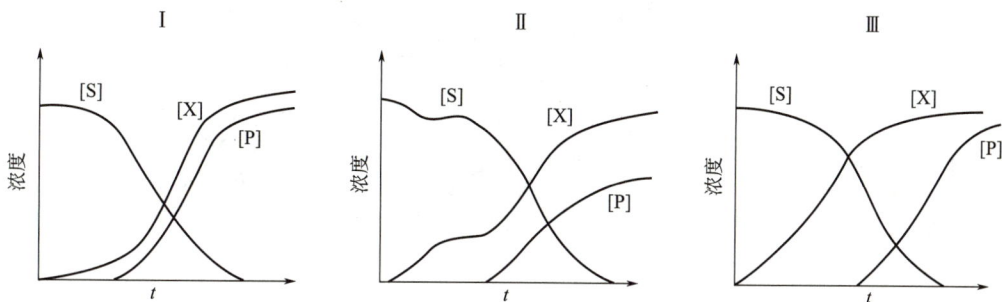

图 5-21 三种微生物反应类型中产物、菌体、底物浓度随时间的变化曲线

Ⅰ—生长偶联模型；Ⅱ—部分生长偶联模型；Ⅲ—非生长偶联模型

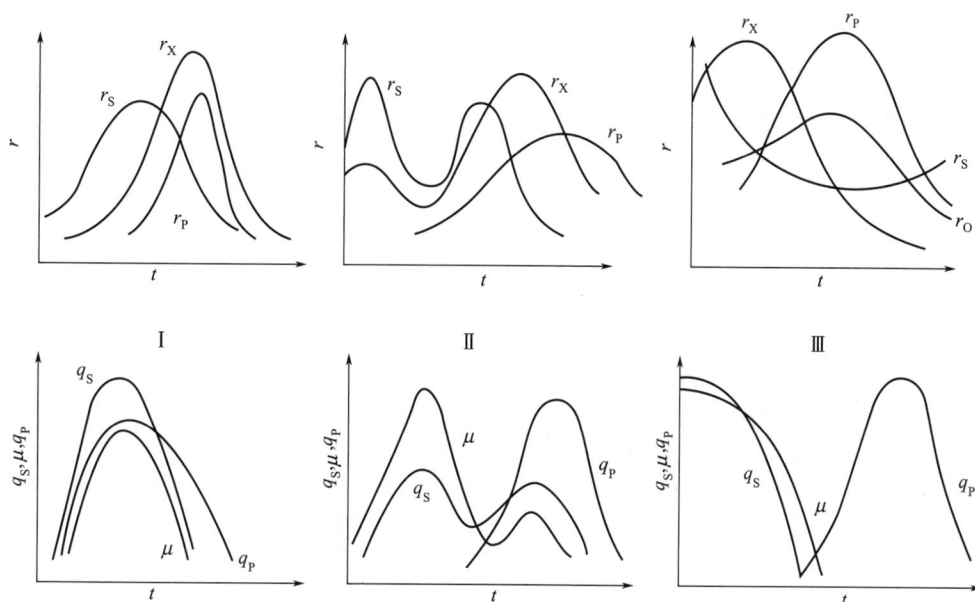

图 5-22 三种微生物反应类型中产物形成、菌体生长和底物消耗比速率随时间变化曲线

Ⅰ—生长偶联模型；Ⅱ—部分生长偶联模型；Ⅲ—非生长偶联模型

另外一种是 q_P 与 μ 没有关系的模型，这种类型一般情况下比较少，只适用于休眠细胞中。细胞本身代谢仅利用少量底物，只起到酶载体的作用。如利用酿酒酵母进行甾体转化和合成维生素 E 的过程。

当考虑到产物可能存在分解时，则式(5-20)可改写为：

$$r_P = \alpha r_X + \beta [X] - k_d [P] \tag{5-25}$$

式中 k_d——产物分解常数，h^{-1}。

此外还有细胞活性分布模型、细胞成熟模型、细胞年龄分布模型和细胞成熟时间模型等。

（三）多底物动力学

实际的生物过程，像废水生物处理和以多种碳源的复合培养基为底物时，由于存在多种底物，因此不能用简单模型方程来描述。微生物在多底物的培养基中生长时，容易利用的底物在短时间内优先被耗尽，为了利用剩余的成分，微生物必须先合成相应的酶。在整个过程中，细胞的生长会形成一系列生长期，每个生长期的生长速率都会逐步下降。图 5-23 中描述了双底物反应的动力学曲线，可区分为依次利用、同时利用和交叉利用几种情形。

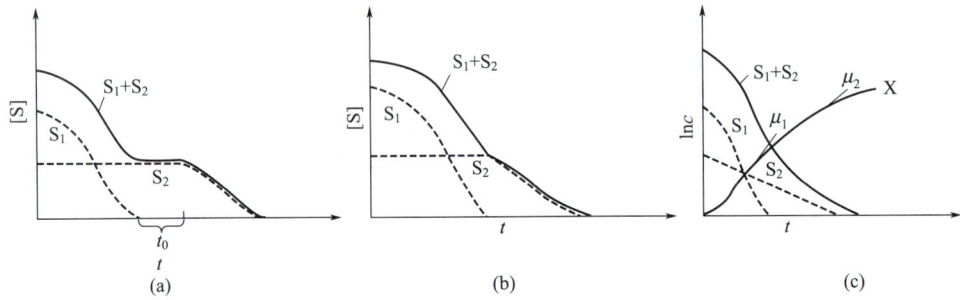

图 5-23　双底物反应的动力学过程

（a）底物严格依次利用（二次生长）；（b）底物部分交叉利用；（c）底物同时利用

以下仅对底物依次利用动力学进行简单阐述。底物依次利用的一般化方程可用下列关系式表示：

$$\mu=\mu(S_1)+\mu(S_2)f_r(S_1,t) \tag{5-26}$$

式中　f_r——只要培养基中还存在 S_1 时，S_2 的利用就受到分解代谢阻遏控制的一个形式表达式。

对于遵循式(5-26)的二次生长，Imanaka 和 Moser 分别提出了一个相似的方程，用简单关系

$$f_r(S_1)=\frac{[S_2]}{[S_1]+[S_2]} \tag{5-27}$$

及

$$f_r(S_1)=\frac{1}{1+[S_1]/K_R} \tag{5-28}$$

来表示调节作用。其中，K_R 为分解代谢阻遏常数。

在啤酒酿造工艺中，葡萄糖、麦芽糖、麦芽三糖依次被利用。Fidgett 曾用一个简单的糖利用动力学模型来描述啤酒酵母在发酵过程中对麦芽汁的利用情况，其中使用了一个临界浓度的概念。这个临界浓度可被看作从利用第一种限制性底物到利用第二种限制性底物的启动开关。依次利用现象在一个时期内基本上仅采用一种限制性底物，用一个带有附加项的方程来表示［式(5-26)］，有时候，最终的方程也会出现许多项。

Moser 在带有部分交叉利用的双底物动力学中使用了另一个临界底物浓度的概念。这个浓度可以直接测量。$[S_1]_{crit}$ 值是短时间内 S_1 和 S_2 同时利用的浓度，因此下式：

$$f_r=\frac{1}{1+[S_1]/[S_2]_{crit}} \tag{5-29}$$

可用于替代方程（5-26）的 f_r。

二、发酵过程中的质量和能量平衡

1. 发酵过程中的质量衡算

微生物反应过程与一般化学反应过程的主要区别是：微生物反应中参与反应的培养基成分多，反应途径复杂。伴随微生物的生长、产生代谢产物的过程中，用有正确系数的反应方程式来表达基质到产物的反应过程是非常困难的，但是如果将微生物反应看成是生成多种产物的复合反应，那么从概念上讲可以写成如下形式：

$$碳源＋氮源＋氧 === 菌体＋有机产物＋CO_2＋H_2O \tag{5-30}$$

当然，式(5-30)不是计量关系式。发酵工业中有些行业，如酵母生产，只要求菌体，不希望产生其他产物；又如乙醇工业，由于是厌氧发酵，因此，氧和水项等于零。另一些行业，如氨基酸、酶制剂、抗生素和有机酸等生产，式(5-30)中各项均不可少。

为了表示出微生物反应过程中各物质和各组分之间的数量关系，最常用的方法是对各元素进行原子衡算。如果碳源由 C、H、O 组成，氮源为 NH_3，菌体的分子式定义为 $CH_xO_yN_z$，忽略其他微量元素 P、S 和灰分等，此时用碳的定量关系式表示微生物反应的计量关系是可行的。

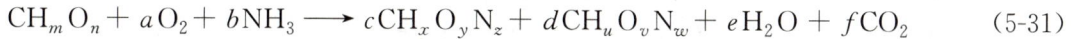

$$CH_mO_n + aO_2 + bNH_3 \longrightarrow cCH_xO_yN_z + dCH_uO_vN_w + eH_2O + fCO_2 \qquad (5-31)$$

式中　　　　　　　　　CH_mO_n——碳源的元素组成；

　　　　　　　　　　　$CH_xO_yN_z$——菌体的元素组成；

　　　　　　　　　　　$CH_uO_vN_w$——产物的元素组成；

下标 m、n、u、v、w、x、y、z——与一个碳原子相对应的氢、氧、氮的原子数。

对各元素做元素平衡，得到如下方程：

C：　　　　　　　　　　　　　　　$1 = c + d + f$

H：　　　　　　　　　　　　$m + 3b = xc + ud + 2e$

O：　　　　　　　　　　　$n + 2a = yc + vd + e + 2f$

N：　　　　　　　　　　　　　　$b = zc + wd$

方程中有 a、b、c、d、e、f 6 个未知数，需 6 个方程才能求解。

配平微生物反应方程式时，一部分系数是由实验测得的，另一部分系数需计算获得。一般基质和产物的分子式是已知的。菌体的元素组成可通过元素分析方法测定。表 5-5 列出了几种菌体的元素组成和经验分子式。

表 5-5 常见菌体元素组成和经验分子式

微生物	限定性基质	比生长速率 μ/h^{-1}	组成(质量分数)/%							经验分子式	分子式"分子"质量
			C	H	N	O	P	S	灰分		
细菌			53.0	7.3	12.0	19.0	1.08	0.6	8	$CH_{1.666}N_{0.20}O_{0.27}$	20.7
			47.1	4.9	13.7	31.3				$CH_2N_{0.25}O_{0.5}$	25.5
产气气杆菌			48.7	7.3	13.9	21.1		8.9		$CH_{1.78}N_{0.24}O_{0.33}$	22.5
产气克雷伯菌	甘油	0.1	50.6	7.3	13.0	29.0				$CH_{1.74}N_{0.22}O_{0.43}$	23.7
		0.85	50.1	7.3	14.0	28.7				$CH_{1.73}N_{0.24}O_{0.43}$	24.0
酵母			47.0	6.5	7.5	31.0			8	$CH_{1.66}N_{0.13}O_{0.49}$	23.5
			50.3	7.4	8.8	33.5				$CH_{1.75}N_{0.15}O_{0.5}$	23.9
			44.7	6.2	8.5	31.2				$CH_{1.64}N_{0.16}O_{0.52}P_{0.01}S_{0.005}$	26.9
产朊假丝酵母	葡萄糖	0.08	50.0	7.6	11.1	31.3				$CH_{1.82}N_{0.19}O_{0.47}$	24.0
		0.45	46.9	7.2	10.9	35.0				$CH_{1.84}N_{0.2}O_{0.56}$	25.6
	乙醇	0.06	50.3	7.7	11.0	30.8				$CH_{1.82}N_{0.19}O_{0.46}$	23.9
		0.43	47.2	7.3	11.0	34.6				$CH_{1.84}N_{0.2}O_{0.55}$	25.5

另外，通过测定 O_2 的消耗速率与 CO_2 的生产速率来确定的呼吸商（respiratory quotient，RQ）是好氧培养中评价菌体代谢机能的重要指标之一，其定义式为：

$$RQ = \frac{CO_2\text{ 生成速率}}{O_2\text{ 消耗速率}} \qquad (5-32)$$

发酵过程中的得率系数是对碳源等物质生成菌体或其他产物的潜力进行定量评价的重要参数。消耗 1g 基质生成菌体的质量（g）称为菌体得率系数或细胞得率系数 $Y_{X/S}$（cell yield 或 crowth yield）。其定义为：

$$Y_{X/S} = \frac{\text{生成菌体的质量}}{\text{消耗基质的质量}} = \frac{\Delta X}{-\Delta S} \qquad (5-33)$$

菌体得率系数的单位是 g/g 或 g/mol（以菌体/基质计）。这里的菌体是指干菌体（除特殊说明外，以下菌体的质量均指干菌体质量）。实际生产中，菌体得率系数是一个比较重要的概念，例如，在单细胞蛋白（single cell protein，SCP）生产中，选用相对于基质的菌体得率高的菌株是非常必要的。

某一瞬间的菌体得率成为微分菌体得率（或瞬间菌体得率），其定义式为：

$$Y_{X/S} = \frac{d[X]}{d[S]} = \frac{v_X}{v_S} \left(= \frac{d[X]/dt}{d[S]/dt} \right) \tag{5-34}$$

式中　v_X——菌体生长速率，g/(L·h)；

　　　v_S——基质的消耗速率，g/(L·h)。

同一菌种，同一培养基，好氧培养的 $Y_{X/S}$ 比厌氧培养的大得多。表 5-6 列出了几种微生物的菌体得率。另外，同一菌株在基本、合成和复合培养基中培养所得 $Y_{X/S}$ 的大小顺序为复合培养基、合成培养基、基本培养基。

表 5-6　常见微生物的菌体得率

微生物	培养基	培养条件	碳源	产　物	$Y_{X/S}$（以细胞/基质计）/(g/mol)
干酪乳杆菌（Lactobacillus casei）	复合	厌氧	葡萄糖	乳酸、乙酸、乙醇、甲酸	62.8
无乳链球菌（Streptococcus agalactiae）	复合	厌氧	葡萄糖	乳酸、乙酸、乙醇	21.4
	复合	需氧	葡萄糖	乳酸、甲酸、3-羟基丁酮	51.6
运动发酵单胞菌（Zymomonas mabilis）	复合	厌氧	葡萄糖	乙醇、乳糖	7.95
	合成	厌氧	葡萄糖	乙醇、乳糖	4.98
	复合	厌氧	葡萄糖	乙醇、乳糖	4.09
产气气杆菌（Aerbacter aerogene）	基本	需氧	葡萄糖	乙醇、乳糖	72.7
	基本	需氧	果糖	乙醇、乳糖	76.1
	基本	需氧	核糖	乙醇、乳糖	53.2
	基本	需氧	琥珀酸	乙醇、乳糖	29.7
	基本	需氧	乳糖	乙醇、乳糖	16.6

当基质为碳源，无论是好氧培养还是厌氧培养，碳源的一部分被同化为菌体的组成成分，其余部分被异化分解为 CO_2 和代谢产物。如果从碳源到菌体的同化作用看，与碳元素相关的菌体得率 Y_C 可由下式表示：

$$Y_C = \frac{菌体生产量 \times 菌体含碳量}{基质消耗量 \times 基质含碳量} = Y_{X/S} \frac{X_C}{S_C} \tag{5-35}$$

式中　X_C 和 S_C——单位质量菌体和单位质量基质中所含碳源数量。

Y_C 值一般小于 1，为 0.4～0.9g/g。

微生物反应的特点之一是通过呼吸链（电子传递）氧化磷酸化生成 ATP。在氧化过程中，可通过有效电子数来推算碳源产生的能量。当 1mol 碳源完全氧化时，所需要氧的物质的量（mol）的 4 倍称为该基质的有效电子数。若碳源为葡萄糖，其完全氧化时每摩尔葡萄糖需要 6mol 氧，所以有效电子数=6×4=24。

基于有效电子数的细胞得率的定义式为：

$$Y_{ave^-} = \frac{\Delta X}{基质完全氧化所需氧的物质的量 \times 4ave^-/mol 氧} \tag{5-36}$$

Y_{ave^-} 的计算方法是：以葡萄糖为碳源，产气气杆菌的 $Y_{X/S}=72.7$g/mol，葡萄糖的有效电子数为

$24\mathrm{ave}^-/\mathrm{mol}$，所以产气气杆菌的 $Y_{\mathrm{ave}^-}=72.7/24\approx3\mathrm{g/ave}^-$。

微生物进行细胞合成、物质代谢、能量输送等活动中，所需能量是由基质氧化而获得的，但这些能量并不能全部被利用。在基质氧化所产生的自由能中仅以 ATP 形式回收的能量才可作为生命活动的能量，其余作为反应热（代谢热）排出反应系统。因此，以基质氧化代谢产生 ATP 为基准生成的菌体量的菌体得率 Y_{ATP} 的定义式为：

$$Y_{\mathrm{ATP}}=\frac{\Delta X}{\Delta \mathrm{ATP}}=\frac{Y_{\mathrm{X/S}}/M_{\mathrm{S}}}{Y_{\mathrm{ATP/S}}} \tag{5-37}$$

式中　Y_{ATP}——相对于基质的 ATP 生成得率（以 ATP/基质计），mol/mol；

M_{S}——基质的相对分子质量。

好氧反应中，除底物水平磷酸化产生 ATP（厌氧反应）外，还通过氧化磷酸化生成大量 ATP，因此，好氧的 $Y_{\mathrm{X/S}}$ 值大于厌氧的。氧化磷酸化反应的效率常采用其被酯化的无机磷酸分子数和此时消耗的氧原子数之比（简称 P/O）来表示，即用每消耗 1 原子氧生成 ATP 分子的数量来表示。一般酵母菌的 P/O 约等于 1.0g/g，细菌的 P/O 等于 0.5～1.0g/g。

微生物反应中可以用 Y_{kJ} 表示微生物对能量的利用情况，即：

$$Y_{\mathrm{kJ}}=\frac{\Delta X}{\Delta E}=\frac{\Delta X}{E_{\mathrm{a}}+E_{\mathrm{b}}} \tag{5-38}$$

式中　ΔE——消耗的总能量，包括同化过程，即菌体所保持的能量 E_{a}（kJ）和分解代谢的能量 E_{b}（kJ）；

ΔX——菌体生产量，g。

E_{a} 可采用干菌体的燃烧热计算 $\Delta H_{\mathrm{a}}=-22.15\mathrm{kJ/g}$，$E_{\mathrm{b}}$ 可采用所消耗的碳源和代谢产物各自的燃烧热之差来计算。多数微生物在好氧培养时 Y_{kJ} 值为 0.028g/kJ，在厌氧培养时 Y_{kJ} 的平均值为 0.031g/kJ。对于光能自养型微生物，如藻类的 Y_{kJ} 约等于 0.002g/kJ。

部分菌体得率系数见表 5-7。

表 5-7　部分菌体得率系数

得率系数	定义及单位
$Y_{\mathrm{X/S}}$	消耗 1g 或 1mol 基质所得的干菌体质量(g)，g/g 或 g/mol
Y_{ATP}	消耗 1mol ATP 所得的干菌体质量(g)，g/mol
Y_{kJ}	消耗 1kJ 热量所获得的干菌体质量(g)，g/kJ
$Y_{\mathrm{X/O}}$	消耗 1g 氧所获得的干菌体质量(g)，g/g
Y_{ave^-}	消耗一个有效电子所得的干菌体质量(g)，g/ave$^-$
$Y_{\mathrm{X/NO_3^-}}$	消耗 1mol $\mathrm{NO_3^-}$ 所获得的干菌体质量(g)，g/mol
$Y_{\mathrm{X/H}}$	1mol 氢受体所产生的干菌体质量(g)，g/mol
$Y_{\mathrm{X/N}}$	消耗 1g 氮所产生的干菌体质量(g)，g/g
$Y_{\mathrm{CO_2/S}}$	消耗 1mol 基质所产生二氧化碳的物质的量，mol/mol
$Y_{\mathrm{CO_2/O}}$	消耗 1mol 氧所产生二氧化碳的物质的量，mol/mol
$Y_{\mathrm{ATP/S}}$	消耗 1mol 基质所产生 ATP 的物质的量，mol/mol

其中 $Y_{\mathrm{X/S}}$ 与 COD（化学需氧量）关系如下：

$$Y_{\mathrm{X/S}}=K\times\mathrm{COD} \tag{5-39}$$

式中   K——比例系数（以菌体/氧计，单位为 g/g），当基质为活性污泥或糖类或三羧酸循环中的代谢物之一时，$K = 0.38 \text{g/g}$；当基质为芳香酸或脂肪酸类物质时，$K = 0.34 \text{g/g}$。

$$Y_{kJ} = \frac{\overline{Y_{ave}}}{109.0} \tag{5-40}$$

式中   109.0——氧化一个有效电子所伴随的焓变。

【例 5-1】 假设通过实验测定，反应基质十六烷烃或葡萄糖中有 2/3 的碳转化为细胞中的碳。

（1）计算下述反应的计量系数

十六烷烃：

$$C_{16}H_{34} + aO_2 + bNH_3 \longrightarrow c(C_{4.4}H_{7.3}N_{0.96}O_{1.2}) + dH_2O + eCO_2$$

葡萄糖：

$$C_6H_{12}O_6 + aO_2 + bNH_3 \longrightarrow c(C_{4.4}H_{7.3}N_{0.86}O_{1.2}) + dH_2O + eCO_2$$

（2）计算上述两反应的得率系数 $Y_{X/S}$（g 干细胞/g 基质）和 $Y_{X/O}$（g 干细胞/g 氧）

解：（1）求计量系数

① 对正十六烷烃

1mol 基质中含有碳量为 $16 \times 12 = 192$(g)，转化为细胞的碳量为 $192 \times 2/3 = 128$(g)

根据反应计量方程式，则有：$128 = 4.4 \times 12c$，则 $c = 2.42$

转化为 CO_2 的碳量 $= 192 - 128 = 64$(g)，同样有 $64 = 12e$，则 $e = 5.33$

对 N 做平衡：$14b = 0.86 \times 14c = 0.86 \times 14 \times 2.42$，则 $b = 2.085$

对 H 做平衡：$34 \times 1 + 3b = 7.3c + 2d$，则 $d = 12.43$

对 O 做平衡：$2a \times 16 = 1.2c \times 16 + 2e \times 16 - 16d$，则 $a = 12.427$

② 对葡萄糖

1mol 基质含有的碳为 72g，转化为细胞的碳为 $72 \times 2/3 = 48$(g)

则有：$48 = 4.4c \times 12$，则 $c = 0.909$

转化为 CO_2 的碳量 $= 72 - 48 = 24$(g)，$24 - 12e = 0$，则 $e = 2$

对 N 做平衡：$14b = 0.86c \times 14$，则 $b = 0.782$

对 H 做平衡：$12 + 3b = 7.3c + 2d$，则 $d = 3.854$

对 O 做平衡：$6 \times 16 + 2 \times 16a = 1.2 \times 16c + 2 \times 16e + 16d$，则 $a = 1.473$

（2）求得率系数

① 正十六烷烃

$$Y_{X/S} = \frac{91.34}{226} \times 2.42 = 0.98, \quad Y_{X/O} = \frac{91.34}{32} \times \frac{2.42}{12.427} = 0.557$$

② 葡萄糖

$$Y_{X/S} = \frac{91.34}{180} \times 0.909 = 0.461, \quad Y_{X/O} = \frac{91.34}{32} \times \frac{0.909}{1.473} = 1.76$$

2. 发酵过程中的能量衡算

微生物反应是放热反应。储存于碳源中的能量，在好氧反应中有 40%～50% 的能量转化为 ATP，供微生物的生长、代谢之需，其余的能量则以热量的形式排放。进行微生物优化培养时，必须进行适宜的温度控制。为此，有必要从反应热的角度考虑反应过程中能量代谢，并进行微生物反应过程的能量衡算。

采用复合培养基时，营养组分通过分解代谢，在生成能量（ADP → ATP）的同时，生成产物。另外，培养基中的组分通过同化代谢在合成菌体的同时利用了能量（ATP → ADP）。这就是说能量可以从呼吸（如糖在氧的存在下氧化、分解成 CO_2 和 H_2O）和发酵（厌氧过程中糖分解为中间代谢物和

CO_2）获得。

葡萄糖作为营养源，其完全燃烧时：

$$C_6H_{12}O_6 + 6O_2 \longrightarrow 6CO_2 + 6H_2O + 2871kJ \tag{5-41}$$

如果代谢产物分别为乙醇和乳酸，它们的燃烧热分别为：

$$C_2H_5OH + 3O_2 \longrightarrow 2CO_2 + 3H_2O + 1368kJ \tag{5-42}$$

$$CH_3CHOHCOOH + 3O_2 \longrightarrow 3CO_2 + 3H_2O + 1337kJ \tag{5-43}$$

1mol 葡萄糖在乙醇或乳酸发酵中产生的反应热分别为 136kJ 和 197kJ。葡萄糖燃烧中有 2871kJ－136kJ＝2735kJ（乙醇燃烧热的 2 倍）转移到乙醇中保留。乙醇发酵中酵母将所产生能量的一部分转化为 ATP。在标准状态下 1mol ATP 加水分解为 ADP 和磷酸的同时，放出 3kJ 的热量。已知在乙醇发酵或乳酸菌发酵中相对于 1mol 葡萄糖产生 2mol ATP，基于此，在乙醇发酵中有 45％（$2 \times 31/136 = 0.46$）的能量以 ATP 的形式储存起来。

好氧反应中，1mol 葡萄糖完全氧化生成 38mol 的 ATP，$31 \times 38/2871 = 0.41$，也就是说，41％的能量以 ATP 的形式储存起来。乳酸发酵（厌氧时）的能量效率为 $31 \times 2/2871 = 0.022$，即 2.2％。一般厌氧培养中（以细胞/ATP 计）Y_{ATP} 约为 10.5g/mol，好氧培养中 Y_{ATP} 为 6～29g/mol。

利用 Y_{KJ} 表示微生物反应过程对能量利用，有：

$$Y_{kJ} = \frac{\Delta X}{(-\Delta H_a)(\Delta X) + (-\Delta H_c)} \tag{5-44}$$

式中　ΔH_a——以菌体 X 的燃烧热为基准的焓变，其因菌体不同而有所不同，一般取值 $\Delta H_a = -22.15kJ/g$；

ΔH_c——所消耗基质的焓变与代谢产物的焓变之差，其由下式给出：

$$-\Delta H_c = (-\Delta H_S)(-\Delta[S]) - \sum(-\Delta H_P)(\Delta[P]) \tag{5-45}$$

式中　ΔH_S——碳源氧化的焓变，kJ/mol；

ΔH_P——产物氧化的焓变，kJ/mol。

$$Y_{kJ} = \frac{\Delta X}{(-\Delta H_a)(\Delta X) + (-\Delta H_S)(-\Delta[S]) - \sum(-\Delta H_P)(\Delta[P])} \tag{5-46}$$

$$-\Delta H_c = (-\Delta H_O^*)(\Delta[O_2]) \tag{5-47}$$

式中　ΔH_O^*——呼吸反应焓变，kJ/mol。

得到：

$$Y_{kJ} = \frac{1}{(-\Delta H_a) + (-\Delta H_O^*)Y_{X/O}} \tag{5-48}$$

当采用葡萄糖为唯一碳源的基本培养基进行微生物的好氧培养时，葡萄糖既能作为能源，又作为构成细胞的材料。反应过程碳源的衡算式可表示为：

$$-\Delta[S] + \Delta[O_2] \longrightarrow \Delta X + \sum \Delta[P] + \Delta[CO_2] \tag{5-49}$$

从而得：

$$-\Delta H_c = (-\Delta H_O^*)(\Delta[O_2]) \tag{5-50}$$

所以 Y_{kJ} 可求得。

厌氧培养中：

$$-\Delta[S] \longrightarrow \Delta X + \sum \Delta[P] + \Delta[CO_2] \tag{5-51}$$

式中　$-\Delta[S]$——消耗的能量，如葡萄糖；

$\Delta[P]$——代谢产物。

假设生成菌体 ΔX 所消耗的能量为 $-\Delta[S]_c$，则：

$$-\Delta[S]_c = \frac{\alpha_1}{\alpha_2}\Delta X \quad (mol/mL) \tag{5-52}$$

式中　α_1——菌体内所含碳元素的量；

　　　α_2——碳源中所含碳元素的量。

这样构成细胞以外的碳源消耗为：

$$-\Delta[S]-(-\Delta[S]_c)=-\Delta[S]\frac{\alpha_1}{\alpha_2}\Delta X \tag{5-53}$$

从而得：

$$-\Delta H_c=(-\Delta H_S)\left(-\Delta[S]-\frac{\alpha_1}{\alpha_2}\Delta X\right)-\sum(-\Delta H_P)(\Delta[P]) \tag{5-54}$$

$$Y_{kJ}=\frac{Y_{X/S}}{-\Delta H_a Y_{X/S}-\Delta H_S\left(1-\frac{\alpha_1}{\alpha_2}Y_{X/S}\right)-\sum(-\Delta H_P)Y_{P/S}} \tag{5-55}$$

一般能量偶联型生长（即生成 ATP 的分解代谢途径是菌体生长的限制因素），Y_{kJ} 值较大；能量非偶联型生长，Y_{kJ} 值较小，能量利用效率比较差。

微生物反应中不可避免地要产生热，这种热称为反应热或代谢热、发酵热。由于反应热 ΔH_h 是由培养基生成菌体 ΔX 和代谢产物 $\Delta[P]$ 的反应过程中形成的，因此可由式(5-56) 计算：

$$\Delta H_h=\Delta H_S\Delta[S]-\Delta H_X\Delta X-\sum\Delta H_P\Delta[P] \tag{5-56}$$

基质和产物的燃烧热可从物化手册中查到，菌体的燃烧热可由热量计算测得，CO_2、O_2 和 H_2O 的燃烧热为零。由于在基质、产物和菌体燃烧热的测量过程中，假定氮源为 NH_3，那么，燃烧时，基质、产物和菌体中的氮源仍看成是氨态，因此，微生物反应中 NH_3 的燃烧热计为零。

当培养基为最低培养基时，构成菌体碳架的物质来源于同时作为能源的基质 S，即基质部分用于合成代谢，则可由式(5-57) 表示：

$$\Delta H_h=(-\Delta H_S)\left[(-\Delta[S])-\frac{\alpha_1}{\alpha_2}\Delta X\right]-\sum\Delta H_P\Delta[P] \tag{5-57}$$

$$=(-\Delta H_S)[(\Delta[S])-(\Delta[S])_a]-\sum(-\Delta H_P)(-\Delta[P]) \tag{5-58}$$

当使用复合培养基，由于其含有丰富的构成菌体的物质，如蛋白胨等，所以碳源不再是构成细胞碳组分的来源，而只是用于合成产物。此时，反应热为：

$$\Delta H_h=(-\Delta H_S)(-\Delta[S])-[\beta(-\Delta H_X)(\Delta X)-\sum(-\Delta H_P)(\Delta[P])] \tag{5-59}$$

$$=(-\Delta H_S)[(-\Delta[S])-\beta(-\Delta[S])_a]-\sum(-\Delta H_P)(\Delta[P]) \tag{5-60}$$

已知

$$(-\Delta H_{SN})(-\Delta[S]_{SN})=(-\Delta H_X)(\Delta X) \tag{5-61}$$

式中　$-\Delta H_{SN}$——用于合成菌体的基质（如某些氮源）的焓变；

　　　$-\Delta[S]_{SN}$——与 $-\Delta H_{SN}$ 相对应的物质浓度。

$$\Delta H_h=(-\Delta H_S)[(-\Delta[S])-\beta(-\Delta[S])_a]-\sum(-\Delta H_P)(\Delta[P]) \tag{5-62}$$

β 的取值范围为 $0\sim1$，当采用最低培养基时 $\beta=1$，采用复合培养基时 $\beta=0$。

三、发酵过程动力学

（一）分批培养

1. 分批培养的不同阶段

分批培养是指在特定条件下，在一个密闭的系统内投入有限数量的营养物质并接入少量的微生物菌种，随着微生物生长繁殖只完成一个生长周期的培养方法。在培养开始时，将微生物菌种接入已灭菌的新鲜培养基中，在微生物最适宜的培养条件下进行培养。在整个过程中，除氧气的供给、发酵尾气的排除、消泡剂的添加和控制 pH 需要加入酸或碱外，整个培养系统与外界没有其他物质的交换。分批培养过程中随着培养基中营养物质的不断减少，微生物生长的环境条件也随之不断变化，因此，微生物分批培养是一种非稳态的培养方法。

在分批培养过程中，随着微生物生长和繁殖，细胞量、底物、代谢产物的浓度等均不断发生变化。微生物的生长可分为四个阶段：延滞期、对数生长期、稳定期和衰亡期。各时期细胞特征如表 5-8 所示。

表 5-8 细胞在分批培养过程中各个阶段的细胞特征

生长阶段	细 胞 特 征
延滞期	适应新环境的过程，细胞个体增大，合成新的酶及细胞物质，细胞数量很少增加，微生物对不良环境的抵抗力降低。当接种的是饥饿或老龄的微生物细胞，或新鲜培养基营养不丰富时，延滞期将延长
对数生长期	细胞活力很强，生长速率达到最大值且保持稳定，生长速率大小取决于培养基的营养和环境
稳定期	随着营养物质的消耗和产物的积累，微生物的生长速率下降，并等于死亡速率，系统中活细胞的数量基本稳定
衰亡期	在稳定期开始以后的不同时期内出现，由于自溶酶的作用或有害物质的影响，使细胞破裂死亡

2. 微生物分批培养的生长动力学方程

分批培养过程中，虽然培养基中的营养物质随时间的变化而变化，但通常在特定条件下，其比生长速率往往是恒定的。从 20 世纪 40 年代以来，人们提出了很多描述微生物生长过程中比生长速率和营养物质浓度之间关系的方程。1942 年，Monod 提出了在特定温度、pH、营养物类型、营养物浓度等条件下，微生物细胞的比生长速率与限制性营养物质浓度之间存在如下关系式，通常称莫诺德（Monod）方程。

$$\mu = \frac{\mu_{max}[S]}{K_S + [S]}$$

式中　μ_{max}——微生物的最大比生长速率，h^{-1}；

　　　$[S]$——限制性营养物质的浓度，g/L；

　　　K_S——半饱和常数，mg/L。

K_S 的物理意义为当比生长速率为最大比生长速率一半时，限制性营养物质的浓度。它的大小表示了微生物对营养物质的吸收亲和力大小。K_S 越大，表示微生物对营养物质的吸收亲和力越小，反之就越大。

微生物生长的最大比生长速率 μ_{max} 在工业生产上有很大的意义，μ_{max} 随微生物的种类和培养条件的不同而不同，通常为 $0.09 \sim 0.64 h^{-1}$。一般来说，细菌的 μ_{max} 大于真菌。就同一细菌而言，培养温度升高，μ_{max} 增大；营养物质改变，μ_{max} 也要发生变化。通常容易被利用的营养物质，其 μ_{max} 较大；随着营养物质碳链的逐渐加长，μ_{max} 则逐渐变小。

当限制性底物浓度很低时，$[S] \ll K_S$，此时若提高限制性底物浓度，可明显提高细胞的生长速率。此时：

$$\mu \approx \frac{\mu_{max}}{K_S}[S] \tag{5-63}$$

细胞比生长速率与底物浓度为一级动力学关系。此时：

$$r_X \approx \frac{\mu_{max}}{K_S}[S][X] \tag{5-64}$$

当 $[S] \gg K_S$ 时，$\mu \approx \mu_{max}$，若继续提高底物浓度，细胞生长速率基本不变。此时细胞比生长速率与底物浓度无关，为零级动力学特点：

$$r_X \approx \mu_{max}[X] \tag{5-65}$$

当 $[S]$ 处于上述两种情况之间，则 μ 与 $[S]$ 关系符合 Monod 方程关系：

$$r_X = \frac{d[X]}{dt} = \mu[X] = \mu_{max}\frac{[S]}{K_S + [S]}[X] \tag{5-66}$$

Monod 方程表述简单，应用范围广泛，是细胞生长动力学最重要的方程之一。但是 Monod 方程仅适用于细胞生长较慢和细胞密度较低的环境下。因为只有这时细胞的生长才能与底物浓度 $[S]$ 成一简单关系式。如果底物消耗速率过快，则极有可能产生有害的副产物；在细胞浓度很高时，则有害的副产物可能更多。因此，人们又提出了如下一些无抑制的细胞生长动力学。

对由于初始底物浓度过高而造成细胞生长过快的细胞反应，可采用下述方程，即：

$$\mu = \mu_{max}\frac{[S]}{K_S + K_{S_0}[S_0] + [S]} \tag{5-67}$$

式中　　$[S_0]$——底物初始浓度，g/L；

　　　　K_{S_0}——无量纲初始饱和常数。

还有一些可代替 Monod 方程的各种表达式。

Tessier 方程：　　　　　　　　$\mu = \mu_{max}(1 - e^{-K[S]})$

Moser 方程：　　　　　　　　$\mu = \mu_{max}\frac{[S]^n}{K_S + [S]^n}$

Contois 方程：　　　　　　　$\mu = \mu_{max}\frac{[S]}{K_S[X] + [S]}$

Blackman 方程：当 $[S] \gg 2K_S$ 时，$\mu = \mu_{max}$；当 $[S] \ll 2K_S$ 时，$\mu = \mu_{max}\frac{[S]}{2K_S}$

上述方程中，Tessier 方程有两个动力学参数（μ_{max}，K）。Moser 方程有 3 个参数（μ_{max}，K_S，n），Moser 方程也是这些方程中常用的一种，当 $n=1$，即为 Monod 方程。Contois 方程适用于在高密度下细胞生长，方程中 K_S 与细胞密度相乘。Blackman 方程虽然与实际数据拟合有时要比 Monod 方程更好，但其不连续性对其应用带来了麻烦。根据上述方程可以看出，细胞比生长速率随底物浓度下降而下降，有的还与细胞浓度成反比关系。

3. 分批培养中基质的消耗速率

在发酵培养过程中，培养基中的营养物质被细胞利用，生成细胞和代谢产物，人们常用得率系数描述微生物生长过程的特征，即生成的细胞或产物与消耗的营养物质之间的关系。在实际生产中，最常用的是细胞得率系数（$Y_{X/S}$）和产物得率系数（$Y_{P/S}$）。细胞得率系数（$Y_{X/S}$）指消耗 1g 营养物质生成的细胞的质量，单位为 g/g。产物得率系数（$Y_{P/S}$）指消耗 1g 营养物质生成的产物的质量，单位为 g/g。可通过测定一定时间内细胞和产物的生成量以及营养物质的消耗量来进行计算，获得表观得率系数：

$$Y_{X/S} = \frac{[X] - [X_0]}{[S_0] - [S]} = \frac{[X]}{[S]}$$

$$Y_{P/S} = \frac{[P] - [P_0]}{[S_0] - [S]} = \frac{[P]}{[S]}$$

$$Y_{X/O} = \frac{[X] - [X_0]}{[O_0] - [O]} = \frac{[X]}{[O]}$$

发酵培养基中基质的减少是由于细胞和产物的形成。即：

$$-\frac{d[S]}{dt} = \frac{\mu[X]}{Y_{X/S}} \tag{5-68}$$

$$\frac{d[P]}{dt} = Y_{P/X}\frac{d[X]}{dt} \tag{5-69}$$

如果限制性的基质是碳源，消耗掉的碳源中一部分形成细胞物质，一部分形成产物，一部分产物维持生命活动，即有：

$$-\frac{d[S]}{dt}=\frac{\mu[X]}{Y_G}+m[X]+\frac{1}{Y_P}+\cdots \tag{5-70}$$

式中　Y_G——菌体得率系数，g/g；

　　　m——维持常数；

　　　Y_P——产物得率系数，g/g。

$Y_{X/S}$、$Y_{P/S}$ 是分别对基质总消耗而言的。而 Y_G、Y_P 是分别对用于生长和产物形成所消耗的基质而言的，如果用比速率来表示基质的消耗和产物的形成，则有：

$$v=-\frac{1}{[X]}\times\frac{d[S]}{dt} \tag{5-71}$$

$$Q_P=\frac{1}{[X]}\times\frac{d[P]}{dt} \tag{5-72}$$

式中　v——基质比消耗速率，mol/(g 菌体·h)；

　　　Q_P——产物比生成速率，mol/(g 菌体·h)。

根据比生长速率的关系式和基质比消耗速率的关系式可得到下列关系：

$$v=\frac{\mu}{Y_{X/S}} \tag{5-73}$$

根据式(5-70) 和式(5-73) 可得到下式：

$$v=\frac{\mu}{Y_G}+m+\frac{1}{Y_P} \tag{5-74}$$

若产物可忽略，则式(5-74) 可写成下式：

$$\frac{1}{Y_{X/S}}=\frac{1}{Y_G}+\frac{m}{\mu} \tag{5-75}$$

由于 Y_G、m 很难直接测定，只要得出细胞在不同比生长速率下的 $Y_{X/S}$，可根据式(5-75) 用图解法求 Y_G、m 的值，从而可得到基质消耗的速率。

4. 分批发酵中产物的合成速率

在分批发酵过程中，产物的生成和菌体的生长有三种关系，见图 5-24 所示。

① 产物生成与细胞生长相关。在该模式中，产物的生成速率与细胞生长速率的关系可表示为：

$$\frac{d[P]}{dt}=\mu Y_{P/S} \tag{5-76}$$

② 产物生成与细胞生长无关。

$$\frac{d[P]}{dt}=\beta[X] \tag{5-77}$$

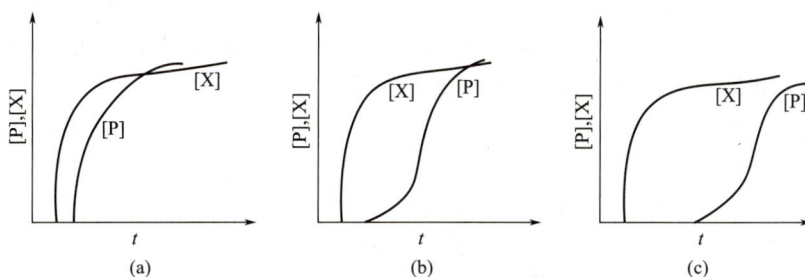

图 5-24 微生物细胞分批培养中细胞生长与产物生成的动力学模式

（a）产物生成与细胞生长相关;（b）产物生成与细胞生长部分相关;（c）产物生成与细胞生长无关

③ 产物生成与细胞生长部分相关。这时，产物生成与细胞生长的关系可表示为：

$$\frac{d[P]}{dt}=\alpha\frac{d[X]}{dt}+\beta[X] \tag{5-78}$$

（二）补料分批发酵动力学

补料分批发酵指在分批培养过程中，间歇或连续地补加新鲜培养基的培养方法，又称半连续培养或半连续发酵，是介于分批培养过程和连续培养过程之间的一种过渡培养方式。目前，该方法在发酵工业上普遍用于氨基酸、抗生素、酶制剂、单细胞蛋白、有机酸及有机溶剂等的生产过程。

1. 单一补料分批培养

单一补料分批培养的特点是补料一直到培养液达到额定值为止，培养过程中不取出培养液。在单一补料分批培养过程中，假定 $[S_0]$ 为开始时培养基中限制性营养物质的浓度，F 为培养基的流速，V 为培养基的体积，F/V 为稀释率，用 D 表示，刚接种时培养液中的微生物细胞浓度为 $[X_0]$，那么在某一瞬间培养液中微生物细胞浓度 $[X]$ 可表示为：

$$[X]=[X_0]+Y_{X/S}([X_0]-[S]) \tag{5-79}$$

由式可知，当 $[S]=0$ 时，微生物细胞的最终浓度为 $[X_m]$，假如 $[X_m]\gg[X_0]$，则：

$$[X_m]=Y_{X/S}[S_0] \tag{5-80}$$

如果在 $[X]=[X_0]$ 时，开始以恒定的速率补加培养基，这时，稀释率 D 小于 μ_{max}，发酵过程中随着补料的进行，所有限制性营养物质都很快被消耗。此时：

$$F[S_0]\approx\mu\frac{X}{Y_{X/S}} \tag{5-81}$$

式中 F——补料的培养基流速，L/h；

X——培养液中微生物细胞总量，$X=[X]V$，g；

V——时间 t 时培养基的体积，L。

由方程(5-81)可以看出补加的营养物质与细胞消耗掉的营养物质相当，因此 $\frac{d[S]}{dt}=0$。随着时间的延长，培养液中微生物细胞的量 X 增加，但细胞的浓度却保持不变，即 $\frac{d[X]}{dt}=0$，因而 $\mu\equiv D$。这种 $\frac{d[S]}{dt}=0$、$\frac{d[X]}{dt}=0$、$\mu\equiv D$ 时微生物的细胞培养状态，称为"准恒定状态"。同样有：

$$[S]\approx\frac{DK_S}{\mu_{max}-D}X=X_0+FY_{X/S}[S_0]t$$

式中 X_0——开始补料时的总微生物细胞量，g。

2. 重复补料分批培养

重复补料分批培养是在培养过程中，每隔一定的时间取出一定体积的培养液，同时又在同一时间间隔内加入相等体积的培养基，如此反复进行的培养方式。采用这种培养方式，培养液体积、稀释率、比生长速率以及其他与代谢有关的参数都将发生周期性变化。

（三）连续发酵动力学

连续培养是以一定的速率向培养系统内添加新鲜的培养基，同时以相同的速度流出培养液，从而使培养系统内培养液的量维持恒定，使微生物细胞能在近似恒定的状态下生长。在连续培养过程中，微生物细胞所处的环境条件，如营养物质的浓度、产物的浓度、pH 以及微生物细胞浓度、比生长速率等可以自始至终基本保持不变，甚至还可以根据需要来调节微生物细胞的生长速率。因此连续培养的最大特点是微生物细胞的生长速率、产物的代谢均处于恒定状态，可达到稳定、高速培养微生物细胞或产生大量代谢产物的目的。

1. 单罐连续培养的动力学

（1）细胞的物料平衡　为了描述恒定状态下恒化器的特性，必须求出细胞和限制性营养物质的浓度与培养基流速之间的关系方程。对发酵反应器来说，细胞的物料平衡可表示为：

流入的细胞－流出的细胞＋生长的细胞－死去的细胞＝积累的细胞

$$\frac{F[X_0]}{V} - \frac{F}{V}[X] + \mu[X] - k[X] = \frac{d[X]}{dt} \tag{5-82}$$

式中　$[X_0]$——流入发酵罐的细胞浓度，g/L；

　　　　$[X]$——流出发酵罐的细胞浓度，g/L；

　　　　F——培养基的流速，L/h；

　　　　V——发酵罐内液体的体积，L；

　　　　μ——比生长速率，h^{-1}；

　　　　k——比死亡速率，h^{-1}；

　　　　t——时间，h。

对普通单级恒化器而言，$[X_0]=0$，在多数连续培养中，$\mu \geqslant k$，所以方程可简化为：

$$-\frac{F}{V}[X] + \mu[X] = \frac{d[X]}{dt} \tag{5-83}$$

定义稀释率 $D=F/V$，单位为 h^{-1}。在恒定状态下，$\frac{d[X]}{dt}=0$，所以：

$$\mu = \frac{F}{V} \tag{5-84}$$

即在恒定状态下，比生长速率等于稀释率：

$$\mu = D \tag{5-85}$$

这就表明，在一定范围内，通过调节培养基的流加速率，可以使细胞按所希望的比生长速率来生长。

（2）限制性营养物质的物料平衡　对生物反应器（发酵罐）而言，营养物质的物料平衡可表示为：

流入的营养物质－流出的营养物质－生长消耗的营养物质－维持生命需要的营养物质－形成产物所消耗的营养物质＝积累的营养物

即：

$$\frac{F}{V}[S_0] - \frac{F}{V}[S] - \frac{\mu[X]}{Y_{X/S}} - m[X] - \frac{Q_P[X]}{Y_{P/S}} = \frac{d[S]}{dt} \tag{5-86}$$

式中　$[S_0]$——流入发酵罐的营养物质浓度，g/L；

　　　　$[S]$——流出发酵罐的营养物质浓度，g/L；

　　　$Y_{X/S}$——细胞得率系数，g/g；

　　　　Q_P——产物的比生成速率，g 产物/(g 细胞·h)；

　　　$Y_{P/S}$——产物得率系数，g/g。

在一般情况下，$m[X] \leqslant \mu[X]/Y_{X/S}$，而形成产物很少，可忽略不计。在恒定状态下，$\frac{d[S]}{dt}=0$，式（5-86）为：

$$D([S_0] - [S]) = \frac{\mu[X]}{Y_{X/S}} \tag{5-87}$$

因为 $\mu = D$，所以：

$$[X] = Y_{X/S}([S_0] - [S]) \tag{5-88}$$

（3）细胞浓度与稀释率的关系　为了使细胞浓度、营养物的浓度与稀释率联系起来，需要利用 Monod 方程。当 Monod 方程应用于连续培养时，则变为：

$$D = \frac{D_c[S]}{K_S + [S]} = \frac{\mu_{max}[S]}{K_S + [S]} \tag{5-89}$$

式中　D_c——临界稀释率，即在恒化器中可能达到的最大稀释率。

除极少数外，D_c 相当于分批培养中的 μ_{max}，由式(5-89) 可得到：

$$[X] = Y_{X/S}\left([S_0] - \frac{DK_S}{\mu_{max} - D}\right) \tag{5-90}$$

式(5-89)、式(5-90) 分别表示了 [S] 和 [X] 对培养基流速（也就是 D）的依赖关系。当流速低时，即 D 小时，营养物质全部被细胞利用，$[S] \to 0$，细胞浓度 $[X] = [S_0]Y_{X/S}$。如果 D 增加，开始 [X] 呈线性慢慢下降，然后，当 $D = D_c = \mu_{max}$ 时，[X] 下降到 0。开始时，[S] 随 D 的增加而缓慢增加；当 $D = \mu_{max}$ 时，$[S] \to [S_0]$。在方程（5-90）中，当 [X] = 0 时，达到"清洗点"，即有：

$$D = \frac{\mu_{max}[S_0]}{K_S + [S_0]} \tag{5-91}$$

因为：$\dfrac{[S_0]}{K_S + [S_0]} = 1$，所以 $D = \mu_{max}$。

当 $D > \mu_{max}$ 时，不可能达到恒定状态。如果 D 只稍低于 μ_{max}，那么整个系统对外界环境变化非常敏感。随着 D 的微小变化，[X] 将发生巨大变化。

2. 带细胞循环的单级恒化器

在单级恒化器的培养过程中，若将流出液用离心机分离，将流出液中的微生物细胞部分回加到发酵罐内，形成再循环系统。这样可以增加系统的稳定性，而且可使恒化器内细胞的浓度增加。$[X_1]$、$[X_2]$ 分别代表从发酵罐和离心机流出的细胞浓度，F 和 F_1 分别代表充入发酵罐的培养基流速和流出离心机的培养液流速。如果引入再循环比率 α 和浓缩因子 C 两个参数，再采取与前述类似的方法可推导出在恒化器状态下：

$$\mu = (1 + \alpha - \alpha C)D$$
$$[X] = \frac{Y_{X/S}([S_0] - [S])}{1 + \alpha - \alpha C} \tag{5-92}$$

由此可见，当存在细胞再循环时，μ 不再等于 D，因为 $C > 1$，所以 $1 + \alpha - \alpha C$ 永远小于 1，则 μ 永远大于 D。这就表明，在带有细胞再循环的单级恒化器中，有可能达到很高的稀释率，而细胞没有被"清洗"的危险。同样，在恒定状态下细胞浓度比不带再循环的恒化器大一个因子 $\dfrac{1}{1 + \alpha - \alpha C}$。

将式(5-92) 代入 Monod 方程，则：

$$[S] = \frac{K_S \mu}{\mu_{max} - \mu} = K_S \frac{D(1 + \alpha - \alpha C)}{\mu_{max} - D(1 + \alpha - \alpha C)} \tag{5-93}$$

$$[X_1] = \frac{Y_{X/S}}{1 + \alpha - \alpha C}[S_0] - \frac{K_S D(1 + \alpha - \alpha C)}{\mu_{max} D(1 + \alpha - \alpha C)} \tag{5-94}$$

式(5-93) 和式(5-94) 是在带有循环的单级恒化器中基质浓度与细胞浓度的表达式，说明该系统有利于增加菌体浓度。

3. 多级连续培养

图 5-25 是一个简单的多级培养系统。图 5-25 中 F_1 为由第一个发酵罐流出的培养液的流速（单位为 L/h），V_1 和 V_2 分别为第一个和第二个发酵罐的体积（单位为 L），F' 是补加到第二个发酵罐的新鲜

培养基的流速（单位为 L/h），$F_2 = F_1 + F'$，$[S_0]$ 和 $[S]'$ 分别为加到第一个和第二个发酵罐内限制性营养物质的浓度，$[S_1]$ 和 $[S_2]$ 分别为第一个和第二个发酵罐内剩余限制性营养物质的浓度，$[X_1]$ 和 $[X_2]$ 分别为第一个和第二个发酵罐内细胞的浓度。采用与前述类似的方法，可以推导出在恒定状态下，两级串联恒化器中每个发酵罐内物料平衡的结果。

表 5-9 为恒定状态下两级串联恒化器中每个发酵罐内的物料平衡。

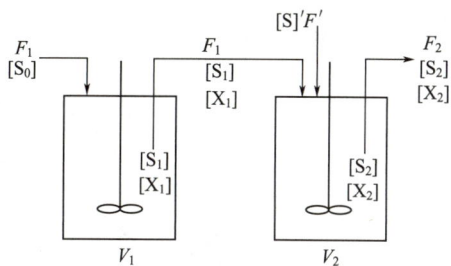

图 5-25 多级连续培养示意图

表 5-9　恒定状态下两级串联恒化器中每个发酵罐内的物料平衡

发　酵　罐	细胞物料平衡	限制性营养物料平衡
第一个发酵罐	$\mu_1 = D_1$	$[X_1] = Y_{X/S}([S_0] - [S_1])$
第二个发酵罐(不补加新鲜培养基)	$\mu_2 = D_2\left(1 - \dfrac{[X_1]}{[X_2]}\right)$	$[X_2] = \dfrac{D_2}{\mu_2}Y_{X/S}([S_1] - [S_2])$
第二个发酵罐(补加新鲜培养基)	$\mu_2 = D_2 - \dfrac{F_1[X_1]}{V_2[X_2]}$	$[X_2] = \dfrac{Y_{X/S}}{\mu_2}\left(\dfrac{F_1}{V_2}[S_1] + \dfrac{F'}{V_2}[S]' - D_2[S_2]\right)$

由表 5-9 可见，在第二个发酵罐内 $\mu_2 \neq D_2$，如果不向第二个发酵罐补加新鲜培养基，则第二个发酵罐的净生长速率就会很小；如果向第二个发酵罐内补加新鲜培养基，不仅可以促进细胞的生长，而且可以使 D 选定在比 μ_{max} 更大的数值。

📚 案例解说　丙酮酸发酵过程动力学分析

丙酮酸是由葡萄糖经糖酵解途径（EMP）产生的主流代谢产物，理论上 1 分子葡萄糖产生 2 分子丙酮酸。在以葡萄糖作为原料的发酵过程中，初始葡萄糖浓度对丙酮酸生产有很大的影响，因此寻找一个适宜的初始葡萄糖浓度十分重要。前期研究发现：①较低的葡萄糖浓度可维持较高的细胞比生长速率，但过低的葡萄糖浓度导致最终菌体浓度下降，从而导致丙酮酸生产效率下降；②较高的葡萄糖浓度能获得较高的菌体浓度，但过高的葡萄糖浓度则导致细胞比生长速率和丙酮酸比生成速率下降。补料分批培养操作能使发酵系统中保持合适的营养物浓度，一方面消除了碳源快速利用引起的阻遏效应，维持发酵罐中良好的好氧发酵条件；另一方面又避免了培养基中某些成分的毒害作用，而且还可以起到稀释发酵液以降低黏度的作用。由于流加发酵可以延长细胞对数生长期和平衡期的持续作用，增加生物量和平衡期细胞代谢产物的积累，因此发酵工业中大多采用这种培养方式进行生产。基于以上分析，为进一步强化丙酮酸发酵工程中光滑球拟酵母（*Torulopsis glabrata*）的功能，需使不同发酵阶段葡萄糖浓度处于最适水平，而采用合适的葡萄糖流加策略能实现这一目标。另外，利用发酵过程参数，通过动力学模型解析影响流加发酵过程的关键因素，提出相应调控策略强化丙酮酸发酵生产过程，最终提高丙酮酸发酵的效率。

基于以上分析，以 *T. glabrata* CCTCC M202019 发酵生产丙酮酸的过程为研究模型，在对丙酮酸分批发酵动力学模型进行详尽分析的基础上，揭示出葡萄糖浓度对丙酮酸高效积累影响的关键因素，采用奇异优化控制策略流加葡萄糖，使不同发酵阶段葡萄糖浓度处于最佳水平，从而强化丙酮酸发酵过程中光滑球拟酵母的过程功能，实现丙酮酸高效生产。

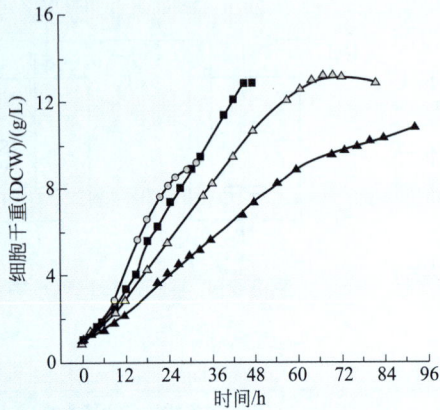

图 5-26　初始葡萄糖浓度对细胞生长的影响

葡萄糖浓度（g/L）：○ 40；■ 80；△ 120；▲ 160

1. 丙酮酸分批发酵动力学模型的构建

初始葡萄糖浓度对 T. glabrata CCTCC M202019 生长的影响如图 5-26 所示。在一定的葡萄糖浓度范围内（≤120g/L），菌体浓度随着初始葡萄糖浓度的增加而增加；继续增加葡萄糖浓度（≥120g/L）则抑制了菌体的生长，导致细胞比生长速率下降。Logistic 模型是描述细胞生长的最佳动力学模型之一，然而 Logistic 模型仅描述了细胞生长的自身抑制作用，而缺乏基质浓度对细胞生长的抑制项。在丙酮酸分批发酵中，由于高浓度葡萄糖对细胞生长具有抑制作用，结合 Logistic 模型的优点，在 Logistic 模型中增加基质抑制因素项，得到描述 T. glabrata CCTCC M202019 发酵生产丙酮酸过程中的菌体生长动力学模型：

$$\mathrm{d}[X]/\mathrm{d}t = \mu_{\max}[X](1-[X]/[X]_{\max})(1+[S]/K_I)^{-1} \tag{5-95}$$

式中　$[X]$——菌体浓度，g/L；

$[X]_{\max}$——最大菌体浓度，g/L；

$[S]$——底物浓度，g/L；

$\mu_{\max}$——菌体最大比生长速率，h^{-1}；

K_I——对菌体生长产生抑制的葡萄糖临界浓度，g/L。

前期研究发现，丙酮酸发酵为细胞生长与产物合成部分偶联型发酵，在发酵后期高浓度葡萄糖对丙酮酸合成具有一定的抑制作用。在充分考虑底物浓度对丙酮酸合成的非竞争性抑制的基础上，结合描述生长部分偶联型的 Luedeking-Piret 方程，得到描述 T. glabrata CCTCC M202019 发酵生产丙酮酸的动力学模型：

$$\mathrm{d}[P]/\mathrm{d}t = \alpha\mathrm{d}[X]/\mathrm{d}t + \beta(1+K_{SP}/[S])^{-1}(1+[S]/K_{IP})^{-1}[X] \tag{5-96}$$

式中　α——与菌体生长相关的产物合成常数；

β——与菌体浓度相关的产物合成常数；

K_{IP}——对产物合成产生抑制的葡萄糖临界浓度，g/L；

K_{SP}——对产物生成的葡萄糖饱和浓度，g/L。

类似地，丙酮酸分批发酵过程中葡萄糖消耗模型为：

$$-\mathrm{d}[S]/\mathrm{d}t = Y_X^{-1}\mathrm{d}[X]/\mathrm{d}t + Y_P^{-1}\mathrm{d}[P]/\mathrm{d}t + m[X] \tag{5-97}$$

式中　m——细胞维持消耗系数，h^{-1}；

Y_X——菌体对葡萄糖的产率系数，g/g；

Y_P——丙酮酸对葡萄糖的产率系数，g/g。

2. 模型参数求解与适用范围

采用初始葡萄糖浓度为 80g/L 时的丙酮酸发酵过程数据，通过模型计算，得到丙酮酸分批发酵动力学模型参数与参数的 95% 可信范围（表 5-10）。

在葡萄糖浓度为 80g/L 时，所拟合的丙酮酸分批发酵动力学模型最大相对误差为 8.8%，平均相对误差为 2.3%。采用初始葡萄糖浓度为 40g/L、80g/L、120g/L 和 160g/L 的丙酮酸分批发酵结果对所拟合模型进行验证，结果表明模型计算结果与不同初始葡萄糖浓度下的丙酮酸分批发酵结果具有一致性（图 5-27）。表明所拟合的模型较好地描述了丙酮酸分批发酵过程。

表 5-10 丙酮酸发酵动力学模型参数估计值与可信范围

参数	μ_{max}/h^{-1}	$[X]_{max}/(g/L)$	$K_I/(g/L)$	α	β
参数值	0.16	15.88	98.32	4.41	0.16
95%置信区间	(0.148,0.172)	(14.29,17.36)	(89.13,110.70)	(4.21,4.62)	(0.145,0.175)
参数	$K_{SP}/(g/L)$	$K_{IP}/(g/L)$	Y_X	Y_P	m/h^{-1}
参数值	26.12	42.59	0.58	0.96	0.010
95%置信区间	(25.01,27.23)	(40.19,44.98)	(0.57,0.59)	(0.92,0.99)	(0.006,0.014)

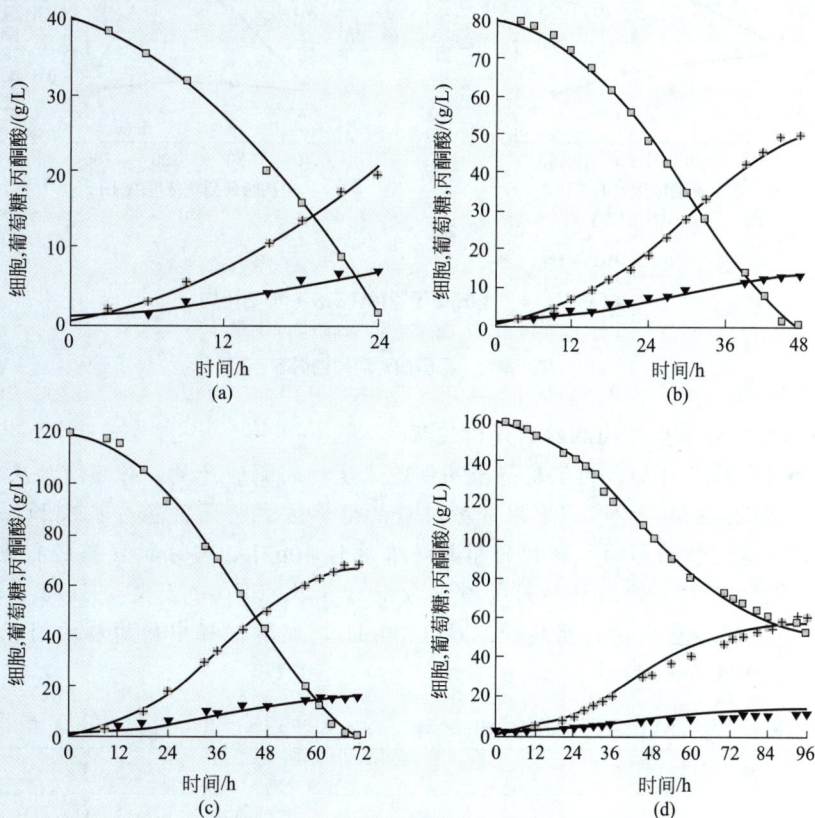

图 5-27 实验值（▼，□，＋）与模型值（实线）的比较

▼细胞; □葡萄糖; ＋丙酮酸
初始葡萄糖浓度:（a）40g/L;（b）80g/L;（c）120g/L;（d）160g/L

3. 丙酮酸分批发酵动力学模型分析

结合表 5-10，对所拟合的动力学模型分析发现:①不同发酵阶段的细胞浓度和生长速率受发酵体系中葡萄糖浓度的调控;②较高的细胞浓度和生长速率有利于丙酮酸的合成;③在不同发酵阶段控制适宜的葡萄糖浓度能促进丙酮酸的高效生产。

不同初始葡萄糖浓度下的丙酮酸分批发酵结果总结于图 5-28 中。发现:①较低的葡萄糖浓度可维持较高的细胞比生长速率，但过低的葡萄糖浓度导致最终细胞浓度 [X] 下降（初始葡萄糖浓度为 40g/L 时，细胞浓度仅 8.4g/L），从而导致丙酮酸生产效率下降;②较高的葡萄糖浓度能获得较高的细胞浓度，但过高的葡萄糖浓度则导致细胞比生长速率和丙酮酸比生成速率下降（初始葡萄糖浓度为 160g/L 时的细胞比生长速率和产物比生成速率与 120g/L 的比较，分别下降了 28.8% 和 32.1%）。在给定的统一初始条件（[X₀]=1g/L）下，不同初始葡萄糖浓度下丙酮酸产量、得率和生产强度的变化如图 5-28（b）所示，表明葡萄糖浓度为 119.5g/L、119.5g/L、80.3g/L 时丙酮酸产量、得率和生产强度分别达到最大值。基于以上分析，为了进一步强化丙酮酸发酵过程中 *T. glabrata* 的功能，需使不同发酵阶段中葡萄糖浓度处于最适水平，而采用合适的葡萄糖流加策略能实现这一目标。

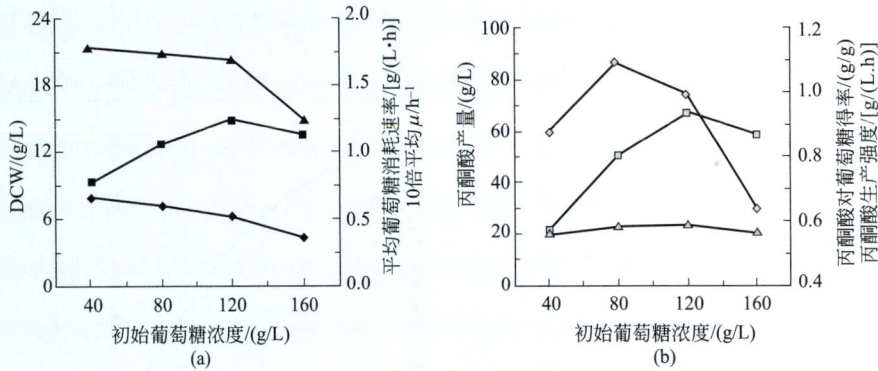

图 5-28   不同初始葡萄糖浓度对丙酮酸发酵的影响

■ DCW;   ▲ 平均葡萄糖消耗速率;   ◆ 10 倍平均

比生长速率; ◇ 丙酮酸生产强度; □ 丙酮

酸产量; △ 丙酮酸对葡萄糖得率

4. 分批补料培养生产丙酮酸的发酵过程

由以上研究结果可知，为了获得较高细胞浓度和丙酮酸产量，必须增加底物葡萄糖的供给。因此，首先在 7L 发酵罐中尝试采用分批补料的培养方式将葡萄糖分批次加入培养体系，以考察对丙酮酸发酵过程的影响。取初始葡萄糖浓度为 40g/L，当分批发酵进行到 16h，葡萄糖浓度降至 20g/L 以下时，开始补加葡萄糖。分别分 1 次（E_1）、2 次（E_2）、3 次（E_3）和 4 次（E_4）加入（补糖总量 80g/L 至总糖浓度 120g/L），发酵过程中葡萄糖的消耗、细胞生长和丙酮酸合成情况如表 5-11 所示。

表 5-11   葡萄糖流加次数对丙酮酸发酵的影响

参　数	E_1	E_2	E_3	E_4
葡萄糖/g	340	170＋170	113＋113＋113	85＋85＋85＋85
残糖/(g/L)	2.1	3.9	5.7	6.4
发酵时间/h	76	76	76	76
细胞干重/(g/L)	17.8	17.7	16.9	15.8
丙酮酸产量/(g/L)	71.1	73.6	75.8	78.3
丙酮酸生产强度/[g/(L·h)]	0.94	0.96	1.00	1.03
丙酮酸对葡萄糖得率/(g/g)	0.60	0.63	0.66	0.69
丙酮酸对细胞得率/(g/g)	3.99	4.16	4.48	4.96
细胞对葡萄糖得率/(g/g)	0.15	0.15	0.15	0.14

可以看出，当一次性补糖时，细胞干重最大，为 17.8g/L。然而，丙酮酸产量和得率随补糖次数的增多而增大，当四次补糖时（E_4），两者分别达到 78.3g/L 和 4.96g/g，分析可能是由于多次补糖可以使葡萄糖浓度维持在较为稳定合适的水平（图 5-29）。

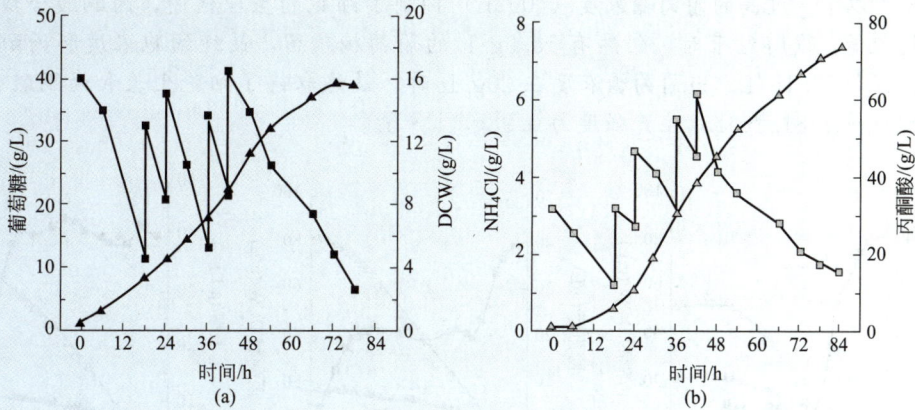

图 5-29　分批补料培养方式下的丙酮酸发酵过程
▲ DCW；■ 葡萄糖；△ 丙酮酸；□ NH₄Cl

5. 恒速流加发酵对丙酮酸生产的影响

以下采用 3 种不同的恒定流加速率，在发酵培养的 16h 开始补糖，总补糖量 80g/L 至总糖浓度 120g/L，持续时间分别为 48h、24h 和 12h，即葡萄糖平均流速分别为 1.67g/(L·h)、3.33g/(L·h) 和 6.67g/(L·h)。由图 5-30 可以看出，3.33g/(L·h) 的流速最佳。经过 72h 培养后，丙酮酸产量、得率和生产强度分别达到 79.3g/L、0.68g/g 和 1.1g/(L·h)，比总糖相同的分批发酵分别提高 17.7%、15.3% 和 11.1%。如图 5-31 所示，当流加速率为 3.33g/(L·h)，葡萄糖浓度被控制在 20~30g/L，同时避免了低浓度葡萄糖对产酸的限制作用和高浓度葡萄糖对细胞生长的抑制作用。

6. 控制不同葡萄糖浓度水平对丙酮酸发酵的影响

选定 3 个葡萄糖浓度水平进行试验，结果如图 5-32 所示。由图 5-32 可以看出，控制葡萄糖浓度在 5g/L 时，细胞生长较快，碳源较多地用于合成细胞物质。当细胞浓度在 64h 达到 22.7g/L 后，细胞比生长速率和丙酮酸比生成速率分别降至 $0.01h^{-1}$ 和

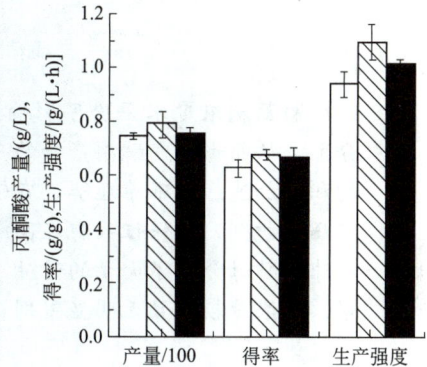

图 5-30　葡萄糖补加速率对
丙酮酸发酵的影响
□ 1.67g/(L·h)；▨ 3.33g/(L·h)；
■ 6.67g/(L·h)

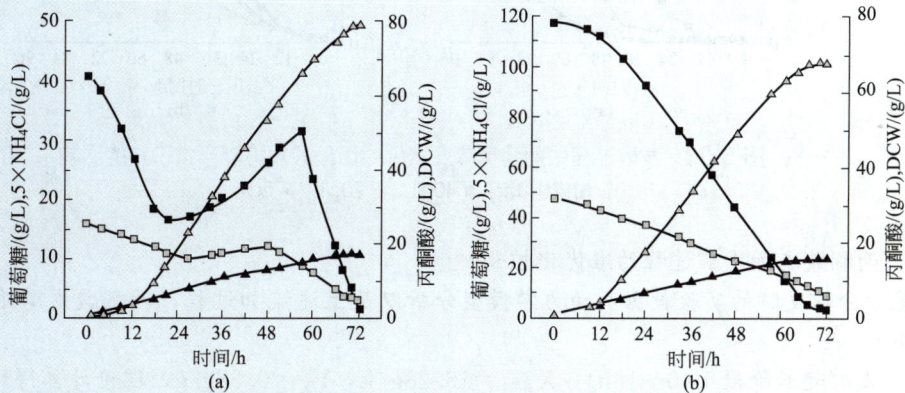

图 5-31　葡萄糖补加速率为 3.33g/(L·h) 时与最佳分批发酵过程的比较
▲ DCW；■ 葡萄糖；△ 丙酮酸；□ 5×NH₄Cl

$0.04h^{-1}$ 以下。过高的葡萄糖浓度（40g/L）抑制了细胞的生理代谢，丙酮酸合成和细胞生长速率均较低，发酵结束时，仍然有 18.9g/L 的葡萄糖残留，最终细胞浓度和丙酮酸浓度仅为 14.2g/L 和 72.1g/L。当葡萄糖浓度在 20g/L 时，最终取得了细胞生长和丙酮酸合成的平衡，丙酮酸产量达 81.2g/L，生产强度为 0.98g/(L·h)。

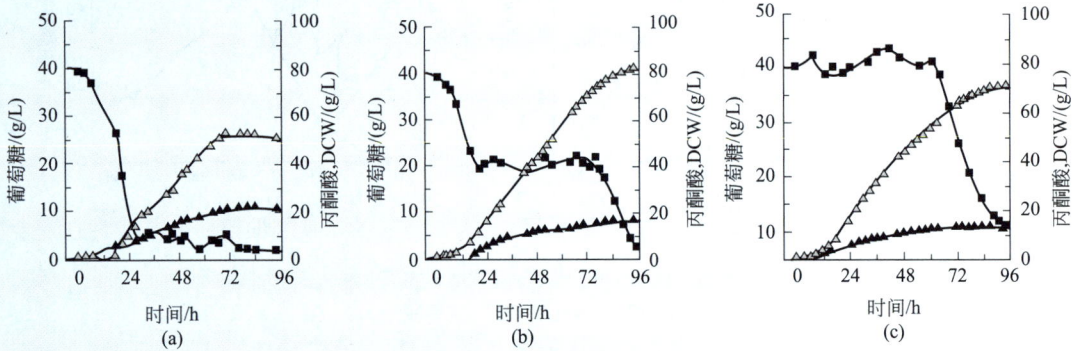

图 5-32 发酵过程中葡萄糖浓度水平对丙酮酸发酵的影响

▲ DCW; ■ 葡萄糖; △ 丙酮酸

葡萄糖浓度：（a）5g/L;（b）20g/L;（c）40g/L

葡萄糖浓度水平除了影响比生长速率和比产酸速率之外，也会影响 *T. glabrata* 的代谢流分配，从而影响发酵副产物的产生。由图 5-33 可以看出，维持较高的葡萄糖浓度水平会使甘油的积累加速。这不难理解，在较高的葡萄糖浓度下，发酵体系的渗透压较大，甘油作为一种渗透压保护剂，能保证细胞在高渗环境下的生理代谢活动，因而维持葡萄糖浓度在 40g/L 时，光滑球拟酵母分泌了大量的甘油（8.1g/L）。不同葡萄糖浓度水平下均有一定量的 α-酮戊二酸积累，但浓度较低且无明显差别。

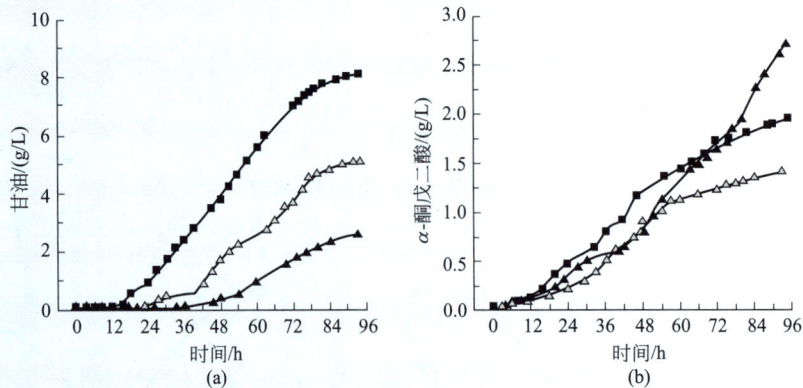

图 5-33 发酵过程中葡萄糖浓度水平对丙酮酸发酵副产物积累的影响

葡萄糖浓度：■ 40g/L; △ 20g/L; ▲ 5g/L

7. 丙酮酸流加发酵过程的准优化控制

基于分批发酵的实验数据和动力学模型分析以及上述流加过程，丙酮酸发酵准优化控制策略如下。

① 发酵起始阶段 I（0~18h）：$X_{max} = 16.28g/L$，$Y_X = 0.58g/g$，理论计算得培养基中葡萄糖浓度大于 28g/L 时，可获得满足产物合成所需的细胞比生长速率和临界菌体浓度。实际发酵中，添加 40g/L 葡萄糖。

② 随着葡萄糖浓度降到 10g/L 以下时，丙酮酸进入介于发酵起始阶段和奇异控制阶段的过渡阶段 II（19～25h），这一阶段以菌体浓度接近或超过 X_{max} 为目标，快速流加葡萄糖，以满足菌体比生长速率和基质比消耗速率达到最大值的碳源需要。

③ 奇异控制阶段 III（26～63h），X 接近 X_{max}，细胞比生长速率 $\mu \approx 0$，由方程（5-98）和方程（5-99）得丙酮酸比生成速率 q 和丙酮酸对葡萄糖转化率 Y：

$$q = \alpha\mu + \beta(1 + K_{SP}/[S])^{-1}(1 + [S]/K_{IP})^{-1} \approx \beta(1 + K_{SP}/[S])^{-1}(1 + [S]/K_{IP})^{-1} \quad (5\text{-}98)$$

式中　α——与菌体生长相关的产物合成常数；

　　　β——与菌体浓度相关的产物合成常数；

　　　K_{IP}——对产物合成产生抑制的葡萄糖临界浓度，g/L；

　　　K_{SP}——对产物生成的葡萄糖饱和浓度，g/L。

$$Y = \frac{q}{\mu/Y_X + q + m} \approx \frac{q}{q + m} = \frac{1}{1 + m/q} \quad (5\text{-}99)$$

式中　m——细胞维持消耗系数，h^{-1}；

　　　Y_X——菌体对葡萄糖的产率系数，g/g。

为获得较高的丙酮酸浓度，须控制葡萄糖浓度为 $[S]^*$ 以维持较高的 q 和 Y。由方程（5-99），q 取最大值时，Y 亦最大。由于 $[X]$ 接近 $[X]_{max}$，所以由 $\dfrac{dq}{d[S]} \approx \dfrac{d[\beta(1 + K_{SP}/[S])^{-1}(1 + [S]/K_{IP})^{-1}]}{d[S]} = 0$ 计算得 $[S]^* = \sqrt{K_{SP}K_{IP}} = 33.4g/L$。即葡萄糖浓度 $[S] = [S]^*$ 时，可以获得最大的丙酮酸比生成速率 q，同时，丙酮酸对葡萄糖转化率 Y 达到最大。

④ 分批发酵阶段 IV（64～84h）：流加结束后维持一定时间使发酵体系中葡萄糖浓度低于 5g/L，发酵结束。

葡萄糖奇异控制策略下的丙酮酸发酵过程曲线如图 5-34(b) 所示，与丙酮酸分批发酵［图 5-34(a)］的比较结果列于表 5-12。

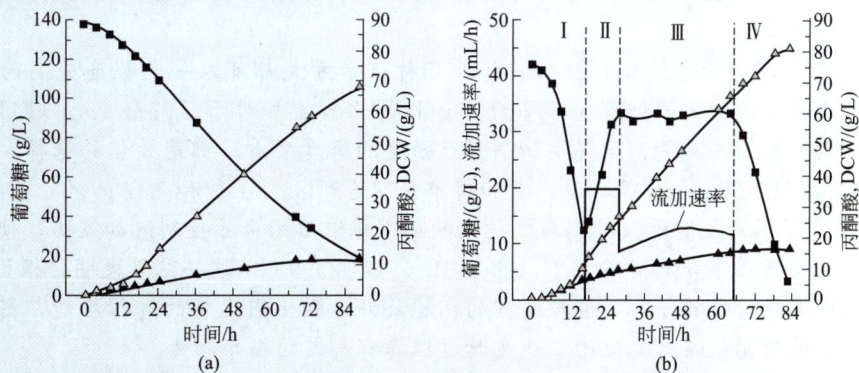

图 5-34 葡萄糖浓度相同时分批发酵和准优化流加发酵的过程比较

■ 葡萄糖；△ 丙酮酸；▲ DCW

对图 5-34 和表 5-12 分析表明，葡萄糖奇异控制策略下的发酵过程在起始阶段，较低的葡萄糖浓度使细胞以较高的比生长速率生长并迅速进入快速产酸阶段；在过渡阶段，菌体浓度快速接近最大值，进而促使碳流由菌体生长转向丙酮酸合成；在奇异控制阶段，维持葡萄糖浓度 $[S]^* = 33.4g/L$，丙酮酸对葡萄糖的得率达到最大值（0.71g/g），进一步提高了丙酮酸产量和生产强度。在总葡萄糖浓度相同的条件下，采用葡萄糖奇异控制策略的丙酮酸发酵，与分批发酵过程相比：①发酵周期缩短了 5h；②细胞干重提高了 24.8%（18.1g/L）；③细胞平均比生长速率和葡萄糖比消耗速率分别提高了 22.9% 和 20.7%；④丙酮酸浓度、得率和生产强度分别提高了 21.3％、21.6％和 29.9％。

表 5-12 丙酮酸准优化发酵与分批发酵的比较

参　　数	分批发酵(A)	准优化发酵(B)	(B/A−1)×100%
初始葡萄糖/(g/L)	138.7	42.5	—
残糖/(g/L)	19.8	3.6	—
发酵时间/h	88	83	—
细胞浓度/(g/L)	14.5	18.1	24.8％
丙酮酸浓度/(g/L)	68.5	83.1	21.3％
平均 μ/h^{-1}	0.048	0.059	22.9％
平均耗糖速率/[g/(L·h)]	1.35	1.63	20.7％
细胞生产强度/[g/(L·h)]	0.16	0.22	37.5％
丙酮酸生产强度/[g/(L·h)]	0.77	1.00	29.8％
细胞对葡萄糖得率/(g/g)	0.10	0.13	30％
丙酮酸对葡萄糖得率/(g/g)	0.51	0.62	21.5％
丙酮酸对细胞得率/(g/g)	5.07	4.86	−4.1％

8. 总结

① 对不同葡萄糖浓度丙酮酸分批发酵过程建立动力学模型并进行分析，表明葡萄糖浓度是影响细胞生长和丙酮酸高效积累的关键因素，*T. glabrata* 在不同发酵阶段对葡萄糖需求不尽相同。

② 分批发酵中，随着葡萄糖浓度的增加，细胞对葡萄糖的利用速度减慢，单位时间内细胞的生产强度相应降低，细胞平均比生长速率逐渐下降，最终细胞对葡萄糖的得率均有所降低。丙酮酸的合成有一最佳的初始葡萄糖浓度（80～120g/L），但要进一步提高丙酮酸生产效率，须进行流加发酵。

③ 分批补料、恒速流加和恒糖流加等几种培养方式都可以一定程度提高丙酮酸的生产效率。综合比较，控制葡萄糖浓度水平为 20g/L 的恒糖流加对于 *T. glabrata* CCTCC M202019，无论是从丙酮酸的高产量、高得率和高生产强度的角度来看，都是最佳的选择。经过 94h 的培养，DCW 达到 18.3g/L，丙酮酸产量和得率分别达到 83.2g/L 和 0.69g/g。

④ 提出了不同发酵阶段控制与之适宜的葡萄糖浓度的奇异控制流加策略，使最终丙酮酸浓度、得率和生产强度分别提高了 21.3％、21.6％和 29.9％。这一结果表明，根据不同发酵阶段微生物细胞表观特性的差异，调控适宜的环境条件，强化微生物的过程功能，提高目标代谢产物生产效率的研究策略对其他的工业生物过程具有一定的指导意义。

第三节　发酵罐设备

生物反应器，通常是指利用生物催化剂进行生物技术产品生产的反应装置（或场所），在整个过程中，具有中心纽带的作用，是实现生物技术产品产业化的关键设备以及连接原料和产物的桥梁。它不仅包括传统的发酵罐、酶反应器，还包括采用固定化技术的固定化酶或固定化细胞反应器、动植物细胞反应器等。发酵工程所讲的生物反应器一般指发酵罐，其作用是为细胞代谢提供一个优化稳定的物理与化学环境，使细胞能够更快更好地生长，得到更多需要的生物量或者目标代谢产物。在生物反应过程中，生物反应器的设计和操作是生物工程中非常重要的工程问题，对产品的成本和质量有较大影响。

一、反应器的分类

生物反应器提供适宜生物体生长和产物形成的各种条件（如维持适当的温度、溶解氧、pH 等）、促进微生物的代谢。在保证无菌要求的同时，达到低能耗、高产量的目的。生物反应器有多种形式，可以从以下几方面进行分类。

① 根据反应器的操作方式，可分为间歇操作、连续操作和半间歇半连续操作。

间歇操作又称为分批操作，采用此种操作方式的反应器又称为间歇反应器。以酶为催化剂的间歇操作式反应器，在开始反应到反应结束的整个反应过程中，无底物和产物的加入与输出。反应过程中，底物浓度、产物浓度均只随反应时间而变化。以细胞为催化剂的间歇反应器为例，在加入反应基质后，进行灭菌（或在已灭菌过的反应器中加入经过灭菌的培养基），接种并维持一定的反应条件进行反应。接种以后，除了好氧反应需要在反应过程中通入无菌空气、消除泡沫所用的消泡剂以及维持一定 pH 值所用酸、碱液之外，反应过程中不再加入反应基质，也不输出产物，只有待反应进行到规定的程度后，才将全部发酵液放出，进行后处理。反应器经清洗、灭菌后，重新加入培养基，继续进行反应。在此反应过程中，基质浓度、产物浓度以及细胞浓度均随反应进行的时间而变化，尤其是细胞本身将经历不同的生长阶段，显示出不同的催化活力。

针对间歇发酵的特点，间歇操作反应器的操作特征可概括为：反应物料一次加入、一次卸出；反应器中物系的组成仅随时间而变化。由于间歇式反应器适合于多品种、小批量、反应速率较小的反应过程，又可以经常进行灭菌操作，因此它在生化反应器中占有重要位置。

采用连续操作的反应器叫做连续式反应器。这一操作方式的特点是原料连续输入反应器，反应产物则连续地从反应器中流出。反应器内任何部位的物系组成均不随时间而变化，故连续操作反应器多属于稳态操作。连续操作反应器一般具有产品质量稳定、生产效率高的优点，适合于大批量生产。特别是它可以克服在进行间歇操作时，细胞反应所存在的由于营养基质耗尽或有害代谢产物积累所造成的反应只能在一段有限的时间内进行的缺点。对于实行连续操作，可以向反应器内以一定流量不断加入新的基质，同时以相同流量不断取出反应液，这样就可以不断补充细胞需要的营养物质，而有害代谢产物则不断被稀释而排出，生化反应可以连续稳定地进行下去。但是由于连续操作的操作时间过长，细胞又易退化变异，一般还易发生杂菌污染，因此它适用于不易染菌的产品，如丙酮-丁醇发酵、酒精发酵、啤酒发酵等。连续发酵还具有以下优点：a. 较高的底物转化系数；b. 较高的反应体积速率；c. 不同级数的发酵罐可具备不同反应条件（如 pH、温度、通气量等）。其中，特别是对底物浓度和加料速度的变化可以获得较高的经济效益。

半间歇半连续操作是指原料与产物只有其中的一种为连续输入或输出，而其余则为分批加入或输出的操作，与之相应的反应器称为半间歇式反应器或半连续反应器。半间歇半连续操作是一种同时兼有间歇操作和连续操作某些特点的操作。半间歇半连续操作对生化反应具有特别重要的意义。例如存在有基质抑制的微生物反应，当基质浓度过高时会对细胞的生长产生抑制作用，若利用半间歇半连续操作，则可控制基质浓度处在较低的水平，以解除其抑制作用。

② 按照所使用的生物催化剂的不同，可将其分为酶催化反应器和细胞生化反应器。

在酶催化反应器中所进行的生化反应比较简单，酶如同化学催化剂一样，在反应过程中本身无变化。若为游离酶，常用的为搅拌槽式反应器，可进行分批式或半分批式操作。此类反应器结构简单，适于小规模生产，但不能进行酶的回收利用。针对这一问题，也可以采用带有膜组件的超滤膜反应器，在反应器内安装适当的部件作为生物体的附着体，或采用超滤膜将细胞控制在某一区域内进行反应。由于膜具有选择透过性，只允许小分子产物透过，而酶则被截留回收，重新使用。它特别适合于产物对酶有抑制作用的反应体系。但存在有酶的吸附损失或在膜表面浓缩极化现象，长期操作时酶的稳定性差。若为固定化酶，采用较多的是固定床和流化床反应器。固定床是一种单位体积催化剂负载多、反应效率高的反应器，但其床层压力降较大、传质和传热效率较低，它不适合于含有颗粒或黏度很大的底物溶液。流化床则为一种装有较小固定化酶颗粒的塔式反应器，底物以足够大的流速使颗粒处于流化状态，它具有良好的传质传热性能，适于处理黏度高的底物，但它容易造成固定化酶颗粒的破损，使操作成本提高。此外，还可以采用由膜状或板状固定化酶组成的膜型反应器。

细胞生化反应器中所进行的生化反应十分复杂，在进行生化反应的同时，细胞本身也得到了增殖，并且为了使细胞能维持其催化活性，在反应过程中必须避免受到外界各种杂菌的污染。根据细胞反应是否需要氧气来考虑，细胞反应器可分为厌氧反应器与好氧反应器。其中，好氧生物反应器根据反应器所需能量输入方式的不同，分为机械搅拌式、气体搅拌式、液体环流式和自吸式。若根据细胞类型的不同，细胞反应器又可分为微生物细胞反应器（如机械搅拌槽式反应器）、动物细胞反应器（如微载体悬浮培养反应器）和植物细胞反应器（光照生物反应器）。如根据细胞反应时底物的相态，细胞反应又可分为液态发酵和固态发酵，相应的生物反应器则可称为液态生物反应器和固态生物反应器。

③ 根据反应器的结构特征，分为釜（槽）式、管式、塔式、膜式。

上述反应器之间的主要差别反映在其外形（长径比）和内部结构上的不同。釜（槽）式反应器高径比比较小，一般为1～3；管式反应器长径比比较大，一般大于30；塔式反应器的高径比介于釜（槽）式与管式之间；膜式反应器一般是在其他形式的反应器中装有膜组件，或起固定化生物催化剂的作用或起分离作用。

④ 根据反应器内反应物系的相态不同，还可分为均相反应器和非均相反应器。

二、反应器的设计目标和原则

生物反应器是进行生物反应的核心设备，其设计的主要目标是将生物催化剂的活性控制在最佳水平，以提高生物催化反应过程的效率，提高产品质量和技术经济水平。

为了获得高质量、低成本的产品，使用微生物、酶或动植物细胞（或组织）作为生物催化剂，所需要的反应器均应具备以下相应的要求。

① 生物化学因素。具有很好的生物相容性，能较好地模拟细胞的体内生长环境，并且能够提供足够的时间以完成所需的反应程度，有良好的液体混合性能并符合过程反应动力学的要求。

② 传质传热因素。具有较高的传质性能，对于非均相反应，由于反应过程常被反应底物的扩散速率所制约，因此必须要尽量满足反应器内物质传递的要求；同时有较好的传热性能，即有能力移除或加入过程的热量，使过程中没有过热点的存在。

③ 安全操作因素。配套可靠的检测和控制仪表，能够将有害反应物和产物隔离，具有良好的防污染能力且结构简单、耗能低，便于操作和维修。

同时，由于生物反应器需要在无杂菌污染的条件下长期运转，必须保证微生物在发酵罐中正常的生长代谢，并且能最大限度地合成目的产物。

发酵罐的设计应遵循以下原则。

1. 反应器的选型

在选择反应器类型时，必须综合考虑反应的特点、生物催化剂的应用形式、反应物的物理性质、生物反应动力学、催化剂稳定性等多种因素，以确定反应器适宜的操作方式、结构类型、能量传递和流体的流动方式等，从而保证工艺过程实施的安全可靠。此外，由于微生物分厌氧和好氧（通风）两大类，故供微生物生存和代谢的生产设备也就各不相同。不论厌氧或好氧发酵设备，除了满足微生物培养所必要的工艺要求外，还需要考虑材质的要求以及加工制造难易程度等因素。

2. 反应器结构设计与各种结构参数的确定

确定反应器的内部结构及尺寸，如反应器的直径和高度，搅拌器形式、大小和转数，传热方式及换热面积等是反应器设计成败的关键性因素。

（1）生产能力、数量和容积的确定

① 生产能力的确定　在保证生产工艺条件的基础上，设备的生产能力与年产量、年生产天数、收得率、转化率、效价等有直接的关系。还要做到各个设备间的生产能力相匹配。间歇式发酵设备生产能力的表示方法一般为 t/(灌·批) 或 m^3/(灌·批)。对于味精等通风发酵设备，其生产能力由设备选型来确定。

例如，年产 10000t 味精厂选容积为 500t 的发酵罐，其生产能力为：

$$500 \times 75\% \times 15\% \times 48\% \times 80\% \times 112\% \times 99\% = 23.95 \quad [t/(灌·批)]$$

式中　75%——填充系数；

　　　15%——发酵粗糖浓度；

　　　48%——糖酸转化率；

　　　80%——提取率；

　　112%——精制收得率；

　　　99%——发酵成功率。

对于啤酒生产，糖化设备的生产能力可根据生产规模的大小、日糖化次数来确定。

② 发酵罐容积的确定　根据生产规模和发酵水平计算每日所需发酵液的量，再根据这一数据确定发酵罐的容积。随着科技的发展，现有的发酵罐容量系列有：$5m^3$、$10m^3$、$20m^3$、$50m^3$、$60m^3$、$75m^3$、$100m^3$、$120m^3$、$150m^3$、$200m^3$、$250m^3$ 以及 $500m^3$ 等。一般来说单罐容量越大，经济性能越好，但要求技术管理水平也越高。根据生产的规模和实用性，可以先选择公称容积为 $100m^3$ 的六弯叶机械搅拌通风发酵罐。

设备容积计算的通用公式：
$$V = \frac{V_{发酵} \tau}{24\psi} \tag{5-100}$$

式中　V——设备的总体积，m^3；

　　　τ——操作周期，包括预备时间、操作和清洗等辅助操作规程时间，h；

　　　ψ——填充系数，一般情况下，装有搅拌和冷却装置的或产生泡沫多的物料 $\psi = 0.6 \sim 0.8$，酒精发酵罐等取 $\psi = 0.8 \sim 0.85$，汽液分离器等取 $\psi = 0.7$。

③ 设备台数的确定　设备数量的确定与单台设备的生产能力、操作周期、每天的操作量有关。从经济上出发，同等生产规模，选择单台设备容量大些，台数少些，投资费用和管理费用较少。此外，还要从工艺的要求以及生化反应和化学工程学出发，确定单台设备的大小，如发酵罐每天投料 2~3 批；啤酒大罐要求 15~20h 满罐；酒精生产的搅拌罐要防止加入的液化酶作用时间过长导致转化出过多的糖，因此容积不能过大。

设备数量确定的通用公式：
$$N = \frac{V_{发酵} \tau}{24 V_{总} \psi} \tag{5-101}$$

式中　$V_{发酵}$——设备的装液体积，m^3；

其他参数代表意义及单位与式(5-100)相同。

以公称容积为 $100m^3$ 的六弯叶机械搅拌通风发酵罐为基础，则需要发酵罐的个数为 N。查表知公称容积为 $100m^3$ 的发酵罐的总容积为 $V_{总} = 118m^3$，则有：

$$N = \frac{V_{发酵} \tau}{24 V_{总} \psi} = \frac{442 \times 48}{118 \times 0.75 \times 24} = 9.98 \quad （个）$$

需要取公称容积为 $100m^3$ 的发酵罐 10 个。实际产量为：

$$\frac{118 \times 0.75 \times 10 \times 24 \times 33.4}{442 \times 48} \times 300 = 10031.33 \quad (t)$$

富余量：$(10031.33 - 10000)/10000 = 0.31\%$，满足产量要求。

（2）设备主要尺寸的确定　发酵工厂的设备多为容器类设备，不同的设备，根据其用途和设备特性，封头的形式与高径比有很大的差别。因此确定封头的形式与高径比是设备主要尺寸计算的关键。当确定各部尺寸时，通常根据已知容量 V 以及高径比、封头高度列出数学方程式求出。计算得到的直径应将其值圆整到接近的公称直径系数（查化工手册确定），然后校对总容积是否可满足工艺计算的容积要求。直径计算准确后可根据关系式求出其他尺寸。

以公称容积为 $100m^3$ 的发酵罐的主要尺寸计算：

$$V_全 = V_筒 + 2V_封头 = 118m^3，忽略封头折边不计$$

则有：
$$V_全 = 0.785D^2 \times H + 2\pi D^3/24 = 118$$

其中，设 $H = 2D$，$1.57D^3 + 0.26D^3 = 118$，可求得 $D = 4.009$ （m）

取 $D = 4m$，则 $H = 2D = 8m$

查表可知封头高 $H_封 = h_a + h_b = 1000 + 50 = 1050$ （mm），则全容积 $V'_全$：

$$V'_全 = V_筒 + 2V_封头 = 0.785D^2 \times H + 2\pi D^3/24 + 0.785D^2 \times 0.05 \times 2 = 118.44 \quad (m^3)$$

$$V'_全 \approx V_全$$

3. 设备动力消耗的计算

在研究定量生产时，需要对热量进行衡算，为过程设计和操作最佳化提供依据，热量衡算的意义在于以下几点。

① 通过对发酵过程的热量衡算，计算生产过程能耗定额指标。应用蒸汽等能量消耗的指标，可对工艺设计的多种方案进行比较，选定先进的生产工艺或对已投产的生产系统提出改造或革新方案，根据生产过程的经验，分析过程的合理性和先进性，并找出生产上存在的问题。

② 热量衡算的数据是设备类型选择及确定其尺寸和台数的依据，也是车间设计的依据。

③ 热量衡算是组织管理生产，进行经济核算和实行最优化的基础。通过热量衡算，可对已投产的生产系统提出改革和改造方案，达到节约成本、降低生产成本的目的。

对工厂的热量衡算一般都把整个生产流程分开逐个计算，以便简化计算过程，有利于指导工厂工作和进行生产控制。通常按下列步骤进行：

① 画出单元设备的物料流向和变化示意图。

② 分析物料流向及变化。

写出热量衡算式：
$$\sum Q_入 = \sum Q_出 + \sum Q_损 \tag{5-102}$$

式中　$\sum Q_入$——输入的热量总和，kJ；

$\sum Q_出$——输出的热量总和，kJ；

$\sum Q_损$——损失的热量总和，kJ。

③ 合理确定计算基准。

取不同的基准温度，计算出的数据就不同。一般选准一个设计温度，而且每一物料的进出口基准必须一致。通常取 $0℃$ 为基准温度进行计算，这样可以简化计算。基准也可视计算需要任意确定，主要考虑尽量减少计算工作量而选择恰当的基准。例如可按 100kg 或 1000kg 原料、单位时间、每批进料量等为基准。

④ 收集数据，进行热量、设备热负荷与冷却剂消耗量的计算。

4. 材质的选择

发酵设备的材质选择，优先考虑的是满足工艺的要求，其次是经济性。例如，谷氨酸发酵可以选用碳钢制作发酵设备，精制时用除铁树脂除去铁离子，也可以使用不锈钢制作发酵设备。为了降低设备费用，选用 A_3 钢制作该发酵罐。大型 C.C.T 均采用碳钢加涂料或不锈钢两种材料制成。啤酒是酸性液体，能造成铁的电化学腐蚀，啤酒发酵时产生的 H_2S、SO_2 对铁材料会造成氧化还原腐蚀。

5. 壁厚的选择

发酵罐及封头壁厚（S）的计算参见式(5-103)，各参数选值视具体情况而定。

$$S = \frac{pD}{2[\sigma]\varphi - p} + C$$
$$C = C_1 + C_2 + C_3$$

(5-103)

式中　p——设计压力，MPa；

D——发酵罐内径，cm；

$[\sigma]$——发酵罐壁材的许用应力，MPa；

φ——焊缝系数；

C——壁厚附加量，cm；

C_1——发酵罐壁材的负偏差，mm；

C_2——腐蚀裕量，mm；

C_3——加工减薄量，mm。

6. 其他特殊情况的考虑

除上述因素外，在设计和选择发酵设备时还需要考虑搅拌器、冷却装置、隔热层和防护层、固定装置以及洗涤装置等。

（1）搅拌器　发酵罐中的机械搅拌器大致可分为轴向和径向推进两种形式。前者如螺旋桨式，后者如涡轮式。螺旋桨式搅拌器在罐内将液体向下或向上推进，形成轴向的螺旋流动，混合效果较好，但造成的剪切率较低，对气泡的分散效果不好，一般用于提高发酵罐中物料的循环速度。圆盘平直叶涡轮与没有圆盘的平直叶涡轮，其搅拌特性差别甚微。但在发酵罐中无菌空气由单开口管通至搅拌器下方，大的气泡受到圆盘的阻挡，避免从轴部的叶片空隙上升，保证了气泡更好的分散。圆盘平直叶涡轮搅拌器具有很大的循环输送量和功率输出，适用于各种流体，包括黏性流体、非牛顿流体的搅拌混合。搅拌器在发酵罐中造成的流型，对气、固、液相的混合效果以及氧气的溶解、热量的传递具有密切关系。此外，除了安装搅拌桨，还可以通过涡轮式搅拌器和安装套筒等方式加强液体流动循环速度。

（2）冷却装置　对于中小型发酵罐，多采用罐顶喷水淋于罐外壁表面进行膜状冷却；对于大型发酵罐，由于罐外壁冷却面积不能满足冷却要求，所以，罐内装有冷却蛇管或罐内蛇管和罐外壁喷洒联合冷却装置。此外，也可以采用罐外列管式喷淋冷却的方法，此法具有冷却发酵液均匀、冷却效率高等优点。

以啤酒 C.C.T 为例，发酵罐或单酿罐内的冷却夹套一般分成三段：上段距发酵液面 15cm，向下排列；中段在筒体的下部距支撑裙座 15cm，向上排列；锥底段尽可能接近排酵母口，向上排列。

（3）隔热层和防护层　绝热层材料应具有：热导率低、体积质量低、吸水小、不易燃等特性。以啤酒 C.C.T 为例，其绝热层常用如下材料：聚酰胺树脂和自熄式聚苯乙烯泡沫塑料。采用上述两种绝热材料只需厚度 150~200mm。膨胀珍珠岩粉和矿渣棉价格低，因吸水性大需增加厚度 200~250mm。

外防护层一般采用 0.7~1.5mm 厚的合金铝板或 0.5~0.7mm 的不锈钢板，特别是瓦楞形板更受欢迎。

（4）挡板数量和尺寸计算

$$\left(\frac{W}{D}\right)Z = \frac{(0.1 \sim 0.12)D}{D}Z = 0.5$$

(5-104)

式中　　D——罐的直径，mm；
　　　　Z——挡板数；
　　　　W——挡板宽度，mm。

同时，还应注意与发酵罐相关的固定装置、洗涤装置以及温度传感器、安全阀、真空破坏阀、上视镜、人孔等附件装置的设计与配备。此外，进行发酵罐设计时还应特别重视采取有效措施防止杂菌污染。具体方法如下：

① 发酵罐应尽量减少死角，抛光到一定精度，避免藏垢积污，以保证灭菌彻底。

② 发酵罐应尽量减少法兰连接，防止因设备震动和热膨胀引起法兰连接处移位造成的污染，反应器的轴封应严密，尽量避免泄漏。

③ 发酵罐设计时应避免培养系统中已灭菌部分与未灭菌部分的直接连通，为保证灭菌工作的顺利进行应使某些部分能够单独灭菌。

在应用上述原则完成发酵罐设计的基础上，判断发酵罐性能优劣的唯一标准是该装置能否适合工艺要求以取得最大的生产效率。为了同时满足这些因素的需要，发酵罐的设计已成为一个复杂和困难的任务。在实际工厂设备放大时还应注意以下条件：

① 技术上先进，经济上合理，操作上方便。

② 操作费用低，耗水、电、汽等较少。

③ 投资省，耗材料少，加工方便，采购容易。

④ 清洗方便，耐用易维修，备品配件供应可靠，减轻工人劳动程度，实施机械化和自动化方便。

⑤ 考虑生产波动、设备平衡及故障检修，设置备用设备。

⑥ 尽量减少噪声，符合环保要求。

三、机械搅拌通风发酵罐

大多数生化反应都是好氧的，由于氧气在培养基中的溶解度很小，细胞生物反应器必须不断地通气和搅拌来增加氧的溶解量，满足好氧微生物新陈代谢的需要。同时搅拌还可使培养液保持均匀的悬浮状态并促进发酵热的散失等。

对于通风（好氧）发酵罐，则以溶氧系数（$k_L a$）的高低及传递 1kg 氧所耗的功率大小作为衡量发酵罐是否优良的基本指标。因为通气发酵要将空气不断通入发酵液中，供给微生物所需的氧，气泡愈小，气液接触面积愈大，氧的溶解速率也愈快，氧的利用率也愈高，电耗也越少，产品的产率也越大。

上述两项指标与通风发酵罐的通风和搅拌装置有关。根据搅拌装置的不同将好氧反应器分为机械搅拌式通风发酵罐和非机械搅拌通风发酵罐。以机械搅拌通风发酵罐占主导地位，其他形式的应用较少。其中机械搅拌通风发酵罐包括循环式，如伍式发酵罐、文氏管发酵罐，以及非循环式的通风发酵罐和自吸式发酵罐等。

机械搅拌通风发酵罐是利用机械搅拌器的作用，使空气和发酵液充分混合，促使氧在发酵液中溶解，以保证供给微生物生长繁殖、发酵所需要的氧气。它在生物工业中使用最为广泛，以其实用性能好、适应性强、放大相对容易著称，因此又称为通用型发酵罐。其典型的缺点是机械搅拌产生的剪切力容易对耐剪切力较差的菌体造成损伤，影响菌体的生长和代谢。

1. 机械搅拌通风发酵罐的基本要求

① 发酵罐应具有适宜的高径比。一般高度与直径之比为 1.7～4，罐身越高，氧的利用率越高。

② 发酵罐能承受一定的压力。因为发酵罐在消毒及正常工作时，罐内有一定的压力（气压和液压）和温度，所以罐体各部分要能承受一定的压力。

③ 发酵罐的搅拌通风装置能使气液充分混合，保证发酵液必需的溶解氧。

④ 发酵罐应具有足够的冷却面积。这是因为微生物生长代谢过程放出大量的热量，必须通过冷却来调节不同发酵阶段所需的温度。

⑤ 发酵罐应尽量减少死角，避免藏垢积污，使灭菌能彻底。

⑥ 搅拌器轴封应严密，尽量减少泄漏。

2. 结构

通用型发酵罐的主要组成部分有罐体、搅拌装置、传热装置、通气部分、轴封、进出料口、温度测量系统和附属系统等，如图 5-35 所示。

（1）罐体　大型发酵罐由圆柱体及椭圆形或碟形封头焊接而成，罐径在 1m 以下的小型发酵罐罐顶和罐身可采用法兰连接，材料一般为不锈钢。为了便于清洗，小型发酵罐罐顶设有清洗用的手孔。中大型发酵罐则装设有快开人孔及清洗用的快开手孔。为满足工艺要求，罐体应承受 130℃ 高温和 0.25MPa 以上的绝对压力。

在罐顶上的接管有：进料管、补料管、排气管、接种管和压力表接管。在罐身上的接管有：冷却水进出管、进空气管、取样管、温度计管和测控仪表接口。

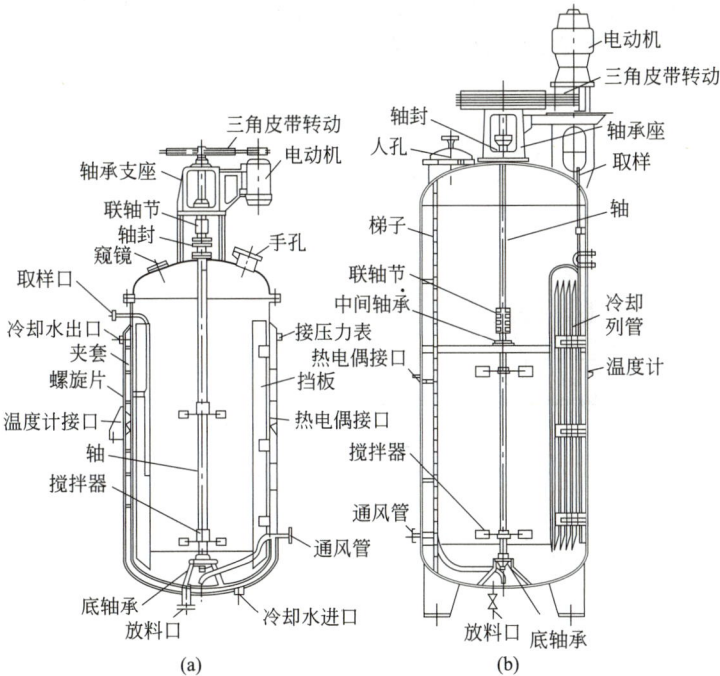

图 5-35 通用型发酵罐
（a）夹套传热；（b）蛇管传热

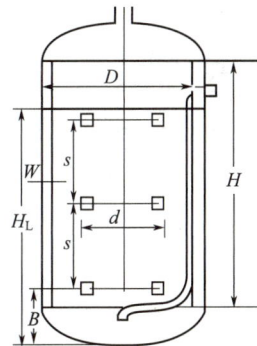

图 5-36 通用型发酵罐的几何尺寸
s—搅拌器间距，m；B—下搅拌器距罐底的距离，m；d—搅拌器直径，m；H_L—罐内液位高度，m；W—挡板宽度，m；D—发酵罐内径，m；H—发酵罐筒身高度，m

常用的机械通风搅拌罐的结构和主要几何尺寸已标准化设计，根据发酵种类、规模等在一定范围内选择。有实验室的 1L、3L、5L、10L 和 30L 罐，中试车间的 50L、100L 及 500L 罐，生产使用的 5m³、10m³、50m³、100m³、200m³ 发酵罐等，最大达到 630m³。机械搅拌通风发酵罐的几何尺寸如图 5-36 所示。

常用的机械搅拌通风发酵罐的几何比例如下：

$$H/D=1.7\sim3.5 \quad d/D=1/3\sim1/2 \quad W/D=1/12\sim1/8 \quad B/d=0.8\sim1.0$$

$$\left(\frac{s}{d}\right)_2=1.5\sim2.5 \quad \left(\frac{s}{d}\right)_3=1\sim2 \tag{5-105}$$

（下角 2，3 表示搅拌器的挡板数）

发酵罐的大小用公称体积 V_o 表示，它指发酵罐的筒体体积 V_a 和底封头体积 V_b 之和。底封头体积 V_b 可根据封头的形状、直径和壁厚查相关的化工容器设计手册求得，也可根据下式近似计算：

$$V_o=V_a+V_b=\frac{\pi}{4}D^2H+0.15D^3 \tag{5-106}$$

式中　D——发酵罐内径，m；

　　　H——发酵罐筒身高度，m。

（2）搅拌装置　机械搅拌器的主要功能是使罐内物料混合与传质，使通入的空气分散成气泡并与发酵液混合均匀，增加气液接触界面，提高气液间的传质速率，强化溶氧及消泡；使发酵液中的固形物料保持悬浮状态，从而维持气-液-固三相的混合传质，同时强化热量的传递。

搅拌器叶轮有轴向式（桨叶式、螺旋桨式）和径向式（涡轮式）两种，一般多采用径向式（涡轮式）。图 5-37 为常用的搅拌器。最为常用的有平直叶式、弯叶式和箭叶式圆盘涡轮搅拌器，叶片数量一般为 6 个。平直叶式功率消耗较大，在同样雷诺数时，提供溶解氧多；箭叶式 k_La 较小，混合较好，适合于菌丝体发酵液；因为剪切力小，弯叶式介于二者之间。此外还有推进式和 Lightnin 式搅拌器。图 5-38 为相关的搅拌器流型。

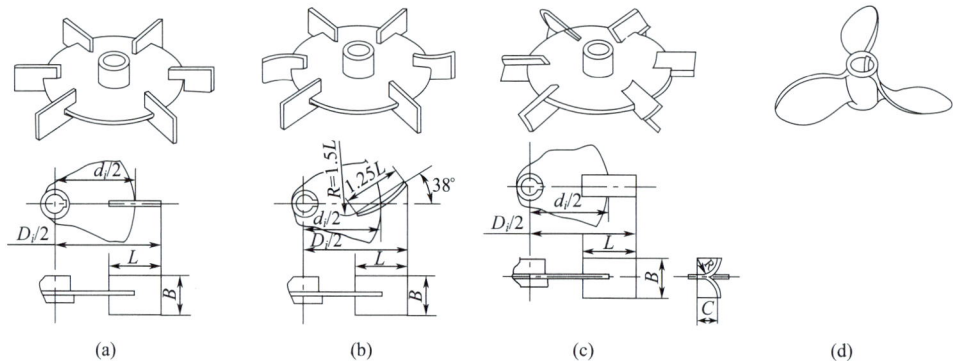

图 5-37　常用的搅拌器

（a）圆盘平直叶涡轮，比例尺寸 $D_i:d_i:L:B=20:15:5:4$；（b）圆盘弯叶涡轮，
比例尺寸 $D_i:d_i:L:B=20:15:5:4$；（c）圆盘箭叶涡轮，比例尺寸
$D_i:d_i:L:B:C=20:15:5:4:2$，$R=0.5B$；（d）推进式搅拌器

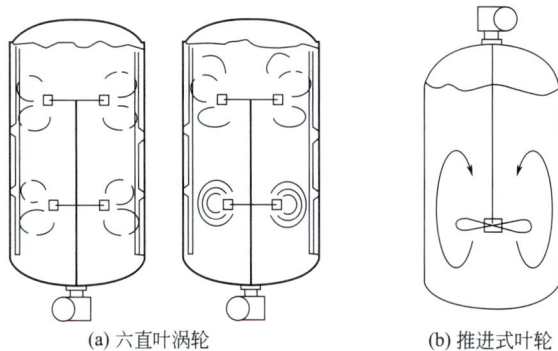

(a) 六直叶涡轮　　　　(b) 推进式叶轮

图 5-38　全挡板条件下的搅拌器流型

挡板的作用是改变液流的方向，由径向流改为轴向流，促使液体剧烈翻动，增加溶解氧，同时可防

止液面中心产生漩涡。通常挡板宽度取 $(0.1\sim0.12)D$，装设 4～6 块挡板即可满足"全挡板条件"。所谓全挡板条件是指在发酵罐内再增加挡板或其他附件时，搅拌功率保持不变，而漩涡基本消失。要达到全挡板条件必须满足式(5-104) 要求。

发酵罐内立式冷却蛇管、列管、排管等，也可起一定的挡板作用，故一般具有冷却列管的罐内不另设挡板；但对于盘管，仍应设挡板。挡板的长度从液面起至罐底为止。挡板与罐壁之间的距离为 $(1/8\sim1/5)W$，避免形成死角，防止物料与菌体堆积。

搅拌器的搅拌轴与罐体的密封非常重要，若密封不严，极易造成泄漏和杂菌污染，常采用轴封，常用的轴封为端面机械轴封，有单端面机械轴封和双端面机械轴封。一般发酵罐的搅拌电机装在罐顶，采用上伸轴，其轴封采用单端面机械轴封。对于大型发酵罐，可将电机装在罐底，使发酵罐的重心降低、搅拌轴的长度缩短，稳定性提高，而且还可使发酵罐的操作面机械传动噪声降低，发酵罐顶部可用来安装高效的机械消泡装置和其他自控部件，采用下伸轴，对密封要求更为严格，通常采用双端面机械轴封。而双端面机械轴封的使用增加了检修难度。

(3) 换热装置 生化反应工程中，由生物反应产生的热量和机械搅拌产生的热量必须及时移去，才能保证发酵过程在恒温条件下进行。通常将发酵过程产生的热量称为"发酵热"。可由下面的热量平衡方程进行计算：

$$Q=Q_1+Q_2-Q_3-Q_4 \tag{5-107}$$

式中　Q——发酵热；

　　Q_1——生物体生命活动产生的热量；

　　Q_2——机械搅拌热，搅拌器搅拌液体的机械能转变成的热量；

　　Q_3——发酵过程通风带出的水蒸气蒸发和空气温度上升所需的热量；

　　Q_4——发酵罐外壁由于与环境的温差而引起的热量损失。

发酵热的大小与反应的品种、发酵时间等有关。一般在 $10400\sim33500\text{kJ}/(\text{m}^3\cdot\text{h})$。发酵热的计算方法有如下四种。

① 通过冷却水带出的热量计算。

选择主发酵期产生热量最快最大的时刻，测定冷却水进口的水温及冷却水出口的水温，并测定此时每小时冷却水的用量，按下式计算单位体积发酵液每小时传给冷却器的最大热量。

$$Q_{\max}=4.186WC(t_2-t_1)/V \tag{5-108}$$

式中　$Q_{\max}$——1m^3 发酵液每小时传给冷却器的最大热量，$\text{kJ}/(\text{m}^3\cdot\text{h})$；

　　W——冷却水流量，kg/h；

　　t_1——冷却水进口温度，℃；

　　t_2——冷却水出口温度，℃；

　　C——冷却水的比热容，$\text{kJ}/(\text{kg}\cdot\text{℃})$；

　　V——发酵罐内发酵液的总体积，m^3。

根据经验，每立方米各类发酵液传给冷却器的最大热量见表 5-13。

表 5-13 各类发酵液的发酵热

发酵液名称	发酵热		发酵液名称	发酵热	
	$\text{kJ}/(\text{m}^3\cdot\text{h})$	$\text{kcal}/(\text{m}^3\cdot\text{h})$		$\text{kJ}/(\text{m}^3\cdot\text{h})$	$\text{kcal}/(\text{m}^3\cdot\text{h})$
青霉素丝状菌	23000	5500	谷氨酸	29300	7000
青霉素球状菌	13800	3300	赖氨酸	33400	8000
链霉素	18800	4500	柠檬酸	11700	2800
四环素	25100	6000	酶制剂	14700～18000	3500～4500
红霉素	26300	6300	庆大霉素	13700～14700	3300～3500

② 通过发酵液的温度升高进行计算。

根据发酵液在单位时间内的温度升高求出单位体积发酵液放出的热量。如某味精厂，50m³ 发酵罐，夏天不开冷却水时，每小时的最高温升约为 13℃。

③ 通过生物合成热进行计算。

④ 通过燃烧热进行计算。

发酵罐的传热装置有夹套、盘管或蛇管。一般容积在 5m³ 以下的发酵罐、种子罐采用外加套，夹套的高度比静止液面高度稍高即可，无须进行冷却面积的设计。这种装置的优点是：结构简单，加工容易，罐内无冷却设备，死角少，容易进行清洁灭菌工作，有利于发酵。其缺点是：传热壁较厚，冷却水流速低，发酵时降温效果差。容积大于 5m³ 的发酵罐一般采用竖式蛇管或列管作为传热装置。温度的控制通过测温的传感器和冷却液阀门进行调节。竖式蛇管换热装置是竖式的蛇管分组安装于发酵罐内，有四组、六组或八组不等，根据管的直径大小而定。这种装置的优点是：冷却水在管内的流速大，传热系数高。该冷却装置适用于冷却用水温度较低的地区，水的用量较少。但是气温高的地区，冷却用水温度较高，则发酵时降温困难，发酵温度经常超过 40℃，影响发酵产率，因此应采用冷冻盐水或冷冻水冷却，这样就增加了设备投资及生产成本。此外，弯曲位置比较容易蚀穿。竖式列管（排管）换热装置是以列管形式分组对称装于发酵罐内。其优点是：加工方便，适用于气温较高、水源充足的地区。这种装置的缺点是：传热系数较蛇管低，用水量较大。

（4）通气装置　一般空气进口压力为 0.1～0.2MPa（表压），空气分布装置的作用是将通入的无菌空气均匀分布到发酵液中。分布器的形式有单管式和环形管式等。常采用单管式，管口向下，距罐底距离 4cm，空气分布效果较好，同时可避免固体物料在管口堆积或罐底沉降堆积。若距离过大，分布效果则较差。环形管式分布器的环管开有向下的小孔，环管的环径应小于搅拌器叶轮直径。由于气泡分布主要是依靠搅拌器的剪切作用来破碎，而通风量在 3mL/min 以下时，喷出的气泡直径才与空气喷孔直径的 1/3 次方成正比，即空气喷孔直径越小，气泡直径越小，溶氧传质系数越大。实际生产过程中通风量超过此范围，此时气泡直径与风量有关，而与喷孔大小无关，因此单管的分布效果并不低于环形管；另外由于环形管的空气喷孔容易堵塞，已很少使用，只有中、小型发酵罐使用。

（5）消泡装置　该部分装置用于消除产生的泡沫。由于发酵液中含有蛋白质等发泡物质，在通气搅拌下将会产生大量的泡沫，泡沫的产生与培养基性质有关，蛋白质原料、蜜糖水解原料、淀粉等水解不完全时易发泡。发泡严重时会导致装液量减少，或造成跑液，使产量降低；通过轴封泄漏，污染设备；增加染菌机会；影响通气搅拌的进行，造成减产或菌体提前自溶。常用的消泡方法有化学消泡法和机械消泡法。化学消泡法是利用消泡剂降低气泡膜局部的表面张力，从而使气泡破裂。机械消泡法依靠机械的强烈振动、压力的变化，使气泡破裂，或借助机械力将排出气体中的液体加以分离回收。最简单实用的机械消泡装置为耙式消泡器、离心式消泡器和碟片式离心消泡器等，但这些消泡装置须装在发酵罐的罐顶，消泡后的发酵液重新流入罐内，会增加染菌机会。

（6）轴封　轴封的作用是使罐顶或罐底与轴之间的缝隙加以密封，防止泄漏和污染杂菌。常用的轴封有填料函式轴封和端面式轴封两种。

填料函式轴封是由填料箱体、填料底衬套、调料压盖和压紧螺栓等零件构成，使旋转轴达到密封的效果。其结构如图 5-39 所示。

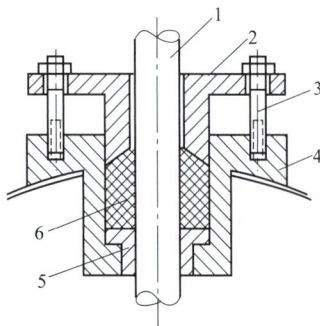

图 5-39　填料函式轴封的结构示意图

1—转轴；2—填料压盖；3—压紧螺栓；
4—填料箱体；5—铜环；6—填料

填料室的宽度可根据轴封的直径决定，其宽度为：

$$S = (1.4 \sim 2)\sqrt{d} \quad (\text{mm})$$

式中　d——转轴直径，mm。

填料室的高度为：$H=4S\sim6S$　（mm）

填料函式轴封的优点是结构简单。主要缺点是：①死角多，很难彻底灭菌，易渗漏；②轴的磨损较严重；③填料压紧后摩擦功率消耗大；④寿命短。因此目前多采用端面式轴封。

端面式轴封又叫机械轴封，其结构如图 5-40 所示。密封作用是靠弹性元件（弹簧、波纹管等）的压力使垂直于轴线的动环和静环光滑表面紧密地相互贴合，并做相对转动而达到密封。

优点：①清洁；②密封可靠，在较长使用期中，不会泄漏或很少泄漏；③无死角，可以防止杂菌污染；④使用寿命长，质量好的可用 2~5 年不需维修；⑤摩擦功率耗损小，一般为填料函式轴封的 10%~50%；⑥轴或轴套不受磨损；⑦它对轴的精度和光洁度没有填料函式轴封那么要求严格，对轴的震动敏感性小。所以在工厂得到广泛应用。但结构比填料函式轴封复杂，装拆不便，对动环和静环的表面光洁度及平直度要求高，否则易泄漏。

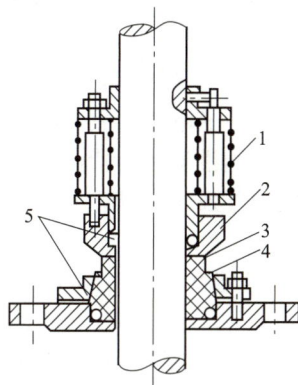

图 5-40　端面式轴封的结构示意图
1—弹簧；2—动环；3—堆焊硬质合金；4—静环；5—O 形圈

（7）进出料口　罐顶设有进料口和补料口，罐底有出料口，有时发酵罐的进料口和进风口采用同一根管子，可减少开口。

（8）测量控制系统　采用传感器系统，用以测量温度、pH、溶氧等，传感器要求能承受灭菌温度及保持长时间稳定。

（9）附属系统　包括视镜、取样管等，用以观察检测发酵液的情况。

3. 发酵液的流变特性

发酵液通常由气相（空气）、液相（培养基水溶液）、固相（生物细胞和基质微粒）构成，不同生物反应所用生物细胞的生物学特性、营养液的物化特性、代谢物的特性及细胞浓度对发酵液的流变特性都有影响。而其流变特性对溶氧传质与热量传递、混合性能等都有重要影响。

流变学通常采用黏度（对流体的抗性）、流动行为（黏度与剪切力的关系）和屈服应力（产生静液流需要的力）等术语描述流体的流变特性。所施的剪应力 τ 与产生的剪切率 γ（即切变率）的关系即幂定律方程如下：

$$\tau=\tau_0+K(\gamma)^n \tag{5-109}$$

式中　K——幂定律常数或黏度系数；

　　　τ_0——屈服应力；

　　　n——幂定律指数或流动特性指数。

流体的流变性分为下列几类。

（1）牛顿型流体　当 $n=1$，$\tau=0$ 时，方程（5-109）变为：

$$\tau=\mu\gamma \tag{5-110}$$

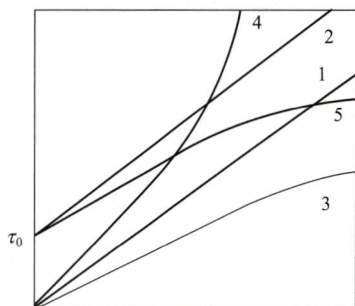

式中　μ——动力黏度，Pa·s。

方程（5-110）称为牛顿黏性定律，凡是流体特性服从牛顿黏性定律的流体称为牛顿型流体，其特性为黏度是温度的函数，温度恒定时，黏度不变，如图 5-41 中曲线 1。一般酵母和细菌培养液多属牛顿型流体。

（2）非牛顿型流体　不服从牛顿黏性定律的流体称为非牛顿型流体，其剪应力与剪切率之比不是常数，随剪切率变化。根据非牛顿型流体的剪应力与剪切率的关系，又可分为多种类型，常见的有如下几种。

图 5-41　流体剪应力与剪切率的关系

① 宾汉（Bingham）塑性流体   该流体的流动特性为：

$$\tau = \tau_0 + \eta\gamma \tag{5-111}$$

式中 τ_0——屈服应力，Pa；

η——刚度系数，Pa·s。

宾汉塑性流体的特点是当剪应力小于屈服应力 τ_0 时，流体不发生流动，只有当剪应力超过屈服应力时流体才发生流动，见图5-41中的曲线2。黑曲霉、产黄青霉、灰色链霉菌等丝状菌发酵液为宾汉塑性流体。

② 拟塑性（Pseudolastic）流体   图5-41中的曲线3，它的流动特性为：

$$\tau = K(\gamma)^n \quad 0 < n < 1 \tag{5-112}$$

式中 K——稠度系数，Pa·s；

n——流动特性指数。

K 值越大，流体就越稠厚；n 越小，流体的非牛顿型特性越明显，与牛顿型流体的差别越大。当 $n=1$ 时即为牛顿型流体，这时稠度系数 K 便等于牛顿型流体的黏度。许多丝状菌如青霉、曲霉、链霉菌的培养液往往表现出拟塑性的流动特性，一些生产多糖的微生物发酵液，因微生物分泌的多糖而呈拟塑性。此外，高浓度的植物细胞、酵母悬浮液也呈拟塑性的流动特性。

③ 涨塑性（Dilatant）流体   与拟塑性流体相比，它的流动特性也具有指数规律：

$$\tau = K(\gamma)^n \quad n > 1 \tag{5-113}$$

但流动特性指数 n 大于1。n 的数值越大，流体的非牛顿型特性就越明显。与拟塑性流体相反，随着剪切率增大，液体的表观黏度也增大。具有这种流动特性的物料有沉淀等，在发酵液中较少见。朱守一等报告在链霉素、四环素和卡那霉素的发酵过程中，接种后的一段时间内发酵液呈涨塑性，如图5-41中曲线4。

④ 凯松流体（Casson body）   凯松流体的流动模型为：

$$\tau^{1/2} = \tau_0^{1/2} + K_c(\gamma)^{1/2} \tag{5-114}$$

式中 τ_0——屈服应力，Pa；

K_c——凯松黏度，$(Pa·s)^{1/2}$。

油墨、融化的巧克力、血液、酸酪等具有凯松流体特性，如图5-41中曲线5。与宾汉塑性流体相似，但剪应力小于 $\tau_0^{1/2}$ 时，液体不流动。青霉素发酵液为凯松流体，产黄青霉发酵液的屈服应力和凯松黏度与青霉素的浓度和黏度有关。另有报道对丝状真菌悬浮液，凯松方程常常比幂定律方程更为适用。

非牛顿型流体没有确定的黏度值，通常把一定剪切率下剪应力与此剪切率之比称为表观黏度，即：

$$\mu_a = \frac{\tau}{\gamma} \tag{5-115}$$

式中 μ_a——表观黏度，Pa·s。

由图5-41可以看出拟塑性流体和凯松流体的表观黏度随剪切率的增大而减小，涨塑性流体的表观黏度则随剪切率的增大而增大。

凯松流体的表观黏度和剪切率的关系，由式（5-114）代入式（5-115）得：

$$\mu_a = K_c^2 + \frac{\tau_0}{\gamma} + 2K_c\left(\frac{\tau_0}{\gamma}\right)^{1/2} \tag{5-116}$$

发酵液在发酵过程中，随细胞浓度和形态的变化、营养成分的消耗、代谢产物的积累，发酵液流动特性的类型也可发生变化。

4. 生物反应器的搅拌功率

搅拌功率的大小对流体的混合、气-液-固三相间的传质及传热有很大影响。因此，生物反应器搅拌功率的确定对于生物反应器的设计是相当重要的。

（1）牛顿型流体中的搅拌功率

① 不通气的搅拌功率计算 搅拌功率的大小与搅拌转速、搅拌器大小、液体的密度及黏度等有关，通过实验证明存在下列关系：

$$\frac{P_o}{n^3 d^5 \rho} = K \left(\frac{nd^2 \rho}{\mu}\right)^x \left(\frac{n^2 d}{g}\right)^y \tag{5-117}$$

$$\frac{P_o}{n^3 d^5 \rho} = N_P$$

$$\frac{nd^2 \rho}{\mu} = Re$$

$$\frac{n^2 d}{g} = Fr$$

式中 N_P——功率准数，外力和惯性力的比值；

Re——搅拌情况下的雷诺数，惯性力与黏性力的比值；

Fr——搅拌情况下的弗鲁特数，惯性力和重力的比值；

K——与搅拌器形式、搅拌罐几何尺寸有关的常数。

图 5-42 为在全挡板条件下，几种不同搅拌器的功率准数与雷诺数的关系曲线。

当液体处于滞流状态时，$Re < 10$，$x = -1$，此时：

$$P_o = K \mu n^2 d^3 \tag{5-118}$$

当液体处于湍流状态时，$Re > 10^4$，$x = 0$，此时

$$P_o = K n^3 d^5 \rho \tag{5-119}$$

式中 P_o——不通气的搅拌功率，W；

n——搅拌器的转速，r/s；

d——搅拌器叶轮直径，m；

ρ——混合液的密度，kg/m^3。

当液体处于过渡区 $10 < Re < 10^4$，搅拌功率的计算比较复杂，目前没有关联式。

对于同一轴上装有 m 层搅拌器，其搅拌功率的计算为：

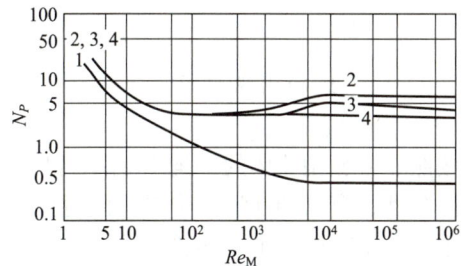

图 5-42 几种搅拌器的功率准数与雷诺数的关系
1—螺旋桨； 2—圆盘平直叶涡轮； 3—圆盘弯叶涡轮； 4—圆盘箭叶涡轮

$$P = P_o (0.4 + 0.6m) \tag{5-120}$$

② 通气条件下的搅拌功率计算 在通气条件下，搅拌器的轴功率会显著下降，下降的幅度与通气量有一定关系。可通过通气准数（指发酵罐内空气的表观流速和搅拌器尖叶速度的比值）描述：

$$N_a = \frac{Q_g/d}{nd^2} = \frac{Q_g}{nd^3} \tag{5-121}$$

式中 Q_g——工作情况下的通气量，m^3/s；

d——搅拌器直径，m；

n——搅拌器转速，r/s。

以 P_g 表示通气的搅拌功率，P_o 表示不通气的搅拌功率，则：

$$N_a < 0.035 \text{ 时，} P_g/P_o = 1 - 12.6 N_a \tag{5-122}$$

$$N_a > 0.035 \text{ 时，} P_g/P_o = 0.62 - 1.85 N_a \tag{5-123}$$

当发酵罐内发酵液的密度为 $800 \sim 1650 \text{kg/m}^3$，黏度 $0.009 \sim 0.1 \text{Pa·s}$，表面张力在 $0.027 \sim 0.072 \text{N/m}$，可用 Michel 公式计算涡轮搅拌器的通气搅拌功率：

$$P_g = K \left(\frac{P_o^2 n d^3}{Q_g^{0.56}} \right)^{0.45} \tag{5-124}$$

式中　K——与反应器形状有关的常数，具有量纲。

福田秀雄等对 $0.1 \sim 42 m^3$ 的系列设备进行修正，并经过单位换算后得出修正的 Michel 公式：

$$P_g = 2.25 \left(\frac{P_o^2 n d^3}{Q_g^{0.08}} \right)^{0.39} \tag{5-125}$$

式中　P_g、P_o——表示通气、不通气的搅拌功率，kW；

　　　　n——搅拌器的转速，r/min；

　　　　d——搅拌器叶轮直径，cm；

　　　　Q_g——通气量，mL/min。

注意：无论是通气搅拌功率和不通气搅拌功率的计算，其计算公式均为经验公式，一定要注意公式的单位，这两个公式单位不同，计算时应变化。

（2）非牛顿型流体的搅拌功率的计算　由于非牛顿型流体的表观黏度随搅拌器的转速而变化，没有确定的黏度值，也就不能确定搅拌雷诺数，所以不能像牛顿型流体那样做出功率准数与雷诺数的关系图。

Metzner 和 Otto 进行了大量的实验，找出了在搅拌罐中搅拌速度与液体平均剪切率之间的关系，解决了这个难题。Metzner 等实验证实，在搅拌情况下，非牛顿型流体的平均剪切率与搅拌转速成正比：

$$\gamma = Kn \tag{5-126}$$

式中　γ——平均剪切率，s^{-1}；

　　　K——常数。

按照非牛顿型流体的平均剪切率可以求出其表观黏度，从而求出雷诺数。Metzner 等在多种拟塑性、涨塑性、宾汉塑性流体中对不同搅拌器进行实验，得出上式中常数 K 的范围在 $10 \sim 13$；对于发酵罐常用的单个或两个平叶涡轮搅拌器，K 值为 11.5 和 11.4。他们认为，在拟塑性非牛顿型流体中，K 值一般可取 11.5 而不会引起很大误差。例如流动特性指数 $n = 0.5$ 时，K 值变化 30%，造成的误差仅 12%。将非牛顿型流体中的搅拌功率准数与雷诺数在对数坐标上标绘，得到的曲线与牛顿型流体相似。当 $Re < 10$ 时，液体处于滞流状态，N_P 与 Re 成为斜率为 -1 的直线；当 $Re > 500$ 时，液体处于湍流状态，N_P 保持恒定；而 $10 < Re < 500$ 时，液体为过渡流态，此时 N_P 与 Re 之间的关系比较复杂。

使用其他类型的搅拌叶轮，都可得出与非牛顿型流体相似的结果。从而证明非牛顿型流体的平均剪切率仅与搅拌速度成正比，而与其他变数无关。

非牛顿型流体中的通气搅拌功率也可用牛顿型流体中的经验公式(5-124)计算。

由此可以得出：非牛顿型流体中搅拌功率的计算与牛顿型流体中搅拌功率的计算方法是一样的。但是由于非牛顿型流体的黏度随搅拌器的转速而变化，因而必须先知道黏度与搅拌器转速之间的关系，然后才能计算不同搅拌转速下的 Re，再根据实验绘出 N_P-Re 曲线，即可求出搅拌功率。

按照发酵罐的搅拌功率来选择电动机时，应考虑减速传动装置的机械效率和电动机的启动功率。一般发酵罐所配备的电动机功率，根据品种不同而异，一般每立方米发酵液的功率吸收为 $1 \sim 3.5 kW$。

在计算发酵罐搅拌功率时，对于容量在 $1 m^3$ 以下的发酵罐，其轴封、轴承等的摩擦功率损耗在整个电机功率输出中占有较大比例，因此小容量发酵罐的搅拌功率采用上列各式计算意义不大，一般凭经验来选择小容量发酵罐的电动机功率。

四、气升式发酵罐

机械搅拌发酵罐其通风原理是罐内通风，靠机械搅拌作用使气泡分割细碎，与培养基充分混合，密切接触，以提高氧的吸收系数；设备构造比较复杂，动力消耗较大。与机械搅拌发酵罐相比较，气升式发酵罐具有以下特点：溶氧速率和溶氧效率高、能耗低；生物细胞受到的剪切力小；设备结构简单，冷却面积小；无搅拌传动设备，节约动力约 50%，节约钢材；操作无噪声；料液装料系数达 80%～90%，而不需加消泡剂；维修、操作及清洗简便，特别是避免了因机械轴封造成的渗漏、染菌现象。此外，气升式发酵罐的设计技术已成熟，易于放大和模拟。其缺点：不能代替好氧量较小的发酵罐，对于黏度大的发酵液溶氧系数较低。

工作原理：在罐外装设上升管，上升管两端与罐底及罐顶相连接，构成一个循环系统。在上升管的下部装设空气喷嘴，空气喷嘴以 250～300m/s 的速度将空气喷入上升管，借喷嘴和气液混合物的湍流作用使空气泡分割细碎，与上升管的发酵液密切接触。由于上升管内的发酵液轻，加上压缩空气的喷流动能，使上升管的液体上升，罐内液体下降而进入上升管，形成反复的循环，实现溶氧传质和混合，供给发酵液所需的溶氧，满足微生物的需求，使发酵正常进行。

气升式发酵罐有多种类型，常用的有气升环流式、鼓泡式、空气喷射式等，其主要结构包括罐体、上升管和喷嘴。生物工业大量应用的有气升内环流发酵罐、气液双喷射气升环流发酵罐和塔式气升外环流发酵罐等，结构如下图 5-43。

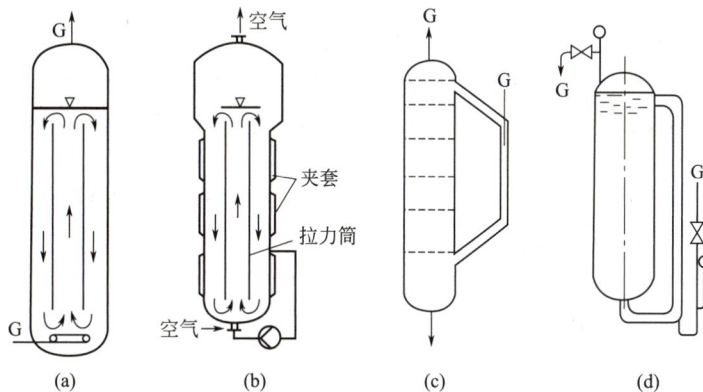

图 5-43　气升式发酵罐
（a）气升内环流发酵罐；（b）气液双喷射气升环流发酵罐；
（c）塔式气升外环流发酵罐；（d）气升外环流发酵罐
G—气体

1. 主要结构参数

（1）反应器的高径比 H/D　根据实验结果表明发酵罐高度 H 与直径 D 的比值以 5～9 为好，有利于混合溶氧。

（2）导流筒直径 d 与罐径 D 比　对一定的生化反应，确定发酵罐的 H 和 D 后，导流筒的直径和高度对发酵液的循环和溶氧也有较大影响。d/D 在 0.6～0.8 比较合适。具体数值的确定根据发酵液的物化特性和细胞的生物学特性而定。

此外，空气喷嘴直径和导流筒的上下端面到罐顶和罐底的距离对发酵液的混合、溶氧等都有重要影响。

2. 气升式发酵罐的性能指标

气升式发酵罐是否符合工艺要求及经济指标，应从下面几方面进行考虑：①循环周期时间必须符合菌种发酵的需要；②选用适当直径的喷嘴，具有适当直径的喷嘴才能保证气泡分割细碎，与发酵液均匀接触，增加溶氧系数。

（1）循环周期　发酵液的溶氧必须维持一定的水平才能保证微生物的正常生长代谢，因此要求发酵液保持一定的环流速度补充溶氧。发酵液在环流筒内循环一次所需要的时间称为循环周期，由下式确定：

$$\tau = \frac{V_L}{V_C} = \frac{V_L}{\dfrac{\pi}{4}d^2\omega} \tag{5-127}$$

式中　τ——循环周期，s；

V_L——发酵罐内发酵液的体积，m^3；

V_C——发酵液的循环流量，m^3/s；

d——导流筒的内径，m；

ω——发酵液在导流筒的流速，m/s。

不同的微生物发酵，其菌体的好氧速率不同，所需要的循环周期不同，如果供氧速率跟不上，会使菌体的活力下降，造成代谢速率降低。据报道，采用黑曲霉生产糖化酶时，当菌体浓度达到7%时，循环周期要求在2.5～3.5min，不得大于4min，否则会造成缺氧而使糖化酶活力急剧下降。

气液比是指培养液的循环流量V_C与通风量V_G之比：

$$R = V_C/V_G \tag{5-128}$$

通气量对气升式发酵罐的混合和溶氧起决定性作用，而通气压强指空气在空气分布管出口前后的压强差，对发酵液的流动与溶氧也有相当的影响。一般导流管中的环流速度可取1.2～1.8m/s，有利于混合与气液传质，又避免环流阻力损失太多能量，若采用多段导流管或管内设塔板，环流速度可适当降低。

（2）溶氧传质　气升式反应器的气液传质速率主要取决于发酵液的湍动和气泡的剪切破碎状态，受反应器输入能量的影响。反应溶液的持气率h和空截面速率v_s的关系如下：

$$h = Kv_s^n \tag{5-129}$$

式中　K, n——经验常数，由实验确定。

在鼓泡式发酵罐中，低通气速率时，$n = 0.7 \sim 1.2$；高通气速率时，$n = 0.4 \sim 0.7$。而体积溶氧系数是空截面速率v_s的函数：

$$k_L a = bv_s^m \tag{5-130}$$

式中　m——常数，对水和电解质，$m = 0.8$；

b——常数，是空气分布器形式的函数，由实验决定。

3. 典型的气升环流发酵罐

英国伯明翰ICI公司的压力循环发酵罐是国际上气升环流发酵罐的杰出代表，它是高位塔式发酵罐。公称体积3000m^3，液柱高55m，通气压力高，发酵液量2100m^3。为强化气液混合与溶氧，沿塔高度设有19块带有下降区的筛板，防止气泡合并为大气泡；为使气液顺利分离，塔顶设有气液分离部分，分离部分直径为塔径的1.5倍。

根据测定及生产运行结果，发酵罐液体上升速度0.5m/s，下降区下降速度达3～4m/s，在上升管与下降区的持气率分别高达0.52和0.48。发酵液的循环时间控制在1～3min。

气升环流发酵罐结构简单，溶氧速率高，能耗低，便于放大和加工制造，因此自20世纪70年代以来广泛应用于单细胞蛋白生产、废水处理等领域，占有绝对优势。

五、固态发酵罐

微生物在具有一定温度和湿度的固体表面进行生长和繁殖称为固体发酵。固体发酵主要适用于霉菌。其主要优点是：原料来源广，价格低廉；在霉菌发酵时就可以防止污染杂菌；能耗低；固体发酵的产物回收一般步骤少，费用也低。固体发酵存在的主要工程问题是大规模生产时的散热比较困难，参数检测如 pH 值、温度、菌体增殖量、产物生成量等很难实现。因此，实现固体发酵的最优化比较困难。

固体发酵设备多用于酱油生产和酿酒，现在也用于农副产物生产微生物饲料。固体发酵设备分为自然通风发酵设备和机械通风发酵设备。自然通风发酵设备要求空气与固体曲料密切接触，以供给空气和带走生物合成代谢产生的热量。多采用木制浅盘，现多用不锈钢制作，尺寸根据需要确定，常用尺寸 0.37m×0.54m×0.06m 或 1m×1m×0.06m，底部和侧面打孔，放在架子上，架子一般分为数层，每层 0.15～0.25m，底层距地面约 0.5m。设备放在易通风、保湿、排潮的曲房中，曲房的大小以一批曲料用一个曲房，便于管理。

机械通风固体发酵设备如图 5-44 所示，曲室多采用长方形水泥池，宽约 2m，深 1m，长度根据生产场地及产量等选取，但不宜过长，以保持通风均匀；曲室底部高出地面，便于排水，池底有 8°～10° 的倾角，使通风均匀；池底上有一层筛板，发酵固体曲料放在筛板上，料层厚度 0.3～0.5m。曲室的较低端与风道相连，其间设一风量调节闸门。曲池通风常采用单向操作，为充分利用冷量和热量，一般把离开曲层的部分空气经循环风道回到空调室，另吸入新鲜空气。空气通道的风速取 10～15m/s。因通风过程的阻力损失较低，可选用效率较高的离心式风机，通常选用风压在 1000～3000Pa 的中压风机较好。

更先进的机械通风发酵设备是双层旋转式固体曲发酵设备（图 5-45），可实现自动化控制。我国采用单层旋转制曲设备比较多。另外还有采用卧式固体发酵罐，罐内壁装有冷却装置，罐体可整体旋转，两侧支撑轴为空心，设有空气进出口。根据报道 3m³ 以下卧式固体发酵罐已有工厂采用。

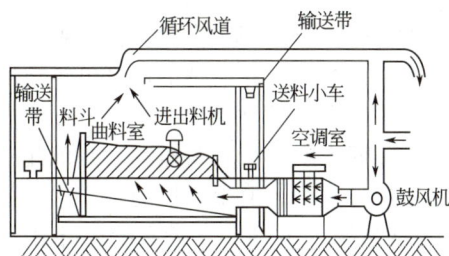

图 5-44　机械通风固体发酵设备

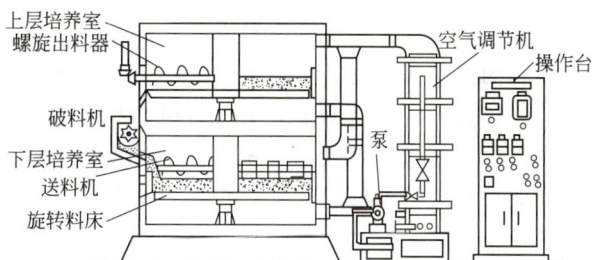

图 5-45　双层旋转式固体曲发酵设备

第四节　人工智能时代高通量发酵与数据处理

随着合成生物学的进步，菌种构建已从传统的经验式开发过渡到系统化的 DBTL 循环（设计-构建-测试-学习）。通过整合自动化实验平台、液体处理机器人、高通量分析仪器，以及机器学习算法，能够快速设计、构建和测试大量菌株，快速筛选出具有潜在商业价值的菌株，为后续工艺开发提供高效支持。但传统生物反应器在小试和中试阶段的低效率和不智能化仍是工艺开发的主要瓶颈。高通量工艺开发平台通过自动化、智能化和高通量的特性，打通了从菌株构建到工业化生产的关键环节，除此之外，发酵过程是一个复杂的动态过程，过程中需要进行大量在线参数检测，因此高通量发酵工艺优化设备同时带来海量过程数据在存储、可视化、分析等方面的挑战，需要将数据科学引入发酵过程优化研究，利用数据科学理论和工具，对高通量工艺开发过程中形成的海量数据进行处理。

一、发酵过程先进传感技术的探索与开发

在发酵过程优化的进程中，传感技术占据着举足轻重的地位，堪称关键核心技术之一。传统生

物反应器所配备的 pH 值、溶解氧（DO）、温度以及压力等传感器，不仅是维持生物反应器内稳定的酸碱环境、适宜供氧水平以及恒定温度的必备设施，更是发酵工程师洞悉反应器内生化反应进程的得力助手。

经实践，发酵优化领域已成功引入多种前沿传感技术，其中发酵尾气分析技术的影响力首屈一指，成效也最为显著。这一技术涵盖早期的发酵尾气分析仪，以及近年来蓬勃兴起的在线尾气质谱技术。二者的核心差异聚焦于检测精度层面，对于常规发酵过程，尤其是那些微生物耗氧速率（OUR）高于 $10mmol/(L \cdot h)$ 的高密度发酵场景，发酵尾气分析仪的检测精度已然能够充分满足工艺开发诉求。但当面对呼吸相对微弱的发酵进程，如兼性厌氧菌的微好氧发酵环节、微好氧的动物细胞培养过程等，就需要借助检测精度更高的在线尾气质谱仪方能精准把控。发酵尾气分析主要聚焦于尾气中二氧化碳（CO_2）和氧气（O_2）的百分含量测定，通过对比进气中这两类气体成分的含量，精准推算反应器内微生物的呼吸代谢态势，以此判别代谢是否正常有序。以安琪酵母为例，其运用尾气分析手段计算呼吸商（RQ）值，以精准判断补料是否过量，将 RQ 值稳稳控制在 1 附近，有效回避了因乙醇积累致使菌体得率下滑的问题，将酵母发酵水平拉高 30% 有余。Zou 等人则通过结合发酵尾气分析所计算出的 OUR 值，对比 50L 与 $372m^3$ 发酵罐的相关数据，成功实现了从 50L 小发酵罐工艺向 $372m^3$ 大型发酵罐的精准放大，为企业创造了显著的经济效益，助力其国际市场占有率从 3% 飙升至 30%。嘉必优生物技术（武汉）股份有限公司在推进花生四烯酸（arachidonic acid，ARA）发酵工艺放大的征程中，同样依托发酵尾气分析获取过程 RQ 值，并借助差异化的氮源补加策略对 RQ 值予以调控，顺利将发酵工艺径直放大至 $200m^3$ 发酵罐，发酵效价从 11.93g/L 提升至 16.82g/L，成本降幅达 11.2%。

近年来以红外光谱为典型代表的在线光谱检测技术，在发酵优化领域同样备受瞩目。借助光谱采集所获取的海量数据，结合产物浓度、底物浓度、菌体浓度等离线测定指标，运用偏最小二乘法建模技术，精心构建谱图与这些离线指标之间的多元线性模型，进而凭借在线实时光谱精准推算出各类离线指标的实时数值，成功化解了因离线检测引发的控制滞后难题，大幅提升发酵优化效率。Lopez 等人运用红外光谱检测技术，对以木质纤维素为碳源的乙醇发酵过程中的残糖浓度进行实时监测，并依此构建发酵过程动力学模型，打造出过程的数字影子系统，实现了智能化补料策略。值得一提的是，这种基于光谱数据开展在线检测数据建模的思路，同样适用于在线拉曼光谱系统。不过，此类系统也存在一定短板：在正式启用实际模型前，需要广泛收集大量的过程数据，并且所构建的模型外推性能欠佳。换言之，这类检测技术更适配于工艺相对平稳、专注于质量把控的应用场景，在发酵培养基配方优化进程或是成分变动剧烈的情况下，其适用性则略显不足。

二、全自动高通量微型反应器

在当前的发酵技术发展进程中，高效发酵优化成为行业追求的重要目标之一。而从装备的角度来看，其面临的诸多难题中，一个显著的瓶颈问题便是如何切实有效地提高发酵实验的通量。能再现工业规模反应器内环境的微型化平行反应器装备是实现发酵实验通量提高的关键。近年来围绕这一目标，国内外科研工作者、相关装备企业在此方面进行了诸多尝试，也开发了不同类型的微型平行反应器。

在全球范围内，德国于发酵相关技术领域的发展颇为亮眼，处于行业前沿地位。拿原 m2p lab 公司来说，其研发的 Biolector Pro 系统独具匠心，实现了在孔板发酵场景下的补料培养模式创新，成功打破传统批培养方式的局限。与此同时，它结合在线 pH 检测功能，确保发酵过程中的 pH 值能始终维持恒定状态。不仅如此，当进一步与液体工作站协同运作时，由此构建而成的 RobLector 系统更是展现出强大实力，已有诸多利用高通量筛选技术为菌种构建提供精准指导的成功案例见诸报道。当下，该套装备已被丹纳赫集团收入囊中，并广泛应用于高效发酵工艺的优化以及菌种性能的自动化验证流程之中。不过，其目前超 400 万元人民币的高昂售价，使得它在发酵工艺开发领域的普及较困难。

与之类似，德国的 Sartorius 公司同样在该领域拥有一定的技术实力，其所开发的 Amber 15 及 Amber 250 系统采用一次性反应器，同时搭配非接触式 pH 和 DO 传感器，沿用传统搅拌通气的经典操作手法，最大程度地让实验条件贴近真实工业生产环境。其中，Amber 250 系统凭借一次性反应器的应用，极大地减轻了发酵工艺人员的日常工作负担。其内置的软件系统功能强大，不仅能够实现发酵液的无菌注入，还引入 DoE（实验设计）技术，使得培养基配制与优化效率得到显著提升。此外，系统配备的在线尾气分析装置以及可对接在线拉曼技术的 PAT（过程分析技术）模块，更是将质量源于设计的理念贯彻至每一个细节，发挥到了极致。该系统最多可将 24 个反应器进行有机整合，全方位实现发酵过程的在线实时检测、自动化取样分析等一系列关键操作，为发酵工艺优化效率带来质的飞跃。但其如同 RobLector 系统面临的困境一样，Amber 250 系统超 1200 万元人民币的售价，让众多发酵企业望而却步，仅在动物细胞培养企业中有一定范围的应用。而且，高昂的一次性反应器耗材成本，也进一步阻碍了该设备在发酵行业的大规模普及。由此可见，如何研发成本亲民的自动化发酵装备，已然成为发酵工业领域亟待攻克的关键难题。

面对这一挑战，美国 Culture Bioscience 公司另辟蹊径，创新性地提出云端反应器的概念，并配套研发自动化装备，这一全新思路为行业发展开辟了一条变通之路。凭借概念的前瞻性与实际操作的可行性，该公司成功吸引多家合成生物学初创公司的目光，并于 2021 年 12 月斩获 B 轮融资 8000 万美元，这预示着它有望成为未来发酵过程自动化发展的重要方向之一。然而，需要清醒认识到的是，对于传统发酵行业而言，恶性竞争的泥沼，以及菌种知识产权保护机制的缺失，使得该模式下菌种的安全性面临诸多质疑。

迪必尔智能科技（深圳）有限公司成立于 2012 年，是国内领先的智能生物反应器综合解决方案提供商。其研发的 opticellmini 平行生物反应器具有模块化设计，支持 250mL 到 15L 的体积选择，可灵活用于动物细胞、植物细胞、昆虫细胞等不同类型的培养。miniboxcloudready 云平台则利用工业云平台技术，结合分布式控制和实验室信息管理系统，实现对生物反应过程的智能化管理和控制，配置了 t&jd^{2}ms 系统软件及视频流监控功能，使实验过程可视化。endura® 系列一次性平行生物反应器，涵盖多种体积，可满足干细胞、动物细胞和细菌等不同培养需求，并搭载 d^{2}ms 系统，在抗体工艺开发研究中应用潜力大。此外，该公司还参与国家重点研发计划绿色生物制造专项，其核心产品"微小型平行生物反应器"被认定为上海市高新技术成果转化项目。

除了在反应器培养过程自动化装备技术层面的激烈角逐，发酵过程自动化还涵盖自动化配料装置、自动取样分析装置等多个关键领域的研发创新。在这一方面，国内的天木生物科技有限公司表现卓越，其自主研发的在线自动取样装置已在国内众多科研院所、生产企业中落地生根，取得圆满成功。此外，随着高通量平行发酵罐系统的持续演进，与之配套的、基于 DoE 技术的发酵培养基自动配制装备愈发凸显其重要性。在大规模的发酵实验中，反应器数量众多，稍有不慎，人为操作失误就可能导致实验结论出现偏差，而这类自动配制装备恰恰能有效规避此类风险。传感技术、高通量平行反应器以及发酵过程自动化装备技术的迅猛发展，推动发酵过程大步迈向生物制造的大数据时代。在这个全新的时代背景下，数据呈爆炸式增长，一方面，它让人们对发酵过程的认知水平实现飞跃提升；另一方面，海量数据的高效处理也成为摆在面前的全新挑战。单纯依靠发酵工程师进行人工分析，已无法满足当下的需求。开发配套的数据可视化工具，以及基于人工智能技术的发酵过程自动化数据分析方法，成为行业发展的必然趋势。

三、发酵过程数据特征及可视化技术

发酵过程数据特征及可视化技术在发酵产业的发展中扮演着举足轻重的角色。发酵过程中所获取的数据，承载着菌体代谢的关键信息。优质的数据可视化技术，能够助力工程师深度解读这些信息，进而制定出恰当的控制或调控策略，确保发酵过程沿着正常轨道稳步推进。不仅如此，借助可视化手段，还可精准定位发酵优化的突破点，为发酵工艺的革新带来质的飞跃。

深入探究发酵过程数据，依据获取方式的差异，大体可划分为在线数据与离线数据两类。在线数据通过安装于发酵设备上的各类传感器实时采集，像温度、pH 值、溶氧浓度等参数，能即时反映发酵当下的状态；离线数据则是在特定时间节点，通过对发酵液取样，再经实验室分析得出，如底物浓度、氧化物浓度以及微生物的生物量等。这些原始数据经过数学运算，能够衍生出众多具有确切意义的导出型变量。按照导出型变量所代表的对象主体不同，又进一步细分为过程变量、反应器变量及细胞生理变量。过程变量聚焦于发酵过程本身的动态变化，反映底物的转化速率、产物的生成速率等；反应器变量侧重于发酵容器内的环境参数，涵盖搅拌速度、通气量对发酵的影响；细胞生理变量则深入到菌体微观层面，展现微生物的生长速率、细胞活性等。由于这些变量均源自原始传感数据或离线检测数据的数学运算，因而其变化规律具备合理的解释基础。

此外，还有一类特殊的变量——隐变量或潜变量。它们是通过主成分分析、主成分回归、偏最小二乘法等先进的降维技术，从海量数据中获取信息含量最为丰富的隐含特征而得。在发酵领域，面对动辄20 个以上的复杂变量，降维技术能够将高维数据进行抽象、简化，提炼出关键特征，使得工程师更容易把握发酵过程的核心要素。而在可视化层面，对于不同类型的数据与变量，需要"量体裁衣"，采用适配的方法。常规的折线图、柱状图、饼图在展示基础数据的动态变化、差异对比、成分占比时效果显著。曲线拟合技术则为挖掘数据深层规律提供助力，能够从离散的数据点中勾勒出趋势线，预测发酵走向。面对更为复杂的多变量体系，三维模型与动画可大显身手，立体且动态地呈现各变量之间的交互关系，让操作人员仿若置身于发酵微观世界，透彻洞悉整个过程的运行机制。

实时监测可视化能够在第一时间将发酵过程中的异常反馈给操作人员，一旦数据偏离正常区间，立即发出预警，为及时排查故障、调整工艺抢得先机。而历史数据可视化则如同一个装满经验的宝库，回溯过往批次的数据轨迹，从中总结规律，为新工艺研发、现有工艺优化筑牢数据根基。

四、智能化技术在发酵过程优化与放大中的应用

在发酵产业的路上，数字孪生模型技术与迪必尔设备和数据管理系统（D2MS）作为智能化技术的典型代表，正为发酵过程的优化与放大注入磅礴动力。数字孪生模型技术在发酵领域构建起现实与虚拟紧密交织的桥梁。它全方位整合物理模型、传感器实时采集的海量数据以及历史经验，运用前沿算法与仿真手段，复刻出与真实发酵过程严丝合缝的虚拟镜像。在优化环节，借由这一虚拟模型，工程师能对发酵进程中的微生物生长繁衍、底物消耗转化、产物生成积累，以及温度、pH 值、溶氧浓度等物理化学参数的动态变化一目了然。通过在虚拟空间模拟不同工艺参数组合，快速甄别出最优方案，大幅缩短工艺优化周期，提升发酵效率与产物质量。例如，在探索新型培养基配方时，可在孪生模型中预先测试不同成分比例对菌体代谢的影响，避免实际生产中的盲目尝试，减少资源浪费。

在放大过程中，数字孪生模型更是发挥关键作用。从实验室小试迈向大规模工业化生产，其间涉及复杂的流体力学、传质传热变化，稍有不慎便可能导致发酵失败。数字孪生模型凭借精准的多物理场建模，提前模拟大规模发酵罐内的流体流动、热量传递、气体分布等情况，精准预测可能出现的混合不均、局部溶氧不足等问题，并给出针对性的解决方案，如优化搅拌桨设计、调整通气策略等，为顺利放大生产提供保障，降低工业化风险。

与此同时，D2MS 作为核心的数据管理与交互中枢，与数字孪生模型相辅相成。一方面，它实现迪必尔旗下各类设备，如 cloudready™ 云平台平行生物反应器、Intelli-Ferm A G3 台式发酵罐等之间的数据无缝流通，确保数字孪生模型的输入数据准确、及时且全面。这些设备运行过程中的关键参数实时汇聚至 D2MS，再传输给数字孪生模型，使其时刻保持与现实发酵的同步更新。另一方面，D2MS 强大的社区版功能，涵盖数据管理、在线离线数据整合、批次比较以及通过 Python 脚本自定义函数进行个性化数据分析等，为发酵工艺优化提供深度的数据洞察。工程师能够依据丰富的数据挖掘结果，制定更

为精准的调控策略，进一步提升发酵效果。

在可视化呈现上，二者结合相得益彰。数字孪生模型借助三维模型与动画等可视化手段，立体动态地展现发酵过程全貌及多变量交互关系；D2MS则利用折线图、柱状图等常规图表，清晰呈现基础数据的动态变化与差异对比，方便操作人员快速把握关键信息。实时监测可视化方面，一旦数字孪生模型基于D2MS传来的数据预测到异常，立即触发预警，操作人员可第一时间排查故障、调整工艺；历史数据可视化时，二者共同回溯过往批次经验，为新工艺研发、现有工艺升级筑牢根基，持续推动发酵产业朝着智能化、高效化大步迈进。

思维导图

第五章

第六章　发酵过程优化与放大

○○ ——— ○○ ○ ○○ ———————

第一节　概述

发酵过程优化是指在已经获得高产菌种或基因工程菌的基础上，在发酵罐中通过操作条件的控制或发酵装备的改型改造提高目标代谢产物的产量、转化率以及生产强度，这是发酵过程优化与控制最基本的三个目标函数。①产量，即目的产物的最终浓度或总活性。②转化率，即基质或者是反应底物向目的产物的转化百分数。③生产强度或生产效率，即指目的产物在单位时间内、单位生物反应器体积中的产量。通常情况下，目标代谢产物的浓度或总活性比较低，而通过发酵过程优化提高目标代谢产物的最终浓度或活性可以极大地减少下游分离精制过程的负担，降低整个过程的生产费用。产物的生产强度是生产效率的具体体现。在某些传统和大宗发酵产品如酒精、有机酸和某些有机溶剂的发酵生产过程中，虽然其下游分离精制过程相对容易，人们仍必须要同时考虑产物的生产强度和最终浓度，这样才能够从商业角度上与化学合成法相竞争。起始反应底物对目的产物的转化率，考虑的是原料使用效率的问题。在使用价格昂贵的起始反应底物或者使用对环境存在严重污染的反应底物的发酵过程中，原料的转化效率至关重要，转化率通常要求接近 100%（98%～100%）。通过优化发酵过程的环境因子、操作条件以及操作方式，可以得到所期望的目标产物的最大浓度、最大转化率以及最大生产效率。但是，通常情况下这三项优化指标不可能同时取得最大数值。例如，在酒精发酵过程中，通常情况下连续操作的生产效率最高，但其最终浓度和原料转化率却明显低于流加操作或间歇操作。提高某一项优化指标，往往需要以牺牲其他优化指标为代价，这时，需要对发酵过程进行整体的性能评价。

一、发酵过程优化的基本特征

发酵过程的控制和优化具有以下特点。①模型是进行过程控制与优化的基础。传统的动态发酵过程控制优化技术，是建立在非构造式动力学模型（如底物恒速流加、指数流加、分阶段环境控制等）基础上的。上述模型普遍存在难以适应或描述发酵过程的强时变性特征和非线性特征、模型参数多、物理化学意义不明确且难以计算确定、建模费时费力、通用性能不强等诸多缺点，这严重制约了建立在上述模型基础上的过程控制和最优化系统的有效性和通用能力。传统的自动控制理论难以直接应用（但可以作为重要参考）。②相当数量的工业规模或实验室规模的发酵过程，由于没有合适的定量数学模型可循，其控制与优化操作还必须依靠操作人员的经验和知识来进行。然而，这种依靠经验的操作管理方式受到操作人员的能力、素质和专业知识等诸多因素的影响，优化控制性能因人而异、差别很大。③近年来，随着计算机技术和生物技术的飞速发展，以模糊理论和神经网络为代表的智能工程技术，以及以代谢反应模型为代表的现代生物过程模型技术已经逐步、大量地渗入到发酵过程的建模、过程状态预测、状态模式识别、产品品质管理、过程故障诊断和早期预警、大规模系统的仿真和模拟、遗传育种乃至过程控制与优化等诸多领域。把先进的过程控制技术、智能工程技术、代谢工程技术与发酵工程融合在一起是现代发酵过程控制的发展方向和大趋势。

二、发酵过程优化的主要内容及步骤

1. 发酵过程优化的主要内容

发酵过程通常是在一个特定的反应器中进行。由于微生物反应是自催化反应，因此，微生物细胞自身也是反应器，所有要从细胞这个微反应器中出来的物质都必须通过细胞和环境之间的边界线，使得所有在细胞体内（即生物相）所发生的反应都与环境状况（即非生物相）密切联系在一起。实际的生物反应系统是一个非常复杂的三相系统，即气相、液相和固相的混合体，且三相间的浓度梯度相差很大，达几个数量级。要对如此复杂的系统进行优化研究，必须做大量的假设使问题得以简化，因为有关生物反应的单个步骤、进/出细胞物质的传递以及反应器内的混合等问题的研究已经相当成熟。如果能通过适当的假设使复杂的反应过程简化至能够进行定量讨论的程度，一般来说就能够实现反应过程的优化。

发酵过程和化工过程的主要差异在于前者有微生物参与进行。微生物作为有生命的一种物质，其行为与化学催化剂相比更加难以控制，因而导致某些发酵过程参数难以检测，过程可控性也比化工过程有所下降。因此，如何把发酵过程模型化的概念和一些微生物生理学的基本问题结合起来已经成为生化工程学者在进行发酵过程优化时考虑的主要问题之一。

为了追求经济效益，发酵工厂的规模不断扩大，由于反应器结构不当或控制不合理引起的投资风险也急剧增加。要规避这种风险，就必须首先在实验室中对发酵过程优化进行研究，特别是对生物反应宏观动力学和生物反应器进行研究。简而言之，生物反应动力学重点研究内容是有关生物过程、化学过程与物理过程之间的相互作用，诸如生物反应器中发生的细胞生长、产物生成、底物消耗和传递过程等的规律。生物反应动力学研究的目的是为描述细胞动态行为提供数学依据，以便进行数量化处理。生物反应宏观动力学是发酵过程优化的基础。生物反应器则是发酵过程的外部环境，反应器类型对发酵过程的效率及发酵过程优化的难易程度影响很大。发酵过程优化的目标是使细胞生理调节、细胞环境、反应器特性、工艺操作条件与反应器控制之间这种复杂的相互作用尽可能地简化，并对这些条件和相互关系进行优化，使之最适于特定发酵过程的进行。发酵过程优化主要涉及以下四个方面的研究内容。

① 细胞生长过程研究　如果不了解微生物的生理特性以及细胞内的生化反应，研究反应动力学是没有意义的，更谈不上发酵过程的优化。因此，细胞生长过程的研究是发酵过程优化的重要基础研究内容。研究细胞的生长过程，不仅要清楚地了解微生物从非生物培养基中摄取营养物质的情况和营养物质通过代谢途径转化后的去向，还要确定不同环境条件下微生物代谢产物的分布。

② 微生物反应的化学计量　微生物利用底物进行生长，同时合成代谢产物，底物中的含碳物质作为能源和碳源一起促进细胞内的合成反应。理论上，所有投入的碳和氮都可以在生物反应器的排出物——菌体细胞、剩余底物以及代谢产物中找到，因此微生物反应的化学计量似乎是件容易的事情，然而事实却并非如此。缺少传感器、在生化系统中进行连续检测的困难，或者由于对微生物的生理特性缺乏深入的认识而导致遗漏了代谢产物，这些都会使得发酵过程的质量衡算很难进行。而对来自工业研究的动力学数据进行质量衡算则更困难。对微生物反应进行化学计量和质量衡算的优越性在于：即使没有任何有关该微生物反应动力学的参考资料，运用基于化学计量关系的代谢通量分析方法，仍然可以提出该微生物代谢途径的可能改善方向，为过程优化奠定基础。

③ 生物反应动力学　生物反应动力学是发酵过程优化研究的核心内容，主要研究生物反应速率及其影响因素。发酵过程的生物反应动力学一般指微生物反应的本征动力学或微观动力学，即在没有反应器结构、形式及传递过程等工程因素的影响下，微生物反应固有的反应速率。除了反应本身的性质外，该反应速率只与各反应组分的浓度、温度及溶剂性质有关。在一定反应器内检测到的反应速率即总反应速率及其影响因素，属于宏观动力学研究的范畴。根据宏观动力学及其对反应器空间和反应时间的积分结果，可推算达到预计反应程度（转化率或产物浓度）所需要的反应时间和反应器容积，从而进行反应器设计。建立动力学模型的目的就是为了模拟实验过程，对适用性很强的动力学模型，还可以推测待测数据，进而确定最佳生产条件。

发酵过程优化涉及非结构模型和结构模型的建立。如果把细胞视为单组分，则环境的变化对细胞组成的影响可忽略，在此基础上建立的模型称为非结构模型。非结构模型是在实验研究的基础上，通过物料衡算建立起的经验或半经验的关联模型。它是原始数据的拟合，可以体现主要底物浓度的影响。大多数稳态微生物反应都能用相当简单的非结构模型来描述，但只有当细胞内各组分均以相同的比例增加，即所谓平衡生长状态时才能这样处理。如果由于细胞内各组分的合成速率不同而使各组分增加的比例不同，即细胞生长处于非均衡状态时，非结构模型的外推范围可能有出入，此时就必须运用从生物反应机理出发推导得到的结构模型。在考虑细胞组成变化的基础上建立的模型，称为结构模型。在结构模型中，一般选取 RNA、DNA、糖类及蛋白质的含量作为过程变量，将其表示为细胞组成的函数。但是，由于细胞反应过程极其复杂，加上检测手段的限制，以致缺乏可直接用于在线确定反应系统状态的传感器，给动力学研究带来了困难，致使结构模型的应用受到了限制。

④ 生物反应器工程　包括生物反应器及参数的检测与控制。生物反应器的形式、结构、操作方式、物料的流动与混合状况、传递过程特征等是影响微生物反应宏观动力学的重要因素。在工程设计中，化学计量式、微生物反应和传递现象都是需要解决的问题。参数检测与控制是发酵过程优化最基本的手段，只有及时检测各种反应组分浓度的变化，才有可能对发酵过程进行优化，使生物反应在最佳状态下进行。

总的来讲，发酵过程控制与优化的研究内容就是要解答以下几个方面的问题。

① 过程控制和优化的目标函数是什么？

② 有没有可以应用于能够描述过程动力学特征的数学模型？如何建立上述模型？

③ 为实现优化目标，需要掌握什么样的情报？需要计测（在线或离线计测）哪些状态变量？

④ 用来实现优化与控制的操作变量是什么？

⑤ 可以在线计量的状态变量是什么？并据此可以推定什么样的不可测状态变量、过程特性或模型参数和环境条件？

⑥ 过程的外部干扰可能有哪些？它们对于过程控制和优化的影响是什么？

⑦ 实现优化与控制的有效算法是什么？如何利用选定的算法求解最优控制条件？

⑧ 控制和优化算法能否适时解决由于环境因子或细胞生理状态的变化而造成的最优控制条件的偏移，从而实现过程的在线最优化？

2. 发酵过程优化的步骤

在对发酵过程进行优化时，应遵循的基本原理和步骤包括：简化、定量化、分离、建模型，最后把分离开的现象重新组合起来，一般来讲主要分为以下几个步骤。

① 反应过程的简化　微生物反应是一个复杂的过程，不简化不可能对其进行研究。发酵过程的简化是指把工艺过程的复杂结构压缩为少数系统，这些系统可以用关键变量表示。由于生物系统含有生物学和物理学两方面的属性，因此，进行简化必须保留基本信息。这样，才能保证实验和理论研究在实现目标的同时确保对系统描述的精确性。

② 定量化　对发酵过程进行定量分析需要系统、准确地检测各种参数。因此，在对发酵过程进行

研究时，能否获得比较准确的过程参数对优化策略的适用性是非常重要的一个环节。然而，由于生物系统的复杂性，特别是可能发生在生物、物理、化学现象间的相互作用，再加上检测方法的不完善，往往会使实际的分析结果出现很大的偏差。所以，对分析方法的选择非常重要，它可以保证测定结果的可用性和代表性能够满足优化的要求。

③ 分离　分离是指在生物过程和物理过程的各种速度互不影响的情况下，精心设计实验以获得关于生物和物理现象的数据。细胞在反应体系中以固相存在，而目前的技术还不能直接检测到发生在固相内部的反应。因此，只能通过计算机模拟的方式，通过检测液体培养基中的外部变化，来反映代谢反应的内部变化。分离原理是合理应用数学模型的一个重要的前提条件。

第二节　微生物培养环境的优化

一、微生物的营养需求

微生物的营养要求是微生物生理学的重要研究领域，主要研究内容是阐明微生物生命活动过程中对不同营养需求的生理功能。为了生存，微生物必须从环境中吸收营养物质，通过新陈代谢将其转化为新的细胞物质或代谢物，并从中获得生命活动所必需的能量，同时将代谢活动产生的废物排出体外。

1. 微生物细胞的化学组成

（1）化学元素　构成微生物细胞的物质基础是化学元素。根据微生物对各类化学元素需求量的大小，可以将其分为主要元素和微量元素。其中，主要元素包括碳、氢、氧、氮、磷、硫、钾、镁、钙、铁等，碳、氢、氧、氮、磷、硫这六种主要元素可占细菌细胞干重的 97%（表 6-1）。微量元素包括锌、锰、钠、氯、钼、硒、钴、铜、钨、镍、硼等。

表 6-1　微生物细胞中几种主要元素的含量（干重）　　　　　　　　　　　　　单位：%

元素	细菌	真菌	酵母菌	元素	细菌	真菌	酵母菌
碳	约50	约48	约50	氧	约20	约40	约31
氢	约8	约7	约7	磷	约3	—	—
氮	约15	约5	约12	硫	约1	—	—

组成微生物细胞的各类化学元素的比例常因微生物种类的不同而不同，例如酵母、细菌、真菌的碳、氢、氧、氮、磷、硫六种元素的含量就有差异，但硫细菌、铁细菌和海洋细菌相对于其他细菌则含有较多的硫、铁、钠、氯等元素，硅藻需要硅酸来构建富含（SiO_2）$_n$ 的细胞壁。不仅如此，微生物细胞的化学元素组成也常常伴随着菌龄及培养条件的不同而在一定范围内发生变化，幼龄的细胞比老龄的细胞含氮量高。在氮源丰富的培养基上生长的细胞比在氮源相对匮乏的培养基上生长的细胞含氮量高。

（2）化学成分及其分析　各种化学元素主要以有机物、无机物和水的形式存在于细胞中。有机物主要包括蛋白质、糖类、脂类、核酸、维生素以及它们的降解产物和一些代谢产物等物质。对细胞有机物成分的分析通常采取两种方式：一种是用化学方法直接抽提细胞内的各种有机成分，然后加以定性和定量分析；另一种是先将细胞破碎，然后获得不同的亚显微结构，再分析这些结构的化学成分。无机物是指与有机物相结合或单独存在于细胞中的无机盐等成分。分析细胞无机成分时一般将干细胞在高温炉（550℃）中焚烧成灰，所得到的灰分物质是各种无机元素的氧化物，称为灰分。采用无机化学常规分析法可定性定量分析出灰分中各种无机元素的含量。

　　水是细胞维持正常生命活动所必需的，一般可占到细胞质量的 70%～90%。细胞湿重与干重之差为细胞的含水量，常以百分率表示：（湿重－干重）/湿重×100%。将细胞表面所吸附的水分除去后称量所得质量即为湿重，一般以单位培养液中所含细胞的质量（g/L 或 mg/mL）表示。但在具体测量过程中，常常由于细胞表面尤其聚集在一起的单细胞微生物表面吸附的水分难以除去从而导致测量结果存在误差，这些吸附的水分可占湿重的 10%。采用高温（105℃）烘干、低温真空干燥和红外线快速烘干等方法将细胞干燥至恒重即为干重。值得注意的是，采用高温烘干法会导致细胞物质分解，因而利用后两种方法所得结果较为可靠。

2. 营养物质及其生理功能

　　微生物需要从外界获得营养物质，而这些营养物质主要是以有机和无机化合物的形式为微生物所利用，也有小部分以分子态的气体形式被微生物利用。根据营养物质在机体中生理功能的不同，可将它们分为碳源、氮源、无机盐、生长因子和水五大类。

　　（1）碳源　碳源是在微生物生长过程中为微生物提供碳元素来源的物质。碳源物质在细胞内经过一系列复杂的化学反应成为微生物自身的细胞物质（如糖类、脂类以及蛋白质等）和代谢产物，碳元素一般可占菌体细胞干重的一半。同时，由于绝大部分碳源物质在细胞内通过生化反应为有机体提供维持生命活动所需的能源，因此碳源物质通常也是能源物质。但是有些以 CO_2 作为唯一或主要碳源的微生物在生长过程中所需的能源则并非来自碳源物质。

　　微生物利用碳源物质具有选择性，糖类是一般微生物较容易利用的良好碳源和能源物质，但微生物对不同糖类物质的利用次序也存在差异。例如在以葡萄糖和半乳糖为碳源的培养基中，大肠杆菌优先利用葡萄糖，然后利用半乳糖，前者称为大肠杆菌的速效碳源，后者称为迟效碳源。目前，在微生物工业发酵中所利用的碳源物质主要是单糖、饴糖、糖蜜、淀粉、麸皮以及米糠等。

　　不同种类微生物利用碳源物质的能力也有差别。有的微生物可以广泛利用各种类型的碳源物质，而有些微生物可利用的碳源物质则比较少。例如假单胞菌属中的某些种可以利用多达 90 种以上的碳源物质，而一些甲基营养型微生物只能以甲醇或甲烷等一碳化合物作为碳源物质。微生物可利用的碳源物质主要有糖类、有机酸、醇、脂类、烃、CO_2 及碳酸盐等（见表 6-2）。

表 6-2　微生物利用的碳源物质

种　类	碳源物质	备　　注
糖	葡萄糖、果糖、麦芽糖、蔗糖、淀粉、半乳糖、乳糖、甘露糖、纤维二糖、纤维素、半纤维素、甲壳素、木质素等	单糖优于双糖，己糖优于戊糖，淀粉优于纤维素，纯多糖优于杂多糖
有机酸	糖酸、乳酸、柠檬酸、延胡索酸、低级脂肪酸、高级脂肪酸、氨基酸等	与糖类比较效果较差，有机酸较难进入细胞，进入细胞后会导致 pH 下降。当环境中缺乏碳源物质时，氨基酸可被微生物作为碳源利用
醇	乙醇	在低浓度条件下被某些酵母菌和醋酸菌利用
脂	脂肪、磷脂	主要利用脂肪，在特定条件下将磷脂分解为甘油和脂肪酸而加以利用
烃	天然气、石油、石油馏分、石蜡油等	利用烃的微生物细胞表面有一种由糖脂组成的特殊吸收系统，可将难溶的烃充分乳化后吸收利用
CO_2	CO_2	为自养微生物所利用
碳酸盐	$NaHCO_3$、$CaCO_3$、白垩等	为自养微生物所利用
其他	芳香族化合物、氰化物、蛋白质、肽、核酸等	利用这些物质的微生物在环境保护方面有重要作用，当环境中缺乏碳源物质时，可被微生物作为碳源而降解利用

（2）氮源   氮源是一类为微生物生长提供氮元素的物质，这类物质主要用来合成细胞中的含氮化合物，一般不作为能源，只有少数自养微生物能利用铵盐、硝酸盐同时作为氮源与能源。在碳源物质匮乏的状况下，某些厌氧微生物在厌氧条件下可以利用某些氨基酸作为能源物质。能被微生物利用的氮源物质主要包括蛋白质及其不同程度的降解产物、铵盐、硝酸盐、分子氮、嘌呤、嘧啶、脲、胺、酰胺、氰化物等（表 6-3）。

表 6-3 微生物利用的氮源物质

种 类	氮源物质	备 注
蛋白质类	蛋白质及其不同程度降解产物	大分子蛋白质难以进入细胞，一些真菌和少数细菌能分泌胞外蛋白酶，将大分子蛋白质降解利用，而多数细菌只能利用相对分子质量较小的降解产物
氨及铵盐	NH_3、$(NH_4)_2SO_4$ 等	容易被微生物吸收利用
硝酸盐	KNO_3 等	容易被微生物吸收利用
分子氮	N_2	固氮微生物可利用，但当环境中有化合态氮源时，固氮微生物就失去固氮能力
其他	嘌呤、嘧啶、脲、胺、酰胺、氰化物	大肠杆菌不能以嘧啶作为唯一氮源，在氮限量的葡萄糖培养基上生长时，可通过诱导作用先合成分解嘧啶的酶，然后再分解并利用嘧啶，可不同程度地被微生物作为氮源加以利用

常用的蛋白质类氮源包括蛋白胨、鱼粉、蚕蛹粉、黄豆饼粉、花生饼粉、玉米浆、牛肉浸膏以及酵母浸膏等。微生物对这类氮源的利用具有选择性。例如，土霉素产生菌利用玉米浆比利用黄豆饼粉和花生饼粉的速度快，这是因为玉米浆中的氮源物质主要以较易吸收的蛋白质降解产物形式存在，而降解产物特别是氨基酸可以通过转氨作用直接被机体利用。而黄豆饼粉和花生饼粉中的氮主要以大分子蛋白质形式存在，需要进一步降解成小分子的肽和氨基酸后才能被微生物吸收利用，因而对其利用的速度较慢。玉米浆作为一种速效氮源，有利于菌体生长；黄豆饼粉和花生饼粉作为迟效氮源，有利于代谢产物的形成。在发酵生产土霉素的过程中，往往将两者按一定比例制成混合氮源，以协调菌体生长与代谢产物的形成，达到提高土霉素产量的目的。

微生物吸收利用铵盐和硝酸盐的能力较强，NH_4^+ 被细胞吸收后可直接被利用，因而 $(NH_4)_2SO_4$ 等铵盐一般被称为速效氮源，而 NO_3^- 被吸收后需要进一步还原成 NH_4^+ 后被微生物利用。许多腐生型细菌、肠道菌、动植物致病菌等可利用铵盐或硝酸盐作为氮源，例如大肠杆菌、产气肠杆菌、枯草芽孢杆菌、铜绿假单胞菌等均可利用硫酸铵和硝酸铵作为氮源，放线菌可以利用硝酸钾作为氮源，霉菌可以利用硝酸钠作为氮源。以 $(NH_4)_2SO_4$ 等铵盐为氮源培养微生物时，由于 NH_4^+ 被吸收，会导致培养基 pH 下降，因而将其称为生理酸性盐；以硝酸盐（$NaNO_3$）为氮源培养微生物时，由于 NO_3^- 被吸收，会导致培养基 pH 升高，因而将其称为生理碱性盐。为避免培养基 pH 变化对微生物生长造成不利影响，常常需要在培养基中加入缓冲物质来维持稳定的 pH。

（3）无机盐   无机盐是微生物生长必不可少的一类营养物质，它们在机体中的生理功能主要是作为酶活性中心的组成部分、维持生物大分子和细胞结构的稳定性、调节并维持细胞的渗透压平衡、控制细胞的氧化还原电位和作为某些微生物生长的能源物质等（表 6-4）。微生物生长所需的无机盐一般有磷酸盐、硫酸盐、氯化物以及含有钠、钾、钙、镁、铁等金属元素的化合物。

在微生物生长过程中还需要一些微量元素，微量元素是指那些在微生物生长过程中起重要作用，而机体对这些元素的需要量极其微小的元素，通常需要量在 $10^{-8} \sim 10^{-6}$ mol/L（培养基中含量）。微量元素一般参与酶的组成或酶的活化（表 6-5）。

表6-4 无机盐及其生理功能

元素	化合物形成（常用）	生 理 功 能
磷	KH_2PO_4，K_2HPO_4	核酸、核蛋白、磷酸、辅酶及 ATP 等高能分子的成分，作为缓冲系统调节培养基 pH
硫	$(NH_4)_2SO_4$，$MgSO_4$	含硫氨基酸（半胱氨酸、甲硫氨酸等）、维生素的成分，谷胱甘肽可调节胞内氧化还原电位
镁	$MgSO_4$	己糖磷酸化酶、异柠檬酸脱氢酶、核酸聚合酶等活性中心组分，叶绿素和细菌叶绿素成分
钙	$CaCl_2$，$Ca(NO_3)_2$	某些酶的辅因子，维持酶（如蛋白酶）的稳定性，芽孢和某些孢子形成所需，建立细菌感受态所需
钠	NaCl	细胞运输系统组分，维持细胞渗透压，维持某些酶的稳定性
钾	KH_2PO_4，K_2HPO_4	某些酶的辅因子，维持细胞渗透压，某些嗜盐细菌核糖体的稳定因子
铁	$FeSO_4$	细胞色素及某些酶的组分，某些铁细菌的能源物质，合成叶绿素、白喉毒素所需

表6-5 微量元素与生理功能

元素	生 理 功 能	元素	生 理 功 能
锌	存在于乙醇脱氢酶、乳酸脱氢酶、碱性磷酸酶、醛缩酶、RNA 与 DNA 聚合酶中	钴	存在于谷氨酸变位酶中
锰	存在于过氧化氢歧化酶、柠檬酸合成酶中	铜	存在于细胞色素氧化酶中
钼	存在于硝酸盐还原酶、甲酸脱氢酶中	钨	存在于甲酸脱氢酶中
硒	存在于甘氨酸还原酶、甲酸脱氢酶中	镍	存在脲酶中，为氢细菌生长所必需

　　如果微生物在生长过程中缺乏微量元素，会导致细胞生理活性降低甚至停止生长。由于不同微生物对营养物质的需求不尽相同，微量元素这个概念也是相对的。微量元素通常是混杂在天然有机营养物、无机化学试剂、自来水、蒸馏水、普通玻璃器皿中，如果没有特殊原因，在配制培养基时没有必要额外加入微量元素。值得注意的是许多微量元素是重金属，如果其浓度过高，就会对机体产生毒害作用，而单独一种微量元素过量所产生的毒素作用更大，因此有必要将培养基中微量元素的浓度控制在正常范围内，并注意各种微量元素之间保持恰当比例。

　　（4）生长因子　生长因子通常指微生物生长所必需的一类微量的、微生物自身不能合成或合成量不足以满足机体生长需要的有机化合物。各种微生物需求的生长因子的种类和数量是不同的（表 6-6）。

表6-6 某些微生物生长所需的生长因子

微 生 物	生长因子	需要量
弱氧化醋酸杆菌（*Acetobacter suboxydans*）	对氨基苯甲酸	$0\sim10ng/mL$
	烟酸	$3\mu g/mL$
丙酮丁醇梭菌（*Clostridium acetobutylicum*）	对氨基苯甲酸	$0.15ng/mL$
Ⅲ型肺炎链球菌（*Streptococcus pneumoniae*）	胆碱	$6\mu g/mL$
肠膜明串珠菌（*Leuconostoc mesenteroides*）	吡哆醛	$0.025\mu g/mL$
金黄色葡萄球菌（*Staphylococcus aureus*）	硫胺素	$0.5ng/mL$
白喉棒杆菌（*Corynebacterium diphtheriae*）	β-丙氨酸	$1.5\mu g/mL$
破伤风梭状芽孢杆菌（*Clostridium tetani*）	尿嘧啶	$0\sim4\mu g/mL$
阿拉伯糖乳杆菌（*Lactobacillus arabinosus*）	烟碱酸	$0.1\mu g/mL$
	泛酸	$0.02\mu g/mL$
	甲硫氨酸	$10\mu g/mL$

续表

微　生　物	生长因子	需要量
粪链球菌（Streptococcus faecalis）	叶酸	$200\mu g/mL$
	精氨酸	$50\mu g/mL$
德式乳杆菌（Lactobacillus delbruchii）	酪氨酸	$8\mu g/mL$
	胸腺核苷	$0\sim2\mu g/mL$
干酪乳酸菌（Lactobacillus casei）	生物素	$1ng/mL$
	麻黄素	$0.02\mu g/mL$

自养微生物和某些异养微生物（如大肠杆菌）不需外源生长因子也能生长。不仅如此，同种微生物对生长因子的需求也会随着环境条件的变化而改变，比如鲁氏毛霉在厌氧条件下生长时需要维生素 B_1 与生物素，而在好氧条件下生长时自身能合成这两种物质，不需要外加这两种生长因子。由于对某些微生物所需的生长因子的本质还不清楚，通常在培养基中人为添加酵母浸膏、牛肉浸膏及动植物组织液等天然物质以满足其生长需要。

根据生长因子的化学结构和它们在机体中的生理功能的不同，可将生长因子分为维生素、氨基酸、嘌呤和嘧啶三大类。最早发现的生长因子在化学本质上是维生素，目前发现的许多维生素都能起到生长因子的作用。虽然一些微生物能自身合成维生素，但大多数微生物仍然需要外界提供维生素才能生长。维生素在机体中所起的作用主要是作为酶的辅基或辅酶参与新陈代谢。有些微生物自身缺乏合成某些氨基酸的能力，因此必须在培养基中补充这些氨基酸或含有这些氨基酸的小肽类物质，微生物才能正常生长。肠膜明串珠菌需要 17 种氨基酸才能生长，有些细菌需要 D-丙氨酸用于合成细胞壁。嘌呤和嘧啶作为生长因子在微生物机体内的作用主要是作为酶的辅酶或辅基，以及用来合成核苷、核苷酸和核酸。

（5）水　水是微生物生长必不可少的。水在细胞中的生理功能主要有：①起到溶剂与运输介质的作用，营养物质的吸收与代谢产物的分泌必须以水为介质才能完成；②参与细胞内一系列化学反应；③维持蛋白质、核酸等生物大分子稳定的天然构象；④因为水的比热容高，是热的良好导体，能有效地吸收代谢过程中产生的热并及时将热迅速散发出体外，从而有效地控制细胞内的温度变化；⑤保持充足的水分是细胞维持自身正常形态的重要因素；⑥微生物通过水合作用与脱水作用控制由多亚基组成的结构，如酶、微管、鞭毛及病毒颗粒的组装与解离。

微生物生长的环境中水的有效性一般用水活度（α_w）值表示，水活度值是指一定的温度和压力条件下，溶液的蒸汽压力与同样条件下纯水的蒸汽压力之比，即：$\alpha_w=p_w/p_w^0$，式中 p_w 代表溶液的蒸汽压力，p_w^0 代表纯水的蒸汽压力。纯水 α_w 为 1.00，溶液中溶质越多，α_w 越小。微生物一般在 α_w 为 0.60～0.99 的条件下生长，α_w 过低时，微生物生长的延滞期延长，比生长速率和总生物量减少。微生物不同，其生长的最适 α_w 不同（表6-7）。一般而言，细菌生长最适 α_w 较酵母菌和霉菌高，而嗜盐微生物生长最适 α_w 则较低。

表6-7　几类微生物生长的最适 α_w

微生物	α_w	微生物	α_w	微生物	α_w
一般细菌	0.91	霉菌	0.80	嗜盐真菌	0.65
酵母菌	0.88	嗜盐细菌	0.76	嗜高渗酵母	0.60

3. 微生物的营养类型

由于微生物种类繁多，其营养类型比较复杂，人们常在不同层次和侧重点上对微生物营养类型进行划分（表6-8）。根据碳源、能源及电子供体性质的不同，可将绝大部分微生物分为光能无机自养型、光能有机异养型、化能无机自养型及化能有机异养型四种类型（表6-9）。

表6-8　微生物营养类型（Ⅰ）

划分依据	营养类型	特　　点
碳源	自养型 异养型	以 CO_2 为唯一或主要碳源 以有机物为碳源
能源	光能营养型 化能营养型	以光为能源 以有机物氧化释放的化学能为能源
电子供体	无机营养型 有机营养型	以还原性无机物为电子供体 以有机物为电子供体

表6-9　微生物营养类型（Ⅱ）

营养类型	电子供体	碳源	能源	举　　例
光能无机自养型	H_2、H_2S、S 或 H_2O	CO_2	光能	着色细菌、蓝细菌、藻类
光能有机异养型	有机物	有机物	光能	红螺细菌
化能无机自养型	H_2、H_2S、Fe^{2+}、NH_3 或 NO_2^-	CO_2	化学能（无机物氧化）	氢细菌、硫细菌、亚硝化细胞菌属、甲烷杆菌属、醋酸杆菌属
化能有机异养型	有机物	有机物	化学能（有机物氧化）	假单胞菌属、芽孢杆菌属、乳酸菌属、真菌、原生动物

光能无机自养型和光能有机异养型微生物可利用光能生长，在地球早期生态环境的演变过程中起重要作用。化能无机自养型微生物广泛分布于土壤及水环境中，参与地球物质循环。对化能有机异养型微生物而言，有机物通常即是碳源也是能源。目前已知的大多数细菌、真菌、原生动物都是化能有机异养型微生物。值得注意的是，已知的所有致病微生物都属于此种类型。根据化能有机异养型微生物利用的有机物性质的不同，又可将它们分为腐生型和寄生型两类，前者可利用无生命的有机物（如植物尸体和残体）作为碳源，后者则寄生在活的寄主机体内吸取营养物质，离开寄主则不能生存。在腐生型和寄生型之间还存在一些中间类型，如兼性腐生型和兼性寄生型。

某些菌株发生突变后，由于失去了合成某种对该菌株生长必不可少的物质的能力，必须从外界环境获得该物质才能生长繁殖，这种类型菌株称为营养缺陷型，相应的野生型菌株称为原养型。营养缺陷型菌株经常用来进行微生物遗传学方面的研究。

必须明确，无论哪种分类方式，不同营养类型之间的界限并非绝对的，异养型微生物并非绝对不能利用 CO_2，只是不能以 CO_2 作为唯一或主要碳源进行生长，而且在有机物存在的情况下也可将 CO_2 同化为细胞物质。同样，自养型微生物也并非不能利用有机物进行生长。另外，有些微生物在不同生长条件下生长时，其营养类型也会发生变化，例如紫色非硫细菌在没有有机物时可以同化 CO_2，为自养型微生物；而当有机物存在时，它又可以利用有机物进行生长，此时它为异养型微生物。再如，紫色非硫细菌在光照和厌氧条件下可利用光能生长，为光能营养型微生物；而在黑暗与好氧条件下，依靠有机物氧化产生的化学能生长，则为化能营养型微生物。微生物营养类型的可变性无疑有利于提高微生物对环境条件变化的适应能力。

二、微生物的环境条件

环境条件对微生物的影响大致可分为三类：在适宜的环境中，微生物正常进行生命活动；在不适宜环境中，微生物正常的生命活动受到抑制或暂时改变原有的一些特征；在恶劣环境中，微生物死亡或发生遗传变异。对微生物生长与生存有较大影响的环境因素有温度、水活度、氧气与氧化还原电位、辐射以及 pH 值等。

1. 温度

温度是影响微生物生长和生存最重要的环境因素之一。温度通过影响微生物细胞膜的液晶结构、酶和蛋白质的合成和活性、RNA 结构及转录等影响微生物的生命活动。具体表现在，一方面随着微生物所处的环境温度的上升，细胞中生物化学反应速率加快，生长速率逐渐增加直到达最大生长速率为止；另一方面，随着温度继续上升，细胞中对温度敏感的组分物质会受到不可逆转的破坏，生长速率迅速下降。

微生物总体上生长温度范围较广，但对每一种微生物来讲只能在一定的温度范围内生长。在这个范围内包含了最低生长温度、最适生长温度和最高生长温度三个重要指标。当温度低于最低生长温度，微生物生长完全停止；当温度高于最高生长温度，微生物不但生长停止，而且会死亡。

各类微生物的最适温度范围随其原来寄居的环境不同而异。根据微生物的最适生长温度，可以将微生物分为嗜冷微生物、嗜温微生物和嗜热微生物三类。同一种微生物在不同生理过程中有不同的最适温度。枯草芽孢杆菌最适生长温度为 $37℃$，α-淀粉酶发酵最适温度为 $34℃$；乳酸链球菌最适生长温度为 $34℃$，乳酸发酵的最适温度为 $42℃$。

2. 水活度

微生物的生命活动离不开水，这不仅因为水是细胞的重要组成成分，还因为它是一种起着溶剂和运输介质作用的物质，参与细胞内水解、缩合、氧化和还原等反应。因此，水对微生物的生长影响深远。

有些情况下，由于水与溶质或其他分子结合而不能被微生物所利用，这种状态的水称为"结合水"；而可以被微生物所利用的水称为"游离水"。

3. 氧气与氧化还原电位（Eh）

氧对微生物的生命活动有着极其重要的影响。根据微生物对氧的要求，可将微生物粗分为好氧微生物和厌氧微生物两大类。其中，好氧微生物又可分为专性好氧微生物、兼性厌氧微生物和微好氧微生物三种；厌氧微生物可分为耐氧厌氧微生物和专性厌氧微生物两类。

对于专性好氧微生物，分子氧的作用：一是作为最终电子受体，二是参与体内甾醇和不饱和脂肪酸的生物合成。兼性厌氧微生物有时也称为兼性好氧微生物，它们在有氧时靠有氧呼吸产能，无氧时则通过发酵或无氧呼吸产能，而且不需要分子氧的参与进行生物合成。微好氧微生物是需氧的，也是以氧作为最终电子受体，但只能在较低的氧分压下才能正常生长。耐氧厌氧微生物是一类可在分子氧存在下进行发酵产能的微生物，它们的生长不需要氧，但分子氧对它们无害。专性厌氧微生物的生长不仅不需要氧，而且分子氧的存在对它们有毒害作用。

分子氧是微生物进行有氧呼吸中的最终电子受体，但另一方面，氧对一切生物都会使其产生有毒害作用的代谢产物，如超氧基化合物与 H_2O_2，这两种代谢产物相互作用还会产生毒性很强的羟基自由基。

自由基是一种强氧化剂，它与生物大分子相互作用，从而对机体产生损伤或突变作用，直至死亡。氧之所以对专性厌氧微生物以外的其他四种类型微生物不产生致死作用，是因为微生物细胞内具有超氧化物歧化酶和过氧化氢酶，可把 O_2^- 先分解为 H_2O_2，再分解成 H_2O 和 O_2。

微生物在生长过程中，培养基中 Eh 会发生变化。一般来说，在 pH7.0 时，专性厌氧菌开始生长的电位约 $-0.3V$，需氧菌开始良好生长的电位为 $+0.3V$。一些厌氧性芽孢发芽的培养基电位不能高于 $-0.06V$，否则就不能发芽。而微生物通过其代谢过程常使环境的 Eh 降低，其主要原因是由于氧的消耗，其次是一些代谢产物的产生、pH 值的变化等。Eh 改变多少，因菌种不同、菌龄不同、培养基成分不同及培养方法不同而异。固定某些因素可根据 Eh 观察到菌龄的大小和代谢的强弱。在代谢过程中，Eh 变化明显。若发酵培养基中加入一种调节 pH 值的缓冲剂，使发酵液的 Eh 固定，则代谢情况会发生改变。

4. 辐射

辐射是能量通过空间传播的一种物理现象。与微生物有关的电磁辐射主要有紫外线（UV）、X 射线和 γ 射线等，其中 X 射线和 γ 射线属于电离辐射。

对紫外线的抵抗能力因种而异，而且同种微生物处于不同生长阶段对 UV 的抵抗力是不同的。一般来说，二倍体比单倍体细胞对 UV 抗性强；芽孢比营养细胞抗性强。电离辐射是一种较强的辐射形式，包括短波射线（如 X 射线和 γ 射线）。这些射线间接地通过引起水及其他物质的电离，形成自由基。再通过这些自由基与生物大分子物质反应并使之失活。电离辐射产生的自由基没有作用的特异性，它们能作用于一切细胞成分，微生物的死亡通常是它们对 DNA 作用的结果。

5. pH 值

溶液的酸碱度常用 pH 值来表示。培养基或环境中的 pH 值与微生物的生命活动有着密切的联系。它的影响是多方面的，因为环境的 pH 值会影响到细胞膜所带的电荷，从而引起细胞对营养物质吸收状况的变化。此外，环境的 pH 值还可以通过改变培养基中有机化合物的离子化程度，而对细胞施加间接的影响，改变某些化合物分子进入细胞的状态，从而促进或抑制微生物的生长。

微生物作为一个整体来说，其生长的 pH 值范围极广。绝大多数微生物生长 pH 值都在 5～9，有极少数种类的微生物还可以超出这一范围。每种微生物的生长 pH 范围也存在最低、最适和最高三个值。即使同一种微生物在不同的生长阶段、不同的生理生化过程中，也有不同的最适 pH 值要求。而环境 pH 值的改变，反过来又会影响微生物的生长和生存。因此，在培养微生物时要采用措施控制好环境中的 pH。虽然微生物能够生长的 pH 值范围比较广泛，但细胞内部的 pH 值却相当稳定，一般接近中性。这是因为细胞内的 DNA、ATP 等对酸性敏感，而 RNA 和磷脂类等对碱性敏感，所以微生物细胞具有控制氢离子进出细胞的能力，维持细胞内环境中性。

三、培养环境优化的正交试验和响应面优化技术

当发展一种工业发酵产品时，选育或构建一株优良菌株仅仅是一个开始，要使优良菌株的潜力充分发挥出来，还必须优化其培养环境，以获得较高的产物浓度（便于下游处理）、较高的底物转化率（降低原料成本）和较高的生产强度（缩短发酵周期）。因此，如何设计发酵培养基及优化培养条件就显得至关重要，因为这会影响到发酵产品的产量、收率和生产效率。对于发酵产品的生产，培养基所消耗成本的大小直接影响到整个发酵工艺的成本，而且培养基组成也会影响到下游过程中产物的分离和提取，例如，从含有蛋白质的发酵液中分离目的产物蛋白质。

以工业微生物为例，如何设计培养基及优化培养条件面临着很多挑战。这些研究工作通常要耗费大量的劳力和财力，并且要进行很多实验，所以也要耗费大量的时间。在工业发酵中，这些工作需要经常做，因为新的菌株会被不断地引进到生产中。在培养基设计过程中会有很多的约束，还要考虑工业生产的需要。

培养基设计和培养基优化中一个更为困难的问题就是如何处理大量的数据，在有 5 个变量的 20 个实验中，很难把握培养基组分的变化趋势，尤其是在一个以上变量同时发生改变的时候。在这种情况下，数据捕获和采集就显得尤为重要。下面介绍工业生物技术中常用的三种培养环境优化方法：正交试验法、响应面分析方法和遗传算法优化技术。

1. 应用正交试验优化培养环境

正交试验设计法（简称正交法）是以概率论数理统计、专业技术知识和实践经验为基础，充分利用标准化的正交表来安排试验方案，并对试验结果进行计算分析，最终达到减少试验次数，缩短试验周

期，迅速找到优化方案的一种科学试验安排方法，同时也是产品设计过程和质量管理的重要工具和方法。正交试验设计经常用到以下几个术语。

① 指标。在试验中需要考察的效果的特性值，简称为指标。指标与试验目的是相对应的。例如，试验目的是提高产量，则产量就是试验要考察的指标；如果试验目的是降低成本，则成本就成了试验要考察的指标。总之，试验目的多种多样，而对应的指标也各不相同。指标一般分为定量指标和定性指标。正交试验需要通过量化指标以提高可比性，所以，通常把定性指标通过评分定级等方法转化为定量指标。

② 因素。因素也称因子，是试验中考察对试验指标可能有影响的原因或要素，它是试验中重点要考察的内容。因素又分为可控因素和不可控因素。可控因素是指在现有科学技术条件下，能人为控制调节的因素；不可控因素是指在现有科学技术条件下，暂时还无法控制和调节的因素。正交试验中，首先要选择可控因素列入试验当中，而对不可控因素，要尽量保持一致，即在每个方案中，对试验指标可能有影响的不可控因素，尽量要保持相同状态。这样，在进行试验结果数据处理的过程中，就可以忽略不可控因素对试验造成的影响。

③ 水平。试验中选定的因素所处的状态和条件称为水平或位级。例如，加热温度为70℃、80℃和90℃这3个状态，可分别用"水平1""水平2"和"水平3"来表示。又如1个因素分为2水平，用"水平1"和"水平2"来表示。同理，一个因素也可分为4水平、5水平或更多水平，以此类推。

表 6-10 即为一张基础培养基因素水平表，用于优化基因工程菌（$E.coli$/pGEX）产降血压肽的培养基组成，考察的因素有胰蛋白胨、酵母提取物、氯化钠、甘油及葡萄糖等。

表 6-10　基础培养基因素水平表

水平＼因素	胰蛋白胨(A)/%	酵母提取物(B)/%	氯化钠(C)/%	甘油(D)/%	葡萄糖(E)/%
水平 1	0.5	0.5	0.5	0	0
水平 2	1.2	1.2	1.0	0.5	0.5
水平 3	1.9	1.9	1.5	1.0	1.0
水平 4	2.6	2.6	2.0	1.5	1.5

选用 $L_{16}(4^5)$ 进行正交试验设计，因素水平、正交试验结果以及方差分析分别见表 6-10～表 6-12。

表 6-11　基础培养基 $L_{16}(4^5)$ 正交试验结果

实验号	A	B	C	D	E	降血压肽表达量/(g/L)
1	1	1	1	1	1	0.64
2	1	2	2	2	2	0.75
3	1	3	3	3	3	0.71
4	1	4	4	4	4	0.55
5	2	1	2	3	4	1.00
6	2	2	1	4	3	0.95
7	2	3	4	1	2	1.17
8	2	4	3	2	1	0.55
9	3	1	3	4	2	0.82
10	3	2	4	3	1	0.85

续表

实验号	A	B	C	D	E	降血压肽表达量/(g/L)
11	3	3	1	2	4	1.16
12	3	4	2	1	3	1.11
13	4	1	4	2	3	1.55
14	4	2	3	1	4	1.47
15	4	3	2	4	1	1.50
16	4	4	1	3	2	1.61
K_1	0.665	1.001	1.092	1.092	0.890	
K_2	0.915	1.003	1.092	1.002	1.079	
K_3	0.979	1.127	0.876	1.042	1.079	
K_4	1.529	0.956	1.027	0.952	1.093	
R	0.864	0.171	0.216	0.140	0.189	

注：K_n 表示以 n 水平试验的降血压肽表达量百分比均值。R 表示因素的极差，即各因素的 K_1、K_2、K_3、K_4 中最大数与最小数之差。

表 6-12　培养基方差分析

方差来源	偏差平方和	自由度	F 值	显　著　性
胰蛋白胨	1.595	3	4.147	*
酵母提取物	0.065	3	0.169	
氯化钠	0.125	3	0.325	
甘油	0.042	3	0.109	
葡萄糖	0.096	3	0.250	
总和	1.92	15		

注：＊表示培养基组分胰蛋白胨的含量对蛋白表达量的影响具有显著性。

表 6-11 和表 6-12 中的数据表明，降血压肽的表达量可达到 1.6g/L。在影响降血压肽表达的几个因素中，影响的主次为：［胰蛋白胨］＞［氯化钠］＞［酵母提取物］＞［葡萄糖］＞［甘油］，其中胰蛋白胨的浓度对降血压肽的表达量具有显著影响（$P<0.05$），这可能是因为其既起碳源作用又起氮源作用。甘油的质量分数从 0％增加到 1.5％，降血压肽表达量变化不大，说明加入的甘油没有发挥碳源作用或者其作为碳源被利用的速度很慢。最好的因素水平组合为 $A_4B_3C_1(C_2)D_1E_2(E_3)$，从节约成本考虑，选择 $A_4B_3C_1D_1E_2$。综上分析，最佳的基础培养基各成分质量分数为：胰蛋白胨 2.6％，酵母提取物 1.9％，氯化钠 0.5％，葡萄糖 0.5％，不需要添加甘油。

2. 应用响应面分析方法优化培养环境

响应面分析方法（response surface methodology，RSM）是利用合理的实验设计和实验结果并结合多元二次回归方程来拟合影响因子与响应值之间的函数关系，寻求最优的工艺参数以解决多变量带来的工艺优化难题，目前已被广泛运用于发酵法生产生物产品的工艺优化。

中心组合设计（central composite design，CCD）是响应面分析方法中应用得最为广泛的二阶实验设计，其具有以下特点：①恰当选择 CCD 的轴点坐标可以使 CCD 是可旋转设计，为设计在各个方向上提供等精确度的估计；②恰当地选择 CCD 的中心实验次数可以使 CCD 是正交的或者是一致精度的设计，然后进一步确定最优点的位置。

第六章

本实例采用中心组合设计及响应面分析法优化了 *Beauveria bassiana* 生产孢子的营养因子（蔗糖、硝酸钠和硼酸）的浓度。表 6-13 为中心组合设计因素水平表。

表 6-13 中心组合设计因素水平表

因　　素	中心组合设计水平		
	−1	0	1
x_1:蔗糖/(g/L)	30	35	40
x_2:硝酸钠/(g/L)	43	55	67
x_3:硼酸/(μg/L)	40	80	120

表 6-14 中心组合实验设计及实验结果

序号	因　　素			孢子产量/($\times 10^9$/g)	
	x_1	x_2	x_3	实验测定	模型预测
1	−1	−1	0	4.801	4.914
2	−1	0	−1	4.440	4.628
3	−1	0	1	3.722	3.770
4	−1	1	0	4.266	3.909
5	0	−1	−1	4.723	4.399
6	0	−1	1	4.598	4.426
7	0	1	−1	3.571	3.734
8	0	1	1	3.483	3.781
9	1	−1	0	4.005	4.351
10	1	0	−1	3.572	3.520
11	1	0	1	4.624	4.433
12	1	1	0	4.141	4.026
13	0	0	0	6.258	6.210
14	0	0	0	6.180	6.210
15	0	0	0	6.206	6.210

中心组合实验设计及实验结果（表 6-14）表明，通过回归分析获得孢子产量（y）与关键营养因子蔗糖（x_1）、硝酸钠（x_2）、硼酸（x_3）之间的函数关系，如式(6-1)所示：

$$y = 6.2100 - 0.1112x_1 - 0.3325x_2 + 0.0138x_3 - 0.9562x_1^2 - 0.9537x_2^2 - 1.1662x_3^2$$
$$+ 0.1700x_1x_2 + 0.4425x_1x_3 + 0.0100x_2x_3 \tag{6-1}$$

该二次模型的 R^2 为 92.03%，能较好地用于描述孢子产量与三个关键营养因子之间的关系。对式(6-1)进行求导，得到孢子产量最大时的三个关键营养因子的浓度分别为：蔗糖 34.7g/L，硝酸钠 52.8g/L，硼酸 79.60μg/L。在上述培养条件下，模型预测孢子产量可达到 6.240×10^9/g，而在验证实验中为 6.221×10^9/g，比优化之前提高了 80%。

3. 培养环境的遗传算法优化技术

单因素实验方法忽略了不同培养基组分之间的交互作用，最优条件可能会错过，并且需要很多次的实验；响应面方法用来计算最优的浓度，但是通常用的模型是个二次多项式，其拟合的精度有限。

近几十年来，随着计算机技术的不断发展，研究者们开始从情报处理的角度来观察和研究生物进化过程。其中一项很著名的工作就是利用计算机来模仿生物的遗传和进化过程，后来发展演变成非常有名的"遗传算法"。遗传算法（genetic algorithm，GA）就是通过模仿生物进化过程而开发出来的一种概率探索、自我适应、自我学习和最优化的方法。现在，遗传算法已经广泛应用于许多不同的领域，如系统工程中的优化求解、过程模型参数的确定以及过程的最优化控制等。

遗传算法最主要的应用就是对特定的过程和系统进行优化，具有计算精度高、收敛速度快等许多优点。使用遗传算法得到的优化解为全局最优解，而且一般不受初始条件的影响和限制，这一特性特别适合于具有复杂和高度非线性化特征的生物过程。遗传算法在发酵过程中的应用主要包括过程的最优化控制，如求解最优控制轨道（最优温度轨道、最优基质流加轨道等）、优化发酵培养基、确定生物反应模型的参数等。

人工神经网络产生于 20 世纪 40 年代晚期，但直到 20 世纪 80 年代初，随着计算能力的进步及相对廉价的软件的发展，它才被广泛地应用。人工神经网络的优势在于它能够处理大量的数据，还可以进行复杂的模式识别，并且无需系统的机械描述，这些优势使得人工神经网络特别适合于培养基的设计。应用人工神经网络可以很好地预测实验结果，从而节省大量的时间。当然，人工神经网络也不是万能的，它仅仅是个模型工具，与其他模型一样，也有自身的不足。输入数据的质量会极大地影响输出，要求推断的越多，准确性就越差，数据输入前如果经过过滤，人工神经网络的性能就会很好；人工神经网络不能容忍数据的丢失，例如，某个输入数据丢失了，可能会导致在生物量可知的情况下，某些产物浓度无法预测。对于那些要设计新的培养基的研究者来说，人工神经网络可能是个很好的数据捕获技术和训练技术。并且，它允许用户直接用一种稳定的形式来访问历史数据，这是一个非常重要的优势，正好弥补了遗传算法容易丢失历史数据的缺点。因此，研究者可以使用神经网络对历史数据进行处理，得出培养基组分与发酵产物之间的函数模型，然后将这个函数模型作为遗传算法的适应度函数，在一个相对大的空间内快速搜索最优解。

下面以聚 γ-谷氨酸发酵培养基优化为例说明如何运用人工神经网络-遗传算法进行培养环境的优化。聚 γ-谷氨酸（poly-γ-glutamate，PGA）是 L-谷氨酸或 D-谷氨酸通过 α-氨基和 γ-羧基间的酰胺键结合而成的阴离子型多聚氨基酸，在自然界或人体内能降解成谷氨酸，不会产生蓄积和毒副作用，是一种可生物降解的高分子材料，在食品、化妆品、农业生产和污水处理等领域具有广泛应用。PGA 主要是通过微生物发酵法生产，影响 PGA 发酵过程的因素较多，由于各种因素之间的交叉作用，实验因素与其结果之间具有较强的离散性，因此用常规方法建立的 PGA 发酵数学模型相对而言比较粗放，误差较大，不能准确地描述产品与培养基组分之间的非线性关系。这里采用径向基函数神经网络（radial basis function neural network，RBFNN）对 PGA 发酵过程进行建模，然后采用遗传算法对建立的神经网络模型进行全局寻优，最终得到 PGA 发酵的最佳培养基配方。实验因素水平表见表 6-15。

表 6-15　实验因素水平表

水平	培养基组分			
	谷氨酸	葡萄糖	柠檬酸	甘油
1	10	60	6	4
2	15	70	9	6
3	20	80	12	8
4	25	90	15	10
5	30	100	18	12

（1）建立 RBFNN 模型　采用 MATLAB7.1 中的 Neural Network Tool 来构建 RBFNN。网络的输入变量为谷氨酸、葡萄糖、柠檬酸和甘油的浓度，输出变量为 PGA 的浓度。随后对输入和输出变量

进行归一化处理，确定网络精度要求，选择不同的 RBFNN 的扩展值（SPREAD）进行神经网络的训练，根据 RBFNN 模型的输出结果，检验神经网络的精度并检验网络泛化能力，确定最适的 SPREAD 值。

（2）RBFNN 的遗传算法寻优　在用 RBFNN 构建发酵模型后，使用基于 MATLAB 的 GAOT 工具箱实现遗传算法寻优，包括如下内容。

① 确定各个变量的约束条件。

② 选择编码策略，把参数集合转换为位串结构空间；确定遗传策略，包括选择群体大小 n，选择、交叉、变异方法，以及确定交叉概率 P_c、变异概率 P_m 等参数。

③ 随机初始化生成群体 P。

④ 把位串解码得到的参数作为 RBFNN 的输入，计算网络的输出，该输出即为对应参数的目标函数值，然后把函数值映射为适应值。

⑤ 按照遗传策略，运用选择、交叉、变异算子作用于群体，形成下一代群体。

⑥ 判断群体性能是否满足某一指标，或者已完成预定迭代次数；若不满足则返回步骤②，或修改遗传策略再返回步骤②。

⑦ 遗传算法运行结束后的最佳个体解码所得参数即为模型的最优解，对应的网络输出值即为最优化值。具体过程见图 6-1。

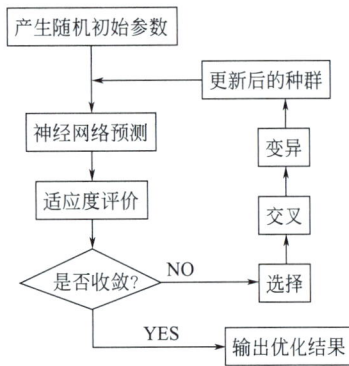

图 6-1　遗传算法流程图

发酵培养基中的谷氨酸、葡萄糖、柠檬酸、甘油这 4 种物质的浓度为影响 PGA 产量的重要因素。以此 4 种成分为主要因素设计四因素五水平的发酵实验，将表 6-16 的 25 组实验数据作为 RBFNN 学习样本训练网络，以谷氨酸、葡萄糖、柠檬酸、甘油的浓度为 RBFNN 的输入值，以发酵终止时的 PGA 产量为输出值。考虑数据变化的连续性和数据的组数，将数值精度设为 0.01，而解决本问题的 SPREAD 值应在 0.1～2.0。经过对 RBFNN 模型的反复训练和对比，当 SPREAD 值为 1.0 时，隐含层神经元达到 21 时达到网络精度要求，训练中止，神经网络模型的逼近效果最好，并具有很好的泛化能力，预测值与真实值的 R^2 为 0.989，误差平方和为 0.0049，预测值和实验值的吻合度非常高，已经满足下一步优化的需要。在培养基中其他成分不变的情况下，根据谷氨酸、葡萄糖、柠檬酸和甘油这 4 种成分的含量，即可通过该神经网络模型预测出最终 PGA 的产量。

表 6-16　神经网络训练样本及网络预测值

组号	谷氨酸 /(g/L)	葡萄糖 /(g/L)	柠檬酸 /(g/L)	甘油 /(g/L)	PGA 产量 /(g/L)	不同 SPREAD 值 RBFNN 预测产量/(g/L)					
						0.1	0.2	0.5	1.0	1.5	2.0
1	10	60	6	4	2.6	3.7700	3.6925	2.4163	2.5148	2.6757	2.6289
2	10	70	9	6	4.2	3.7700	3.7426	4.1709	4.3296	3.7953	3.8212
3	10	80	12	8	5.1	5.0900	5.1089	5.5336	5.5981	5.9219	5.6188
4	10	90	15	10	7.3	7.3100	7.3093	6.909	6.918	6.8692	7.0566
5	10	100	18	12	7.1	7.1200	7.1200	7.2130	7.2174	7.0555	7.1556
6	15	80	9	4	4.5	3.7700	3.8323	4.6876	4.4825	4.6975	4.8735
7	15	90	12	6	7.4	7.3700	7.3952	7.0281	6.8304	6.7150	6.8643
8	15	100	15	8	6.6	6.5900	6.5890	6.8573	6.8000	7.0424	6.7908

续表

组号	谷氨酸 /(g/L)	葡萄糖 /(g/L)	柠檬酸 /(g/L)	甘油 /(g/L)	PGA 产量 /(g/L)	不同 SPREAD 值 RBFNN 预测产量/(g/L)					
						0.1	0.2	0.5	1.0	1.5	2.0
9	15	60	18	10	7.6	7.6300	7.6300	7.6133	7.5802	7.6275	7.6476
10	15	70	6	12	6.3	6.2600	6.2600	6.5938	6.1965	6.2451	6.2866
11	20	100	12	4	8.2	8.1500	8.1500	8.171	8.3242	8.1559	8.1366
12	20	60	15	6	7.4	7.3500	7.3500	7.3316	7.2259	7.2758	7.4399
13	20	70	18	8	7.5	7.4500	7.4500	7.4598	7.5236	7.5145	7.3802
14	20	80	6	10	9.2	9.2200	9.2200	8.3535	9.0938	9.0809	9.2771
15	20	90	9	12	10.4	10.4000	10.400	10.7463	10.5032	10.5502	10.3481
16	25	70	15	4	5.4	5.4200	5.4200	5.4101	5.5130	5.4952	5.3050
17	25	80	18	6	8.3	8.3100	8.3100	8.3100	8.3373	8.2517	8.3781
18	25	90	6	8	6.7	6.7400	6.7400	7.0009	6.9257	6.9047	6.6182
19	25	100	9	10	7.2	7.1600	7.1600	7.0895	7.0838	7.0080	7.2374
20	25	60	12	12	10.0	10.0200	10.0200	9.9956	10.0698	10.0422	9.9685
21	30	90	90	4	4.9	4.900	4.9000	4.8985	4.8359	4.8990	4.9077
22	30	100	100	6	6.3	6.2600	6.2600	6.2029	6.1898	6.2528	6.2726
23	30	60	60	8	8.3	8.2800	8.2800	8.3257	8.2998	8.3629	8.2008
24	30	70	70	10	9.2	9.1800	9.1800	9.2616	9.1331	8.9967	9.4075
25	30	80	80	12	9.0	9.1000	9.0500	8.9901	9.0436	9.1344	8.9482
R_2						0.9751	0.9779	0.9796	0.9890	0.9768	0.9870

考虑到 GA 寻优过程对计算精度、计算量以及收敛速度的要求，将每代染色体种群数设为 20。在已确定的有效浓度域上（表 6-17）把谷氨酸、葡萄糖、柠檬酸、甘油的浓度空间分成 8 等份，并假定每一浓度空间上的浓度值为定值。每一条染色体代表一套完整谷氨酸、葡萄糖、柠檬酸、甘油的浓度值。每一条染色体一共含有 32 个基因。

表 6-17　用于优化的各参数取值范围

谷氨酸/(g/L)	葡萄糖/(g/L)	柠檬酸/(g/L)	甘油/(g/L)	PGA/(g/L)
10～30	60～80	6～15	4～12	0～15

把由 GA 生成的培养基配方输入构建的 RBFNN，RBFNN 的输出值即为 GA 相应的适应度函数值。由于 MATLAB 自带的 GA 工具箱为最小值寻优，故要对适应度函数进行线性变化，即：$f' = -f$，f 和 f' 为转换前、后的适应度函数。

在求出所有 20 个染色体的适应度之后，采用 Roulett 圆盘选择法来进行种群选择。最大传代数为 1000。每代个体之间通过多点交叉交流各自的优秀基因及单点变异，产生新的基因型和种群。设定的交叉概率 P_c 为 0.6，变异概率 P_m 为 0.07。

使用所建立的 RBFNN-GA 优化模型对培养基配方进行全局寻优，经过 124 次的遗传操作后，得到最优化发酵培养基组成（表 6-18），根据 RBFNN 模型预测得到此最优化条件下的 PGA 产量为 13.0 g/L。使用该培养基和原始培养基同批进行 PGA 发酵，实验结果表明 RBFNN-GA 模型优化后的培养基可使 PGA 发酵最高产量达到 12.8 g/L，比优化前提高了 39.1%。

第六章

表 6-18　培养基优化前后 PGA 产量的比较

项　　目	原始培养基	优化培养基	项　　目	原始培养基	优化培养基
谷氨酸/(g/L)	20	21.2	RBFNN 预测值/(g/L)	9.1	13.0
葡萄糖/(g/L)	80	75.4	PGA 产量/(g/L)	9.2	12.8
柠檬酸/(g/L)	6	7.2	相对误差/%	1.1	1.6
甘油/(g/L)	10	10.8			

第三节　基于发酵过程动力学模型的优化技术

一、基于动力学模型的发酵过程优化的基本特征

发酵过程优化的一个重要基础就是建立能够描述发酵特征和特性的模型。用于发酵过程优化与控制的模型主要有以下三类：①传统的、以常微分方程组为基础的非构造式数学模型；②以代谢网络模型为代表的、具有明确反应机制和机理的构造式模型；③以多变量回归和人工神经网络为代表的黑箱模型。这些模型的复杂程度不同，对发酵过程本质的把握程度不同，建模方法不同，在过程优化和控制中的应用方式也不同。在这三类数学模型中，非构造式动力学模型是最常见的描述发酵过程特征和本质、使用最广泛的数学模型。由于非构造式动力学模型可以反映发酵过程的动态特征，因此，它比较适用于发酵过程的动态优化，如求解流加发酵中的最优流加速率曲线和间歇发酵中的最优温度模式曲线等。建立非构造式动力学模型，实际上就是要确定模型的具体形式和模型参数。

二、基于动力学模型的发酵过程优化的一般步骤

一般来讲，以动力学模型为基础的发酵过程优化一般遵循以下步骤：①研究发酵过程动力学，包括细胞生长动力学、底物消耗动力学和产物合成动力学等；②分析发酵过程动力学的基本特征，提出相应的动力学模型对发酵过程进行拟合，并对拟合结果进行评价，若模型拟合的结果不是很好，则要重新调整过程参数，再进行过程模拟，直至获得满意的发酵过程动力学模型；③利用各种优化工具如 MAT-LAB 等求解模型参数；④确定目标函数，利用建立的动力学模型求解获得关键变量的控制曲线，并运用到实际发酵过程中，实现发酵过程的最优控制。

在第五章第二节中，对丙酮酸发酵过程中的葡萄糖消耗动力学进行了深入分析，在此基础上，确定了丙酮酸发酵准优化控制策略（参见第五章第二节三、下案例解说"7. 丙酮酸流加发酵过程的准优化控制"）。

第四节　分阶段发酵优化技术

一、分阶段优化技术的一般原理与步骤

由于细胞生长和产物合成涉及不同的代谢途径及酶类，适合细胞生长的温度、pH、溶氧（dissolved oxygen，DO）水平等往往不一定适合产物的合成，反之亦然。因此，需要研究各种变量如温度、pH、溶氧等对细胞比生长速率和产物比合成速率的影响，分别得到细胞生长和产物合成的最佳控制条件，然后在不同阶段控制不同条件，使得细胞生长或产物合成能以最大速率进行。因此，实施分阶段控制策略一般按照以下步骤进行：①首先研究细胞生长和产物合成之间的关系，如果是部分偶联或者是不

偶联型，则有可能进行分阶段过程控制；②研究对发酵过程的关键参数，如温度、pH、溶氧水平等对细胞比生长速率和产物比合成速率的影响，找到细胞比生长速率和产物比合成速率最大时的关键参数值；③根据所获得的关键参数值实施分阶段控制，使得细胞的生长和产物的合成在各个阶段内能以最大速率进行。下面将以温度、pH、溶氧三个关键参数为例，说明如何在发酵过程中根据发酵过程动力学特性实施分阶段控制。

二、温度两阶段控制技术

温度对微生物细胞生长、产物合成及代谢的影响是多方面的，不仅可以改变培养基的性质，而且会

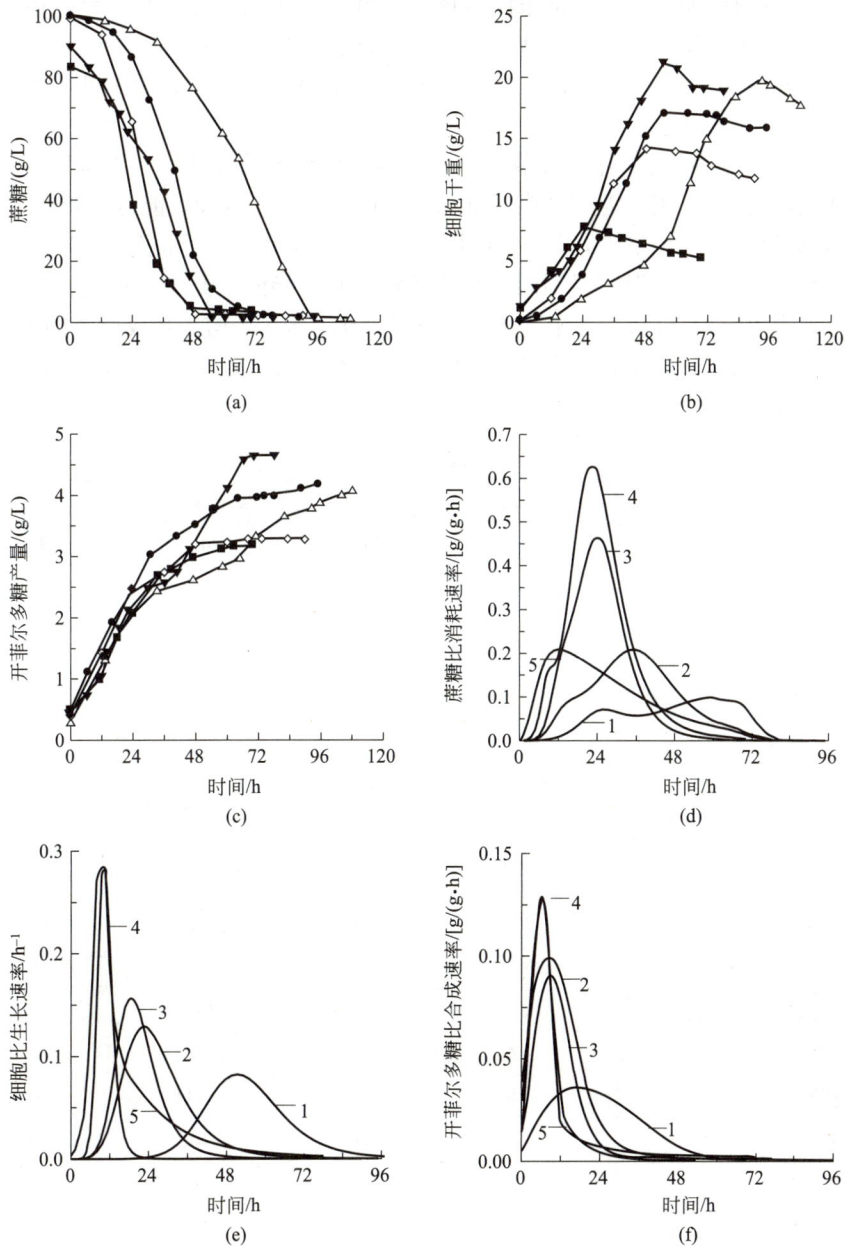

图 6-2　不同温度条件下 Kefiran 发酵过程动力学曲线

△，1—25℃；●，2—28℃；◇，3—30℃；■，4—33℃；▼，5—33～28℃

影响细胞代谢过程中各种关键酶的活性。温度对发酵的影响是各种因素综合表现的结果，因此在发酵过程中必须保证稳定而合适的温度环境。下面以开菲尔基质乳杆菌（Lactobacillus kefiranofaciens）发酵生产开菲尔多糖（Kefiran）为例，详细说明如何在发酵过程中运用温度分阶段控制策略提高目标产物的产量及生产强度。

图 6-2 所示为 25～33℃ 范围内，L. kefiranofaciens JCM6985T 分批发酵生产 Kefiran 过程中底物蔗糖消耗、细胞生长、Kefiran 合成、蔗糖比消耗速率、细胞比生长速率和 Kefiran 比合成速率的变化情况。结果表明温度对蔗糖消耗、细胞生长，特别是对 Kefiran 合成有很大影响。

从图 6-2 的（a）、（b）和（c）中可以看出，随着温度升高，蔗糖消耗速率明显加快。在发酵前期（10h 前），随着温度升高细胞生长速率加快，至发酵中后期（24h 后），随着温度升高细胞生长速率降低，进入生长稳定期的时间明显缩短，但最终菌体量降低。在达到细胞生长稳定期前，Kefiran 随着细胞的生长而合成，且在进入细胞生长稳定期后，Kefiran 仍能继续合成。从图 6-2 中还可看出，随着温度升高，发酵前期 Kefiran 合成速率也加快，但到发酵后期，Kefiran 合成速率开始下降，最终 Kefiran 产量明显降低。

从图 6-2 的（d）、（e）和（f）中可以看出不同温度对蔗糖比消耗速率、细胞比生长速率和 Kefiran 比合成速率的影响也有很大区别。温度越高，蔗糖最大比消耗速率越大，能越早获得细胞最大比生长速率。将图 6-2 中的实验数据进行整理，得到不同温度下 Kefiran 分批发酵过程参数（如表 6-19 所示），可以看出，在整个发酵过程中，温度对不同参数的影响是有差异的。其中，最大比生长速率以及 Kefiran 最大比合成速率都在 33℃ 时获得，平均比生长速率及 Kefiran 平均比合成速率的最大值都是在 28℃ 时获得。因此，在分批发酵过程中始终维持单一的温度是不够的，需要采用一定的温度变化和控制策略来实现 Kefiran 的最大生产。

表 6-19　不同温度条件下 Kefiran 分批发酵过程参数比较

参　　数	温度/℃				
	25	28	30	33	33—28[①]
初始蔗糖浓度/(g/L)	99.9	99.9	99.6	82.9	89.9
残余蔗糖浓度/(g/L)	1.3	1.1	1.9	3.0	1.2
发酵时间/h	108	95	90	70	78
细胞干重最大时的时间/h	92.5	55	48	24.5	55
最大细胞干重/(g/L)	20.0	17.3	14.4	7.9	21.3
Kefiran 最高产量/(g/L)	4.09	4.16	3.30	3.18	4.65
蔗糖消耗速率/[g/(L·h)]	0.91	1.04	1.08	1.14	1.14
蔗糖最大比消耗速率/[g/(g·h)]	0.098	0.209	0.468	0.630	0.209
细胞最大比生长速率/h⁻¹	0.082	0.129	0.158	0.284	0.284
Kefiran 最大比合成速率/[g/(g·h)]	0.036	0.099	0.091	0.130	0.127
蔗糖平均比消耗速率/[g/(g·h)]	0.052	0.111	0.155	0.214	0.116
平均比生长速率/h⁻¹	0.022	0.029	0.026	0.023	0.046
Kefiran 平均比合成速率/[g/(g·h)]	0.011	0.019	0.014	0.017	0.016
细胞对蔗糖的得率/(g/g)	0.20	0.17	0.15	0.18	0.24
Kefiran 对蔗糖的得率/(g/g)	0.042	0.042	0.034	0.040	0.052
细胞生产强度/[g/(L·h)]	0.22	0.31	0.30	0.32	0.39
Kefiran 生产强度/[mg/(L·h)]	37.9	43.8	36.7	45.4	59.6

①　发酵 10h 时将温度由 33℃ 降到 28℃。

对各单一温度下的原始实验数据（图 6-2）进行分段分析，发现在 Kefiran 发酵过程的前期（10h），平均比生长速率和 Kefiran 平均比合成速率的最大值所在的温度为 33℃，而后期二者的最大值出现在 28℃（见表 6-20）。因此在 Kefiran 的分批发酵过程中，提出以下的两阶段温度控制策略：发酵起始控制温度 33℃，发酵 10h 后切换至 28℃并保持到发酵结束，以考察温度的变化对细胞生长和 Kefiran 合成的影响。

表 6-20　不同温度下各阶段细胞生长和 Kefiran 合成差异比较

温度/℃	前 10h 的平均比生长速率/h^{-1}	前 10h 的 Kefiran 平均比合成速率/[g/(g·h)]	10h 以后的平均比生长速率/h^{-1}	10h 以后的 Kefiran 平均比合成速率/[g/(g·h)]
33	0.0859	0.0860	0.0104	0.0044
30	0.0043	0.0601	0.0288	0.0085
28	0.0037	0.0792	0.0326	0.0111
25	0.0001	0.0179	0.0258	0.0105

结果表明，分阶段温度控制策略的实施，可以进一步提高 Kefiran 的合成能力，Kefiran 产量达到 4.65g/L，比在 28℃和 33℃时分别提高了 12%和 46%，且单位蔗糖 Kefiran 产量、Kefiran 总产量和 Kefiran 发酵强度也有明显提高。

三、pH 两阶段控制技术

底物分子的离子化状态因发酵液中 pH 值的变化而改变。pH 值的变化不仅影响基质的离子化状态，也影响蛋白质的离子化状态，尤其是酶，对 pH 值的变化较为敏感。微生物生长及产物的形成必须进行一系列的酶催化反应，因此 pH 是影响细胞生长及产物形成的重要环境因素。通过控制培养基的 pH，往往可以改变各种酶分子之间的产量比例。下面以黑木耳菌株（*Auriculari auricula*）发酵生产胞外多糖的 pH 控制策略为例来详细阐述 pH 分阶段控制策略的应用。

1. 不控制 pH 的黑木耳胞外多糖发酵过程

图 6-3 为 7L 发酵罐中不控制 pH 的 *A.auricula* 分批发酵生产胞外多糖的过程曲线。图 6-3 表明，在发酵开始阶段（0～48h），pH 从 5.53 开始缓慢下降；在发酵进行到 48～96h 时，pH 迅速下降到 3.96，随后下降速度缓慢直至发酵结束时，维持 3.83 不变。*A.auricula* 在 24～96h 增长较快，在 pH 降到 3.96 时表现为增殖缓慢，于 120h 达到最大值，此时细胞干重（DCW）为 11.52g/L，随着发酵的继续进行，菌体量缓慢下降。当 *A.auricula* 生长到一定阶段，胞外多糖才在发酵液中大量积累，可能是细胞生长与产物的形成部分偶联，胞外多糖在 24～96h 大量合成并于 96h 达到最大值 4.48g/L。分析发酵液中葡萄糖含量表明，发酵进行到 96h 时，发酵液中残留的葡萄糖浓度为 16.09g/L，这时细胞消耗葡萄糖的速度减慢，发酵结束（168h）时，发酵液残留葡萄糖高达 10.53g/L。

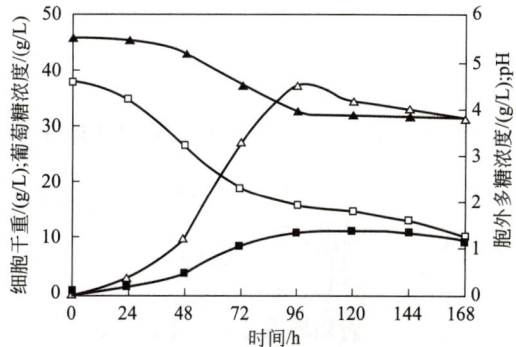

图 6-3　不控制 pH 的黑木耳胞外多糖发酵过程
▲ pH；△ 胞外多糖（EPS）；■ 细胞干重（DCW）；□ 葡萄糖

pH 是影响真菌生长和发酵生产真菌多糖的重要因素，真菌细胞生长所需的最适 pH 和产物形成所需的最适 pH 不尽相同。图 6-3 表明，弱酸性环境（pH＞5）有利于 *A.auricula* 大量合成黑木耳胞外多糖；随着 pH 下降（pH＜4），细胞生长受到抑制，导致葡萄糖不完全消耗。

图 6-4(a)、(b)、(c) 为不同 pH 下 *A. auricula* 合成黑木耳胞外多糖过程中细胞（X）生长、葡萄糖（S）消耗和胞外多糖（P）合成的变化曲线。

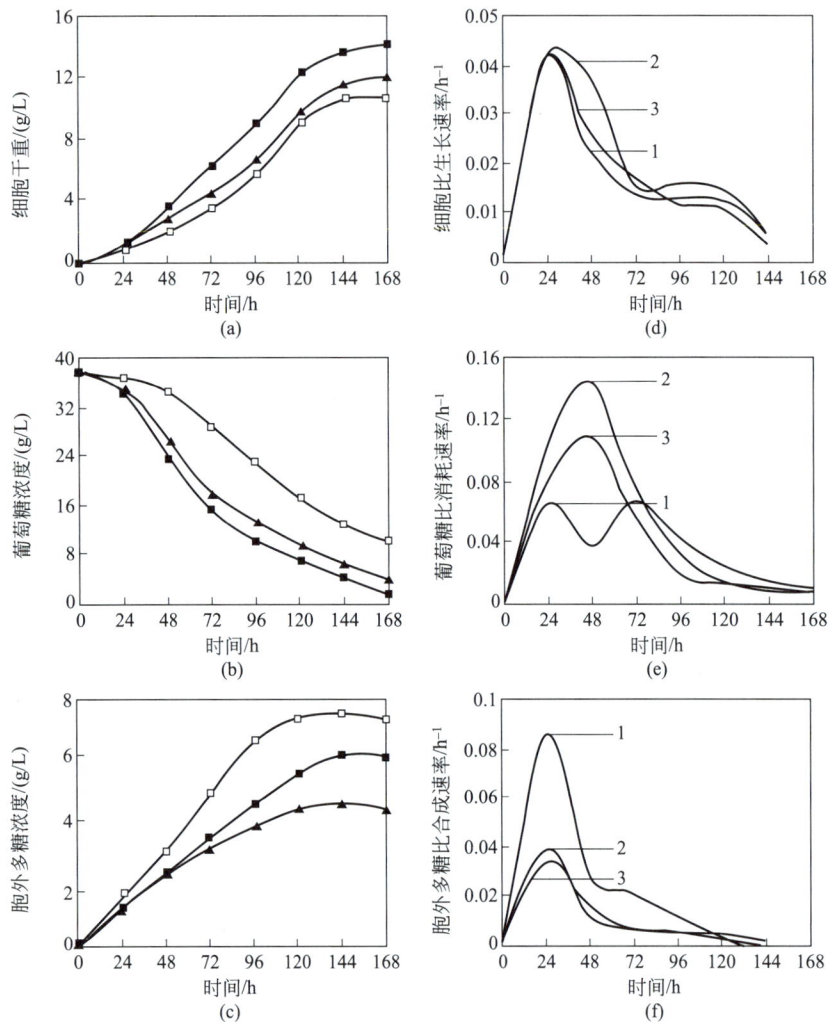

图 6-4 不同 pH 条件下 *A. auricula* 发酵生产黑木耳胞外多糖过程曲线

□，曲线 1—pH5.5；■，曲线 2—pH5.0；▲，曲线 3—pH4.5

细胞比生长速率（μ）、葡萄糖比消耗速率（q_S）和胞外多糖比合成速率（q_P）分别根据定义式：

$$\mu = \frac{1}{[X]}\frac{d[X]}{dt},\ q_S = \frac{1}{[X]}\frac{d[S]}{dt},\ q_P = \frac{1}{[X]}\frac{d[P]}{dt} \tag{6-2}$$

式中　[X]——细胞浓度，g/L；

　　　t——时间，h；

　　　[S]——葡萄糖浓度，g/L；

　　　[P]——胞外多糖浓度，g/L。

当时间间隔很小时，可以近似用式(6-3) 直接计算得到 μ、q_S 和 q_P。

$$\mu = \frac{1}{[X]}\frac{\Delta[X]}{\Delta t},\ q_S = \frac{1}{[X]}\frac{\Delta[S]}{\Delta t},\ q_P = \frac{1}{[X]}\frac{\Delta[P]}{\Delta t} \tag{6-3}$$

用 Graghtool 绘图软件对实验数据进行插值计算（时间间隔为 0.1h），再用 Excel 软件求解得到发酵不同时刻的 μ、q_S、q_P，经平滑处理得到不同 pH 下 *A. auricula* 发酵生产黑木耳胞外多糖发酵过程动力学参数变化曲线[图 6-4(d)、(e)、(f)]。类似地，根据式(6-4) 可以计算得到发酵过程中细胞对葡萄糖的得率 ($Y_{X/S}$)，胞外多糖对葡萄糖的得率 ($Y_{P/S}$) 的变化曲线（图 6-5）。

$$Y_{X/S}=-\frac{d[X]}{d[S]}\approx-\frac{\Delta[X]}{\Delta[S]},\ Y_{P/S}=-\frac{d[P]}{d[S]}\approx-\frac{\Delta[P]}{\Delta[S]} \tag{6-4}$$

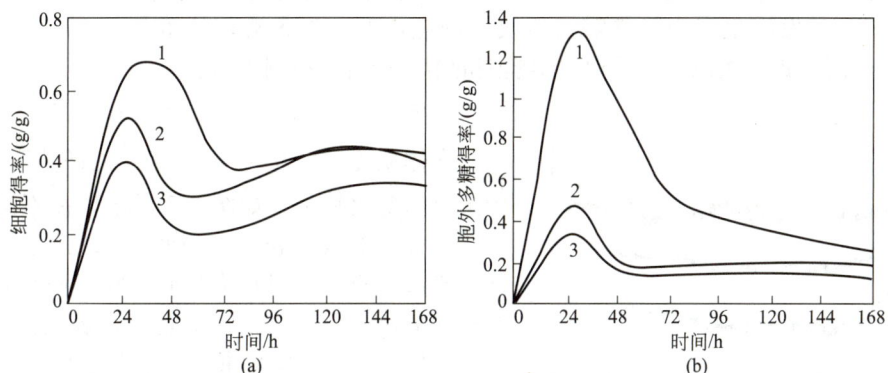

图 6-5　不同 pH 时细胞得率和胞外多糖得率的变化曲线
1—pH5.5；2—pH5.0；3—pH4.5

综合分析图 6-4 及图 6-5，发现：①菌体生长在 pH 为 5.0 时达到最大值 14.46g/L[图 6-4(a)]，而合成黑木耳胞外多糖的最适 pH 为 5.5，此时黑木耳胞外多糖产量为 7.54g/L[图 6-4(c)]；②在发酵起始阶段（0~24h），细胞的生长速率不随 pH 的变化而发生变化 [图 6-4(a)、(d)]，表明细胞能在较宽的 pH 范围内生长，表现出较强的 pH 适应能力，随着发酵的进行（24~96h），细胞在 pH5.0 时表现出最大的生长速率；③较高的 pH 不利于葡萄糖消耗，pH 为 5.0 时细胞表现出较高的葡萄糖消耗速率[图 6-4(b)、(e)]；④胞外多糖产量随着 pH 升高而升高，pH5.5 时的胞外多糖产量和生产速率在整个发酵过程中一直保持较高水平[图 6-4(c)、(f)]，且胞外多糖对葡萄糖消耗的得率较高[图 6-5(b)]；⑤一般来说，控制发酵液中较高 pH 有利于提高细胞对葡萄糖的得率，pH5.0 时平均细胞对葡萄糖得率为 0.426g/g，高于 pH5.5[图 6-5(a)]，且发酵结束（168h）时，发酵液残留葡萄糖浓度随 pH 升高而升高[图 6-4(b)]；⑥维持发酵液中较高的 pH 促进了黑木耳胞外多糖的合成，与不控制 pH 相比，pH5.5、pH5.0 时黑木耳胞外多糖的产量分别提高 68.3%（7.54g/L）和 38.9%（6.22g/L）[图 6-4(c)]，然而，黑木耳胞外多糖的积累时间从不控制时的 96h 延长至 144h。考虑到发酵过程中的细胞生长、葡萄糖消耗速率、黑木耳胞外多糖产量以及生产强度，在发酵过程中维持单一的 pH 难以实现 A. auricula 深层发酵生产黑木耳胞外多糖的高产量和高产率的统一。

2. 两阶段 pH 控制策略的提出和实验验证

在发酵前期（从接种到发酵 48h）控制发酵液 pH5.0，在胞外多糖大量形成时期至发酵结束期内控制 pH5.5 的发酵工艺，结果如图 6-6 所示。

图 6-6 表明，细胞产量在发酵 120h 达到最大产量 11.9g/L，比不控制 pH 时提高了 3.2%。黑木耳胞外多糖产量在 96h 时达到最大（8.15g/L），比不控制 pH 和 pH5.5 时分别提高了 81.9% 和 8.1%，且最大胞外多糖产生时间缩短至 96h；黑木耳胞外多糖的生产强度为 0.085g/(L·h)，比 pH5.5 时提高了 35.1%。细胞合成最大量的胞外多糖时发酵液残留葡萄糖浓度为 10.91g/L，比自然 pH（16.09g/L）和控

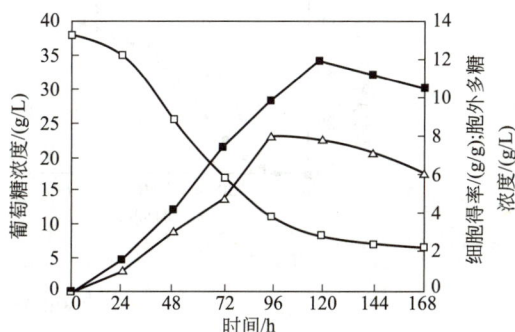

图 6-6　应用两阶段 pH 控制策略 A. auricula 发酵生产黑木耳胞外多糖过程曲线
■ 细胞干重（DCW）；□ 葡萄糖；△ 胞外多糖

制 pH5.5 时（12.86g/L）分别降低了 32.2% 和 15.2%。

四、溶氧两阶段控制技术

溶氧是发酵过程控制的一个重要操作参数，在该过程中如何通过溶氧水平变化对发酵的影响来确定最佳的控制模式，是发酵生产中经常需要解决的问题，下面以光滑球拟酵母（*Torulopsis glabrata*）WSH-IP303 生产丙酮酸为例说明基于动力学模型的溶氧分阶段控制策略。

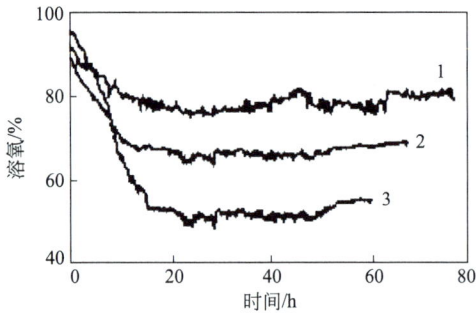

图 6-7　不同 k_La 条件下的溶氧变化规律
k_La/h^{-1}：1—450；2—300；3—200

1. 丙酮酸发酵过程的溶氧变化情况

在体积传氧系数（k_La）恒定的条件下考察发酵过程中溶氧的变化特征，如图 6-7 所示，在不同 k_La 控制的发酵过程中溶氧均表现出相似的变化规律，但发酵的不同阶段对氧的需求却并不相同。在发酵初期（0～16h），细胞耗氧速率明显快于供氧速率，表现为溶氧的迅速下降；而后，耗氧速率和供氧速率则基本保持平衡。

2. 不同 k_La 下发酵生产丙酮酸的动力学特征

图 6-8(a)、(b)、(c) 为不同 k_La 下 WSH-IP303 发酵生产丙酮酸过程中细胞干重、葡萄糖浓度和丙酮酸产量的变化曲线。

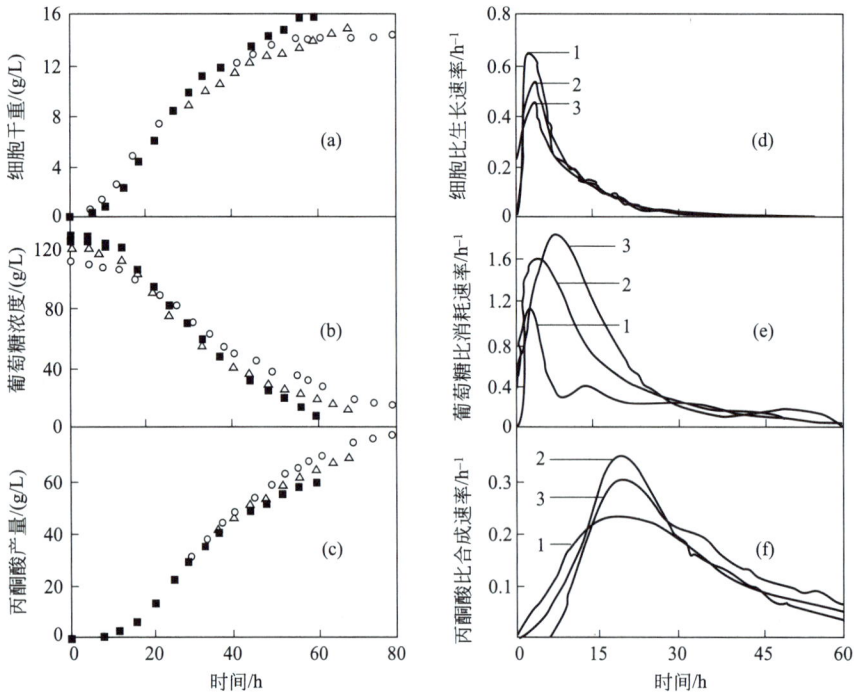

图 6-8　不同 k_La 条件下的细胞生长、底物消耗及产物合成动力学曲线
k_La/h^{-1}：○和 1—450；△ 2—300；■ 3—200

综合分析图 6-8 及图 6-9 发现：①在较高的 k_La 下，细胞在发酵前期（0～12h）具有较高的 μ 和 q_P[图 6-8(d) 和 (f)]，整个过程中 q_S 虽然均低于 k_La 为 300h^{-1} 和 200h^{-1} 的情况 [图 6-8(e)]，但能长时间维持合成丙酮酸的能力 [图 6-8(c)]，且丙酮酸得率相当高 [图 6-9(a)]；②q_S 随着 k_La 的降低

而增大 [图 6-8(e)]，而丙酮酸得率则反之 [图 6-9(a)]。

3. 分阶段供氧控制模式的提出和实验验证

结合图 6-8 和图 6-9，在发酵过程中控制恒定的 $k_L a$ 很难实现高产量、高产率和高生产强度的统一。尽管在适中的 $k_L a$ 下，丙酮酸产率还可以，但仍存在残糖浓度较高和发酵时间较长等不足。分析不同发酵阶段的碳源消耗，发现在 0～16h，底物的碳主要用于合成细胞，之后则转向积累丙酮酸。鉴于丙酮酸分批发酵过程前期（0～16h）溶氧迅速下降（图 6-10），且较高的 $k_L a(450h^{-1})$ 在 0～16h 有利于细胞合成，而且 16h 后细胞耗氧速率基本恒定（图 6-10），且降低 $k_L a$ 可明显提高丙酮酸比合成速率 [图 6-8(f)]。为了能够尽可能实现丙酮酸高产量、高产率和高生产强度的统一的供氧控制模式，采用 0～16h 控制较高的 $k_L a(450h^{-1})$，16h 后则将 $k_L a$ 降低到 $200h^{-1}$ 的方法进行分批发酵，发酵过程曲线见图 6-10。

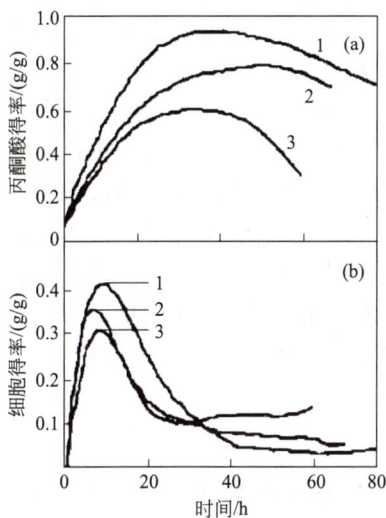

图 6-9　不同 $k_L a$ 条件下的细胞得率及
丙酮酸得率

$k_L a/h^{-1}$: 1—450; 2—300; 3—200

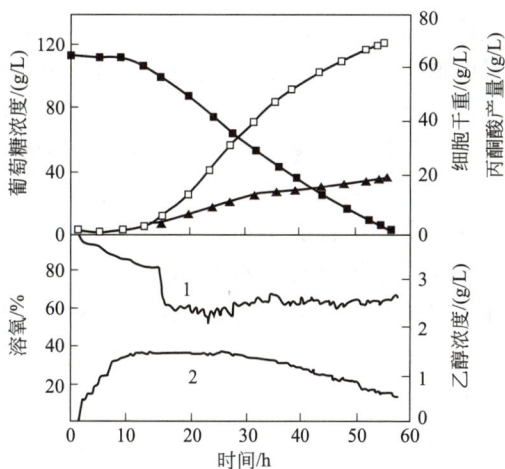

图 6-10　两阶段溶氧控制模式下的
丙酮酸发酵过程动力学

■ 葡萄糖浓度; □ 丙酮酸; ▲ 细胞干重
1—溶氧; 2—乙醇浓度

采用分阶段供氧控制模式既能保持较高的产率（0.636g/g），又能保持较高的糖耗速率 [1.95g/(L·h)]，结果在较短的时间（56h）内达到较高的丙酮酸产量（69.4g/L）。

第五节　基因工程菌的发酵优化

随着 DNA 重组技术的发展和完善，以基因工程菌进行高附加值产品生产的现代生物技术产业已经形成，因此基因工程菌的发酵过程优化成为一个重要的研究课题。为了获得高水平的基因表达产物，人们通过综合考虑控制转录、翻译、蛋白质稳定性及向胞外分泌等诸多方面因素，设计出了许多具有不同特点的表达载体，以满足表达不同性质、不同要求的目的蛋白的需要。此外，宿主系统本身的特性也是重要的研究对象。大肠杆菌（*Escherichia coli*）具有生长快、遗传背景清楚、技术操作相对简单、大规模发酵成本低等优点，是表达外源基因应用最广泛的宿主菌之一，已用于许多具有重要应用价值的蛋白如胰岛素、生长激素、干扰素、白介素、集落刺激因子、人血清白蛋白及一些酶类等的生产。但是由于大肠杆菌作为原核细胞系统的局限性，人们无法进行特定的翻译后修饰，特别是糖基化修饰，以及细菌中的有毒蛋白或抗原作用的蛋白对产物的影响。因此，人们开始注意真核表达系统的构建。酵母是单细胞真核生物，无论在蛋白质翻译后修饰加工、基因表达调控还是生理生化特征上，都与高等真核生物相似，它本身自然分泌的蛋白很少，如果把重组蛋白向胞外分泌，将给纯化带来很大方便，因此酵母是优良的真核细胞基因表达系统，特别是近年发展的甲醇营养型酵母表达系统，其表达外源基因蛋白已达200多种。

一、基因工程菌发酵过程存在的问题

在重组基因工程菌的发酵过程中，遇到的问题主要有以下三点。

1. 有机酸类代谢副产物积累并抑制菌体生长和产物的表达

在以葡萄糖为碳源培养大肠杆菌表达外源蛋白时，流入中心代谢途径的碳源物质超过生物合成的需求及胞内能量产生能力时，就会产生乙酸，当乙酸积累到一定浓度时，细胞比生长速率迅速下降，产物合成量降低，并形成恶性循环，同时外源基因表达也受到严重影响。

乙酸的产生实际上是一种代谢溢出现象，在好氧条件下，主要有两条产生途径：一条是丙酮酸在丙酮酸氧化酶作用下生成乙酸（PoxB途径）；另一条主要途径是丙酮酸首先通过丙酮酸脱氢酶系的作用产生乙酰CoA，再由磷酸转乙酰酶（PTA）和乙酸激酶（ACK）催化生成乙酸。在厌氧条件下，丙酮酸在丙酮酸甲酸裂解酶（PFL）作用下生成乙酰CoA和甲酸，再由乙酰CoA经PTA-ACK途径生成乙酸。最新研究结果表明，PTA-ACK途径主要在对数生长期起作用，而PoxB途径主要在对数生长后期和静止期导致乙酸产生。无论在好氧还是厌氧条件下，PTA-ACK途径在对数生长期对碳源的平衡都起着非常重要的作用。而丙酮酸氧化酶在对数生长后期和静止期活性较高，可能参与维持游离CoA代谢库的平衡。

2. 大规模及高密度培养过程的供氧限制

高密度培养是指在发酵过程中维持较高的细胞密度，同时细胞或菌体的生产能力保持在较佳的状态。为适应工程菌株细胞的快速生长和繁殖需要，生物反应器中的基质物料和能量必须及时供应达到细胞界面，即使工艺操作能及时加入足量的碳源、氮源和氧等，但由于反应器的混合和传递特性的限制，还是会发生供不应求的现象。这种现象首先发生在氧的供应上，表现为溶氧在临界值以下。在高密度培养过程中发生供氧限制会严重影响细胞的生长、生理代谢和产物表达，常常导致杂酸的过量合成，降低碳源的转化率，同时会严重影响下游的提取与纯化效率。

3. 质粒不稳定性问题

质粒不稳定性有两种类型：一是分离性不稳定，这是由于在细胞分裂过程中质粒缺失分配到子细胞中而导致整个质粒丢失；二是结构不稳定，这是由于重组质粒DNA发生缺失，插入或重排引起的质粒结构变化。结构不稳定一般是重组质粒发生缺失，缺失有三种情况。①缺失发生在质粒复制起始区及选择性标记以外。这种情况往往使得工程菌仍带有选择性标记，但不能正常表现目的基因的表型。②缺失发生在质粒的选择标记区域，例如 Alexis Harington 等人在研究重组质粒 pVC102（amy$^+$ Nm^{R}Cm^R）的稳定性时分离到 amy-Nm^{R}Cm^S 型质粒。如果重组质粒只有单一的选择性标记，这种情况会被误认为质粒丢失。③缺失可能会发生在质粒复制的起始区。这种情况会导致整个质粒丢失。Alexis Harington 发现质粒 pVC102 的大量丢失发生在菌体生长的延滞期而不是对数生长期，因此他认为质粒 pVC102 在这一时期的丢失是因缺失延伸到复制起始区所致。

为提高基因工程菌在发酵过程中的质粒稳定性，可以采用以下几种方法。

① 选择法　因重组质粒都带抗性选择标记，在种子液培养过程中加入相应的抗生素可淘汰丢失质粒的细胞。但该方法也受到一定限制，重组质粒上抗性基因对抗生素的修饰或分解作用会使抗生素失去

活性。另外该方法在发酵过程中会受到成本、产物提取等方面的限制。而且抗生素存在易影响目的产物的合成。

②营养互补法　将宿主细胞诱变成某种物质的缺陷型，而给重组质粒带上这一物质合成的基因，这样在培养过程中只有重组菌才能生长。例如构建带有色氨酸操纵子的重组质粒 pBR392-trp，并在该质粒上插入 Ser B 基因，而宿主细胞是 Ser B 缺陷型，这样质粒与宿主形成互补，在培养过程中丢失质粒的细胞则不能合成色氨酸而被淘汰。

③抗生素依赖型变异　日本的三轮清志用抗生素依赖变异法代替抗生素添加法，方法是将宿主诱变成抗生素依赖型突变，使细胞只能在含抗生素的培养基中生长。重组质粒上含有该抗生素非依赖基因，将重组质粒导入细胞后所得到的重组菌就能在不含抗生素的培养基上生长，从而保证重组细胞在培养过程中稳定繁殖。

④控制基因的过量表达　外源基因表达水平越高，重组质粒往往愈不稳定。如果外源基因表达受到控制，则重组质粒可能不丢失。因此可以采用分段培养法，即在发酵前期控制外源基因的过量表达，高质粒拷贝数或提高转录、翻译效率使外源基因高效表达。方法有：a. 可控启动子质粒的采用，构建重组质粒时使用可诱导性操纵子如 P_L、lac、trp 等启动子，用含有这些启动子的工程菌发酵时，在发酵前期选择培养条件使启动子被阻遏，这样可使质粒稳定遗传，在细胞达到一定浓度时通过诱导或去阻遏使质粒高效表达；b. 使用温度敏感型质粒，一些温度敏感型质粒在温度较低时质粒拷贝数较少，当温度升高到一定值时质粒大量扩增，这种质粒称脱缰质粒，例如 pKN401 质粒在 32℃培养时拷贝数很低，但在 35℃培养时质粒就大量扩增。

⑤筛选高稳定性质粒　质粒的复制和稳定性受到其自身拷贝数、分子量以及插入的外源基因等因素影响。利用 Gibson 组装、点突变、DNA 重组等方法，构建功能性质粒文库，并通过特定的逆境选择条件，筛选出比野生型质粒更稳定的变种。

二、基因工程菌发酵过程优化研究

为了提高目的产物的表达量，需要对重组菌的培养条件进行优化，包括：培养基的选择、pH 调节、温度的影响、溶氧水平的影响、氧化还原电位的影响、诱导剂的浓度与诱导时间、补料方式的选择、副产物浓度的控制、细胞膜通透性的调控以及外源蛋白高效表达策略等。

1. 培养基的选择

培养基为重组菌的生长与产物的合成提供碳源、氮源、无机盐等物质基础。按培养基组成可将其分为合成培养基、半合成培养基和复合培养基三种类型。复合培养基含有化学成分不明了的天然物质，如 LB 培养基是以蛋白胨和酵母粉提取物作为碳源和氮源，其营养成分和质量会有不同，因此用复合培养基进行发酵重复性差。一般复合培养基主要用作种子培养基和摇瓶实验，而不适用于发酵罐培养。合成培养基由已知的化学成分的营养物质组成，例如 M9 培养基，其主要由磷酸盐缓冲液、葡萄糖或者甘油充当的碳源以及氨水充当的氮源组成。营养物浓度已知，可以使各批培养基的质量做到稳定一致，可通过补加一定的限制性营养成分使菌体的生长速率维持在较低值。由于营养成分限定菌体的生长，不利于高密度发酵。为了获得高密度菌体，可以采用半合成培养基，即在合成培养基的基础上添加各类能促进细胞生长和产物形成的有效物质。少量的酵母粉、蛋白胨等天然物质可加速细胞的生长，缩短发酵周期；一些盐类（$MgSO_4$、$CaCl_2$ 等）与细胞外产物合成的动力学平衡有关，可以稳定目的产物；此外加入适当的痕量离子、氨基酸、维生素，则可以促进细胞的代谢，有利于高表达。此外，培养基中各种组分的比例对于发酵影响很大，如果碳源和氮源的比例偏小，会导致细胞生长旺盛，提前衰老；而比例偏大，则细胞繁殖数量少，代谢不平衡，不利于产物的积累。

2. pH 的影响

稳定的 pH 值是菌体保持最佳生长状态的必要条件。由于外界 pH 值变化会通过弱酸或弱碱的变化而改变菌体细胞内的 pH 值，从而影响细菌的代谢反应，因而发酵过程中 pH 值的改变会影响细胞内的生物量和基因产物的表达。$E.\ coli$ 可以利用葡萄糖产酸产气，发酵时产生的有机酸可导致发酵液的 pH 值降低。另外，细胞释放的 CO_2 溶解于发酵液中与 H_2O 作用生成的碳酸会使发酵液 pH 值降低。细胞生长和产物合成过程中的 pH 值一般控制在 $6.8 \sim 7.6$ 范围内。常用于控制 pH 值的酸碱有 HCl、H_2SO_4、NaOH、KOH 和氨水等，其中氨水常被使用，因为它还具有补充氮源的作用。NH_4^+ 浓度对大肠杆菌的生长有很大的影响。培养过程中用 NaOH 和 HCl 调节培养液的 pH 值，可大大提高菌体密度，但用氨水代替 NaOH 调节 pH 则效果明显变差。在不控制 pH 的条件下，仅通过控制 NH_4^+ 浓度在 10mmol/L 左右，也可将菌体浓度提高 50% 左右。当 NH_4^+ 浓度高于 170mmol/L 时会严重抑制大肠杆菌的生长。在 $5 \sim 170$mmol/L 范围内，随 NH_4^+ 浓度的提高，以氨为基准的生长速率下降。因此，在进行大肠杆菌的高密度培养时，应注意控制 NH_4^+ 水平。进行重组毕赤酵母的培养时，一般用氨水进行 pH 的控制。

3. 溶氧的影响

溶氧浓度是高密度发酵过程中影响细胞生长的重要因素之一。大肠杆菌的生长代谢过程需要氧气的参与，溶氧浓度对菌体的生长代谢和产物生成的影响很大，溶氧浓度过高或过低都会影响细菌的代谢，使后期的生长变得极为缓慢。菌体在快速生长的过程中，需要消耗氧气进行分解代谢，因此氧的及时供给非常重要。随着发酵时间的延长，菌体密度迅速增加，随着溶氧浓度下降，细胞生长速度减缓。在高密度发酵后期，由于菌体密度急剧增大，耗氧量极大，发酵罐的各项物理参数均不能满足细胞对氧的需求，结果外源蛋白表达量很低。因此维持较高水平的溶氧浓度能改善重组菌的生长，也有利于外源蛋白产物的表达。

为了在高密度培养过程保持一定的溶氧浓度，现在的小型发酵罐中一般采用空气与纯氧混合通气来提高氧分压。由于使用纯氧不安全、不经济，同时在大规模发酵罐中可能局部混合不均，容易使工程菌发生氧中毒，反而会抑制菌体的生长。最近开发出了多种改善溶氧供应的方法：①通过提高发酵罐中的压力提高氧的分压，增加溶氧推动力；②向培养基中添加过氧化氢，在细胞过氧化氢酶的作用下，释放出氧气供菌体使用；③采用和小球藻混合培养的方法，使藻细胞通过光合作用直接为工程菌提供氧气；④在培养基中添加血红蛋白或者氟化烃乳剂，将其作为氧气载体，可以提高培养基中溶氧的含量；⑤在工程菌中表达血红蛋白，既可以促进菌体的生长又能超量表达重组异源蛋白。

4. 氧化还原电位的影响

氧化还原电位（ORP）是衡量发酵液中氧化性或还原性相对强弱的关键参数，能够有效克服低溶氧或厌氧发酵过程中溶氧电极监测的局限性，实现对菌株代谢状态的实时监控。通过精确调节 ORP，能够直接影响微生物的基因表达、蛋白质合成以及代谢通量，从而提高发酵产物的合成效率。目前，调节 ORP 的方法主要有以下三种：①通过向培养基中添加氧化性或还原性的化学试剂来调整 ORP 水平。这种方法需要谨慎考虑试剂对微生物生长、发酵液分离纯化过程及最终产品安全性的潜在影响；②利用电极直接调节发酵液中的 OPR 水平，此方法可以有效避免外源物质对发酵过程的干扰，但是由于装置复杂，限制了其广泛应用；③使用具有氧化还原性质的气体（如过滤空气、氧气、氮气、氢气或二氧化碳），结合搅拌速度调控 ORP 水平，这是目前最为常用的调节方法。

5. 温度的影响

培养温度是影响细胞生长和代谢调控的重要因素。较高的温度有利于细胞的生长，提高菌体的生物量，而且在不同培养阶段采用不同培养温度有利于提高细胞的生长密度和重组蛋白的表达量，并且缩短培养周期。大肠杆菌的最适生长温度是 37℃，低温可以使营养物质的摄入和生长速率降低，乙酸及其他抑制性副产物减少。Karem 等人对 $25\sim42℃$ 范围内温度对蛋白表达的影响做了细致的研究，发现在 PtnaA 启动子系统中，大多数异源蛋白的最佳表达温度为 $42℃$，但也有部分蛋白在 $37℃$ 或 $34℃$，甚至低于 $30℃$ 同样能较好地表达。

温度对酵母细胞的高密度培养也是很重要的，特别是在利用酵母基因工程菌生产外源蛋白的过程中，有时候较高的温度有利于细胞的高密度发酵，低温培养则有利于提高细胞的生长密度和重组蛋白的表达量，并可缩短培养周期。对于受温度控制诱导表达的酵母工程菌来讲，诱导时菌体的生长状态及诱导持续时间都会对重组蛋白的表达产生极大的影响。升温诱导一般在对数生长后期进行，这时细胞繁殖迅速，对营养和氧的需求量大，细胞旺盛的代谢受到限制，此时诱导有利于外源蛋白的表达。培养重组毕赤酵母时，一般在生长阶段采用较高温度培养（$30℃$），而在诱导阶段一般采用低温进行诱导（$20\sim25℃$），可显著促进外源蛋白的分泌与表达。

6. 二氧化碳的影响

二氧化碳对细胞生长的影响不容忽视，酵母生长过程中产生的大量二氧化碳对细胞具有直接的毒害作用，而溶解的二氧化碳会导致发酵液 pH 值的下降。发酵液中只要二氧化碳溶解度高于 4% 则导致生长速率下降，而达到 7.04% 就可以抑制酵母细胞的生长。一般发酵液中二氧化碳的溶解度控制在 $1\%\sim3\%$。对于二氧化碳的有效去除，主要考虑设备选型和操作技巧问题。而消泡剂的使用也涉及选型和操作技巧。

7. 压力的影响

在发酵过程中发酵罐的罐压必须保持正压，如果罐压为零或者负值，则会导致染菌，大大影响该罐发酵产物的产量和质量，甚至造成整罐发酵液的废弃。另外，罐压增高能增加氧在发酵罐中的溶解度，有利于发酵的进行。由于二氧化碳在水中的溶解度要比氧大 30 倍，相应的在发酵液中也大体如此，因此在整个发酵过程要求对压力进行控制，防止罐压过高或过低。在大规模发酵罐中，二氧化碳的影响不能忽略，因为罐中二氧化碳的分压是液体深度的函数。当罐压为 $0.2\mathrm{kgf/cm^2}$❶ 时，10m 高罐底部的二氧化碳分压是顶端二氧化碳分压的 2 倍。

8. 发酵液流变学的影响

发酵液流变学对酵母高密度发酵也有很大的影响。一般发酵液为拟均相，而在高细胞密度发酵时，不能忽略细胞所占的体积，这时发酵液体系表现为气、液、固三相。对气、液、固三相来讲，一般文献多强调气液传递，而忽略了液固传递的影响。另外，高密度发酵液的黏度也会大幅度增加，表现为非牛顿型流体，对氧的传递和营养物质的传递都会产生较大的影响。

三、高密度培养技术在基因工程菌发酵过程优化中的应用

基因工程菌的高密度培养是一个相对概念，指发酵液中的菌体密度达到 $50\mathrm{g/L}$（DCW）以上。基因工程菌的目的产物的生产水平取决于发酵液中菌体密度和外源基因表达水平。在维持外源基因表达水平变化不大的前提下，提高发酵液中菌体密度能提高产量，降低成本。理论计算大肠杆菌最大的发酵密度可以达到 $160\sim200\mathrm{g/L}$（DCW），以生产聚 3-羟丁酸的大肠杆菌工程菌所达到的密度最高为 $175.4\mathrm{g/L}$（DCW），接近最高的 $200\mathrm{g/L}$。研究者经常使用分批补料培养方式达到高密度发酵，但是这项技术存在着底物抑制、氧传递能力限制、代谢副产物抑制和发酵热传递能力有限等缺点。例如代谢副产物乙酸的产生会抑制目的基因的表达，大肠杆菌在厌氧和氧气传递限制的条件下都会产生乙酸，当流入中心代谢途径的碳源超过其自身生物代谢的需求、细胞内能量代谢能力、三羧酸循环和电子传递链能力时，即使在氧气饱和的状态下也能产生乙酸。可能的原因是乙酸抑制了 DNA、RNA、蛋白质等的合成。用来调

---

❶　$1\mathrm{kgf/cm^2}=98.0665\mathrm{kPa}$。

节 pH 的酸和碱形成的盐会加重乙酸的抑制作用。一般来说乙酸的形成取决于所用的培养基和比生长速率。例如在天然培养基中，当菌体的比生长速率超过 $0.20h^{-1}$ 时，乙酸就会形成；在合成培养基中，当比生长速率达到 $0.35h^{-1}$ 时，乙酸形成。因此，导致乙酸形成的临界比生长速率在不同菌种和不同培养基中也不同。很多不同的培养策略被提出用于抑制分批补料培养方式中乙酸的产生。例如通过添加生长必需碳源或者是氮源物质来控制比生长速率从而减少乙酸的产生。通过循环利用培养基可以很明显地减少培养基中乙酸的含量，但是这种方法会造成大量的培养基浪费，难以放大。通过改变培养基中的成分也能减少甚至阻断乙酸的产生，当利用甘油作为唯一碳源时，乙酸就不产生，高密度发酵也更容易达到，然而甘油比葡萄糖更昂贵，并且细胞生长更慢。控制温度也能达到控制细胞代谢的目的，当把培养温度从 37℃ 降到 26～30℃ 时，营养物质的消耗速率和生长速率降低，从而减少代谢副产物和发酵热的产生，随着培养温度的降低，发酵液的耗氧速率也随着降低。

在高密度培养过程中，由于氧气的溶解度很小，所以氧的供给通常是一个限制因素，可以通过提高通气量、提高发酵罐罐压和加大搅拌转速提高氧气传递效率，也可以通入纯氧来解决这个问题，但是容易引起氧中毒。通过降低比生长速率，也可以降低培养物对氧气的消耗速率。发酵罐的混合效率也是能否达到高密度培养的一个影响因素。随着发酵罐体积的增大，发酵罐的混合系数也随着降低，可能导致发酵罐中局部处于营养匮乏。

在高密度培养中，CO_2 也能影响细胞的生长，当 CO_2 的分压 ＞0.03MPa 时，也会抑制细胞的生长，而且还会促使乙酸的产生。所以采用增加发酵罐压力来增强 O_2 传递能力的同时也增加了 CO_2 对发酵的毒副作用。此外，发酵中产生的发酵热的传递也是必须考虑的，特别是在大型发酵罐中。

为了解决上面提到的问题，研究者们提出了许多发酵策略，其中营养物质的添加对发酵的成败至关重要，不仅影响发酵所能达到的细胞密度，而且还能影响发酵性能。高密度发酵是在营养物质限制的条件下进行的，通常是碳源物质作为限制性营养物质，然后通过补加营养物质达到高密度发酵，采用恒定速度补料、阶段增速补料、指数补料等补料方式都可以达到高密度发酵。

在恒定速度补料方式中，浓缩的营养物质以事先确定的速度补入发酵罐中，随着发酵罐中培养体积的增大和细胞密度的增大，细胞的比生长速率下降。随着时间的推移，细胞浓度增加的速度将降低。阶段增速补料策略通过提高补料速度能使发酵达到更高的细胞密度。如果补料的速度能与细胞增长的速度成比例增加则可以实现在整个发酵周期内细胞呈指数增长的方式生长。指数补料策略不仅能够让细胞保持恒定的比生长速率生长，而且通过将比生长速率控制在乙酸积累的临界比生长速率下还能抑制代谢副产物乙酸的积累，从而减小乙酸的副作用。能够允许的一恒定比生长速率生长的指数补料速率可以通过下面的方程式进行计算：

$$M_S(t)=F(t)S_F(t)=\left(\frac{\mu}{Y_{X/S}}+m\right)X(t)V(t)=\left(\frac{\mu}{Y_{X/S}}+m\right)X(t_0)V(t_0)\exp[\mu(t-t_0)] \qquad (6\text{-}5)$$

式中　$M_S(t)$——t 时碳源物质的质量流速，g/h；

$\quad\quad F(t)$——t 时底物体积补料速率，L/h；

$\quad\quad S_F(t)$——t 时流加培养基中底物的浓度，g/L；

$\quad\quad\quad \mu$——比生长速率，h^{-1}；

$\quad\quad Y_{X/S}$——细胞对底物的得率系数，g/g；

$\quad\quad\quad m$——维持系数，g/(g·h)；

$\quad\quad X(t)$——t 时细胞浓度，g/L；

$\quad\quad V(t)$——t 时培养基体积，L；

$\quad\quad X(t_0)$——t_0 时细胞浓度，g/L；

$\quad\quad V(t_0)$——t_0 时培养基体积，L。

指数流加是一种既简单又有效的补料策略，已经用于多种非重组大肠杆菌和重组大肠杆菌的高密度培养中，将比生长速率维持在 $0.1 \sim 0.3 h^{-1}$，可避免乙酸的产生，分别以葡萄糖和甘油作为底物，菌体浓度达到 128g/L 和 148g/L。

通过反馈补料控制系统可以进行更加精细的反馈补料。通过测量许多物理参数如 DO、pH、发酵热和 CO_2 释放速率等作为补料的依据。DO-stat 方法是基于当底物被消耗时，DO 迅速上升的理论。当 DO 上升超过预先设定的值时，通过加入预先设定的营养物质来维持底物在一定的范围内。pH-stat 策略是基于对主要碳源物质被消耗时 pH 值的变化理论。当碳源物质被消耗时，由细胞分泌的铵根离子在发酵液中积累，pH 值随之上升。在合成培养基中，DO-stat 法比 pH-stat 法更加灵敏。在天然培养基和半合成培养基中，当有酵母浸膏或者蛋白胨这些复杂的碳源物质存在时，由于细胞利用这些复杂的碳源物质，使得 DO 的变化不仅仅是因为碳源物质被消耗，所以，此时利用 pH-stat 策略更为合适。细胞在生长过程中释放 CO_2，二氧化碳释放速率（CER）大致与碳源物质的消耗呈比例，所以可以通过 CER 来控制营养物质的加入。

四、先进传感技术在基因工程菌发酵过程优化中的应用

传感技术是发酵过程优化中一项关键的技术。传统反应器中的温度、pH、DO、压力等传感器，已经能够实现基本的生化反应实时监控，并结合取样离线检测，及时调整发酵策略。近些年先进传感器技术的不断发展，使得发酵过程中在线检测的参数范围和精度得到了大幅度提升，尤其在基因工程菌发酵过程优化中，实现了更快速、更精确的预测与控制。尾气分析技术，特别是近年来检测精度更高的在线尾气质谱技术，已广泛应用于发酵过程优化。例如，通过尾气分析计算呼吸商（RQ 值）来评估葡萄糖的消耗情况，从而判断是否存在过量的葡萄糖，确保 RQ 值维持在 0.9 至 1.0 之间，显著提高了酵母发酵的效率和水平。在线光谱检测技术，尤其是红外光谱技术的进步，结合离线测定指标构建的多元线性模型，扩展了在线检测的范围，避免了离线检测所导致的控制滞后，进一步提升了发酵优化的准确性和效率。以 Lopez 等人的研究为例，他们利用大量的光谱数据评估多种残糖浓度，并结合数据驱动模型与动力学模型，经过多次迭代优化，成功开发出性能更优的软传感器，用于以纤维素为原料生产乙醇的发酵过程中的长期预测和监控。以外，胞内代谢物的实时检测技术也在快速发展。华东理工大学杨弋教授团队研发了一系列特异性基因编码荧光探针，如 Frex、SoNar、iNaps、FiNad、FiLa 与 Hyperion，用于实时定量检测细胞内核心代谢物（如 NAD、NADH、NADPH、乳酸等）。这些技术结合人工智能算法，能够对发酵过程中产生的大量数据进行分析处理，为后续发酵优化与菌株改造提供更加有力的数据支持。

第六节 发酵过程放大

生物反应过程的开发，通常要经历实验室小型实验、中间规模实验和工业化规模放大等三个阶段。小型实验阶段的主要任务是根据酶或细胞的生物学特性和催化能力，研究生物反应最佳条件和反应动力学，选择合理的反应器形式，确定其最优操作方式。中型实验的重点是检验小型实验得到的最优方案的可靠性，研究反应器几何尺寸变化对反应器操作性能的影响，并对设计方案进行必要的修正，提出工业规模反应器的设计和操作条件。工业化放大阶段，通常是在大型生物反应器中进行试生产，并最终建立合理的操作条件。

在上述三个阶段的不同大小的反应器中进行同一生物反应时，由于规模的不同，生物反应器的流体流动与动量、热量和质量传递性能会存在差异，有可能导致在工业生产反应器上不能达到实验室反应器的最优反应结果。研究生物反应器的放大，其目的就是要使大型生物反应器的性能与小型反应器相接近，从而使大型反应器的生产效率与小型反应器相似。

一、发酵过程放大原理、原则与步骤

1. 发酵过程放大一般原理

放大必须使细胞在大、中、小型罐中所处的外界环境完全一致，涉及物理学原理和生物学原理。

（1）物理学原理　要实现整个外界环境的一致性要求，就一定要涉及罐的几何图形。假定罐的几何图形相似并具有全挡板条件，发酵液的物理性质（温度、pH、溶氧浓度）和培养基成分都相同，微生物在搅拌罐中已充分分散的条件下来探讨放大的问题。

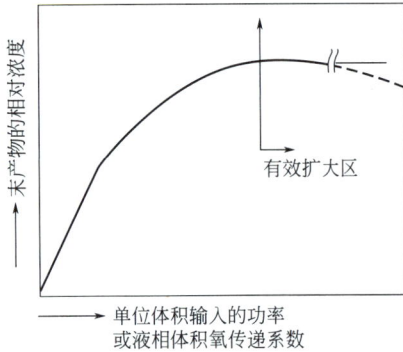

图 6-11　工艺操作变数（量）对微生物生产性能的影响

搅拌罐中与液体动态有关的单位体积功率（P/V）消耗和搅拌器的顶端速度等参数，在发酵罐体积放大的过程中，并不能同时产生同样程度的变化，而是各自产生不同的变化。因此，作为放大的物理参数的选择要因对象不同而不同，应该选择对发酵影响比较敏感的参数作为依据。可供选择的放大参数有：①液相体积氧传递系数 k_La；②单位体积输入功率（P/V）；③搅拌器的顶端速度；④混合时间；⑤雷诺数或动量因素；⑥关键外部因素的反馈抑制等。

（2）生物学原理　放大还涉及微生物学问题。大多数微生物发酵生产中，其产物的相对浓度既受单位体积发酵液的输入功率（P/V）的影响，也受液相体积氧传递系数（k_La）的影响。其相对浓度随 k_La 或 P/V 增大而增加，达到最大值后，即趋向水平，如图 6-11 所示。不论微生物是细菌、酵母还是其它真菌，在其发酵过程中一般都显示这样的双曲线类型特征，选择能使产物浓度达到最高值的操作条件是最适宜的。

2. 发酵过程放大一般原则

（1）发酵罐几何相似放大原则　生物过程的放大直接涉及发酵罐本身的放大，因此许多工程人员借鉴化学工程的因次分析法、时间常数法等，并结合相似原理，提出了单位体积功率（P/V）、混合时间（t_m）等参数值相似的放大原则。这些放大原则单独使用时，在某些情况下会有一定的效果。然而，在发酵罐放大过程中体积与尺寸的立方成正比而其他一些参数与尺寸的变化成不同的指数关系。这个指数变化范围可能比 0 小，可能比 3 大。表 6-21 显示了不同放大原则下从 80L 放大到 10000L 时各参数的变化情况。从表 6-21 可以看出，要同时满足这些相似条件是不可能的，例如保持单位体积功率不变，则循环时间增加到 2.94 倍；而要在放大过程中保证循环时间相同，则单位体积功率要增加到 25 倍，这种对功率的放大要求对于大型发酵罐来说是很难做到的。

表 6-21　放大参数的相互依赖性

按比例放大原则	80L 发酵罐	10000L 发酵罐			
		恒定 P_0/V	恒定 N	恒定 ND_l	恒定 Re
功率（P_0）	1	125	3125	25	0.2
单位体积功率（P_0/V）	1	1	25	0.2	0.0016
叶轮转数（N）	1	0.34	1	0.2	0.04
叶轮直径（D_l）	1	5	5	5	5
循环时间（t_c）	1	2.94	1	5	25
叶轮外缘最大速度（ND_l）	1	1.7	5	1	0.2
雷诺数（$ND_l^2\rho/\mu$）	1	8.5	25	5	1

注：$t_c=t_m/4$，t_m 为混合时间。

（2）供氧能力相似放大原则　对于好氧发酵来说，氧的供应至关重要，它直接影响到细胞的初级代谢、次级代谢和能量代谢。如果要实现较好的过程放大，必须知道氧传递速率（oxygen transfer rate，OTR）。发酵罐培养中的溶氧问题比摇瓶更为突出和复杂。因为它的氧传递过程并不像摇瓶培养中仅限于培养液与空气的表面更新，而是培养液与气泡在更深层次接触过程中的氧传递，与它相关的参数主要有：通气量、混合时间、搅拌转速、单位体积功率消耗和发酵液黏度等。

（3）细胞代谢相似放大原则　在放大过程中，作为生产者的细胞，其对放大效果的影响是通过菌体的生理代谢变化而体现出来的，例如反映微生物生理特征的摄氧速率（oxygen uptake rate，OUR）和二氧化碳释放速率（carbon dioxide evolution rate，CER）、基质消耗速率、呼吸商（respiratory quotient，RQ）等宏观代谢流参数。因此，也有人根据这些反映细胞代谢情况的参数进行放大研究。

（4）培养条件相似放大原则　在生物反应器中的细胞是具有生命的活体，其代谢活力受到生长环境的影响，因此，在放大过程中，除了从工程角度考虑发酵罐的放大，也有人结合培养条件的优化进行放大研究，例如培养基成分、pH值等。

3. 发酵过程放大步骤

发酵工艺的放大，一般要经过三个步骤：实验室、车间工厂和生产工厂。就大多数情况而言，实验室实验就是尽可能得到培养新菌株或实施新工艺的最佳发酵条件。中间工厂试验，就是使用一定数量的10～15L容积的小发酵罐，进行实际应用的发酵研究。如果用于抽提产物，还要有几个 $3～4m^3$ 的中型罐。中间工厂试验往往要高度自动化和计算机化的装置，以考察各种不同的问题，提供相当广泛的控制参数。对中试效果来说，利用超过 $3m^3$ 的中试罐较之"微型"发酵罐更为有利，特别是在放线菌发酵中更是如此。这对确证菌株和培养基的改进上是必不可少的。工厂生产规模，一般是 $15～50m^3$，有的可达 $150m^3$ 或更大。这样规模的试验就是将中、小型试验结果成功地用于大生产的放大试验过程。

二、发酵过程放大方法

放大的方法可以分为三种：经验放大法，缩小-放大法，数学模型法。

1. 经验放大法

主要是基于单位体积功率相等、氧传递系数相等、剪切速率相等或混合时间相等的原则且以一定的理论为依据，结合相似性原则及因次分析法的经验放大。它是依据已有装置的操作经验所建立起来的以认识为主而进行的放大方法，多半是定性的，仅有一些简单的、粗糙的定量概念。由于该法对事物的机理缺少透彻的了解，因而放大比例一般较小，且此法不够精确。

实践表明，按上述原则设计的发酵罐，有许多不是处于最优状态，还有待进一步研究完善。但对生物反应器，这是目前应用较多的方法，其中基于单位体积功率相等和氧传递系数相等的放大准则应用比较多。

2. 缩小-放大法

在放大过程中，随着发酵规模的扩大，如没有适当的放大策略，就会存在"放大效应"，影响产率。缩小-放大法是在总结经验放大法的优缺点基础上得到的，在满足几何相似的条件下，将已有的生物规模反应器按一定方法缩小至实验室规模，从而模拟出大型反应器的细胞生长代谢环境。

规模缩小（scale down）实验法是指在实验室模拟由机理分析确定的瓶颈问题，其关键问题是实验室规模发酵罐的设计与操作。例如可以通过缩小法从代谢流动态变化的角度研究放大过程中存在的问题，发现过程放大的重要限制因素，然后通过对参数的调整实现发酵过程的放大。

当现有工业规模发酵罐的操作需要优化时，当一个原有发酵罐更换新菌种时，或当设计一个新的工业发酵罐时，可以广泛收集工业规模和实验室研究的数据及有关经验关系式，分析重要的过程进而对推得的特征常数（如特征时间）进行比较，进行小规模实验装置和操作条件的设计，用小规模实验模拟大规模生产的条件。其关键是确定大型生物反应器中生物反应过程的控制机理。时间常数法为最常用的机理分析手段。Ooserhuis 等通过对体积为 $25m^3$ 的葡萄糖酸发酵搅拌罐特征时间常数的分析，认为氧气的混合和传递是过程的控制步骤，于是用规模缩小法对上述控制步骤用实验室规模发酵罐进行验证。根据所得实验结果，进一步优化研究，为葡萄糖酸发酵的工业发酵罐的设计及优化提供了方案。

3. 数学模型法

发酵罐设计放大及优化的最终目标是确定发酵罐结构尺寸、最优操作条件及发酵罐内部的速度场、温度场及浓度场。描述这些问题的数学模型，可分为基础模型法和计算流体力学法。

（1）基础模型法 基础模型由描述反应器内的传递现象的方程所组成。Pons 等结合面包酵母流加过程，对体积为 $170m^3$ 的工业搅拌发酵罐，用 Bader 的五区结构模型描述气液流动混合特性，用考虑了糖呼吸（有氧呼吸）代谢阶段的微生物动力学模型，进行了软件开发及示踪实验、溶氧控制及加料分布等几方面的模拟计算，取得较好结果。该法用生化工程原理建立了较全面的数学模型，对有关细胞生长、底物消耗及产物生成等所有过程变量进行全面模拟优化，并与工业规模实际数据进行比较。随着流体混合模型及生化动力学的深入研究，该方法将会得到更广泛的应用。

（2）计算流体力学法 在深入进行流体力学研究的基础上，对发酵罐进行模型模拟及放大设计的方法，即计算流体力学法。任何流体的流动都服从动量、质量和能量守恒原理，这些原理可由模型来表达。该方法具有与发酵罐规模及几何尺寸无关的潜在优点，并克服了经验关联及流体结构模型所固有的缺点。但由于发酵罐中的流动常具有三线性、随机性、非线性及边界条件的不确定性，使得同时考虑气液固多相流动、生化反应的相互作用及实际发酵物系的实验验证等存在很多困难。近些年来经生化工程工作者的共同努力，计算流体力学的工作刚刚开始，但已显示出很好的发展前景。

瑞典 Tragdadh 用湍流模型的运动方程和 Monod 动力学方程，对 $0.8m^3$ 和 $30m^3$ 面包酵母流加发酵搅拌式发酵罐进行了模拟，得到了发酵罐内液相速度、湍动能量耗散速率、气含率、底物浓度及溶液浓度的二维分布，其中一些模拟结果同测量值一致。

由于数学模型放大法是以过程参数间的定量关系式为基础的，因而消除了因次分析法中的盲目性和矛盾性，而能比较有把握地进行高倍数的放大。模型愈精确，可放大的倍数也愈大，而模型的精确程度则又是建立在基础研究之上的，也正是因为这方面的限制，所以尽管数学模型的优越性是如此明显，但实际取得成效的例子还不够多，特别是对生化反应过程，由于过程的复杂性，这方面的问题还远没有解决，但无疑它是一个很有前途的方法。

数学模型放大方法示意见图 6-12。

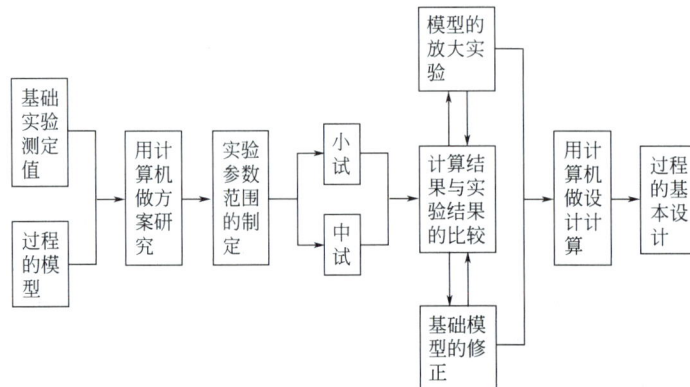

图 6-12 数学模型放大方法示意

三、基于计算流体力学的发酵过程放大技术

具有先进的生物过程优化和放大能力是生物反应器设计的核心技术。由于在生物反应器中所发生的反应是在分子水平的遗传特性、细胞水平的代谢调节和反应器工程水平的混合传递等多尺度（水平）上发生的。因此，如何利用生物反应器中的多参数检测技术和在线计算机控制与数据处理技术，把细胞在反应器中各种表型数据与代谢调控有关的基因结构研究关联起来，是反应器过程优化与放大的重要内容。

目前国内发酵过程工业放大主要是根据经验放大，例如单位体积功率相等、单位体积通气比相同或选用相同的搅拌桨形式等，实际情况很难把握。后来又引进了化学工程的冷态试验方法，对罐内流型进行了充分研究，最后根据这些混合传递特点，进行大型生物反应器设计，但实际情况有时偏差也很大。发酵过程放大困难的原因就在放大时不可能同时做到几何相似、流体运动学相似和流体动力学相似，当在小试研究时某一个对生产产生影响的重要因素没有被观察到，而这个因素恰恰在放大时成为关键因子时，就会造成整个发酵过程的失败。为此，在研究发酵过程放大时，有学者提出了在以代谢流分析与控制为核心的发酵实验装置上进行研究，由此可得到用于过程放大的状态参数或生理参数，在放大的设备上得到相同的反映代谢流等生理数据变化曲线，就可以较好地克服上述放大过程中的问题。根据以上生理代谢参数相似的放大原则，需获得大型发酵罐的几何结构和动力结构等可设计参数，在放大规模的状态参数转化为操作或设计参数时有一个研究过程，需要在积累性的工作基础上提升到理论和方法。例如根据 OUR、k_La 以及所选用的搅拌桨特性测算不同发酵罐规模所需的搅拌功率研究；根据 OUR 与菌体细胞剪切适应量选择不同规模发酵罐的搅拌器形式、转速及其他结构的研究；搅拌器的混合与剪切特性的冷态研究；计算流体力学的应用研究等。

计算流体力学（CFD）作为一种工程研究和设计手段开始于 20 世纪 70 年代，由于受到计算机硬件和计算费用的制约，CFD 最初只是在核工业和航空业中获得应用。随着计算机技术的飞跃发展，计算机成本的逐渐下降，性能不断改进，在 20 世纪 80 年代初期，CFD 已经引入汽车制造业和化工领域，但是它仍未能得到广泛应用。只是在近十几年中，计算机的计算速度和存储能力已有大幅度提高，而计算机硬件成本反而急剧下降。很多工程技术人员都能够很容易使用计算机工作台。由此 CFD 才在一般工程设计中得到广泛应用。CFD 是建立在经典流体动力学与数值计算方法基础之上的交叉学科，通过计算机数值计算和图像显示的方法，在时间和空间上定量描述流场的数值解，从而达到对物理问题研究的目的。从很大程度上代替了实验操作，节省了人力和财力，特别是对于某些形状特殊、运动方式独特、不能或不便于实验测定的装置与设备，CFD 模拟具有巨大的优势。

计算流体力学是流体力学的理论研究方法，它是对物理对象的动量、热量和质量传递过程得出微观衡算模型，应用计算机技术和离散化的数值方法，对流体力学问题进行数值分析和模拟的一个流体力学新分支。应用 CFD 对生物反应器进行模拟和放大的方法，即为计算流体力学放大法。

采用计算流体力学放大法进行生物反应器放大的主要原因是，以往在建立反应器基础模型时，由于工程简化计算方面的考虑，有关研究通常以宏观衡算来分析生物反应器中的流体力学参数，甚至为达到宏观预测目的，反应器放大时多用经验或半经验的关联式。用这些宏观模型和关联式的反应器放大，是传统的反应器放大法，其在工业应用中曾起过重要的作用。但是，有关模型的传质系数、气含率和温度只是一些具有宏观特征的平均值，忽略了这些量在反应器中的实际分布及其微观效应，为此必须对放大方法做进一步的完善，而计算流体力学法就是一种新的选择。其次，现代计算技术和测试技术的飞速发展促进了计算流体力学的逐步完善，使实际计算描述反应器复杂流场的著名的 Navier-Stokes 方程成为可能，并且其计算结果和模型参数可用实验数据验证与校核。

计算流体力学放大法的主要特点是，它是在对反应器的流体力学做机理上的理论分析而得出机理模型及其计算的，克服了利用经验关联式或基础模型以及因次分析放大方法的固有缺点，因此该方法具有

与反应器规模及几何尺寸无关的优点。计算流体力学用于生物反应器的开发与研究，能明显降低实验次数，通过计算得出用实验手段难以提供的研究结果，提供较多反应器性能的信息，方便对反应器的结构及其传递过程性能的评估。

CFD 技术的出现为研究生物反应器内流场信息提供了一个强有力的工具，科学工作者应用 CFD 研究搅拌反应器里的流场并结合实验研究，即可在短时间内利用很少的资源完成生物反应器的设计、优化及放大，同时也为新型生物反应器的设计提供了重要的依据。

近年来，在用各种流行软件辅助生物反应器描述方面，计算流体动力学仿真逐渐变成一种有效的工具。Jaworski 等比较了用激光风速计（LDA）对斜叶搅拌桨进行测定的数值和 CFD 的预测值，发现 CFD 计算非常精确。Micale 等利用商业软件包对一个含有两个搅拌器的发酵罐的流场进行了预测，并研究了搅拌器之间不同的距离对流型的影响，同时也显示了搅拌器之间的相互作用。

混合在生物反应器的放大过程中也是一个重要因素，很多研究者用 CFD 对不同规模的生物反应器进行了大量的模拟，Schamalzriedt 等用 CFD 对机械搅拌反应器的混合过程进行模拟，并用其结果与实验值进行对比。Davidson 等首先在生物反应器用 CFD 软件对循环时间分布（CTD）进行了估计，他们的模拟结果再现了用于实验过程中的信号处理过程，而且其模拟结果显示出实验测定 CTD 的特征。Javed 等在带有挡板的搅拌反应器中用 CFD 对湍流混合进行模拟，发现 CFD 能对反应器不同位置的混合时间进行预测，并发现所有的预测结果与测定的数据或已报道的数据非常吻合。

CFD 也同样应用于各种反应器中气液传质的模拟，Kerdouss 等在用粒数衡算模型（PBM）考虑了泡沫破裂和合并存在的前提下，利用商业化 CFD 软件对一个实验室规模的搅拌反应器进行气液传质系数的模拟，结果显示出与实验数据具有较好的一致性。Radl 和 Khinast 利用一种精确但成本较高的 CFD 方法——直接数值模拟（DNS）方法预测了非牛顿型流体发酵液传质系数，该方法使在没有实验数据的前提下对不同流变性能的非牛顿型流体传质系数进行计算成为可能。Williams 等在新设计的反应器中进行组织生长的条件下用 CFD 方法对动量和传质进行量化，流场、剪切力、溶氧剖面的数值有助于分析和提高反应器的性能。

CFD 同样能用于生物反应器流场剪切力的研究，Xia 等用 CFD 的方法研究了用于动物细胞培养的最新式的搅拌器的剪切力，并根据研究结果重新设计和优化了搅拌器的几何尺寸。张嗣良等开发了 CFD 模型用于计算 EDCF 函数，并用该模型对三套搅拌器组合的剪切力进行了比较，同时也研究了复合流场和 *S. avermitilis* 在阿维菌素培养基中培养的生理特征之间的关系，结果显示，径向流搅拌器（如 6ABDT 或 6CBDT）在搅拌区域内产生了相同的剪切力，但轴向流反应器（如 DPP）在不同区域内的剪切力是不相同的，而用 CFD 方法对认为具有适合剪切力的搅拌器组合进行实验，其结果和发酵实验所得到的数据显示出相同的变化趋势。

通过对混合控制型、传质控制型和剪切控制型发酵过程放大的系统性研究，李超等提出了一种结合时间常数与 CFD 的全局发酵过程放大的方法。该方法可以有效辨别发酵过程中的关键限制因素，并结合反应器设计理论与 CFD 技术，实现对多因素限制条件下发酵过程放大的理性设计与优化。

📚 案例解说

一、响应面法优化谷胱甘肽合成前体氨基酸添加浓度

作为一种具有 γ-谷氨酰基和硫基的生物活性三肽，谷胱甘肽（GSH）是由 γ-谷氨酰半胱氨酸合成酶（GSH Ⅰ）和 GSH 合成酶（GSH Ⅱ）在 ATP 存在下，催化谷氨酸、半胱氨酸和甘氨酸而形成的。GSH 生物合成与细胞内氨基酸，尤其是含硫基氨基酸代谢关系密切。通常情况下 GSH 合成所需的前体氨基酸可以通过微生物细胞自身合成，但这些合成途径很容易受到细胞自身性能以及外界条件的影响。如果胞内的这些前体物质不能满足 GSH 合成的需要，就将

成为进一步提高 GSH 产量的限制性因素，同时也会影响菌体的生长，从而限制 GSH 的进一步合成，因此向培养基中加入谷氨酸、半胱氨酸和甘氨酸这三种前体氨基酸将有助于解除这些限制，进而提高胞内 GSH 含量和 GSH 总产量。这里选择谷氨酸、半胱氨酸与甘氨酸 3 个因素，以 GSH 产量为响应值，通过 Central-Composite 响应面分析方法在 3 因素 3 水平上对 GSH 合成的三种氨基酸添加浓度进行优化。

为了将合成 GSH 的前体氨基酸经济有效地转化为产物 GSH，因此，将三种前体氨基酸（谷氨酸、半胱氨酸及甘氨酸）添加浓度分别设定 2～10mmol/L，采用 3 因素 3 水平的 Central-Composite 中心组合实验设计，将影响 GSH 生物合成的显著因素（谷氨酸、半胱氨酸及甘氨酸）进行水平标注（表 6-22）。

表 6-22　中心组合实验变量的编码和水平

变　量	编　码	水　平				
		−1.682	−1	0	1	1.682
谷氨酸/(mmol/L)	X_1	2	4.4	6	8.4	10
甘氨酸/(mmol/L)	X_2	2	4.4	6	8.4	10
半胱氨酸/(mmol/L)	X_3	2	4.4	6	8.4	10

表 6-23 列出了中心组合实验设计下添加三种前体氨基酸对 GSH 合成影响情况，其中第 2、5、9、10 及 17 次实验为 5 次重复的中心点实验，用于考察模型的误差。由实验获得 GSH 合成的最大值和最小值分别为 273.5mg/L 和 231.1mg/L。

表 6-23　中心组合实验设计合成 GSH

No.	X_1	X_2	X_3	Y
	谷氨酸	甘氨酸	半胱氨酸	GSH 产量/(mg/L)
1	−1.000	1.000	−1.000	246.1
2	0.000	0.000	0.000	273.5
3	1.000	1.000	1.000	232.6
4	−1.000	−1.000	−1.000	243.1
5	0.000	0.000	−1.682	231.1
6	1.000	−1.000	−1.000	249.2
7	−1.682	0.000	0.000	263.1
8	0.000	0.000	0.000	273.5
9	0.000	0.000	0.000	273.5
10	0.000	0.000	0.000	273.5
11	−1.000	−1.000	1.000	245.0
12	0.000	1.000	−1.000	234.2
13	1.682	0.000	0.000	272.1
14	−1.000	1.000	1.000	256.4
15	1.000	−1.000	1.000	241.4
16	0.000	0.000	0.000	273.5
17	0.000	0.000	0.000	273.5
18	0.000	0.000	1.682	255.4
19	0.000	−1.682	0.000	259.2
20	0.000	1.682	0.000	231.3

表 6-24 列出了 3 个影响因素在中心组合实验设计下影响 GSH 合成的回归方程系数及其显著性检验。方差分析表明，甘氨酸和半胱氨酸对 GSH 合成有着显著的影响（$P<0.05$），而谷氨酸对 GSH 合成影响则不明显。以 GSH 产量为响应值，经回归拟合后，各因子对响应值的影响可用下面回归方程表示：

$$Y = 189.844 + 7.112X_1 + 10.166X_2 + 11.249X_3 - 0.419X_1^2 - 0.903X_2^2 -$$
$$0.917X_3^2 - 0.298X_1X_2 - 0.169X_1X_3 + 0.144X_2 \tag{6-6}$$

式中　　　　　Y——GSH 产量，mg/L；

X_1、X_2 和 X_3——分别代表谷氨酸、甘氨酸和半胱氨酸浓度，mmol/L。

表 6-24　中心组合实验设计下影响 GSH 合成的回归方程系数及其显著性检验

模型项	回归系数	标准差	T 值	P 值
常数项	189.844	13.761	15.250	0.000
X_1	7.112	2.209	3.502	0.006
X_2	10.166	2.209	5.099	0.000
X_3	11.249	2.209	5.816	0.000
X_1X_1	−0.419	0.130	−3.385	0.007
X_2X_2	−0.903	0.130	−7.196	0.000
X_3X_3	−0.917	0.130	−7.537	0.000
X_1X_2	−0.298	0.174	−1.716	0.117
X_1X_3	−0.169	0.174	0.970	0.355
X_2X_3	0.114	0.274	0.656	0.627
R^2		91.9%		

图 6-13 分别为三种氨基酸添加浓度交互影响 GSH 合成的响应面图。由实验结果可知，甘氨酸与半胱氨酸对 GSH 合成影响很显著，而谷氨酸的影响作用则不明显，这与表 6-24 回归方程的显著性检验所得出结论（$P=0.0002<0.05$）相同。

谷氨酸和甘氨酸浓度之间的交互作用如图 6-13(a)、(b) 所示，甘氨酸浓度较低时，尽管 GSH 产量随着谷氨酸浓度提高有所增加，但变化幅度却不明显；而当谷氨酸浓度超过一定值时，GSH 产量将会下降，其原因一方面是由于胞内可通过自身代谢产生谷氨酸来满足 GSH 合成需要，另一方面谷氨酸过高浓度也会对细胞造成伤害。

为了进一步确定最佳点的值，令回归方程取一阶偏导等于零，得 $X_1=6.0$，$X_2=5.5$，$X_3=6.5$，即 GSH 合成的最佳条件是：谷氨酸 6mmol/L，甘氨酸 5.5mmol/L，半胱氨酸 6.5mmol/L，在此条件下，GSH 产量得率理论值可达 278.3mg/L。

为了检验 RSM 分析的可靠性及证明模型预测的准确性，采用上述最优工艺条件进行实验，3 次平行最优条件下的重复性实验，GSH 产量分别为：279.45mg/L，276.21mg/L，278.15mg/L，平均值为 277.9mg/L，验证实验结果与理论预测值误差在 1% 以内，模型方程真实可行，能够很好地预测实验结果，具有实用价值。

二、基于动力学模型的丙酮酸发酵过程优化

在第五章第二节中，建立了不同温度下丙酮酸发酵过程的动力学模型，并进一步详细分析了温度对丙酮酸发酵动力学参数的影响，在以上分析基础上，可进行基于动力学模型的发酵过程优化。取最优控制的目标函数为丙酮酸浓度 $[P]$ 最大。其他数值条件如下：初始菌体浓度 $[X_0]=1g/L$，初始丙酮酸浓度 $[P_0]=0$，初始葡萄糖浓度 $[S_0]=120g/L$，发酵时间 $t \leqslant 80h$，

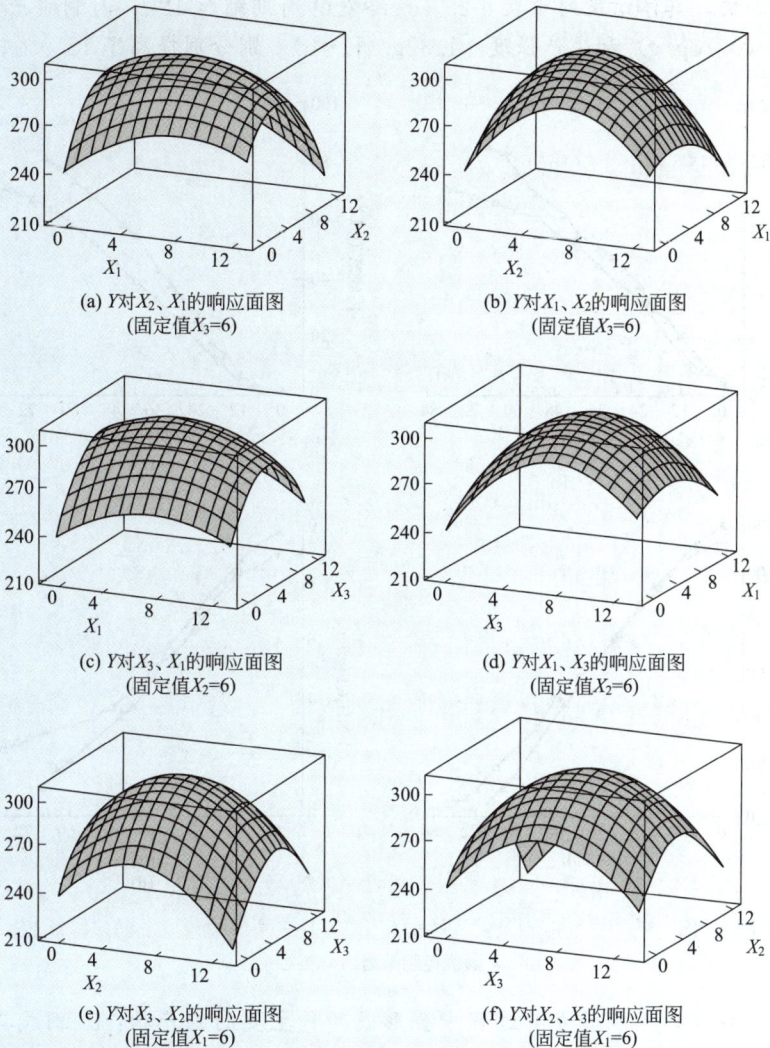

(a) Y对X_2、X_1的响应面图
（固定值X_3=6）

(b) Y对X_1、X_2的响应面图
（固定值X_3=6）

(c) Y对X_3、X_1的响应面图
（固定值X_2=6）

(d) Y对X_1、X_3的响应面图
（固定值X_2=6）

(e) Y对X_3、X_2的响应面图
（固定值X_1=6）

(f) Y对X_2、X_3的响应面图
（固定值X_1=6）

图 6-13　前体氨基酸添加影响 GSH 合成的响应面图

积分时间步长为 1h。鉴于实际发酵过程的可操作性，取 $26℃ \leqslant T \leqslant 34℃$，且为整数。计算得到丙酮酸分批发酵温度控制轨迹如图 6-14 所示，发现：①在发酵前期（0～8h）适当提高发酵温度，可缩短细胞生长延滞期，提高细胞生长速度和丙酮酸积累速度；②发酵中期（9～42h）逐步降低发酵温度，可继续维持较高的细胞生长速率和丙酮酸合成速率；③发酵后期（42h 以后）将温度维持在 27℃，不仅可以提高 $[P_m]$、m_X 和 m_P，进而减轻高浓度丙酮酸对细胞生长的抑制作用，并提高细胞催化产酸能力。30℃恒温和最优控制条件下丙酮酸分批发酵过程曲线如图 6-15 所示。

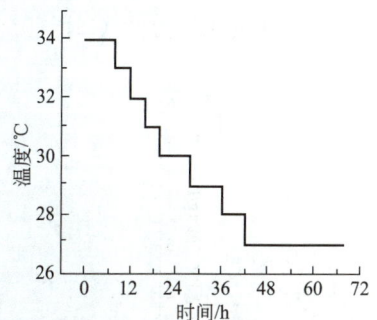

图 6-14　基于模型的丙酮酸分批
发酵温度控制轨迹

采用图 6-15 所示的温度控制策略对丙酮酸分批发酵过程进行控制，与 30℃恒定温度分批发酵结果进行比较，发现：在发酵初始时维持较高的发酵温度，细胞不经过延滞期而进入快速生长期，调控温度后丙酮酸一直维持较高的增长速度至发酵结束，整个过程葡萄糖和氯化铵的消

耗速率明显加快，具体结果列于表6-25。最终发酵周期缩短12h，丙酮酸产量（80.4g/L）、对葡萄糖得率（0.70g/g）和生产强度[1.32g/(L·h)]则分别提高了12.9％、6.9％和32.8％。

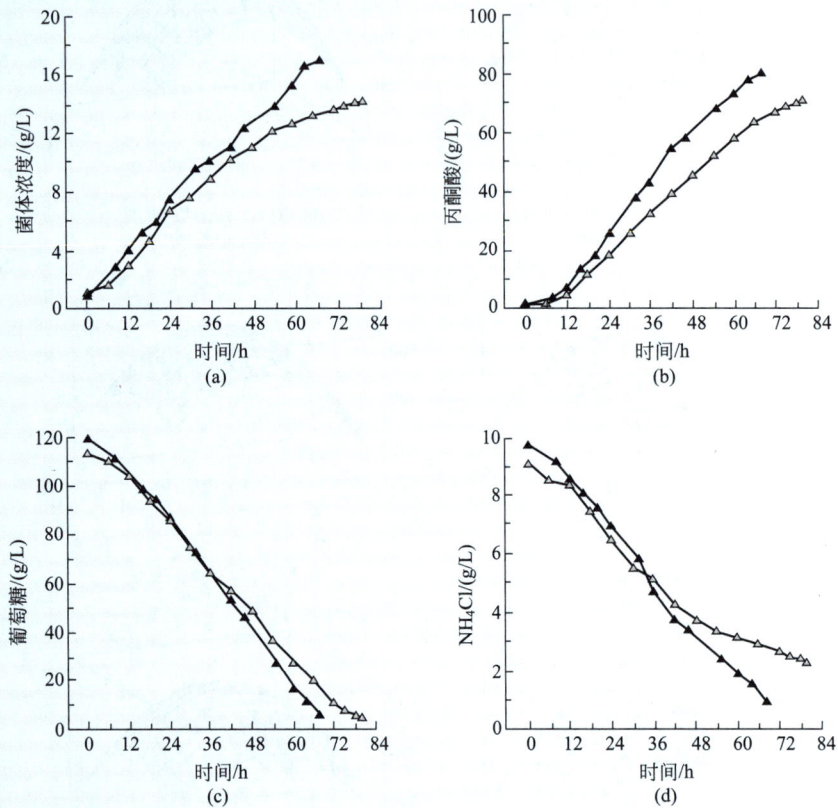

图 6-15 最优温度控制条件下和恒定 30℃下的丙酮酸分批发酵过程比较

▲ 最优控制策略；△ 30℃

前期研究发现，丙酮酸发酵过程中会形成两种主要的副产物：α-酮戊二酸（α-KG）和甘油。图6-16所示为温度对代谢副产物 α-酮戊二酸（α-KG）和甘油合成的影响。由图6-16(a)可以看出，较高的发酵温度会导致 α-酮戊二酸的提前积累，温度34℃时 α-KG 的积累量（5.41g/L）为 26℃时（0.6g/L）的9倍。甘油的积累总量和积累速度也同样显著依赖于温度

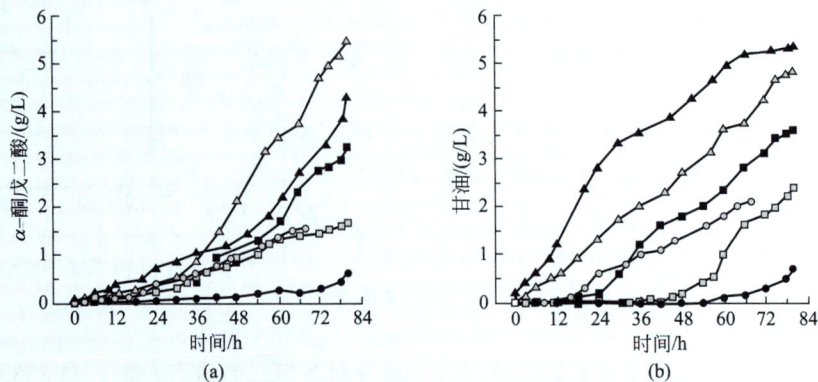

图 6-16 温度对代谢副产物 α-酮戊二酸（a）和甘油（b）合成的影响

▲ 34℃；△ 32℃；■ 30℃；□ 28℃；● 26℃；○ 温度依据调控策略而变化

[图 6-16(b)]，不同温度下发酵结束时培养基中的甘油积累量相差达 6.53 倍。由此可见，发酵温度相对较高时，尽管发酵前期细胞比生长速率较大，丙酮酸合成的延滞期明显缩短，但发酵副产物 α-酮戊二酸和甘油的合成也得到提前和加快。发酵中后期，高温使菌体进入稳定期的时间提前，相应表现为葡萄糖消耗速度提前下降，丙酮酸合成能力提前减弱，而副产物 α-酮戊二酸和甘油则一直维持高速积累。因此，为削弱代谢旁路，减少丙酮酸发酵副产物的积累，应在发酵后期适当降低发酵温度，使代谢流持续高效地流向丙酮酸节点。最优控温策略下，丙酮酸发酵的代谢流分布发生了改变，发酵副产物甘油和 α-酮戊二酸的最终生成量仅 2.10g/L 和 1.57g/L，分别为 30℃ 恒温发酵过程的 59.2% 和 44.7%。

表 6-25 不同温度下丙酮酸分批发酵过程参数比较

参　　数	温度/℃					
	34	32	30	28	26	$T^{①}$
初始葡萄糖浓度/(g/L)	119.1	116.3	113.3	114.9	111.3	118.9
残糖浓度/(g/L)^{②}	30.4	26.5	4.4	12.1	22.5	2.6
发酵时间/h	80	80	80	80	80	68
细胞干重/(g/L)	8.8	12.0	14.3	13.5	10.2	18.9
丙酮酸浓度/(g/L)	61.9	64.9	71.2	72.8	67.8	80.4
平均耗糖速率/[g/(L·h)]	0.98	1.12	1.36	1.29	1.11	1.59
葡萄糖平均比消耗速率/h^{-1}	0.11	0.093	0.095	0.096	0.11	0.84
平均比生长速率/h^{-1}	0.026	0.036	0.030	0.033	0.029	0.052
丙酮酸平均比生成速率/h^{-1}	0.092	0.068	0.062	0.070	0.083	0.070
细胞对葡萄糖得率/(g/g)	0.099	0.13	0.13	0.13	0.11	0.17
丙酮酸对葡萄糖得率/(g/g)	0.76	0.70	0.62	0.73	0.75	0.70
细胞生产强度/[g/(L·h)]	0.098	0.14	0.18	0.17	0.13	0.28
丙酮酸生产强度/[g/(L·h)]	0.77	0.81	0.89	0.95	0.85	1.18

① 最优温度控制策略。
② 发酵终点数据。

三、重组毕赤酵母发酵生产碱性果胶酶的过程优化

基因工程菌的发酵生产水平不仅与菌株的遗传特性有关，也与发酵工艺控制有着密切的关系，即外源基因的表达水平与基因剂量、转录和翻译效率、重组 DNA 的稳定性、宿主细胞和载体的特性等因素有关，也与重组菌的培养条件以及过程控制有着密切的关系。对重组菌进行发酵特性研究，对发酵过程加以优化，同时掌握重组菌发酵的特点，可以充分发挥重组菌的生产能力，以最大限度地发挥微生物生产目标产物的潜力，获得较高的产物浓度（便于下游处理）、较高的底物转化率（降低原料成本）和较高的生产强度（缩短发酵周期），保证工业化的顺利进行。

重组毕赤酵母（P. pastoris）是一种甲醇诱导型工程菌，携带的外源基因只有在以甲醇为唯一碳源的环境中才能高效表达。由于甲醇对酵母细胞有一定的毒性，不利于高密度发酵，所以重组 P. pastoris 在摇瓶中的发酵一般采用两步发酵法，即先让工程菌在非甲醇的碳源中迅速生长，再转入以甲醇为唯一碳源的培养基中进行诱导表达。然而，如果将基因克隆重组获得的碱性果胶酶产生菌株直接用于发酵生产，产量往往很低。要想提高碱性果胶酶（PGL）的合成能力，除了传统的培养基中的各种营养成分优化，更为关键的是如何诱导重组菌外源基因的高表达，促使目标产物的产生、分泌与累积，为最终的工业化生产奠定基础。本例着重考察诱导

阶段初始菌体浓度、甲醇浓度以及两者之间的比例对 PGL 表达的影响，在此基础上提出了甘油和甲醇流加策略，实现了 PGL 的高产量和高生产强度的统一。

1. 诱导阶段初始菌体浓度对 PGL 表达的影响

维持诱导阶段甲醇浓度为 6g/L，不同初始菌体浓度对 PGL 表达的影响如图 6-17 所示。PGL 酶活随着诱导时菌体浓度的增加而增加。当初始菌体浓度为 62.5g/L 时，诱导 89.5h 酶活仅为 102U/mL［图 6-17(a)］，可能是此时菌体仍有生长空间，甲醇优先作为碳源供微生物继续生长，导致不能高效诱导外源基因的表达。当初始菌体浓度增加到 122g/L 时，菌体几乎已经不利用甲醇进行生长，甲醇主要用于诱导外源 PGL 基因表达，发酵 86.5h，酶活达 207U/mL［图 6-17(c)］，比初始菌体浓度为 62.5g/L 和 90g/L［图 6-17(b)］时分别提高了 102% 和 23%。

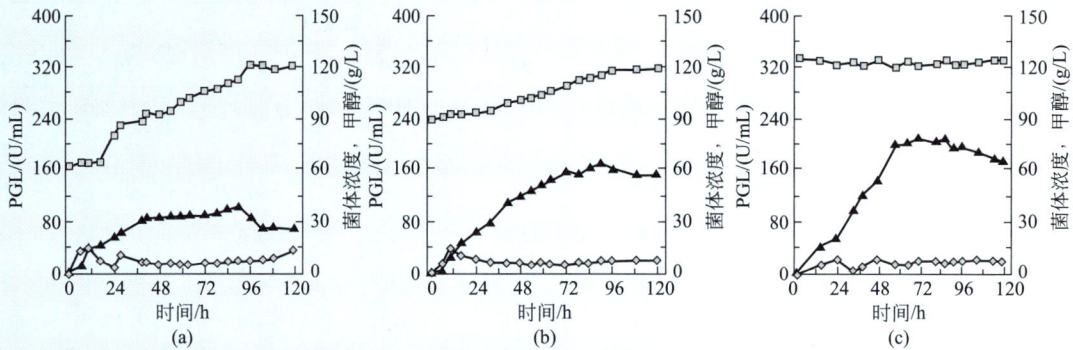

图 6-17　诱导阶段初始菌体浓度对 PGL 表达的影响
□ 菌体浓度；▲ PGL；◇ 甲醇
初始菌体浓度：（a）62.5g/L；（b）90g/L；（c）122g/L

2. 甲醇浓度对 PGL 表达的影响

基于以上研究，维持诱导阶段菌体浓度为 122g/L，不同甲醇浓度（6g/L、20g/L 和 35g/L）对 PGL 表达的影响如图 6-18 所示。在一定甲醇浓度范围内（6～20g/L），增加甲醇浓度能有效增强 PGL 诱导表达。当甲醇浓度为 20g/L 时，PGL 酶活（376U/mL）和单位细胞产酶速率［25U/(g 细胞·h)］均达到最大值，比甲醇浓度为 6g/L 时分别提高了 81.6% 和 108.3%［图 6-18(b)］。甲醇浓度过高则导致 PGL 酶活和单位细胞产酶速率下降［图 6-18(c)］。当菌体浓度控制体系中甲醇浓度为 20g/L 时，PGL 酶活最高并且生产强度最大，分别为 376U/mL 和 4.06U/(mL·h)。

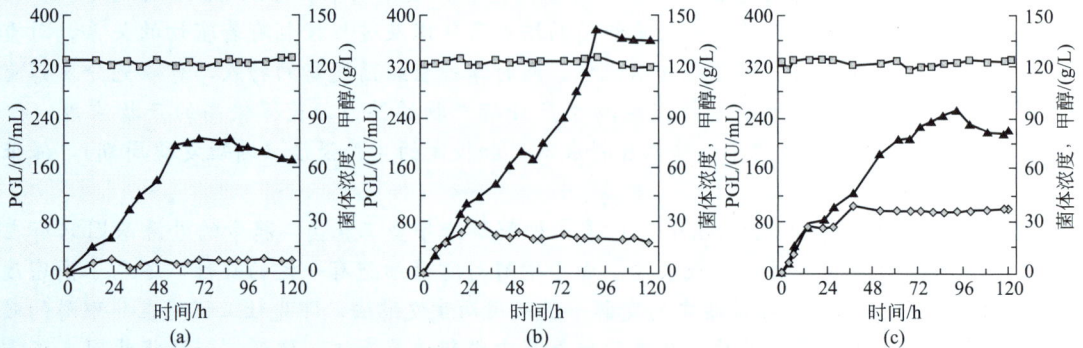

图 6-18　甲醇浓度对 PGL 表达的影响
□ 菌体浓度；▲ PGL；◇ 甲醇
甲醇浓度：（a）6g/L；（b）20g/L；（c）35g/L

综合图 6-17 和图 6-18 的数据，列于表 6-26 中。分析表 6-26 得：①诱导阶段，菌体浓度过低时，甲醇主要被用于细胞生长，PGL 生产能力受到限制；②在一定菌体浓度范围内，过低或过高的甲醇浓度均不利于 PGL 的生产；③在一定菌体浓度下（122g/L），一定范围内增加甲醇浓度与菌体浓度的比值有利于提高PGL 酶活和生产强度。上述分析表明，通过调控PGL 发酵过程中底物甘油的浓度和诱导物甲醇的浓度可实现 PGL 的高产量和高生产强度。

3. 甲醇浓度和菌体浓度之间的最佳比值

对表 6-26 数据计算发现，甲醇浓度与菌体浓度之间比值为 0.16g/g 时，PGL 酶活和生产强度达到最大值。进一步研究了不同甲醇浓度与菌体浓度比值（0.056g/g、0.1g/g、0.165g/g 和 0.23g/g）时 PGL的发酵生产情况以确证这一发现，结果如图 6-19。随着甲醇浓度与菌体浓度之间比值的增加，PGL 产量、生产强度和单位细胞生产 PGL 的能力均不断增加。但过高的比值导致 PGL 产量等下降。因此，为了实

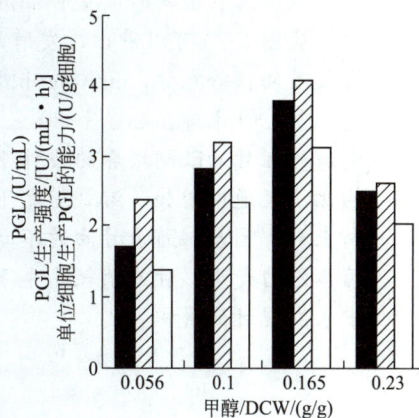

图 6-19　甲醇浓度与菌体浓度的比值对 PGL 产量、生产强度和单位细胞生产 PGL 的能力的影响

■ PGL/100；　▨ PGL 生产强度；
□ 单位细胞生产 PGL 的
能力×1000

现发酵法生产 PGL 的高产量和高生产强度，需在生长阶段控制底物甘油浓度使细胞快速生长到最适菌体浓度，然后控制甲醇流加速度使甲醇浓度与菌体浓度比值维持在 0.165g/g 左右。

表 6-26　不同诱导方式下细胞生长和 PGL 合成过程参数比较

参　　数	培养方式①				
	A	B	C	D	E
初始 DCW/(g/L)	62.5	90	122	122	122
平均甲醇浓度/(g/L)	6.0	6.0	6.0	20.0	35.0
甲醇/初始 DCW/(g/g)	0.096	0.065	0.049	0.16	0.28
最终 DCW/(g/L)	121.5	120.7	122	122.6	123.9
最大 PGL/(U/mL)	102	168	207	376	251.5
甲醇消耗总量/(g/L)	276.3	289.2	268	469.3	643.9
单位细胞平均 PGL 生成速率/[U/g 细胞·h]	15	18	12	25	20
细胞对甲醇得率/(g/g)	0.214	0.102	0	0.001	0.003
PGL 对甲醇得率/(U/g)	369	581	772	801	391
PGL 生产强度/[U/mL·h]	1.14	1.87	2.39	4.06	2.70

① A 和 B 的诱导阶段初始菌体浓度分别为 62.5g/L 和 90.0g/L，甲醇浓度为 6g/L；C、D、E 的诱导阶段初始菌体浓度为 122g/L，甲醇浓度分别为 6.0g/L、20.0g/L 和 35.0g/L。

4. 菌体生长阶段的甘油补料分批发酵

（1）控制 DO 的脉冲流加　由于诱导时较低的菌体浓度导致细胞利用甲醇生长，使得 PGL生产能力受到限制，因此，在菌体生长阶段比较了不同的甘油流加方式，着力于在最短时间内使菌体生长最大化，以强化诱导阶段外源 PGL 的高效表达。

图 6-20 为控制 DO 的脉冲流加的菌体生长曲线。在菌体生长阶段采用化学合成培养基，甘油为唯一碳源，由于在培养过程中不诱导表达重组蛋白，因此，甘油主要用于菌体生长。DO-stat

法即根据溶氧值实时改变甘油流加速率，使溶氧值始终保持在20%～30%。

从图6-20可以看出，发酵的第一阶段为分批阶段，随着甘油的消耗，菌体浓度增加，这一阶段甘油供给充分，菌体的呼吸比较旺盛，DO在12h时降至25%以下，之后通过调节搅拌转速控制DO维持在20%～30%。当发酵进行到15h甘油耗尽时，DO反弹，开始甘油补料分批发酵。在甘油限制培养的条件下，脉冲补入的甘油很快被菌体利用，使 P. pastoris GS115的底物比消耗速率增加，溶氧随之下降，而随着甘油浓度的降低，底物比消耗速率下降，溶氧又逐渐上升。因此，随着甘油的不断脉冲流加，溶氧处于振荡状态，可避免副产物积累。生长后期，菌体活力受限，甘油消耗速率下降，DO振幅变大。流加55h，菌体干重达122g/L，整个过程中未发现甘油累积。

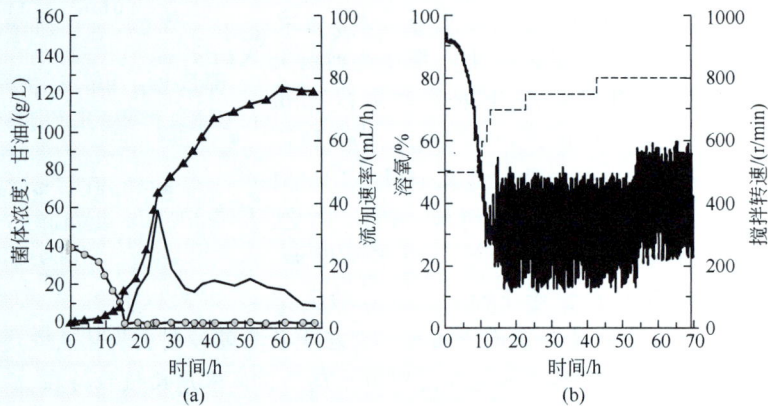

图6-20 重组 P. pastoris GS115生长阶段控制 DO 的
脉冲流加的补料分批发酵过程

（a）▲菌体浓度；○甘油；——流加速率；（b）——溶氧；---搅拌转速

（2）指数流加　指数流加发酵是建立在对物料平衡及反应动力学两方面进行某些合理假设基础上的一种较为常用的前置流加控制法，可使限制性基质的供给与反应器中细胞量随时间的指数增加相适应。指数流加的公式为：

$$F = \frac{\mu (VX)_0}{Y_{X/S}(S_F - S)} - \exp(\mu t) \tag{6-7}$$

式中　X 和 S——分别为细胞浓度和底物浓度，g/L；

$\quad\quad\mu$——比生长速率，h^{-1}；

$\quad\quad V$——发酵液体积，L；

$\quad\quad S_F$——补加底物的浓度，g/L；

$\quad\quad Y_{X/S}$——细胞对底物的得率系数，g/g；

$\quad (VX)_0$——培养体系的初始细胞量，g；

$\quad\quad t$——流加时间，h。

根据前期实验结果，式(6-7)中的有关参数取值见表6-27。

表6-27　指数流加模型中有关参数设定

参数	μ/h^{-1}	$Y_{X/S}/(g/g)$	$S_F/(g/L)$	$S/(g/L)$
设定值	0.176	0.435	500	0.2

发酵起始采取分批培养，第15h开始采用指数流加方式流加限制性基质50%的甘油溶液。由于 F 是时间的指数函数，为简化操作，实验中每1h阶梯式改变流加速率。考虑到指数流加

后期由于菌体活力降低造成甘油消耗变慢，采用流速先递增再递减的流加方式。

由图 6-21 可以看出，整个发酵过程中细胞生长较快，在 33h 时，菌体干重已达 140g/L。然而，由于菌体浓度很高和发酵罐供氧能力的限制，搅拌和通气不可能无限制加大，DO 在 25h 已降到 10% 以下，发酵后期有一定的甘油积累。但通过气相检测，反应体系中并没有乙醇、乙酸等副产物生成。两种培养方式下菌体生长过程参数比较见表 6-28。

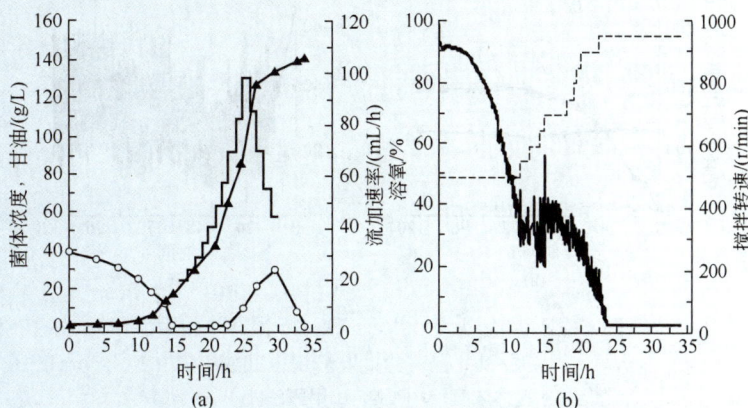

图 6-21　重组 *P. pastoris* GS115 生长阶段的
指数流加补料分批发酵过程

（a）▲ 菌体浓度；○ 甘油；— 流加速率；（b）--- 搅拌转速；— 溶氧

表 6-28　甘油不同流加模式下菌体生长过程参数比较

参　　数	培养方式	
	指数流加	溶氧反馈流加
甘油总量/(g/L)	244.0	244.6
最大细胞量/(g/L)	140	122
培养时间/h	19	55
细胞生产强度/[g/(L·h)]	6.47	1.91
细胞对甘油得率/(g/g)	0.50	0.43

5. 诱导阶段的甲醇流加策略

（1）溶氧反馈策略（DO-stat）　溶氧作为一种重要的控制参数，由于甲醇诱导过程中菌体量大，摄氧速率（OUR）高，因此需保证较高的氧传递速率（OTR）。DO-stat 法可以有效地控制底物浓度，提高基质利用率。当甲醇消耗完时，DO 会上升；如果再加入甲醇，由于微生物利用甲醇会消耗氧，使 DO 下降。利用这个原理可根据 DO 的变化随时改变流加速率，使溶氧值始终保持在最适范围内，避免了重组 *P. pastoris* GS115 发酵过程中甲醇流加过量而导致体系中甲醇浓度过高，使细胞中毒。

图 6-22 是化学合成培养基培养条件下的重组 *P. pastoris* GS115 诱导阶段甲醇 DO-stat 补料分批发酵过程曲线。培养过程中菌体浓度达 140g/L 时，流加甲醇，开始重组蛋白的诱导表达。在诱导表达阶段，甲醇的补加（补料诱导培养基）采用 DO-stat 方式，DO 随着甲醇的脉冲补入一直处于反复振荡状态，且振幅保持在 20% 以上。诱导 118h，体系中甲醇浓度基本维持在 4~5g/L，菌体量基本维持不变，酶活为 200U/mL，生产强度为 1.86U/(mL·h)。

（2）分阶段流加策略　从图 6-22 可以看出，采用 DO-stat 法流加甲醇，体系中甲醇浓度过低，因此，甲醇对菌体的诱导强度不足，导致重组 *P. pastoris* GS115 不能高效表达外源碱性果胶酶。基于以上分析，改进了诱导阶段的甲醇流加方式，采用分阶段控制甲醇流速，使体系中甲醇浓度处于较适水平。

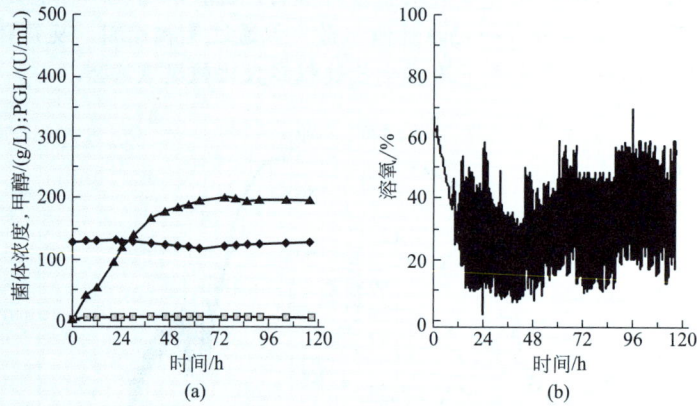

图 6-22　重组 *P. pastoris* GS115 诱导阶段甲醇
DO-stat 补料分批发酵过程曲线

（a）◆菌体浓度；▲PGL；□甲醇；（b）—溶氧

在诱导初始阶段，细胞处于由甘油代谢向甲醇代谢的过渡适应期，甲醇比消耗速率不断增加；当细胞完全适应甲醇环境后，处于非生长状态下的 *P. pastoris* GS115 的甲醇比消耗速率维持恒定，此时 DO 维持在 20%～30%；诱导 90h 后，细胞活力下降，DO 上升，甲醇比消耗速率下降。因此，提出以下甲醇流加策略：①诱导前期（0～8h）以 2mL/h 的速率逐步提高甲醇流加速率，使培养液中甲醇浓度接近 20g/L；②诱导中期（8～90h）将甲醇流加速率控制在9.7mL/h，以维持体系中甲醇浓度为 20g/L；③诱导后期（90h 以后），DO 上升，将流加速率维持在 2mL/h。采用此甲醇流加控制策略，PGL 发酵过程曲线如图 6-23 所示。此时甲醇浓度与菌体浓度比例控制在 0.163～0.171g/g。发酵结束时碱性果胶酶酶活达到 430U/mL，生产强度达到 4.34U/(mL·h)，实现了碱性果胶酶的高产量和高生产强度生产。

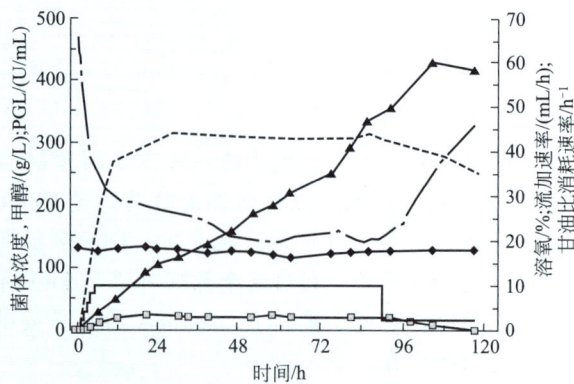

图 6-23　甲醇流加控制下的发酵过程曲线

◆菌体浓度；▲PGL；□甲醇；—流加速率；
—·—甘油比消耗速率×1000；---溶氧

四、应用规模缩小方法的鸟苷发酵过程放大

鸟嘌呤核苷（鸟苷）分子式 $C_{10}H_{13}N_5O_5$。鸟苷的用途十分广泛，主要用于制造食品添加剂或医药的主要原料，也是食品和医药产品的重要中间体，可用于合成食品增鲜剂 5'-鸟苷酸二

钠、呈味核苷酸二钠以及核苷类抗病毒药物如利巴韦林、阿昔洛韦等。以鸟苷发酵生产过程为对象，通过对在线计算机数据进行相关分析，从多批实验获得的发酵过程曲线可以看到，整个发酵过程表现为三个阶段：前期约12h为菌体生长阶段，基本不产鸟苷；随后迅速进入产鸟苷期，发酵液中鸟苷大量积累，持续约30h；但在发酵中后期发现OUR、CER下降，并伴随有产鸟苷速率迅速下降，但耗糖速率、氨水加入速率却同步增加。从碳元素平衡分析可以确定有中间代谢产物积累，再考虑到此时氨水加入速率的同步增长，这种积累的中间代谢物可能是有机酸，或者是氨基酸等含氮有机物，表明代谢流发生了迁移。通过在50L发酵罐上的优化，张嗣良等成功地抑制了发酵过程代谢流的迁移，使鸟苷发酵产率大幅提高，达30g/L水平，但是该工艺在放大到生产罐的规模后表现出显著差异，针对这一问题，他们在中试罐上进行生产罐的规模缩小，通过发酵过程参数变化的相关性分析，确定放大过程中限制鸟苷生成代谢流的"瓶颈"所在，以此为依据实现鸟苷发酵过程的成功放大，最终实现生产规模产率的大幅度提高。

为确证溶氧是否是鸟苷发酵过程中的限制性因素，张嗣良等在12m³、控制其他参数与100m³生产罐相同的中试规模情况下，采用新工艺，使DO拟合100m³生产罐上的变化过程，以考察DO对发酵过程的影响，结果发现在12m³中试规模控制前期持续低DO的过程在后期同样表现出产鸟苷速率明显降低（图6-24），完全与100m³生产罐上相同。由此可以得出结论：在鸟苷发酵的过程放大中，DO已成为影响产鸟苷的另一个重要因素，尤其是在菌体好氧最为剧烈的发酵前期，如果不能满足菌体对氧的需求，首先会打破正常代谢过程的能量平衡，因而会引起物质流、信息流的紊乱，这会对菌体的正常代谢产生重要的影响，导致后期DO大幅回升，即使采用改进的工艺仍不能改善发酵后期产鸟苷速率下降的趋势。据此他们对生产罐进行了改造，供氧状况改善之后成功地使优化工艺得到放大。

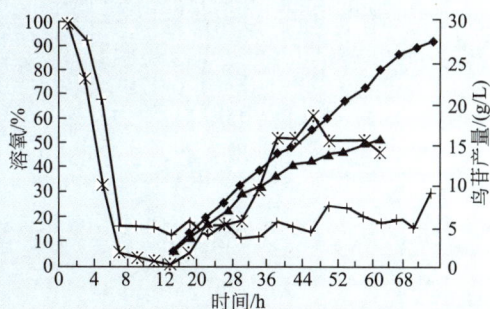

图6-24 模拟的生产罐发酵过程曲线

+ 优化工艺的溶氧；✕ 缩小工艺的溶氧；◆ 优化工艺的鸟苷产量；▲ 缩小工艺的鸟苷产量

第七章　发酵过程监测与控制

○○ ——— ○○ ○ ○○ —————

第一节　概述

科普导读

　　微生物生长是受内外条件相互作用调控的复杂过程，外部条件包括物理的、化学的及发酵液中的生物学条件，内部条件主要是细胞内部的生化反应。通常发酵过程的操作只能对外部因素进行直接控制，所谓控制一般是将环境因素调节到最适条件，使其利于细胞生长或产物的生成。因此，发酵过程的操作需要了解一些与环境条件和微生物生理状态有关的信息，即需要对过程参数进行检测。

　　发酵参数和条件的检测是非常重要的，检测所提供的信息有助于人们更好地理解发酵过程，从而对工艺过程进行改进。发酵过程检测是为了获得给定发酵过程及菌体的重要参数（物理参数、化学参数和生物学参数）的数据，以便于实现发酵过程的优化、模型化和自动化控制。一般而言，由检测获取的信息越多，对发酵过程的理解就越深刻，工艺改进的潜力也就越大。发酵过程一般在无菌条件下进行，因而只能通过取样检测或在反应器内部进行直接检测的方法来获得相关信息。但是，用于检测仪表（传感器）和控制的花费较大，而且需要维护和校准，同时也有染菌的风险。随着计算机技术的迅速发展，新型检测技术的应用已使检测的仪表化表现出明显优势，例如，合理的仪表化和设备控制的重要性已在提高产品质量与产量、减少整个工艺过程的费用、产品研发等方面有所体现，它们正被越来越多地用于工业化生产。

一、发酵过程控制特性

　　标准化检测装置的大部分仪表用于检测温度、压力、搅拌转速、功率输入、流量和质量等物理参数。这些参数的测量在一般工业中的应用已相当普遍，在用于发酵过程检测时，只需进行微小的调整即可。化学参数检测技术中比较成熟的是尾气中 O_2 和 CO_2 浓度、发酵液 pH 的检测，溶氧、CO_2 浓度检测结果的可靠性和有效性还相对较差。目前较为缺乏的是用于检测发酵生物学参数的装置，如检测菌体量、基质和产物浓度等基本参数的传感器。目前，这些重要的生物学参数仍然很难实现直接在线检测。由于缺乏可靠的生物传感器，有关微生物的信息反馈量极少，这就使得发酵过程中微生物的状态只能通过理化指标间接得到。例如，构建物质平衡关系式是生化工程中的重要工具，由平衡关系式可以确定导出量，并能补充传感器直接测得的数值。物料平衡可用于估计呼吸商、氧吸收速率、CO_2 得率等导出量。微生物反应的参数检测及传感器具有以下特点。①需要检测的参数种类多。对于普通的化学反应过程而言，只需要检测温度、压力、反应物及产物的浓度等几个参数。但对于微生物反应，需要测定的参数非常多，如表 7-1～表 7-3 所示，这些参数可分为物理参数、化学参数和生物学参数三大类。②传感器直接装在反应器内使用时，必须能承受高温蒸汽灭菌，以避免灭菌后其性能下降。这一点对于防止染菌是完全必要的。

二、发酵过程主要检测参数

发酵过程中需要检测的参数主要包括物理参数（表 7-1）、化学参数（表 7-2）和生物学参数（表 7-3）。在各种参数的检测过程中，常使用各种仪表（传感器）。

表 7-1 发酵过程物理参数的测定

参 数 名 称	单 位	测定方法	测定意义
温度	℃,K	传感器	维持生长、合成
罐压	Pa	压力表	维持正压、增加溶氧
空气流量	vvm,m^3/h	传感器	供氧,排出废气,提高 $k_L a$
搅拌转速	r/min	传感器	物料混合,提高 $k_L a$
搅拌功率	kW	传感器	反映搅拌情况,$k_L a$
黏度	Pa·s	黏度计	反映菌体生长,$k_L a$
密度	g/cm^3	传感器	反映发酵液性质
装液量	m^3,L	传感器	反映发酵液数量
浊度	FTU	传感器	反映菌体生长情况
泡沫		传感器	反映发酵代谢情况
传质系数 $k_L a$	h^{-1}	间接计算,在线检测	反映供氧效率
加消泡剂速率	kg/h	传感器	反映泡沫情况
加中间体或前体速率	kg/h	传感器	反映前体和基质利用情况
加其他基质速率	kg/h	传感器	反映基质利用情况

表 7-2 发酵过程化学参数的测定

参 数 名 称	单 位	测定方法	测定意义
酸碱度(pH)		传感器	反映菌的代谢情况
溶氧	$\times 10^{-6}$	传感器	反映氧的供给和消耗情况
尾气氧含量	%	传感器,热磁氧分析	了解耗氧情况
氧化还原电位	mV	传感器	反映菌的代谢情况
溶解 CO_2 含量	%饱和度	传感器	了解 CO_2 对发酵的影响
尾气 CO_2 含量	%	传感器,红外吸收	了解菌的呼吸情况
总糖,葡萄糖,蔗糖,淀粉	kg/m^3	取样	了解基质在发酵过程中的变化
前体或中间体浓度	mg/mL	取样	产物生成情况
氨基酸浓度	mg/mL	取样	了解氨基酸含量的变化情况
矿物盐浓度(Fe^{2+},Mg^{2+},Ca^{2+},Na^+,NH_4^+,PO_4^{3-},SO_4^{2-})	%	取样,离子选择电极	了解离子含量对发酵的影响

表 7-3 发酵过程生物学参数的测定

参 数 名 称	单 位	测定方法	测定意义
菌体浓度	g(DCW[①])/L	取样	了解菌的生长情况
菌体中 RNA,DNA 含量	mg/g(DCW)	取样	了解菌的生长情况
菌体中 ATP,ADP,AMP 量	mg/g(DCW)	取样	了解菌的能量代谢情况
菌体中 NADH 量	mg/g(DCW)	在线荧光法	了解生长和产物情况
效价或产物浓度	g/mL	取样(传感器)	产物生成情况
细胞形态		取样,离线	了解菌的生长情况

① DCW(dry cell weight) 表示细胞干重。

在诸多物理参数中，温度、压力、流量、转速、补料速度和泡沫位是发酵过程中最重要的需随时检测和控制的参数，它们可以直接进行在线准确测量和控制。化学参数中，pH、溶氧和尾气组成可以进行在线检测，溶液成分的测定一般难于在线进行。目前细胞形态计算机图像分析系统可用于分析菌体的形态变化，并且能够快速、自动地给出生物学形态数据，从而用以指导发酵过程的控制，但是该仪器较为昂贵，难以推广应用。因此，需要开发廉价、简便、快速的在线检测技术，如激光测粒、荧光衍射等。

目前无法在线检测的化学参数和生物学参数，往往采用离线检测的方法，但检测时间长，所得数据无法用于实时控制。为了实现发酵过程中化学参数和生物学参数的在线检测，电极法和生物传感器已成为研究和开发的重点。目前，用于葡萄糖、酒精和青霉素等物质在线检测的传感器已研究成功，并在离线的条件下获得广泛应用。

此外，在发酵过程中还有一些间接参数是由以上参数经计算得到的。例如，对发酵尾气组分分析获得的数据进行计算，可以得到耗氧速率、二氧化碳释放率和呼吸商，进而可计算出菌体浓度和基质消耗速率等。另外，如呼吸强度、氧传递系数、比生成速率、菌体生长速率、产物得率等都可以通过间接计算的方法获得。它们是分析、判断和衡量发酵过程的重要参数，是对发酵过程进行控制的依据。

上述参数的检测结果反映了发酵过程中环境变化和细胞代谢的生理变化情况，从而为发酵过程的研究和控制提供了重要依据。

三、发酵过程常用传感器

传感器通常是指能够将非电量转换为电量的器件，它实质上是一种功能块。在由传感器、放大器和各种仪器组成的测量、控制系统中，传感器的作用是感受被测量对象的变化，并直接从被测对象中提取检测信息，也即将来自外界的各种信号转换成电信号。电信号可比较容易地进行放大、反馈、微分、存储，以及由电子计算机进行数据处理和控制，因而是实现检测与自动化控制系统的首要环节。在一个现代化的自动检测系统中，如果没有传感器，就不能对被测参量实现精确、可靠的测量；也无法检测与控制表征生产过程各个环节的各种参数。所以，在现代技术中，传感器是自动化仪表、电子计算机控制系统中的关键组成部分。传感器的检测对象非常多，主要有数量、长度、面积、体积、位置、含量、线性变化、旋转变化、畸变、压力、转矩、流量、流速、加速度、振动、成分配比、水分、离子强度、混浊度、粒状体、密度、伤痕、湿度、热量、温度、火灾、烟、有害气体和气味等 29 种。检测手段主要有射线（γ射线、X射线等）、紫外线、可见光、激光、红外线、微波、电、磁和声波等 9 种。传感器千差万别，种类繁多，有不同的分类方式。这里只介绍一些基本的在发酵过程中经常用到的在线测量传感器。

① pH 传感器：一般采用能够进行原位蒸汽灭菌的复合 pH 传感器。

② 溶解氧传感器：一般采用覆膜式溶解氧探头，实际上是测定氧分压。

③ 氧化还原电位传感器：一般用由 Pt 电极和 Ag/AgCl 参比电极组成的复合电极。

④ 溶解二氧化碳传感器：由一支 pH 探头浸入用 CO_2 可透过膜包裹的碳酸氢盐缓冲液中构成，缓冲液的 pH 值与待测发酵液中的 CO_2 存在平衡关系，从而缓冲液的 pH 值变化情况可以间接反映发酵液中的 CO_2 分压。

第二节　发酵过程主要状态参数的监测与控制

一、发酵过程中温度的检测与控制

温度是影响有机体生长繁殖和发酵最重要的因素之一。微生物的生长和代谢产物的合成都是在各种酶的催化下进行的，温度是保证酶活性的重要条件，因此任何生化反应过程都直接与温度有关。温度的影响是多方面的，通过影响菌体生长、代谢、产物生成而影响发酵的最终结果。

1. 温度对发酵过程的影响

温度对发酵过程的影响主要是影响微生物细胞的生长、产物生成和发酵液物理性质。大多数微生物适宜在 20~40℃的温度范围内生长。温度通过影响生物体内的各种酶反应而影响整个生物体的生命活动。在低温环境中，微生物生长延缓甚至受到抑制；在高温环境中，微生物细胞的蛋白质易变性，酶活性易遭受破坏，故微生物易衰老甚至死亡。

随着温度的上升，细胞的生长繁殖加快。这是由于生长代谢以及繁殖都是酶促反应。温度升高，反应速率加快，呼吸强度加强，必然导致细胞生长繁殖加快。但随着温度的上升，酶失活的速率也越快，菌体衰老提前，发酵周期缩短，很显然这对发酵生产是很不利的。各种微生物在一定的条件下都有一个最适的生长温度范围，在此温度范围内，微生物生长繁殖最快。微生物的种类不同，所具有的酶系及其性质不同，生长所要求的温度也不同。即使同一种微生物，由于培养条件不同，其最适温度也有所不同。

温度对产物生成的影响体现在影响发酵动力学特性、改变菌体代谢产物的合成方向、影响微生物的代谢调节机制、影响发酵液的理化性质等。从酶促反应动力学来看，在最适温度范围内升高温度，就可以加快反应速率。但酶本身极易因过热而失活，温度越高失活越快，表现出细胞容易衰老，发酵周期缩短，从而影响发酵过程的最终产物生成。研究表明一些产物的合成对温度是很敏感的。例如青霉素生产时如果偏离最适温度会导致产量明显下降。

温度除了影响生化反应的速率和方向外，还通过影响发酵液的物理性质来影响微生物的生物合成。例如温度不同会改变一些溶液的黏度，以及一些物质的溶解度，从而对微生物的生物合成产生影响（图 7-1）。

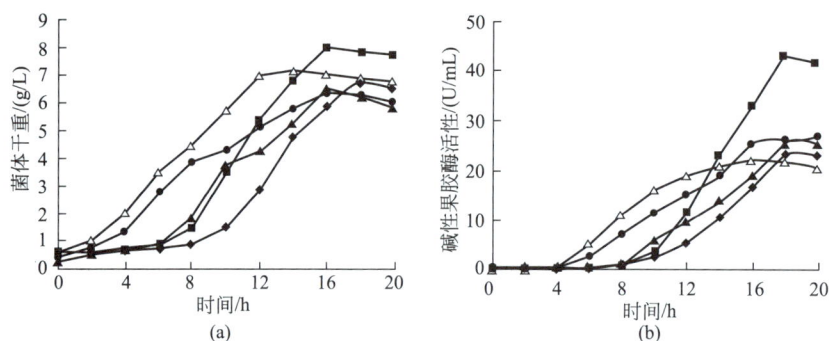

图 7-1 不同温度条件下 *Bacillus sp.* 发酵生产碱性果胶酶的过程曲线
◆ 32℃; ■ 35℃; ● 37℃; ▲ 39℃; △ 41℃

（1）影响发酵温度的因素　发酵过程中随着微生物对培养基中营养物质的利用、机械搅拌的作用，会产生一定的热量，同时发酵罐的散热、水分的蒸发等会带走部分热量，从而引起发酵过程中温度的变化。发酵热（$Q_{发酵}$）是指发酵过程中产生的净热量，它是引起发酵过程中温度变化的原因。发酵热的组成分别是生物热、搅拌热、辐射热和蒸发热。发酵热的通式为：

$$Q_{发酵} = Q_{生物} + Q_{搅拌} - Q_{蒸发} - Q_{辐射} \tag{7-1}$$

生物热（$Q_{生物}$）是指微生物的生长繁殖中，培养基质中的碳水化合物、脂肪和蛋白质被氧化分解为二氧化碳、水和其他物质时释放出的热。这些释放出的热一部分用来合成高能化合物，供微生物合成和代谢活动的需要；一部分用来合成代谢产物；其余部分则以热的形式散发出来。生物热一般与菌株和培养基有关。发酵周期内生物热的产生具有明显的阶段性，在微生物生长的不同时期，菌体的呼吸作用和发酵作用强度不同，所产生的热量也不同。在菌体处于对数生长时期，繁殖旺盛，呼吸作用剧烈，细胞数量多，产生的热量就多。

在好氧发酵中，机械搅拌是增加溶氧的必要手段。由于机械搅拌带动发酵液做机械运动，造成液体之间、液体与设备之间发生摩擦，因而产生了搅拌热（$Q_{搅拌}$）。搅拌热与搅拌轴的功率有关，计算公式为：

$$Q_{搅拌} = P \times 3601 \ (kJ/h) \tag{7-2}$$

式中　P——搅拌功率，kW；

　　3601——机械能转变为热能的热功当量，kJ/(kW·h)。

蒸发热（$Q_{蒸发}$）是指发酵过程中通气时，引起发酵液水分的蒸发，被空气和水分带走的热量，也叫汽化热。这部分热量在发酵过程中先以蒸汽形式散发到发酵罐的液面，再由排气管带走。可按下式计算：

$$Q_{蒸发} = q_m (H_{出} - H_{进}) \tag{7-3}$$

式中　q_m——干空气的质量流量，kg/h；

$H_{出}$、$H_{进}$——发酵罐排气、进气的热焓，kJ/kg。

辐射热（$Q_{辐射}$）是指由于发酵罐液体温度与罐外环境温度不同，发酵液中的部分热通过罐体向外辐射所产生的热量。辐射热的大小取决于罐内外温度差。

（2）发酵热的测定和计算　发酵热一般可以通过下列方法进行测定和计算。

① 通过测定一定时间内冷却水的流量和冷却水的进、出口温度，由下式计算出发酵热：

$$Q_{发酵} = G c_w (t_2 - t_1) \tag{7-4}$$

式中　G——冷却水的流量，kg/h；

　　c_w——水的比热容，kJ/(kg·℃)；

　t_1、t_2——分别为冷却水的进、出口温度，℃。

② 通过发酵罐温度的自动控制，先使罐温达到恒定，再关闭自动控制装置，测定温度随时间上升的速率，按下式计算发酵热：

$$Q_{发酵} = (M_1 c_1 + M_2 c_2) S \tag{7-5}$$

式中　M_1——系统中发酵液的质量，kg；

　　M_2——发酵罐的质量，kg；

　　c_1——发酵液的比热容，kJ/(kg·℃)；

　　c_2——发酵罐材料的比热容，kJ/(kg·℃)；

　　S——温度上升速率，℃/h。

2. 发酵温度的控制

为了使微生物的生长速率最快和代谢产物的产率最高，在发酵过程中必须根据菌种的特性，选择和控制最合适的温度。最合适温度是指在该温度下，最适合菌的生长或发酵产物的生成，是在一定条件下测得的结果。

选择最合适温度应该考虑两个方面，即微生物生长的最适温度和产物合成的最适温度。不同的菌种、菌种的不同生长阶段以及不同的培养条件，最适温度都会不同。在抗生素发酵中，细胞生长和代谢产物积累的最适温度往往不同。例如，青霉素产生菌生长的最适温度为30℃，但产生青霉素的最适温度是24.7℃。实际中在发酵青霉素的起初5h维持30℃，随后降到25℃培养35h，再降到20℃培养85h，最后回升到25℃培养40h放罐。采用这种变温培养方法在该实验条件下比25℃恒温培养所得青霉素产量提高了14.7%。因此应优先考虑最适合生长的温度，到青霉素分泌期则要把最适合青霉素积累的温度放在首位。

第七章

最适发酵温度的选择实际上是相对的，还应根据其他发酵条件进行合理调整，需要考虑的因素包括菌种、培养基成分和浓度、菌体生长阶段和培养条件等。例如在通气条件较差的情况下，最适合的发酵温度也可能比正常良好通气条件下低一些。这是由于在较低的温度下，氧溶解度相应大些，菌的生长速率相应小些，从而弥补了因通气不足而造成的代谢异常。因此，在各种微生物的培养过程中，各个发酵阶段的最适温度的选择是从各方面综合进行考虑确定的。为了将发酵温度控制在最适范围内，发酵罐上一般都设置热交换设备，例如夹套、排管或盘管等。将冷却水通入发酵罐的夹套、排管或盘管等，冷却水可与发酵液进行热交换，起到降温的作用。调节发酵罐的夹套、排管或盘管等进水阀门的开度，便可以调节发酵温度。微生物各生理过程的最适温度见表7-4。

表7-4　微生物各生理过程的最适温度

菌　　名	生长最适温度/℃	发酵最适温度/℃	累积产物最适温度/℃
嗜热链球菌	37	47	37
乳酸链球菌	34	40	产细胞：25～30；产乳酸：30
灰色链霉菌	37	28	—
北京棒杆菌	32	33～35	—
丙酮丁醇梭菌	37	33	—
产黄青霉	30	25	20

二、发酵过程中 pH 的检测与控制

1. pH 传感器的工作原理

许多制造商可提供能够耐受加热灭菌的 pH 探头（电极）。图 7-2 为一种可灭菌的 pH 电极示意图。pH 传感器多为组合式 pH 探头，由一个玻璃电极和参比电极组成，通过一个位于小的多孔塞上的液体接合点与培养基连接，多孔塞一般位于传感器的侧面（图 7-3）。传感器的选择取决于发酵罐是原位灭菌还

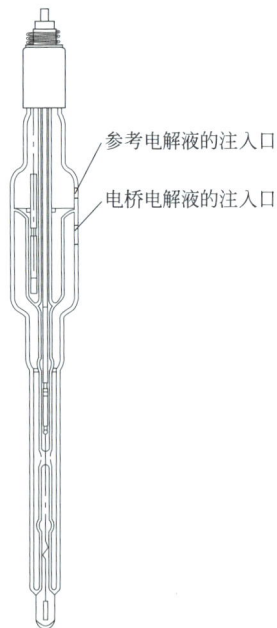

图 7-2　Ingold 可灭菌的 pH 电极

参考电解液的注入口
电桥电解液的注入口

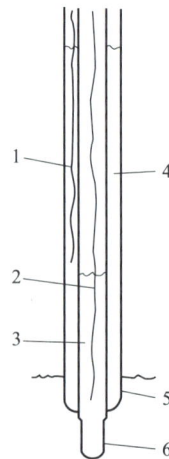

图 7-3　可灭菌的 pH 电极的典型设计示意
1—参比电极；　2—内部电极；　3—内部电解液；
4—参比电解液；　5—多孔塞；　6—pH 敏感玻璃

是在高压灭菌锅内灭菌。如果是原位灭菌，需将电极安装在一个由发酵罐制造商提供的专用外壳内，以使电极的外部在灭菌时能耐受高于 1.01325×10^5 Pa 的压力，这是为了防止罐压使物料流入多孔塞中。如果是高压灭菌锅灭菌，则需要采用特殊的点连接方式，以防因电极暴露于高压蒸汽中所带来的问题。

pH 探头是一种产生电压信号的电化学元件，其内阻相当高（$10^9\,\Omega$ 以上），因此产生的电位是用一种高输入阻抗的直流放大器来测量，这种放大器可以获取微量电流。pH 计及控制器都含有合适的放大器。探头的高阻抗对传感器和 pH 计之间的连接器和电导线有着严格要求。

许多发酵过程在恒定的 pH 或小范围波动的 pH 内进行时最为有效。培养基的 pH 在发酵过程中一般会发生变化，这是因为细胞或基质消耗会产酸或产碱。通过影响基质分解以及基质和产物通过细胞壁的运输，pH 对细胞生长及产物形成具有重要影响。因此 pH 是发酵过程中一个非常重要的因素。例如在抗生素发酵中，即使很小的 pH 变化也可能导致产率大幅下降；在动物细胞培养中，pH 对细胞生存能力具有很大影响。

pH 表示溶液中 H^+ 的活度，定义如下：

$$pH=-\lg[H^+] \tag{7-6}$$

pH 的范围是 0～14，酸性溶液 pH<7，碱性溶液 pH>7，pH=7 相当于纯水。pH 的测量基于标准氢电极的电化学性质的绝对基准。实践中应用可灭菌的由玻璃电极和参比电极组合而成的 pH 探头，其结构原理如图 7-4 所示。

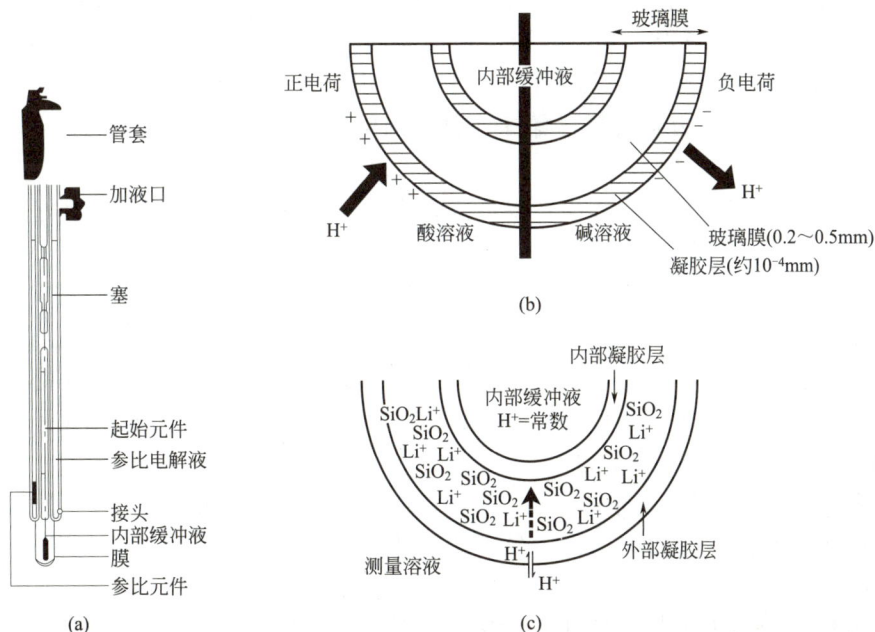

图 7-4　组合式 pH 电极的结构
（a）玻璃膜的功能示意；（b）和（c）玻璃膜的剖面

电极的基础部分是极薄的玻璃膜（0.2～0.5mm），它可与水发生反应，形成厚度为 50～500nm 的水合凝胶层。这一凝胶层存在于膜的两侧，是正确操作和保养电极的关键部位。凝胶层中的 H^+ 是流动的，膜两侧离子活度之差形成 pH 相关的电位。

电极末端的球形元件采用能对 pH 产生相应的玻璃制成，可将响应限定在电极顶端小面积的玻璃膜内。通过在电极的球内填充缓冲液来维持玻璃膜内表面的电位恒定，该缓冲液经过精确测定，并具有稳定的组分及恒定而精确的 H^+ 活度。液体中 pH 的变化会导致膜外表面的电位发生改变，因此检测时需要一个参比电极来共同构成检测回路。在这种组合电极中参比电极是构成电极的主要部分，由含有饱和 AgCl 的 KCl 电解液中的 Ag/AgCl 电极组成。这种参比电极一定要与过程流体直接接触，因为它需要连续电流。通过使用横隔膜可以实现将参比电极与过程流体直接接触，从而使微量但连续的电解液透过膜而向外流动，并能够保持连续，同时可防止过程流体污染电极。

2. pH 传感器的使用和维护

（1）使用　在使用时，通常先将 pH 传感器加上不锈钢保护套，再插入发酵罐中。大多数 pH 传感都具有温度补偿系统。由于电极内容物会随使用时间或高温灭菌而不断变化，因而在每批发酵灭菌操作前后均需进行标定，即用标准的 pH 缓冲液校准。通常 pH 传感器的测定范围是 $0 \sim 14$，精度达 $\pm (0.05 \sim 0.1)$，响应时间为数秒至数十秒，灵敏度为 0.1。

① 校准　由于发酵过程中重新校准十分困难或者不可能，必须在使用前对传感器进行校准，这是对发酵罐进行灭菌前的最后一步操作。传感器的校准在发酵罐外进行，将 pH 电极浸没到含一种或多种标准缓冲液的适当容器中进行校准。pH 电极需与发酵过程中使用的 pH 计相连接，pH 计的校准装置可按常规的 pH 计校准步骤来调整。

② 灭菌　校准以后，应将传感器插入到发酵罐中并进行密封。采用高压灭菌锅灭菌时，一般将 pH 计的连接线移开，灭菌后重新连接，pH 传感器开始工作。也有实验操作人员用酒精对 pH 传感器单独消毒（即不放入灭菌锅，主要是为了延长传感器的使用寿命），然后将 pH 传感器立即插入且密封在罐内（必须指出，这一过程可能染菌，尽管有些报道称在研究中规则地使用这一步骤没有问题）。具体方法如下：放好传感器，加上一个合适的配件以使 pH 探头易于由发酵罐顶盘进行安装，然后将其在无水酒精中至少放置 1h。探头和配件必须很干净，探头的浸没位置应高于配件。最后应迅速地将传感器转移到预先灭好菌的发酵罐中，其已与空气供应系统相连，而且其中的空气已开始流动。

③ 校准的检查　在灭菌或使用过程中，很可能会使校准发生偏移。对于状况良好的传感器，这种偏移不会超过 0.2 个单位。但仍建议在发酵罐灭菌以后进行校准或者再校准。目前已有适用于较大发酵罐的这种系统，可以完全无菌地取出传感器，再将其部分地插入校准缓冲液中进行校准。在实验中检查校准的较好方法是对发酵液进行无菌取样，在发酵罐外测量其 pH 值，然后与传感器的读数进行比较。如果采用这一方法，应在取样后对 pH 值尽快进行检测、读数。因为细胞在不断变化的条件下（例如在连续培养中氧和基质的消耗）进行连续代谢，如果培养基的缓冲性能较差，pH 在几分钟内即可发生显著变化，从而无法正确检查传感器的校准。

（2）维护　pH 电极是一种电化学传感器，其原理是利用电极和待测溶液间发生的可逆反应来测量 pH 值的。如果在玻璃膜上有固体沉淀物或参考系统的反应影响该可逆反应，则信号的精确性就会降低。

① 电极功能维护　如果待测溶液污染了电极或电极老化，则会造成电极响应时间增加、零点漂移、斜率减小等现象。电极的使用寿命取决于玻璃的化学性质。即便是电极不投入使用，高温也会减少电极的寿命。在实验室条件下，电极的使用寿命可多于 3 年。如果电极在 80℃ 下进行连续测量，则电极的使用年限会大大下降（可能只能用几个月）。

避免污染的方法：a. 经常用适当溶剂冲洗电极；b. 如果有固体物质沉淀于膜表面，则可提高搅拌转速或增大通气速率去除之。

当电极的玻璃膜和连接部受污染后，则电极应及时清洗。根据污染的不同类型，可采用不同的清洗方法，如表 7-5 所示。

表 7-5　清洗方法

污　染　类　型	清　洗　方　法
含有蛋白质的待测溶液（接合处污染）	电极浸入胃蛋白酶/HCl 几小时
含有硫化物的待测溶液（接合处变黑）	接合处浸入尿素/HCl 溶液直至发白
脂类或其他有机待测溶液	用丙酮或乙醇短时间冲洗电极
酸溶或碱溶的污染物	用 0.1mol/L NaOH 或 0.1mol/L HCl 冲洗电极几分钟

　　在用这些方法处理过电极以后，应将电极浸入参考电解液中 15min，在测量之前还要标定电极，这是因为清洗液也会扩散进入结合处，引起扩散电势。电极只能淋洗，不能擦洗或机械清洗，因为这种洗法会导致静电荷，同时会增加电极测量响应时间。

　　当参考电极的传导元件已不再能完全浸入到电解液中（由于电解液会通过接合处扩散），或参考电解液已污染（由于待测溶液的扩散），或参考电解液由于水分蒸发引起浓度升高时，电极需要补充或更新。在更新电解液时要注意使用与电极相同的电解液。

　　此外，当充液式 pH 电极用于反应器或管线中 pH 测量时，电极必须在正压下操作，以防止参考电解液被待测溶液污染。

　　② 电极储存　电极应储存在参考电解液中，这便于电极即时投入使用，同时保证电极的响应时间较短。如果电极干燥长时间储存，为了获得准确 pH 测量，则在再次使用前往往需要浸入到参考电解液中活化数小时，也可以使用特定的活化溶液；如果电极是放入蒸馏水中储存，则其响应时间会延长。特别要注意，有些电极是不能干燥储存的。

　　③ 温度补偿　pH 范围（0～14）取决于水中离子的产生，水中游离 H^+ 和 OH^- 是很少的。

$$[H^+][OH^-]=10^{-14}=I(25℃) \tag{7-7}$$

　　离子积 I 与温度有密切关系，而温度通过待测溶液的温度系数、温度影响电极斜率（参见"能斯特方程"）、等温内插点的位置和电极扩散响应时间（由温度变化引起的）四个方面影响 pH 测量值。

　　温度系数表征待测溶液的温度与 pH 间的关系，它是待测溶液的特征常数。温度改变引起溶液 pH 值改变的原因是温度不同，离子积不同，则导致 $[H^+]$ 浓度改变。这种改变是确实的离子浓度改变而不是测量误差，如表 7-6 所示。

表 7-6　温度对 pH 的影响

溶　液	20℃	30℃	溶　液	20℃	30℃
0.001mol/L HCl	pH3.00	pH3.00	磷酸盐缓冲液	pH7.43	pH7.40
0.001mol/L NaOH	pH11.17	pH10.83	三羟甲基氨基甲烷缓冲液	pH7.84	pH7.56

　　在实际测量中要特别注意，只有当电极标定与待测溶液的温度相同时才能看到准确的 pH 测量值。温度与电极的斜率关系由能斯特方程描述：

$$E=E_0-2.303\frac{RT}{F}\Delta pH \tag{7-8}$$

式中　ΔpH——玻璃膜内外的 pH 差值；

　　　　F——法拉第常数；

　　　　R——气体常数；

　　　　T——热力学温度。

　　因此斜率随温度升高而增大，为此转换器需要有温度补偿的功能。

　　在理想情况下，电极的标定线在不同的温度下都交于电极零点（pH7 对应于 0mV），如图 7-5 所示。由于 pH 电极的

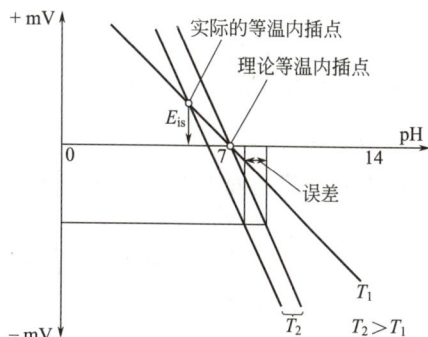

图 7-5　标定线和等温内插点

总电势是许多电势的总和，而它们又有其各自的温度效应，所以一般等温内插点不满足电极的零点，即理想情况下，在温度25℃，pH=7时为0mV。

近些年来，电极的研究工作主要集中在使等温内插点与电极零点尽可能接近，两者越接近，温度补偿的误差就越小。此外，测量误差随着标定于实际使用温度差的增加而增加，一般这种误差在0.1pH单位。

三、发酵过程中溶氧的检测与控制

1. 溶氧浓度测量原理

发酵液的溶氧浓度是一个非常重要的发酵参数，它既影响细胞的生长，又影响产物的生成。这是因为当发酵培养基中溶氧浓度很低时，细胞的供氧速率会受到限制。反应器条件下溶氧的检测远比温度检测要困难，低溶氧也使检测非常困难，除非采用直接的在线检测。

溶氧浓度的检测方法主要有3种：①导管法（tubing method）；②质谱电极法；③电化学检测器。因为上述方法均使用膜，因而检测中出现的问题也具有某些共性。其共性是使用膜将测定点与发酵液分离，使用前均需进行校准。

在导管法中，将一种惰性气体通过渗透性的硅胶蛇管充入反应器中。氧从发酵液跨过管壁扩散进入管内的惰性气流，扩散的驱动力是发酵液与惰性气体之间的氧浓度差。惰性混合气中的O_2浓度在蛇管出口处用氧气分析仪测定。这种方法的响应速率较慢，通常需要几分钟，因为管壁对其扩散产生一定的阻力，从而使气体从蛇管到检测仪器的输送出现迟滞。此法简便且易于进行原位灭菌，但当系统校准时，由于气体中氧浓度远低于液体中与之相平衡的氧浓度，使得惰性气体的流动对校准产生很大影响。

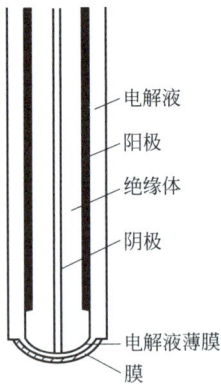

图7-6 电化学溶氧电极结构示意

图中标注：电解液、阳极、绝缘体、阴极、电解液薄膜、膜

在质谱电极法中，质谱仪电极的膜可将发酵罐内容物与质谱仪高真空区隔开。除了溶氧的检测外，质谱仪电极和导管法通常可检测任何一种可跨膜扩散的组分。

最常用的溶氧检测方法是使用可蒸汽灭菌的电化学检测器。两种市售的电极是电流电极和极谱电极，二者均用膜将电化学电池与发酵液隔开。对于溶氧测定，重要的一点是膜仅对O_2有渗透性，而其他可能干扰检测的化学成分则不能通过。电化学溶氧电极结构示意如图7-6所示。

O_2通过渗透性膜从发酵液扩散到检测器的电化学电池，O_2在阴极被还原时会产生可检测的电流或电压，这与O_2到达阴极速率成比例。需要指出，阴极检测到的实际是O_2到达阴极的速率，这取决于它到达膜外表面的速率、跨膜传递的速率以及它从内膜表面传递到阴极的速率。如果忽略传感器内所有动态效应，O_2到达阴极的速率与氧气跨膜扩散速率成正比，而且与氧从发酵液扩散到膜表面的速率相等，膜表面的扩散速率与氧传质的总浓度驱动力成比例。假定膜内表面的氧浓度可以有效地降为零，则扩散速率仅与液体中的溶氧浓度成正比，从而使电极测得的电信号与液体中的溶氧浓度成正比。

2. 溶氧电极

在工业发酵过程中因为要进行高温灭菌处理，所以发酵液溶氧浓度的测量采用耐高温消毒的带金属护套的玻璃极谱电极。这种溶氧浓度测量电极原理如图7-7所示，这是按照Clark原理设计的复合膜电极，复合膜由聚四氟乙烯膜和聚硅氧烷膜复合而成，它既有高的氧分子渗透性，又有储氧作用，可用来测量气体中的氧或溶氧。其中包括一个阴极（铂电极）和一个阳极（银电极），两电极之间通过电解质相联结。

当在阳极与阴极之间加一极化电压（0.6~0.8V），在有氧存在的情况下，在电极上将产生选择性的氧化还原反应。

阴极上反应：

$$O_2 + 2H_2O + 4e \longrightarrow 4OH^-　　　　　(7\text{-}9)$$

阳极上反应：

$$4Ag + 4Cl^- \longrightarrow 4AgCl + 4e^-　　　　　(7\text{-}10)$$

由此可见，在两电极之间就会有电流产生，典型的极化曲线（即电压与电流在不同的氧浓度下）如图 7-8(a) 所示，图中表示氧浓度分别为 1.5%、7%、12%、17% 和 21% 的电极极化电压与极化电流之间的关系。因此，当极化偏置电压一定，如 0.7V，这种电极极化电流的强弱与溶液中的氧分压呈线性关系，如图 7-8(b) 所示。根据 Fick 定律，其关系式为：

$$i = k_1 DaA \frac{p_{O_2}}{X}　　　　　(7\text{-}11)$$

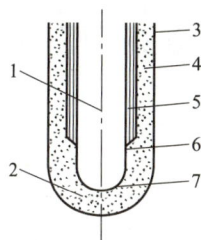

图 7-7　溶氧电极示意图
1—阴极；　2—气体渗透膜；
3—外壳；　4—电解质；
5—阳极；　6—绝缘体；
7—电解质膜

式中　i——电极电流；

　　k_1——常数；

　　D——膜中氧的扩散系数；

　　a——膜材料中氧的溶解度；

　　A——阴极表面积；

　　X——气体渗透膜的厚度；

　p_{O_2}——溶液中氧的分压。

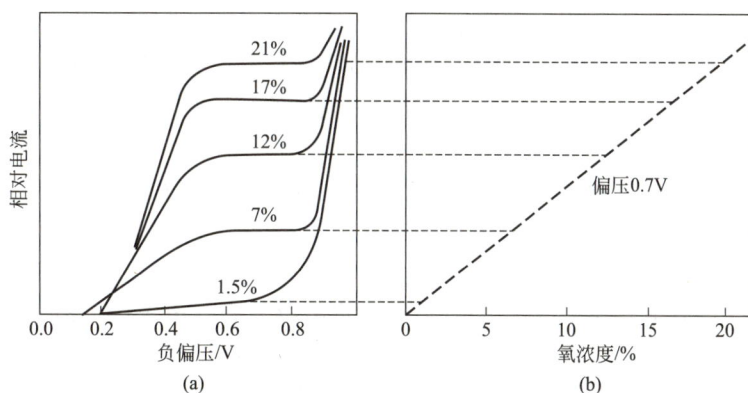

图 7-8　溶氧电极的极化电流与氧浓度关系

若电极材料一定，物理特性和尺寸一定，那么 k_1、D、A、a 和 X 都确定，则：

$$i = K p_{O_2}　　　　　(7\text{-}12)$$

$$K = k_1 DaA / X　　　　　(7\text{-}13)$$

因此，电极电流与氧分压成正比例关系。根据这个原理，就可以测量溶液中氧的含量。

因为溶氧电极测得的是氧在溶液中的分压，即电极电位与氧分压有关，但与溶液中氧的溶解浓度没有直接关系，所以溶氧电极测量到的信号并不是溶液中的氧浓度（mg/L）。但是，由 Henry 定律可知，溶液中的氧浓度与其分压（p_{O_2}）成正比关系，即：

$$c_L = p_{O_2} a_L　　　　　(7\text{-}14)$$

式中　c_L——溶液中氧浓度；

　p_{O_2}——氧分压；

　a_L——溶解度常数。

表7-7 溶液组成、温度对溶解度的影响

溶液组成	20℃、0.101MPa 溶解度
去离子水	9.2mg O_2/L
4mol/L KCl	2mg O_2/L
50%甲醇和水	21.9mg O_2/L

如果溶解度常数 a_L 是常数，那么氧电极电流就可以直接表示成溶液中氧的浓度。然而，溶解度常数 a_L 不仅强烈地受温度的影响，而且随溶液的组成变化而改变。例如，用空气来饱和表 7-7 中不同组成的溶液，其相应的在 20℃、0.101MPa 条件下的溶解度如表 7-7 中所示。因此，通常用溶氧电极来测量发酵液中的氧含量时，只有当发酵罐温度、压力以及发酵液的组成一定时，才能准确地反映发酵液中的氧浓度。

3. 溶氧电极的使用

使用溶氧电极时，对读数产生影响的有 3 个物理参数：搅拌、温度和压力。下面分别介绍其对读数的影响。

（1）搅拌的影响　由于溶氧电极在工作中存在明显的电流，自身消耗大量的氧。电极的信号与氧向电极表面传递的速率成比例，而氧的传递速率则受氧跨膜扩散速率控制。这一速率与发酵液的浓度成比例，其比值（以及电极的校准）取决于总的传质过程。电极的一般工作条件是，氧向膜外表面的传递速率很快且不受限制。因此整个过程受跨膜传递的限制，比例常数（传质系数）较易维持恒定。发酵实验时搅拌操作可以获得满意的跨膜传递速率。需要指出，在对电极进行最初校准的过程中，必须对发酵罐进行搅拌。

（2）温度的影响　溶氧电极的信号随温度的升高而显著增强，这主要是因为温度影响氧的扩散速率。发酵实验过程中需控制发酵罐的温度，因为即使 0.5℃ 左右的温度变化，也会使电极信号发生显著变化（超过 1%）。溶氧读数的周期性变化（每隔若干分钟观察 1 次）显示了温度波动的影响，而且较大的温度变化能引起校准的较大漂移。因此在实验过程中改变温度控制时要格外注意。在以发酵罐的操作温度进行控制以前，需对溶氧电极进行校准。考虑到上述影响的存在，一些溶氧电极带有温度传感器等仪表，以实现自动温度补偿。此外，对于具有计算机监控的发酵罐，可利用来自独立的温度传感器的信号，由相关软件实现温度补偿。

（3）压力的影响　压力变化会影响溶氧电极的读数，尽管这实际上反映了溶氧的变化情况。电极的响应主要由溶液的平衡氧分压确定。读数通常表示为大气压下空气的百分比饱和度，100% 的溶氧张力（DOT）约相当于 160mmHg（1mmHg≈33Pa）的氧分压。如果发酵液的平衡气体总压发生变化，即使气体组分未发生变化（因为氧分压会成比例地改变），也会改变溶氧电极的读数。如果达到平衡，电极的信号可由下式确定：

$$p_{O_2} = c_{O_2} p_T \tag{7-15}$$

式中　p_{O_2}——电极测得的氧分压；

　　　c_{O_2}——氧在气相中的体积分数或摩尔分数；

　　　p_T——总压。

因此发酵液中气泡压力的改变会影响溶氧张力，进而影响电极读数。在发酵罐中，流体静压不会显著地影响气泡压力，但压头的改变则会对其产生显著的影响。一般出口滤器或管路压降可产生 7000Pa 左右的压头，这足以使电极信号上升 7%。在发酵过程中，大气压的变化也会引起读数变化，甚至在正常天气情况下，读数变化可高达 5%。

考虑到压力的上述影响，可采用下列方法对 pH 电极进行校准。

① 在大气压下对电极进行校准。这种情况下，实验中可能会获得超过 100% 的 DOT 值。这并不意味着发酵液中的空气处于过饱和状态，只是说明供气压力上升导致氧分压超过用于校准的氧分压。

② 在预期的操作压力下对电极进行校准。此时 100% 的读数表示发酵液相对于大气组分处于过饱和状态。

③ 根据氧分压或溶氧活度给出所有结果，基于校准条件下的计算值进行校准，这些是影响电极响应的最直接的参数。

（4）校准 在向发酵罐接种前需对氧电极进行校准。通常采用线性校准，包括零点和斜率的调节。零点是在向发酵罐中充入大量的 N_2（不含 O_2）后进行设定，这最好在灭菌后立即进行，因为灭菌过程中已除去大量可溶性气体。但是大多数溶氧电极在零点氧（不含氧）时的输出值接近于零电位，因此无须进行零点校准。但是当读数在极低的溶氧张力下设定时，需将电极的一根导线断开，将电流设置为零。如果需要在发酵后检查校准零点，简便方法是将少量亚硫酸钠加到发酵罐中，使其和氧迅速发生化学反应。但要注意，这种物质也会杀死细胞，所以应在发酵结束后使用。

其他需要校准的参数包括斜率、灵敏度满刻度和量程等。这些校准应该在接种之前、发酵罐大量充气后进行搅拌，在操作温度下进行。校准后可以给出空气的饱和度，溶氧计设定为可读取 100% 的溶氧张力，或者是适当的分压计算值。

四、发酵过程中泡沫的产生和消除

1. 泡沫形成的原因

好氧发酵过程中，泡沫的形成是有一定规律的。泡沫的多少既与通风量、搅拌的剧烈程度有关，又与培养基所用原材料的性质有关。发酵培养基中的蛋白质原料是主要的发泡物质，其含量越多越容易起泡。多糖水解不完全，糊精含量多，也容易引起泡沫的产生。培养基的灭菌方法和操作条件均会影响培养基成分的变化而影响发酵时泡沫的产生。菌体本身也有稳定泡沫的作用，发酵液的菌体浓度越大，发酵液就越容易起泡。

2. 泡沫的危害

对于发酵来说，过多的泡沫会给发酵带来很多负面的影响。如果泡沫太多而不及时消除，就会导致逃液，造成发酵液的损失。同时，泡沫使发酵罐的装料系数降低，增加了菌体的非均一性，增加了污染杂菌的机会。

3. 泡沫的检测和控制

根据泡沫形成的原因与规律，可从生产菌种本身的特性、培养基的组成与配比、灭菌条件以及发酵条件等方面着手，预防泡沫的过多形成。发酵工业上常用的消泡方法分为机械消泡和化学消泡两类。

（1）机械消泡 机械消泡是一种利用物理作用消除泡沫的方法。其原理是借助机械的强烈震动或压力的变化促使泡沫破碎。其优点是不用在发酵液中加入其他物质，减少了由于加入消泡剂所引起的污染机会。缺点是不能在根本上消除引起泡沫稳定的因素。机械消泡的方法分为两种，即罐内消泡和罐外消泡。

罐内消泡有耙式消泡桨、旋转圆板式、气流吸入式、冲击反射板式、碟式及超声波的机械消泡等类型。其中耙式消泡桨的机械消泡是将耙式消泡桨装于发酵罐内搅拌轴上，齿面略高于液面，当产生少量泡沫时，耙齿随时将泡沫打碎。冲击反射板消泡是把气体吹入液面上部，然后通过在液面上部设置的冲击板冲击反射，吹回到液面，将液面上产生的泡沫击碎的方法。

罐外消泡有旋转叶片式、喷雾式、离心力式及转向板式的机械消泡等类型。喷雾消泡，即将水及培养液等液体通过适当的喷雾器喷洒来达到消泡的目的。旋转叶片罐外消泡是将泡沫引出罐外，利用旋转叶片产生的冲击力和剪切力进行消泡，消泡后液体再回流至发酵罐内。

（2）化学消泡 化学消泡是使用化学消泡剂消除泡沫的方法，是目前发酵工业上应用最广的一种消泡方法。其优点是消泡作用迅速可靠，但消泡剂用量过多会增加生产成本，且有可能影响菌体的生长和代谢。

一般情况下，化学消泡剂是一种表面活性剂。当消泡剂接触气泡的膜面时，可降低气泡膜面局部的表面张力，由于力的平衡受到破坏，气泡便会破裂。当泡沫的表面存在极性表面活性物质而形成双电层时，加入带相反电荷的强极性消泡剂，可以与起泡剂争夺液膜上的空间，并可降低气泡膜面的机械强度，从而使泡沫破裂。当泡沫的液膜具有较大的表面黏度时，加入某些分子内聚力较弱的物质，可降低膜的表面黏度，促使液膜的液体流失而使泡沫破裂。

根据消泡原理和发酵液的性质，消泡剂必须具有以下特点：消泡剂必须是表面活性剂，具有较低的表面张力；消泡剂在气液界面的扩散系数必须足够大；消泡剂在水中的溶解度较小；对发酵过程无毒，对人、畜无害，不被微生物同化，对菌体生长和代谢无影响，不影响产物的提取和产品质量；不干扰溶氧、pH值等测定仪表的使用。

工业上常用的化学消泡剂主要有天然油脂类，如米糠油、棉籽油、猪油等；高级醇类，如聚乙醇、十八醇等；聚醚类，如聚氧丙烯甘油等；硅酮类，如聚二甲基硅氧烷及其衍生物等。消泡剂加入发酵罐内能否及时起作用主要取决于该消泡剂的性能和扩散能力。增加消泡剂扩散可通过机械分散，也可借助某种称为载体或分散剂的物质，使消泡剂更易于分布均匀。消泡剂的增效作用可通过消泡剂加载体、消泡剂并用和消泡剂乳化等实现。

五、发酵过程中 CO_2 的浓度和呼吸商的检测

1. 尾气 CO_2 分压的检测

发酵工业中常用的尾气 CO_2 分压（浓度）检测仪为红外线 CO_2 测定仪，其检测原理主要是在近红外波段 CO_2 气体的吸收造成光强度的衰减，其衰减量遵循 Lambert-Beer 定律，即：

$$\lg\left(\frac{I}{I_0}\right) = aL / c_{CO_2} \tag{7-16}$$

式中 I_0、I——入射光强度和衰减后光强度；

a——光吸收系数；

L——光透过气体的距离，m；

c_{CO_2}——CO_2 气体的体积分数，%。

例如，波长为 4300nm 的红外光吸收 CO_2 测定仪，可测定的 CO_2 浓度为 1%～100%，精度为 ±(0.5%～1%)FS，响应时间为数秒，灵敏度为 ±(1%～2%)FS。CO 等在相近波长处具有红外吸收峰的其他气体对测定精度有影响。

大规模发酵过程的 CO_2 气流的测量可以简单实现，这具有重要价值，也是发酵过程控制中重要的在线信息。确定产生的 CO_2 的量有助于计算碳回收。有研究者发现了生物量生长率及 CO_2 生成速率之间的线性相关性，并开发出用于估计细胞浓度的模型；也有研究者设计了简单的算法，由在线检测的尾气 CO_2 的数据来估计比生长速率。

在现代化的通风发酵罐中，为全面监控发酵过程，通常均安装尾气的氧浓度和 CO_2 浓度检测仪，当然这需要取样系统来连接。尾气检测系统的流程如图 7-9 所示。

2. 呼吸商

二氧化碳释放速率除以氧消耗速率所得到的商叫做呼吸商（RQ），即：

$$RQ = \frac{r_{CO_2}}{r_{O_2}} \tag{7-17}$$

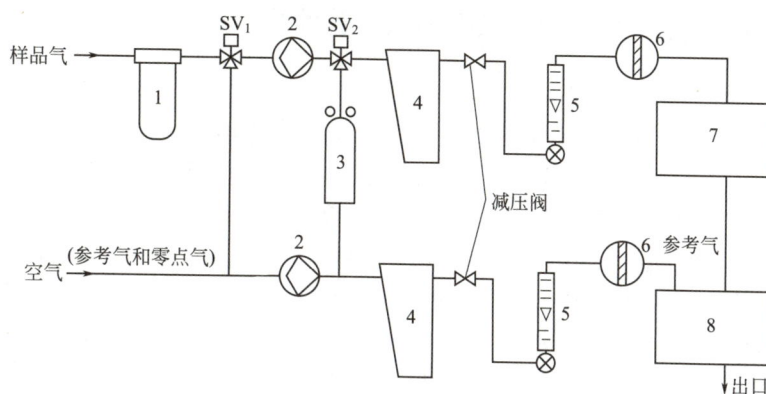

图 7-9 通风发酵罐尾气检测流程

1—粗滤器；2—膜片泵；3—储气瓶；4—除水器；5—流量计；6—精过滤器；
7—CO_2 检测仪；8—氧分析仪

呼吸商是各种碳能源在发酵过程中代谢状况的指示值。在碳能源限制及供氧充分的情况下，各种碳能源都趋向于完全氧化，呼吸商应接近于表 7-8 所列的理论值。而当供氧不足时，碳能源不完全氧化，可使呼吸商偏离理论值。

表 7-8 一些碳能源完全氧化后的理论呼吸商

碳能源	理论呼吸商	碳能源	理论呼吸商	碳能源	理论呼吸商	碳能源	理论呼吸商
葡萄糖	1.0	甲烷	0.5	乳酸	1.0	蛋白质	约0.8
蔗糖	1.0	甲醇	0.67	甘油	0.86		
淀粉	1.0	己醇	0.67	油脂	约0.7		

以葡萄糖为碳能源培养酵母的过程为例，呼吸商呈现如下的变化规律：在充分供氧条件下，酵母利用葡萄糖进行生长，呼吸商接近于 1；在厌氧条件下，酵母进行发酵，将葡萄糖转化为乙醇，呼吸商显著上升；当葡萄糖耗尽，酵母在供氧条件下利用乙醇作为碳能源进行生长时，呼吸商下降到 1 以下；如污染其他微生物，在好氧条件下将乙醇氧化为乙酸，则呼吸商进一步显著下降。因此，在工业生产上，已成功地利用呼吸商监控这类发酵过程。

微生物利用的基质不同，其 RQ 值也不同。例如大肠杆菌以丙酮酸为基质时的 RQ=1.26；以乳酸为基质时的 RQ=1.02；以葡萄糖为基质时的 RQ=1.00。在菌体生长和发酵的不同阶段，其 RQ 值往往也不同。例如青霉素发酵过程中，菌体生长阶段的 RQ 值为 0.909，菌体维持阶段的 RQ=1，而在青霉素生产阶段的 RQ 值为 4。由此看，发酵早期主要是菌体的生长，RQ<1；在过渡期，菌体维持其生命活动及青霉素逐渐生成，基质葡萄糖的代谢不是仅用于菌体生长，此时 RQ 比生长期略有增加。产物形成对 RQ 的影响较为明显。如果产物的还原性比基质大时，其 RQ 值就增加；反之，当产物的氧化性比基质大时，RQ 就减小。

实际生产中，RQ 值明显低于理论值，说明发酵过程中存在着不完全氧化的中间代谢产物和除葡萄糖之外的其他碳源。一般来说，在菌体生长的初期，在维持总碳量不变的前提下，提高油和碳的比例，会导致菌体浓度增加减慢；而提高碳和油比例会使菌体浓度迅速增加。因此，可以通过控制碳和油的比例来控制菌体生长和使菌体浓度处于最佳状态。

对于使用混合碳能源的发酵过程，由呼吸商的变化还可以推断出不同碳能源利用的先后顺序。例如，当以葡萄糖和油脂作为复合碳能源时，如果呼吸商先高后低，则说明葡萄糖先于油脂被利用。

六、发酵过程中细胞浓度、产物浓度和底物浓度的检测

1. 细胞浓度的检测

（1）细胞浓度的检测方法及原理　菌体浓度的测定可分为全细胞浓度和活细胞浓度的测定。前者的测定方法主要有湿重法、干重法、浊度法和湿细胞体积法等；后者则使用生物发光法或化学发光法进行测定，例如，可通过对发酵液中的 ATP 或 NADH 进行荧光检测而实现对活细胞浓度的测定。

生物量（biomass）和细胞生长速率的直接在线检测，目前尚难以在所有重要的工业化发酵过程中应用。最普通的离线检测方法是细胞干重法、显微镜计数法。光密度法有时也可实现生物量的在线检测，其他的生物量浓度在线检测方法包括浊度、荧光性、黏度、阻抗和产热等的检测。一种更深层的测定生物量的方法应用了质量平衡，这一方法使用已知的产量系数，这些系数是在过去操作经验基础上得来的，可以和其他测量得到的生产或消耗速率一起使用。如果已知由气体平衡得到的氧气消耗速率和氧/生物量的产量系数 $Y_{O_2/X}$（kg 消耗的氧/kg 生物量），就可以估算生物量的产率。这一方法也可利用测得的消耗基质、氮源或生成的 CO_2 质量来确定生物量。

许多市售的生物量传感器是基于光学测量原理制成的，也有一些利用过滤特性、细胞引起的悬浮液密度的改变或悬浮的完整细胞的导电（或绝缘）性质。已有一些直接用于估计细菌和酵母菌发酵液生物量的典型传感器。大多数传感器测量光密度（OD）。下面简要介绍几种常用的菌体浓度（生物量）的检测方法及原理。

① 光密度　应用光密度原理的生物量在线直接检测技术，有助于了解反应器中微生物的代谢过程。这种检测对 $E.coli$ 等球形细胞十分有效。检测中使用可灭菌的不锈钢探头，通过一个法兰盘或快卸接合装置将探头直接插入生物反应器中。

市售的 OD 传感器基于对光的透射、反射或散射而实现测定。由 OD 值直接地先验性计算干重浓度是不现实的，但这常用于校准系统。细菌的波长应选在可见光范围内；对于较大的微生物，则选用红外波长；对于更大的植物细胞培养或昆虫细胞培养，可由浊度测定法来估计。随着波长下降，许多基质对光的吸收增强，因此经常采用绿色滤光器、红外二极管、激光二极管或 780～900nm 的激光。用稳定的发光二极管（在 850nm 左右发光）可以得到廉价的变型光源。用几个 100Hz 的激光器进行调节，可以使环境光的影响降到最低。另一种方法是使用置于反应器外的、装有高质量分光光度计的光纤传感器，它可以在保护室中使用，但相对比较昂贵。

② 电性质　在低无线电频率下悬浮液的电容与浓度相关，该浓度是指由极性膜（即完整细胞）封闭的液体组分中悬浮相的浓度。生物量检测器可检测的电容为 0.1～200pF，无线电频率为 200kHz～10MHz。这一原理的局限是最大可接受的电导率（连续相的）约为 24mS/cm，而高密度培养时所用的浓缩培养基中，很容易达到这一极限电导率。气泡在检测过程中会产生噪声。

③ 热力学　检测生物量的另一种方法是测定细胞生长过程中的产热，而产热与活细胞量成比例。在明确限定的条件下，甚至对杂交瘤细胞等缓慢生长的微生物，或对以低生物量产量生长的厌氧细菌而言，量热法是估计其总生物量（或活生物量）较好的方法。

微生物生长过程中的净放热量取决于生物量浓度及细胞的代谢状态。厌氧生长的理论热力学推导给出产热系数 $Y_{Q/O}$ 为 460kJ/mol。实验证实这一预测是一很好的估计：许多实验中的平均值为（400±33）kJ/mol。在可用的 3 种方法（微热量法、流体量热法及热通量量热法）中，热通量量热法通常是用于生物过程检测的最好选择。动态热量计可以测定反应器温度 T_R 和夹套温度 T_J。在计算生物反应的热通量时，需要知道搅拌器的耗热或由于水蒸发的热损等各种热通量。总传热系数 $k_w[W/(K \cdot m^2)]$ 可通过电校准来简单地测定，热交换面积 $A(m^2)$ 一般恒定，两个参数可组合为 $k_w A$，则生物反应器的热通量为：

$$q = k_w A (T_R - T_J) \tag{7-18}$$

式中　q——热通量，W。

　　发酵规模越大，热通量量热法就越简单。

　　(2) 在线激光浊度计　一般在半连续发酵过程中，通过测量 pH、溶氧浓度，或者通过分析出口气体中氧浓度（O_2%）和发酵液体积（V），从而计算出摄氧速率（OUR）、二氧化碳释放速率（CER）和呼吸商（RQ）来调节营养物质的流加量。这种方法是一种间接的方法，若能直接在线测量生物质浓度，然后，依此信息来控制营养物质的流加速率，显然比间接方法要好。在线激光浊度计测量生物质浓度的最大问题是发酵液中的空气或 CO_2 气泡对测量信号的扰动，从而影响测量信号的准确性和这种仪表的可靠使用。为了克服这些扰动对测量准确性的影响，最简便的可实现的方法是采用合适的线性迭代分析算法来随机处理和分析这些采样数据，对这些信号进行平滑处理，从而得到生物质的干重浓度、比生长速率等极为重要的信息，再根据这些信息来自动补加营养物质。

　　激光浊度计测量生物质浓度系统原理如图 7-10 所示。系统由浊度传感器、激光浊度计、计算机接口、计算机系统所组成。在测量信号中显然包括许多噪声信号（或称扰动信号），因此信号处理不仅是为了平滑这些信号以去除噪声，而且可将其转换成生物质干重浓度 X(g/L)。培养液体积的变化可以通过补料罐的称重计量得到重量 W(g) 来换算。所有这些都要有相应的算法和计算机软件来处理。这些软件中，计算机存储浊度计变送器来的信息和重量 W 数据，平均 1min 一次，同时根据预先校验的数据应用插值方法，将浊度信号变换成干重浓度信号 X。

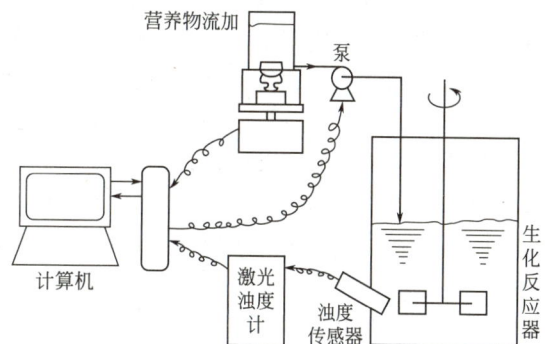

图 7-10　激光浊度计应用原理图

然后，在计算机中，乘以发酵液体积 V 得到 1min 前生物质的总量 XV 的计算值。计算机对每分钟的 XV 和 W 数据进行平滑处理，对过去 30min 内的 XV 和 W 的数据，再用一阶迭代分析获得近似的线性斜率方程，即实时得到生物质的体积增长速率 $d(XV)/dt$ 和重量变化速率 dW/dt。由此，计算机从采集到的 XV 值对其进行自然对数运算，即 $\ln(XV)$，这样就可以从刚才 30min 的一阶迭代方程估计 $d(XV)/dt$ 的斜率中估计出比生长速率 μ。

　　应用这一测量系统对高密度大肠杆菌细胞的培养过程进行生物质浓度的测量，其在线激光浊度计输出信号的瞬时随机数据如表 7-9 所示。其生物质体积增长速率 $d(XV)/dt$ (g/h) 和比生长速率 μ(h^{-1})，都可以从 XV 和 $\ln(XV)$ 获得。实验得到的数据经处理后可得 $\dfrac{d(XV)}{dt}$、μ 和 $\dfrac{dW}{dt}$，其值都十分相近，如表 7-10 所示。

表 7-9　在线激光浊度计输出信号的瞬时统计数据

项　　目	近似菌体浓度/(g/L)		项　　目	近似菌体浓度/(g/L)	
	10	70		10	70
培养条件			统计分析结果		
培养液体积/L	2.06	2.00	最小浊度	0.785	2.133
搅拌速率/(r/min)	700	50	范围	0.016	0.034
通气率/(L/min)	3.0	3.0	平均	0.793	2.150
统计分析结果			标准偏差	0.00300	0.00693
最大浊度	0.801	2.167	离散率/%	0.378	0.322

表 7-10　用线性回归分析计算 $\dfrac{d(XV)}{dt}$、μ 和 $\dfrac{dW}{dt}$ 的统计估计

项　目＼变　量	XV	$\ln(XV)$	W
斜率	$\dfrac{d(XV)}{dt}$	μ	$\dfrac{dW}{dt}$
确定率	0.966	0.961	0.9996

2. 底物（葡萄糖）浓度的检测

典型的用以检测葡萄糖浓度生物传感器的原理如图 7-11 所示，葡萄糖氧化酶（GOD）的催化反应：

$$葡萄糖 + O_2 + H_2O \xrightarrow{\text{GOD}} 葡萄糖酸 + H_2O_2 \tag{7-19}$$

氧气的消耗量可由生物传感器测出，这种生物传感器中，葡萄糖可渗透性膜包围溶氧电极尖端，保持溶氧电极的膜与葡萄糖氧化酶/电解液直接接触。溶氧电极可测量氧气从液体穿过溶氧电极膜到达阴极（氧气在此被还原）的流速。当与生物传感器结合使用时，氧气到达电极的流速下降，与 GOD 转化葡萄糖为葡萄糖酸时葡萄糖的消耗速率相等。这一速率与溶液中葡萄糖浓度成正比，因而溶氧电极读数的下降与所测的葡萄糖浓度成正比。如果反应中产生的葡萄糖酸没有及时去除，葡萄糖传感器的使用寿命较为有限。可将传感器转化为流通式（flow-through）系统，使酶液连续通过电极以去除葡萄糖酸，从而克服这一缺点。其优点是电极可以进行原位灭菌。

GOD 反应的另一应用中，可以使用连接了 pH 电极的酶和膜来检测质子流。在这种情况下反应中产生的质子，会使 pH 电极产生一个额外的与葡萄糖浓度直接相关的电位读数。使用过氧化氢酶可以检测反应中产生的过氧化氢。将过氧化氢酶与氧化酶联用是组合酶系统的一个例子，显示了多酶电极系统的巨大应用潜力。这一系统中合理布置的各种酶顺序地转化复杂的物质，最终产生一个简单的可测量的基于浓度的变化，从而实现对该物质浓度的检测。

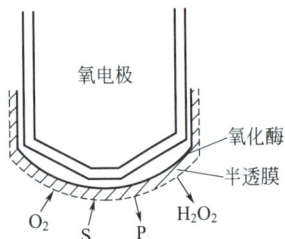

图 7-11　典型的用以检测
葡萄糖浓度生物传感
器的原理

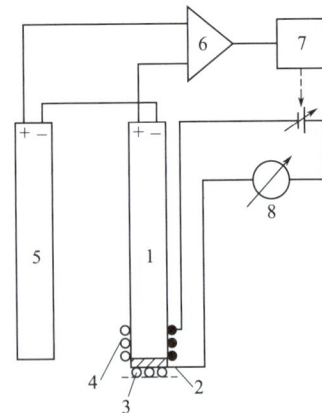

图 7-12　补偿式氧稳定酶电极
1—O₂ 电极；　2—固定有 GOD 和过氧化氢酶的 Pt 网；
3—透析膜；　4—围绕电极体的 Pt 线圈；
5—参比氧电极；　6—差分放大器；
7—Pt 控制器；　8—μA 计

（1）原位测定的补偿式稳定酶电极　为了克服溶液浓度变化对 GOD 酶电极的影响，有研究者提出一种补偿式氧稳定酶电极（图 7-12）。电极系统包括一支氧电极和由另一支氧电极制作的 GOD 酶电极，在酶电极敏感部位安装了铂丝电解电极对。在不含葡萄糖的样品中，酶电极与参比电极输出一致；当样

品中含葡萄糖时，葡萄糖透过膜与酶发生反应，由于氧的消耗，电极输出差分信号，表示测得的葡萄糖浓度，这一差分信号同时驱动铂丝产生电解电流，在酶电极敏感层的水分子电解产生 O_2，直到差分信号消除，由此保证酶电极附近的氧浓度与发酵罐中氧浓度一致。

　　这种酶传感器已被先后用于酵母菌和大肠杆菌的发酵控制。当改变发酵罐中氧浓度时，酶传感器测定结果与罐外常规分析结果吻合性很好。在厌氧发酵条件下，参比氧电极被一个恒定参比电位取代。由水分子的电解提供酶反应所需要的氧。这种传感系统结构比较复杂，当发酵液中氧浓度过低时，GOD活力会受到限制，从而影响检测。

　　（2）原位测定的介体酶电极　介体酶电极的最大特点是以介体作为电子受体，因而能抗氧干扰，是最有希望用于原位检测的方法之一。有研究者设计了一种改进型介体 GOD 酶电极（图 7-13），GOD 经羟基化后与经十六烷胺处理的石墨电极上的氨基共价结合固定。该酶电极的特点是：①对氧不敏感，当溶氧的饱和程度从 0 变化到 100％时，传感器对 20mmol/L 葡萄糖响应信号仅降低 5％；②使用寿命为14 天；③响应时间随使用天数的延长而增加，一般为 1～2.5min；④线性范围较窄，但在非线性范围（约 100mmol/L）仍可工作。

　　为了能进行原位测定，专门设计了一个不锈钢套，固定在发酵罐上，灭过菌后将酶电极、电极对及参比电极装入。电极外部组件均用 95％酒精消毒，电极套底部有一层聚碳酸滤膜（孔径 0.2μm）将酶电极与发酵液分开，以防止发酵液染菌。传感器套中还设计有液流腔，以便进行自动原位标定。

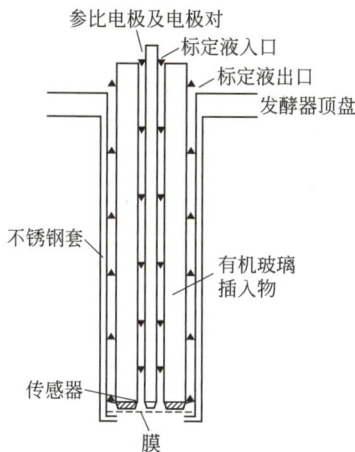

图 7-13　原位测定的介体酶电极结构示意

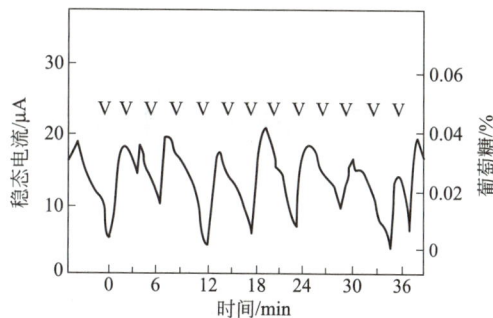

图 7-14　葡萄糖浓度的在线测定
∨代表补糖，终浓度控制相当于 0.03％

　　使用微机通过两个接口控制传感过程，一个接口用于平衡电压和检测响应电流，另一个接口用于控制电磁阀和蠕动泵的动作以进行自动标定。传感的异常响应能被"表决程序"辨认并予以删除。搅拌噪声用信号的平均值扣除，氧浓度变化引起传感器微小的线性漂移也可通过软件进行补偿。

　　有研究者用这种传感器连续跟踪 2L 和 20L 规模压榨酵母发酵罐中葡萄糖浓度的变化情况。在发酵液体积固定的条件下，用程序控制注射泵将 50％葡萄糖溶液按预设发酵模式以指数递减速率形式补入发酵罐，如图 7-14 所示，每个峰信号代表一次补糖操作。但也有例外，如果两次补糖只观察到一个峰，则可能是补糖速率超过了菌体氧化的耗糖速率。

3. 发酵罐内一级代谢产物（乙醇、有机酸等）浓度的在线测量

　　在发酵工业中，大多数采用半连续发酵形式，因为有些敏感营养物质浓度过高会抑制生物质的生长或产物的形成，为了获得高的优化产率，对这些抑制物质的浓度在发酵过程中要加以控制，使其保持在优化轨迹上。因此，发酵液中该物质浓度的测量就极其重要。然而，至今对这些物质浓度的测量还缺乏

工业上可用的在线测量仪表。

高压液相色谱（HPLC）广泛地用来分析液体系统中的有关组分浓度，这在化工、化学分析中大多用作离线分析。但在发酵过程中，发酵液中物质浓度的实验室分析测量过程往往要几个小时，这样，HPLC 的分析响应时间相对来说就可忽略，故可认为是在线测量。

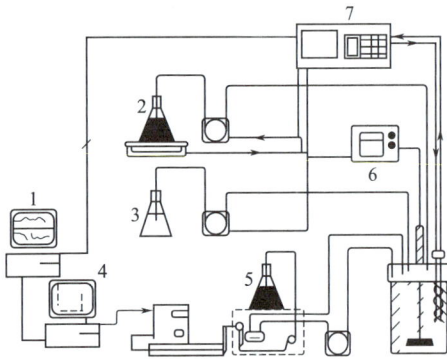

图 7-15　HPLC 在发酵中的应用

1—主机；　2—基质；　3—溶加；　4—HPLC-PC 机；
5—HPLC 过滤取样模件；　6—分析仪；
7—HP-349A 信号采集

利用 HPLC 在线测量物质浓度，并配有发酵出口气体 CO_2 分析仪和 pH 与氧化还原电极的发酵系统见图 7-15。在图 7-15 中，CO_2 分析仪、pH 和氧化还原电极这些信号由一台 HP-349A 来采集，然后送给主机。物质的浓度，如木糖、乙醇和有机酸等，通过对发酵液采样过滤后进入过滤取样模件（filter acquisition module，FAM），再由 HPLC 系统（FAM-HPLC）进行分析。FAM-HPLC 由一台 PC 来控制，这台 PC 测量记录 FAM-HPLC 分析的数据，然后再送给主机。在线的 HPLC 测量系统，首先将发酵液以 100mL/min 的速率连续取出，经过过滤把生物质从发酵液中分离出来，使清洁的发酵液注入 FAM-HPLC 系统，多余的发酵液再循环回到发酵罐中。经过滤的清洁发酵液通过取样回路，以 0.05mL/min 排放出来。每 30min，流经取样回路的样品在几秒内把已经过滤的发酵液 25μL 自动注入 HPLC 分析柱中。样品经分析，特定组分的浓度信号送到主机。主机根据这些信息来调整流加物质的流加速率。每 30min 采集分析一次，显然比 4h 取样分析得到的数据及时，但是，HPLC 系统作为发酵过程实时优化控制还有待进一步改进。

第三节　发酵过程先进的控制技术

微生物发酵过程是一个有着高度复杂、不可确定、多层次、非结构化及混杂的系统，随着其工业化进程的不断发展，生产及规模的逐渐扩大，其控制过程也正在向自动化和智能化转变，因此自动测量技术便成为实现自动控制的前提和基础。但是由于生物发酵的特殊性，使得一些相关的参数无法实时地进行测量。尤其是一些生物参数往往只能离线测量从而导致不能在第一时间发现和处理问题。同时，微生物发酵过程是一个非常复杂的跨尺度、非线性的动态系统，影响该过程的因素很多，如发酵液的组成、浓度、发酵温度、pH 值、溶氧以及菌体浓度等。通过计算机控制软件实现的方法是基于描述发酵过程的动力学模型。而利用微生物反应质能平衡关系和微生物反应动力学建立的数学模型存在精度低、应用范围窄等问题，实用价值不高，主要原因有：缺少可靠的模型描述过程中细胞生长和代谢产物的产生，亦即生物体的动力学特性常常是未知的；缺少适当的在线敏感元件以检测重要的过程状态变量；生物过程高度非线性和明显的不确定性与时变特性；微生物细胞内存在着复杂的调控系统，外部系统只能通过操纵细胞外环境来影响细胞内过程。目前大多数生物传感器，因为种种原因（如价格、稳定性、精度等）并不能广泛地应用于工业生产，所以基于人工智能的软测量技术便成为研究的重点。本节介绍两种先进的发酵过程控制技术，即基于人工神经网络的发酵过程模式识别与控制和基于细胞代谢网络模型的发酵过程在线控制。

一、基于人工神经网络的发酵过程模式识别与控制

近年广泛用于各个领域的人工神经网络（artificial neural network，ANN）技术具有很强的非线性

映射能力，它通过网络内部权值的调整来拟合系统的输入输出关系；即只根据输入输出数据来建立模型，网络的统计信息储存在连接权矩阵内，故可以反映十分复杂的非线性关系，网络的输出端点个数不限，因而很适合于多因变量、多自变量统计中的建模；其在发酵工业中广泛应用，已成为目前研究的热点之一。人工神经网络模型是近年来涌现出来的模仿人脑情报处理方式的新型数理模型。它具有高度的对环境的适应能力、自我组织能力、自我调整能力、学习归纳能力以及处理复杂和高度非线性系统的能力。只要过程的输入和输出之间存在着某种确定的对应关系，那么这种关系不管有多么复杂，都可以利用人工神经网络模型来加以关联，因此它可以称得上是一种万能的关联模型。建立人工神经网络模型就是通过对一系列所谓的学习训练输入输出数据进行学习，确定神经网络模型"最佳"的各层各神经元之间的结合系数。人工神经网络模型是 100% 黑箱性质的模型，其最主要的用途就是用于发酵过程的状态预测和模式识别，并可以结合其他一些控制和最优化的方法手段，比如说模糊逻辑控制、遗传算法等，从而间接地进行过程的优化和控制。

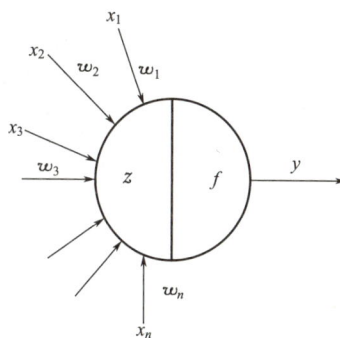

图 7-16 人工神经细胞数理模型

1943 年 McCulloch 和 Pitts 提出了图 7-16 所示的人工神经细胞的数理模型。即神经单元可以看成是一个多输入单输出的情报处理单元（元素），膜电位的变化量 y（单元输出）可以看成是所有输入元素的加权之和 z 的函数 [式(7-20)]。

$$z = \sum_{k=1}^{n} w_k x_k \quad y = f(z) \tag{7-20}$$

式(7-20) 中的函数 f 通常可以用如图 7-17(a) 所示的形式来表示。一种是所谓阶跃式（step function）的模型，即：

$$y = f(z) = 1(z - \theta) = \begin{cases} 1 & (z \geqslant \theta) \\ 0 & (z < \theta) \end{cases} \quad (\theta = 0) \tag{7-21}$$

式中 θ——就是所谓的"阈值"。

当所有输入元素的加权之和 z 超过阈值 θ 时，单元输出 y 取 1；否则取 0。另一种函数的表达形式则称之为 Sigmoid 函数，它也是最常见的人工神经细胞数理模型的表达形式。Sigmoid 函数可以用式(7-22) 来加以表示，即：

$$f(z) = \frac{1}{1 + \exp\{-(z - \theta)\}} \tag{7-22}$$

图 7-17(b) 就是 Sigmoid 函数的图形表现。当阈值 $\theta = 0$ 时，Sigmoid 函数如图中的实线所示。而当阈值 $\theta \neq 0$ 时，Sigmoid 函数则如图中的虚线沿横轴 z 方向平移阈值 θ 的长度。

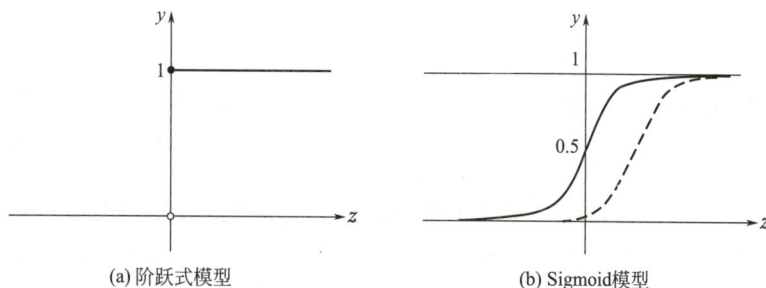

(a) 阶跃式模型　　　(b) Sigmoid模型

图 7-17 人工神经细胞的输出函数形式

按照人工神经网络单元结合形态的差异，一般可以根据图 7-18 的方式大致将其分成两类：阶层型的神经网络（multi-layered neural network model）和相互结合型的神经网络（fully connected neural network model）。

如图 7-18 所示，阶层型人工神经网络的特点是具有明确的输入层（input layer）、中间层或者称为隐藏层（middle layer 或 hidden layer）、输出层（output layer），且所有神经单元都是按照一定的顺序和方向结合在一起的；相互结合型人工神经网络则没有明确的阶层，而且各神经单元除了顺序连接外还带有反馈结合。

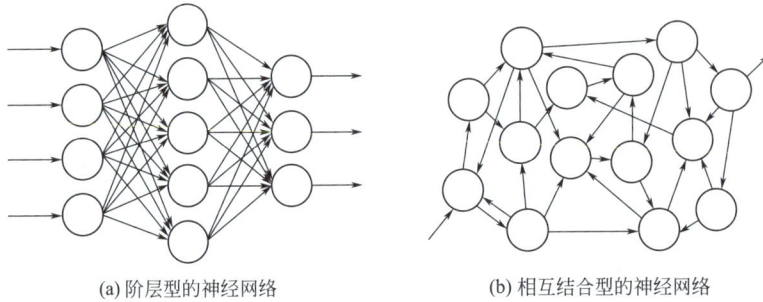

(a) 阶层型的神经网络   (b) 相互结合型的神经网络

图 7-18   人工神经网络的基本类型

所谓建立人工神经网络模型（ANN 模型）就是按照图 7-19 的方式，向网络层数和各层神经元数已经确定的人工神经网络提供一系列被称为"教师信号"的输入输出数据，通过比较人工神经网络和教师信号的输出，并采用适当的学习训练方法，逐步渐进地修改人工神经网络各层各神经单元间的结合系数或者说结合强度，使得人工神经网络的输出值与教师信号逐步趋向一致（误差最小）。20 世纪 80 年代以来，研究者们开发出了各种各样的学习训练方法，用来构建 ANN 模型，即确定人工神经网络各层各神经单元间的结合系数。其中比较知名的方法有：①误差逆向传播法（error back propagation method）；②霍普菲尔德网络法（Hopfield network method）；③波茨曼机器法（Potsman machine method）；④竞争学习法；⑤自我联想记忆法。在人工神经网络中最重要和运用最广泛的是阶层型神经网络，而在各类学习训练方法中最重要、同时应用也最广泛的则是误差逆向传播法。

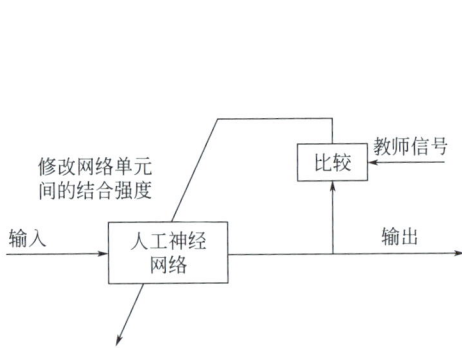

图 7-19   人工神经网络的训练和学习

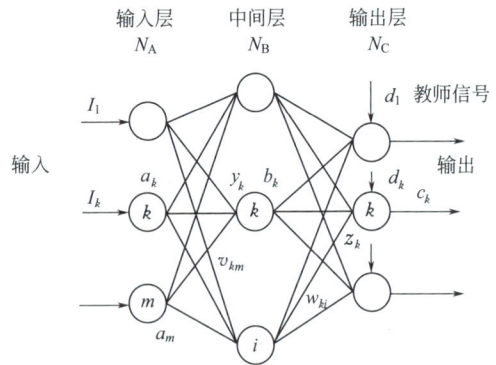

图 7-20   典型的 3 层阶层型人工神经网络误差反向传播学习算法

考虑图 7-20 所示的标准的 3 层阶层型人工神经网络。假定输入层的神经单元数为 N_A，第 k 个单元的输出为 a_k；中间层只有一层，神经单元数为 N_B，第 k 个单元的输出为 b_k；输出层的神经单元数为 N_C，第 k 个单元的输出为 c_k。人工神经网络的学习过程就是通过逐步修改人工神经网络各层各神经单元间的结合系数（$w_{ki},v_{km},\cdots$），使得人工神经网络输出层各神经单元的输出值 c_k 和教师信号 d_k 逐步趋向一致（$k=1,2,\cdots,N_C$），使得式（7-23）所示的目标函数即网络输出层中所有神经单元的输出值与相应的教师信号的总误差值达到最小。最常用的方法就是利用梯度法进行反复迭代计算，逐步渐进地求解出"最优"的结合系数。

$$E_1 = \underset{w_{ki},v_{km}}{\text{Min}} \left\{ E = \frac{1}{2} \sum_{k=1}^{N_C} (c_k - d_k)^2 \right\} \tag{7-23}$$

标准形式的误差逆向传播迭代计算方法如下：

$$w_{ki}(n+1) = w_{ki}(n) - \eta \delta_k^{(3)} b_i + \alpha \Delta w_{ki}(n)$$

$$v_{km}(n+1) = v_{km}(n) - \eta \delta_k^{(2)} a_m + \alpha \Delta v_{km}(n) \tag{7-24}$$

这里，

$$\Delta w_{ki}(n) = w_{ki}(n) - w_{ki}(n-1)$$

$$\Delta v_{km}(n) = v_{km}(n) - v_{km}(n-1)$$

式中　$\delta_k^{(2)}$ 和 $\delta_k^{(3)}$ ——分别可以看成是式(7-23) 中的目标函数 E_1 对第 2 层第 k 单元之间结合系数的导数和 E_1 对第 3 层第 k 单元之间结合系数的导数，限于篇幅，这里对 $\delta_k^{(2)}$ 和 $\delta_k^{(3)}$ 的具体计算公式予以省略；

　　　　n——表示反复迭代的次数；

　　　　η——学习系数（learning rate），其值在 0 到 1 之间，即 $0 < \eta < 1$；

Δw_{ki} 和 Δv_{km}——分别是惯性项；

　　　　α——惯性系数，其值也在 0 和 1 之间，即 $0 < \alpha < 1$。

按照式(7-24) 的计算方式，各层各神经单元的结合系数的修正是从输出层逐步向中间层和输入层反向展开的。因此，人们把这种输出层的评价误差反向传播的计算方法，称为误差逆向传播法。

在过去，建立 ANN 模型都是按照上述学习算法的计算步骤，自我编制计算机程序来进行的。近年来，随着计算机软件技术，特别是科学计算软件的发展和进步，诸如 Matlab 等含有人工神经网络模型软件工具箱的标准科学计算软件开始问世，并广泛地被研究者们所使用。在使用 Matlab 的 ANN 模型软件包时，只要向工具箱输入已知的教师信号系列数据，指定神经网络的层数和各层的神经元的个数，规定中间层和输出层的输出函数的形式，以及指定学习系数和惯性系数即可，从而可以省去繁琐的计算机编程过程。

人工神经网络误差反向传播学习算法的计算步骤如下。

① 假定一共有 M 套输入输出数据可以作为学习和训练用的教师信号，即 M 套过程输入和输出（教师信号）的数据对。在所有的输入输出数据中挑选其最大值，然后对数据对在 [0,1] 或者 [-1,1] 区间进行正规化（normalization）。

② 在 [0,1] 区间随机地产生各层各神经单元间的初始结合系数 $(\cdots, w_{ki}, \cdots, v_{km}, \cdots,)$，并将所有初始惯性项 $[\cdots, \Delta w_{ki}(0), \cdots, v_{km}(0), \cdots,]$ 的值规定为 0。

③ 启动 Matlab 的 ANN 模型软件包。指定神经网络的层数和各层的神经元的个数，规定中间层和输出层的输出函数的形式，指定学习系数和惯性系数。

④ 将 M 套过程输入和输出（教师信号）的数据对分别输入到人工神经网络的输入和输出层。

⑤ 运转软件，直到总的 2 乘误差收敛到某一规定的数值以下为止。

利用人工神经网络可以在线识别发酵过程的生理状态和浓度变化模式。DO-stat 法是利用 DO 的不断和持续的振动，将基质浓度控制在接近于 0 的低水平。但是，它的控制性能非常有限，因为发酵过程经常处在基质瞬时匮乏和瞬时过量的状态，并不有利于最大限度地增殖细胞和完全抑制代谢副产物的生成。因此，如果能够有效地识别和判断发酵过程所处的状态和溶氧浓度的变化模式，对于预测基质的浓度水平，进而对发酵过程实施有效的优化和控制是十分重要的。

一般来说，溶氧浓度出现振动现象，表明基质浓度处在很低的水平。实际上，DO-stat 法的控制模式造成了基质的流加速率时高时低，处在不稳定的振动状态。而溶氧浓度持续的不变化或者说处在非振动状态，则表明基质浓度过高，应该适度地降低基质的流加速率。然而，判断和识别溶氧浓度的振动和非振动，是难以用传统的数学模型来进行的。比如说，不同的振动可能具有不同的振幅、频率和振动形式，但它们都可以被看作是"振动"。人的肉眼和思维可以对这点进行判定，但是传统的数学模型或者统计学的方法却无法做到这一点。由于人工神经网络具有高度的学习归纳能力和对高度复杂、非线性系统的处理能力，人们试图利用 ANN 模型来对溶氧浓度振动和非振动的特性进行识别，进而推断基质的浓度水平，为后续的发酵过程优化和控制提供依据。

这里，（溶氧浓度的）时间系列数据可以按照图 7-21 所示的规则，顺序地进行分割处理。在浓度方向上将时间系列数据分成 N 个子空间，白色代表"0"，黑色代表"1"。在时间方向上将上述数据再分成 M 个子空间，一共有 $N \times M$ 个输入数据。然后，按照图 7-22 的方式依次将上述时间系列数据输入到一个标准的 3 层人工神经网络的输入层。人工神经网络的输入层一共有 $N \times M$ 个神经单元，中间层的单元数通过试行误差法确定，而输出层有两个输出单元 $O_1^{(3)}$ 和 $O_2^{(3)}$，分别代表"振动"和"非振动"。如果在某个时间观测窗口内，溶氧浓度的变化被认为是"振动"，则 $\{O_1^{(3)}, O_2^{(3)}\} = \{1, 0\}$；而如果溶氧浓度为"非振动"，则 $\{O_1^{(3)}, O_2^{(3)}\} = \{0, 1\}$。这里，输入层和中间层的黑色圆圈代表"偏差"单元，即所谓的"阈值"单元。

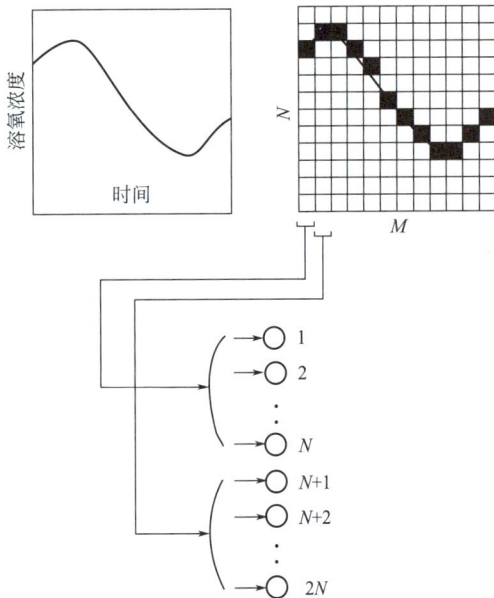

图 7-21　进行溶氧浓度变化模式识别时，
时间序列数据的离散化处理

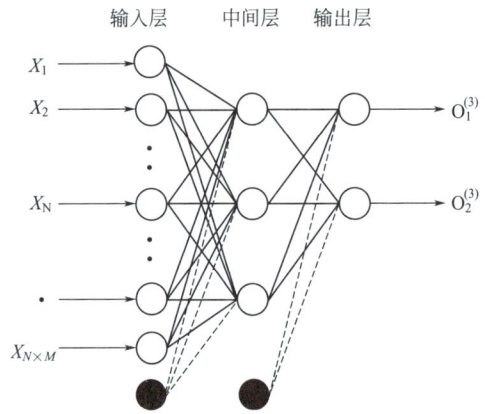

图 7-22　用于溶氧浓度变化模式识别
的人工神经网络模型

这里，使用两套完整的 *E.coli* B 流加培养的实验数据来对上述人工神经网络进行学习和训练，然后再利用所得到的 ANN 模型来对 *E.coli* B 流加培养实验中溶氧浓度的变化模式进行在线识别。这时，溶氧浓度的采样时间为 1min，浓度的分割区间 $N = 13$，时间序列数据的观测平移窗口的长度 M 为 10（10min）。神经网络的输入层一共有 131 个神经单元，中间层的单元数为 10，输出层的单元数为 2，即 $O_1^{(3)}$ 和 $O_2^{(3)}$。两套流加培养实验的结果如图 7-23 所示。

从图 7-23 中可以看出，在溶氧浓度出现振动的期间，葡萄糖的浓度基本上都处在很低的水平。而溶氧浓度处在非振动状态的期间，葡萄糖往往都是过量的。使用上述两套数据对图 7-22 所示的人工神经网络进行学习和训练，得到了 ANN 识别模型，其对一套 *E.coli* B 流加培养溶氧浓度的变化模式的在线识别结果如图 7-24 所示。按照事先的约定，如果溶氧浓度为"振动"，神经网络输出层第 1 个单元的输出值 $O_1^{(3)} = 1$；反之则为 0。从图 7-24 可以看出，ANN 模型的在线识别和判定效果还是比较满意的。

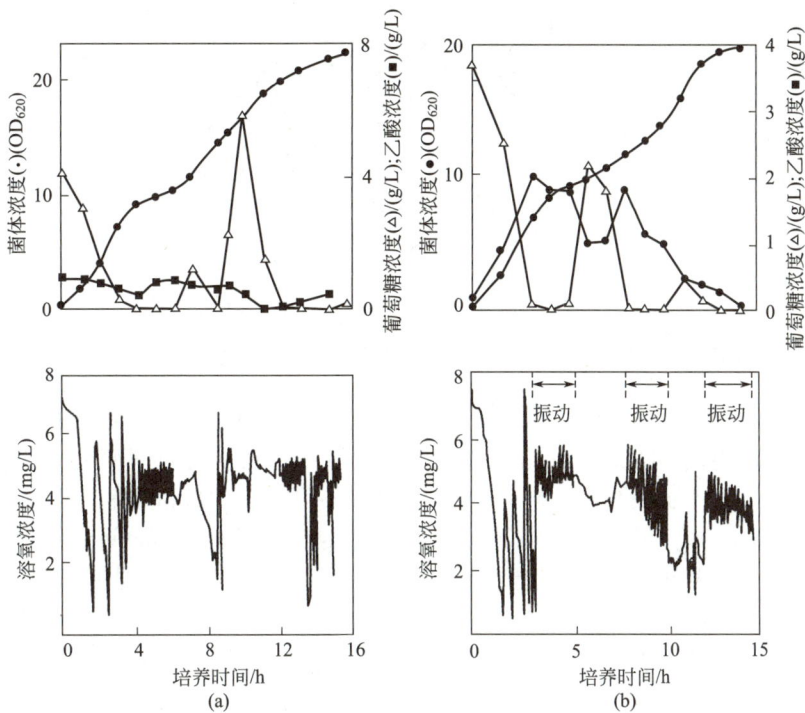

图 7-23　用于人工神经网络学习的两套大肠杆菌 E. coli B 流加培养的实验数据

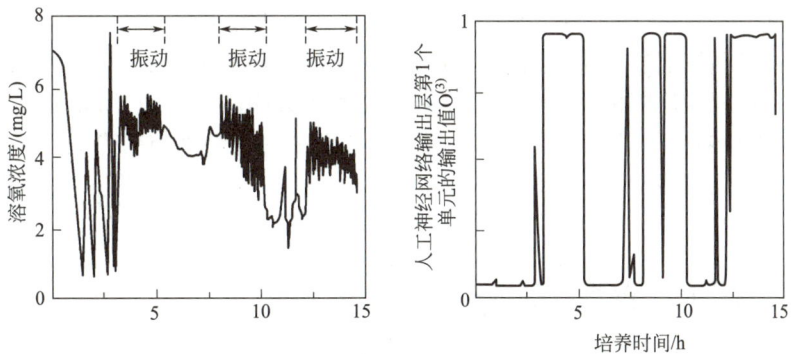

图 7-24　利用 ANN 模型识别 E. coli B 流加培养中溶氧浓度变化模式的结果

　　人工神经网络也可以用于发酵过程状态变量的预测。状态方程式通常是一个非线性的常微分方程组,其中有许多动力学模型参数需要利用实测数据来加以确定,这都将涉及使用非线性规划法或遗传算法确定过程模型参数的问题,而作为一种替代方法,ANN 模型也可以对发酵过程状态变量的时间变化进行直接的预测。利用酵母菌以及 Candida utilis 等进行废水处理、脱氮(主要是 NH_4^+)、脱碳(主要是丁酸)、生产单细胞蛋白(SCP)时,人们希望知道在给定的初始条件下当发酵进行到某一时刻过程的残氮量、残碳量以及菌体的生成量。这个状态预测的问题除了可以通过建立非构造式的动力学模型(状态方程式)的方法来加以解决之外,还可以利用 ANN 模型的方法来进行。

　　使用一系列已知的数据来对图 7-25 所示的人工神经网络进行学习和训练。神经网络的输入层有 5 个神经单元,分别输入发酵时间、菌体的初始浓度、氮源的初始浓度、碳源的初始浓度以及发酵的 pH。中间层的层数以及各层的单元数通过综合考虑模型精度、计算量、通用性能等,通过试行误差法加以确定。输出层则有 3 个神经单元,分别代表发酵 t 时刻时的菌体浓度、残氮量和残碳量。

第七章

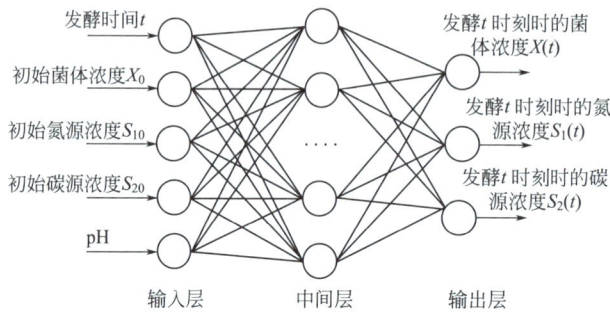

图 7-25　利用人工神经网络模型对发酵过程状态变量的变化进行预测

　　一共有两套类型的数据，此时所对应 ANN 模型也应该有两套。一套类型的数据是初始菌体浓度、残氮量和残碳量相同，不同 pH 条件下的生物量、残氮量和残碳量的时间变化曲线。将 pH6.5、7.5、8.0 和 8.4 时的数据作为学习和训练数据提供给图 7-25 所示的人工神经网络，然后，利用所得到 ANN 模型计算其他未知 pH 条件下（pH=8.2）的生物量、残氮量和残碳量的时间变化曲线。图 7-26 验证了该 ANN 模型的有效性，从图 7-26 中可以看出，无论是生物量、残氮量还是残碳量，ANN 模型的计算值都与实测值相一致，取得了很好的预测效果。另一套类型的数据则是初始菌体浓度、残碳量和 pH 相同，不同初始残氮量（NH_4^+ 浓度）下的生物量、残氮量和残碳量的时间变化曲线。这时，将初始 NH_4^+ 浓度为 0.08g/L、0.22g/L、0.56g/L 和 0.80g/L 时的数据作为学习和训练数据提供给第二个人工神经网络，然后，利用所得到的 ANN 模型计算其他初始 NH_4^+ 条件下（NH_4^+ 浓度=0.37g/L）的生物量、残氮量和残碳量的时间变化曲线，以验证该 ANN 模型的有效性。同样，无论是生物量、残氮量还是残碳量，该 ANN 模型的计算值都与实测值基本一致，预测效果基本良好。

　　这种基于人工神经网络的过程状态预测的模型和方法，完全撇开了传统的发酵反应动力学模型的形式，在某些条件下（比如说反应机理不明确，动力学模型的具体形式不明了），比传统的非构造式动力学模型的预测性能更加准确。但是，由于 ANN 模型毕竟是一种黑箱性质的模型，有着物理意义不明确等缺点，因此，用于神经网络学习和训练的数据一定要足够的多，数据范围一定要尽可能地全面铺开。使用神经网络进行"外推"的预测方法往往起不到很好的预测效果。

二、基于代谢网络模型的发酵过程在线控制

　　要实现发酵过程的控制和优化，就必须建立准确有效的数学模型。一般来说，发酵过程的数学模型有 3 类。一类是非构造式的动力学模型（unstructured model）。它是描述发酵过程特征和本质的、最常见的、使用最广泛的数学模型。在非构造式的动力学模型中，状态变量通常是一些反映生物量和化学量的浓度，如菌体浓度、底物浓度、代谢产物浓度等，可以用以发酵时间为独立变量的常微分方程（组）的形式来表示。许多常见的细胞增殖和代谢产物生成模型，如 Monod 增殖模型、Luedeking-Piret 产物生成模型就属于此类。非构造式模型的缺点有两个：①模型参数的数量多，而且其物理意义也不十分明确，求解模型参数是一个非常复杂和困难的过程；②模型及其参数是根据离线测量数据求解和计算得到的，它不能实时适应和把握环境因子、发酵条件、发酵批次等出现的变化和漂移，即由于发酵过程的时变特性，模型的通用能力有限。另一类是基于时间序列数据的黑箱性质的模型，这种模型考虑的仅仅是发酵过程的表观动力学特性，而根本不考虑过程的本质和各类反应的机理和机制。有两种黑箱性质的模型最常见、也应用得最为广泛：一种是基于过程状态变量和操作变量时间序列数据的线性自回归平均移动模型；另一种则是所谓的人工神经网络模型。其中，人工神经网络模型在发酵过程的建模中应用得比较广泛。人工神经网络模型的最大缺点就是它需要大量的实验数据来对神经网络进行学习和训练，否则

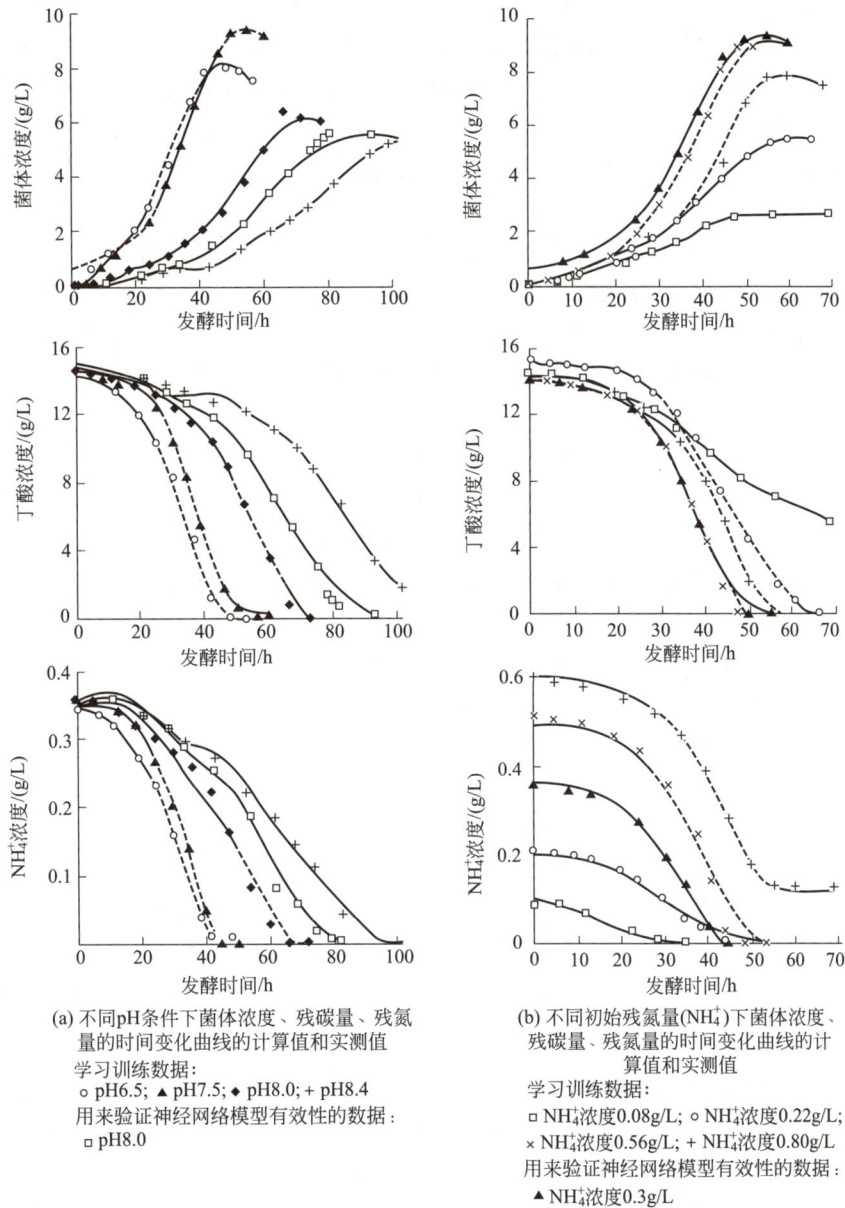

图 7-26　利用人工神经网络模型预测发酵过程状态变量的时间变化趋势

模型将很难具有通用能力。另外，模型本身不具有任何明确的物理和化学意义。最后一类模型就是建立在人类经验和知识基础上的所谓模糊逻辑定性模型。这类模型的预测精度和通用能力完全取决于人们对于发酵过程特性的知识积累，需要建立大量、有效的模糊规则和模糊成员函数，而上述规则和函数的建立是一个非常费时费力的过程。

　　20 世纪 90 年代初，代谢（流）网络模型和技术开始出现。代谢（流）网络模型克服了传统建模方法中参数意义不明，输入输出关系难以解释等缺点，充分利用了现存的生物化学的知识和理论，具有通用性强、模型物理意义明确、建模相对容易等特点。代谢网络模型广泛应用于分析代谢网络的流量分配信息、确定代谢网络的流量分配关系、寻找目的产物流向中的瓶颈所在、计算最大理论产量等方面。但是，由于代谢网络模型一般是由几十、上百个的代谢流的线性方程式组成的，直接用来计算求解发酵过程状态变量的经时变化，乃至用于过程的控制和优化有很大的困难，因此迄今为止，代谢网络模型的研究和应用几乎全部停留在分析发酵过程在不同阶段的代谢流分布，为过程的离线优化和调控提供依据和数据等方面，主要是用来在线判断发酵过程所处的阶段和状态，为是否采取在线控制措施，如是否添加基质、是否中断发酵等提供依据。代谢（流）网络模型虽然含有大量的代谢流的物质平衡方程式，但每一步反应都有明确的物理化学意义，且都被既存的生物化学理论所证实并被人们所公认。因此，建模过程本身并不复杂，而且模型的通用能力应该很强。建立代谢网络模型的目的之一就是利用可测状态变量的（生成或消耗）速度来求解不可测的、着眼物质的反应（生成或消耗）速度，从而为在线推定目的物质的浓度曲线以及过程的控制和优化提供可靠的情报和依据。通常，要根据特定的系统和对象和某些假定，对发酵过程所涉及的所有反应和代谢途径进行合理的简化和合并，对代谢网络模型实施简化处理以利于计算。作者以谷氨酸发酵过程为对象，通过在线测定两个最常见、最易测量的状态变量速度参数—摄氧速率（OUR）和 CO_2 释放速率（CER），利用所建立的代谢网络模型在线推定不同操作条件下的谷氨酸的浓度-时间曲线，尝试发酵过程建模的一种新模式。

代谢网络模型是依据特定的微生物在同化和代谢过程中所可能涉及的所有反应和代谢途径，再根据所着眼的目的产物、发酵过程的环境特征，对全部反应和代谢途径进行简化、合并所得到的一系列（一般有 10～100 个）有关目的物质、关联物质及中间代谢物质速度的代数方程式。代谢网络模型充分利用了生物化学的知识和模型，真正把握住了发酵过程反应的内在本质和特征，有着较好的通用性和准确性。其缺点是模型过于复杂，很难直接利用代谢网络模型进行过程控制和优化。

与通常的发酵过程的非构造式动力学模型以及基于时间序列输入输出数据的黑箱性质的数学模型相比，代谢网络模型具有如下特点。

① 代谢网络模型涉及特定微生物在同化和代谢过程中的所有反应和代谢途径，每一步反应都具有明确的生物化学意义。

② 代谢网络模型是以有关目的产物、菌体、代谢副产物、中间代谢物质或能量物质、反应物或基质的生成和消耗速度的物质平衡代数方程式为基础的。它不仅仅只涉及出发底物（通常为葡萄糖）、产物和菌体的物质平衡，而且还涉及所有代谢副产物、CO_2、O_2、其他营养物质（如氮源）、中间代谢产物包括细胞合成前体物质、ATP 以及辅酶 NADH 等的物质平衡。

③ 从生物反应过程的立场上看，发酵过程实际上就是在摄取和消耗营养源（如葡萄糖等碳源、NH_3 等氮源以及 O_2）的同时，进行细胞自身合成、目的产物和代谢副产物的生成以及释放 CO_2 的过程。因此，葡萄糖、NH_3、O_2 等反应物质可以看成是过程的输入，其在代谢网络图上的位置或称节点，也被称为起始节点；而细胞、目的产物、代谢副产物和 CO_2 则可以看成是过程的输出，其在代谢网络图上的位置称为终端节点。

④ 代谢网络图上的中间位置的节点代表中间产物（包括 ATP 和 ADP 等能量构成物质以及 NADH 和 NAD 等辅酶），中间节点既有物质流的流入又有物质流的流出。一般假定在反应过程中，中间产物生成后立即被后续的反应所消耗，其瞬间积累为 0 而处于稳态，也就是说，在中间节点上，物质的流入等于物质的流出。

⑤ 代谢网络模型也称为代谢流束模型，一般用代数方程组或矩阵的形式来表现。从过程控制和优化的角度上讲，求解代谢网络模型的最重要的目的就是利用可测状态变量的（生成或消耗）速度来求解不可测的、着眼物质的反应（生成或消耗）速度，即所谓的在线状态预测，从而为过程的控制和优化提供可靠的情报和依据。

代谢网络模型一般由数十个左右的有关产物、副产物、起始反应底物和中间物质的生成速度与消耗速度的代数方程组所组成。如果代谢网络模型的数量过大，必然导致中间环节求解代数矩阵等的困难。因此，一般情况下，应根据需要和某些假定，对代谢网络模型所涉及的所有反应和代谢途径进行合理的简化和合并，从而达到有效进行过程状态预测的目的。

第四节　发酵染菌及其防治技术

发酵染菌是指在发酵培养过程中侵入了有碍生产的其他微生物。目前大多数发酵生产采用纯种培养，要求除生产菌外无其他微生物。一旦发生染菌，发酵过程便失去真正意义上的纯种培养，严重影响生产菌的生长繁殖和产物合成，并导致产物提取收率和产品质量的下降。染菌严重者造成"倒罐"，浪费大量原材料，不但造成重大经济损失，而且扰乱生产秩序，破坏生产计划。为了防止发酵染菌，人们采取了一系列措施，例如使用密闭式发酵罐，培养基和设备管道等严格灭菌，水和无菌空气严格按照无菌要求供应，健全了生产技术管理制度等，大大降低了生产过程中染菌的概率。但是由于发酵过程的环节较多，往往需要进行多次补料、连续搅拌、供给无菌空气及添加消泡剂等操作，这都给防止发酵染菌带来了很大的困难，所以，发酵生产至今仍无法完全避免染菌的威胁。据报道，国外抗生素发酵染菌为2%～5%，国内的青霉素发酵染菌率2%，链霉素、红霉素和四环素发酵染菌率约为5%；谷氨酸发酵噬菌体感染率为1%～2%。

在现有条件下完全做到不染菌是不可能的，因此应当掌握发酵染菌的规律，做好各种防护措施，树立以防为主，防重于治的观念，尽量防止发酵染菌的发生。一旦发生染菌，应尽快找出染菌的原因，并采取相应的有效措施，把发酵染菌造成的损失降低到最小。

一、染菌对发酵的影响

在现代利用微生物的发酵工业中，纯种发酵是提高生产率、降低生产成本的必要手段。在实际生产过程中，每个生产环节，如无菌空气的制备、菌种培养的无菌操作、培养基和发酵设备、管道的灭菌、培养过程的灭菌操作等，都有可能出现污染杂菌。

染菌造成的危害有很多，如消耗营养成分、分泌使产物失去活性的物质或改变发酵液 pH 的代谢物、增加发酵液的黏度影响后续工艺的顺利进行等。人们在发酵生产上积累了不少染菌的宝贵经验，虽然工艺、设备及管理措施等方面都在不断的改进和完善，染菌率大幅度降低，但染菌的潜在危害依旧存在，并时刻威胁或则工业生产。发酵生产中，染菌程度较轻时，会造成发酵率低，产物的提取率低及产品质量差；如果严重染菌，有可能导致"倒罐"，造成严重的经济损失，扰乱正常的生产秩序，甚至给污水处理带来极大的难度。如果找不到染菌原因，不能及时采取防治措施，会出现继续染菌，所造成的危害更是无法估计，在这种情况下，有些工厂被迫停产。下面从不同的方面对染菌的危害进行分析。

1. 不同污染时间的危害

（1）种子培养期染菌　由于发酵周期比种子培养周期长，种子培养期染菌而带进发酵罐，杂菌会大量繁殖，其危害很大。因此，种子培养期一旦发现染菌，不管杂菌种类及污染程度如何，一律将种子培养基灭菌并弃去，以免造成更大的危害。及时发现并处理种子培养期染菌的问题，虽然在一定程度上浪费了种子培养基及操作消耗的能源，但与发酵期染菌比较，损失较小。另外，种子培养期染菌严重影响生产计划。

（2）发酵前期染菌　发酵前期染菌后，杂菌会迅速繁殖，与产生菌争夺营养成分和溶氧，严重影响产物合成。当发酵前期染菌时，应迅速对培养基重新灭菌，并补充必要的营养成分，重新接种进行发酵。由于发酵前期营养成分消耗不多，浪费不算太大，但由于培养基经重新灭菌处理，培养基营养成分受热破坏较大，色素形成较多，严重影响发酵得率、提取得率及产品质量。

（3）中期染菌　发酵中期菌体量大，营养成分已大量消耗，并已形成一定产物。如果发酵中期染菌，营养物质会被迅速消耗，而代谢产物的积累迅速减少或停止，甚至已积累的代谢产物有可能被消耗。这时挽救处理比较困难，即使采取重新灭菌处理，由于营养成分残留不多，重新灭菌后培养的色素、黏度较大，继续发酵的得率不高，提取得率也很低。如果不进行灭菌处理，杂菌会继续繁殖，放罐后会污染提取系统，产品提取率及产品质量同样会受到严重影响。因此，发酵中期染菌应尽量早发现，快处理，处理方法应根据发酵的特点和具体情况而定。

（4）发酵后期染菌　发酵后期营养物质接近耗尽，产物积累较多。如果污染程度不严重，不会消耗已积累的代谢产物时，可以继续进行发酵。如果污染程度严重，破坏性较大，可提前放罐。不过，发酵液放罐至提取工序后，必须采取适当的方法灭菌，以免杂菌污染提取系统。

2. 杂菌的种类的危害

氨基酸发酵的 pH、温度及营养条件等适宜许多微生物生长繁殖。在发酵前、中期，无论污染何种杂菌，都会对生产造成严重影响。由于氨基酸产生菌多为细菌，如果发酵前、中期污染噬菌体，发酵就无法进行，重新灭菌后的培养基黏度大，提取十分困难。一般发酵后期不会感染噬菌体，但其危害还是较大。如果污染世代时间较短的微生物（如细菌等），特别是消耗代谢产物的杂菌，其危害还是较大。如果污染的是芽孢杆菌，虽然染菌原因已被查明，但在下一批发酵前，发酵罐必须进行彻底灭菌，以防罐内容易结垢位置存在死角。

3. 污染程度的危害

染菌程度越大，意味着进入发酵罐的杂菌数量越多，对生产的危害越大。污染程度的危害性必须结合染菌时间、杂菌种类、发酵周期等来综合分析，但在较短时间内能够形成优势菌群，其危害相当大。发酵中后期，如果感染极少量的繁殖缓慢的杂菌，通过计算增代时间，如果在发酵周期内难以形成优势菌群，意味着其危害性较小。另外，若发酵周期较长，即使是极小的污染程度，也不容忽视。

二、发酵染菌的分析

为了减少染菌率，在发酵罐的设计和选用时，一旦通气和搅拌的设计问题得到解决，最基本的就是必须使设计符合特定生产过程的无菌要求。由于同一个发酵罐可能被用于多种不同产物的生产的过程，因此在设计时，应尽量满足最严格的无菌要求。另外，必须保证发酵罐能经受灭菌，并在整个培养周期内能保持无菌要求。

下面的操作是在发酵过程中达到无菌和保持无菌要求必须做到的：发酵罐灭菌；空气灭菌；通气和搅拌；接种，补料等；取样；泡沫控制；各个参数的检测和控制。

在实际生产过程中，遇到染菌的情况时，问题不仅仅只在发酵罐上，要从多方面查找原因，找到杂菌的来源。

1. 染菌原因分析

在发酵染菌后，必须及时进行分析，只有迅速准确地找出染菌的原因，才能对症下药，从而纠正人为操作不当或消除设备隐患，否则，所采取的措施是盲目的，染菌有可能会连续出现，带来惨重的损失，但是，发酵染菌的途径很多，在较短时间内查出染菌的原因不是轻而易举的事情，要求技术人员十分熟悉工艺、设备及管路布置，掌握检查染菌的先进手段，具有长期与杂菌污染斗争的丰富经验，因此，下面提供一些染菌原因的分析思路。

（1）从染菌的时间分析　从染菌时间看，分为发酵前期染菌、中期染菌和后期染菌。发酵前期染菌的原因一般有：种子带杂菌；连消操作不当使培养基"夹生"；连消系统的冷却装置严重穿漏，致使冷却水进入培养基；移接操作不当，接种过程中染菌；发酵罐空气系统出问题，导致杂菌随空气进入发酵罐；发酵罐冷却装置严重穿漏。如果是发酵中期染菌，首先考虑的方面有：连消系统的冷却装置是否渗漏；空气过滤器是否发生轻微磨损；发酵罐空消时是否存在局部未彻底灭菌；流加物料是否灭菌彻底。

发酵后期染菌，除了按发酵中期的原因去查找问题，还应该考虑发酵过程泡沫控制是否失误，气液分离器是否穿漏或有积垢等。

（2）从污染的杂菌种类来分析　如果污染耐热的芽孢杆菌，可能是培养基或设备灭菌不彻底；如果污染球菌、无芽孢的杆菌、噬菌体等不耐热的微生物，可能是种子带菌，或连消系统的冷却装置、发酵罐的冷却装置发生渗漏、穿漏，或空气系统发生空气短路。

（3）从染菌幅度分析　如果多个发酵罐都发生染菌，一般是公用系统出现问题，这时，应该着重检查连消系统、物料流加储罐所公用的空气过滤器等。如果个别罐连续染菌，一般着重检查这个发酵罐的部件、分过滤器，以及与这个罐连接的管路。

2. 发酵染菌后的处理

发酵生产中污染杂菌的情况较复杂，从染菌时间上分析有：发酵前期染菌、发酵中期染菌和发酵后期染菌。从染菌的规模分析有：个别罐体染菌、种子罐和发酵罐小规模染菌及大规模染菌。从染菌的类型分析有：耐热的芽孢杆菌、不耐热的芽孢杆菌、霉菌、细菌、产碱杆菌、噬菌体等。处理时，应根据上述不同的染菌情况采取不同的处理方法，同时对所涉及的设备也要及时处理。

（1）种子罐染菌的处理　种子罐染菌后都不能往下道工序移种，要及时用高压蒸汽直接灭菌后放下水。

（2）发酵罐染菌的处理　发酵罐前期染菌，如果污染的杂菌对产生菌的危害性大，采用蒸汽灭菌后放掉；如果危害性不大，可重新灭菌、重新接种、运转；如果污染的杂菌量少且生长缓慢，可以继续运转下去，但要时刻注意杂菌数量和代谢的变化。发酵中后期染菌，应设法控制杂菌的生长速度，一是加入适量的杀菌剂，二是降低培养温度或控制补料量，如果采用上述两种措施仍不见效，就要考虑提前放罐。

（3）染菌后的设备处理　染菌后的罐体用甲醛等化学物质处理，再用蒸汽灭菌（包括各种附属设备）。在再次投料之前，要彻底清洗罐体、附件，同时进行严密程度检查，以防渗漏。

3. 杂菌污染的检查方法

在发酵过程中，能够及时发现杂菌污染并及时处理，保证生产正常地进行，可以降低杂菌造成的损失，因此，对菌种制备，种子罐、发酵罐的接种前后和培养过程中，需要按要求按时取样，进行无菌检验。生产上要求具有准确、迅速的方法来检查杂菌的污染，目前常用方法主要有以下几种。

（1）显微镜检查　通常用革兰氏染色法，染色后利用高倍显微镜进行观察，根据产生菌与杂菌的特征区别，判断是否染菌，必要时，进行芽孢染色和鞭毛染色。

（2）平板划线培养　先将经过灭菌的固体培养基倒入已灭菌的平皿中，然后置于培养箱培养，检查无菌后即可使用。检测时，将待检样品在平板上划线，分别置于37℃和27℃分别恒温培养24h，以适应嗜中温和低温菌的生长，一般在8h后即可观察菌落，根据菌落形态判断是否染菌。

（3）肉汤培养检查法　将待检样品接入无菌的肉汤培养基中，置于37℃和27℃恒温培养，观察颜色变化，并取样镜检，此法常用于检查培育基和无菌空气是否带菌，也可用于噬菌体检查，此时使用产生菌作为指示菌。

当发酵罐污染菌量不多时，因为杂菌繁殖至一定数量需要一定时间，而待检样品仅取样几毫升，所以用以上检查方法进行检查未发现污染时，并不能肯定未被污染。

（4）双碟培养法　种子罐样品先取入肉汤培养基中，然后在无菌条件下在双碟培养基上面划线，剩下的肉汤培养物在恒温箱内培养6h后复划线一次。发酵罐培养液直接取入空白无菌试管中，于37℃下培养6h后再双碟培养基上划线。24h内的双碟定时在灯光下检查有无杂菌生长。24～48h的双碟1天检查一次，以防生长缓慢的杂菌漏检。

（5）其他检查方法　除了以上方法外，还可以从发酵过程的异常现象来判断是否染菌，如溶氧、

pH、排气中 CO_2 含量和菌体酶活力等变化来判断。

① 溶氧水平异常变化显示染菌　好氧发酵需要不断供氧，特定的发酵具有一定的溶氧水平，而且在不同发酵阶段其溶氧水平不同，当工艺条件基本上不变时，正常发酵溶氧水平成一定规律。如果发酵污染杂菌，就会打破溶氧规律，若污染好氧杂菌，溶氧在较短时间内下降，并且接近零值，且长时间不能回升；若污染的是非好氧菌，而产生菌由于受污染致使其生长被抑制，耗氧量就会减少，导致溶氧升高。因此，根据溶氧水平的异常变化，可显示污染杂菌。

② 排气中 CO_2 含量异常变化显示染菌　好氧发酵排气中 CO_2 含量与糖代谢有关，可以根据 CO_2 含量来控制发酵工艺（如流加糖、通风量等）。对于某种发酵，在工艺一定时，排气中 CO_2 含量变化是有规律的。在染菌后，糖的消耗发生变化，引起 CO_2 含量异常变化，如污染杂菌，糖耗加快，CO_2 含量增加；感染噬菌体，糖耗减慢，CO_2 含量减少。因此，可根据 CO_2 含量变化来判断染菌情况。

4. 染菌率的统计

染菌率指一年发酵染菌的批（次）数与总投料批（次）数之比的百分率。染菌批次数应包括染菌后培养基经重新灭菌，又再次染菌的批次数在内。

$$染菌率(\%) = 发酵染菌批(次)数/总投料批(次)数 \times 100\%$$

三、杂菌污染的途径和防治

染菌是发酵生产的大敌，一旦发现染菌，应该及时进行处理，以免造成更大的损失。染菌的原因归结起来是：设备、管道、阀门漏损、灭菌不彻底，空气净化不好，无菌操作不严或菌种不纯等。因此，要控制染菌的继续发展，必须及时找到染菌的原因，采取措施，杜绝染菌事故再现。菌种发生染菌将会使得各个发酵罐都染菌，因此，必须加强接种室的消毒管理工作，定期检查消毒效果，严格无菌操作技术。如果新菌种不纯，则需反复分离，直至完全纯粹为止。对于已出现杂菌菌落或噬菌斑的试管斜面菌种，应予废弃。在平时应经常分离试管菌种，以防菌种衰退、变异和污染杂菌。对于菌种放大培养的工艺条件更要严格控制，对种子质量要严格掌握，必要时可将种子罐冷却，取样做纯种实验，确证种子无杂菌存在，才能向发酵培养基中接种。

1. 染菌的途径

发酵工程是系统工程，造成发酵染菌的因素很多，涉及菌种、工艺设计、设备（包括管道、管件）的安装与维护、工艺条件、工艺管理、操作人员素质、操作环境等方面，任何一点疏忽，都有可能导致染菌的发生。各种染菌途径一般归纳为四个方面：①菌株或一级种子不纯；②生产设备与工艺管路存在隐患；③生产操作不当；④操作环境条件差。这四个方面因素往往相互联系，相互影响。

（1）菌株或一级种子不纯　菌种质量是发酵成败的首要条件。菌种不纯有可能是保藏菌株本身不纯，也有可能是在转接斜面时或在扩大培养过程中污染杂菌，与菌种选育、扩大培养过程的设备和环境条件、操作情况有密切的联系。

① 菌株本身不纯　获取的菌种不纯，而未能及时、有效地进行分离纯化，是发酵染菌最大的隐患。或者由于斜面培养基灭菌不彻底、无菌室洁净度低、斜面移接操作不当、斜面的试管塞不严密等，造成菌株不纯。

② 一级种子不纯　除了菌株本身不纯外，一级种子培养基灭菌不彻底，或无菌室洁净度低，或斜面移接入摇瓶的操作不严格，或摇瓶口覆盖的纱布层数不够，或摇床培养后的并瓶、盖瓶塞等操作不严格等，都有可能造成一级种子染菌。

（2）生产设备与工艺管路存在隐患　在设计、安装、维护等方面，对所有与培养基接触的设备和管路都有严格的要求，若存在不合理、失效或损坏，就成为发酵染菌的隐患，主要表现如下。

① 空气除菌设备的隐患　空气除菌流程、空气过滤设备的设计、过滤介质的选用、过滤介质的装

填、过滤介质的灭菌都必须使除菌效率达到要求。若除菌流程、设备的设计不合理，或过滤介质的装填不当导致空气走短路，或过滤介质失效等，就会造成进入发酵系统的空气夹杂杂菌，发酵生产中，空气过滤器内的过滤介质翻动或过滤介质损坏是最常见的染菌原因之一。例如，棉花、普通玻璃纤维由于装填过松或长期使用，会出现翻动现象；折叠式滤芯由于长期高温灭菌，使折叠微孔膜的支撑架变形、脱离等，从而使空气走短路。为了降低空气系统导致染菌的概率，应定期拆检过滤器。

② 培养基灭菌设备的隐患 培养基灭菌设备包括二级种子培养基、发酵培养基以及所有补加料液的连消设备与实消设备，这些设备的设计或安装不合理，使灭菌温度或灭菌时间达不到灭菌要求，或者存在死角导致灭菌不彻底，或者维护过程没有发觉设备渗漏、穿漏，最终造成培养基染菌。生产上，培养基染菌常常发生在灭菌后的冷却过程中，主要是因为连消系统的冷却装置（如换热器、冷却管段）、实消设备的冷却装置（如夹套、列管）渗漏或穿漏，导致冷却水进入培养基。因此，应加强这些设备装置的定期检查，经过压力检测，无漏方可使用。

培养基灭菌不彻底包括以下几方面。a. 实消时未充分排除罐内的空气。在实罐灭菌升温时，应打开排气阀门及有关连接管的边阀、压力表接管边阀等，使蒸汽通过，达到彻底灭菌。b. 培养基连续灭菌时，蒸汽压力波动大，培养基未达到灭菌温度，导致灭菌不彻底而污染。培养基连续灭菌应严格控制灭菌温度，最好采用自动控制装置。c. 无菌空气带菌。无菌空气带菌是发酵染菌的主要原因之一，杜绝无菌空气带菌，必须从空气净化流程和设备的设计、过滤介质的选用和装填、过滤介质的灭菌和管理等方面完善空气净化系统。

③ 培养设备的隐患 培养设备包括种子罐、发酵罐，其导致染菌的因素有：种子罐、发酵罐设计或安装不合理，存在空消、实消的死角；或罐内的部件及其支撑件位置，如扶梯、联轴器、挡板、冷却管及其支撑件、空气分布管及其支撑件、温度计套管焊接处等容易积垢，形成灭菌死角；或铁罐内由于腐蚀，内壁形成锈包，形成灭菌死角；或轴封、人孔、法兰等密封部位不紧密，造成培养液跑冒滴漏；或罐内冷却装置渗漏、穿漏等。生产上，常见由培养设备引起的染菌原因有：罐内部件积垢导致空消不彻底，以及罐内列管固定处的列管磨损导致冷却水进入培养液。

④ 管道与管件的隐患 所有与培养基接触的管路部分都有可能是染菌的途径。如果管路设计或安装不合理，存在管路灭菌的死角，或法兰、阀门连接不紧密，或焊接不够光滑，管道内壁焊缝积垢，或阀门不能紧密关闭等，导致灭菌不彻底，或阀门渗漏，造成染菌。

（3）生产操作不当 由于生产者技术掌握不好或无菌观念不强，涉及灭菌、移种、补料等操作时造成染菌，主要表现如下。

① 灭菌操作不当

a. 培养基的灭菌 对种子培养基、发酵培养基以及所需补加的物料进行灭菌，由于灭菌温度、灭菌时间的控制达不到灭菌要求，使物料"夹生"；或有些进气、排气的阀门没有按要求打开通达蒸汽，造成死角；或灭菌操作不紧凑，培养基冷却过程保压不及时，使外界空气进入培养基。

b. 设备的灭菌 设备的灭菌包括过滤器与过滤介质的灭菌，以及培养基连消设备、种子罐、发酵罐、储料罐等的空消。对这些设备进行灭菌时，如果灭菌温度、灭菌时间达不到要求，或者该通达蒸汽的部件没有通达蒸汽，或者灭菌后没有及时保压，都会导致发酵染菌。

c. 管路的灭菌 所有无菌要求的管道，如无菌空气进入发酵罐的管道、消泡剂流加管道、葡萄糖流加管道等，输送无菌料液前必须进行充分灭菌。

② 菌种移解操作不当 其主要表现有：一级种子接入种子罐时，离开火焰操作或种子罐处于无压状态等，这些失误，造成外界空气污染培养基以及种子。

③ 培养过程操作不当 培养过程操作不当的主要表现有：在培养、发酵过程中，因突然断电使空气压缩机停止进气，没有及时关闭种子罐、发酵罐的进气、出气阀门，使管压跌为零压或罐内液体倒流入过滤器内；没有及时控制泡沫，引起逃液；补料后，管道处于无压状态并残留物料，而罐体阀门关闭不紧密等。

（4）操作环境差　若不注意加强操作环境的卫生管理，溅洒出来的液体没有清理干净，给予杂菌与噬菌体滋长的机会，操作环境中，如果空间中杂菌与噬菌体的密度大，会对菌种移接操作与培养过程操作造成严重威胁。

2. 杂菌污染的防治

防治杂菌污染，防重于治，因此，首先严格操作，采用合理的工艺与设备，防治杂菌污染。若发生杂菌污染后，要根据具体情况，及时采取有效措施加以处理。例如，在种子扩大培养中发现污染，则此种子绝对弃去，以免造成更大的损失。如果在发酵早期发现污染，需重消培养基，然后重新接种进行发酵。如果在发酵中后期染菌，而杂菌又不影响产生菌的正常发酵，也不妨碍产品后处理（如过滤、提取等），则可让其共生共长，直至发酵终了；如果杂菌影响发酵的正常进行或产品的后处理，则应提早放罐并采取一些处理措施。

防止杂菌污染的常用措施如下。

① 加强操作环境空间的卫生管理，定期进行环境消毒，保持良好环境卫生。

② 严格无菌操作，定期对操作者进行无菌操作意识教育和技能培训。

③ 设备设计，加工和安装过程必须避免死角存在，简化管路，管道之间尽可能用焊接来代替法兰连接。

④ 加强设备管理，定期检修设备，使设备完好运行，例如，定期进行空气过滤介质的更换或灭菌；定期检修阀门；定期对发酵罐内的列管和罐体加压试漏。

⑤ 经常清除罐内积垢，清除设备死角。

⑥ 积极采用先进技术，完善工艺和改造设备，降低染菌的概率。

⑦ 对染菌的发酵罐次要高度重视，并积极分析且及时采取处理措施；还要善于总结，防范类似现象。

⑧ 对发酵生产中的各个环节进行监控，需对下列岗位的样品进行留样或无菌取样，进行无菌检查：菌种岗位的样品；种子岗位的样品（种子罐灭菌后，接种后，间隔8h的样品，移种）；发酵岗位的样品（发酵罐灭菌后，接种后，间隔8h的样品，直至放罐）；空气系统的样品（总过滤器、分过滤器，定期取样，如一月一次）。

⑨ 选用粗放菌种和选用耐药性菌种。

尽管造成染菌的原因极其复杂，但只要建立必要的规章制度，认真落实防范杂菌污染的措施，遇到杂菌污染，仔细分析染菌原因，及时堵塞漏洞，就能迅速控制染菌。

选用抗噬菌体突变株是解决噬菌体污染的有效方法。不断筛选抗噬菌体菌种，防治噬菌体的重复污染。选育抗噬菌体突变株可采取下列方法。

① 直接从污染噬菌体的发酵液中分离　取污染噬菌体的发酵液进行培养、分离，获得噬菌体抗性突变株，对其产量性状进行测定，保留稳定株和高产菌株，用于生产。

② 生产敏感菌株反复与污染的噬菌体接触　生产敏感菌株与污染的相应噬菌体多次接触、混合、培养，从中选择抗噬菌体突变株，经过筛选，保留稳定株和高产菌株，用于生产。

③ 诱变剂与噬菌体处理敏感菌株　采用紫外线或亚硝基胍等诱变剂处理生产敏感菌株，再与污染的相应噬菌体多次接触，混合，培养，从中选择抗噬菌体的突变株，经过筛选，保留稳定株和高产菌株，用于生产。

四、故障诊断技术

发酵过程非常复杂，具有高度时变性和批次变化的特征。发酵工段的产品质量波动大，错误和故障不易早期发现，一旦发现、发酵已不可逆转，造成原料的浪费和设备的空转。许多场合，发酵工段产品的效价或浓度只要能够稳定地达到某一水平以上，发酵就算成功。发酵工段的产品质量与下游产品精制纯化过程的操作和正常实施息息相关，质量波动太大将直接增加下游精制过程的操作负担和成本，因此，有时确保发酵工段产品效价的稳定甚至比进一步提高效价指数更为重要。及时、准确地对发酵过程处于"正常"状态，还是处在"非正常"状态（病态）进行识别和判断也是发酵过程优化的迫切需要。

　　发酵过程的优化是按照对发酵过程的认知（数据采集），建立模型，提出优化方案（指明优化目标、提出可能的操作策略），实施优化、进行过程控制的顺序来实现的。但是，有时发酵条件虽然严格控制在预定设定的"最佳轨道"上，但往往却达不到预期的优化效果，甚至导致发酵失败。失败的原因一般可归咎为配料错误、机械或测量故障、误操作等。因此，发酵过程优化能否真正发挥实效，还需要研究和解决过程的异常诊断、及时发布预警信息、采取补救措施等问题，这样才能够尽量减少原料损失和事故的发生、增强发酵过程的经济性和安全性。

　　及时和频繁地测量发酵过程的最重要状态参数如产物浓度或效价等，实际上是发现异常、发布早期预警的最基本、最原始的手段。但是，这种方法在实用上存在很大问题：①需要频繁地取样；②需要昂贵的测试设备和熟练的操作（化验）工人；③试样分析需要经过离心、稀释、色谱跑样等多道程序，存在着很长的测量滞后，难以及时地对发酵故障做出预警。通过在线获取多变量的工业检测数据并结合使用有效的数据处理方法，从海量数据中挖掘和浓缩有用的数据和情报，才是实现发酵过程故障诊断和早期预警的出发点。

　　工业发酵中，有许多常规状态变量，如DO、pH、尾气分压、耗氨和耗糖量（速度）还是可以在线测量的。这些变量间经常存在互相关联的关系，也就是说这些变量不是互相独立的。如果仅是利用单变量的发酵趋势图对过程进行分析和监测，摆在操作人员面前的将是一堆多个、独立、错综复杂的发酵历史曲线，操作人员很难利用这些曲线或数据对发酵处于"正常"还是"非正常"的状态进行判断。若能将多个互相关联的状态变量压缩为少数、可独立观测的变量，则操作人员就有可能从这几个变量的变化趋势中，对发酵所处状态进行正确判断和评价。

　　在多变量聚类统计分析中，最基本的方法就是主元分析（principal components analysis，PCA）。主元分析是将多个相关的变量转化为少数相互独立的变量的一个有效分析方法。主元分析的特点是通过多元统计投影的手段，对海量的相关多变量进行数据降维，利用数据压缩得到的少数独立变量来表征由多相关变量构成的过程的动态信息。PCA统计监测模型是将过程数据向量投影到两个正交的子空间（主元子空间和残差子空间）上，并分别建立相应的统计量进行假设检验，以判断过程的运行状况，它的目标就是在保证数据信息丢失最少的情况下，对高维变量空间进行降维处理。许多研究者认为，主元分析在系统响应方差分析方面的用途比在系统建模方面的用途要大。Hotelling对主元分析方法进行了改进，使改进后PCA成为目前被广泛应用的方法。

　　20世纪60年代初，主元分析方法首先被引入到化学、食品和饮品风味识别等相对静态特征明显的领域，并被称为主要因素分析（principal factor analysis）。20世纪80年代末90年代初，主元分析又被引入到化学工程、化学反应等动态特征更加明显的领域。现在，主元分析（PCA）是一种较为成熟的多元统计监测方法，它可以从生产过程历史数据中挖掘统计信息、建立PCA模型，并根据统计模型将存在相关关系的多变量投影到由少量隐变量定义的低维空间中去，用少量变量反映多个变量的综合信息，使生产过程的监控、故障检测和诊断以及一些相关的研究工作得以简化。主元分析可以用来实现下列目标：数据压缩、奇异值检测、变量选择、潜在故障的早期预报、故障诊断及建模等。用主元分析进行过程监控的主要工具是多元统计过程控制图，如SPE图、Hotlling T2图等，它们分别是多元统计量平方预测误差（squared prediction error，SPE）、Hotlling T2的时序图。一般认为，SPE描述了生产过程与统计模型的偏离程度，而Hotlling T2则描述了由统计模型所决定的前k个隐变量的综合波动程度，它们是最常用的多元统计过程控制图。但是，主元分析（PCA）的适用范围一般限于线性系统或过程。

　　发酵过程也是具有高度非线性特征的过程。前人对废水处理、青霉素发酵等生物过程的计算机模拟研究发现，传统的主元分析法在这类过程的故障诊断中难以收到实效，必须要使用诸如Kernel Fisher一类的、繁琐、扩展型的非线性PCA法。Kernel Fisher型PCA法虽然可以对具有高度非线性特征的发酵过程进行故障识别和诊断，但是它有以下几个突出缺点：①它需要使用发酵进行到某时刻为止的全体数据，而不是瞬时数据或某一移动时间窗口内的数据，数据处理量大大增加；②计算程序复杂，因为跨学科知识因素的原因，普通的发酵工程师还难以学习和效仿；③研究报道例还基本停留在使用已有数据或模型进行计算机模拟的层面，真正实时在线的发酵过程的实用例还非常少见。

自我联想神经网络（auto associative neural network，AANN）是一种特殊的前馈式神经网络，它通过联想学习，适当地选择拓扑空间和压缩数据，在网络的瓶颈层获得过程的特征情报，并将该特征情报还原到网络的输出层。因此，AANN 模型实际上是一种可以处理高度非线性特性的非线性型 PCA 模型。

自我联想神经网络（AANN）的原形是一种具有对称拓扑结构的五层前馈传递神经网络（图 7-27），从前到后依次为输入层、映射层（mapping layer）、瓶颈层（bottleneck layer）、解映射层（demapping layer）和输出层。图 7-27 是利用温敏型基因重组酿酒酵母生产 α-淀粉酶的发酵过程中，使用自我联想神经网络模型进行发酵过程故障诊断的一例。自我联想神经网络模型的最大特点是：①过程的"特征情报"可以在"瓶颈层"直接获取；②也可以通过将"压缩聚类"后的数据伸展、还原，通过对比输入层和输出层各神经元值间的"差异"来获取"特征情报"。在温敏型基因重组酿酒酵母生产 α-淀粉酶的发酵过程中，假定有三个状态变量在线可测量，它们是：细胞浓度（光密度）、乙醇浓度（EtOH）和呼吸商（RQ）。建立一个具有故障诊断和早期预警功能的 AANN 模型大致包括以下五个主要步骤。

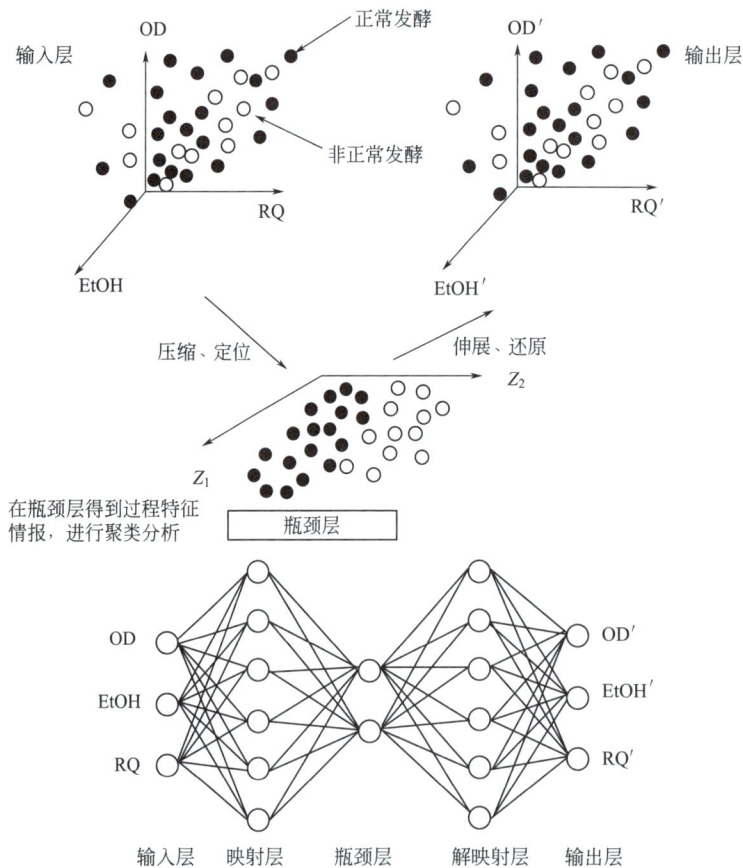

图 7-27　用于发酵过程故障诊断的自我联想神经网络模型构造和功能

① 在线监测并存储诸如光密度（OD）、EtOH 和 RQ 等数据，建立具有历史数据库生成、图形报表生成等功能的软件和数据库。

② 掌握操作变量（如温度、DO 等）与"正常"和"非正常"发酵的性能指标（产物浓度、带基因质粒细胞的比率等）间的简单定性关系。

③ 选取适量批次和规模的正常发酵数据，并将其输入到结构已经确定的 AANN 网络的输入、输出

层的相应神经元中进行学习训练，构建具有故障诊断和早期预警功能的 AANN。利用试行错误法确定拓扑空间的大小（映射层、瓶颈层、解映射层中神经元的个数），并将未参与训练学习的"正常"发酵样本数据输入到构建好的 AANN 中进行计算，确认该 AANN 模型的通用性和精确度是否满足要求。

④ 基于 AANN 模型的在线故障诊断和早期预警。按照 AANN 模型的拓扑学结构，在输入正常发酵数据时，原有数据在 AANN 输出层的相应神经元上可以得到复原，网络的输出值与输入值基本保持一致；而在输入"非正常"发酵的数据时，位于瓶颈层处的数据将会被映像到不同的拓扑空间处，网络的输出值与输入值会出现很大的差异。通过在线计算各发酵时刻、网络输入和输出层中各单元值之差的平方和，并以此作为评价标准，就可以对发酵过程进行在线故障诊断并发布早期预警信息。考虑到测量噪声和计算误差等因素，如果该平方和长期（如 1~2h）高于某一预先设定的阈值，则可以判定发酵处于"异常"状态；否则表明发酵处于"正常"状态。

⑤ 一旦 AANN 模型检测到发酵处于"异常"状态，则可以按照②中的定性关系，反推可能造成发酵"异常"的原因，并采取补救措施。

下面简要介绍基于 AANN 模型的谷氨酸发酵故障诊断和早期预警技术。

基于谷氨酸发酵的最终浓度，可以刻意地将谷氨酸发酵简单地划分为两类，即正常发酵和非正常发酵。图 7-28 是所有 7 批发酵的谷氨酸生产曲线，其中有 5 批次最终谷氨酸浓度超过 70g/L，属于"正常"发酵。另有 2 批次的最终浓度低于 70g/L，属于"非正常"发酵。

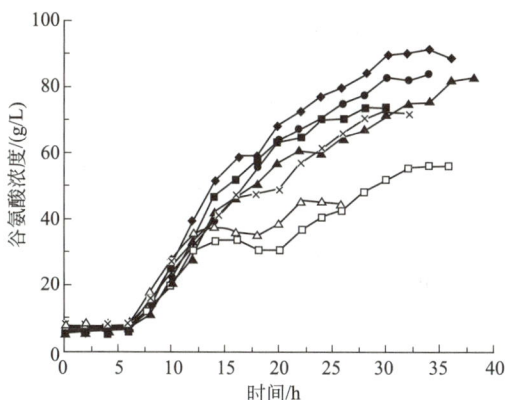

图 7-28 "正常"发酵和"非正常"
发酵的谷氨酸生产曲线
▲■●◆× "正常"发酵；△□ "非正常"发酵

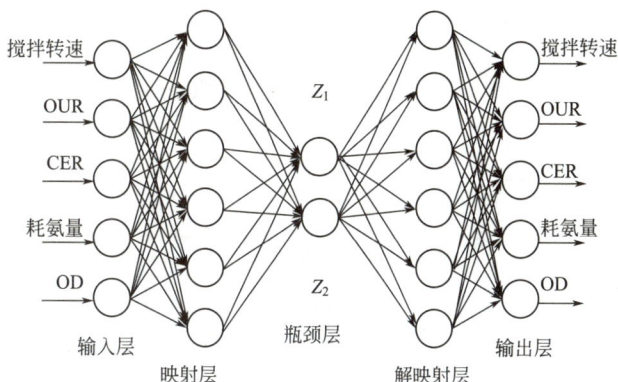

图 7-29 用于谷氨酸发酵过程故障诊断的
自我联想神经网络模型示意图

一个类似于图 7-27 所示的自我联想神经网络被用作识别模型进行谷氨酸发酵的故障诊断和早期预警。模型构造如图 7-29 所示。在本例中，有 5 个状态变量在线可测量，即搅拌转速、OUR、CER、耗氨量和细胞浓度 [光密度（OD）]。本 AANN 模型中，除了输出层各神经元激励函数采用线形函数外，其他各层的神经元均采用非线形的激励函数。用于 AANN 学习训练的数据首先通过噪声滤波、冗余信息的剔除，再进行归一化处理进而产生出完整的训练样本。学习训练的目标函数是：

$$E = \frac{1}{2}\sum_{i=1}^{n}(y_i - y_i^*)^2 \tag{7-25}$$

式中 n——参与 AANN 学习训练的数据对总数；
y_i、y_i^*——分别是输入到 AANN 网络输入层和输出层的第 i 个神经元的数据，并规定 $y_i = y_i^*$。

AANN 模型的学习训练和构建可以利用 Matlab 计算软件进行，发酵工程师只要适当地选取多变量的种类、数据对等，就可以简单地完成 AANN 模型的构建。AANN 模型中的激励函数的表达形式可以选取如式(7-26) 和式(7-27) 的形式。

线性激励函数：
$$y = W \times x + b \qquad (7\text{-}26)$$

非线性激励函数：
$$y = \frac{2}{1+e^{-2x}} - 1 \qquad (7\text{-}27)$$

式中　y 和 x——分别代表 AANN 某层中某神经元的输出和输入；

$\quad\quad\quad$ W——权值；

$\quad\quad\quad$ b——偏差单元。

图 7-30 分别是某次"正常"和"非正常"发酵中的各在线测量变量的变化情况。由图 7-30 可知，对在线数据进行单纯的比对是无法进行故障诊断的。

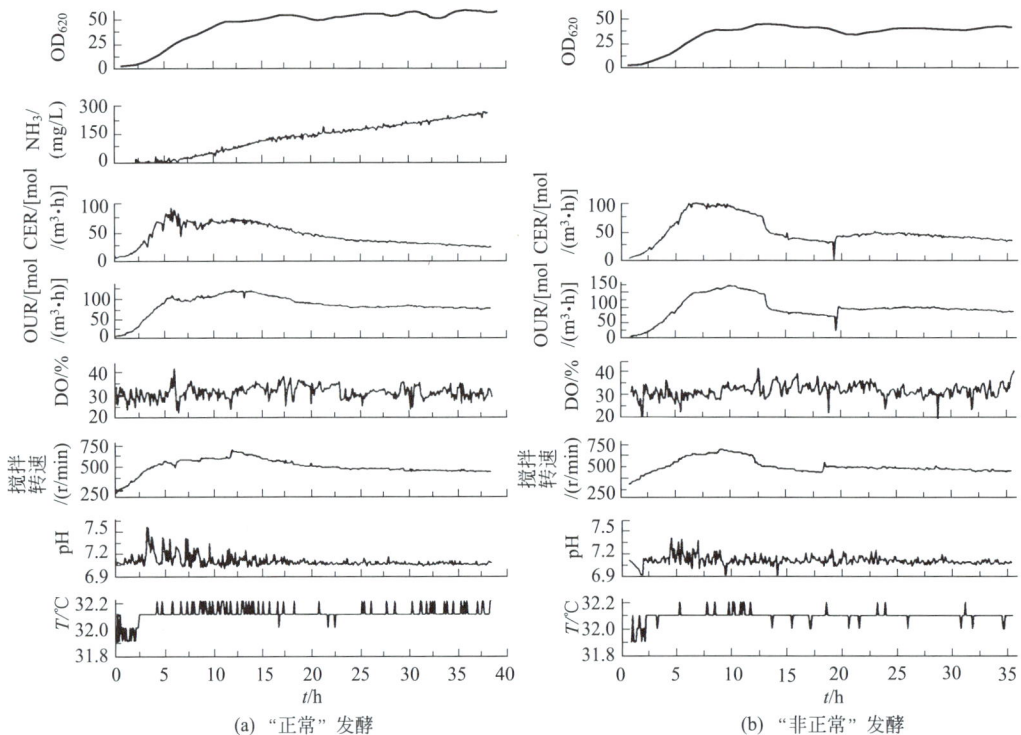

(a) "正常"发酵　　　　　　　　(b) "非正常"发酵

图 7-30　某次"正常"和"非正常"发酵批次中，各在线测量变量的变化情况

一般而论，利用在线可测的状态变量来构建 AANN 模型并进行发酵过程故障诊断是最理想的。谷氨酸发酵过程中，在线可测的发酵过程变量有温度 T、pH、搅拌转速（R）、DO、OUR、CER、耗氨量。细胞光密度（OD_{620}）、谷氨酸和残糖浓度通过离线方式测量。在上述 10 个测量变量中，温度和 pH 在所有发酵过程中控制良好、变化不大。为此，首先以正常发酵批次♯1、♯2 和♯3 中所有的搅拌转速（R）、OUR、CER、耗氨量数据作为训练学习数据构建 AANN 网络。这里，没有选择 DO 作为建模变量是因为其与搅拌转速存在着偶联关系，独立性缺失的缘故。首先考虑了一个 4-5-2-5-4 结构的 AANN 网络（输入输出变量为 R、OUR、CER 和耗氨量）。当 AANN 模型构建好后，首先将所有 7 套发酵数据（包括 3 套参与学习的"正常"发酵数据和 4 套未参与学习的发酵数据）输入到网络中进行计算，求解瓶颈层的 2 个神经元 Z_1 和 Z_2 的值，对网络的聚类性能进行分析观察，以确定网络和变量选用的优劣。根据前述的 AANN 特性，只要训练数据和网络结构选择得当，反映发酵过程的特征情报可以在瓶颈层通过观察 2 个神经元的值 Z_1 和 Z_2 而得到。这里的 Z_1 和 Z_2，实际等同于主元分析（PCA）中的第一主元和第二主元。但是，如图 7-31 所示，该 AANN 模型并不能很好地对"正常"和"非正常"发酵进行聚类。因而，它也就不可能对发酵过程进行有效的故障诊断。

细胞浓度（光密度）是反映发酵过程特性的最重要状态变量之一。但是，在谷氨酸发酵过程中，细胞光密度不能在线测量，选取细胞光密度作为构建 AANN 模型的变量，也与尽量使用在线可测的状态变量的原则相违背。但另一方面，在所有离线测量的状态变量中，细胞光密度（OD_{620}）的测量最为简单。它既不需要离心操作，也不需要上色谱或在生物传感器跑样。取样分析 OD_{620} 虽然有一定的时间滞后（5min），但是在实用上仍然是可行的。为此，将 OD_{620} 选做 AANN 网络的一个追加变量，连同原有的 R、OUR、CER 和耗氨量数据，通过重新训练学习，构建成了一个新的、结构为 5-6-2-6-5 的 AANN 网络。使用该网络再对所有 7 套发酵数据进行聚类。结果发现，"正常"发酵和"非正常"发酵数据在二维的 Z_1-Z_2 图（图 7-32）上得到了明显的聚类。这里需要指出的是，离线测量的 OD_{620} 的样本数量远远少于其他在线测量变量的样本数量。为使样本数量一致，以时间为独立变量、以多项式形式对任意时刻的 OD_{620} 的变化曲线进行了平滑处理。这样，任意时刻的 R、OUR、CER、耗氨量和 OD_{620} 的数据均可以得到。

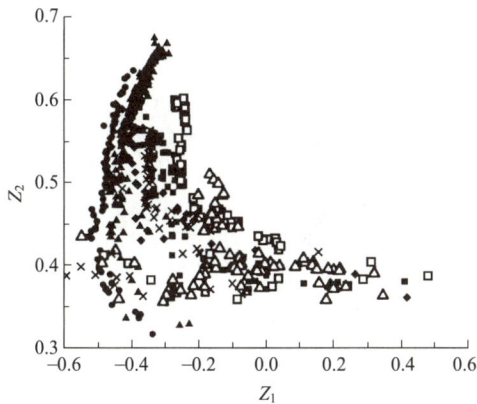

图 7-31　AANN 4-5-2-5-4 模型在 Z_1-Z_2 平面图上对"正常/非正常"发酵的聚类结果
▲■●◆×"正常"发酵；□"非正常"发酵

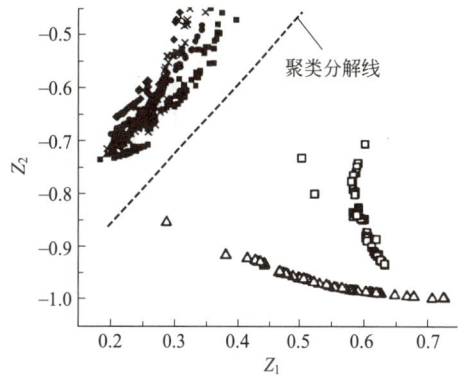

图 7-32　AANN 5-6-2-6-5 模型在 Z_1-Z_2 平面图上对"正常/非正常"发酵的聚类结果
▲■●◆×"正常"发酵；△□"非正常"发酵

在评价利用自我联想神经网络对谷氨酸发酵进行故障诊断和早期预警的性能时，使用以下评价指标 J。

$$J(k) = \frac{\sum_{i=1}^{M} \left(y_i(k) - y_i^{**}(k) \right)^2}{M}$$

(7-28)

式中　　M——AANN 网络中输入或输出变量的个数（$M=5$）；

　　　　k——表示（第 k 个）发酵时刻；

　　y_i 和 y_i^{**}——分别是未参与 AANN 网络学习训练和建模的输入层第 i 个神经元的输入变量值和在 AANN 网络输出层第 i 个神经元上计算得到的输出变量值。

选取在构建 AANN 网络时，所有学习训练数据中的 $J(k)$ 最大值的两倍（$J_{max}=0.006$）作为"控制极限（阈值）"。在利用已构建好的 AANN 网络进行在线故障诊断时，当 $J(k)$ 值连续、长期地超出该控制极限时，就可以判定发酵过程中出现了异常情况。

图 7-33 是 4 批次未参与 AANN 网络学习训练的谷氨酸发酵 J 值的变化曲线。很明显，批次♯4、♯5 的 J 值自始至终没有达到或接近控制极限，可认定是正常发酵。而批次♯6、♯7 的 J 值均在第 12h 左右超过控制极限，据此可以判断在此期间谷氨酸发酵出现了故障。在批次♯6 的"非正常"发酵中，12h 搅拌电机出现故障，最大转速仍无法满足正常的供氧要求，DO 在很长一段时间内基本处在接近于零的水平，导致谷氨酸发酵不能正常进行。由于没有及时采取补救措施，导致发酵彻底失败。在批次

♯7 的"非正常"发酵中，10h 氨水耗尽后，实验员误用 NaOH 代替氨水来控制 pH；12h 左右谷氨酸合成的主要原料之一的 NH_4^+ 就已经接近零的水平，导致谷氨酸发酵不能正常生产。图 7-34 是批次♯7"非正常"发酵的 J 值和谷氨酸浓度的时间曲线。在故障出现后 0.5h，也就是发酵 12.5h 时 J 值就已经

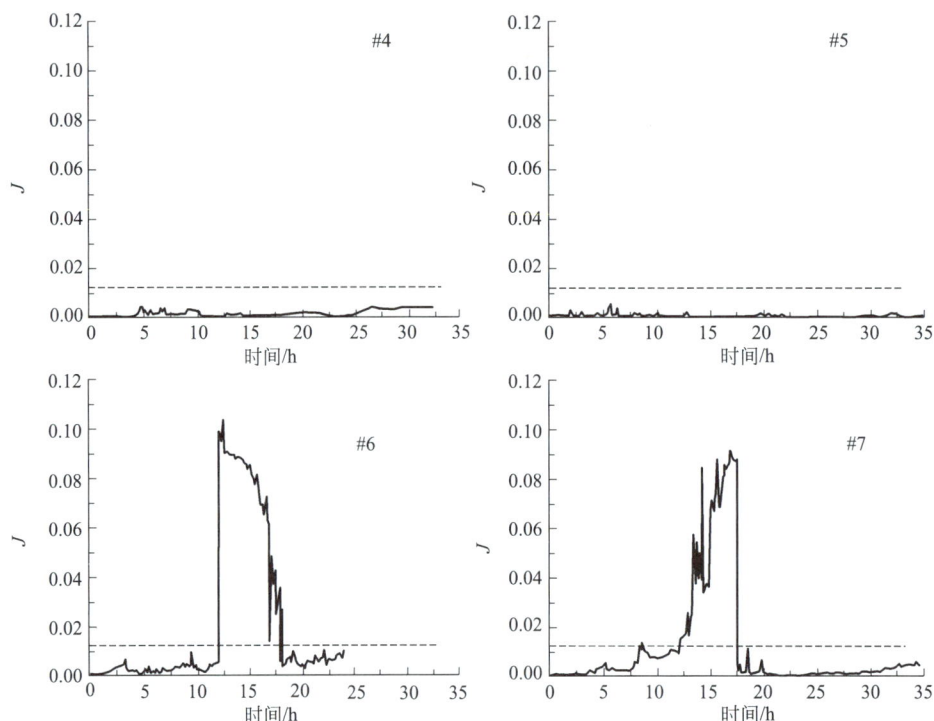

图 7-33 不同谷氨酸发酵（正常和非正常）的 J 值时间曲线

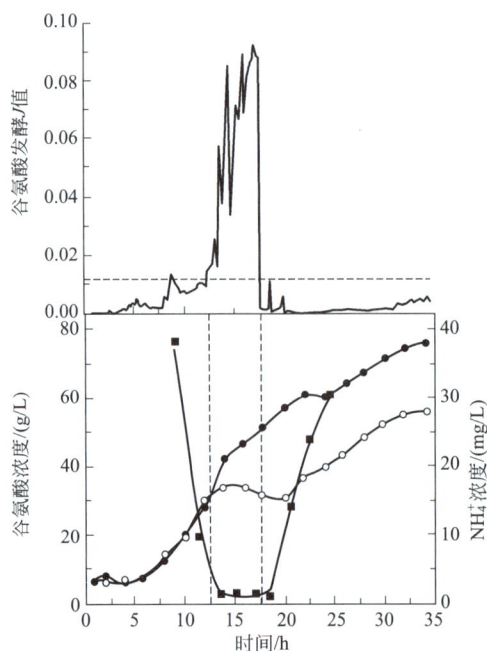

图 7-34 利用 AANN 模型的谷氨酸发酵早期预警

● 谷氨酸浓度，"正常"发酵；○ 谷氨酸浓度，"非正常"发酵；■ NH_4^+ 浓度，"非正常"发酵

超过了"控制极限"，并发出报警信号。接到报警后，实验员经过努力分析，查知是错误地使用了原料，并在第一时间（16h）恢复了氨水使用。18h 后谷氨酸生产又开始逐步恢复。虽然最终谷氨酸浓度无法恢复到"正常"发酵的水平，但仍然达到了 56.3g/L。

利用 AANN 网络可以比较准确及时地诊断出谷氨酸发酵过程中出现的故障。根据 AANN 发出的报警信号，如果能够及时地采取补救措施，可以把损失降低到最低程度。将基于 AANN 模型的故障诊断和早期预警系统应用于谷氨酸发酵表明，利用 AANN 网络可以比较准确及时地诊断出发酵过程中出现的故障。根据 AANN 发出的报警信号，如果能够及时地采取补救措施，就可以把损失降低到最低程度。

第五节　发酵过程的计算机接口技术

一、发酵过程的计算机控制原理

作为一个工厂、一个生产流程或某一个单元，例如生化反应过程，都按照一定的要求和条件来组织生产和进行操作。为使整个生产过程不出偏差，就要求有好的测量控制系统来保证。然而，工业生产过程的控制系统设计，完全依赖于被控制的工业生产过程的特性和要求。所以，深入了解被控制的工业生产过程特性，是应用计算机控制系统的基础。

数字计算机在过程控制中的应用主要在两个方面。首先是用计算机进行工业生产过程数据采集和预处理，这是实现工厂自动化的第一步。第二个方面的应用是通过计算机对工业生产过程进行操作、控制和优化。

1. 计算机数据采集

实际上许多计算机在过程工业中应用时，有 70%～80% 的功能是用在过程数据采集、数据处理、上下限报警、历史数据存储以及监视生产过程。图 7-35 为计算机用于数据采集的系统结构。由图 7-35 可见，要进行工业生产过程数据（如压力、温度、流量、液位等参数）的采集，首先要有测量传感和变送装置，这些装置往往是原来进行仪表控制就具备的系统。然后，把这些测量装置的信号送到测量接口，一来将测量装置的模拟信号调理成计算机能接受的数字信号，二来进行多路信号的采样。经过变换处理的后测量信号一方面可以通过显示器显示，另一方面作为历史数据存入存储器。

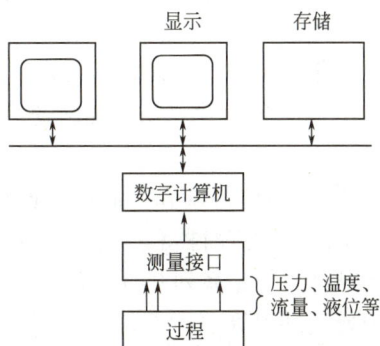

图 7-35　计算机数据采集系统

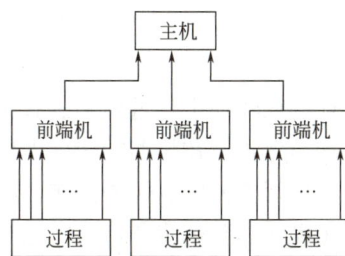

图 7-36　分散型计算机数据采集系统

通常一个工厂有大量的测量数据需要采集，几千甚至几万个，因此，计算机数据采集系统设计成分散型（也叫分布式）数据处理系统，如图 7-36 所示。这种形式的数据采集系统是由通信网络和前端机组成。由前端机进行底层的数据采集和处理，将其结果送到大型计算机，由它进行更复杂的信号和数据处理，例如数据调理、物料和能量平衡计算，将这些有效的数字经过通信网络传给操作员或作为其他用处，如全厂决策调度、优化计算等。

2. 智能仪表

计算机过程工业中十分活跃的领域是智能仪表的开发。许多测量仪表内部都已装上了微型计算机，这样可以减少操作员和仪表工许多繁琐的仪表校验、维护等工作。例如采用自动量程变换的装置来处理原来量程的调整问题。例如有一个电压输入信号，变化范围从毫伏级到伏级，在这种情况下，可以控制过程输入到实际测量电路之间的放大器，放大器的增益由微机自动调节，使测量输出满足测量精度的要求，这样就可以维持在整个宽的输入范围内仪表有一致的测量精度。

3. 计算机与生化过程

计算机在过程工业中的应用主要是进行实时控制和工厂的优化生产。将计算机与测量仪表结合在一起，对生化过程的测量和控制有着一系列的突出优点。首先，计算机的应用，可以增强数据采集功能；通过随机的和数字滤波的方法，可以大大提高测量结果的可靠性和准确度；从并行的多种传感器上测出生化过程的状态信息，计算机能方便地进行比较和分析，从而可以在线进行对传感器信息的校正，及时地识别传感器性能的变化；有了计算机，使许多高级的分析仪器系统便于在生化过程中应用。例如，一个计算机控制的分析仪器系统，可以进行自动取样，切换色谱仪，以及很快得出测量结果，再利用计算机内部所储存的校正关系或算式，就可以直接给出物理量单位表示的信息，虽然这种简单的信号处理、校正运算（例如线性化处理）可用特殊的电子电路来完成，而用了计算机，则不仅容易方便，而且不需附加任何的硬件设备。

计算机在生化工程中应用的另一个优点，是因为计算机具有数据存储功能，从而使生化过程的大量信息以数字信号的形式进行存储，便于生化过程结束后，对生化过程工艺进行分析和处理，为优化生产提供宝贵的数据。

计算机的应用，也可以大大增加数据分析、推断等处理的能力。将一系列生化过程的测量结果，用有关算式关联起来，从而很快地计算出很重要的生化过程有关状态和参数，例如氧利用速率、呼吸商等。也可以利用在线测量得到的信息，采用估计的方法，获得更好的生化过程状态信息，例如生物质浓度、比生长速率、基质消耗速率和产品形成速率等生化工程中的重要变量。

计算机也可以大大地扩展和改进生化过程的控制和优化操作。一台工业控制计算机可以替代许多个常规模拟控制系统，例如应用标准的 PID 反馈控制算法，可以控制许多变量，如 pH 值、发酵温度等，而且控制变量可以是由计算机计算得到的量，如呼吸商（RQ）。各种数值计算方法可以用来计算机改进生化过程的数学模型，然后，根据这些数学模型决定生化过程的优化操作条件和策略。计算机所提供的运算和存储能力，可以用来完成各种优化方法的计算，例如，发酵期间各种营养物质加料速率、pH 值等优化设定范围。

间歇过程的操作在生化过程中占有很大比重，它往往要求仔细小心地协调和控制各个阀门的开与关、泵的启动与停止。在早期的间歇生化过程中，所有这些功能是由各种定时器和继电器来实现，现在可以用计算机进行方便的有效的操作。目前，用计算机管理和操纵已成为一系列并行处理的间歇生化过程，实现优化操作的基本步骤，其中包括顺序进料到排放物料的处理过程等。

为了使计算机在工业过程控制中具有高度的可靠性、灵活的可维护性和方便的可使用性，现在在过程控制中所用的计算机控制系统是集散控制系统（DCS）。这种系统是以微型计算机为基础，将模拟仪表控制、计算机技术、数字通信技术和屏幕显示技术结合在一起，实现生产过程信息高度集中，而控制回路分散的思想，从而大大提高计算机在工业生产过程中应用的可靠性。DCS 系统在过程工业和其他工业领域获得了广泛的应用。

二、发酵过程的计算机控制功能分析

在整个发酵过程中，温度、溶氧、通风量等参数控制的好坏直接关系到转化率的大小和产量的高低，利用计算机对该过程实施控制，有利于稳定发酵工艺条件，提高控制质量，缩短生产周期。由于微生物发酵是一个具有时变性、非线性、多输入输出和随机性的复杂的生化反应过程，因此在进行控制回路组态时建立了带模糊 PD 自整定的温度、罐压、流量控制回路，对溶氧采用了定罐压下的串级 PID 模糊控制。

1. 温度控制

微生物发酵是一个复杂的生化反应过程，发酵过程释放热量，因此温度控制显得尤为重要。考虑到：①间接降温的滞后时间较长，对象的时间常数大，易产生超调；②发酵过程的不同阶段，产生热量的速率不同，对象模型参数变化较大，而参数的辨识又较为困难，冷却水流量与温度关系无法精确测定等因素，采用了基于自适应控制思想的自适应 PID 控制算法。具体做法是先根据发酵的不同阶段，分段整定 PID 参数，再将各段参数固化于控制站内，这种方法虽然达不到最优，但实际效果是理想的。

2. 压力和流量控制

工艺要求罐压和流量稳定，超调小，罐压由进气调节阀的升度控制，尾气流量则由出气调节阀的升度控制。两个回路之间相互关联，采用常规 PI 控制质量较差，难于稳定，易失控及振荡，有较大的超调。因此在这两个控制回路中引入模糊控制概念，即将二者的相互影响适当量化，存入计算机内，实时控制时，先根据经验整定两组 PI 参数，注意将二者的频域拉开，然后对系统的响应（即罐压 p、流量 Q）进行监测，根据预定的步骤和指标进行模糊推理启动对 PI 参数超前修正。实施该控制方案后，基本上消除了压力和流量回路的耦合，调节效果是满意的。

3. 溶氧控制

根据工艺要求，对溶氧回路进行八段定时控制。影响罐内物料溶氧值的因素主要有 4 个，即菌体需氧量、通风量、罐压及搅拌器转速。其中发酵不同阶段菌体需氧量由实验确定，是不可控因素。而搅拌器转速是定值，因此可控因素为通风量和罐压。根据工艺条件要求，罐压尽可能稳定，此时流量仪表误差小，故溶氧控制采用如图 7-37 所示的定罐压情况下的溶氧 PID 模糊控制，将流量作为副控回路，溶氧作为主控回路，达到较好的控制效果。

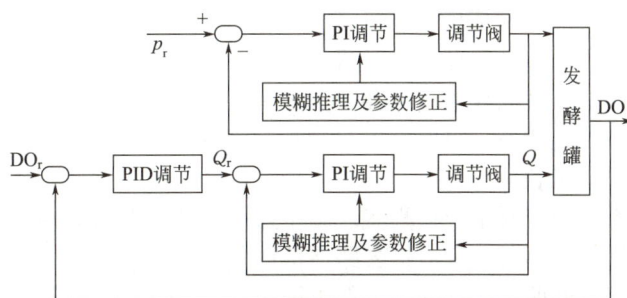

图 7-37　溶氧控制框图

三、集散控制系统及接口技术

1. 集散控制系统简介

集散控制系统又名分布式计算机控制系统，国外最早称为分散控制系统，即 DCS(distributed control system），后来叫集中（总体）分散控制系统（total distributed control system），我国习惯上称为集散控制系统或 DCS。它是以微机处理器为基础，继承单元组合仪表及计算机系统的优点，充分利用控制技术、计算机技术、通信技术、图像显示技术（4C 技术）的应用成果，集中了连续控制、批量控制、顺序逻辑控制和数据采集功能的计算机综合控制系统。其主要特征是：集中管理，分散控制。自1975 年第 1 套集散控制系统 TDC-2000 诞生以来，各类集散控制系统广泛应用于石油化工、冶金、炼油、纺织、制药等各行业，均取得了很好的效果。

最初的工业过程控制是通过单元组合仪表采用原始分散控制，各控制回路相互独立，其优点是某一控制回路出现故障时，不影响其他回路的正常工作；缺点是硬件过多，自动化程度不高难以实现整个系统的最优控制。随后出现集中控制，它是通过计算机将控制回路的运算、控制及显示等功能集于一身，其优点是硬件成本较低，便于信息的采集和分析，易实现系统的最优控制；缺点是危险集中，局部出现故障会影响整体。鉴于以上原因，人们开始研究集中分散控制，随着控制技术、计算机技术、通信技术、图像显示技术的发展，20 世纪 70 年代中期吸收原始分散控制和集中控制两者优点，克服其缺点的集中分散控制系统诞生了。集散控制系统发展的三个阶段如下。

① 初始阶段　1975 年美国霍尼韦尔公司第 1 套 TDC-2000 集散控制系统问世不久，世界各国仪表制造商就相继推出了自己的集散控制系统，即第 1 代集散控制系统，比较著名的有：霍尼韦尔公司的TDC-2000；FOXBORO 公司的 SPECTRUM；FISHER 公司的 PROVOX；横河公司的 CENTUM；西门子公司的 TELEPERM 等。这些产品虽只是集散控制系统的雏形，但已经拥有集散控制系统的基本结构：分散过程控制装置、操作管理装置和通信系统。并已具备了集散控制系统的基本特点：集中管理，分散控制。

② 发展阶段　随着控制技术、计算机技术、半导体技术、网络技术和软件技术等的飞速发展，集散控制系统进入第 2 代。主要产品有：霍尼韦尔公司的 TDC-3000；TAYLOR 公司的 MOD300；西屋公司的 WDPF；横河公司的 CENTUM-XL；ABB 公司的 MASTER 等。第 2 代集散控制系统的主要特点是系统功能的扩大和增强以及通信范围和数据传送速率的大幅提高。它采用模块化、标准化设计，数据通信向标准化靠拢，控制功能更加完善，具有很强的适应性和可扩充性。

③ 成熟阶段　1987 年美国 FOXBORO 公司推出的 1/AS 系统标志着集散控制系统进入了第 3 代。主要产品有：霍尼韦尔公司带有 UCN 网的 TDC-3000；横河公司带有 SV-NET 网的 CEN-TUM-XL；BALLEY 公司的 INFO-90 等。第 3 代集散控制系统的主要改变是在局域网络方面。它通过采用 MAP等协议，使各不同制造商的产品可以相互连接、相互通信和进行数据交换，同时，第 3 方应用软件可方便应用，也为用户提供了更广阔的应用空间。

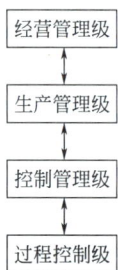

图 7-38　第三代产品的四个层次

这一代产品的结构层次有了进一步发展，它自下而上一般可分为过程控制级、控制管理级、生产管理级和经营管理级四个层次，如图 7-38 所示。

其中过程控制级直接与生产过程连接，具体承担信号的变换、输入、运算和输出等分散控制任务，主要设备有过程控制单元、过程输入输出单元、信号变换器和备用的盘装仪表。

控制管理级对生产过程实现集中操作和统一管理，该级的主要设备是 CRT 操作站（或管理计算机）和数据公路通信设备。

显然，这两级在结构上类似于第一代 DCS 产品，但在具体软、硬件技术上有了新改进，例如：①处理单元采用 32 位机，除用图形语言编程外，还可用高级语言编程；②软件采用多窗口技术；③可进行顺序的批量控制；④硬件的可靠性和安全性设计，移植了许多宇航技术成就，如新的密封高密度组件板、表面安装技术（SMT）等新技术；⑤处理单元中引入智能化技术，每个单元都有自诊断程序，发生故障时能自动隔离，以实现在线更换。

生产管理级可承担全工厂或全公司的最优化，它相当于第二代产品中挂在局部控制网络 LCN 上的通用站 US 和有关模块（如历史模块 HM、计算模块 CM、应用模块 AM），而经营管理级则是该 LCN

通过计算机网间连接器 GW 连接的更上位计算机、计算机簇和其他通信网络上的设备，按照市场需求、各种与经营有关的信息因素和生产管理级的信息，做出全面的综合性经营管理和决策。

这一代产品在通信网络上已广泛地采用光缆和新的网络技术，建立了从基带到宽带，符合 MAP 协议的宽范围的完整网络，能同符合 OSI 参考模型的不同网络产品相兼容或通信。

2. 集散控制系统的特点

① 分级递阶控制。集散控制系统是分级递阶控制系统，它的规模越大，系统垂直和水平分级的范围也越广。最简单的集散控制系统至少在垂直方向分为操作管理级和过程控制级，水平方向各过程控制级之间相互协调，向垂直方向送数据，接受指令，各水平级间也进行数据交换。

② 分散控制。分散控制是集散控制系统的一个重要特点。分散的含义不单是分散控制，还包括人员地域的分散、功能分散、设备分散、负荷分散、危险分散。目的是危险分散，提高设备使用率。

③ 功能齐全。可完成简单回路调节、复杂多变量模型优化控制，可执行 PID 控制算法、前馈-反馈复合调节、史密斯预估、预测控制、自适应控制等各种运算，可进行反馈控制，也可进行间断顺序控制、批量控制、逻辑控制、数据采集，可实现监控、显示、打印、输出、报警、历史趋势储存等各种操作要求。

④ 易操作性。集散控制系统根据对人机学的研究，结合系统组态、结构方向的知识，为操作工提供了一个非常好的操作环境。为操作员提供的数据、状态等信息易于辨认，报警或事件发生的信息能引起操作员的注意，长时间工作不易疲劳，操作方便、快捷。

⑤ 安全可靠性高。为了提高系统的可靠性，确保生产持续运行，集散控制系统在重要设备和对全系统有影响的公共设备上采用了后备冗余装置，并引入容错技术。硬件上包括操作站、控制站、通信线路等都采用双重化配置，使得在某一个单元发生故障的情况下，仍然保持系统的完整性，即使全局性通信或管理失效，局部站仍能维持工作。从软件上采用分段与模块化设计，积木式结构，采用程序卷回或指令复执的容错设计，使系统安全稳定。

⑥ 采用局部网络通信技术和标准化通信协议。已经采用的国际通信标准有 IEEE802、PROWAY 和 MAP 等，这些协议的标准化是集散系统成为开放系统的根本。集散控制系统的开放使各不同制造厂的应用软件有了可移植性，系统间可以进行数据通信，为用户提供广阔的应用场所。

⑦ 信息存储容量大，显示信息量大，有极强的管理能力，可实现生产过程自动化、工厂自动化、实验室自动化、办公室自动化等目标。

⑧ 适用于化工生产控制，有良好的性能价格比，不但其硬件适应化工控制，而且软件的适应性也稳定，随着系统开放第三方的应用软件也可方便应用。

3. 过程接口技术

当计算机控制系统总体设计定下来以后，计算机的存储容量，内部进行算术、逻辑运算功能，对使用者来说并不是很重要，使用者关心的是计算机如何与使用者互通信息，它又是怎样与生产过程相连接的。根据计算机与不同的过程设备相连接，接口可分成如下几种：

① 计算机与计算机相连接的接口，即计算机之间的通信；
② 操作员与计算机之间的接口，即命令的输入；
③ 计算机与操作员之间的接口，即信息的输出；
④ 传感器与计算机相连的接口，即信号的输入接口；
⑤ 计算机与执行器之间的接口，即信号输出给执行机构。

在使用之前，必须清楚它们之间输入输出连接的要求、信号电平以及使用条件和标准。

计算机与计算机之间的连接是很重要的，因为不同类型的计算机和数字设备价格和功能差别很大。人们希望通过应用计算机，使经济效益最大而成本又最低，所以一般都选用微机来控制生化生产过程。当需要更快更复杂的计算，或要求更大的计算机容量时，则用更高一级的计算机来实现，因此，要用通讯的方法将微机与高一级的计算机连接起来。这种计算机之间的连接，通常有 RS-232 标准通信接口，也有计算机的通信网络。关于第②和第③种接口，一般都有成熟的标准接口设备，例如键盘作为操作员的命令输入。作为计算机的信息输出设备，常用的有 CRT 屏幕显示、打印机、作图仪以及多媒体技术（如语言输出）。第④和第⑤类的接口是过程控制中非常重要而特有的接口，接口技术中主要介绍这部分内容。

（1）过程信息类型   工业生产过程中有各种各样的信息，主要可分成四大类，如表 7-11 所示。

表 7-11   工业过程信息类型

序号	类 型	例 子
1	数字型	继电器(开或关)、电磁阀(开或关)、开关(开或关)、马达(开或关)、TTL 电路(0 或 +5V)
2	普通数字型	例如实验室仪器二进制编码，字符二进制编码信号
3	脉冲或序列脉冲	涡轮流量计的脉冲流量信号，步进马达(开或关的序列脉冲信号)
4	模拟信号	热电偶、热电阻，压力、流量、液位、成分等过程变送器信号(4～20mA)，运算放大器(−10～+10V)

第 1 类信号本身具有二进制数的特性，因此很容易变成二进制形式的信号。这种输入输出接口可用与计算机字长相同，如 8 位、16 位或 32 位的寄存器来组成。在这种情况下，过程信息的一个字长，例如 16 位二进制，就可分别代表 16 只泵或马达的开关状态，同时送入计算机并且存储起来。为了确定任何一路的状态，例如第 3 路信息，计算机只要测试第 3 位是 0 还是 1，就可以确定这只泵或马达是开还是关。相应的输入和输出电路部件都是用 0～+5V 的电平来表示二进制的 0 和 1，这与计算机的寄存器完全相同。对于第 2 类二进制编码代表十进制数的信号，此时一位十进制的 BCD 码可用四位二进制来表示，因此，16 位字长的计算机，则每个字长可表示 4 位的十进制，即从最小的 0000 到最大的 9999。第 3 类脉冲信号的输入，对每一路的脉冲输入用一寄存器来计数，这个计数器可由计算机程序来控制，经过一定时间脉冲计数后，其结果可以传送到计算机存储器存储。而输出脉冲装置可由一脉冲发生器和一控制门组成，此门的开关由计算机控制，通过控制门的开关时间，就可控制输出脉冲个数。

（2）模数（A/D）和数模（D/A）变换   在过程工业中，很重要的过程信息是温度、流量、压力、液位、成分等。生化过程工业中也是如此。例如在生化工业中常用的是温度、流量、压力、pH、溶氧、尾气 O_2 和 CO_2 的浓度信息。在这些信息中，温度用热电阻（其他工业可能用热电偶）测量，其余信息都由测量变送仪表测量，这些信号都是连续变化的模拟信号，其值为 4～20mA。这些信号在进入计算机之前必须经过模拟数字转换器（ADC），或称 A/D 转换。模拟信号输入到 A/D 转换器可有两种不同的方法。第一种是采用各个独立的 A/D 转换器，即对应于每一个模拟量输入信号与一个 A/D 转换器相连接。而另一种方法是利用一个采样开关，通过扫描的办法，将模拟量信号逐个接到一只 A/D 转换器。

因为 A/D 转换器价格昂贵，后一种方法较便宜，但是信号输入速率受到 A/D 转换器的转换速率限制。

图 7-39 是输入信号为高低电平都适用的模拟信号接口电路。热电偶和应变仪输出信号为低电平（毫伏）信号，用低阻抗的多路采样器采样多路低电平信号，然后，经过可变增益放大器放大为高电平信号，再经过高电平放大器，放大后送给采样保持器和 A/D 变换器变换后成为数字信号送入计算机的接口。

在模拟数字变换中，其 A/D 变换器应选几位呢？通常 A/D 变换位数多，精度高，但价格也贵。一般用变换分辨率或精度来表示。例如若模拟信号的最大变化值为 V_{max}，而要求系统的精度为 V_{min}，则模数转换器

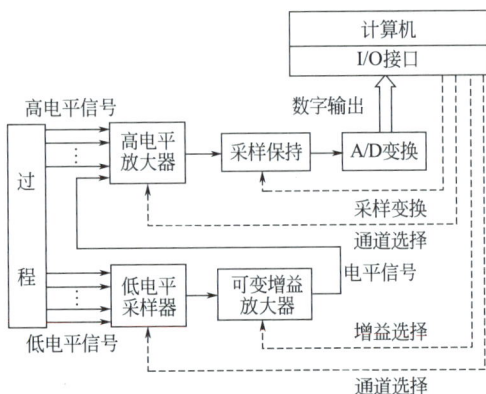

图 7-39   适用于高低电平输入的模拟接口

的最低有效位的值应小于系统的精度 V_{min}，即：

$$\frac{V_{max}}{2^n} \leqslant V_{min} \tag{7-29}$$

则

$$n \geqslant \frac{\lg \dfrac{V_{max}}{V_{min}}}{\lg 2} \tag{7-30}$$

或

$$n \geqslant \log_2 \frac{V_{max}}{V_{min}} \tag{7-31}$$

例如，有一温度物理变量其最大变化范围为 0～250℃，则 A/D 转换器的位数 n 选多少？利用上式可得：

$$\log_2 \frac{250}{0.5} = 8.96 \tag{7-32}$$

因此，A/D 转换器应选 9 位字长以上。通常 A/D 转换器字长有 10 位、12 位和 16 位。对这一例子，A/D 转换器字长选用 10 位。

反过来，计算机的输出是数字信号，如何使过程仪表或执行器能接受这一信号，这中间要有一数字到模拟的变换器，即 D/A 变换器（DAC）。这种 D/A 变换器比 A/D 变换器简单而且便宜。从计算机输出的数字信号与过程的模拟仪表或执行器是一一对应的，因此每路都有自己的 D/A 变换器。大多数 D/A 变换器具有保持功能。如果计算机输出是送给步进马达执行机构，那么输出的模拟信号就是一串脉冲信号，这种变换更简单、方便和可靠。

（3）工业发酵过程微机控制过程接口　图 7-40 表示一工业发酵过程微机控制的过程接口示意图。其中数字 I/O 卡是输入和输出开关量信号，其信号为 0～5V，数字输入、输出的路数一般为 16 路和 32 路。RTD 卡是专为热电阻和热电偶信号输入而设计的卡件，因为热电阻和热电偶具有不同的分度号，在选用卡件时应考虑用的是什么型号的热电阻和热电偶，其输入路数一般 8 路或 16 路为一个卡件。A/D 转换卡通常是将变送器的模拟输入信号（4～20mA）变成数字信号，在发酵过程中，空气流量、pH、溶氧、罐压以及氧和二氧化碳分析仪的输出信号接入此卡，其允许输入模拟量信号为 16 路或 32 路。D/A 转换卡，也叫模拟输出卡，可选用 4～20mA 信号输出，也可以选用脉冲信号输出。若 4～20mA 是电流信号输出，一般一块卡是 4 路或 8 路。

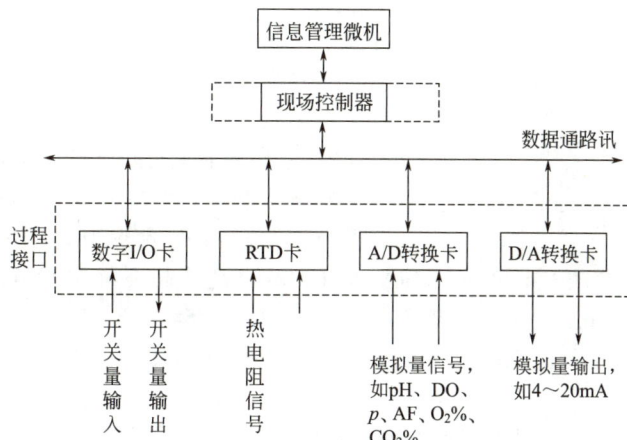

图 7-40　工业发酵微机控制过程接口

过程的信号按编号接入不同种类的卡件和通道号，输出信号根据现场接收仪表或执行器的编号，分别互相连接。这些信息由现场控制器（或采集器）采集，然后送到操作站管理微机，进行各种形式参数显示、报警和存储等，若要进行控制，则由现场控制器完成控制运算，然后，将结果以开关量或模拟量形式输出控制发酵过程。

案例解说

一、基于 DO-stat 和 pH-stat 的谷胱甘肽发酵过程控制

1. 低 pH 胁迫对胞内 γ-谷氨酰半胱氨酸合成酶活性的影响

γ-谷氨酰半胱氨酸合成酶（GSH I）作为合成 GSH 的关键酶，其活性受到胞内 GSH 的反馈抑制，因而在不影响细胞正常生理活性基础上，通过一系列方法使胞内 GSH 释放到胞外，可以解除胞内 GSH 对 GSH I 的反馈抑制，进而提高 GSH 的合成能力。

为了进一步考察低 pH 胁迫对胞内 GSH I 有无影响，分别检测 63h 时各处理条件下胞内 GSH I 活性的变化情况。由图 7-41 可知，无论是一次还是两次性半胱氨酸添加下 GSH I 酶活性均高于对照，而经低 pH 胁迫后，GSH I 活性明显升高，对于一次性半胱氨酸添加而言，pH 胁迫使 GSH I 活性增加 1.2 倍；而对两次性半胱氨酸添加来说，pH 胁迫促使 GSH I 活性比对照提高了 1.5 倍。GSH I 活性增加说明其催化 γ-谷氨酰半胱氨酸合成能力增加，增加了 GSH 合成速度进而使 GSH 产量得到显著提高。

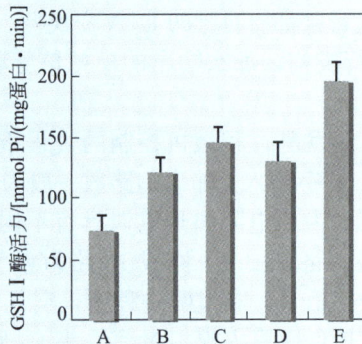

图 7-41 pH 胁迫对 GSH I 酶活力的影响

A—对照（无半胱氨酸添加、无 pH 胁迫）；B—单次添加 50mmol/L 半胱氨酸，无 pH 胁迫；C—单次添加 50mmol/L 半胱氨酸且进行 pH 胁迫；D—两次添加 25mmol/L 半胱氨酸，无 pH 胁迫；E—两次添加 25mmol/L 半胱氨酸且进行 pH 胁迫。GSH I 酶活力在 39h 时测定，并以 mmol Pi 释放/（mg 蛋白·min）表示

由此可见，在半胱氨酸添加总量不变的情况下，采用两次半胱氨酸添加与低 pH 胁迫控制策略能显著提高 GSH 的合成能力，到 78h 时，GSH 总产量为 1825mg/L，比对照提高了 65%，与一次半胱氨酸添加相比提高了 18.9%，与一次半胱氨酸添加和低 pH 胁迫相比较，则提高了 9.2%。

半胱氨酸作为 GSH 合成的关键性前体氨基酸，能明显促进 GSH 的合成，但随着 GSH 胞内含量的上升，GSH I 活性受到胞内 GSH 反馈抑制而导致 GSH 合成能力下降。在保证细胞正常生理活性的基础上，通过一定时间低 pH 胁迫使细胞膜渗透性增加而导致胞内 GSH 分泌到胞外进而提高胞内 GSH I 活性，为二次合成 GSH 打下了基础。本研究证实了经过低 pH 胁迫后胞内 GSH I 活性得到明显提高，当二次加入半胱氨酸后，GSH 合成能力也明显提高，说明采用 pH 胁迫与半胱氨酸添加相结合策略来提高 GSH 合成是行之有效的策略。

2. 溶氧对半胱氨酸吸收和谷胱甘肽合成的影响

有研究表明，发酵法生产 GSH 时，当半胱氨酸的添加量为 0.7mmol/g 细胞时，GSH 的比合成速率和 GSH 产量均为未加半胱氨酸时的 2 倍，而继续增加其浓度反而会抑制 GSH 合成，说明半胱氨酸一次性添加量应在 0.7mmol/g。本研究在细胞高密度发酵生产 GSH 中，当细胞干重为 102g/L、半胱氨酸添加为 50mmol/L 时，GSH 产量达最大值 1534mg/L，这与前人研究结果也基本一致。

然而通过理论计算，实际用于 GSH 合成的半胱氨酸仅为其添加量的 4% 左右，即大部分通过一次性添加的半胱氨酸并未被用来合成 GSH，说明半胱氨酸利用率很低，其中可能原因之一

是半胱氨酸在未进入胞内之前已被氧化为胱氨酸。由于半胱氨酸在有氧条件下极易被氧化，而对于产朊假丝酵母合成 GSH 来说必须在有氧下进行，因而如何控制好溶氧水平对半胱氨酸吸收和 GSH 合成是极其重要的。因而，为了研究溶氧水平对 GSH 合成和半胱氨酸氧化的影响，细胞高密度培养至第 45h 时，通过调节转速将溶氧水平分别控制在 5％、10％、20％和 40％，向发酵液中一次性加入 50mmol/L 半胱氨酸，并在此溶氧水平下检测半胱氨酸吸收和 GSH 合成情况。由于半胱氨酸进入细胞后会同时以其他还原型巯基存在，因而通过测定胞内总巯基含量以及发酵液中半胱氨酸和胱氨酸含量来表述细胞对半胱氨酸吸收情况。

如图 7-42 所示，溶氧水平对 GSH 合成和半胱氨酸吸收有明显影响作用。当溶氧水平在 5％时，GSH 合成明显受到抑制，而随着溶氧水平上升，GSH 合成所受抑制作用逐渐减小，当溶氧为 20％时则可满足 GSH 合成需要。然而溶氧对半胱氨酸吸收的影响则与对 GSH 合成的影响恰好相反，即随着溶氧水平上升半胱氨酸氧化速率明显加快，并且大部分半胱氨酸是在添加 3h 后被吸收进入胞内。溶氧为 5％时，胞内总巯基浓度为 9.81mmol/L，当溶氧上升至 20％时，胞内总巯基浓度为 7.52mmol/L，同时当溶氧控制在 20％和 40％时，胞内总巯基含量基本上没有区别，说明当溶氧水平为 20％时半胱氨酸氧化程度已最大化。同时，对胞外半胱氨酸和胱氨酸浓度进行检测也进一步证实了不同溶氧浓度对半胱氨酸氧化的影响，即随着溶氧水平升高，发酵液中半胱氨酸将很快被氧化为胱氨酸。此外，当溶氧水平控制在 20％时，胞内 GSH 终产量可达 1534mg/L，与前面未进行溶氧控制下一次性半胱氨酸添加所得结果一致，说明将溶氧控制在 20％时，GSH 合成不会受到溶氧水平的影响。

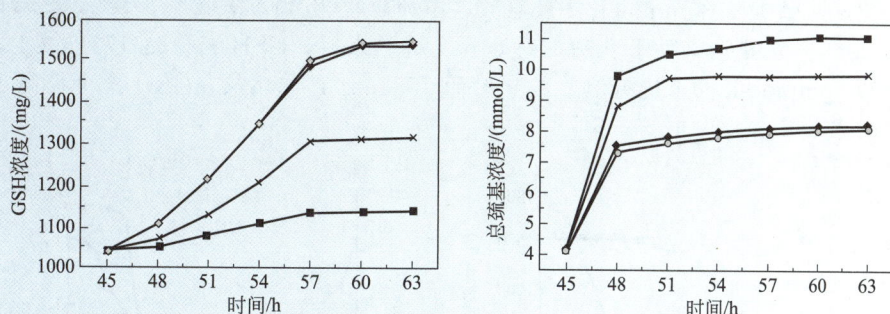

图 7-42 （a）溶氧水平对 GSH 合成及胞内总巯基含量的影响

■ 5% DO; × 10% DO; ♦ 20% DO; ○ 40% DO

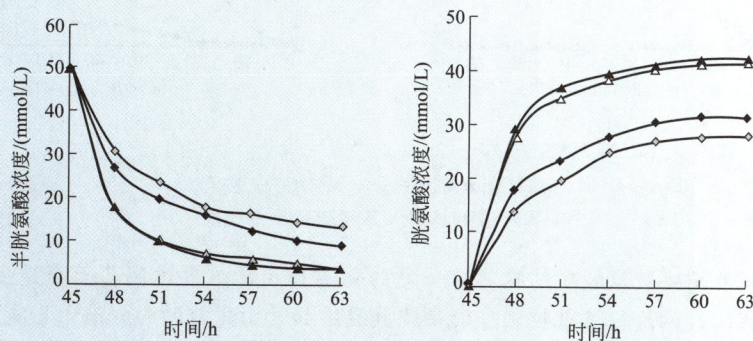

图 7-42 （b）溶氧水平对半胱氨酸浓度及胱氨酸浓度的影响

◇ 5% DO; ♦ 10% DO; △ 20% DO; ▲ 40% DO

3. 半胱氨酸添加与两阶段溶氧控制相结合对谷胱甘肽合成的影响

由上述不同溶氧水平对半胱氨酸吸收和 GSH 合成的影响可以看出，低溶氧水平有利于半胱氨酸的吸收，但不利于 GSH 的合成；而较高溶氧水平尽管可以促进 GSH 合成但同时也会加速半胱氨酸的氧化。为了一方面能降低半胱氨酸的氧化，同时又不影响 GSH 的合成，在半胱氨酸添加后的 3h 内将溶氧控制在 5％，之后 12h 间将溶氧控制在 20％，这样既可降低半胱氨酸添加量，同时又不影响 GSH 的合成。在前期细胞高密度培养生产 GSH 过程中进行一次性半胱氨酸添加实验发现可知，当半胱氨酸添加量为 50mmol/L 及溶氧控制在 20％左右时，添加半胱氨酸 3h 后胞内总巯基含量为 7.52mmol/L。为了确定溶氧在 5％时半胱氨酸添加 3h 后胞内巯基含量能达到 7.52mmol/L 左右，考察了将溶氧控制在 5％时一次性添加不同半胱氨酸浓度下胞内总巯基含量的情况。由表 7-12 可以看出，当添加半胱氨酸浓度为 30mmol/L，添加 3h 后胞内总巯基含量达 7.43mmol/L，比较接近溶氧为 20％半胱氨酸添加量为 50mmol/L 时胞内总巯基浓度值（7.52mmol/L）。

表 7-12 溶氧 5%时不同半胱氨酸添加浓度对胞内总巯基含量的影响

半胱氨酸浓度/(mmol/L)	20	25	30	35	40
总巯基含量/(mmol/L)	6.52	7.12	7.43	7.96	8.91

由此可见，通过两阶段溶氧水平控制，半胱氨酸添加量可由原来的 50mmol/L 下降到 30mmol/L，而胞内总巯基浓度却相近，说明将溶氧控制在 5％ 时，半胱氨酸添加 30mmol/L 时，进入胞内的半胱氨酸量与添加 50mmol/L 半胱氨酸而不进行溶氧控制时胞内半胱氨酸浓度相近。那么在此条件下 GSH 的合成情况又如何呢？为此，细胞经高密度培养后，在第 45h 向发酵液中一次性加入 30mmol/L 半胱氨酸，添加后的 3h 内溶氧控制在 5％，之后的 12h 将溶氧控制在 20％。由图 7-43 结果表明，到 60h 发酵结束时，GSH 产量达 1734mg/L，与半胱氨酸添加量为 50mmol/L 而未进行溶氧控制时的 1534mg/L 相比较，GSH 产量提高了 13％，同时半胱氨酸添加量却减少 40％。

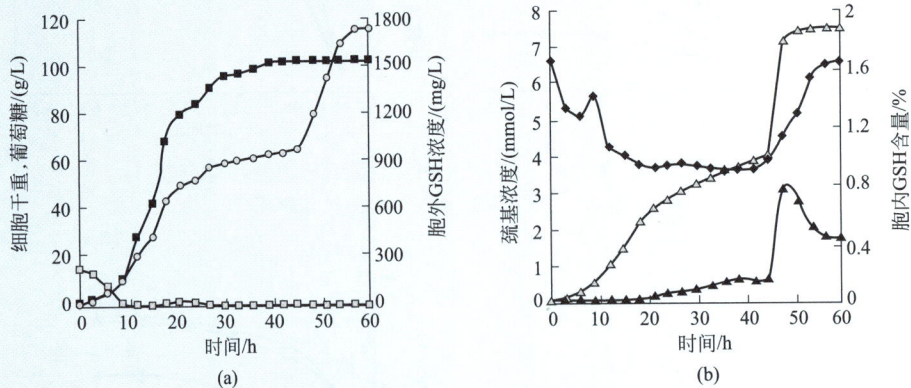

图 7-43 两阶段溶氧控制与半胱氨酸添加相结合对 GSH 合成的影响
□ 葡萄糖；■ 细胞干重；○ 胞外 GSH 浓度；
◆ 胞内 GSH 含量；▲ 剩余巯基；△ 总巯基

前人研究表明半胱氨酸对细胞具有一定的伤害作用，浓度过高甚至会造成细胞死亡。与未进行溶氧控制相比，两阶段溶氧控制可使半胱氨酸添加量由先前的 50mmol/L 减少到 30mmol/L，有趣的是 GSH 总产量却相对提高了 13％。那么为什么半胱氨酸添加量在减少后而 GSH 的合成反而会增加呢？本研究将整个 GSH 发酵分为细胞生长和 GSH 合成两个阶段，细胞停止生长后进行半胱氨酸添加，虽然半胱氨酸添加对细胞生长不会造成影响，但随着添加浓度的上升，半胱氨酸对细胞的伤害程度会加剧，结果使细胞合成 GSH 能力下降而导致 GSH 产量下降。然而通过两阶段溶氧控制策略，一方面，尽管半胱氨酸添加量有所下降，但胞内总巯基含量却没有变化，说明进入胞内的半胱氨酸没有减少，同时通过对溶氧控制，半胱氨酸添加量的减少使其对细胞的伤害程度下降，即相比较而言，GSH 合成能力则有所提高，最终在减少半胱氨酸添加的前提下 GSH 产量却得到大幅度提高。

总之，通过两阶段溶氧控制策略，在降低半胱氨酸添加量的基础上，GSH 总产量得以提高，说明此策略在实际应用中是行之有效的。

4. 半胱氨酸与溶氧控制及低 pH 胁迫相结合促进谷胱甘肽合成

根据低 pH 胁迫、两阶段溶氧和半胱氨酸添加相结合得到的实验结果可知，低 pH 胁迫可使胞内部分 GSH 分泌到胞外而解除 GSH 对 GSH Ⅰ 活性的反馈抑制，通过细胞二次积累 GSH 使其产量得到大幅度提高；两阶段溶氧控制策略则通过减少半胱氨酸添加量来提高细胞合成 GSH 能力，最终导致 GSH 总产量的上升。为此，进一步将 pH 胁迫和溶氧控制两种条件同时与半胱氨酸添加相结合来促进 GSH 合成。如图 7-44 所示，半胱氨酸添加总量为 30mmol/L，分两次添加，每次为 15mmol/L，添加时间分别为 45h 和 63h，添加时采用两阶段溶氧控制，在 60h 通过 3h 低 pH 胁迫使部分胞内 GSH 释放到胞内，到 78h 时 GSH 总产量高达 1936mg/L，此时胞内含量为 1.89%。与前面一次性添加 50mmol/L 半胱氨酸以及未进行低 pH 胁迫和溶氧控制条件相比较，GSH 产量提高了 26.2%，而半胱氨酸添加量却降低了 40%。

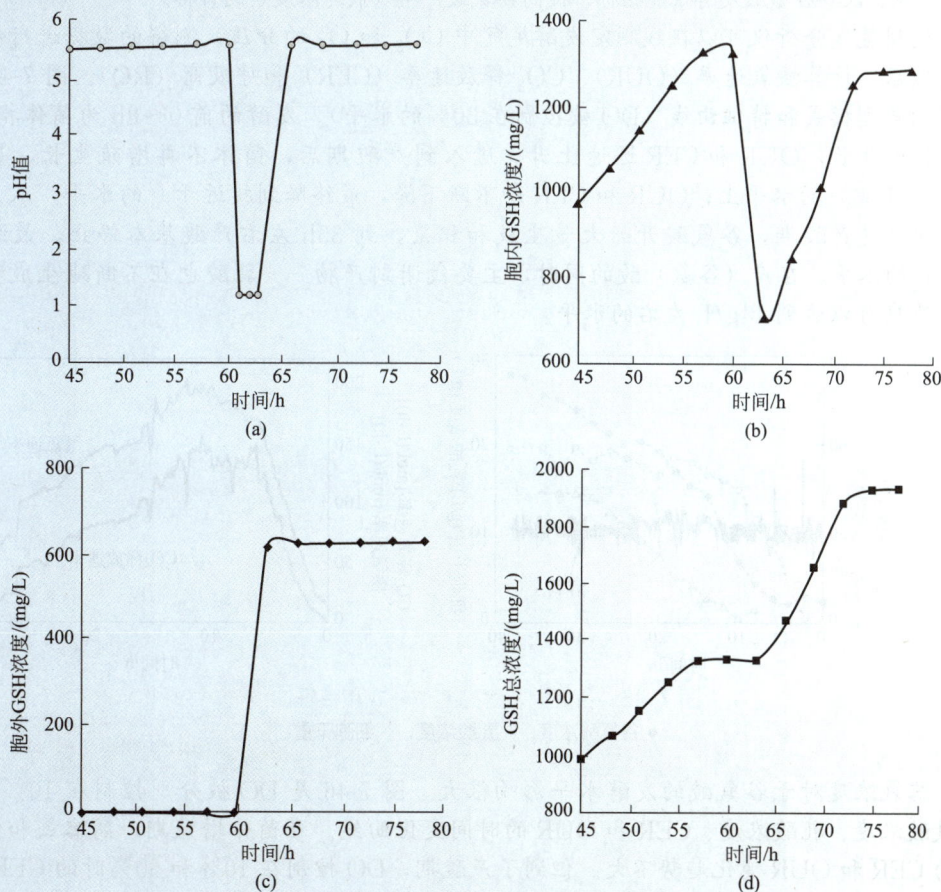

图7-44　pH 胁迫及溶氧控制与半胱氨酸添加对 GSH 合成的影响
○ pH; ▲ 胞内 GSH 浓度; ◆ 胞外 GSH 浓度; ■ GSH 总浓度

二、利用代谢网络模型优化谷氨酸发酵

谷氨酸单钠即味精，是最主要的氨基酸和人们日常生活的调味品。作为主要的发酵制品，它不仅丰富了人民的生活，而且促进了相关行业的兴盛。谷氨酸发酵属于典型的耗氧、非增殖偶联型的生物反应过程，过程特性很难用传统的发酵动力学数学模型来加以描述。而另一方面，人们又对包括谷氨酸在内的传统、大宗发酵产品（主要是有机酸、氨基酸等）的代谢途径，甚至每一步反应都做了深入的研究，形成了大量的知识和经验积累。但是，这些知识和经验由于形成不了能够预测发酵过程状态和特性的有效模型而长年沉睡于文献或书本之中，造成理论和实际应用的脱节。

谷氨酸发酵中，操作条件（搅拌、通风、补料流加等）对于谷氨酸的高产以及糖酸转化率的提高有着极大的影响。操作条件控制不当，可以造成生产菌种发酵活性的迅速下降，在低产酸浓度下的谷氨酸发酵停止；或者，代谢副产物大量生成和积蓄，造成谷氨酸产率和糖酸转化率的降低。谷氨酸产率和糖酸转化率低下的原因一般均与发酵过程控制的好坏密切相关。比如，如果氮源流加控制不当，造成铵离子浓度低下，α-酮戊二酸无法经氧化还原共轭的氨基化反应而正常生成谷氨酸，造成代谢流向改变。又比如，溶氧浓度控制（主要是控制通风量或搅拌速度）不当也会造成乳酸的大量生成和积累。

这里，以谷氨酸棒杆菌（*Corynebacterium glutamicum*）S_{9114} 为研究菌株。通过利用尾气分析仪结合代谢网络模型（MR）实时在线推定谷氨酸及其他主要代谢副产物的浓度曲线，进而实现谷氨酸发酵的优化控制、改善谷氨酸发酵性能指标、提高谷氨酸产率（最终浓度）的目标。

使用尾气分析仪可以在线测定发酵尾气中 CO_2 和 O_2 的分压。测得的数据进行移动平均滤波处理后，计算摄氧速率（OUR）、CO_2 释放速率（CER）和呼吸商（RQ）。图 7-45 是谷氨酸发酵的典型模式和特征曲线（DO 被控制在 30% 的水平）。发酵的前 0~8h 为菌体指数增殖期，细胞快速生长，OUR 和 CER 迅速上升。进入到产酸期后，菌体不再增殖生长，基本稳定在 20g/L（干重）的水平上；OUR 和 CER 却不断下降，最终降到接近于 0 的水平。从 10h 开始的这段期间是产酸期，谷氨酸开始大量生成和积累，到 35h 左右产酸基本停止，最终浓度达到 80g/L 的水平。在产（谷氨）酸的同时，主要代谢副产物——乳酸也在不断地生成积累。最终乳酸浓度可以达到 14g/L 左右的水平。

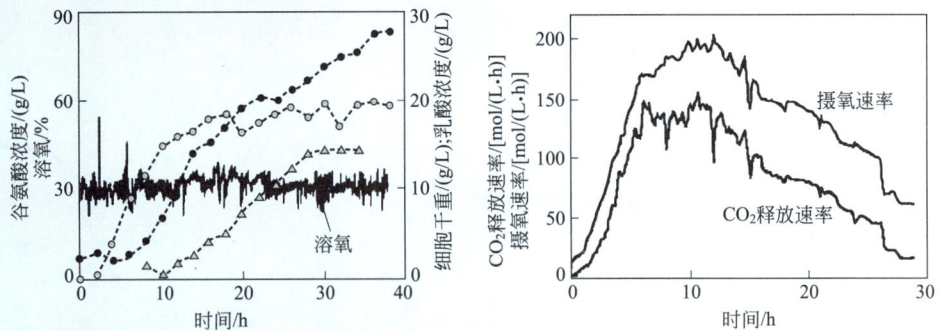

图 7-45 谷氨酸发酵的典型模式和特征曲线
● 谷氨酸浓度；△ 乳酸浓度；○ 细胞干重

溶氧浓度对于谷氨酸的发酵水平影响很大。图 7-46 是 DO 被分别控制在 10% 和 50% 时，谷氨酸浓度、乳酸浓度、CER 和 OUR 的时间变化曲线。在菌体增殖期，高溶氧和低溶氧条件下的 CER 和 OUR 变化趋势不大。但到了产酸期，DO 控制在 10% 和 50% 时的 CER、OUR 变化趋势，以及相应的谷氨酸和乳酸的生成模式存在明显差异。低溶氧（10%）条件下，CER 和 OUR 下降缓慢，产酸期延长，发酵 30h 左右谷氨酸浓度可以达到 90g/L，乳酸的积累量也达到 25g/L 左右的水平。而高溶氧（50%）条件下，CER、OUR 下降迅速，发酵 30h 左右谷氨酸生产停止，浓度仅达到 70g/L 左右，但是，代谢副产物——乳酸却几乎没有积累。以上结果显示谷氨酸发酵在高溶氧和低溶氧条件下的代谢途径明显不同：溶氧过量条件下，虽然少有代谢副产物的生成和积累，但可能是细胞长期处在剧烈搅拌和通气的条件下，造成菌体发酵活性的衰减，最终导致产酸能力下降，谷氨酸最终浓度只能停留在一个较低的水平上；而在较低的DO（10%）下，产酸期的细胞发酵活性可以维持在相对高的水平上，这点可以从OUR和CER相对缓慢下降的趋势上明显地体现出来，这时，虽然伴随有代谢副产物乳酸的严重积累，造成糖酸转化率的下降，但是谷氨酸的最终浓度却有比较明显的提高。以上谷氨酸发酵的基本特征和模式对控制工作者提出的目标是：要通过调控搅拌速度或通风量，把发酵过程实时在线地控制在既不产生乳酸，同时又能最大限度地维持细胞的发酵活性、维持谷氨酸发酵"高产"的水平上。

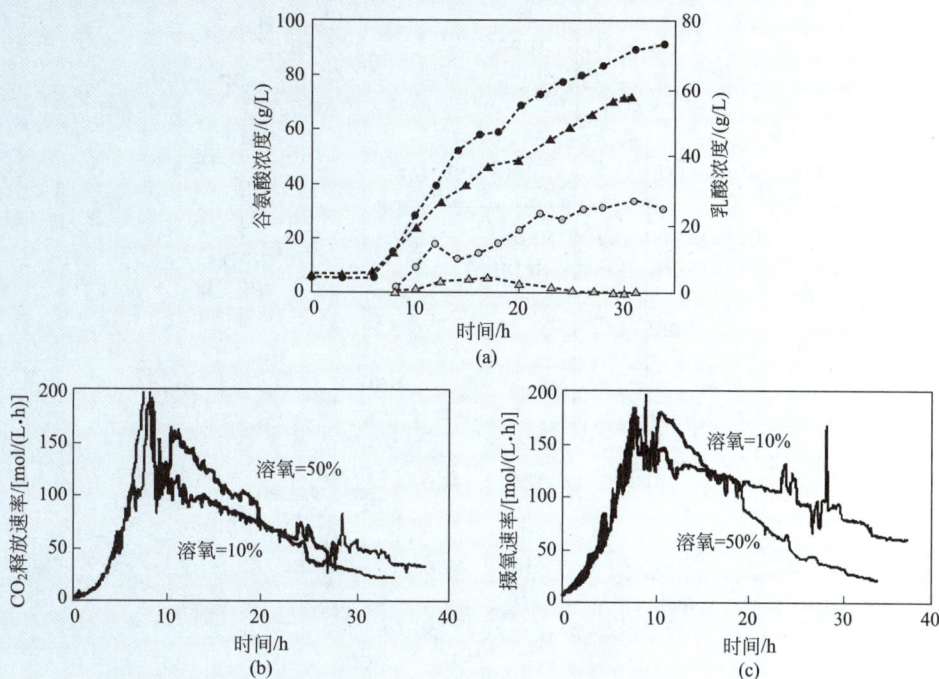

图 7-46 DO被分别控制在10%和50%时，谷氨酸浓度、乳酸浓度、 CER和OUR的时间变化曲线

（a）不同溶氧条件下谷氨酸和乳酸浓度的时间变化曲线；（b）不同溶氧条件下的CO_2
释放速率时间变化曲线；（c）不同溶氧条件下的摄氧速率时间变化曲线

● 溶氧10%的谷氨酸浓度； ▲ 溶氧50%的谷氨酸浓度； ○ 溶氧10%的乳酸浓度； △ 溶氧50%的乳酸浓度

根据生物化学教科书的相关理论和知识，以及有关谷氨酸棒杆菌（*C. glutamicum*）代谢分析的文献，可以得到利用*C. glutamicum*进行谷氨酸发酵时可能涉及的、含有化学计量系数的所有代谢反应方程式——代谢网络模型（MR）。

液相色谱鉴定发现，谷氨酸和乳酸是存在于正常发酵液中的主要代谢产物。因此，可以把与其他有机酸和氨基酸生成积累相关的代谢反应方程式从原始代谢网络模型中去除掉。再对谷氨酸发酵过程所涉及的基本代谢反应和途径进行合理的简化和合并，就得到了图7-47所示的谷氨酸发酵代谢网络图和20个代谢反应方程式（r_1，r_2，…，r_{20}）。该代谢网络模型包含了发生在糖酵解途径（EMP）、磷酸戊糖途径（PP途径）、TCA循环、乙醛酸回补途径、呼吸链和氧化磷酸化以及代谢产物（谷氨酸和乳酸）生成过程中的所有基本反应。这里，着眼物质一共有5个，即谷氨酸、葡萄糖、乳酸、CO_2和O_2。但由于该代谢网络模型考虑的仅仅是产酸期的代谢反应，产酸期内细胞没有生长，因而菌体合成同化反应被忽略。一般来说，磷酸戊糖途径的主要作用是大量生成NADPH，用来合成菌体的构成前体。而在产酸期，菌体的合成停止，不再消耗NADPH。NADPH的消耗发生在由α-酮戊二酸合成谷氨酸的反应（r_{12}）、脱氢酶反应和NADPH直接氧化反应（后两者合并为反应r_{20}）中。另外，产酸期菌体虽然不再生长合成，

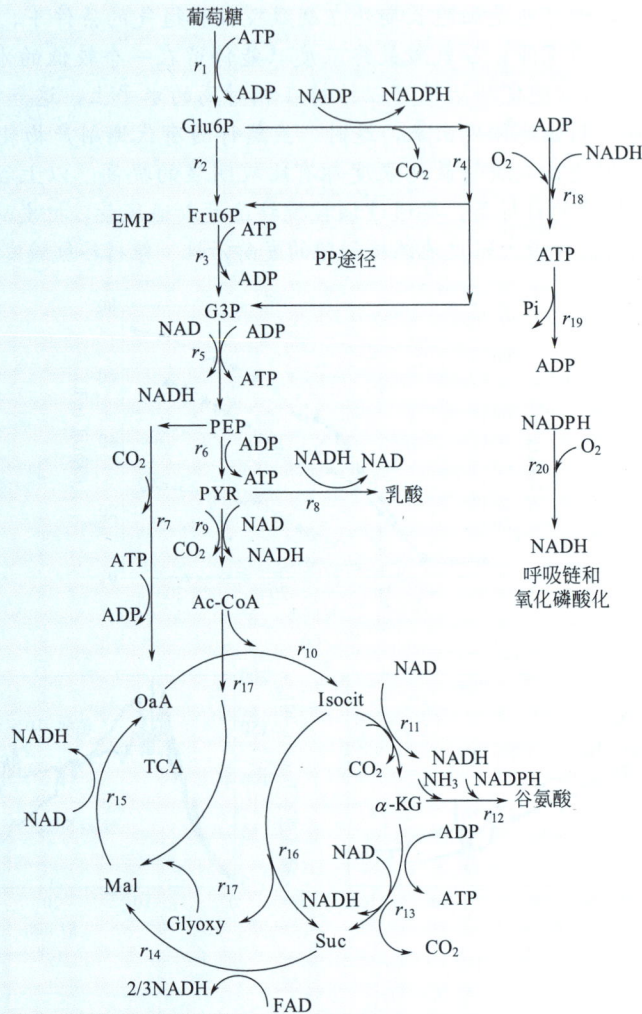

图 7-47　谷氨酸发酵代谢网络图

但是维持代谢依然存在，ADP 再生反应 r_{19} 实际就代表了细胞的维持代谢。所有 20 个代谢反应方程式如下所示。

EMP Glycolysis Pathway（EMP 途径）

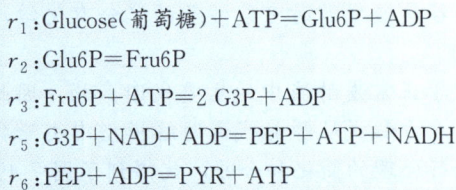

r_1：Glucose（葡萄糖）＋ATP＝Glu6P＋ADP

r_2：Glu6P＝Fru6P

r_3：Fru6P＋ATP＝2 G3P＋ADP

r_5：G3P＋NAD＋ADP＝PEP＋ATP＋NADH

r_6：PEP＋ADP＝PYR＋ATP

PP Pentose Phosphate Pathway（PP 途径）

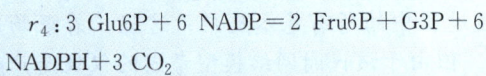

r_4：3 Glu6P＋6 NADP＝2 Fru6P＋G3P＋6 NADPH＋3 CO$_2$

TCA Cycle（TCA 循环）

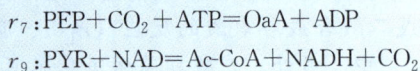

r_7：PEP＋CO$_2$＋ATP＝OaA＋ADP

r_9：PYR＋NAD＝Ac-CoA＋NADH＋CO$_2$

Glyoxylate Shunt（乙醛酸循环）

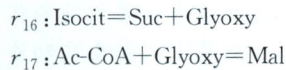

r_{16}：Isocit＝Suc＋Glyoxy

r_{17}：Ac-CoA＋Glyoxy＝Mal

Metabolic Products Formation（终端产物生成）

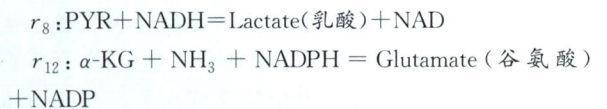

r_8：PYR＋NADH＝Lactate（乳酸）＋NAD

r_{12}：α-KG ＋ NH$_3$ ＋ NADPH ＝ Glutamate（谷氨酸）＋NADP

r_{10} : Ac-CoA + OaA = Isocit

r_{11} : Isocit + NAD = α-KG + NADH + CO_2

r_{13} : α-KG + NAD + ADP = Suc + NADH + ATP + CO_2

r_{14} : Suc + FAD = Mal + 2/3 NADH

r_{15} : Mal + NAD = OaA + NADH

Respiratory Chain & Oxidative Phosphorylation(呼吸链和氧化磷酸化)

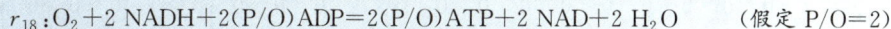

r_{18} : O_2 + 2 NADH + 2(P/O)ADP = 2(P/O)ATP + 2 NAD + 2 H_2O　　　（假定 P/O=2）

r_{19} : ATP = ADP + Pi

r_{20} : O_2 + 2(1+α)NADPH + 2α NAD = 2α NADH + 2(1+α)NADP + 2H_2O　（假定 α=1）

Glu6P:6-磷酸葡萄糖；Fru6P:6-磷酸果糖；G3P:3-磷酸甘油醛；PEP:磷酸烯醇式丙酮酸；
PYR:丙酮酸；Ac-CoA:乙酰辅酶 A；Isocit:异柠檬酸；α-KG:α-酮戊二酸；
Suc:琥珀酸；Mal:苹果酸；OaA:草酰乙酸；Glyoxy:乙醛酸

依然可以使用式(7-33) 的矩阵方程组的方式来描述整个代谢网络模型：

$$Ar = A_m r_m + A_c r_c = 0 \tag{7-33}$$

这里，A、A_c、A_m、r、r_c 和 r_m 可以具体表示以下形式。其中 A 右侧的符号代表代谢网络所考虑的所有节点（物质），即 n 个着眼物质和中间产物。上侧的符号则代表所有的反应速率。符号"T"表示矩阵的转置。r_s、r_g、r_L、r_{O_2} 和 r_{CO_2} 分别表示葡萄糖、谷氨酸、乳酸、O_2 和 CO_2 的生成或消耗速率。

$$A =$$

r_1	r_2	r_3	r_4	r_5	r_6	r_7	r_8	r_9	r_{10}	r_{11}	r_{12}	r_{13}	r_{14}	r_{15}	r_{16}	r_{17}	r_{18}	r_{19}	r_{20}	r_s	r_g	r_L	r_{O_2}	r_{CO_2}	
0	0	0	0	0	0	0	0	0	0	0	0	0	0	0	0	0	-1	0	-1	0	0	0	1	0	O_2
0	0	0	3	0	0	-1	0	1	0	1	0	1	0	0	0	0	0	0	0	0	0	0	0	-1	CO_2
-1	0	0	0	0	0	0	0	0	0	0	0	0	0	0	0	0	0	0	0	1	0	0	0	0	Glucose
0	0	0	0	0	0	0	0	0	0	0	1	0	0	0	0	0	0	0	0	0	-1	0	0	0	Glutamate
0	0	0	0	0	0	1	0	0	0	0	0	0	0	0	0	0	0	0	0	0	0	-1	0	0	Lactate
1	-1	0	-3	0	0	0	0	0	0	0	0	0	0	0	0	0	0	0	0	0	0	0	0	0	G6P
0	1	-1	2	0	0	0	0	0	0	0	0	0	0	0	0	0	0	0	0	0	0	0	0	0	F6P
0	0	2	1	-1	0	0	0	0	0	0	0	0	0	0	0	0	0	0	0	0	0	0	0	0	G3P
0	0	0	0	1	-1	-1	0	0	0	0	0	0	0	0	0	0	0	0	0	0	0	0	0	0	PEP
0	0	0	0	0	1	0	-1	-1	0	0	0	0	0	0	0	0	0	0	0	0	0	0	0	0	PYR
0	0	0	0	0	0	0	1	-1	0	0	0	0	0	0	-1	0	0	0	0	0	0	0	0	0	Ac-CoA
0	0	0	0	0	0	0	0	0	1	-1	0	0	0	0	-1	0	0	0	0	0	0	0	0	0	Isocit
0	0	0	0	0	0	0	0	0	0	1	-1	-1	0	0	0	0	0	0	0	0	0	0	0	0	α-KG
0	0	0	0	0	0	0	0	0	0	0	0	1	-1	0	1	0	0	0	0	0	0	0	0	0	Suc
0	0	0	0	0	0	0	0	0	0	0	0	0	1	-1	0	1	0	0	0	0	0	0	0	0	Mal
0	0	0	0	0	1	0	0	-1	0	0	0	0	0	1	0	0	0	0	0	0	0	0	0	0	OaA
0	0	0	0	0	0	0	0	0	0	0	0	0	0	0	1	-1	0	0	0	0	0	0	0	0	Glyoxy
-1	0	-1	0	1	1	-1	0	0	0	0	0	1	0	0	0	0	0	4	-1	0	0	0	0	0	ATP
0	0	0	0	1	0	0	-1	1	0	1	0	1	0.67	1	0	0	-2	0	2	0	0	0	0	0	NADH
0	0	0	0	6	0	0	0	0	0	0	0	-1	0	0	0	0	0	0	-4	0	0	0	0	0	NADPH

$$A_c = \begin{bmatrix}
0 & 0 & 0 & 0 & 0 & 0 & 0 & 0 & 0 & 0 & 0 & 0 & 0 & 0 & 0 & 0 & 0 & 0 & 0 & -1 & 0 & -1 & 0 & 0 & 0 \\
0 & 0 & 0 & 3 & 0 & 0 & -1 & 0 & 1 & 0 & 1 & 0 & 1 & 0 & 0 & 0 & 0 & 0 & 0 & 0 & 0 & 0 & 0 & 0 & 0 \\
-1 & 0 & 0 & 0 & 0 & 0 & 0 & 0 & 0 & 0 & 0 & 0 & 0 & 0 & 0 & 0 & 0 & 0 & 0 & 0 & 0 & 1 & 0 & 0 & 0 \\
0 & 0 & 0 & 0 & 0 & 0 & 0 & 0 & 0 & 0 & 0 & 0 & 1 & 0 & 0 & 0 & 0 & 0 & 0 & 0 & 0 & -1 & 0 & 0 & 0 \\
0 & 0 & 0 & 0 & 0 & 0 & 1 & 0 & 0 & 0 & 0 & 0 & 0 & 0 & 0 & 0 & 0 & 0 & 0 & 0 & 0 & 0 & 0 & -1 & 0 \\
1 & -1 & 0 & -3 & 0 & 0 & 0 & 0 & 0 & 0 & 0 & 0 & 0 & 0 & 0 & 0 & 0 & 0 & 0 & 0 & 0 & 0 & 0 & 0 & 0 \\
0 & 1 & -1 & 2 & 0 & 0 & 0 & 0 & 0 & 0 & 0 & 0 & 0 & 0 & 0 & 0 & 0 & 0 & 0 & 0 & 0 & 0 & 0 & 0 & 0 \\
0 & 0 & 2 & 1 & -1 & 0 & 0 & 0 & 0 & 0 & 0 & 0 & 0 & 0 & 0 & 0 & 0 & 0 & 0 & 0 & 0 & 0 & 0 & 0 & 0 \\
0 & 0 & 0 & 0 & 1 & -1 & -1 & 0 & 0 & 0 & 0 & 0 & 0 & 0 & 0 & 0 & 0 & 0 & 0 & 0 & 0 & 0 & 0 & 0 & 0 \\
0 & 0 & 0 & 0 & 0 & 1 & 0 & -1 & -1 & 0 & 0 & 0 & 0 & 0 & 0 & 0 & 0 & 0 & 0 & 0 & 0 & 0 & 0 & 0 & 0 \\
0 & 0 & 0 & 0 & 0 & 0 & 1 & -1 & 0 & 0 & 0 & 0 & 0 & 0 & -1 & 0 & 0 & 0 & 0 & 0 & 0 & 0 & 0 & 0 & 0 \\
0 & 0 & 0 & 0 & 0 & 0 & 0 & 1 & -1 & 0 & 0 & 0 & 0 & 0 & -1 & 0 & 0 & 0 & 0 & 0 & 0 & 0 & 0 & 0 & 0 \\
0 & 0 & 0 & 0 & 0 & 0 & 0 & 1 & -1 & -1 & 0 & 0 & 0 & 0 & 0 & 0 & 0 & 0 & 0 & 0 & 0 & 0 & 0 & 0 & 0 \\
0 & 0 & 0 & 0 & 0 & 0 & 0 & 0 & 1 & -1 & 0 & 1 & 0 & 0 & 0 & 0 & 0 & 0 & 0 & 0 & 0 & 0 & 0 & 0 & 0 \\
0 & 0 & 0 & 0 & 0 & 0 & 0 & 0 & 0 & 1 & -1 & 0 & 0 & 0 & 0 & 0 & 0 & 0 & 0 & 0 & 0 & 0 & 0 & 0 & 0 \\
0 & 0 & 0 & 0 & 0 & 1 & 0 & 0 & -1 & 0 & 0 & 0 & 0 & 0 & 0 & 1 & -1 & 0 & 0 & 0 & 0 & 0 & 0 & 0 & 0 \\
-1 & 0 & -1 & 0 & 1 & 1 & -1 & 0 & 0 & 0 & 0 & 0 & 0 & 0 & 0 & 4 & -1 & 0 & 0 & 0 & 0 & 0 & 0 & 0 & 0 \\
0 & 0 & 0 & 0 & 0 & 0 & -1 & 1 & 0 & 1 & 0 & 1 & 0.67 & 1 & 0 & 0 & -2 & 0 & 2 & 0 & 0 & 0 & 0 & 0 & 0 \\
0 & 0 & 0 & 6 & 0 & 0 & 0 & 0 & 0 & 0 & -1 & 0 & 0 & 0 & 0 & 0 & -4 & 0 & 0 & 0 & 0 & 0 & 0 & 0 & 0 \\
\end{bmatrix}$$

$$A_m = \begin{bmatrix}
0 & -1 & 0 & 0 & 0 & 0 & 0 & 0 & 0 & 0 & 0 & 0 & 0 & 0 & 0 & 0 & 0 & 0 & 0 & 0 & 0 & 0 & 0 & 0 & 0 \\
1 & 0 & 0 & 0 & 0 & 0 & 0 & 0 & 0 & 0 & 0 & 0 & 0 & 0 & 0 & 0 & 0 & 0 & 0 & 0 & 0 & 0 & 0 & 0 & 0 \\
\end{bmatrix}^T$$

$$r = (r_m^T, r_c^T)^T \qquad r_m^T = (r_{O_2}, r_{CO_2})$$

$$r_c^T = (r_1, r_2, r_3, r_4, r_5, r_6, r_7, r_8, r_9, r_{10}, r_{11}, r_{12}, r_{13}, r_{14}, r_{15}, r_{16}, r_{17}, r_{18}, r_{19}, r_{20}, r_s, r_g, r_L)$$

　　矩阵 A 是 $n \times q$ 阶的代谢反应行列矩阵，r 是 $q \times 1$ 阶的反应速率的向量。其中 n 表示代谢网络的节点个数；而 q 则表示反应速率的总个数，它是代谢网络模型的反应式个数与着眼物质速度式的个数之和。如果 q 个总反应速率中有 m 个是在线可测的，对应的可测速度向量为 r_m，而其余不可测速度向量则为 r_c。这里，$n=20$、$q=25$，可在线测量的状态参数只有两个：摄氧速率（OUR）和 CO_2 释放速率（CER），即 $m=2$。$n=20 < q-m=25-2=23$，代谢网络为一个不定系统，必须通过规定线性目标函数，利用线性规划法来求解计算不可测速度向量 r_c。本例采用的是 NADH 生成速度最小的方法，其物理意义就是所谓的细胞经济学的原理和假说，换句话说，细胞要以高效率、最少的 NADH 量来循环再生 ATP 以维持代谢，过量的氧化反应的存在对细胞自身不利。这样，代谢网络模型的求解就可以用式（7-34）定式化，然后再使用 Matlab 软件中的线性规划最优计算程序包 "Linprog" 来实施计算。

$$\text{Min(total MADH production rate)} = \text{Min}\{r_5 + r_9 + r_{11} + r_{13} + 0.67r_{14} + r_{15} + 2r_{20}\}$$

$$\text{Constraint conditions：} A_c r_c = -A_m r_m \quad \& \quad r_c(i) \geqslant 0 \quad (i=1, q-m) \tag{7-34}$$

利用可测速度向量 r_m 和上述线性规划法求解出各个不同时刻的不可测速度向量 r_c（包括谷氨酸和乳酸的生成速率 r_{12} 和 r_8）后，就可以利用 Euler 法积分求解出各种不同操作条件下的谷氨酸和乳酸的浓度变化曲线，并与谷氨酸、乳酸浓度的离线实测值相比较，以验证代谢网络模型的预测性能和通用能力。

$$\begin{aligned} P(k) &= P(k-1) + M_{WP} \times r_{12}(k) \times \Delta T \\ P(0) &= P_0 \end{aligned} \tag{7-35a}$$

$$L(k)=L(k-1)+M_{WL}\times r_8(k)\times \Delta T$$

$$L(0)=L_0 \tag{7-35b}$$

式中　　P——谷氨酸浓度;

　　　　L——乳酸浓度;

　　　　P_0——谷氨酸初始浓度 (已知或离线测定);

　　　　L_0——乳酸初始浓度 (已知或离线测定);

　　k、ΔT——分别为尾气分析的采样时刻和采样间隔 (5min);

M_{WP}、M_{WL}——分别为谷氨酸和乳酸的分子量。

　　不同 DO 条件下 (10%和30%),代谢网络模型对谷氨酸浓度的在线推定和计算结果如图 7-48(a) 所示,实线表示谷氨酸浓度的在线推定值,符号●和▲代表离线实测的谷氨酸浓度。两种不同的 DO 控制条件下,代谢网络模型的预测值与实测值吻合得非常好。为了进一步验证代谢网络模型的通用能力,在另一次发酵实验中对 DO 的控制水平进行了切换 [图 7-48(b)]。即首先将 DO 控制在 10%左右,在 12h 时 (发酵进入产酸期),将 DO 调高到 30%。代谢网络模型依旧能够比较准确地预测谷氨酸浓度,特别是它能够比较准确地反映出谷氨酸浓度的变化趋势。

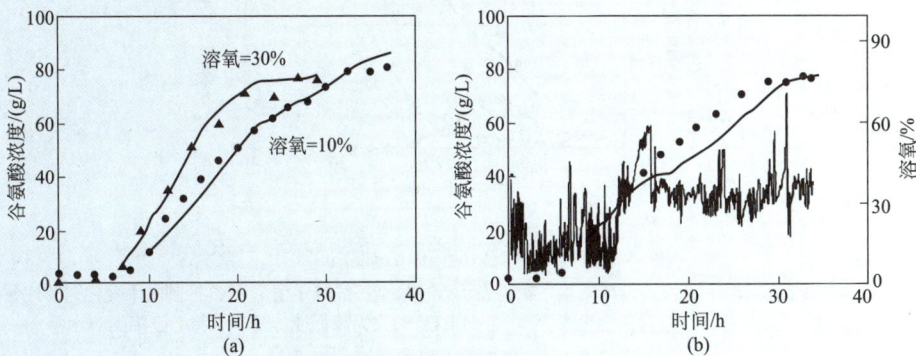

图 7-48　不同溶氧条件下代谢网络模型（MR）对谷氨酸浓度的预测性能
●DO 10%的谷氨酸实测浓度; ▲DO 30%的谷氨酸实测浓度

　　为了继续验证代谢网络模型 (MR) 的通用能力,刻意进行了两次非正常的发酵实验。在第 1 次 "错误" 发酵实验中,首先将 DO 控制在 30%,进入产酸期后,在发酵第 13h,人工调低搅拌转速使 DO 脱离自动控制状态。DO 迅速降低到 0%的极端缺氧水平。由于氧气匮乏,谷氨酸生产无法正常进行,而厌氧代谢副产物乳酸却开始大量地生成和积累。当发酵进行到 19h 后,重新启动 DO 自动控制并将其控制水平调回到 30%。这时,尽管细胞经历了 6h 的极端缺氧状态,发酵活性受到很大伤害,但是,当溶氧控制重启后,细胞的发酵活性和谷氨酸发酵生产还是得到一定程度的恢复,乳酸的厌氧代谢和生成速率也降了下来。如图 7-49 所示,代谢网络模型较好地预测到了这一非正常发酵的过程,特别是在 DO 控制水平切换处,该模型较好地预测到了谷氨酸和乳酸浓度的变化模式。上述结果表明代谢网络模型还具有一定程度的、在线判断非正常发酵和识别诊断故障的潜在能力。图 7-49(a) (右侧) 用一张最为简化的代谢流分布图显示出 DO 控制水平切换时谷氨酸和乳酸代谢通量的变化。

　　在第 2 次 "错误" 发酵实验中,DO 控制在 30%的水平上。在发酵的前 13h,使用 25%的氨水来调节 pH,同时为细胞增殖和谷氨酸的合成提供氮源。当发酵进行到 13h,使用 NaOH 替代 NH_3 调节 pH,同时也切断了用于谷氨酸合成的氮源供给。如图 7-49(b) 所示,NH_4^+ 浓度逐渐下降,到发酵 23h 时降为 0。随着氮源的耗尽,谷氨酸的合成完全停止。DO＝30%的条

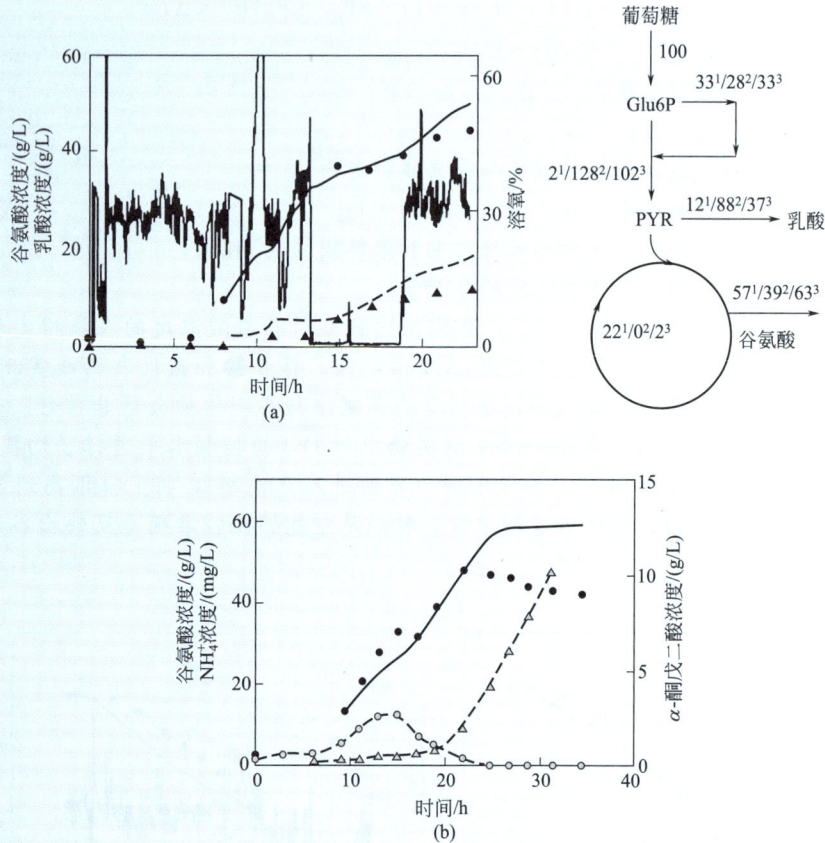

图 7-49 利用代谢网络模型判断识别非正常发酵

（a）● 实测谷氨酸浓度；▲ 实测乳酸浓度；实线表示 MR 模型在线推定值。DO 控制水平变化时的代谢流分布：

1—12.5h 时 DO 控制在 30% 水平； 2—14.0h 时人为降低搅拌速率，将 DO 降到 0 水平；

3—21.5h 时将 DO 恢复到 30% 水平

（b）氮饥饿条件下的 MR 模型在线故障识别。● 实测谷氨酸浓度；○ 实测 NH_4^+ 浓度；

△ 实测 α-酮戊二酸浓度；实线表示在线谷氨酸浓度推定值

件下，该谷氨酸棒杆菌的 α-酮戊二酸脱氢酶活力比较低，使得 α-酮戊二酸难以沿 TCA 回路继续氧化，最终只能靠 α-酮戊二酸的过量外溢来平衡已经得到削弱的葡萄糖酵解碳流。最终 α-酮戊二酸的积累量高达 10g/L。尽管谷氨酸发酵停止以后，代谢网络模型的在线预测值与实测值相差较大，但是它仍然可以较好地预测谷氨酸发酵的停滞。综上所述，结合使用在线测量的 CER、OUR 和代谢网络模型（MR）可以较好地监测发酵过程的状态，从而为发酵过程优化控制乃至故障诊断提供了一种有效的工具。

在利用线性规划法计算求解代谢网络模型时，以 NADH 生成量最小作为目标函数是否真实可靠是一个值得注意的问题。NADH 最小化就是要使细胞产生最小的还原力。NADH 的产生和消耗要遵循细胞生存和维持代谢的最经济原理。但是，这只是理论上的假说，实际上所谓的 NADH 生成量最小化既不能控制也不能真正观察到。因此，没有直接的证据来支持上述假说。但是，谷氨酸浓度的预测性能、实验的结果、TCA 流量的变化，都间接证明了 NADH 生成量最小化的假设是正确的。低溶氧（10%）有利于谷氨酸的生成，意味着 TCA 循环部分关闭了。因为 r_{13}、r_{14}、r_{15} 都是与 NADH 生成相关联的碳流通量，TCA 循环的关闭自然引起 NADH 生成总量的减少。

也有文献报道支持 NADH 生成量最小化的假说。有人研究了在不同供氧条件下大肠杆菌的代谢响应（以影子价格表示）。在中度供氧条件下 $[15\mathrm{mmol}\ O_2/(\mathrm{g\ DCW \cdot h})$，而临界嫌氧条件是 $0.88\mathrm{mmol}\ O_2/(\mathrm{g\ DCW \cdot h})]$，NADH 的影子价格是负值，表明系统希望消除过剩的还原力（NADH）。换句话说，多余的 NADH 不利于细胞生长和维持代谢，总的 NADH 的生成量应该维持在最低的水平上。然而，当过度供氧时，NADH 的影子价格变为正值，这就意味着细胞不需要去除过剩的还原力 NADH，在这种情况下，葡萄糖完全转化为菌体或 CO_2 而没有副产物的生成。此时，NADH 生成量最小的假说就不再成立。上述文献报道的情况与本例的结果非常相似。在高溶氧（50%或更高）条件下，谷氨酸的生成量较少，谷氨酸在线推定值也出现了很大的负偏差（数据没有给出）。这说明 NADH 生成量最小的假说在高溶氧条件下不能成立。

三、利用人工智能模型优化控制酵母高密度培养生产有用物质

植酸酶是催化植酸及植酸盐水解成肌醇与磷酸（或磷酸盐）的一类酶的总称。研究表明，在家禽畜饲料中添加植酸酶，可减少动物粪便中磷的排出量30%～50%。通过提高饲料中植酸磷的利用率，可以减少家禽畜粪便中的磷对环境的污染，降低植酸磷对其他微量元素及蛋白质利用率的影响，避免肉蛋等受到污染，改善饲养环境。植酸酶主要来源于天然植物、动物和微生物，其中产植酸酶的微生物主要有丝状真菌、酵母和细菌等。利用基因技术开发得到的植酸酶基因工程菌的植酸酶酶活比出发菌提高了几十倍乃至上千倍，植酸酶的抗逆性、热稳定性等其他重要性能也得以改善，使用毕赤酵母发酵法生产植酸酶已经成为全世界植酸酶生产制造的最主要途径之一。

植酸酶作为饲料添加剂，其附加值不如其他的药物蛋白或生物酶，使用比较廉价的物质，如葡萄糖来替代甘油作为细胞培养的主要营养物质在经济上比较合算。毕赤酵母发酵生产有用产物的过程也存在葡萄糖效应。在发酵的第 1 阶段，即高密度流加培养阶段，也需要严格控制发酵罐内的底物浓度于葡萄糖效应的临界水平，提高细胞密度或缩短培养时间，为此，可以将"基于 DO/pH 在线测量和智能型模式识别模型的发酵过程控制系统（ANNPR-Ctrl）"稍加修改，直接拿来使用。但是，毕赤酵母和大肠杆菌的流加培养虽属同类，但在动态特征及其变化等方面毕竟还存在着一定程度的差异，对 ANNPR-Ctrl 系统完全实行"拿来主义"，误识别、误判断发生的概率较高。为了提高 ANNPR-Ctrl 的性能，在几次预备（罐）实验的基础上，将新采集到的、符合毕赤酵母流加培养规律的数据（对）重新作为新的学习训练数据，添加到 ANNPR 模型中来，进一步改进模型的识别和预测精度。ANNPR-Ctrl 系统的改良示意如图 7-50 所示。

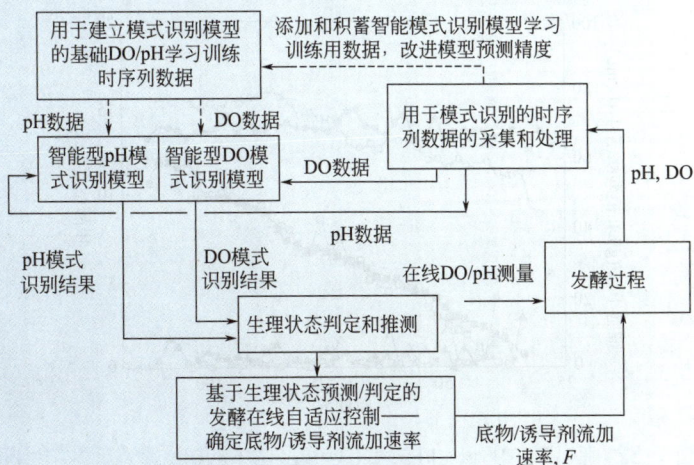

图 7-50 基于 DO/pH 在线测量和智能型模式识别模型的发酵过程控制系统
（ANNPR-Ctrl）在毕赤酵母流加培养过程中的改良

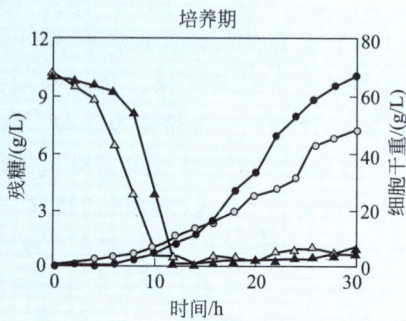

图 7-51 采用 ANNPR-Ctrl 法和 DO-stat
法时，细胞干重及残糖浓度变化的比较
细胞干重：● ANNPR-Ctrl 法；○ DO-stat 法
残糖浓度：▲ ANNPR-Ctrl 法；△ DO-stat 法

如图 7-51 所示，发酵开始 10h 左右，葡萄糖耗尽，此时 DO 突然上升，开始分别用两种不同的控制方法流加葡萄糖。在细胞流加培养阶段（0～30h），使用 AN-NPR-Ctrl 方法的菌体浓度明显高于使用传统 DO-stat 法时的水平。在相同的培养时间下，使用 ANNPR-Ctrl 法可以大幅提高细胞浓度；当需要使用相同浓度的细胞（如 50g/L）时，培养时间可缩短 10h 以上。30h 时，使用 ANNPR-Ctrl 方法的细胞浓度达到 65g/L，而相同时间下使用 DO-stat 法时的细胞浓度只能达到 45g/L。ANNPR-Ctrl 法和 DO-stat 法都可以将葡萄糖浓度控制在较低水平，但使用 ANNPR-Ctrl 控制法的发酵性能优势明显。

当细胞密度达到所需要求或所能承受的极限（供氧、控温、搅拌、装料体积能力等）时，发酵从培养期切换到甲醇诱导期，一般从 30h 开始。在诱导期，需要控制甲醇浓度于合适的水平，以便取得最佳的诱导效果。虽然可以接受高温灭菌的商业化甲醇电极已经问世，但该电极输出信号漂移太大、不稳定，每隔 2～5h 必须要用气相色谱手工实测甲醇浓度并与在线测量的浓度值相比较，使两浓度值相一致；输出响应（加入或消耗甲醇后的电压变化）太慢，0～1h 的时间滞后经常发生，由于时间滞后甚至会出现甲醇瞬间添加量过大、浓度急剧升高和由此造成的"甲醇中毒"现象。这里，直接使用"基于 DO/pH 在线测量和智能型模式识别模型的发酵过程控制系统（ANNPR-Ctrl）"于甲醇诱导阶段，控制甲醇平均浓度，并验证其可靠性、通用性和便捷性。

进入到诱导阶段后，发酵液的 pH 要从培养期的 5.5 提升到 6.0。为此，使用 DO-stat 和 ANNPR-Ctrl 两种方法分别对毕赤酵母表达生产植酸酶的甲醇流加控制性能进行了比较研究，其结果如图 7-52 所示。ANNPR-Ctrl 法和 DO-stat 法都只能将甲醇浓度控制在一个较低的水平上（0～3g/L）。虽然在培养阶段，使用 ANNPR-Ctrl 法的发酵性能优势明显，但在诱导阶段，ANNPR-Ctrl 法并不能有效地提高植酸酶的酶活力。使用上述两种控制方法时的最大酶活基本相同，仅为 55U/mL。发酵全程使用 ANNPR-Ctrl 法除了可以使诱导时间提前外，对提高产酶水平没有什么正面效果。

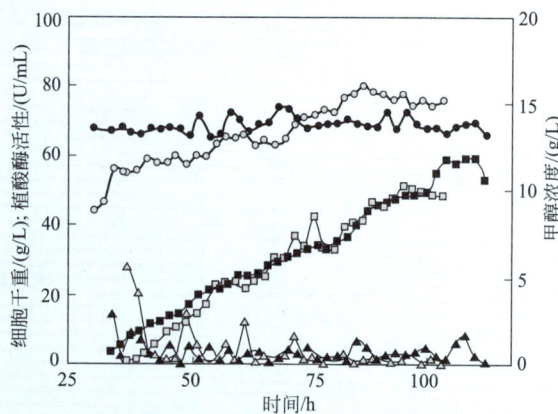

图 7-52 使用 ANNPR-Ctrl 法和 DO-stat 法下的植酸酶发酵生产状况
细胞干重：● ANNPR-Ctrl 法；○ DO-stat 法
植酸酶活性：■ ANNPR-Ctrl 法；□ DO-stat 法；
甲醇浓度：▲ ANNPR-Ctrl 法；△ DO-stat 法

另外，在菌体生长阶段，无论是葡萄糖匮乏还是过量，pH 和 DO 的变化模式是一致和同步的。到了诱导阶段，甲醇耗尽后，DO 急剧上升，但 pH 却基本不变化（图 7-53）。这时，继续使用 pH 作为反馈指标已经不可能，所以，在诱导阶段 ANNPR-Ctrl 系统只能依靠 DO 的变化模式来进行工作。

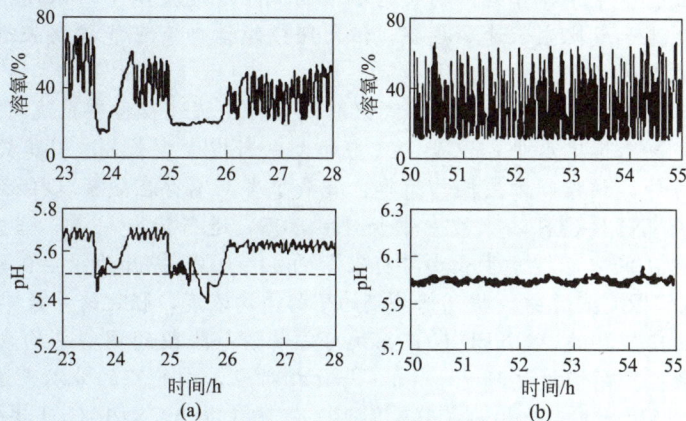

图 7-53 植酸酶生产中，生长期（a）和诱导期（b）内 pH 和 DO 的变化模式

在发酵全程使用 ANNPR-Ctrl 法不能提高产酶水平，是由于该控制条件下的甲醇诱导浓度太低、诱导强度不够。为此，在生长培养期继续使用标准的 ANNPR-Ctrl 法进行葡萄糖的流加控制。而在诱导期，尽管可接受高温灭菌的甲醇电极存在种种缺陷，仍然使用该电极对甲醇浓度进行 on-off 形式的控制，提高诱导强度并观测其控制效果。图 7-54 显示了使用该控制系统条件下的植酸酶生产过程。最大量程为 3%（30g/L）的甲醇电极存在"测量死区（在低浓度和高浓度条件下，输出电压与浓度不相关）"，因此将甲醇浓度控制在"适中"水平（10～15g/L）。然而在实际发酵过程中，甲醇浓度在线测量值大幅漂移，逐渐偏离实际值，虽然不断地调整"浓度-输出电压关系系数"，但最后电极的输出还是进入了"测量死区"。使用这种方法，实际甲醇浓度不能如愿控制在设定水平，而是在 2～7g/L 的低浓度范围内波动。使用该方法，诱导期毕赤酵母的生长格外良好，在 72h 时细胞干重达到了 127g/L 的最高水平。但即便如此，发酵结束（102h）时的植酸酶酶活仅为 36U/mL，还不如使用 ANNPR-Ctrl 法和 DO-stat 法条件下的发酵水平。

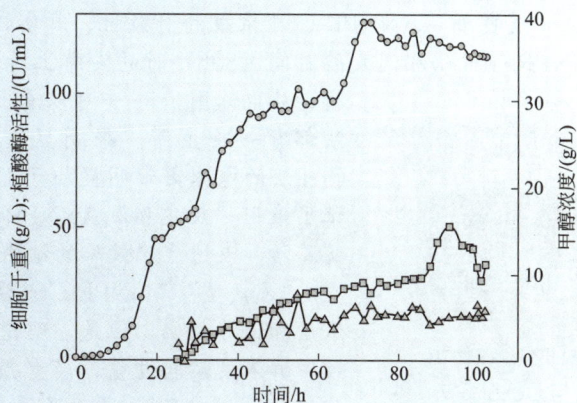

图 7-54 诱导阶段使用在线甲醇电极
直接控制甲醇浓度条件下的发酵状况
○ 细胞干重；□ 植酸酶活性；△ 甲醇浓度

在毕赤酵母表达阶段，甲醇流加速率的控制是一大难题。甲醇浓度过高会抑制细胞生长或对细胞代谢产生毒害，而甲醇不足将会导致生长/代谢不良和产物分泌的减少。毕赤酵母表达外源蛋白期间，甲醇一方面作为碳源继续合成细胞骨架，使细胞生长；另一方面又作为能量物质用于菌体的维持代谢和外源蛋白的表达。甲醇浓度过低时，由于菌体生长或维持代谢大量耗能，与产物表达形成能量竞争，导致产物表达水平偏低。适度提高甲醇浓度，由于甲醇抑制了细胞生长，甲醇消耗速率或比生长速率减小，但大部分能量却有可能被用来进行蛋白表达，从而提高了外源蛋白的表达效率。

基于 DO/pH 在线测量和智能型模式识别模型的发酵过程控制系统（ANNPR-Ctrl）虽然无法将甲醇浓度控制于恒定水平，但是，只要加大更新搜索步长 α，甲醇的平均控制浓度是可以得到提高的。另外，该控制方法操作简单、直截了当，不存在频繁取样标定电极的问题。为此，首先利用标准 ANNPR-Ctrl 法（搜索步长 $\alpha=0.05$）进行流加培养，当发酵进入到诱导阶段，将 ANNPR-Ctrl 法的更新搜索步长由"标准"的 $\alpha=0.05$ 提升为 $\alpha=0.5$，形成一个"改良型"的发酵全程 ANNPR-Ctrl 系统，提高诱导期的甲醇平均浓度，强化诱导效率。实验结果（图 7-55）发现，使用"改良型"的 ANNPR-Ctrl 系统可以将诱导阶段的甲醇平均浓度提高到 10g/L 左右的水平（瞬间最高甲醇浓度达到 20g/L）。与此相对应，植酸酶的分泌表达强度大幅度提高，最高表达量达到 232U/mL，是相同发酵时间下，使用标准 ANNPR-Ctrl 法的 4 倍。

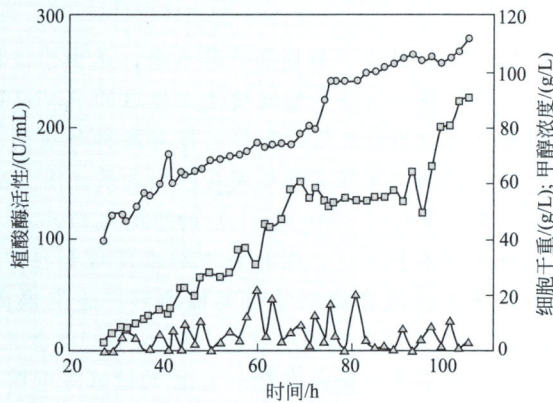

图 7-55 使用"改良型"ANNPR-Ctrl 法条件下的发酵状况
○ 细胞干重；□ 植酸酶活性；△ 甲醇浓度

为了进一步验证"改良型"ANNPR-Ctrl 系统的有效性、真实性和可靠性，选取 DO-stat 法和"改良型"ANNPR-Ctrl 法相同发酵时间（80h）时的发酵上清液样品进行 SDS-PAGE 分析，从电泳图 7-56 中可以看出，在 60kDa 处两种控制方法都有一条主带。很明显，采用"改良型"ANNPR-Ctrl 法的电泳条带明显粗于 DO-stat 法的条带，间接验证了采用"改良型"ANNPR-Ctrl 法可以大幅提高植酸酶酶活和表达生产效率的结论。

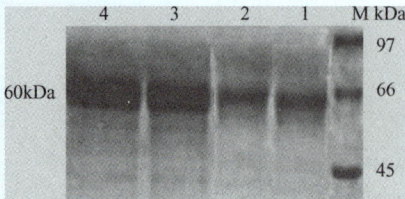

图 7-56 发酵 80h 时，"改良型"ANNPR-Ctrl 法与 DO-stat 法下的发酵液电泳图
M—标品；泳道 1,2—DO-stat 法下的样品；泳道 3,4—"改良型" ANNPR-Ctrl 法下的样品

"改良型"ANNPR-Ctrl 法虽然可以提高甲醇的平均浓度和诱导效率，但是，理论上，过度加大 α 值存在导致甲醇浓度瞬间过量、严重损害细胞代谢活性、致死细胞的危险。图 7-57 显示了诱导阶段（40～50h）的三种不同方法（DO-stat 法、标准 ANNPR-Ctrl 法、"改良型"ANNPR-Ctrl 法）下 DO 的变化模式。DO-stat 法，只能通过高频率的 DO 振动来控制基质的流加，因此基

质浓度仅能控制在一个非常低的水平。标准 ANNPR-Ctrl 法可使 DO 振动频率在一定程度上有所缓解，但如图 7-57 所示，它并不能有效地提高甲醇浓度来强化植酸酶的表达。采用"改良型"ANNPR-Ctrl 法，DO 的持续振动频率变小，甲醇的平均浓度增加，但相应甲醇浓度波动幅度变大（0～20g/L）。研究报道表明，甲醇浓度瞬时过高将严重损害细胞活性及呼吸作用，如果发生这种情况，DO 将逐渐、缓慢地不断上升。采用"改良型"ANNPR-Ctrl 系统，DO 在出现一个峰并下降后，仍保持几乎恒定的基线水平，说明最高瞬时甲醇浓度并没有达到损害细胞呼吸及代谢活性的毒性水平。在此条件下，菌体仍然能够利用甲醇生长，发酵 60～70h 细胞的比生长速率甚至很高，最大浓度可达到 120g/L。

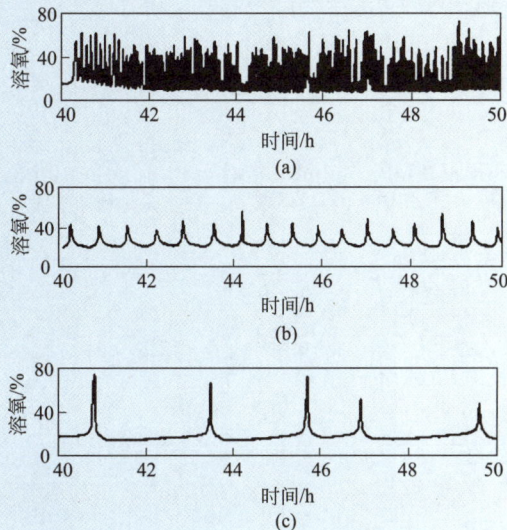

图 7-57　诱导阶段（40～50h）的三种不同
方法下的 DO 变化模式
（a）DO-stat 法；（b）标准 ANNPR-Ctrl 法；
（c）"改良型"ANNPR-Ctrl 法

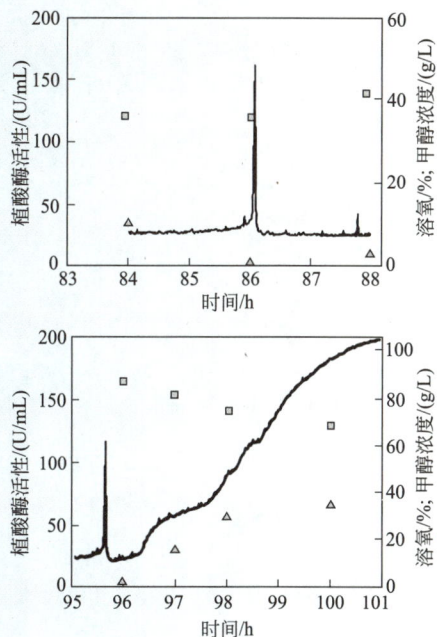

图 7-58　"改良型" ANNPR-Ctrl
系统和人为过量添加甲醇时的
DO 变化差异比较
□ 植酸酶活性；△ 甲醇浓度；实线 DO

图 7-58 显示了在诱导期，利用"改良型"ANNPR-Ctrl 系统和人为过量添加甲醇时的 DO 变化模式，两种模式完全不同。"改良型"ANNPR-Ctrl 法的 DO 变化模式是：在出现一个峰后紧接着一条几乎不变的基线。利用"改良型"ANNPR-Ctrl 模式控制 90h 后，人为地大量添加甲醇，使其浓度超过 30g/L，此时细胞呼吸作用严重受损，DO 不断连续上升，最终停留在一个高而恒定的水平。ANNPR 识别模型可以迅速地将其识别为"甲醇浓度过高，已超过毒性水平"的生理状态，ANNPR-Ctrl 法可以迅速地减小甲醇流加速率从而避免甲醇进一步的积累。而传统 DO-stat 法却会误以为是"甲醇匮乏"而继续流加。由此可见，ANNPR-Ctrl 在识别基质过量上的优越性是 DO-stat 法所无法比拟的。

思维导图

第八章　发酵液预处理及发酵产物提取与精制

第一节　概论

科普导读

一、下游加工过程在发酵工程中的地位

对于微生物发酵液、动植物细胞组织培养液、酶反应液等各种生物工业生产过程获得的生物原料，经过分离提取、加工并精制最终使其成为产品的技术，称为生物工业下游技术。它描述了生物产品分离、纯化过程的原理、方法及相关设备，处于整个生物产品生产过程的后端，所以也称为生物工程下游加工过程。

下游加工过程是生物工程中必不可少的也是极为重要的过程环节，是生物产品实现产业化的必由之路。下游加工过程几乎涉及生物技术所有的工业和研究领域，其技术的优劣及技术进步对于生物工业产业的发展有着举足轻重的作用。

从分析科学的角度看，下游加工过程是各种分析技术的前提，通过分离、纯化和浓缩等下游技术手段，延伸了分析方法的检出下限。如一些新的功能性生物产品的研究和开发，需要对其分子结构及功能有清楚的认识，此时就需要通过一系列下游技术将其纯化至相当高的纯度，才能消除杂质的干扰，正确分析其结构、功能和特性。

从生物产品加工工程的角度看，生物工业原料中产物浓度低，杂质含量高，生物产品的种类及其性质多样，多数生物产品还具有生物活性，容易变性失活。这些因素使得生物制品的生产对下游加工过程有着特殊的要求。

从生物产品的生产成本看，生物产品的分离和纯化占生产成本的大部分，下游技术的优劣不仅影响产品质量，还决定着生产成本，影响产品在市场上的竞争力。

随着生物工业的快速发展，废水污染问题也越来越突出。作为生物工业"可持续发展战略"的一个重要组成部分，"清洁生产"已成为协调经济发展和环境保护的一个重要举措，而它与下游加工过程密切相关。

二、发酵下游加工过程的特点

发酵下游加工过程的处理对象是发酵液、酶反应液或动植物细胞培养液，产品往往都具有生物活性和功能。与传统的化工分离过程相比具有很多特殊性，主要表现为：原料体系复杂，产品种类繁多，含量低，易变性，具经验性等。

发酵液等待处理料液中，含有大量可溶性和不溶性杂质，有的是在配制培养基时人为加入的，也有的是发酵过程中微生物代谢产生的，杂质的种类多，含量高，给下游加工过程带来了不小的困难。由于原料特性的不同，决定了下游加工过程的不同。如发酵法生产谷氨酸，日本、韩国等国家采用废糖蜜为原料，废糖蜜含杂质多、色素重，其下游谷氨酸提取工艺只能采用浓缩等方法，提取收率仅 88％～90％，且得到的谷氨酸质量较差，后期需要通过"转晶"的方法进行谷氨酸重结晶以便改善质量。我国主要以玉米淀粉糖为原料清液发酵，发酵液质量好，采用等电离子交换工艺，谷氨酸提取收率可达到94％～95％。

发酵工业产品种类繁多，有乙醇、乳酸、氨基酸等小分子物质，也有酶、蛋白质、激素等相对分子质量达几千几万的生物大分子。小分子产品分子结构简单，稳定性好，分离技术的可选范围较宽；而对于大分子生物产品，产品的稳定性制约了下游技术的选择范围。

含量低：多数发酵产品，尤其是一些新兴生物技术产品，在待处理原料液中的浓度很低，甚至低于杂质含量，一般仅百分之几甚至几十万分之几。如 L-异亮氨酸在发酵液中的含量约 2.4％；每千克产品中核黄素仅含几克，胰岛素仅含几十毫克。

易变性是指许多具有生物活性的产品一旦离开生物体的环境，很容易被破坏。酶等生物大分子，在过酸、过碱、高温、高压、高离子浓度或有机溶剂等环境中会失去生理活性，有些甚至对光、过分剧烈的机械搅拌都很敏感。所以在加工过程中常选择温和的条件，以便保护这些物质的活性不被破坏。

具经验性：一方面，由于生物的某些不确定因素，各批次发酵液中产物浓度及其他物性会出现差异，包括实际生产中因染菌出现的异常发酵；另一方面，分离过程几乎都在溶液中进行，各种参数（温度、pH、离子强度等）对溶液中各种组分的综合影响往往无法固定，以致在实际操作中理论指导作用不强，不同批次产品的收率和质量也有很大波动，因而要求下游技术的适用面要宽，操作弹性要大。

三、分离过程的机理与分离操作

由于原料和产品的特殊性，发酵工业下游技术与常规化工分离技术有许多不同点，但在原理上又有许多相同或相通之处。因此，发酵工业下游技术与经典的化学和物理学有着密切的关系。分离过程的基本原理是根据原料中不同组分物理或化学性质的差异，通过适当的方法和装置，把它们分配于多个可用机械方法分离的物相或不同的空间区域中，从而达到分离的目的。选用特定的分离介质和装置能够识别原料中不同组分的性质差异，甚至通过分离过程优化放大这些差异，使得分离具有更高的效率。

分离操作可以按分离物质的性质或分离过程的本质分类。表 8-1 列出了按分离过程的本质分类的主要分离操作方法。

四、发酵工业下游技术的一般工艺过程

发酵工业产品繁多，原料广泛，产品性质多样，用途各异，因而分离、提取、精制的技术，生产工艺及相关装备是多种多样的，依靠单一分离技术难以实现高得率、高质量的提取目的，往往需要通过多种单元操作技术的有机组合或集成。一般来说，某一具体产品的下游技术工艺过程，要考虑以下一些情况：

① 是胞内产物还是胞外产物；
② 原料中产物和主要杂质的浓度；
③ 产物和主要杂质的物理化学性质及其差异；
④ 产品用途及质量标准；
⑤ 产品的市场价格，涉及能源、辅助材料的消耗水平；
⑥ 污染物排放量及处理方式。

按生产过程划分，发酵工业下游技术大致可分为 4 个阶段，即预处理、初步分离、高度纯化和成品制作，如图 8-1 所示。

构建下游技术工艺过程的核心思想是实现产品的高收率和高质量。一般情况下，原料中产品的浓度越低，下游提取的成本越高。下游工艺过程的步骤越多，提取收率就越低。按如图 8-1 所示 6 步操作，假如每步的分步收率为 90%，则总收率仅为 $(0.9)^6 \times 100\% = 53.1\%$；即使各步操作相当完善，分步收率达到 95%，经过 6 步操作后的总收率也只有 73.5%。因此，减少下游工艺过程的步骤，对于减少损失、提高提取收率是很重要的。

表 8-1 主要分离操作

分离过程	原 理	原 料	分离剂	产 物	实 例
传质分离					
①平衡分离过程					
蒸发浓缩	饱和蒸汽压	液体	热	液体＋蒸汽	酶液、糖液、果汁浓缩液
蒸馏	饱和蒸汽压差	液体	热	液体＋蒸汽	酒精蒸馏
萃取	两相中溶解度差	液体	不互溶液体	两种液体	抗生素抽提
结晶	过饱和度差异	液体	冷、热或 pH	液体＋固体	氨基酸结晶
吸附	吸附能力差异	气体、液体	固体吸附剂	固体＋气体或液体	活性炭脱色
离子交换	质量作用定律	液体	固体树脂	液体＋固体树脂	氨基酸分离
干燥	水分蒸发	含湿固体	热	固体＋水蒸气	酶制剂干燥
浸取	溶解度差异	固体、液体	液体（水）	液体＋固体	麦芽汁制造
凝胶过滤	分子大小差异	液体	凝胶	液体＋固体凝胶	蛋白质分离
②速度差分离					
电泳	物质在电场中迁移速度差	液体	电场	液体	蛋白质分离
渗透蒸发	物质在膜中的渗透速度差	液体	膜	液体＋蒸汽	乙醇水溶液中乙醇分离
超滤	物质在膜中的透过速率差	液体	膜	两种液体	酶蛋白的分离
反渗透	渗透压	液体	膜	两种液体	海水淡化
机械分离					
过滤	过滤介质孔道小于颗粒，架桥效应	含固体、液体	过滤介质	液体＋固体	啤酒麦汁过滤
沉降	密度差	含固体、液体	重力	液体＋固体	污泥沉降、发酵后期酵母沉降
离心	密度差	含固体、液体	离心力	液体＋固体	晶体分离
旋风（液）分离	密度差	气体＋固体或液体	惯性力	气体＋固体或液体	淀粉粉尘回收
静电除尘	荷电颗粒	气体＋微细颗粒	电场	气体＋固体	含尘废气净化

注：引自陆九芳，1993。

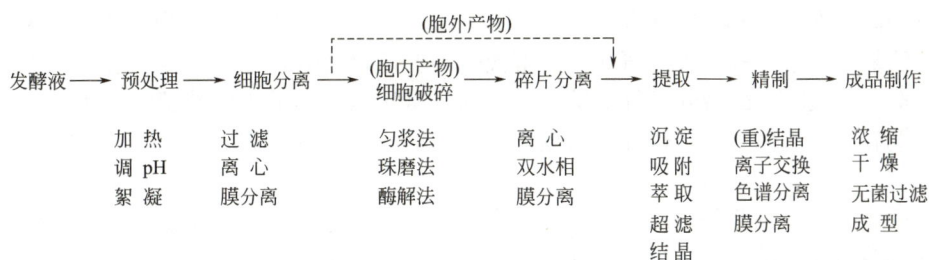

图 8-1 发酵工业下游技术一般工艺过程（引自毛忠贵，1999）

在某些情况下，通过多次提取是提高总提取收率的一个有效方法。如从发酵液中提取谷氨酸，采用一步等温等电结晶的提取收率为 75%～80%，如再采用离子交换法从等电母液中二次提取谷氨酸，则总收率可达到 94%～95%。

多种提取技术集成，即将多种单元技术的优势结合起来，往往具有提取效率高、产品质量好、步骤简单、能耗低或污染少等优点，是发酵工业下游技术的一个重要发展方向。如在发酵液预处理过程中，将絮凝和膜分离结合，其菌体细胞去除率和膜过滤通量均优于絮凝或膜过滤单项操作；将离心分离和膜分离过程结合，形成了膜离心分离过程；还有将双水相萃取技术和亲和法结合形成了效率更高、选择性更强的双水相亲和分配技术等。

其次，将下游技术和上游的微生物育种、发酵工艺等结合，形成系统工程，通盘考虑，通过优化上游因素，可简化下游提取过程。在微生物选育和工程菌构建时，通常以开发新产物或提高产物量为目的。20 世纪后期科研工作人员逐渐认识到，除了要达到上述目的外，还应设法减少非目的产物的分泌量，并赋予产物某种有益的性质以改善产物的分离特性，从而降低下游分离技术的难度。培养基组成及发酵工艺条件直接决定了发酵液的质量，采用液体发酵，提倡清液发酵，少用酵母膏、玉米浆、糖蜜等含杂丰富的原料，均可使下游工艺过程更为方便、经济。

第二节　发酵液的预处理和固液分离

发酵液等生物原料中，除了目标产物外还含有大量的有机物、无机物，发酵液预处理的任务是分离发酵液和细胞，去除大部分杂质，破碎细胞释放胞内产物，对目标产物进行初步富集和分离。

一、发酵液的预处理目的和要求

1. 发酵液预处理目的

发酵液预处理的目的不仅是去除发酵液中的菌体细胞及其他悬浮颗粒，还希望能去除部分可溶性杂质并改变发酵液的特性，以利于后续的提取和精制等工序。不同的发酵产品，由于菌种和发酵液特性不同，所采用的发酵液预处理方式也不同。

对于胞内产物，预处理的主要目的是尽量多地收集菌体细胞。对于胞外产物，发酵液预处理应达到以下三个方面的目的：

① 改变发酵液中菌体细胞等固体粒子的性质，如改变其表面电荷的性质、增大颗粒直径、提高颗粒硬度等，加快固体颗粒的沉降速度；

② 尽可能使发酵产物转移到液相中，以利于提高产品提取收率；

③ 去除部分杂质，减轻后续工序的负荷。如促使某些可溶性胶体变成不溶性粒子、降低发酵液黏度等。

2. 发酵液预处理要求

（1）菌体分离　通常发酵液中含有 3%～5% 的湿菌体，带菌提取往往会影响提取效率或产品质量。如用离子交换法从发酵液中提取异亮氨酸，发酵液带菌上柱容易引起离子交换柱堵塞。采用等电结晶法从发酵液中提取谷氨酸，发酵液除菌等电结晶得到的谷氨酸纯度（干）比带菌的高 1%。其次，由于下游工艺过程周期较长，菌体自溶使得发酵液变黏稠，发酵液中可溶性杂质含量增加，增加了后续提取和精制的难度。

从发酵液中去除菌体细胞的常用方法是高速离心和过滤。为了提高分离效率或过滤速率，可采用絮凝或凝聚技术将分散在发酵液中的细胞、细胞碎片以及大分子物质聚集成较大颗粒，加快颗粒沉降速率和过滤速率。

（2）固体悬浮物的去除　　发酵液中的固体悬浮物主要是从原料中带入的杂质，如纤维、凝固蛋白等，通过过滤可有效去除。

（3）杂蛋白质的去除　　发酵液去除菌体细胞及固体悬浮物后，一些可溶性杂蛋白质仍残留在滤液中。可溶性蛋白质在溶剂提取中会促进乳化，导致液液分离困难，在离子交换时蛋白质影响树脂的交换容量，必须设法除去。去除杂蛋白质的常用方法是过滤和热变性。

（4）重金属离子的去除　　重金属离子不仅影响提取和精制操作，而且直接影响产品质量和提取收率，必须除去。

（5）色素、有毒物质等杂质的去除　　色素影响产品的外观。对于药用的发酵产物，如抗生素、ATP、核酸等，热原等有毒物质影响产品的安全性，必须除去。

3. 发酵液预处理方法

发酵液成分较为复杂，大多为非牛顿型流体，黏度大，菌体细胞等固体颗粒小，可压缩性大。因此，发酵液直接过滤的速度很慢，只有采用适当的预处理方法，才能加快过滤速度。常用的发酵液预处理方法如下。

（1）降低黏度　　降低发酵液黏度的主要方法是加水稀释和加热。

加水稀释能降低发酵液黏度。啤酒、黄酒、酱油等酿造食品，发酵液经过固液分离后的液体即能作为商品出售，采用高浓发酵后加水稀释过滤，效果显著。但对于多数以固体为最终产品形态的发酵产品，加水稀释致使发酵液体积增大，发酵产物浓度也被同倍数稀释，不仅加大了后续过程的处理量，也会增加能耗和后续废水处理的压力，因此加水稀释法应慎用。

对于热稳定较好的发酵产品，加热发酵液是一种简单而有效的预处理方法。加热不仅能有效降低液体黏度，提高过滤速率，还能促进部分蛋白质热变性，加速菌体细胞聚集，增加滤饼孔隙率，减少滤饼含水量。如链霉素发酵液，用酸调 pH 至 3.0，加热到 70℃，维持半小时后液体黏度下降至原来的 1/6，过滤速率可增大 10～100 倍。谷氨酸等电母液加热到 80℃ 并维持半小时，板框过滤平均速率可达到 260～280L/(m^2·h)。使用加热方法时必须控制温度和时间，避免目的产物变性失活或产物和发酵液中的残糖等杂质发生反应。另外，温度过高或时间过长，不仅增加能耗，也会使细胞溶解，胞内物质释放，增加发酵液的复杂性，影响后续的分离和纯化。

（2）调整 pH　　pH 值能影响发酵液中某些成分的表面电荷性质和电离度，改变这些物质的溶解度等性质，适当调节 pH 值可以改善其过滤特性。对于发酵液中的菌体细胞等蛋白质成分，由于羧基的电离度大于氨基，因此大多数蛋白质的等电点都在酸性范围内（pH4.0～4.8）。通过向发酵液中加酸调节发酵液的 pH 值到蛋白质的等电点范围，可促使蛋白质变性形成颗粒从而过滤除去。在赖氨酸发酵液预处理中，用硫酸调节发酵液 pH 值 4.0 左右，然后板框过滤即能去除菌体得到清澈的滤液。由于四环类抗生素能和发酵液中的 Ca^{2+}、Mg^{2+} 形成不溶性的化合物，所以大部分沉积在菌丝体内，用草酸酸化就能将抗生素转入水相。

（3）凝聚与絮凝　　凝聚和絮凝是目前工业上最常用的预处理方法之一。其原理是向发酵液中添加化学药剂改变菌体细胞及蛋白质等胶体离子的分散状态，使其凝结成较大颗粒，从而使滤饼过滤时产生较好的颗粒保留作用。

① 凝聚　　是指在电解质作用下，由于胶体粒子之间双电层排斥作用降低，电位下降而使胶体体系失稳的现象。在微生物的生理 pH 下，发酵液中的菌体细胞和蛋白质等物质常常带负电荷，在静电引力作用下带相反电荷离子被吸附在其周围，离子界面上形成双电层。双电层结构使得胶粒能稳定分散在发酵液中。加入电解质后，在异电离子作用下，胶粒的双电层电位降低，胶粒之间因碰撞而产生凝聚。不同电解质的凝聚能力不同，通常反离子的价数越高其凝聚能力越大。采用凝聚方法形成的絮体颗粒细小，有时还不能有效地分离。

② 絮凝　　絮凝是指借助某些高分子絮凝剂在悬浮粒子之间产生架桥作用，使胶粒聚集形成粗大的絮团的过程。絮凝剂是一类能溶于水的高分子聚合物，其相对分子质量高达数万至千万。常用絮凝剂可

分为三类。

  a. 无机高分子聚合物，如聚合硫酸亚铁、聚合氯化铁、聚合氯化铝等。

  b. 有机高分子聚合物，如聚丙烯酰胺类衍生物、聚苯乙烯类衍生物。

  c. 天然高分子絮凝剂，如海藻酸钠、（脱乙酰化）壳聚糖、明胶等。

  ③ 混凝　对于较为复杂的菌体或蛋白质，如废水生化处理中的活性污泥，当单纯依靠凝集或絮凝难以达到良好的聚集效果时，可以将絮凝剂和电解质搭配使用。首先加入电解质使悬浮粒子间的双电层电位降低、脱稳、凝聚成微粒，然后再加入絮凝剂絮凝成较大的颗粒。这种同时包括凝聚和絮凝机理的过程，称为混凝。

  （4）加入助滤剂　发酵液中的菌体细胞、凝固蛋白等悬浮物往往颗粒细小且受压易变形，直接过滤容易导致滤布等过滤介质的滤孔堵塞，过滤困难。为了改善发酵液的过滤速率，通常在发酵液预处理过程中添加助滤剂。助滤剂是一类刚性的多孔微粒，一方面它能在过滤介质表面形成保护，延缓过滤介质被细小悬浮颗粒堵塞的速率；另一方面，加入助滤剂后，发酵液中悬浮的胶体粒子被吸附在助滤剂的表面，过滤时滤饼的可压缩性降低，过滤阻力减小。因此加入助滤剂能显著提高过滤速率。

  常用的助滤剂有硅藻土、珍珠岩、石棉粉、白土等非金属矿物质，以及纤维素（如锯末、甘蔗髓）、淀粉等有机质。矿物质助滤剂的助滤效果良好，但影响滤饼的综合利用。如菌体滤饼中掺入矿物质助滤剂后蛋白质含量降低。

  助滤剂的使用方法有两种，一种是过滤前将助滤剂预涂在过滤介质表面，另一种是直接接入发酵液搅拌混合均匀后过滤。也可以两种方法同时兼用。在实际使用中，对助滤剂的种类、助滤剂粒径分布及使用量等条件，还应该通过实验确定。

  （5）加入反应剂　某些场合可以向发酵液中添加能与某种杂质反应的反应剂，以消除杂质对过滤的影响，提高过滤速率。如在新生霉素发酵液中加入氯化钙和磷酸钠，生成的磷酸钙能使发酵液中的胶状物质和某些蛋白质凝固，并且磷酸钙还可以作为助滤剂。又如在枯草杆菌发酵液中添加磷酸氢二钠和氯化钙，两者形成庞大的凝胶，使菌体等胶体粒子聚集成团，同时多余的钙离子又能与发酵液中的核酸类物质形成不溶性钙盐，从而大大改善发酵液的过滤特性。如果发酵液中含有多糖类物质，则可以用酶将它转化为单糖，以降低黏度提高过滤速率。例如万古霉素发酵液，过滤前添加少量淀粉酶使多糖降解，再添加硅藻土助滤剂，过滤速率可提高5倍。

二、发酵液固液分离技术与设备

  发酵液固液分离的方法较多，根据发酵液的种类以及对固液分离要求的不同，可采用过滤、离心分离、重力沉降和浮选等，其中过滤、离心和泡沫浮选是较为常用的方法。

1. 过滤分离

  过滤分离的原理是悬浮液通过过滤介质时，固体颗粒被过滤介质截留从而实现与溶液的分离。根据过滤机理的不同，过滤操作可分为滤饼过滤和澄清过滤两种方式，按照过滤时料液流动方向的不同，分为封头过滤和错流过滤两种。

  滤饼过滤：以滤布为过滤介质，当悬浊液通过滤布时，固体颗粒被滤布阻拦逐渐在滤布表面堆积形成滤饼，当滤饼达到一定厚度时即起过滤作用，此时即能获得澄清的滤液，这种过滤方式称为滤饼过滤。在滤饼过滤中，悬浊液中的固体颗粒堆积形成的滤饼起着主要的过滤作用，滤液由过滤开始时的浑浊逐渐变得清澈，因此，滤饼过滤中前期浑浊的滤液需要回流到悬浊液进行二次过滤。滤饼过滤适合于固体含量>0.1g/100mL的悬浊液的过滤分离。

  澄清过滤：澄清过滤中所用的过滤介质为硅藻土、珍珠岩、砂、活性炭等，填充于过滤器内形成过滤层，也有用烧结陶瓷、烧结金属、黏合塑料等组成的成型颗粒滤层。当悬浊液通过过滤层时，固体颗粒被阻拦或吸附在滤层的颗粒上，使滤液得以澄清，这种过滤方式叫做澄清过滤。在澄清过滤中，过滤介质起着主要的过滤作用，从过滤开始就能获得清澈的滤液。澄清过滤适用于固体含量<0.1g/100mL、颗粒直径在5～100μm的悬浊液的过滤分离。

封头过滤：料液流动方向垂直于过滤介质表面，过滤时滤液垂直透过过滤介质的微孔，而固体颗粒在过滤介质表面逐渐堆积形成滤饼［图8-2(a)］。显然，在封头过滤中，随着过滤操作持续进行滤饼厚度不断增加，过滤阻力增大，过滤速率下降，为了维持或提高过滤速率，必须同步提高过滤压力。封头过滤直径10μm以上的悬浮颗粒，例如霉菌、放线菌等微生物的发酵液。对于细小菌体及黏度大的发酵液，可以在发酵液中添加硅藻土等助滤剂使滤饼疏松，提高过滤速率。

错流过滤：料液流动方向平行于过滤介质表面，过滤时料液在过滤介质表面快速流动产生剪切作用，阻止固体颗粒在介质表面沉积从而维持较高过滤速率［图8-2(b)］。理论上，流速越大，剪切力越大，越有利于维持高速过滤。错流过滤的优点是能减缓过滤介质表面污染，实现恒压下高速过滤，因此广泛应用于膜分离中。缺点是切向流所产生的剪切力作用可使蛋白质产物失活，因而难以用无限度地提高料液流动速率的方法来提高过滤速率；其次，料液高速流动消耗大量能量，因此错流过滤的能耗比一般过滤高。错流过滤不能获得滤饼，固相（浓缩液）含水量较高，当目的产物溶解在水相中时，需要不断用水稀释浓缩液，然后再次过滤。尽管错流过滤能防止固体颗粒在膜表面堆积，但膜污染和膜堵塞仍不可避免，有效的解决方法是采用反向脉冲清洗，即在错流过滤过程中，间歇地在过滤介质的背面加一反向压力，以滤液冲掉沉积在膜面上的固体沉积物和孔隙中的堵塞物。

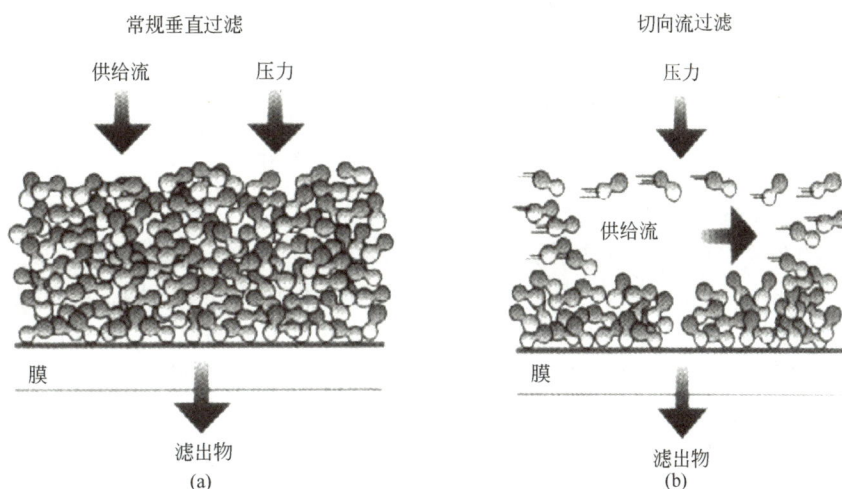

常规垂直过滤 切向流过滤

供给流 压力 压力

供给流

膜 膜

滤出物 滤出物
(a) (b)

图 8-2 封头过滤（a）和错流过滤（b）示意图

过滤按照推动力不同可分为四种，即重力过滤、加压过滤、真空过滤和离心过滤。下面介绍几种常见过滤设备。

（1）板框过滤机 板框过滤机是一种应用最为普遍的过滤设备，在发酵工业中广泛应用于霉菌、酵母菌和细菌等多种发酵液的固液分离，以及培养基制备、产品精制等工序需要固液分离的场合。其优点是设备结构简单，过滤面积大，造价低廉，滤饼含湿量低。缺点是间歇操作，劳动强度大，卫生条件差，辅助时间多，生产效率低。

图8-3是板框过滤机结构示意图。板框过滤机由许多滤板和滤框依次间隔排列而成，滤布就架在滤板上面。滤框只在上端或角上设进料口。根据功能不同，滤板可分为洗涤滤板和非洗涤滤板两种，两种滤板下端侧面都有一个出液口，但洗涤滤板上端还有一个洗水进口。

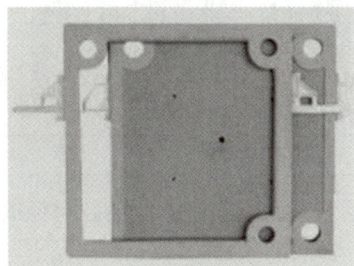

图 8-3 板框过滤机结构示意图

第八章

　　板框过滤机工作时，悬浊液经浆料通道进入框内，滤液透过滤框两侧的滤布至滤板下端滤液出口流出［图8-4(a)］，固体颗粒则被滤布截留并逐渐形成滤饼，待滤饼充满滤框后停止过滤。松开过滤机压紧装置，卸除滤框内滤饼，压紧后可以再次进行过滤操作。通常滤布可以连续使用3~5次，多次使用后滤饼表面及孔隙会被颗粒堵塞导致过滤困难，此时需要清洗以便恢复过滤能力。

　　为了提高产品收率，通常需要对滤饼进行洗涤，为此板框上设置了洗涤滤板和洗水通道。滤饼洗涤时，关闭洗涤滤板下端出液口，洗水经过洗水通道进入洗涤滤板和滤布之间，洗水横穿洗涤滤板两侧的滤布及整个滤框厚度的滤饼，最后由非洗涤滤板下端的出液口排出［图8-4(b)］。洗涤结束后，可以用压缩空气代替洗水对滤饼进行吹干操作，不仅可以尽可能多地收集滤液，也能有效降低滤饼含水量，以便滤饼运输、干燥等作业。

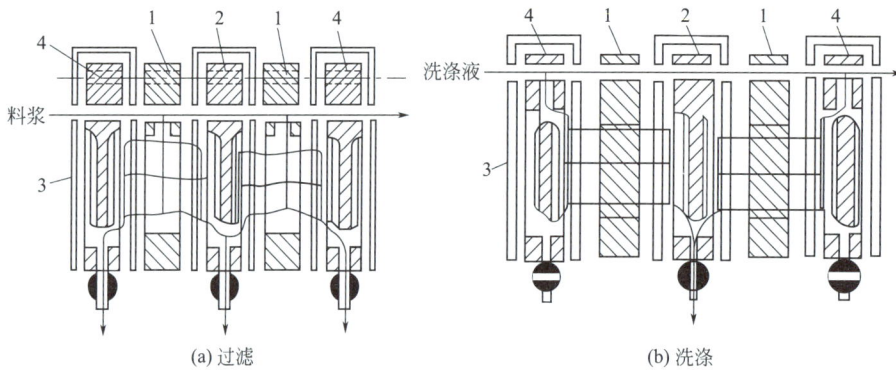

图8-4　板框过滤机工作原理图（引自杨守志，2003）
1—滤框；　2—滤板；　3—滤布；　4—洗涤板

　　在滤框中滤饼受到滤框外框架的包围，打开板框过滤机时滤饼并不能自动落下。为此，通过改良形成了厢式过滤机（图8-5）。厢式过滤机全部由滤板组成，滤板四周突出形成边框，而边框内部凹进形成盘面，这样当两个滤饼合拢时，滤板四周的边框压紧而中间形成内腔及滤厢。滤布架设在每一块滤板上，相邻两块滤板压紧后，两片滤布之间形成滤室，而滤布和滤板之间形成滤液通道。

　　厢式过滤机的操作和板框过滤机基本相同，同样可以进行洗涤、空气吹干等操作，但由于滤饼不受滤框包围，过滤机打开时滤饼即能自动落下，操作更加方便。另外，厢式过滤机还可以在滤板表面覆一层橡胶薄膜，需要时可以在滤板和薄膜间鼓入压缩空气使薄膜鼓起，从而对滤饼起到挤压作用，进一步降低滤饼含水量。

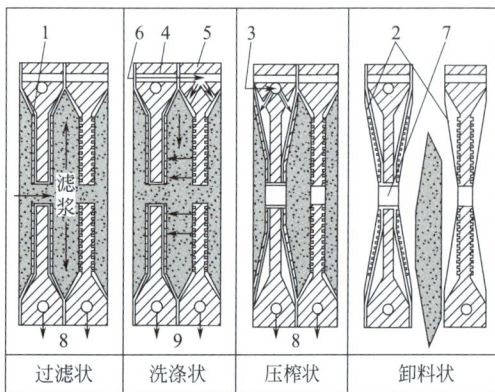

图8-5　厢式过滤机工作原理示意图
1—橡胶隔膜；　2—滤布；　3—压榨气体；　4—压榨板；
5—滤板；　6—洗涤水；　7—压榨板进料口；
8—滤液；　9—洗液

　　目前已研制出半自动和全自动过滤机，板框的拆装、卸饼、滤饼清洗等操作可以自动完成，劳动强度大大降低，而且辅助作业时间缩短，生产效率大幅度提高。

　　(2) 转鼓真空过滤机　对于大规模工业生产，希望能够连续、自动化作业以满足生产需要，转鼓真空过滤机就是常用的装备之一。

　　转鼓真空过滤机的主体是一个由筛板组成的能转动的圆筒体，表面覆有一层金属丝网，网上再覆盖滤布以起到过滤作用。圆筒体内部沿径向设有多块筋板，筋板将圆筒体分隔成多个相互独立的空间，每个空间都以单孔通道通至筒轴颈端面的分配头上，分配头再分别与真空和压缩空气管道相通。

图 8-6 所示为转鼓真空过滤机的工作原理图。过滤操作时，转鼓下部浸没在悬浊液中，浸没角 90°~130°。转鼓缓慢旋转时，筒内各个空间的压滤相继变化，依次进行真空吸滤和脱水、洗涤和脱水、压缩空气反吹和卸饼、过滤介质再生等操作。

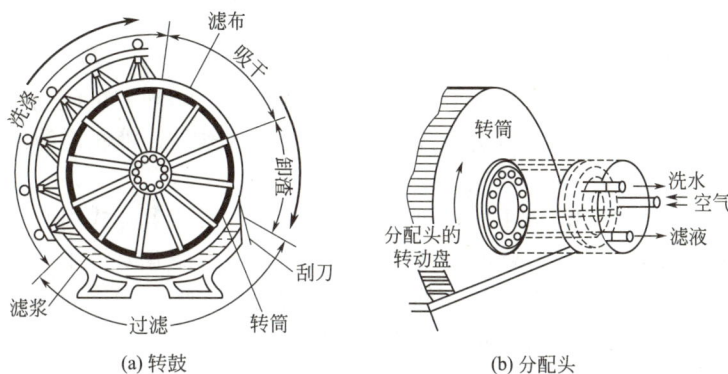

(a) 转鼓　　　　　　　　　(b) 分配头

图 8-6　转鼓真空过滤机的工作原理示意图（引自杨昌鹏，生物分离技术，2007）

真空吸滤区：吸滤区转鼓内对应空间为真空，过滤介质内外形成压差，于是滤液透过介质被吸入转鼓内并经导管和分配头排至滤液储罐，而固体颗粒在滤布表面形成滤饼。随着转鼓缓慢转动，滤饼离开悬浊液后被进一步脱水。

洗涤及脱水区：洗涤及脱水区转鼓内对应空间仍为真空。转鼓表面的滤饼进入洗涤及脱水区后，有喷嘴将洗涤水喷洒在滤饼表面，洗涤水穿过滤饼而被吸入转鼓内，并经管道排至洗涤水储罐。为避免因滤饼皲裂真空度下降，可在此区间安装滚压轴，不仅能防止空气从裂缝处漏入转鼓，也能因挤压提高脱水效果。

卸饼及再生区：此区转鼓内对应空间连通压缩空气，转鼓内压大于外压，于是因压缩空气从转鼓内部向外吹导致滤布表面的滤饼松动，并随后被刮刀刮除。卸饼后的滤布继续用压缩空气反吹以清除滤布表面残余的滤渣，使滤布得到再生。

除了真空转鼓过滤机外，还有转盘真空过滤机、真空翻斗式过滤机、水平带式真空过滤机等真空过滤设备，虽然设备结构不同，但它们的工作原理基本相同。

（3）硅藻土过滤机　硅藻土是一种较纯的二氧化硅矿石，密度为 $100~250kg/m^3$，比表面积 $10~20m^2/g$，粒度 $2~100\mu m$。此种颗粒具有极大的吸附和渗透能力，能滤除 $0.1~1.0\mu m$ 的粒子，而且化学性能稳定，它既是优良的过滤介质，同时也是优良的助滤剂，是生物工业中应用较为广泛的散粒过滤介质。硅藻土的用法有如下三种。

① 作为深层过滤介质，以过滤含少量（<0.1%）悬浮固形物的液体。硅藻土不规则粒子间形成许多曲折的毛细孔道，借筛分和吸附作用除去悬浮液中的固体粒子。

② 在支持介质（滤布）的表面上预涂硅藻土薄层（预涂层），以保护支持介质的毛细孔道在较长时间内不被悬浮液中的固体粒子堵塞，从固提高和稳定过滤速率。

③ 将适当的硅藻土分散在待过滤的悬浮液中，使形成的滤饼具有多孔隙性，降低滤饼的可压缩性，以提高过滤速率和延长过滤操作的周期。

硅藻土过滤机被广泛用于啤酒生产中的冷凝固物的分离和成熟啤酒的过滤，它还多用于葡萄酒、清酒及其他含有低浓度细微蛋白质胶体粒子悬浮液的过滤。一般按所要滤除粒子的大小，选择不同型号的硅藻土。硅藻土的用量则根据悬浮液中固体含量的多少确定。在硅藻土啤酒过滤机中，常采用预涂和直接添加相结合的方法使用硅藻土。一般预涂硅藻土的用量为 $500g/m^2$ 左右，预涂层厚度为 $2~4mm$，在待过滤啤酒中硅藻土的添加量为 0.1% 左右。

按支撑单元的不同，硅藻土过滤机可分为板框式过滤机、叶片式过滤机和柱式过滤机三种。

第八章

2. 离心分离

离心机是利用转鼓高速转动所产生的离心力来实现悬浮液、乳浊液分离或浓缩的分离机械。由于离心力场所产生的离心力可以比重力高几千至几十万倍，所以利用离心分离可分离悬浮液中极小的固体微粒和大分子物质。

离心分离设备在生物工业中的应用十分广泛，从啤酒和果酒的澄清、酵母发酵醪浓缩、谷氨酸结晶的分离，至各种发酵液的菌体分离和流感、肝炎疫苗及干扰素生产等都大量使用各种类型的离心分离设备。与其他固液分离法比较，离心分离具有分离速率快、分离效率高、液相澄清度好等优点。缺点是设备投资高、能耗大，此外连续排料时，固相干度不如过滤设备。

离心机的种类很多，按其作用原理不同，可分为过滤式离心机和沉降式离心机两大类。前者转鼓上开有小孔，转鼓内壁衬有过滤介质，在离心力作用下，液体穿过过滤介质经小孔流出而得以分离，主要用于处理悬浮液固体颗粒较大、固体含量较高的场合。后者转鼓上无孔，不需过滤介质，在离心力的作用下，物料按密度的大小不同分层沉降而得以分离，可用于液固、液液、液液固物料的分离。下面简要介绍生物工业中几种常见的离心分离设备。

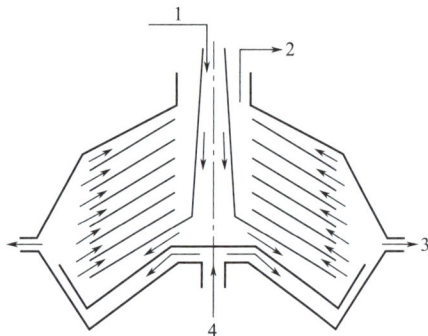

图 8-7　碟片式离心机结构示意图
（引自毛忠贵，1999）
1—悬浮液；　2—离心后清液；
3—固相出口；　4—循环液

（1）碟片式离心机　碟片式离心机是沉降式离心机的一种，1877 年由瑞典的 De Laval 发明，是目前工业生产中应用最广泛的离心机。如图 8-7 所示为碟片式离心机简图，机内装有多层碟片，碟片间距离为 0.5mm 左右。悬浮液由轴心加入，其中的固体颗粒（或重相）在离心力的作用下沿最下层的通道滑移到碟片边缘处，自转鼓壁排泄口引出；清液（或轻相）则沿着碟片向轴心方向移动，自环形清液口排出，从而达到固液分离的目的。其中倾斜的碟片对固液起着进一步分离的作用，当固体颗粒被带进碟片中时，在离心力的作用下会接触到上面的碟片，形成固相流动层沿碟片流下，从而防止了出口液体中夹带固体颗粒。

按卸料方式的不同，碟片式离心机分为人工卸料、自动间歇排料和喷嘴连续排料三种形式。其中第一种为间歇操作，每次操作完成后需停机人工卸料；第二种离心机工作一段时间后，在不停机状态下自动打开转鼓外缘处的固体排泄口，借离心力甩出固相；第三种转鼓外缘装有若干喷嘴，在操作过程中连续排出固相（或重相）。前两种适合于悬浮液固形颗粒含量较少的场合。此外，间歇式操作，固相干度较好；而连续操作固相含液量较大，其固相仍具有流动性。

碟片式离心机的分离因数为 1000～20000，适应于细菌、酵母菌、放线菌等多种微生物细胞悬浮液及细胞碎片悬浮液的分离。它的生产能力较大，最大允许处理量达 300m^3/h，一般用于大规模的分离过程。

（2）管式离心机　管式离心机是一种分离效率很高的离心分离设备，由于它的转鼓细而长（长度为直径的 6～7 倍），所以可以在很高的转速（转速可达 15000～50000r/min）下工作，而不至于使转鼓内壁产生过高的应力。

管式离心机分离因数高达 10^4～$6×10^5$，除可用于微生物细胞的分离外，还可用于细胞碎片、细胞器、病毒、蛋白质、核酸等生物大分子的分离。但由于管式离心机的转鼓直径较小，容量有限，因而生产能力较小。转速相对较低的管式离心机最大处理量可达 10m^3/h。

管式离心机也是一种沉降式离心机，可用于液液分离和固液分离。当用于液液分离时为连续操作，而用于固液分离时则为间歇操作，操作一段时间后需将沉积于转鼓壁上的固体定期人工卸除。

管式离心机由转鼓、分离盘、机壳、机架、传动装置等组成，如图 8-8 及图 8-9 所示。悬浮液在加压情况下由下部送入，经挡板作用分散于转鼓底部，受到高速离心力作用而旋转向上，轻液（或清液）

位于转鼓中央，呈螺旋形运转向上移动，重液（或固体）靠近转鼓壁。分离盘靠近中心处为轻液（或清液）出口孔，靠近转鼓壁处为重液出口孔。用于固液分离时，将重液出口孔用石棉垫堵塞，固体则附于转鼓壁，待停机后取出。

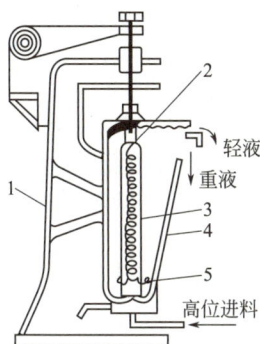

图 8-8　管式离心机结构示意图（引自毛忠贵，1999）
1—机架；　2—分离盘；　3—转鼓；
4—机壳；　5—挡板

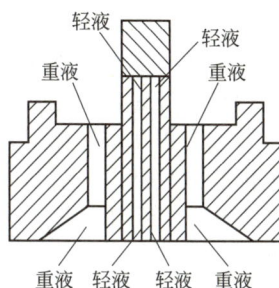

图 8-9　分离盘示意图

管式离心机设备简单，操作稳定，分离效率高。在生物工业中，特别适合于一般离心机难以分离而固形物含量<1%的发酵液的分离。对于固形物含量较高的发酵液，由于不能进行连续分离，需频繁拆机卸料，影响生产能力，且易损坏机件。

（3）倾析式离心机　倾析式离心机靠离心力和螺旋的推进作用自动连续排渣，因而也称为螺旋卸料沉降离心机。具有操作连续、适应性强、应用范围广、结构紧凑和维修方便等优点，特别适合于含固形物较多的悬浮液的分离。这种离心机的分离因数一般较低，大多为 1500～3000，因而不适合于细菌、酵母菌等微小微生物悬浮液的分离。此外，液相的澄清度也相对较差。

倾析式离心机的转动部分由转鼓及装在转鼓中的螺旋输送器组成，两者以稍有差别的转速同向旋转。如图 8-10 所示为并流型倾析式离心机工作原理图，悬浮液从进料管经进料口进入高速旋转的转鼓内，在离心力作用下，固体颗粒发生沉降分离，沉积在转鼓内壁上。堆积在转鼓内壁上的固相靠螺旋推向转鼓的锥形部分，从排渣口排出。与固相分离后的液相，经液相回流管从转鼓大端的溢流孔溢出。

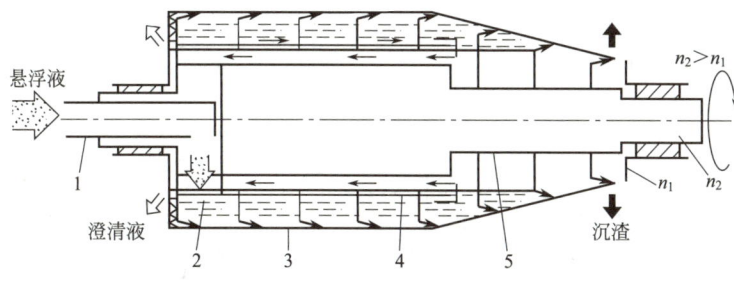

图 8-10　并流型倾析式离心机工作原理图（引自毛忠贵，1999）
1—进料管；2—进料口；3—转鼓；4—回管；5—螺旋

在发酵工业中，倾析式离心机常用于淀粉精制和废液处理。用于酒精废糟处理时，离心分离后固形物中干固物浓度为 20%～30%，液相中悬浮物含量为 0.5% 左右。

3. 气浮

气浮是一种固液初步分离方法，其原理是设法在待处理悬浊液中通入大量密集的微细气泡，使其与固体颗粒、絮团等相互黏附，形成整体密度小于水的浮体，从而依靠浮力上浮至液面以完成固液初步分离。

　　气浮技术按产生气泡的方式不同可分为压力溶气气浮法、电解凝聚气浮法、微孔布气气浮法（须投加表面活性剂）、叶轮散气气浮法（引进设备）。其中压力溶气气浮又分压缩空气供气及水射器吸气两种，而以压缩空气供气的压力溶气气浮装置为数最多，应用面最广。在加压情况下，空气的溶解量增加，进入气浮槽后，溶入的气体经骤然减压释放，产生的气泡不仅尺寸微细、均匀，而且上浮稳定，对液体扰动小，因此，能适用于疏松絮粒、细小颗粒的固液分离。

　　压力溶气气浮法由溶气系统、释气系统、分离系统三部分组成。常用的工艺流程（图 8-11）如下：原水泵 2 自调节池 1 将原水提升到反应池 3，絮凝剂在吸水管上投入，并经叶轮混合于反应池中进行絮凝，反应后的絮凝水通过穿孔墙进入气浮池 5 的接触区，与来自溶气释放器 4 释出的释气水相混合，此时水中的絮粒与微气泡相互碰撞黏附，形成带气絮粒而上浮，并在分离区进行固液分离，浮至水面的泥渣由刮渣机刮至排渣槽 7 排出。清水则由穿孔集水管汇集至集水槽 6 后流出。部分清水经由回流水泵 8 加压后进入溶气罐 9，在罐内与来自空气压缩机 10 的压缩空气相互接触溶解，饱和溶气水从罐底通过管道输向释放器。

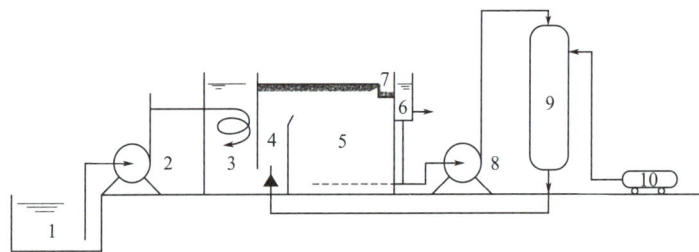

图 8-11　压力溶气气浮法工艺流程
（引自环境治理研究室，气浮法净水技术，1982）
1—调节池；2—原水泵；3—反应池；4—溶气释放器；5—气浮池；6—集水槽；
7—排渣槽；8—回流水泵；9—溶气罐；10—空气压缩机

　　国内也有用水射器或泵前插管吸入空气来代替空压机供气的，水射器吸气产生的噪声较空压机小，但其能耗较空压机供气大得多。

　　应当指出，空气直接或者通过射流器进入吸水管可使空气加快溶解，这是由于离心泵叶轮的旋流所产生的碎细作用所致。

　　气浮室本身可有各种各样的构造，但总的来看，可以分成平流式和竖流式两大类。平流式的气浮池见图 8-12，竖流式气浮池见图 8-13。

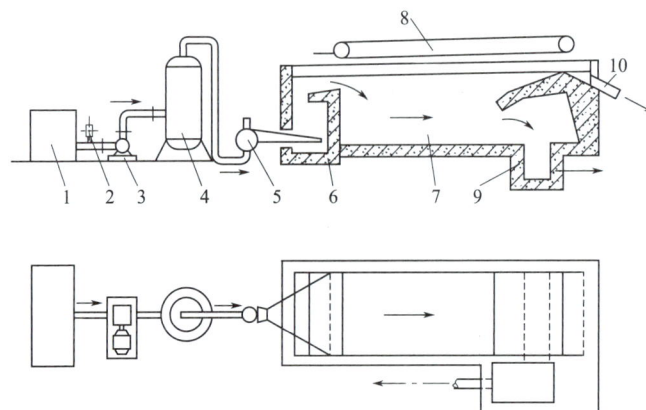

图 8-12　平流式压力气浮池（引自同济大学，气浮法净水，1980）
1—吸水井；2—空气吸入管；3—泵；4—压力溶气罐；5—压力调节器；
6—入流室；7—气浮室；8—刮渣机；9—出水口；10—排渣口

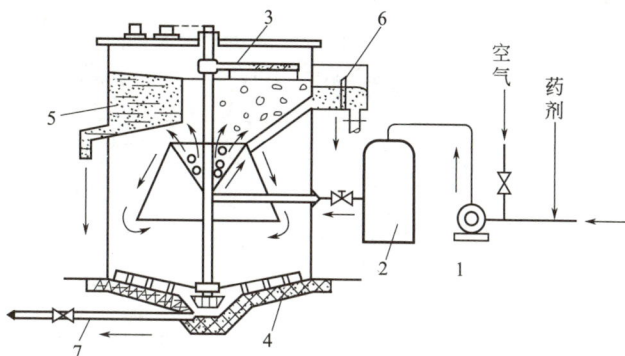

图 8-13　竖流式压力气浮池（引自同济大学，气浮法净水，1980）
1—泵；　2—压力溶气罐；　3—池面刮渣机；　4—池底刮渣机；
5—浮渣室；　6—出水水位调节器；　7—污泥出口

三、微生物细胞的破碎

微生物代谢产物大多分泌到细胞外，如大多数小分子代谢物、细菌产生的碱性蛋白酶、霉菌产生的糖化酶等，称为胞外产物。但有些目的产物存在于细胞内部，如大多数酶蛋白、类脂和部分抗生素等，称为胞内产物。自 20 世纪 80 年代以来，随着重组 DNA 技术的广泛应用，许多具有重大价值的生物产品应运而生，如胰岛素、干扰素、白细胞介素-2 等，它们的基因分别在宿主细胞（大肠杆菌或酵母细胞等）内克隆表达成为基因工程产品，其中许多基因工程产品都是胞内产物。分离提取胞内产物时，首先必须将细胞破碎，使产物得以释放，才能进一步提取。因此细胞破碎是提取胞内产物的关键步骤，破碎技术的研究已引起基因工程专家和生化工程学者的关注。

细胞破碎的目的是破坏细胞外围使胞内物质释放出来。微生物细胞的外围通常包括细胞壁和细胞膜，它们起着支撑细胞的作用。其中细胞壁为外壁，具有固定细胞外形和保护细胞免受机械损伤或渗透压破坏的功能。细胞膜为内壁，是一层具有高度选择性的半透膜，控制细胞内外一些物质的交换渗透作用。细胞膜较薄，厚度为 7～10nm，主要由蛋白质和脂质组成，强度比较差，易受渗透压冲击而破碎。细胞破碎的主要阻力来自细胞壁，不同类型的微生物其细胞壁的结构特性是不同的，取决于遗传和环境因素。

1. 细胞壁结构与细胞破碎

微生物细胞壁的形状和强度取决于细胞壁的组成以及它们之间相互关联的程度。为了破碎细胞，必须克服的主要阻力是连接细胞壁网状结构的共价键。各种微生物细胞壁的组成和结构差异很大，取决于遗传信息、培养生长环境和菌龄。此外，霉菌的细胞壁结构还随培养过程中机械搅拌作用的强弱而变化。

在机械破碎中，细胞的大小和形状以及细胞壁的厚度和聚合物的交联程度是影响破碎难易程度的重要因素。显然，细胞个体小、球形、壁厚、聚合物交联程度高是最难破碎的。虽然通过改变遗传密码或培养的环境因素可改变细胞壁的结构，但到目前为止还没有足够数据表明利用这些方法可提高机械破碎的破碎率。

在使用酶法和化学法溶解细胞时，细胞壁的组成显得特别重要，其次是细胞壁的结构。了解细胞壁的组成和结构（表 8-2），就可选择合适的溶菌酶和化学试剂，以及在使用多种酶或化学试剂相结合时确定其使用的顺序。

2. 常用破碎方法

细胞破碎的目的是释出细胞内产物，其方法很多。按其是否使用外加作用力可分为机械法和非机械法两大类（见表 8-3）。

表8-2 各种微生物细胞壁的结构与组成

微生物 项目	革兰阳性细菌	革兰阴性细菌	酵母菌	霉菌
壁厚/nm	20～80	10～13	100～300	100～250
层次	单层	多层	多层	多层
主要组成	肽聚糖(40%～90%) 多糖 胞壁酸 蛋白质 脂多糖(1%～4%)	肽聚糖(5%～10%) 脂蛋白 脂多糖(11%～22%) 磷脂 蛋白质	葡聚糖(30%～40%) 甘露聚糖(30%) 蛋白质(6%～8%) 脂类(8.5%～13.5%)	多聚糖(80%～90%) 脂类 蛋白质

注：引自毛忠贵，1999。

表8-3 细胞破碎方法分类

分　类		作用机理	适　应　性
机械法	珠磨法	固体剪切作用	可达较高破碎率,可较大规模操作,大分子目的产物易失活,浆液分离困难
	高压匀浆法	液体剪切作用	可达较高破碎率,可较大规模操作,不适合丝状菌和革兰阳性菌
	超声破碎法	液体剪切作用	对酵母菌效果较差,破碎过程升温剧烈,不适合大规模操作
	高压挤压法	固体剪切作用	破碎率高,活性保留率高,对冷冻敏感目的产物不适应
非机械法	酶溶法	酶分解作用	具有高度专一性,条件温和,浆液易分离,但释放率较低,通用性差
	化学渗透法	改变细胞膜的渗透性	具有高度专一性,浆液易分离,但释放率较低,通用性差
	渗透压冲击法	渗透压剧烈改变	破碎率较低,常与其他方法结合使用
	冻结-融化法	反复冻结-融化	破碎率较低,不适合对冷冻敏感的目的产物
	干燥法	改变细胞膜通透性	条件变化剧烈,易引起大分子物质失活

注：引自毛忠贵，2003。

两种细胞破碎方法的比较如表8-4所示。

表8-4 机械破碎法与非机械破碎法的比较

比较项目	机械破碎法	非机械破碎法
破碎机理	切碎细胞	溶解局部壁膜
碎片大小	碎片细小	细胞外形完整
内含物释放	全部	部分
黏度	高(核酸多)	低(核酸少)
时间、效率	时间短、效率高	时间长、效率低
设备	需专用设备	不需专用设备
通用性	强	差
经济	成本低	成本高
应用范围	实验室、工业范围	实验室范围

注：引自刘国诠，2003。

3. 机械破碎法

（1）珠磨法　珠磨法是一种有效的细胞破碎法，如图8-14所示为珠磨机的结构示意图。其基本构造是一个带夹套的碾磨腔，中心安装有可旋转搅拌桨。其工作原理是：进入珠磨机的细胞悬浮液与极细的玻璃小珠、石英砂、氧化铝等研磨剂（直径＜1mm）一起快速搅拌或研磨，研磨剂、珠子与细胞之间的互相剪切、碰撞，使细胞破碎，释放出内含物。在珠液分离器的协助下，珠子被滞留在破碎室内，浆液流出从而实现连续操作。破碎中产生的热量一般采用夹套冷却的方式带走，但在大型设备中，采用夹套冷却带走热量是一个需要考虑的问题。

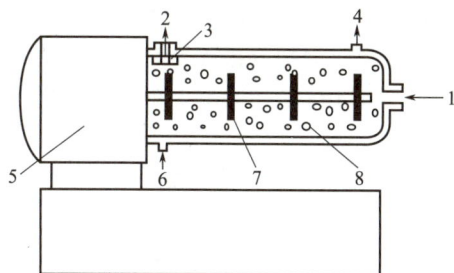

图 8-14　水平搅拌式珠磨机结构示意图
1—细胞悬浮液；2—细胞匀浆液；3—珠液分离器；
4—冷却液出口；5—搅拌电机；6—冷却液进口；
7—搅拌桨；8—玻璃珠

　　珠磨法细胞破碎效果受许多操作参数影响，如珠体直径、珠体的装量、细胞浓度、料液性质、搅拌器转速与构型、操作温度等。这些参数不仅影响破碎程度，也影响所需的能量。珠体的大小应以细胞大小、浓度以及连续操作时不使珠体带出作为选择依据。珠体的装填量要适中。装填量少时，细胞不易破碎；装填量大时，能量消耗大，研磨室热扩散性能降低，引起温度升高。据 Schutte 等报道，对破碎面包酵母菌的适宜珠体装填量为 80%。提高搅拌转速能增加破碎率，但过高的转速将使能量消耗大增，而且还会使破碎率下降，因此搅拌转速应适当。同所有一级反应速率一样，温度高时，细胞较易破碎，但操作温度的控制主要考虑的是破碎物，特别是目的产物不受破坏。Gurrie 等报道，操作温度控制在 5～40℃ 以内时对破碎物的影响较小。

　　综上所述，延长研磨时间、增加珠体装填量、提高搅拌转速和操作温度等都可有效地提高细胞破碎率，但高破碎率将使能耗大大增加。如图 8-15 所示，当破碎率超过 80% 时，单位破碎细胞的能耗明显上升。除此之外，高破碎率带来的问题还有：产生较多的热能，增大了冷却控温的难度；大分子目的产物的失活损失增加；细胞碎片较小，分离碎片不易，给下一步操作带来困难。鉴于此，珠磨法的破碎率一般控制在 80% 以下。此外，破碎率的确定，主要是根据产物的总收率来确定，并兼顾下游过程。

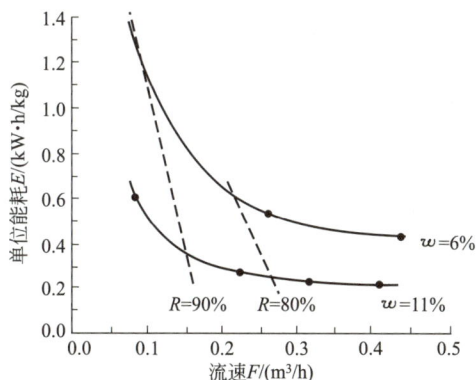

图 8-15　酵母细胞破碎的单位能耗与进料速率
及浓度的关系（引自毛忠贵，1999）
w—细胞悬浮液浓度（质量）；R—细胞破碎率

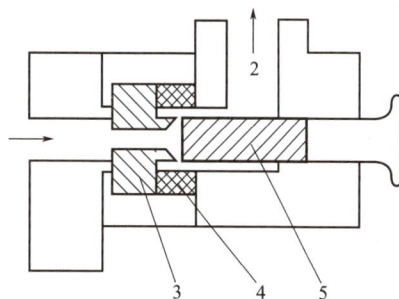

图 8-16　高压匀浆阀结构示意图
（引自毛忠贵，1999）
1—细胞悬浮液；2—加工后的细胞匀浆液；
3—阀座；4—碰撞环；5—阀杆

　　（2）高压匀浆法　高压匀浆法是大规模细胞破碎的常用方法，具有破碎速度快、胞内产物损失小和设备放大容易等优点。所用设备是高压匀浆器，它由高压泵和匀浆阀组成。英国 APV 公司和美国 Microfluidics 公司均有相应产品出售。高压匀浆法的工作原理是利用高压使细胞悬浊液通过针形阀，经阀座的中心孔道高速喷出，由于突然减压和高速冲击撞击环使细胞破裂，如图 8-16 所示。在高压匀浆器中，高压室的压力高达几十个兆帕，细胞悬浮液自高压室针形阀喷出时，每秒速度可达几百米。这种高速喷出的浆液又射到静止的撞击环上，被迫改变方向从出口管流出。细胞在这一系列高速运动过程中经历了剪切、碰撞及由高压到常压的变化，从而造成细胞破碎。

高压匀浆法中影响细胞破碎的因素主要有压力、循环操作次数和温度。一般来说，增大压力和增加破碎次数都可以提高破碎率，但当压力增大到一定程度后对匀浆器的磨损较大。Brokman 等的试验表明在约 175MPa 的压力下，细胞破碎率可达 100%。但也有试验表明，当压力超过一定值后，破碎率的增加很慢。在工业生产中，通常采用的压力为 55~70MPa，在操作方式上，可以采用单次通过匀浆器或多次循环通过等方式。为了控制温度的升高，可在进口处用干冰调节温度，使出口温度调节在 20℃左右。

该法适用于大多数微生物细胞的破碎，如酵母菌、大肠杆菌、巨大芽孢杆菌和黑曲霉等，料液细胞浓度可达到 20%左右。例如，提取酵母醇脱氢酶时，可采用高压匀浆法对废弃啤酒酵母细胞进行破碎，压力为 70MPa，15%浓度的酵母液匀浆 2~3 次，破碎率可达 90%。此外，不宜采用高压匀浆法破碎的微生物细胞有：易造成堵塞的团状或丝状真菌，较小的革兰阳性菌，以及含有包含体的基因工程菌，因为包含体质地坚硬，易损伤匀浆阀。在工业规模的细胞破碎中，对于酵母等难破碎的及高浓度的细胞，常采用多次循环的操作方法。

高压匀浆法与珠磨法相比，前者操作参数少，易于确定，适合于大规模操作；后者操作参数多，一般凭经验估计。在大规模操作中，夹套冷却控温难度较大，珠磨机连续操作时兼具破碎和冷却双重功能，减少了产物失活的可能性；而高压匀浆需配备换热器进行级间冷却。其次，珠磨法破碎在适当条件下一次操作即可达到较高的破碎率，而高压匀浆往往需循环 2~4 次才行。再者，珠磨机适合于各种微生物细胞的破碎，而高压匀浆不适合于丝状真菌及含有包含体的基因工程菌。

（3）超声破碎法　超声波是一种弹性机械振动波。通常采用的超声破碎机在 15~25kHz 的频率下操作。其破碎机理尚未完全清楚，可能与空化现象引起的冲击波和剪切作用有关，这种空穴泡由于受到超声波的迅速冲击而闭合，从而产生一个极为强烈的冲击波压力，由它引起的黏滞性旋涡在介质中的悬浮细胞上造成了剪切应力，促使细胞液体发生流动，从而使细胞破碎。超声破碎的效率与声频、声能、处理时间、细胞浓度及菌种类型等因素有关。

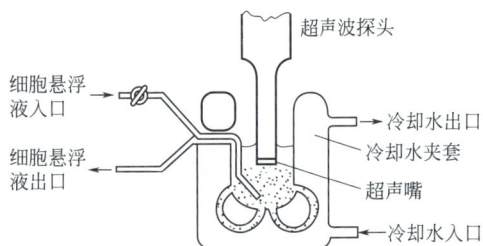

图 8-17　连续破碎池结构简图
（引自杨昌鹏，生物分离技术，2007）

超声波破碎最主要的问题是热量的产生，因此该法仅适用于实验室规模的微生物细胞破碎，不适于大规模生产。实验室处理的样品体积一般为 1~400mL，超声破碎器都带有冷却夹层系统，以保证蛋白质不会因过热引起变性。通常细胞是放在冰浴中进行短时间破碎，且破碎 1min，冷却 1min。超声波破碎也可以进行连续细胞破碎，图 8-17 为实验室连续破碎池结构示意图，其核心部分是由一个带夹套的烧杯组成，其内有 4 根内环管，由于超声波振荡能量会泵送细胞悬浮液循环，将细胞悬浮液进出口管插入烧杯内部，就可以实现连续操作。

4. 非机械破碎法

细胞破碎中常用的非机械破碎法有冻结-融化法、渗透压冲击法、有机溶剂法、表面活性剂法、酸碱法、酶溶法等。非机械破碎方法的处理条件一般比较温和，有利于目标物质的高活力释放回收，但这些方法破碎效率较低，产物释放速度较慢，处理时间较长，多局限于实验室规模的小批量应用。

（1）冻结-融化法　冻结-融化是将细胞放在低温（-20~-15℃）下突然冷冻令其凝固，然后在高温（或 40℃）下融化令其融解，如此反复多次而达到破壁的目的。冻结的作用是破坏细胞膜的疏水键结构，增加其亲水性和通透性。另外，由于胞内水结晶使胞内外产生溶液浓度差，故在渗透压作用下引起细胞膨胀而破裂。适用于细胞壁较脆弱的菌体、动物性细胞的破碎或释放某种细胞成分。对于存在于细胞质周围靠近细胞膜的胞内产物释放较为有效，但通常破碎率较低。另外，还可能引起对冻结敏感的某些蛋白质的变性。

（2）渗透压冲击法　渗透压冲击法是一种较温和的破碎方法，将细胞在高渗溶液（如一定浓度的甘油或蔗糖溶液）平衡一段时间后，介质突然被稀释或突然转入到水溶液或缓冲溶液中，细胞因渗透压的突然变化而引起细胞壁的破裂，从而达到破碎细胞的目的。该法是一种实验室规模常用的破碎方法，仅对细胞壁较脆弱的细胞，如动物细胞和革兰阴性菌，或者细胞壁预先用酶处理，或合成受抑制而强度减弱时适用。

（3）有机溶剂法　有机溶剂可以使细胞壁、细胞膜的磷脂结构破坏，从而改变细胞的透过性，使胞内酶等细胞内物质释放到细胞外。如存在于大肠杆菌细胞内的青霉素酰化酶可利用醋酸丁酯来溶解细胞壁上的脂质，使酶释放出来。常用的有机溶剂有丁醇、丙酮、氯仿和甲苯等。为了防止酶的变性失活，操作时应当在低温条件下进行。

（4）表面活性剂法　表面活性剂可以和细胞膜中的磷脂以及脂蛋白相互作用，使细胞膜结构破坏，从而增加细胞膜的透过性。常用离子型表面活性剂有十二烷基硫酸钠（SDS）、脱氧胆酸钠等；非离子型表面活性剂有 Tween-80、Triton X-100 等。例如，对胞内的异淀粉酶，可加入 0.1％SDS 或 0.4％ Triton X-100 于酶液中，30℃振荡 30h，就能较完全地将异淀粉酶抽提出来，且酶的比活力较机械破碎法高。

（5）酸碱法　酸碱处理是基于蛋白质为两性电解质，改变 pH 可改变其荷电性质，使蛋白质之间或蛋白质与其他物质之间的相互作用力降低而易于溶解。因此，利用酸碱调节 pH，可提高目标生化物质的溶解度。如工业化生产西索米星抗生素时，常采用酸化处理的方式进行细胞破壁。调发酵液 pH 至 1.8～2.0 进行酸化处理，西索米星释放率可达 90％左右。而采用 1％的溶菌酶 37℃酶解 30min、超声波破碎处理 30min(振荡 20s 停 10s) 或 1％SDS 处理 10min 时，西索米星释放率均不足 50％。

（6）酶溶法　酶溶法是一种研究较广的方法，它利用酶反应，分解破坏细胞壁上的特殊键，从而达到破壁的目的。酶溶法可分为外加酶法和自溶法两种。

① 外加酶法　在外加酶法中，常用的溶酶有溶菌酶、β-1,3-葡聚糖酶、β-1,6-葡聚糖酶、蛋白酶、甘露糖酶、糖苷酶、肽键内切酶、壳多糖酶等，而细胞壁溶解酶是几种酶的复合物。其中溶菌酶主要用于细菌类，其他酶对酵母作用较显著。溶酶同其他酶一样具有高度专一性，蛋白酶只能水解蛋白质，葡聚糖酶只对葡聚糖起作用，因此利用溶酶系统处理细胞时必须根据细胞壁的结构和化学组成选择适当的酶，并确定相应的次序。例如对酵母细胞采用酶溶法破碎时，先加入蛋白酶作用蛋白质-甘露聚糖结构，使二者溶解，再加入葡聚糖酶作用裸露的葡聚糖层，最后只剩下原生质体，这时若缓冲液的渗透压变化，则细胞膜破裂，释出胞内物质。

外加酶法主要用于实验室规模，如利用酶溶法可从细胞内不同位置选择性地释放目的产物（如克隆的胞内蛋白质）和制取特殊的胞壁葡聚糖聚合物等。此外，酶溶法大量用来剥离细胞壁，将原生质体进行融合，这是细胞工程常用的方法。酶溶法的优点是：选择性释放产物，条件温和，核酸泄出量少，细胞外形完整。酶溶法的不足：一是溶酶价格高，限制了大规模应用，若回收溶酶则又需增加分离纯化溶酶的操作和设备，其费用也不低；二是酶溶法通用性差，不同菌种需选择不同的酶，且不易确定最佳的溶解条件；三是产物抑制的存在，在溶酶系统中，甘露糖对蛋白酶有抑制作用，葡聚糖抑制葡聚糖酶，这可能是导致酶溶法胞内物质释放低的一个重要因素。

② 自溶法　自溶法是一种特殊的酶溶方式，其所需的溶胞酶是由微生物本身产生的。事实上，在微生物生长代谢过程中，大多都能产生一定的水解自身细胞壁上聚合物结构的酶，以便使生长繁殖过程进行下去。控制一定条件，可以诱发微生物产生过剩的溶胞酶或激发自身溶胞酶的活力，以达到细胞自溶的目的。

影响自溶过程的主要因素有温度、时间、pH、激活剂和细胞代谢途径等。微生物细胞的自溶常采用加热法或干燥法。例如，对谷氨酸生产菌，可加入 0.028mol/L Na$_2$CO$_3$ 和 0.018mol/L NaHCO$_3$，配成 pH 10 的缓冲液，再配成 3％的细胞悬浮液，加热至 70℃，保温搅拌 20min 菌体即自溶。自溶法在一定程度上能用于生产，最典型的例子是酵母自溶物的制备。自溶法的缺点是对不稳定的微生物易引起所需蛋白质的变性；此外，自溶后细胞悬浮液黏度增大，过滤速率下降。

第八章

5. 选择破碎方法的依据

细胞破碎的方法很多，但它们的破碎效率和适用范围不同。通常在选择破碎方法时，应从以下 4 方面考虑。

① 细胞的处理量：若具大规模应用前景的，则采用机械法。若仅需实验室规模，则选非机械法。

② 细胞壁的强度和结构：细胞壁的强度除取决于网状高聚物结构的交联程度外，还取决于构成壁的聚合物种类和壁的厚度，如酵母和真菌的细胞壁与细菌相比，含纤维素和几丁质，强度较高，故在选用高压匀浆法时，细菌的细胞壁就比较容易破碎。某些植物细胞纤维化程度大、纤维层厚、强度很高，破碎也较困难。在机械法破碎中，破碎的难易程度还与细胞的形状和大小有关，如高压匀浆法对酵母菌、大肠杆菌、巨大芽孢杆菌和黑曲霉等微生物细胞都能很好适用，但对某些高度分枝的微生物，由于会阻塞匀浆器阀而不适用。在采用化学法和酶法破碎时，更应根据细胞的结构和组成选择不同的化学试剂或酶，这主要是因为它们作用的专一性很强。

③ 目标产物对破碎条件的敏感性：生化物质通常稳定性较差，在决定破碎条件时，既要有高的释放率，又必须确保其稳定。例如，在采用机械法破碎时，要考虑剪切力的影响；在选择酶解法时，应考虑酶对目标产物是否具有降解作用；在选择有机溶剂或表面活性剂时，要考虑不能使蛋白质变性。此外，破碎过程中溶液的 pH、温度、作用时间等都是重要的影响因素。

④ 破碎程度：在细胞破碎后的固液分离中，细胞碎片的大小是重要因素，太小的细胞碎片很难除去。因此，在选择破碎条件时，既要获得高的产物释放率，又不能使细胞碎片太小。如果要在细胞碎片很小的情况下才能获得高的产物释放率，则这种操作条件就不合适。适宜的破碎办法应从高的产物释放率、低的能耗和便于后续提取三方面进行权衡。

检测细胞破碎程度可通过检测破碎前后细胞数量之差、测定释放的蛋白质量或酶活力、测定破碎前后导电率的变化等方法进行。

第三节　沉淀技术

一、沉淀的原理与目的

沉淀是指通过加入试剂或改变条件，使目的物从溶液中析出形成固相的过程，其本质是通过改变条件使溶质分子或胶粒在液相中的溶解度降低，分子或胶粒发生聚集形成新的固相，从而达到分离、澄清、浓缩的目的。习惯上，析出物为晶体时称为结晶；析出物若为无定形固体则称为沉析。

沉淀法是分离纯化各种生物物质常用的一种方法，优点是过程简单、成本低、原材料易得、便于小批量生产，在产物浓度越高的溶液中沉淀越有利，收率越高；缺点是所得沉淀物可能聚集有多种物质，或含有大量盐类，或包裹着溶剂，过滤也比较困难，所以沉淀法所得的产品纯度较低，需重新精制。

沉淀法广泛应用于生化物质的提取，无论是实验室规模还是工业生产，它不仅用于抗生素、有机酸等小分子物质，而更多的用于蛋白质、酶、多肽等大分子物质。如青霉素和链霉素早期分别用 N,N-二苄基乙二胺与苯甲胺进行沉淀，并在酸性条件下分解以制得成品。苹果酸、柠檬酸和乳酸都采用钙盐沉淀法提取。利用蛋白质溶解度之间的差异，从天然原料如血浆、植物浸出液和基因重组菌中分离蛋白质混合物等。

1. 蛋白质表面性质

由于组成、空间构象及分子的溶剂体系的特点，蛋白质的溶解行为具有独特性，因此在采用沉淀技术分离时，必须了解其表面性质。

蛋白质主要由疏水性各不相同的 20 种氨基酸组成。在水溶液中，多肽链中的疏水性氨基酸残基具有向内部折叠的趋势，使亲水性氨基酸残基分布在蛋白质立体结构的外表面，形成亲水区，但仍有部分疏水性氨基酸残基暴露在外表面，形成疏水区。亲水性氨基酸含量高的蛋白质的亲水区大，亲水性强；

疏水性氨基酸含量高的蛋白质的疏水区大，疏水性强。蛋白质表面由亲水区和疏水区构成。蛋白质在自然环境中通常是可溶的，故其表面大部分是亲水的，内部大部分是疏水的。同时，蛋白质是两性高分子电解质，可看作是一个表面是分布有正、负电荷的球体，这种正、负电荷由氨基和羧基离子化后形成。因此，蛋白质表面由不均匀分布的荷电基团形成的荷电区、亲水区和疏水区构成（图 8-18）。

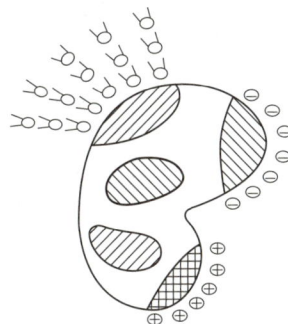

图 8-18　蛋白质表面的憎水区域和荷电区域（引自严希康，2001）

Ⓒ 水分子；▨ 憎水区域；
⊕ 阳离子；⊞ 荷负电区域；
⊖ 阴离子；▨ 荷正电区域

2. 蛋白质胶体的稳定性

蛋白质的分子量在 $5 \times 10^3 \sim 1 \times 10^6$，分子直径为 $1 \sim 30 \text{nm}$。因此，蛋白质的水溶液呈胶体性质。蛋白质胶体具有稳定性因素主要是蛋白质周围的水化层和蛋白质分子间的静电斥力。

（1）蛋白质周围的水化层　在蛋白质分子周围存在与蛋白质分子紧密或疏松结合的水化层。紧密结合的水化层每克可达到 0.35g 蛋白质，而疏松结合的水化层可达蛋白质分子质量的 2 倍以上。蛋白质周围水化层是蛋白质形成稳定的胶体溶液、防止蛋白质凝聚沉淀的屏障之一。蛋白质周围水化层越厚，蛋白质的胶体溶液越稳定。

（2）蛋白质分子间的静电斥力

① 分散双电层　蛋白质稳定的另一因素是蛋白质分子间的静电排斥作用。偏离等电点的蛋白质的净电荷或正或负，称为带电粒子，在电解质溶液中吸引相反电荷的离子（简称反离子），由于热运动的影响，这些离子有离开蛋白胶粒的趋势，反离子层并非全部排布在一个面上，而是在距胶粒表面由高到低有一定的分布，形成分散双电层，简称双电层。通常认为蛋白质胶体表面带有负电荷，其反离子多为正离子。

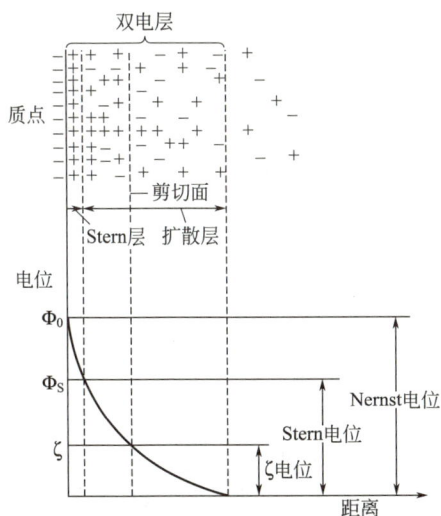

图 8-19　双电层的 Stern 模型和对应的电位（引自严希康，2001）

双电层可分为紧密层和分散层两部分。在相距蛋白胶粒表面约一个离子半径的斯特恩曲面内，反离子即正离子被紧密束缚在胶粒表面，不能流动，该离子层被称为紧密层或吸附层。在紧密层外围，随着距离的增大，反离子浓度逐渐降低，直至达到主体溶液的浓度，该离子层被称为分散层或扩散层。当蛋白胶体粒子在溶液中做运动时，随其一起滑移的总有一薄层液体，该薄层液体的厚度稍大于吸附层的厚度，该薄层液体的外表面被称为滑移面或剪切面（图 8-19）。

② 双电层的电位　双电层中存在电位分布，距蛋白胶粒表面由近及远，电位（绝对值）从高到低。双电层的性质与该电位分布密切相关。在蛋白粒子和溶液界面间存在 Φ_0、Φ_s 和 ζ 三种电位，即能斯特电位、斯特恩曲面上的电位、ζ 滑移面上的电位。带电粒子间的静电相互作用，取决于 ζ 电位（绝对值）的大小。

这三种电位中只有 ζ 电位能实际测得，故认为它是控制蛋白胶粒间静电排斥作用的电位。由于蛋白胶粒表面电位一定，所以分散层厚度越小，ζ 电位越低。若没有分散层，则 ζ 电位为零，蛋白质粒子处于等电点状态，静电相互作用消失。当双电层的 ζ 电位大到一定程度时，静电斥力抵消分子间的相互引力（分子间作用力），使蛋白质粒子在溶液中处于稳定状态。

二、沉淀方法种类及要求

常用的沉淀方法目前主要有：盐析法、有机溶剂沉淀法、等电点沉淀法、非离子多聚物沉淀法、生成盐复合物法、选择性的变性沉淀、亲和沉淀、SIS 聚合物与亲和沉淀等（图 8-20）。

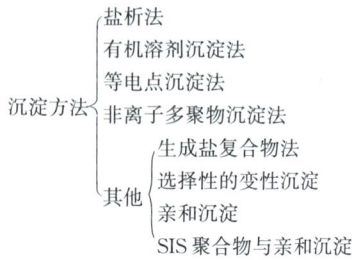

下面简要介绍几种主要沉淀方法的原理、操作及应用实例。

沉淀方法
- 盐析法
- 有机溶剂沉淀法
- 等电点沉淀法
- 非离子多聚物沉淀法
- 其他
  - 生成盐复合物法
  - 选择性的变性沉淀
  - 亲和沉淀
  - SIS 聚合物与亲和沉淀

图 8-20 常用沉淀方法分类
（引自田亚平，2006）

1. 盐析法

（1）盐析原理　一般来讲，低浓度盐离子会增大蛋白质、酶等生物产品与溶剂水的相互作用力，使它们的溶解度增大，这一现象被称为"盐溶"。但是，继续增大溶液中盐浓度，它们的溶解度反而降低，以致从溶液里沉淀出来的现象称为盐析。

蛋白质和酶均易溶于水，在水溶液中，蛋白质和酶分子上所带的亲水基团与水分子相互作用形成水化层，保护了蛋白质粒子，避免了相互碰撞，使蛋白质形成稳定的胶体溶液。因此，可通过破坏蛋白质周围的水化层和中和电荷降低蛋白质溶液的稳定性，实现蛋白质的沉淀。加入大量中性盐后，夺走了水分子，破坏了水膜，暴露出疏水区域，同时又中和了电荷，使颗粒间的相互排斥力失去，布朗运动加剧，蛋白质分子结合成聚集物而沉淀析出。盐析过程见图 8-21。

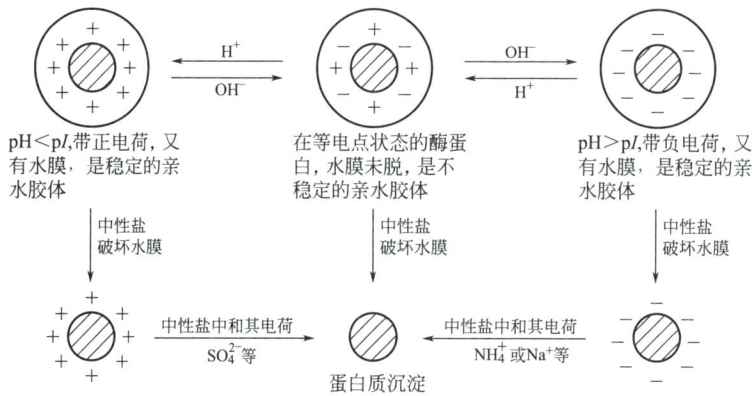

图 8-21 蛋白质的盐析图解（引自张树政，1998）

可以从熵的驱动角度出发来解释盐析过程，从反应自由能的符号来判断（Pr 代表蛋白质）。

$$\mathrm{Pr} + n\mathrm{H_2O} \longrightarrow \mathrm{Pr} \cdot n\mathrm{H_2O} \tag{8-1}$$

$$\mathrm{Pr} \cdot n\mathrm{H_2O} + \mathrm{Pr} \cdot m\mathrm{H_2O} \longleftrightarrow \mathrm{Pr\text{-}Pr'} + (m+n)\mathrm{H_2O} \tag{8-2}$$

$$\Delta G^0 = \Delta H^0 - T\Delta S^0$$

$$\mathrm{A} \cdot \mathrm{B} + (n_1+n_2)\mathrm{H_2O} \longleftrightarrow \mathrm{A} \cdot n_1\mathrm{H_2O} + \mathrm{B} \cdot n_2\mathrm{H_2O} \tag{8-3}$$

当盐浓度低，一般反应式(8-2)的 ΔG^0 为正值，Pr 沉淀的可能性不大；当加入大量中性盐时，大量水分子与中性盐结合，发生反应式(8-3)的趋势增加，反应式(8-2)的平衡右移，蛋白质分子发生聚集，当 Pr-Pr' 聚到足够大，就可发生沉淀。显然从反应式(8-2)的发生趋势来看，盐析时升高温度，可加快盐析的速度，但这只适用于热稳定性好的物质。

（2）盐析公式　在高浓度盐溶液中，蛋白质溶解度的对数值与溶液中的离子强度成线性关系，可用 Cohn 经验方程表示：

$$\lg S = \beta - K_s I \tag{8-4}$$

$$I = \frac{1}{2}\sum c_i Z_i^2 \tag{8-5}$$

式中　S——蛋白质溶解度，mol/L；

β——盐浓度为 0 时，蛋白质溶解度的对数值，与蛋白质种类、温度、pH 有关，与盐无关；

I——离子强度；

c_i——离子浓度；

Z_i——离子化合价；

K_s——盐析常数，与蛋白质和无机盐的种类有关，与温度、pH 无关。

① K_s 分级盐析法　在一定 pH 和温度下，改变体系离子强度进行盐析的方法。此法由于蛋白质对离子强度的变化非常敏感，易产生共沉淀现象，因此常用于蛋白质的粗提。

② β 分级盐析法　在一定离子强度下，改变 pH 和温度进行盐析的方法。此法由于溶质溶解度变化缓慢，且变化幅度小，因此分辨率更高，常用于对粗提蛋白质进一步的分离纯化。

（3）常用的盐析剂　对盐析用盐的要求是：①盐析作用要强；②盐析用盐需有较大的溶解度；③盐析用盐必须是惰性的；④来源丰富、经济。

可使用的中性盐有：硫酸铵、硫酸钠、硫酸镁、氯化钠、醋酸钠、磷酸钠、柠檬酸钠、硫氰化钾等。其中，硫酸铵以溶解度大且溶解度受温度影响小、对目的物稳定性好、价廉、沉淀效果好等优点应用最为广泛。

（4）影响盐析的因素

① 蛋白质种类　蛋白质不同，盐析效果也不同。在 Cohn 方程中，β 和 K_s 与蛋白质种类有关，不同蛋白质 β 和 K_s 值不同，分子量大、结构不对称的蛋白质 K_s 值越大，越易沉淀。

② 离子类型　相同的离子强度下不同种类的盐对蛋白质的盐析效果不同。早在 1888 年，Hofmeister 就对一系列盐沉淀蛋白质的行为进行了测定，并根据盐析能力，对阴离子、阳离子进行了排序，称为感胶离子系列，即 Hofmeister 序列。

阴离子盐析能力由大到小的顺序为：柠檬酸根、酒石酸根、氟离子、碘酸根、磷酸二氢根、硫酸根、醋酸根、氯离子、氯酸根、溴离子、硝酸根、高氯酸根、碘离子、硫氰酸根。

阳离子盐析能力由大到小的顺序为：钍离子、铝离子、氢离子、钡离子、锶离子、钙离子、铯离子、铷离子、铵根离子、钾离子、钠离子、锂离子。

③ 温度和 pH　在低离子强度溶液或纯水中，蛋白质的溶解度在一定温度范围内，随着温度的升高而增大，但是在离子强度较高的水溶液中，升高温度有利于某些蛋白质失水。因而温度升高，蛋白质的溶解度下降。因此，一般来说盐析时不要降低温度，除非这种蛋白质不耐热。

蛋白质在 pH 等于等电点溶液中，静电荷为零，蛋白质的静电斥力最小，溶解度最低。因此，盐析时 pH 尽量在等电点附近。

④ 盐的加入方式　采用硫酸铵进行盐析时可按两种方式加入。

直接分批加入固体盐类粉末，充分搅拌，使其完全溶解和防止局部浓度过高，还能使蛋白质充分聚集，易沉淀；搅拌不能太剧烈，否则可能破坏目的物。

在实验室和小规模生产中，或盐浓度不需太高时加入饱和盐溶液，它可防止溶液局部过浓，但加量较多时，料液会被稀释。

⑤ 蛋白质的原始浓度　蛋白质浓度高时，盐的用量少，但须适中，以避免共沉。蛋白质浓度过低时，共沉作用小，但消耗大量中性盐，对蛋白质回收也有影响。也就是说，同一种蛋白质的不同浓度溶液的沉淀曲线常常会发生变化。例如，30g/L 的碳氧肌红蛋白，在饱和度为 58%～65% 的硫酸铵溶液中，能大部分沉淀出来，如将上述蛋白质溶液稀释 10 倍后，在饱和度为 66% 的硫酸铵中仅刚开始出现沉淀，直到饱和度为 73% 时，沉淀才比较完全。对较为单一的蛋白质溶液，蛋白质的浓度在盐析时应尽可能控制在较高的范围。实际应用盐析时，往往面对的是一个较为复杂的混合体系，其中往往存在多种蛋白质，对混合蛋白质的盐析，蛋白质浓度过高，会发生较为严重的共沉作用，所以在这种情况下，蛋白质浓度一般不能高，控制浓度范围一般为 2.5%～3%（25～30mg/mL）。

（5）盐析沉淀的操作　以最常用的硫酸铵为例。

盐析分离一个蛋白质料液所需的最佳硫酸铵浓度或饱和度，可由实验确定。

① 取一部分料液，将其分成等体积的份数，冷却至 0℃。

② 加入饱和度 20%～100% 的硫酸铵，在搅拌条件下加到终了，继续搅拌 1h 以上，同时保持 0℃，使沉淀达到平衡。

③ 在 3000g 下离心 40min 后，将沉淀溶于 2 倍体积的缓冲液中，测定其中蛋白质的总浓度和目标蛋白的浓度。

④ 分别测定上清液中蛋白质的总浓度和目标蛋白的浓度，比较前后蛋白质是否保持物料守恒，检验分析结果的可靠性。

⑤ 以饱和度为横坐标，上清液中蛋白的总浓度和目标蛋白的浓度为纵坐标作图（图 8-22），图中纵坐标为上清液中蛋白质的相对浓度（与原料浓度之比）。

沉淀分级操作选择的饱和度范围应大致在 35%～55%。具体饱和度的值应根据同时得到较大纯化倍数和回收率而定。原则上应将需要的纯度放在重要地位，首先注重纯化倍数，再考虑回收率，反之亦然。

盐析广泛地用于各类蛋白质及酶的初级纯化和浓缩，在某些情况下还用于蛋白质和酶的高度纯化。

对各类蛋白的初级纯化和浓缩：干扰素的培养液通过硫酸铵两次盐析沉淀，第一次沉淀硫酸铵饱和度为 30%（取上清液），第二次沉淀硫酸铵的饱和度为 80%（取沉淀），可使干扰素纯化 1.7 倍，回收率为 99%。白细胞介素-2 的细胞培养液利用硫酸铵两次盐析沉淀后，沉淀中白细胞介素-2 的回收率为 73.5%，纯化倍数达到 7.0。

对某些蛋白质的高度纯化：对融合细胞的培养液浓缩 10 倍后，加入等量的饱和硫酸铵溶液，在室温下放置 1h 后，离心除去上清液，得到的沉淀物中单克隆抗体回收率达 100%，纯化倍数大于 8，纯化达到电泳纯。对杂质含量较高的料液，可采用反复盐析沉淀并结合其他沉淀法进行高度纯化，如从牛胰脏中提取胰蛋白酶和胰凝乳蛋白酶，用以上方法可制备纯度较高的酶制剂。

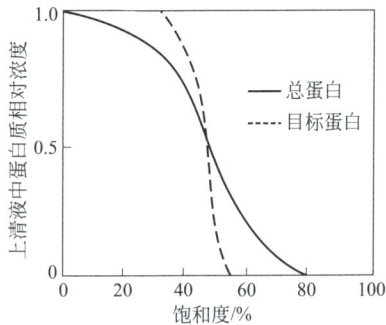

图 8-22　盐析沉淀平衡后上清液中蛋白质浓度与硫酸铵饱和度关系示例（引自田瑞华，2008）

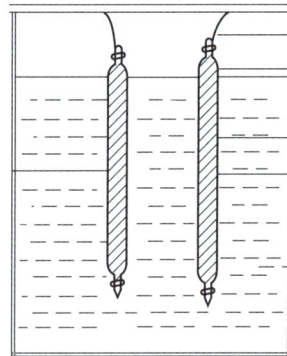

图 8-23　实验室最简单的透析装置（引自田亚平，2006）

（6）脱盐处理　蛋白质、酶等经过盐析沉淀分离后，产品加有盐分，还需进行脱盐处理。常用脱盐处理的方法有：透析法、超滤及凝胶过滤法。

透析为应用最早的膜分离技术，多用于制备及提纯生物大分子时除去或更换小分子物质、脱盐和改变溶剂成分。实验室少量样品可放入做成的透析袋内，并留出一半左右的体积，扎紧袋口，悬挂于盛有纯净溶剂（如水）的大容器内，即可透析（图 8-23）。

2. 有机溶剂沉淀法

用有机溶剂沉淀蛋白质的技术已有悠久的历史，早在 20 世纪 40 年代，Cohn 等首先研究出大规模分级分离人血浆蛋白的方法。利用乙醇的低介电常数性质以及蛋白质在一定温度、pH、离子强度及浓度条件下，依据在不同浓度乙醇中溶解度的差异来分离血浆蛋白质，可以生产出多种医用血浆蛋白，成为著名的 Cohn 乙醇沉淀法。1971 年 Newman 等对此方法进行了改进，将血浆在 2～4℃进行沉淀分离，可在同一过程中得到更多产物（如血液 Ⅷ 因子、血纤维蛋白原等），成为目前广泛使用的冷乙醇沉淀法。其他沉淀方法，如硫酸铵、利凡诺、辛酸盐沉淀法，也都获得应用。我国早期使用硫酸铵盐析法生产人血清白蛋白，但由于硫酸铵腐蚀性强，生产过程繁琐，所以后来也采用冷乙醇沉淀法。冷乙醇沉淀法过程相对简单，尽管设备较为复杂，但生产白蛋白产量较高，乙醇具有杀菌能力，可得到无热原的产品。更重要的是冷乙醇沉淀法有助于除去或抑制 HIV 等病毒，因而其改进工艺至今在工业上仍作为主要的生产方法。

有机溶剂沉淀法的优点是：有机溶剂密度较低，易于沉淀分离；与盐析法相比，沉淀不需脱盐处理。但该法容易引起蛋白质变性，必须在低温下进行，溶剂消耗量大，回收率较盐析低。另外，应用有机溶剂沉淀时，所选择的有机溶剂应是与水互溶、不与蛋白质发生作用的物质，常用的有丙酮和乙醇。

（1）基本原理　传统观点认为向蛋白质溶液中加入丙酮或乙醇等有机溶剂，水的活度降低，水对蛋白质分子表面的水化程度降低，即破坏了蛋白质表面的水化层；另外，溶液的介电常数下降，蛋白质分子间的静电引力增大，从而聚集和沉淀。

新观点认为，有机溶剂可能破坏蛋白质的某种键，使其空间结构发生某种程度的变化，致使一些原来包在内部的疏水基团暴露于表面并与有机溶剂的疏水基团结合形成疏水层，从而使蛋白沉淀，而当蛋白质的空间结构发生变形超过一定程度时，便会导致完全的变性。

（2）影响沉淀效果的主要因素　利用有机溶剂沉淀蛋白质、酶时，必须控制好下列几个条件。

① 温度　有机溶剂沉淀蛋白质受温度影响很大。大多数蛋白质的溶解度随温度降低而下降。温度升高，会使一些对温度敏感的蛋白质或酶变性。因此，有机溶剂沉淀操作必须在低温下进行。例如，乙醇沉淀人血浆蛋白时，温度控制在−10℃。

由于有机溶剂与水混合会放出大量热，使溶液温度升高，所以有机溶剂沉淀的整个过程必须保持高度冷却。加入的有机溶剂必须预先冷冻到−20～−10℃，同时强烈搅拌，少量多次缓慢地加入，防止溶液局部升温。

② pH　蛋白质或酶等两性物质在有机溶剂中的溶解度因 pH 变化而变动，一般在等电点时，溶解度最低，可通过调节 pH，选择性地分离蛋白质。

③ 蛋白质浓度　蛋白质浓度过低，而添加的有机溶剂浓度过高时会造成蛋白质变性。蛋白质浓度过高，易发生共沉作用，但稳定性较好。所以，一定要综合考虑合适的蛋白质浓度，一般认为合适的蛋白类物质起始浓度为 0.5%～3%较合适。

④ 离子强度　当溶液中含有一定量的中性盐时，蛋白质在有机溶剂水溶液中的溶解度升高。所以，用盐析法制的粗品，复溶后，进一步用有机溶剂法沉淀纯化时，必须先透析除盐，否则会使沉淀蛋白质所需要的有机溶剂浓度也增大。但是，用有机溶剂沉淀，溶液中含有适量的中性盐会减少变性的影响。

⑤ 多价阳离子的影响　溶液中若有某些多价阳离子存在，就能使蛋白质在水或有机溶剂中的溶解度大大降低。因此，可用加入这些阳离子的方式减少有机溶剂的用量。例如，0.005～0.02mol/L 的锌离子可使有机溶剂的用量减少到原用量的 1/3～1/2。

（3）有机溶剂的选择　很多有机溶剂都可以使溶液中的蛋白质发生沉淀，如乙醇、甲醇、丙酮、二甲基甲酰胺、二甲基亚砜、异丙醇等。要选择合适的有机溶剂，主要应考虑以下几点：①介电常数小，沉淀作用强；②致变性作用要小；③毒性小，挥发性适中；④水溶性要好。

乙醇和丙酮是常用的有机溶剂。乙醇的沉淀作用强，挥发性适中且无毒，常用于蛋白质、核酸、多糖等生物大分子的沉析；丙酮沉淀作用更强，用量省，但毒性大，应用范围不如乙醇广泛。

（4）溶剂用量　为了使溶液中有机溶剂的含量达到一定的浓度，加入有机溶剂的量可按下式计算：

$$V=V_0(S_2-S_1)/(100-S_2) \tag{8-6}$$

式中　V——需加入有机溶剂体积，L；

V_0——原溶液体积，L；

S_1——原溶液中有机溶剂的体积分数，%；

S_2——所用有机溶剂的体积分数，%。

如果所用有机溶剂的浓度是 95%，则式(8-6)中的 100 改为 95 即可。此外，有机溶剂沉淀应在较大的容器中进行，以便把热量迅速扩散出去。不仅沉淀过程必须在低温下进行，沉淀离心也须低温进行，所得沉淀也应迅速溶于足够量的缓冲液中，以减少残留有机溶剂的影响。

有时为了获得沉淀而不着重于进行分离，可用溶液体积的倍数，如加入 1 倍、2 倍、3 倍原溶液体积的有机溶剂，来进行有机溶剂沉淀。

3. 等电点沉淀法

等电点沉淀是指利用蛋白质在 pH 等于其等电点的溶液中溶解度下降的原理进行沉淀分离的方法。氨基酸、蛋白质等是两性电解质，它们所带电荷常与溶液的 pH 有关。一般来说，不管酸性环境还是碱性环境，只要偏离两性电解质的等电点，它们分子要么净电荷为正，要么净电荷为负，这种情况下分子自身之间反而有排斥作用，只有当它们所带净电荷为零时，其分子之间的吸引力增加，分子互相吸引聚集，使溶解度降低，这时溶液的 pH 就等于蛋白质的等电点。处于等电点状态的蛋白质互相吸引，调节溶液的 pH 至溶质的等电点，就有可能把该溶质从溶液中沉淀出来。

不同的蛋白质表面所带的电荷不同，所以根据不同蛋白质等电点不同的特性，依次改变溶液的 pH，将杂蛋白除去，获得目标产物。几种酶和蛋白质的等电点见表 8-5。

表 8-5　几种酶和蛋白质的等电点（p*I*）

种类	胃蛋白酶	β-乳球蛋白	胰凝乳蛋白酶	血清蛋白	血红蛋白
等电点	1.0	5.2	9.5	4.9	6.3
种类	溶菌酶	γ-球蛋白	细胞色素	卵清蛋白	肌红蛋白
等电点	11.0	6.6	10.65	4.6	7.0

注：引自严希康，2001。

三、沉淀技术应用

1. 蛋白质

蛋白质或酶的提取在粗分离阶段大多要用到沉淀分离的方法，盐析、有机溶剂沉淀、多聚物沉淀、选择性变性沉淀除去杂质等方法得到广泛的应用，特别是在 α-淀粉酶的生产中，沉淀方法大大提高了产品的品质和回收率。

2. 多糖

沉淀技术在多糖的提取过程中应用较多，如多糖提取的初级阶段大多会用到乙醇沉淀或乙醇分级沉淀，也有一些植物胶体性多糖采用盐析法沉淀有较好的效果。此外，也常采用选择性沉淀的方法（如三氯乙酸）去除多糖中蛋白质杂质。

例如，果胶的提取。果胶是一种广泛分布于植物体内的胶体性多糖类物质，包括原果胶、水溶性果胶和果胶酸三大类。它是植物体内特有的细胞壁组分，存在于橘子、苹果、马铃薯等植物的叶、皮、茎及果实中，主要用于果酱、果冻、食品添加剂、食品包装膜以及生物培养基的制造。

目前，果酱的提取分离方法大致有 4 种：酸提取沉淀法、离子交换法、微生物法和微波法。离子交换法是先将原料切碎，与水混合，加入一定量的离子交换剂，调节 pH 至合适范围，搅拌，加热，过滤，滤液再用醇沉淀。该法乙醇使用量非常大，并且存在离子交换剂的再生问题。微生物法是将原料切碎，引入菌种发酵，培养，处理一定时间，过滤培养液，用大量乙醇洗涤沉淀再减压干燥，分离得到产品。该法受菌种的活性、生长时间及发酵条件影响较大。

果胶提取中，乙醇沉淀法的最佳条件为：pH3.5～4.0，沉淀时间 30min，沉淀温度为 25℃。以硫酸铝钾为盐析剂，其盐析的最佳条件为：pH5.8，沉淀时间 30min，沉淀温度为 25℃。以三氯化铁为盐析剂，其盐析的最佳条件为：pH4.0，沉淀时间 60min，沉淀温度为 60℃。酸提取乙醇沉淀法，乙醇消耗非常大，因而浓缩阶段能耗高，生产成本高，厂家不能接受而难以形成规模化生产。盐析法能大大降低乙醇使用量，省去稀酸提取液浓缩工序和减少乙醇回收量，节省能耗，降低生产成本，并能保证较高的提取率和果胶品质。

第四节　吸附技术

一、吸附法的原理与目的

1. 吸附过程

吸附专指用固体吸附剂处理液体或气体混合物，将其中所含的一种或几种组分吸附在固体表面上，从而使混合物组分分离的一种分离过程。固相物质称为吸附剂，被吸附的液相或气相物质称为吸附质（溶质）。利用固体吸附的原理从液体或气体中除去有害成分或提取回收有用目标产物的过程称为吸附操作。

吸附过程通常包括待分离料液与吸附剂混合、吸附质被吸附到吸附剂表面、料液流出、吸附质解吸回收等四个过程。吸附质解吸也是吸附剂再生的过程。当液体或气体混合物与吸附剂长时间充分接触后，系统达到平衡，吸附质的平衡吸附量（单位质量吸附剂在达到吸附平衡时所吸附的吸附质量）首先取决于吸附剂的化学组成和物理结构，同时与系统的温度和压力以及该组分和其他组分的浓度或分压有关。通过改变温度、压力、浓度及利用吸附剂的选择性可将混合物中的组分分离。

工业上吸附法主要用于气体和液体的深度干燥；食品、药品、有机石油产品的脱色、脱臭；有机异构物的分离；从废水或废气中除去有害的物质等。在生物工程中用于分离、精制各种产品，如蛋白质、核酸、酶、抗生素、氨基酸等；在发酵行业中，空气的净化和除菌也离不开吸附过程；除此以外，在生化产品的生产中常用各种吸附剂进行脱色、去热原、去组胺等杂质。

2. 吸附分类

根据吸附质与吸收剂表面分子间结合力的不同，主要分为三类：物理吸附、化学吸附和离子交换吸附。

（1）物理吸附　由吸附质与吸附剂之间的分子间引力及范德华力所引起。吸附质在吸附剂上吸附与否或吸附量的多少主要取决于吸附质与吸附剂极性的相似性和溶剂的极性。通常结合力较弱，吸附热较小，一般为 $(2.09\sim4.18)\times10^4$ J/mol，吸附质分子的状态变化不大，容易脱附。

物理吸附一般发生在吸附剂的整个自由表面，被吸附的溶质（即吸附质）可通过改变温度、pH 和盐浓度等物理条件脱附。一般来说，物理吸附的过程是可逆的，几乎不需要活化能（即使需要也很小），吸附和解吸的速度都很快。

（2）化学吸附　化学吸附是由吸附质与吸附剂间的化学键所引起，是吸附剂表面活性点与溶质之间发生化学结合、产生电子转移的现象。化学吸附与吸附剂的表面化学性质和吸附质的化学性质有关，吸附热通常较大，一般为 $(4.18\sim41.8)\times10^4$ J/mol，高于物理吸附。故一般可通过测定吸附热来判断一个吸附过程是物理吸附还是化学吸附。

化学吸附犹如化学反应，一般是单分子层吸附，吸附稳定，不易脱附，故要洗脱化学吸附质一般需先破坏化学键。破坏化学键的化学试剂称为洗脱剂。这两种吸附的主要区别见表 8-6。

（3）离子交换吸附　离子交换吸附简称离子交换，是利用离子交换树脂作为吸附剂，将溶液中的待分离组分，依据其电荷差异，依靠库仑力吸附在树脂上，然后利用合适的洗脱剂将吸附质从树脂上洗脱下来，从而达到分离的目的。所用吸附剂为离子交换剂。

表 8-6   物理吸附与化学吸附特征的比较

性　　质	物理吸附	化学吸附
作用力	范德华力	化学键力
吸附热	较小（一般不到蒸发潜热的 2～3 倍）	较大（大于蒸发潜热 2～3 倍，与化学反应热相当）
可逆性	快速、非活化、可逆	缓慢、活化、不可逆
吸附层厚度	单分子或多分子层	单分子层
选择性	非选择性	高度选择性
吸附速度	较快，需要的活化能小	慢，需要一定的活化能
电子转移	无电子转移，尽管有时被吸附分子极化	电子发生转移，导致被吸附分子与吸附剂表面成键

离子交换剂表面含有离子基团或可离子化基团，通过静电引力吸附带有相反电荷的离子，吸附过程中发生电荷转移。离子的电荷是离子交换吸附的决定因素，离子所带电荷越多，它在吸附剂表面的相反电荷点上的吸附力就越强。电荷相同的离子，其水化半径越小，越容易被吸附。离子交换的吸附质可通过调节 pH 或提高离子强度的方法洗脱。离子交换反应是可逆的，而且等物质的量进行，具有一定的选择性。

二、吸附法的优缺点

吸附法一般操作简便、设备简单；可不用或少用有机试剂；生产过程中 pH 变化小；适用于稳定性较差的生物产物等优点。其缺点是选择性差，得率不太高，特别是无机吸附剂性能不稳定、不能连续操作、劳动强度大等。但随着凝胶类吸附剂、大网格聚合物吸附剂的发展和应用，吸附法又重新为生化工程领域所重视并获得应用。

离子交换长期以来应用于水的处理和金属的回收。离子交换主要基于一种合成材料作为吸着剂，称为离子交换剂，以吸附有价值的离子。在生物工业中，经典的离子交换剂，即离子交换树脂，广泛应用于提取抗生素、氨基酸、有机酸等小分子，特别是用于抗生素的分离。

离子交换法因其具有成本低、设备简单、操作方便、容易实现自动化控制以及高效率等优点而广泛在生物物质的分离纯化、脱盐、浓缩、转化、中和、脱色等工艺操作中应用。但是，离子交换法也有其缺点。例如，生产周期长、成品质量有时较差，在生产过程中，pH 变化较大，故不适用于稳定性较差的抗生素，以及不一定能找到合适的树脂等。其次，离子交换树脂再生过程中产生大量洗水、稀酸、稀碱等低浓度废水，水资源浪费大，污染严重，也是制约离子交换树脂发展的重要原因之一。

三、吸附剂的基本要求和种类

1. 吸附剂基本要求

对吸附剂的主要性能要求如下。

（1）大的比表面积　因为单位面积吸附剂表面的吸附量很小，必须有足够大的比表面积来弥补这一不足。表 8-7 列举了常用吸附剂的比表面积。

表 8-7   常用吸附剂比表面积

吸附剂种类	硅胶	活性氧化铝	活性炭	分子筛
比表面积/(m²/g)	300～800	100～400	500～1500	400～750

注：引自冯孝庭，吸附分离技术，2000。

（2）较高的强度和耐磨性　对于工业用吸附剂，要求具有良好的物理机械性能，如果没有足够的机械强度和耐磨性，则在实际运行过程中会产生破碎粉化现象，除破坏吸附床层的均匀性，使分离效果下降外，生成的粉末还会堵塞管道和阀门，将使整个分离装置的生产能力大幅度下降。

（3）颗粒大小均匀　吸附剂颗粒大小均匀，可使流体通过吸附床层时分布均匀，避免产生流体的返混现象，提高分离效果。

（4）有较高的吸附选择性　吸附剂除了应具备较强的吸附能力外，希望对被分离的物质具有较高选择性、专一性。这一能力通常需要通过特定的试验来确定。

（5）价格低廉　价格的合理性也是吸附剂的重要参数之一。

2. 吸附剂种类

吸附剂按其化学结构可分为两大类：一类是有机吸附剂，如活性炭、纤维素、大孔吸附树脂、聚酰胺等；另一类是无机吸附剂，如氧化铝、硅胶、人造沸石、磷酸钙、氢氧化铝等。下面介绍几种常用的吸附剂（表8-8）。

表 8-8　生物分离中常用吸附剂

吸附剂	平均孔径/nm	比表面积/(m²/g)	吸附剂	平均孔径/nm	比表面积/(m²/g)
活性炭	1.5～3.5	750～1500	多孔性聚苯乙烯树脂	5～20	100～800
硅胶	2～100	40～700	多孔性聚酯树脂	8～50	60～450
活性氧化铝	4～12	50～300	多孔性醋酸乙烯树脂	约6	约400
硅藻土	—	约10			

（1）活性炭　活性炭是一种多孔含碳物质的颗粒粉末，具有吸附力强、来源比较容易、价格便宜等优点，常用于生物产物的脱色和除臭，还应用于糖、氨基酸、多肽及脂肪酸等的分离提取，是一种非极性吸附剂，故其在水中的吸附能力大于在有机溶剂中的吸附能力。针对不同类型的物质，具有一定的规律性：

① 极性基团多的化合物的吸附力大于极性基团少的化合物；

② 对芳香族化合物的吸附能力大于脂肪族化合物；

③ 对相对分子质量大的化合物的吸附能力大于相对分子质量小的化合物。

另外，不同的 pH 对活性炭的吸附具有较大的影响，如对一些物质在碱性和中性的条件下具有吸附作用，而在酸性条件下吸附能力非常弱；对某些物质在酸性和中性的条件下具有吸附作用，而在碱性条件下吸附能力非常弱。人们常利用活性炭吸附剂的这种规律进行对被分离物质的吸附和解吸。

温度对活性炭的吸附速率有较大的影响，对吸附容量几乎没有什么影响。在活性炭吸附被分离的物质未达到平衡时，其吸附速率是随着温度的升高而增加的。

（2）硅胶　天然的多孔 SiO₂ 通常称为硅藻土，而人工合成的称为硅胶，用水玻璃制取。硅胶是应用较广泛的一种极性吸附剂，作为分离技术所用硅胶含杂质少，品质稳定，耐热耐磨性好，而且可以按需要的形状、粒度和表面结构制取。

色谱用硅胶具有多孔性网状结构。它的主要优点是化学惰性，具有较大的吸附量，容易制备不同类型、孔径、表面积的多孔性硅胶。可用于萜类、固醇类、生物碱、酸性化合物、磷脂类、脂肪类、氨基酸类等的分离。

（3）氧化铝　活性氧化铝由三水合铝或三水铝矿加热脱水制成。氧化铝也是一种常用的亲水性吸附剂，它具有较高的吸附容量，分离效果好，特别适用于亲脂性成分的分离，广泛应用在醇、酚、生物碱、染料、苷类、氨基酸、蛋白质以及维生素、抗生素等物质的分离。活性氧化铝价格低廉，再生容易，活性容易控制；但操作不便，手续繁琐，处理量有限，因此也限制了它在工业生产上大规模应用。

（4）大孔网状吸附剂　大孔网状吸附剂是一种非离子型共聚物，是借助于范德华力从溶液中吸附各种有机物质。此类吸附剂具有选择性好、解吸容易、机械强度高、使用寿命长、流体阻力较小、吸附质容易脱附、吸附速度快等优点。但价格昂贵，吸附效果易受流速以及溶质浓度等因素的影响。

按其骨架极性强弱，可分为三类：非极性吸附树脂、中等极性吸附树脂和极性吸附树脂。

非极性吸附树脂通常由苯乙烯交联而成，交联剂为二乙烯苯，又称芳香族吸附剂；中等极性吸附树脂常由甲基丙烯酸酯交联而成，交联剂亦为甲基丙烯酸酯，故又称脂肪族吸附剂；极性吸附树脂一般由丙烯酰胺或亚砜经聚合而成，通常含有硫氧、酰胺、氮氧等基团。

大孔网状吸附剂的吸附能力与树脂的化学结构、物理性能以及与溶质、溶剂的性质有关。通常遵循以下规律：非极性吸附剂可从极性溶剂中吸附非极性溶质；极性吸附剂可从非极性溶剂中吸附极性物质；中等极性吸附剂兼有以上两种能力。常用于抗生素和维生素 B_{12} 等的分离浓缩过程。孔径和比表面积是评价吸附剂性能的重要参数，一般来说，孔径越大，比表面积越小。比表面积直接影响溶质的吸附容量，而适当的孔径有利于溶质在孔隙中扩散，提高吸附容量和吸附操作速度。

四、吸附基本理论及影响吸附过程的因素

1. 吸附操作

吸附剂对吸附质的吸附，实际上包含吸附质分子碰撞到吸附剂表面并被截留在吸附剂表面的过程（吸附）和吸附剂表面被截留的吸附质分子脱离吸附剂表面的过程（解吸）。随着吸附质在吸附剂表面数量的增加，解吸速度逐渐加快，当吸附速度和解吸速度相当，宏观上看，当吸附量不再继续增加时，就达到了吸附平衡。

吸附质在吸附剂上的吸附过程十分复杂，吸附质从主体溶液（气体）到吸附剂颗粒内部的传递过程分为两个阶段。

第一阶段是吸附质从主体溶液（气体）通过吸附剂颗粒周围的境界膜到达颗粒表面，称为外部传递过程或外扩散。

第二阶段是吸附质从吸附剂颗粒表面传向颗粒孔隙内部，称为孔内部传递过程或内扩散。

这两个阶段是按先后顺序进行的，在吸附时吸附质先通过境界膜到达颗粒表面，然后才能向颗粒内部扩散，脱附时则逆向进行。

把颗粒大小均一的同种吸附剂装填在固定吸附床中，含有一定浓度（c_0）吸附质的混合物以恒定的流速通过收附床层。现在来描述流动状态下，床内不同位置上的吸附质浓度随时间的变化情况。

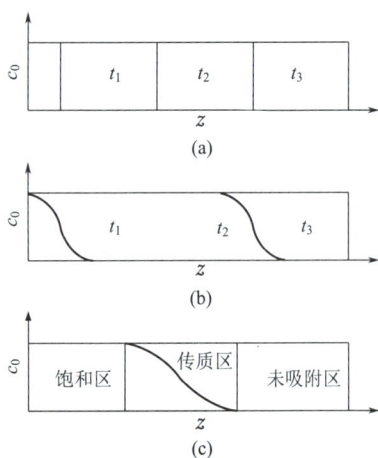

图 8-24 吸附前沿、传质区的形成和移动
（引自冯孝庭，吸附分离技术，2000）

假设床层内的吸附剂完全没有传质阻力，即吸附速度大于阻力的情况下，吸附剂一直以 c_0 的初始浓度向流体流动方向推进，类似于汽缸中的活塞移动，如图 8-24(a) 所示。

实际上由于传质阻力存在、流体的速度、吸附相平衡以及吸附机理等各方面的影响，情况并不是这样。吸附质浓度为 c_0 的流体混合物通过吸附床时，首先是在吸附床入口处形成 S 形曲线 [图 8-24(b)]，此曲线便称为吸附前沿（或传质前沿）。随着混合物不断流入，吸附前沿继续向前移动。经过 t_3 时间后，吸附前沿的前端到达了吸附床的出口端。

S 形曲线所占的床层长度称为吸附的传质区（MTZ）。此传质区形成后，只要流体速度不变，其长度也不变，并随着流体的不断进入，逐渐沿流体向前推进。因此在吸附过程中，吸附床可分为三个区段 [图 8-24(c)]。

① 吸附饱和区，在此区吸附剂不再吸附，达到动平衡状态。

② 吸附传质区。传质区愈短，表示传质阻力愈小（即传质系数大），床层中吸附剂的利用率越高。

③ 吸附床的未吸附区，在此区吸附剂为"新鲜"吸附剂。

在图 8-24 中，曲线与坐标所形成的面积，称为吸附剂的吸附负荷。在吸附饱和区部分，便为吸附剂在吸附质浓度 c_0 下的饱和吸附量。

在吸附床中，随着混合物不断流入，吸附前沿不断向床的出口端推进。经过一定时间，吸附质出现

在吸附床出口处，并随时间推移，吸附质浓度不断上升，最终达到进入吸附床的吸附质浓度 c_0。测定吸附床出口处吸附质浓度随时间的变化，使可绘出流出曲线（如图 8-25 所示）。

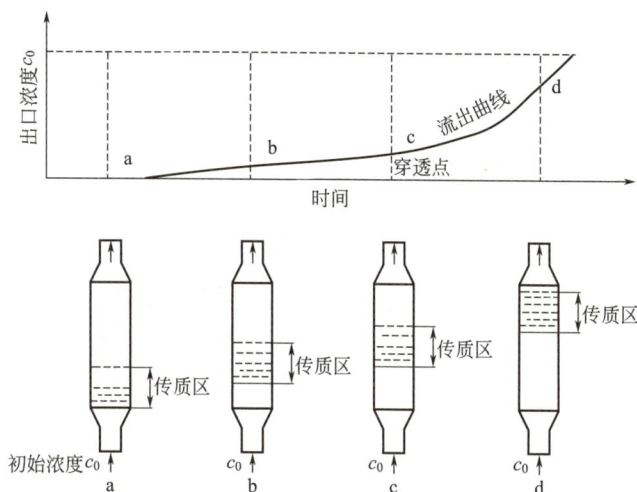

图 8-25　固定床流出曲线

从吸附床入口端流进吸附质初始浓度为 c_0 的混合物，此时流体中的吸附质从入口端开始依次被吸附在床层上。结果在床层气体流动方向上便形成一个浓度梯度（即传质区）。吸附过程只是在传质区一定形状的浓度分布范围内进行，吸附工况处于稳定状态下，其浓度梯度的分布形状和长度基本不变，以一定的速度在吸附床层上移动。随着吸附过程的持续进行，吸附饱和区逐渐扩大，而尚未吸附区逐渐缩小。当传质区到达吸附床出口端时，流出物料中的吸附质浓度开始突然上升的位置，就是所谓的穿透点，对应的吸附质浓度及时间分别称为穿透浓度和穿透时间。

2. 吸附平衡理论

吸附质在吸附剂上的吸附平衡关系是指吸附达到平衡时，吸附剂的平衡吸附质浓度 q^* 与液相游离溶质浓度 c 之间的关系。一般 q^* 是 c 和温度的函数，即：

$$q^* = f(c, T) \tag{8-7}$$

但一般吸附过程是在一定温度下进行，此时 q^* 只是 c 的函数，q^* 与 c 的关系曲线称为吸附等温线。当 q^* 与 c 之间成线性函数关系时，即：

$$q^* = mc \tag{8-8}$$

称为亨利（Henry）型吸附平衡，其中 m 为分配系数。式(8-8)一般在低浓度范围内成立。当溶质浓度较高时，吸附平衡常呈非线性，式(8-8)不再成立，经常利用佛罗因德利希（Freundlich）经验方程描述吸附平衡行为，即：

$$q^* = kc^{1/n} \tag{8-9}$$

式中　k 和 n——常数，一般 $1 < n < 10$。

此外，兰格缪尔（Langmuir）的单分子层吸附理论在很多情况下可解释溶质的吸附现象。该理论的要点是，吸附剂上具有很多活性点，每个活性点具有相同的能量，只能吸附一个分子，并且被吸附的分子间无相互作用。基于兰格缪尔单分子层吸附理论，可推导兰格缪尔型吸附平衡方程：

$$q^* = \frac{q_m c}{K_d + c} \tag{8-10}$$

或

$$q^* = \frac{q_m K_b c}{1 + K_b c} \tag{8-11}$$

式中　q_m——饱和吸附容量；

　　　K_d——吸附平衡的解离常数；

　　　K_b——结合常数（$=1/K_d$）。

当 n 个相同溶质分子在一个活性点上发生吸附时，可得式(8-12)的一般形式：

$$q^* = \frac{q_m K_b c^n}{1 + K_b c^n} \tag{8-12}$$

对于 n 个组分的单分子层吸附，式(8-12)变为另一种一般形式：

$$q^* = \frac{q_{mi} K_{bj} c_i}{1 + \sum_{j=1}^{n} K_{bj} c_i} \tag{8-13}$$

式(8-13)为组分 i 的吸附浓度与各组分浓度之间的关系式，表明了各个组分在同一个活性点上竞争性吸附的结果，使组分 i 的吸附浓度下降。上述吸附平衡关系常用于生物物质的吸附分离过程。此外还有许多吸附平衡关系式描述不同的吸附现象，如 Dubinin-Astskhov 式、B. E. T. 式等。

3. 影响吸附的主要因素

在溶液中，固体吸附剂的吸附主要考虑 3 种作用力：界面层上固体与溶质之间的作用力；固体与溶剂之间的作用力；溶质与溶剂之间的作用力。固体在溶液中的吸附比较复杂，影响因素也较多，主要有吸附剂、吸附物、溶剂的性质以及吸附过程的具体操作条件等。了解这些影响因素，有助于根据吸附物的性质和分离目的选择合适的吸附剂及操作条件。

（1）吸附剂的性质　吸附剂的比表面积、颗粒度、孔径、极性对吸附的影响很大。比表面积主要与吸附容量有关，比表面积越大，空隙度越高，吸附容量越大。颗粒度和孔径分布则主要影响吸附速度，颗粒度越小，吸附速度就越快；孔径适当，有利于吸附物向空隙中扩散，加快吸附速度。

吸附剂的物理化学性质对吸附有很大的影响，吸附剂的性质又与其合成的原料、方法和再生条件有关。一般要求吸附剂容量大、吸附速度快和机械强度高。

（2）吸附剂与溶质及溶剂的相互作用　能使表面张力降低的物质，易为表面所吸附，所以固体容易吸附对固体的表面张力较小的液体。溶质从较易溶解的溶剂中吸附时，吸附量较少。相反，采用溶解度较大的溶剂，洗脱就较容易。极性吸附剂易吸附极性物质，非极性吸附剂易吸附非极性物质。对于同系列物质，吸附量的变化是有规律的。

（3）温度　吸附是放热过程，吸附热越大，则吸附过程受温度的影响也较大。例如，物理吸附的吸附热较小，温度变化的影响较小。但是，有些物质由于温度升高溶解度增大，反而对吸附不利。

（4）溶液 pH　溶液的 pH 往往会影响吸附剂或吸附物解离情况，进而影响吸附量。pH 对吸附的影响主要是因为影响化合物的解离度。一般来说，有机酸在酸性下、胺类在碱性下较容易被非极性吸附剂吸附。但是，各种溶质吸附的最佳 pH 通常由实验测定。

（5）溶液中其他溶质的影响　单溶剂与混合溶剂对吸附作用有不同的影响。当溶液中存在有两种以上的溶质时，由于溶质性质的不同，可能对吸附产生互相促进、干扰或互补干扰等不同影响。一般吸附剂对具有混合组分的溶质吸附比纯溶质的吸附差，当溶液中存在其他溶质时，会因为一种溶质的吸附而导致对另一种溶质吸附量的降低。但也有例外，即对混合物的吸附效果反较单一组分好。

第五节　色谱技术

一、概述

1903 年，俄国植物学家 Tswett 发现植物叶子中各种颜色的色素可以在吸附柱上流动后排列成色谱，故称这种混合物分离的方法为色谱法，又称色层分析法或层析法。色谱法的最大特点是分离效率高，它能分离各种性质极相类似的物质，它既可以用于少量物质的分析鉴定，又可用于大量物质的分离纯化制备。因此，作为一种重要的分析分离手段与方法，它广泛地应用于科学研究与工业生产上。现在，它在石油、化工、医药卫生、生物科学、环境科学、农业科学等领域都发挥着十分重要的作用。

色谱系统由固定相、流动相、泵系统和在线检测系统四个基本部分组成（图8-26）。物质的物理、化学、物理化学和生物学性质相互作用被综合应用在色谱系统中，以用于各种混合物的分离。流动相被输送通过填充固定相的色谱柱，固定相通常是不溶性的高分子小球，其颗粒直径范围是$5\sim300\mu m$。分离过程中，流动相载着被分离组分以恒定流速穿过色谱柱，色谱柱末端的检测器可以跟踪洗脱液中被分离组分的浓度，根据检测结果将洗脱液分成若干组分，分别收集以供进一步检测或处理。

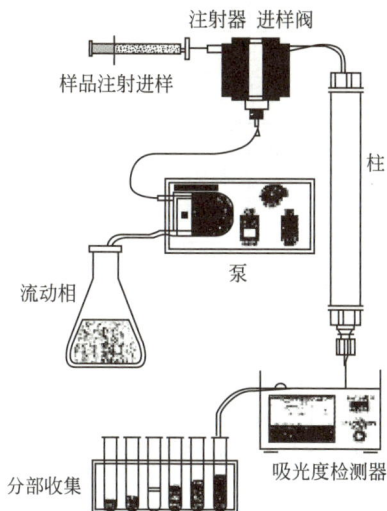

图 8-26　色谱系统示意图
（引自田瑞华，2008）

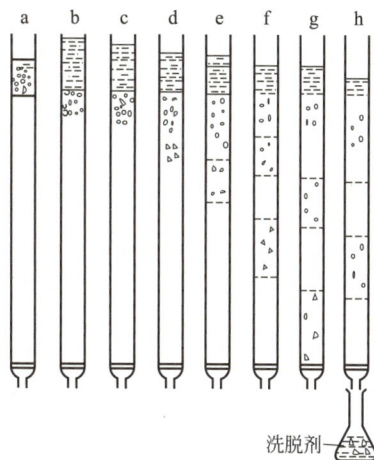

图 8-27　色谱法分离原理示意图
（引自毛忠贵，1999）

二、色谱法基本原理

色谱分离方法各种各样，但基本原理是一致的。色谱法是一种基于被分离物质的物理、化学和生物学特性的不同，使它们在某种基质中移动速度不同而进行分离和分析的方法。例如，利用物质在溶解度、吸附能力、立体化学特性、分子的大小、带电情况、离子交换、亲和力的大小及特异的生物学反应等方面的差异，使其在流动相与固定相之间的分配系数不同，达到彼此分离的目的。

例如，图8-27待分离的各组分对固定相亲和力的次序为：白球分子＞黑球分子＞三角形分子。将预分离的混合物加入色谱柱的上部（如a所示），使其流入柱内，然后用流动相冲洗（如b所示），随着洗脱的不断进行，如果色谱柱选择适当且柱有足够长，则三种组分逐渐被分开（如c～g所示）。三角形分子最先流出，白球分子跑得最慢，最后流出（如h所示）。这种移动速率的差别是色谱法的基础。加入洗脱剂使各组分分层的操作称为展开。洗脱时从柱中流出的液体称为洗脱液。展开后各组分的分布情况称为色谱图。将样品加到柱上的操作称为上样或加样。显然，因为可以选择各种特有的物质作为固定相和流动相，所以色谱法有广泛的适用范围。

1. 固定相

固定相是色谱的一个基质。它可以是固体物质，也可以是液体物质，这些基质能与待分离的化合物进行可逆的吸附、分配、交换等作用。它是影响色谱分离效果的重要因素。

绝大多数的色谱固定相由两个主要部分构成：一是空间结构部分，它取决于高聚物骨架的组成，决定了固定相的尺寸与孔隙率；二是化学和生物大分子功能性成分，它赋予介质与目标溶质特异性相互作用的能力。最合适的固定相设计除了满足以上两条，还应满足分离任务的其他要求，如样品体积、分离成本及过程速率等。表 8-9 中列出了常用于分离生物分子的色谱固定相材料、特点和用途。

表 8-9　常用于分离生物分子的色谱固定相材料、特点和用途

固定相基质	主要用途	可能的优点	可能的局限性
硅胶	HIL，RPC	可承受高水力学压力	高密度
琼脂糖	AC	生物相容性好	流速低，温度稳定性低
聚苯乙烯-二乙烯基苯	IEC	表面积很大，在有机溶剂中稳定	生物相容性有限
聚丙烯酰胺	GPC	价格便宜，用途广	流速低
葡聚糖	GPC	交联后其强度高于琼脂糖	在有机溶剂中不稳定
羟基磷灰石	吸附色谱	可经受高水力学压力	采用微细颗粒时才可能实现高效分离
多糖-纤维素交联介质	HIC，AC	高生物相容性	流速低
琼脂糖/葡聚糖 葡聚糖/丙烯酰胺	GPC	高强度粒子，高流速	非特异性吸附蛋白质
聚甲基丙烯酰胺	IEC，AC	易于改性	流速通常较低

注：引自田瑞华，2008。

2. 流动相

在色谱过程中，推动固定相上待分离的物质朝着一个方向移动的液体、气体或超临界流体等，都称为流动相。柱色谱中一般称为洗脱剂，薄层色谱时称为展层剂。它也是色谱分离中的重要影响因素之一。

3. 分配系数

综上所述，不论色谱分离的机理怎样，当溶质浓度较低时，固定相浓度和流动相浓度都成线性的平衡关系，即分配系数，是指在一定的条件下，某种组分在固定相和流动相中含量（浓度）的比值，常用 K_d 来表示。分配系数是色谱中分离纯化物质的主要依据。

$$K_d = \frac{c_s}{c_m} \tag{8-14}$$

式中　c_s——固定相中被分离组分的浓度；

　　c_m——流动相中被分离组分的浓度。

不同物质的分配系数是不同的。分配系数的差异程度是决定几种物质采用色谱方法能否分离的先决条件。很显然，差异越大，分离效果越理想。

分配系数主要与被分离物质本身的性质、固定相和流动相的性质、色谱柱的温度等因素有关。

对于温度的影响有下列关系式：

$$\ln K_d = -\frac{\Delta G^\ominus}{RT} \tag{8-15}$$

式中　K_d——分配系数（或平衡常数）；

　　$\Delta G^\ominus$——标准自由能变化；

　　R——气体常数；

　　T——热力学温度。

这是色谱分离的热力学基础。一般情况下，色谱分离时组分的 $\Delta G^\ominus$ 为负值，则温度与分配系数成反比关系。通常温度上升 20℃，K_d 下降一半，它将导致组分移动速率增加。这也是为什么在色谱时最好采用恒温柱的原因。有时对于 K_d 相近的不同物质，可通过改变温度的方法，增大 K_d 之间的差异，达到

分离的目的。

4. 阻滞因素

阻滞因素又称迁移率（或比移值），是指在一定条件下，在相同的时间内某一组分在固定相移动的距离与流动相本身移动的距离之比值，常用 R_f 来表示（$R_f \leqslant 1$）。可以看出：

$$R_f = 溶质的移动速率/流动相在色谱系统中的移动速率$$

或
$$R_f = 溶质的移动距离/在同一时间内溶剂前沿的移动距离$$

K_d 增加，R_f 增加；反之，K_d 减小，R_f 减小。

这里流动相为与固定相无亲和力（即 $K_d = 0$）的物质。

令 A_s 为固定相的平均截面积，A_m 为流动相的平均截面积（$A_s + A_m = A_t$，即系统或柱的总截面积）。如体积为 V 的流动相流过色谱系统流速很慢，可以认为溶质在两相间的分配达到平衡，则有：

$$溶质的移动距离 = V/能进行分配的有效截面积 = \frac{V}{A_m} + K_d A_s \tag{8-16}$$

$$流动相的移动距离 = \frac{V}{A_m}$$

$$R_f = \frac{A_s}{A_m} + K_d A_s \tag{8-17}$$

因此，当 A_m、A_s 一定时，一定的 K_d 有相应的 R_f。

实验中还常用相对迁移率的概念。相对迁移率是指在一定条件下，在相同时间内，某一组分在固定相中移动的距离与某一标准物质在固定相中移动的距离之比值。它可以小于或等于 1，也可以大于 1，用 R_x 来表示。

5. 分辨率

分辨率也称分离度，一般指相邻两个峰的分开程度。用 R_s 来表示。R_s 越大，两种组分分离得越好。当 $R_s = 1$ 时，两组分具有较好的分离，互相沾染约 2%，即每种组分的纯度约为 98%。当 $R_s = 1.5\%$ 时，两组分基本完全分开，每种组分的纯度可达到 99.8%。如果两种组分的浓度相差较大时，尤其要求较高的分辨率。

6. 解离常数 K_p 和分离因数 α

在反应工程中，人们习惯应用解离常数 K_p 来讨论分子间的相互作用。令吸附柱中空余有效结合位子的浓度为 m，结合溶质分子的有效结合位子总浓度为 m_t，溶质总浓度（游离的＋被结合的）为 c_t，则有：

$$m_t = m + q \tag{8-18}$$
$$c_t = c + q \tag{8-19}$$

式中　q——已结合位子的浓度；

　　　c——游离溶质浓度。

按通常定义，溶质分子-吸附剂之间相互作用的解离常数 K_p 为：

$$K_p = \frac{mc}{q} \tag{8-20}$$

如果将分离因数 α 定义为某一瞬间被吸附的溶质占总量的分数，又称质量分布比，即：

$$\alpha = \frac{q}{c_t} \tag{8-21}$$

那么，用 $q = c_t\alpha$ 以及式(8-18)、式(8-19) 中的 m、c 带入式(8-20)，得：

$$K_p = \frac{(m_t - c_t\alpha)(c_t - c_t\alpha)}{c_t\alpha} = \frac{(m_t - c_t\alpha)(1-\alpha)}{\alpha} \tag{8-22}$$

第八章

所以：

$$c_t\alpha^2-(m_t-c_t+K_p)\alpha+m_t=0 \qquad (8-23)$$

这里，分离因数 α 是二次式方程的解，它是色谱柱有效结合位子总浓度 m_t、溶质中溶质总浓度 c_t 以及被结合目标物质的解离常数 K_p 的函数。

有效结合位子总浓度 m_t 可能在 0.01mol/L 左右（亲和色谱）到 1mol/L 以上（离子交换色谱）。而欲分离的溶质总浓度也可能在类似范围内。对于一个有效的柱色谱分离，通常要求 $\alpha\geqslant0.8$，由此 K_p 一般要求 $\leqslant0.1$mol/L。这一点在色谱中特别重要。

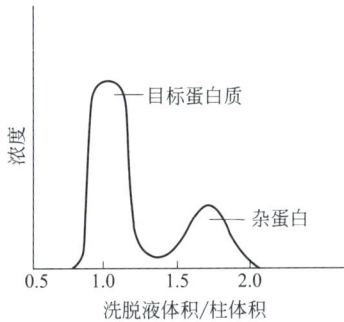

图 8-28　两种蛋白质的混合物的
柱色谱（引自田瑞华，2008）

如果色谱分离技术用于生物大分子制备，那么所用的样品一般较大，其体积往往比柱体积大很多，分离因数 α 的目标物质（$0<\alpha<1$）将沿柱子不断往下移动。当操作开始后有 $1/(1-\alpha)$ 柱体积的流动相通过柱时，目标物质将会从柱的末端流出。因此，如果样品体积是柱体积的 5 倍，并且再用 5 倍柱体积的缓冲溶液洗涤色谱柱，要使目标产物仍留在柱上，那么 $\alpha\geqslant0.9$。这时，杂质已除去，样品得到纯化。另外，如果样品量少，并且混合液中目标物质 $\alpha\geqslant0$，而杂质分子 $\alpha=0.4$，将样品上柱后，用 1 倍柱体积的洗脱液洗脱，目标物质出现，继续洗脱到洗脱液体积为 1.7 倍柱体积时，杂蛋白开始流出。只要分段收集，可使它们得到分离（图 8-28）。

从公式 $c_t\alpha^2-(m_t-c_t+K_p)\alpha+m_t=0$ 中可以看出，在同一色谱系统中，分离因数取决于溶质的浓度，较高的浓度往往得到较低的结合比。相反，较低的溶质浓度一般有较高的分离因数。

7. 色带变形和"拖尾"现象

色带移动过程中常常会出现色带变形或"拖尾"现象。究其原因有两种：①固定相在色谱柱中横向填充不均匀，因为在固定相颗粒粗的地方，溶剂的流速快，溶质的流速也加快，就会形成斜歪、不规则的色带，从而使流出曲线中各组分分离不清楚，显然柱的截面积越大越易变形，因而使用细长的柱子较好；②由于平衡关系偏离线性所引起的。一般平衡关系如图 8-29 所示，当柱中目标物质的色带移动时，如果有些分子由于纵向扩散或者不均匀流动超出了色带前缘，它们的浓度会变稀，分离因数会增大，其大部分被吸附，相对于后面的色带被阻滞了，结果在主色带的前缘产生了一个自动削尖的效应。但是，在色带尾部边缘上，溶质浓度的减少，将引起不断增加的结合强度。如 $\alpha=0.9$，色带后部仅以缓冲液流动速率的 10% 移动，而主色带却以缓冲液流动速率的 30%～40% 移动。结果在不变的缓冲液条件下，溶质的洗脱有一个尖锐的、富集的前缘和一个很长的尾巴——"拖尾"（图 8-30）。这是离子交换色谱中经常出现的一种现象。但使用不同梯度的缓冲液会克服这种现象。在纸色谱中，也可能会出现"拖尾"，可通过选择合适的展层剂避免此现象。

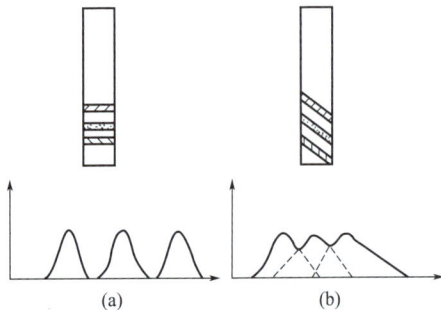

图 8-29　色带和流出曲线的形状
（a）填充均匀的柱；（b）填充不均匀的柱

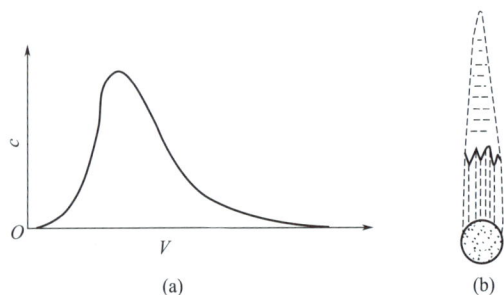

图 8-30　色谱的"拖尾"现象
（a）流出曲线；（b）"拖尾"现象

8. 正相色谱与反相色谱

正相色谱是指固定相的极性高于流动相的极性，在这种色谱过程中，非极性分子或极性小的分子比极性大的分子移动的速度快，先从柱中流出来。反相色谱是指固定相的极性低于流动相的极性，在这种色谱中，极性大的分子比极性小的分子移动的速度快而先从柱中流出。一般来说，分离纯化极性大的分子（带电离子）采用正相色谱（或正向柱），而分离纯化极性小的有机分子（有机酸、醇、酚等）多采用反相色谱（或反相柱）。

9. 操作容量

操作容量（或交换容量）是指在一定条件下，某种组分与基质（固定相）反应达到平衡时，存在于基质上的饱和容量，称为操作容量（或交换容量），单位是 mg/g（基质）或 mg/mL（基质），数值越大，表明基质对该物质的亲和力越强。应当注意，同一种基质对不同种类分子的操作容量是不相同的，这主要是由于分子大小（空间效应）、带电荷的多少、溶剂的性质等多种因素的影响。因此，实际操作时，加入的样品量要尽量少些，特别是生物大分子，样品的加入量更要进行控制，否则用色谱方法不能得到有效的分离。

10. 洗脱容积 V_e

在色谱分离中，使溶质从柱中流出时所通过的流动相的体积，称为洗脱容积，这一概念在凝胶色谱中用得最多。

设色谱柱长为 L，在时间 t 内流过的流动相体积为 V，则流动相的体积速率为 V/t。

根据，溶质移动距离 $=V/(A_m+K_dA_s)$，得到溶质的移动速率 $=V/t(A_m+K_dA_s)$，溶质流出色谱柱所用时间为：

$$t_{流}=\frac{L(A_m+K_dA_s)}{V/t} \tag{8-24}$$

于是此时流过流动相的体积为：

$$V_e=L(A_m+K_dA_s) \tag{8-25}$$

如果令 $LA_m=V_m$，色谱柱中流动相体积 $LA_s=V_s$，则色谱柱中固定相体积：

$$V_e=V_m+K_dV_s \tag{8-26}$$

由式(8-26)可见，不同溶质有不同的洗脱体积（V_e），后者取决于分配系数。

11. 色谱法的板塔理论

板塔理论可以给出在不同瞬间，溶质在柱中的分布和各组分的分离程度与柱高之间的关系。其要点是：①柱子可以分成很多层，每一层为一理论塔板且有一定高度；②在色谱柱中，物质只有横向扩散，无纵向扩散，两相瞬间达到分离平衡；③体系中其他物质的存在不影响待分离物质的分配，待分离物质的存在也不影响其他物质的分配。与化工原理中的蒸馏操作一样，这里引入了"理论塔板高度"的概念。所谓"理论塔板高度"是指这样一段柱高，自这柱中流出的液体（流动相）和其中固定相的平均浓度成平衡关系。设想把柱分成若干段，每一段等于一块理论板。假设分配系数是常数且没有纵向扩散，则不难推断出第 x 块塔板上溶质的质量分数为：

$$f_x=\frac{n!}{x!}\left(\frac{1}{E+1}\right)^{n-x}\left(\frac{E}{E+1}\right)^x \tag{8-27}$$

式中　　n——色谱柱的理论塔板数；

E——流动相中所含溶质的量与固定相所含溶质的量之比。

当 n 越大，即加入的溶剂越多，展开时间越长，也即色带越往下流动，其高峰浓度逐渐减小，色带逐渐扩大（图8-31）。

12. 检测方法

建立检测方法的 4 个基本目标是：灵敏度、线性度、重现性

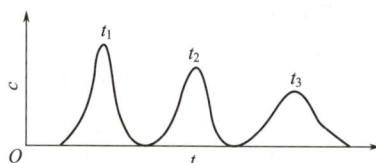

图 8-31　色带的变化过程

及在线操作简便。色谱操作者必须了解所用检测系统的局限性，才能从实验数据与处理数据中得出结论。

理想的检测方法应是可连续或在线使用的。表 8-10 列出了一些常用的在线检测方法，并说明它们是如何满足前面提到的 4 个标准。目前应用最普遍的方法是光吸收法，采用此技术可以检测到多种类别的成分。此方法操作简便，尤其是在蛋白质分离中，因为蛋白质具有光吸收的波长范围，缓冲液组分（如盐等）不产生吸收。

表 8-10 液相色谱检测器

检测方法	原 理	灵敏度	线性度	稳定性	易用性
吸光度	光吸收差别	$1\mu g/mL$	低浓度时符合比尔定律	稳定	廉价，单波长，可变光电二极管阵列
化学发光	光发射标记	10^{-13} mol 或 10^{-15} mol	与浓度成线性关系	配套技术可能形成干扰	检测限低于荧光
电化学	洗脱组分的氧化或还原	10^{-9} g(对酚或有机酸)	与浓度成线性关系	不能有氧、金属或卤素	流动相必须是导电的
电导率	离子种类对电导率的影响		与浓度成线性关系	溶剂梯度会造成基线漂移	电导池稳定性限制其在离子交换中作用
荧光	光响应功能	高于紫外法 1000 倍	发射强度与浓度成线性关系	专一性、选择性光学检测器	天然荧光或衍生物荧光
傅里叶交换红外(FTIR)	喷雾干燥后沉淀在 ZnSe 表面	在线检测低于离线检测 FTIR	与光吸收成线性关系	重现性在 10% 以内	脱水后即可用于 FRIR 检测
折射率	由于密度差异导致的折射光角度变化	与折射率有关	低浓度时成线性关系	需要重新调零	不能用于梯度洗脱
质谱:快原子轰击	流动相在甘油中轰击并用质谱检测	$2ng/mL$	与具体离子丰度成线性关系	对线性、不稳定溶质效果较好	新技术
质谱:电雾化	溶剂汽化进行离子化	$10pg$	与具体离子丰度成线性关系	多肽、蛋白质、寡聚核苷酸	可能被用作测序工具
质谱:粒子束	粒子束轰击流动相气溶胶	$0.1\sim1\mu g/L$	用丰度对浓度线性校正	装置复杂	此技术已有改进
蒸发光散射	脱水喷雾的密度	$100ng/mL$	非线性校正	灵敏度取决于折射率	有前景的方法

第六节 膜分离技术

一、膜分离方法的分类

1. 膜分离概述

膜分离技术是指利用天然或人工合成的、具有选择透过性的薄膜，以外界能量或化学位差为推动力，对双组分或多组分体系进行分离、分级、提纯或富集的过程。分离膜多数是固体（目前大部分膜材料是有机高分子），也可以是液体（液膜）。它们共同之处是对被其分离的体系具有选择性透过的能力。

膜分离是人类最早应用的分离技术之一，如酒的过滤、中草药的提取等。近代工业膜分离技术的应用始于 20 世纪 30 年代利用半透性纤维素膜分离回收苛性碱。20 世纪 60 年代以后，不对称膜制造技术取得长足的进步，各种膜分离技术迅速发展，在包括生物物质在内的分离过程中得到越来越广泛的应用。

与传统分离技术相比，膜分离技术具有下列优点：

① 处理效率高，设备易于放大；

② 可在室温或低温下操作，适用于对热敏感的物质、果汁等的分离、浓缩与富集；

③ 化学与机械强度最小，有利于减少失活；

④ 膜分离过程不发生相变化，与有相变化的分离法相比，能耗低；

⑤ 选样性好，在分离浓缩的同时达到部分纯化的目的；

⑥ 选择合适的膜与操作参数，可得到较高的回收率；

⑦ 膜分离系统可密闭循环，有利于防止外来污染；

⑧ 不外加化学物质，透过液（酸、碱或盐溶液）可循环使用，降低了成本，并减少了对环境的污染。

当然，膜分离技术也存在着一些问题：

① 操作中膜面会发生污染，使膜性能降低，故有必要采用与工艺相适应的膜面清洗方法；

② 从目前获得的膜性能来看，其耐药性、耐热性、耐溶剂能力都是有限的，故使用范围受限；

③ 单独采用膜分离技术效果有限，因此往往都将膜分离工艺与其他分离工艺组合起来使用。

2. 膜分离分类

膜分离过程的实质近似于筛分、渗透等过程，是根据滤膜孔径的大小使物质透过或被膜截留，从而达到物质分离的目的。按分离粒子或分子大小可分为微滤（MF）、超滤（UF）、纳米过滤（NF）、反渗透（RO）、透析（DS）和电渗析（ED）6 种，其分离粒子大小范围见图 8-32。

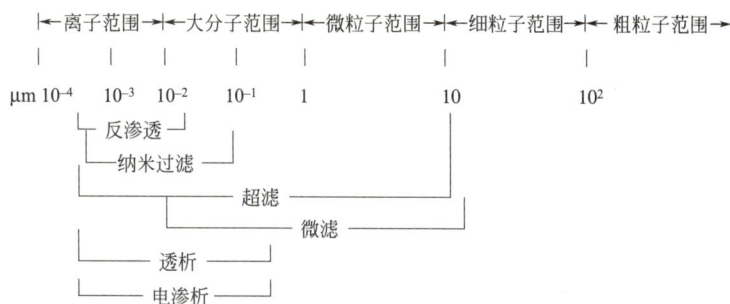

图 8-32 膜分离过程分离粒子大小范围
（引自严希康，生物物质分离工程，2010）

电渗析是利用离子交换膜和直流电场的作用，从水溶液和其他不带电组分中分离带电离子组分的一种电化学分离过程。主要用于海水淡化、纯水制备和废水处理。在分析上可用于无机盐溶液的浓缩或脱盐，溶解的电离物质和中性物质的分离。

透析是利用半透膜两侧溶质浓度差为传质推动力和小分子物质的扩散作用，从溶液中分离出小分子物质而截留大分子物质的过程。透析法在临床上常用于肾衰竭患者的血液透析，生物分离上主要用于大分子溶液的脱盐。

微滤是利用孔径大于 $0.02\mu m$ 直到 $10\mu m$ 的多孔膜，以压力差为推动力，截留超过孔径的大分子的膜分离过程。微滤被认为是目前所有膜技术中应用最广、经济价值最大的技术，主要用于悬浮物分离、制药行业的无菌过滤等。

超滤是应用孔径为 $0.001\sim0.02\mu m$ 的超滤膜，与微滤一样，也是以压力差为推动力，截留超过孔径的大分子的膜分离过程。超滤一般需要在溶液侧加压，使溶剂透过膜。超滤主要用于浓缩、分级、大分子溶液的净化等。

纳米过滤是 20 世纪 80 年代继反渗透后开发出来的，是一种介于反渗透和超滤之间的膜分离过程。纳滤膜的表层孔径处于纳米级范围，且在过程中截留率大于 90% 的最小分子约为 1nm，因此称为纳滤膜。国外对纳滤技术的研究和应用较早，目前该技术较成熟，主要用于脱盐、浓缩、给排水处理等方面。

反渗透是利用反渗透膜选择性地只能透过溶剂（通常是水）的性质，对溶液施加压力，克服溶剂的渗透压，使溶剂通过反渗透膜而从溶液中分离出来的过程。

几种主要膜分离的基本特征列于表 8-11。

表 8-11　常用膜分离技术的基本特征

项　目	膜结构	操作压力/MPa	分离机理	适用范围
微滤（MF）	对称微孔膜，0.02～10μm	0.05～0.5	筛分	含微粒或菌体溶液的消毒、澄清和细胞收集
超滤（UF）	不对称微孔膜，0.001～0.02μm	0.1～1	筛分	含生物大分子物质、小分子有机物或细菌、病毒等微生物溶液的分离
纳滤（NF）	带皮层不对称复合膜，<2nm	0.5～1.0	优先吸附，表面电位	高硬度和有机物溶液的脱盐处理
反渗透（RO）	带皮层不对称复合膜，<1nm	1～10	优先吸附，溶解扩散	海水和苦咸水的淡化，制备纯水
透析（DA）	对称的或不对称的膜	浓度梯度	筛分，扩散度差	小分子有机物和无机离子的去除
电渗析（ED）	离子交换膜	电位差	离子迁移	离子脱除，氨基酸分离

注：引自杨昌鹏，2007。

二、表征膜性能的参数

由于膜材料，制造膜的方法和形成的膜的结构不同，膜的性能有很大的差异。反渗透膜的基本性能，一般包括透水率、透盐率和抗压密性等，这是衡量反渗透膜特性的几个主要参数。微滤和超滤膜的基本性能主要包括：水通量 $[cm^3/(cm^2 \cdot h)]$，截留率（%），合适的孔径尺寸，孔径的均一性与孔隙率，物理化学稳定性。

下面介绍的是几种主要性能参数。

1. 孔道特征

孔道特征包括孔径、孔径分布和孔隙度，是膜的重要性质。膜的孔径有最大孔径和平均孔径，它们都在一定程度上反映了孔的大小，但各有其局限性。孔径分布是指膜中一定大小的孔的体积占整个孔体积的百分数，由此可以判别膜的好坏，即孔径分布窄的膜比孔径分布宽的膜要好。孔隙度是指整个膜中孔所占的体积分数。

孔径的测定方法很多，主要有压汞法、泡压法、电子显微镜观测法等。泡压法是将膜表面覆盖一层溶剂（通常为水），从下面通入空气，逐渐增大空气的压力，当有稳定的气泡冒出时，称为泡点，即可计算出孔径：

$$d = 4\gamma\cos\theta / p \tag{8-28}$$

式中　d——孔径，μm；
　　　　γ——液体的表面张力，N/m；
　　　　θ——液体与固体间的接触角；
　　　　p——泡点压力，MPa。

式(8-28)是基于空气压力克服表面张力将液体自毛细管内推出而得到的，如图 8-33 所示。

如以水作为实验液体，取其表面张力为 72×10^{-3}N/m，并假定为亲水性膜，$\theta = 0$，则式(8-28)为：

$$d = \frac{0.288}{p} \tag{8-29}$$

由式(8-29)可见，对于较大的孔，泡点压力 p 较低，因此用泡点法测得的是最大孔径。

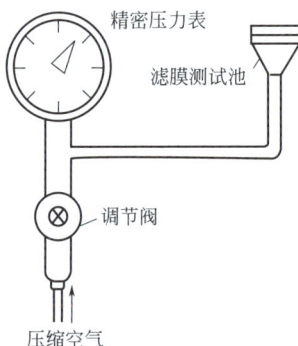

图 8-33　泡压法测孔示意图
（引自毛忠贵，1999）

精密压力表
滤膜测试池
调节阀
压缩空气

如果以水银替代水试验，即为压汞法。一般水银不能润湿膜，因而接触角大于 $90°$，使 $\cos\theta$ 为负值，因此式(8-29)改为：

$$d = -4\gamma\cos\theta/p \tag{8-30}$$

在不同压力下测定流经湿膜与干膜的空气流量，也可以计算孔径分布。

利用干膜、湿膜质量差法，可以计算孔隙度：

$$V_r = \frac{m_1 - m_2}{V\rho} \times 100\% \tag{8-31}$$

式中　m_1——湿膜质量，g；

　　　m_2——干膜质量，g；

　　　V——膜的表观体积，cm^3；

　　　ρ——水的密度，g/cm^3。

孔径和孔径分布也可直接用电子显微镜观察得到，特别是微孔膜，其孔隙大小在电镜的分辨范围内。

2. 水通量

水通量为单位时间内通过单位膜面积的水体积流量，也叫透水率，即水透过膜的速率。对于一个特定的膜来说，水通量的大小取决于膜的物理特性（如厚度、化学成分、孔隙度）和系统的条件（如湿度、膜两侧的压力差、接触膜的溶液的盐浓度及料液平行通过膜表面的速率）。

在实际使用中，水通量将很快降低。在处理蛋白质溶液时，水通量通常为纯水的 10%。水通量决定于膜表面状态，在使用时，溶质分子会沉积在膜面上，因此虽然各种膜的水通量有所区别，而在实际使用时，这种区别会变得不明显。

3. 截留率和截断分子量

截留率是指对一定分子量的物质，膜能截留的程度，定义为：

$$\delta = 1 - c_P/c_B \tag{8-32}$$

式中　c_P——某一瞬间透过液浓度，$kmol/m^3$；

　　　c_B——截留液浓度，$kmol/m^3$。

如 $\delta = 1$，则 $c_P = 0$，表示溶质全部被截留；如 $\delta = 0$，则 $c_P = c_B$，表示溶质能自由透过膜。用已知分子量的各种物质进行试验。测定其截留率，得到的截留率与分子量之间的关系称为截断曲线（如图8-34所示）。

较好的膜应该有陡直的截断曲线，可使不同相对分子质量的溶质完全分离；相反，斜坦的截断曲线会导致分离不完全。

截断分子量（MWCO）定义为相当于一定截留率（通常为 90% 或 95%）的分子量。显然，截留率越高，截断分子量范围越窄的膜越好。

截留率不仅与溶质分子的大小有关，还受到下列因素的影响。

① 分子的形状　线性分子的截留率低于球形分子。

② 吸附作用　膜对溶质的吸附对截留率有很大的影响，溶质分子吸附在孔道壁上，会降低孔道的有效直径，因而使截留率增大。在极端的情况下，膜面上的吸附层形成可逆的致密层，其截留率不同于超滤膜的截留率。

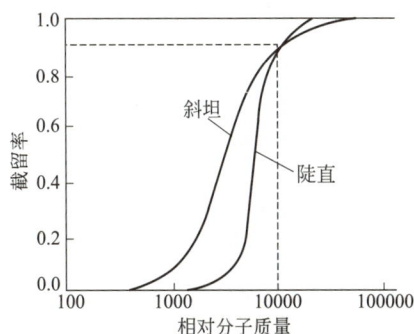

图8-34 截断曲线
（引自毛忠贵，1999）

③ 其他高分子溶质的影响　如料液中同时有两种高分子溶质存在，其截留率不同于单独存在的截留率，特别是对于较小的一种高分子溶质，这是由于高分子溶质形成的浓差极化层的影响。一般来说，两种高分子溶质要相互分离，其相对分子质量须相差10倍以上。

④ 其他因素　温度升高、浓度降低会使截留率降低，这是由于吸附作用减小缘故；错流速度增大使截留率降低，这是由于浓差极化作用减小的缘故；pH、离子强度会影响蛋白质分子的构象和形状，因而也对截留率有影响。

另外，膜的性能参数还有抗压能力、pH 适用范围、对热和溶剂的稳定性、毒性等。

三、膜分离设备

1. 膜组件

膜分离设备的核心部分是膜组件（或膜件），即按一定技术要求将膜组装在一起。良好的膜组件应具备下列条件：

① 沿膜面的流动情况好，无静水区，以利于减少浓差极化，例如沿膜面切线方向的流速相当快，或者有较高的剪切率；

② 装填密度大，较大的膜面积与压力容器体积比，即单位体积中所含的膜面积较大；

③ 制造成本低；

④ 清洗和膜的更新方便；

⑤ 保留体积小，且无死角。

根据膜的形式或排列方式，可以把膜区分为管式、中空纤维式、平板式和螺旋卷绕式四种。它们的性能比较见表 8-12。

表 8-12　各种膜组件性能的比较

形　式	优　点	缺　点
管式	易清洗，无死角，适宜于处理含固体较多的料液，单根管子可以调换	保留体积大，单位体积中所含过滤面积较小，压降大
中空纤维式	保留体积小，单位体积中所含过滤面积较大，可以逆洗，操作压力较低（小于 0.5 MPa），动力消耗较低	料液需要预处理，单根纤维损害时，需调换整个模件
螺旋卷绕式	单位体积中所含过滤面积大，换新膜容易	料液需要预处理，压降大，易污染，清洗困难
平板式	保留体积小，能量消耗界于管式和螺旋卷绕式之间	死体积较大

注：引自毛忠贵，1999。

另外，所有的膜组件（除了用于电渗析的平板膜和某些毛细管膜外）都可以组装成表 8-13 中所示的某种形式的 3 端头膜组件，即并流式、逆流式和交叉流式。

表 8-13　3 端头膜组件示意图

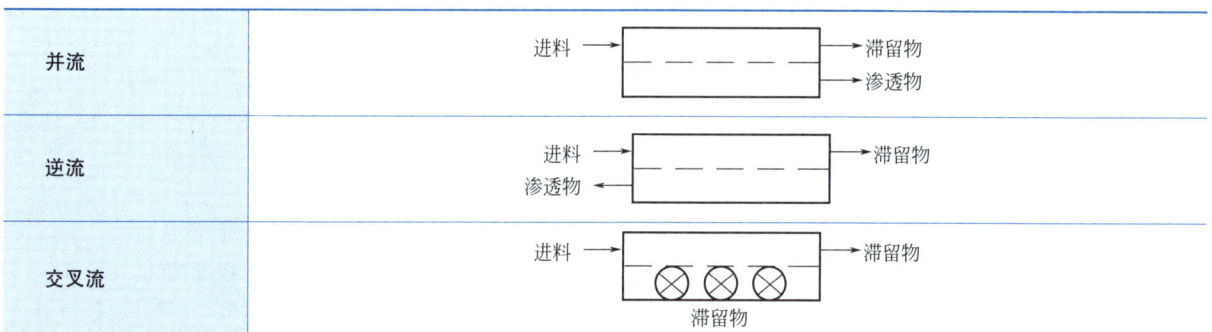

并流	
逆流	
交叉流	

注：引自王乐夫，膜工艺，1998。

（1）管式膜　管式膜的直径在 6～24mm，分内压管和外压管两种。内压管中膜置于几层耐压管的内侧（图 8-35），膜外侧是一层很薄的多孔管状纤维网，再外侧是密布孔眼的支撑管，纤维网和支撑管一方面为膜提供必需的强度支撑作用，同时也提供了滤液通道。进料时，料液走管内，渗透液穿过膜并从外套环隙中流出。有些公司生产的膜组件中的膜是可以更换的，但有些是不能更换的。

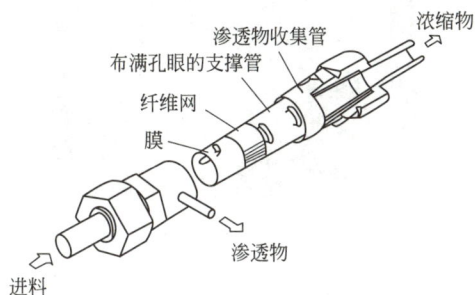

图 8-35　管式膜组件的结构示意图
（引自王乐夫，膜工艺，1998）

图 8-36　管式纳滤膜组件图（白色部分为膜芯）
（引自中国科学院上海生物医学工程研究中心，2009）

单根膜组件的过滤面积有限，难以满足大规模工业生产需要。扩大膜面积就需要很多根管式膜并联，为了提高装填密度，通常是将多根管式膜组装在一个套管中，如图 8-36 所示。

（2）中空纤维膜　中空纤维膜管的直径比毛细管膜还要细得多（图 8-37），从便于清洗角度考虑，要求被分离的料液走管外，而渗透液从纤维管内流出，因此，膜的活性层在纤维管的外侧。中空纤维膜在多数情况下受外压作用，可以承受高达 10MPa 的压差。

在中空纤维膜组件中，将多根纤维管捆成纤维管束，并装在一根耐压管套中。在用于反渗透的情况下，总是要求被分离的混合物在管外流动，渗透液在管内流动，膜的活性层在纤维管外侧。而对于气体渗透过程而言，混合物可以走管内。显然，当进料走纤维管内时，膜的活性层应置于纤维管内侧。

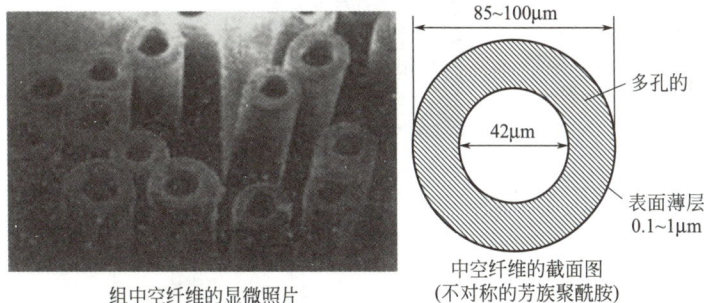

组中空纤维的显微照片

图 8-37　中空纤维
（引自王乐夫，膜工艺，1998）

（3）卷式膜　卷式膜组件中，一个或多个膜袋与由塑料制成的网状分隔板配套，按螺旋形式围着渗透液收集管卷绕，膜袋是由两层膜构成的，两层膜之间设有一层多孔的塑料网状织物作为渗透液分隔板。膜袋的三面密封，第四个面（即敞开的那一面）接到带有钻孔的渗透液收集管上。原料液从端面进入，按轴向流过膜组件，而渗透液在多孔支撑层中按螺旋形式流进收集管。进料分隔板不仅起着使膜之间保持一定间隔的作用，还对物料交换作用起着重要的促进作用，比如在流体流动速度相对较低的情况下减弱浓差极化作用。

卷式膜不但结构简单、造价低廉，而且相对来说不易被污染，因此被广泛应用于超滤、反渗透及气体过滤中。螺旋卷式膜组件见图 8-38，卷式纳滤膜组件见图 8-39。

（4）平板膜　平板膜组件可用于微滤、超滤、反渗透等膜分离过程中，其基本部件包括平板膜、支撑膜的平盘和进料边起进料导向作用的平盘等。这些部件以适当的方式组合构成平板膜组件（图 8-40）。

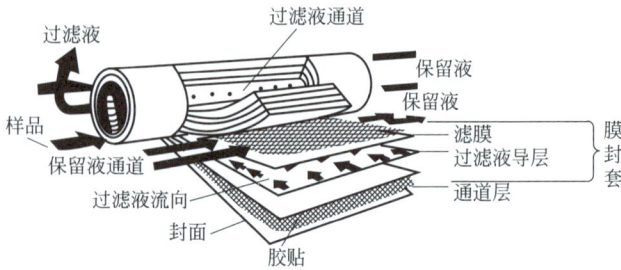

图 8-38 螺旋卷式膜组件
（引自毛忠贵，1999）

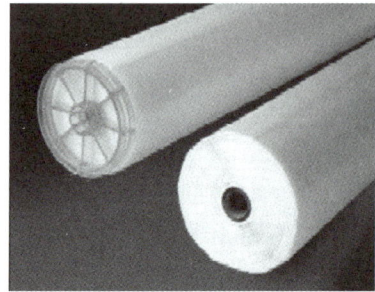

图 8-39 卷式纳滤膜组件图
（引自中国科学院上海生物医学
工程研究中心，2009）

平板膜组件的一个突出优点是每两片膜之间的渗透物都是单独引出的（类似板框过滤机），因此，当个别膜发生损坏时关闭对应渗透液出口通道而不必使整个膜组件停止运行，也只需更换个别损坏的膜片。缺点是内部压力损失相对大，装填密度相对小。

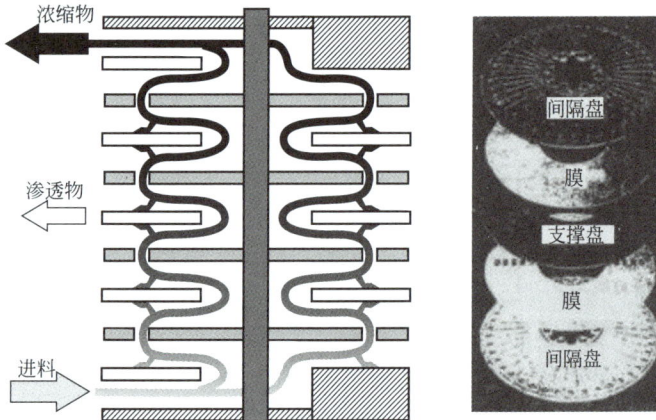

图 8-40 平板膜组件的构造
（引自王乐夫，膜工艺，1998）

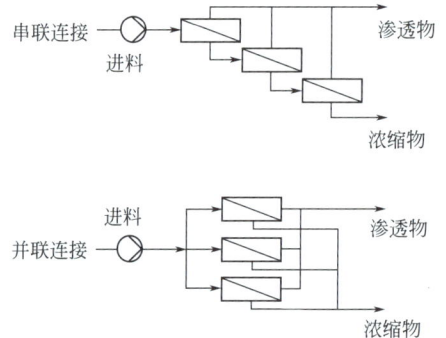

图 8-41 膜组件的基本连接法
（引自王乐夫，膜工艺，1998）

2. 膜装置、组件的排布与连接

随着生产规模的放大，一个膜单元或膜组件难以圆满完成一个特定的分离任务，常常需要联合使用好几个膜组件。那么，多个膜组件如何排列？是串联还是并联？是单级还是多级？这就涉及膜装置设计问题。

（1）串联和并联　串联情况下，所有的进料液体依次流经全部膜组件，随着渗透液的不断排出，流体流量逐渐降低。并联排布的膜组件则会对进料液体进行流量分配（图 8-41）。如果可以忽略压力损失和浓差极化效应，两种连接方式的分离效果是相同的。

但事实上，每种膜组件都存在进料流量的上、下限。上限是由膜组件允许的压力损失程度决定的，超过上限会导致膜组件的损坏。而如果低于下限，则容易形成浓差极化导致传质性能变差。很显然，串联排列中越后面的膜组件越容易发生浓差极化，而并联排列中需要更大的进料流量，意味的增加动力消耗。

（2）单级内的膜组件排布　将适当数量的膜组件并联形成一个组块（图 8-42），即使进料流量接近膜组块的上限，但由于后续膜组件的液体流量总是一次递减的，所以必须减少后续连接的膜组件的数目，以保住通过膜组件的通量保持稳定，形成了所谓"圣诞树结构"。

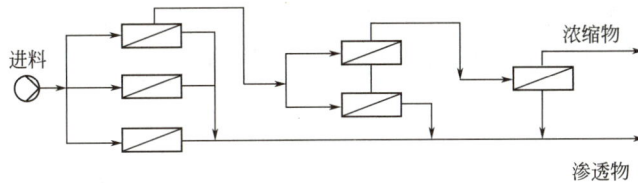

图 8-42 "圣诞树结构"的膜组件排布
（引自王乐夫，膜工艺，1998）

（3）多级装置连接 由于膜的选择性所限，只用一级的简单操作不可能达到任意所需的产品质量，图 8-43 列出了几种操作经济性好，同时可以提高产品质量或产量的连接方案。

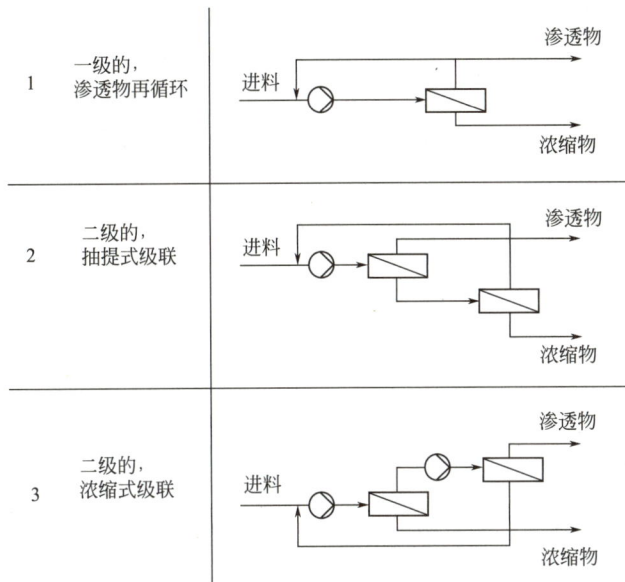

图 8-43 循环式膜组件排布方案
（引自王乐夫，膜工艺，1998）

四、膜分离过程的操作特性和影响因素

对膜分离过程的影响因素包括三个方面：一是引起过滤效率下降的因素，如渗透压、溶液黏度等；二是引起膜堵塞的因素，如生物质、胶体等大分子在膜表面形成污垢，或者硫酸钙、二氧化硅等无机盐在膜表面结垢等；三是引起膜损坏的因素，如高温、高压、游离氯、游离氧等对膜的损害。

1. 浓差极化

进料液中各个组分通过膜的渗透性取决于膜的选择性，但总有一种或几种组分被膜强烈地阻滞。当溶剂及部分组分透过膜，而剩余组分被截留在膜上，因而使膜面浓度增大，并高于主体溶液中浓度。这种浓度差导致被截留组分必须自膜面反扩散至主体中，这种现象称之为浓差极化。

浓差极化会在两个方面使膜分离结果恶化：它使需要优先透过的组分在膜面的浓度低于主体溶液，渗透的推动力下降；而被截留组分在膜面的浓度高于主体溶液，即被截留组分的渗透推动力增加，结果导致过滤通量下降，而渗透液的质量下降。

在微滤和超滤过程中，往往具有较高的过滤通量，因此在进料一侧就会产生很强的浓差极化，即使在流体动力学良好的情况下。当被截留组分在膜表面浓度达到该组分饱和浓度时，会发生沉淀作用（结晶、结垢），或形成胶态污垢，在膜表面构成一层覆盖层。

第八章

提高过滤温度或提高沿膜的流动速率可以减轻或延迟浓差极化现象的发生，但往往会增加操作费用。除此以外，有研究表明，采用脉冲式进料方式，或在膜通道中装入棱角形式的混合或排水部件，也能提高传质速率。

2. 温度

提高料液温度能提高膜过滤通量。在一定范围内提高温度可以降低溶液黏度，扩散系数随之增加，溶质溶解度增大，被截留组分逃离膜表面的速率加快，浓差极化减弱，因此膜过滤能维持较高通量。理论上温度越高，过滤速率越快。在兼顾到物料的热敏性、膜材料的耐热性，过滤温度应以接近上限为宜。

3. 压力

控制膜两侧压力差，增加压差可以提高过滤通量，但过高的压力会导致膜形态的变形和性能的改变，从而引起过滤通量及渗透液质量的下降。

4. pH

乙酸纤维素膜易遭受水解作用，在酸性或碱性范围内水解速率更快。但不同的膜材料，总有一个水解速率最小的对应 pH 值，料液体系保持在该值附近较合理。水解导致膜通量增加，但透过液质量下降，同时膜寿命缩短。对于聚砜、聚四氟乙烯类材料的膜，通常在全程 pH 范围内是稳定的，有研究表明偏酸或偏碱性条件下有利于减轻膜污染。

5. 游离氯

游离氯是一种强氧化剂，目前实验证明大多数膜不具备抗游离氯稳定性。为了避免游离氯对膜的损害，通常在料液中添加活性炭或亚硫酸氢钠排除游离氯。

6. 有机溶剂

聚合膜和特殊材料的复合膜对于有机溶剂的稳定性要比乙酸纤维素膜高得多，但多数有机溶剂对这类膜仍会产生损害作用。一般来说，有机溶剂对膜的损害程度与浓度有关，所以在实际使用中必须注意在允许的极限范围内工作。

五、膜分离过程在发酵工业中的应用

1. 微滤

微孔过滤主要用于分离流体中尺寸为 $0.1\sim10\mu m$ 的微生物和微粒子，以达到净化、分离和浓缩的目的。微孔滤膜厚度薄，孔径均一，空隙率高，因此具有滤速快，吸附少和无介质脱落等优点。

在实验室中，微孔滤膜是检验有形微细杂质的重要工具，主要用于微生物检测、微粒子检测。在工业上主要用于灭菌液体的生产，反渗透及超过滤的前处理，电子工业中超纯水制造和空气过滤。

如应用于精制阿司匹林精氨酸制剂。在生产阿司匹林精氨酸制剂过程中，如何提高制剂的澄明度，是关系到产品质量的问题，采用砂芯加聚砜酰胺微孔滤膜，使制剂的澄明度全部达到药典标准。在酿酒工业中，采用聚碳酸酯微孔滤膜来过滤除去啤酒中的酵母和细菌，使处理后的啤酒不需加热就可以在室温下长期保存，因而保持了生啤酒的鲜美味道和营养价值，在国际市场上颇受欢迎。

2. 超滤

凡是能截留分子质量在 500Da 以上的高分子的膜分离过程叫超滤。一般情况下，反渗透法主要用来截留无机盐类的小分子（小于 10 倍水分子量的分子）；而超滤则是从小分子溶质或溶剂中，将比较大的溶质分子筛分出来（如分子量在数百万的有机物大分子）。所以反渗透法必须施加较高的压力，而超滤的操作压力较小。

超滤法在生物制品的浓缩和纯化中有广泛的应用。对于小分子产品如柠檬酸和抗生素、氨基酸等，

分子质量在 $500\sim2000Da$，通常超滤膜的截断分子量（MWCO）为 $10000\sim30000$，因而小分子产品能透过超滤膜，起到与大分子分离的作用。

采用外压式聚砜中空纤维膜的超滤器在压力为 $0.6\sim0.7kgf/cm^2$（$1kgf/cm^2=98.0665kPa$）、工作温度 $15\sim26℃$ 的条件下处理麦迪霉素发酵液后，可大大改善过滤液的色泽，透光度提高 $20\%\sim30\%$。在进一步的萃取过程中，不再出现乳化层。成品毫克效价提高 5% 以上，提取回收率也高于原有工艺。

超滤法应用于大分子产品，主要是在酶及蛋白类产品中应用，如供静脉注射用的 25% 人胎盘血白蛋白（即胎白），通常是用硫酸铵盐析法制备的。生产过程中的透析脱盐时间长达 $48h$，因而导致细菌大量繁殖，造成热原不合格，浓缩费用昂贵，同时易造成损耗。选用超滤工艺可解决上述脱盐和浓缩时所存在的缺点，如采用 LFA-50 超滤组件对胎白进行浓缩和脱盐，平均回收率为 97.18%，吸附损失 1.69%，透过损失为 1.23%，截留率为 98.77%，而且浓缩时间大为缩短，除菌效果好，每年可节省大量的硫酸铵和自来水，同时可大幅度提高白蛋白的产量和质量，具有显著的经济效益。

采用醋酸纤维素超滤膜组件浓缩 α-淀粉酶取代传统的硫酸铵沉淀法，平均收率 95%，酶活力 $>1200U/mL$，平均截留率 98% 以上，可浓缩 $4\sim5$ 倍，减少操作能耗，产品收率可提高 2%，纯度也大为提高。无锡酶制剂厂采用此法分批操作，取得较好的经济效益。

3. 反渗透

反渗透法比其他的分离方法（如蒸发等方法）有显著的优点：相态不变，无须加热，设备简单，效率高，占地小，操作方便，能量消耗少等。目前在许多领域中得到了应用，如海水的脱盐，食品医药的浓缩，超纯水的制造，以及对微生物的分离控制等许多方面。反渗透还用于相对分子质量为几百的氨基酸浓缩。反渗透浓缩技术用于对番茄汁进行分级浓缩，不仅降低了能耗，而且保证了杀菌效果与储藏品质。

4. 纳米过滤

纳米过滤是介于超滤和反渗透之间，以压力差为推动力，从溶液中分离出 $300\sim1000$ 相对分子质量物质的膜分离过程。纳米过滤的特点是：①在过滤分离过程中，它能截留小分子的有机物，并可同时透析出盐，即集浓缩与透析为一体；②操作压力低，因为无机盐能通过纳米滤膜而透析，使得纳米过滤的渗透压力远比反渗透为低。这样，在保证一定的膜通量的前提下，纳米过滤过程所需的外加压力就比反渗透低很多，具有节约动力的优点。

纳米过滤具有很好的工业应用前景，目前已在许多工业中得到有效的应用，见表 8-14。

表 8-14　纳米过滤膜的应用

行业	处理对象	行业	处理对象
制药工业	母液中有效成分的回收 抗生素的分离和纯化 维生素的分离和纯化 缩氨酸的脱盐与浓缩	化学工业	工业酸/碱使用后的纯化、回收和再利用 电镀液中铜的回收
食品工业	酸/甜乳清的脱盐与浓缩，乳品厂/饮料厂苛性碱的回收	纯水制备	超高纯水 水的脱盐 被污染地下水的净化
染料工业	活性染料的脱盐和浓缩	废水处理	印染厂废水的脱色 造纸厂废水的净化与再生水的循环使用

思维导图

参考文献

［1］ 韦革宏，杨祥. 发酵工程. 北京：科学出版社，2008.
［2］ 王立群. 微生物工程. 北京：中国农业出版社，2007.
［3］ 陈坚，李寅. 发酵过程优化原理与实践. 北京：化学工业出版社，2001.
［4］ 陈坚，刘立明，堵国成. 发酵过程优化原理与技术. 北京：化学工业出版社，2009.
［5］ 石维忱. 生物发酵产业发展现状与趋势. 科学时报，2009-6-15 B2 专题.
［6］ 中华人民共和国科技部中国生物技术发展中心. 中国的生物技术与生物经济. 2009.
［7］ 陈坚，堵国成，张东旭. 发酵工程实验技术. 2 版. 北京：化学工业出版社，2009.
［8］ 杨胜利. 工业生物技术与生物经济. 中国基础科学，2010，2：3-7.
［9］ 谭天伟，元英进，程易，等. 工业生物技术的过程科学基础研究. 中国基础科学，2009，5：20-26.